L. D. Landau · E. M. Lifschitz

Lehrbuch der Theoretischen Physik

Der Klassiker der gesamten Theoretischen Physik für den Studenten und Wissenschaftler.

Band 1:
Mechanik
unveränderter Nachdruck der 14., korrigierten Auflage 1997, 2022, 231 Seiten, 56 Abbildungen, gebunden,
ISBN 978-3-8085-5612-2

Band 2:
Klassische Feldtheorie
unveränderter Nachdruck der 12. Auflage 1992, 2022, 496 Seiten, 25 Abbildungen, gebunden,
ISBN 978-3-8085-5562-0

Band 3:
Quantenmechanik
unveränderter Nachdruck der 9. Auflage 1986, 2021, 660 Seiten, 57 Abbildungen, 11 Tabellen, gebunden,
ISBN 978-3-8085-5636-8

Band 4:
Quantenelektrodynamik
unveränderter Nachdruck der 7., berichtigten Auflage 1991, 2020, 628 Seiten, 25 Abbildungen, gebunden,
ISBN 978-3-8085-5632-0

Band 5:
Statistische Physik Teil 1
unveränderter Nachdruck der 8., berichtigten Auflage 1991, 2025, 535 Seiten, 78 Abbildungen, gebunden,
ISBN 978-3-8085-5654-2

Band 6:
Hydrodynamik
unveränderter Nachdruck der 5., überarbeiteten Auflage 1991, 2025, 705 Seiten, 136 Abbildungen, gebunden,
ISBN 978-3-8085-5554-5

Band 7:
Elastizitätstheorie
unveränderter Nachdruck der 7. Auflage 1991, 2025, 223 Seiten, 32 Abbildungen, gebunden,
ISBN 978-3-8085-5498-2

Band 8:
Elektrodynamik der Kontinua
unveränderter Nachdruck der 5., ergänzten Auflage 1990, 2020, 565 Seiten, 65 Abbildungen, gebunden,
ISBN 978-3-8085-5500-2

Band 9:
Statistische Physik Teil 2
unveränderter Nachdruck der 4., berichtigten Auflage 1992, 2025, 404 Seiten, 18 Abbildungen, gebunden,
ISBN 978-3-8085-5656-6

Band 10:
Physikalische Kinetik
unveränderter Nachdruck der 2. Auflage 1990, 2025, 480 Seiten, 35 Abbildungen, gebunden,
ISBN 978-3-8085-5624-5

Das **Gesamtwerk** ist auch zum günstigen Satzpreis erhältlich:
L. D. Landau · E. M. Lifschitz, **Lehrbuch der Theoretischen Physik**
ISBN 978-3-8085-5588-0

EUROPA LEHRMITTEL

Edition Harri Deutsch

L. D. Landau • L. P. Pitajewski

Statistische Physik Teil 2

Theorie der kondensierten Materie

VERLAG EUROPA-LEHRMITTEL · Nourney, Vollmer GmbH & Co. KG
Düsselberger Straße 23 · 42781 Haan-Gruiten

Europa-Nr.: 56566

Titel der Originalausgabe:

Л. Д. Ландау и Л. П. Питаевский
Статистическая физика. Часть 2.

Erschienen im Verlag NAUKA, Moskau 1978

In deutscher Sprache herausgegeben von Prof. Dr. habil. Paul Ziesche, Dresden (Reihe)
und Prof. Dr. sc. Helmut Eschrig, Dresden (Band).

Unveränderter Nachdruck der 4., berichtigten Auflage 1992, 2025
Druck 5 4

ISBN 978-3-8085-5656-6

Umschlaggestaltung: Medienwerkstatt Dreimaster / www.3master.de, 63546 Hammersbach
Druck: Totem, 88–100 Inowroclaw (Polen)

VORWORT DER HERAUSGEBER ZUR DEUTSCHEN AUSGABE

Im Vorwort zur dritten russischen Auflage des fünften Bandes dieser zehnbändigen Gesamtdarstellung der modernen theoretischen Physik wird zur Neugliederung der Statistischen Physik in Teil 1 (Band V) und Teil 2 (Band IX) folgendes gesagt: „Im neunten Band wird eine detaillierte Darstellung der Methode der GREENschen Funktionen und der Diagramm-Technik gegeben, die die Entwicklung der statistischen Physik während der letzten zwanzig Jahre wesentlich bestimmten. Die Abtrennung dieser (und auch einer Reihe anderer) Fragen wird nicht nur dadurch diktiert, daß ein Einbeziehen in den fünften Band zu einer übermäßigen Ausdehnung seines Umfanges und zu einer wesentlichen Änderung seines ganzen Charakters führen würde. Es handelt sich auch darum, daß diese Fragen ihrer Natur nach auch in einem starken Maße mit der Hydrodynamik und der makroskopischen Elektrodynamik zusammenhängen (es ist z. B. sinnvoll, sich bei der Behandlung der mikroskopischen Theorie der Supraleitfähigkeit auf die schon bekannte makroskopische Theorie dieser Erscheinung zu stützen). Aus diesem Grunde soll das neue Buch seinen Platz in der Reihenfolge der Bände dieses Lehrbuches nach der Mechanik und Elektrodynamik der Kontinua finden.“

Der gesamten Darstellung in diesem Band liegt die LANDAU-Theorie der Quantenflüssigkeiten als Ausgangspunkt und Rahmen zugrunde; solche speziellen Modelle wie wechselwirkungsfreie Quantengase werden lediglich zur Illustration der allgemeinen Theorie herangezogen. Immer wieder beeindruckt, wie es den Autoren — so auch in diesem Band — gelingt, den Bogen von der allgemeinen Theorie über die Behandlung bekannter Beispiele bis zu modernen Anwendungen zu spannen und gegenüber dem Mathematisch-Formalen das Physikalisch-Anschauliche deutlich hervortreten zu lassen. Die Vielfalt der behandelten Probleme aus der Quantentheorie der kondensierten Materie sowie Gründlichkeit und Originalität ihrer Darstellung machen dieses Werk so wertvoll.

Herrn Prof. E. M. LIFSCHITZ gebührt unser herzlichster Dank für seine freundliche Unterstützung bei der Vorbereitung der deutschen Ausgabe. Die Übersetzung wurde in bewährter Weise von Herrn Dr. E. JÄGER besorgt. Beim Korrekturlesen leistete Herr Dr. M. HIETSCHOLD wertvolle Hilfe.

Dresden, im September 1979

P. ZIESCHE, H. ESCHRIG

VORWORT ZUR RUSSISCHEN AUFLAGE

Wenn man den Inhalt des vorliegenden neunten Bandes des Lehrbuches der Theoretischen Physik kurz charakterisieren soll, dann kann man sagen, daß er der Quantentheorie des kondensierten Zustandes der Materie gewidmet ist. Er beginnt mit einer detaillierten Darstellung der Theorie der Quantenflüssigkeiten, sowohl der FERMI- als auch der BOSE-Flüssigkeit. Diese Theorie, die L. D. LANDAU unmittelbar nach den experimentellen Entdeckungen von P. L. KAPITZA schuf, stellt gegenwärtig einen selbständigen Zweig der theoretischen Physik dar. Seine Wichtigkeit ist nicht so sehr durch die interessanten Erscheinungen bestimmt, die in den flüssigen Isotopen des Heliums ablaufen, als vielmehr dadurch, daß die Vorstellungen und Begriffsbildungen der Quantenflüssigkeit und ihres Anregungsspektrums die Grundlage für die quantentheoretische Beschreibung makroskopischer Körper bilden.

Zum tieferen Verständnis der Eigenschaften von Metallen muß man zum Beispiel die Elektronen in den Metallen als eine FERMI-Flüssigkeit betrachten. Die Eigenschaften der Elektronenflüssigkeit werden aber durch die Existenz des Kristallgitters verkompliziert, und die vorläufige Untersuchung des einfacheren Falles einer homogenen und isotropen Flüssigkeit ist ein notwendiger Schritt beim Aufbau der Theorie. Genauso versteht man die Supraleitfähigkeit der Metalle, die man als Superfluidität der Elektronenflüssigkeit betrachten kann, kaum ohne vorherige Kenntnisse der einfacheren Theorie der Superfluidität einer BOSE-Flüssigkeit.

Ein nicht wegzudenkender Bestandteil des mathematischen Apparates der modernen statistischen Physik ist der Apparat der GREENschen Funktionen. Das hängt keinesfalls nur mit den rechnerischen Bequemlichkeiten zusammen, die die Diagramm-Technik zur Berechnung der GREENschen Funktionen bietet. Es geht vielmehr darum, daß die GREENschen Funktionen unmittelbar das Spektrum der Elementaranregungen eines Körpers bestimmen und deshalb gerade die Sprache bilden, in der man die Eigenschaften dieser Anregungen am natürlichsten beschreiben kann. Deshalb wird in dem vorliegenden Band den methodischen Fragen — der Theorie der GREENschen Funktionen makroskopischer Körper — besondere Aufmerksamkeit gewidmet. Obwohl die Grundideen der Methode für alle Systeme ein und dieselben sind, ist die konkrete Form der Diagramm-Technik für die verschiedenen Fälle unterschiedlich. Es ist in diesem Zusammenhang natürlich, daß diese Methoden am Beispiel der isotropen Quantenflüssigkeiten entwickelt werden, wo sich das Wesen der Methode in reiner Form zeigt, ohne Komplikationen, die durch räumliche Inhomogenitäten, durch die Existenz von mehreren Teilchensorten usw. hineingetragen werden.

Aus analogen Gründen stellen wir die mikroskopische Theorie der Supraleitfähigkeit an dem einfachen Modell des isotropen FERMI-Gases mit schwacher Wechselwirkung dar und sehen von den erschwerenden Faktoren ab, die mit der Existenz des Kristallgitters und der COULOMB-Wechselwirkung verknüpft sind.

Im Zusammenhang mit den Kapiteln über die Elektronen in einem Kristallgitter und über die Theorie des Magnetismus betonen wir noch einmal, daß das vorliegende Buch ein Teil der Lehrbuchreihe der Theoretischen Physik ist und keinesfalls dazu gedacht ist, ein Lehrbuch der Festkörpertheorie zu ersetzen. In Übereinstimmung damit werden hier nur Fragen von allgemeinem Charakter betrachtet und nicht solche, die die Benutzung konkreter experimenteller Fakten erfordern. Desgleichen werden solche Fragen nicht berührt, die sich mit Rechenmethoden ohne klare theoretische Basis befassen. Wir erinnern auch daran, daß in diesem Band die kinetischen Eigenschaften von Festkörpern ausgelassen sind, wir wollen sie in dem folgenden, abschließenden Band der Lehrbuchreihe betrachten.

Schließlich werden in diesem Buch auch die Theorie der elektromagnetischen Fluktuationen in materiellen Medien und die Theorie der hydrodynamischen Fluktuationen behandelt. Die zuerst genannte war früher im achten Band enthalten. Daß sie nun in den vorliegenden Band übernommen wurde, hängt mit der Notwendigkeit zusammen, die GREENschen Funktionen anzuwenden, dadurch kann man der ganzen Theorie eine einfachere und für die Anwendungen zweckmäßigere Form geben. Außerdem ist es natürlich, die elektromagnetischen und die hydrodynamischen Fluktuationen in einem Band zu betrachten.

L. D. LANDAU wirkte selbst nicht mehr als Autor dieses Buches mit. Aber der Leser wird leicht bemerken, wie oft sein Name im Text des Buches auftaucht; ein wesentlicher Teil der hier dargestellten Resultate stammt von ihm persönlich oder entspringt der Zusammenarbeit mit seinen Schülern. Der langjährige Umgang mit ihm gibt uns Anlaß zu hoffen, daß es uns gelang, seinen Standpunkt zu diesen Fragen richtig wiederzugeben — natürlich unter Berücksichtigung des Neuen, das während der letzten 15 Jahre hinzugefügt worden ist, nachdem sein Schaffen auf so tragische Weise unterbrochen wurde.

Wir möchten hier A. F. ANDREJEW, I. E. DSJALOSCHINSKI und I. M. LIFSCHITZ für die ständige Diskussion der in diesem Buch betrachteten Fragen danken. Großen Nutzen zogen wir auch aus dem bekannten Buch von A. A. ABRIKOSOW, L. P. GORKOW und I. E. DSJALOSCHINSKI[1]) — einem der ersten Bücher in der physikalischen Literatur, welche die neuen Methoden der statistischen Physik behandeln. Schließlich sind wir L. P. GORKOW und JU. L. KLIMONTOWITSCH zu Dank verpflichtet, die das Buch im Manuskript gelesen und eine Reihe von Hinweisen gegeben haben.

Moskau, April 1977

E. M. LIFSCHITZ, L. P. PITAJEWSKI

[1]) A. A. ABRIKOSOW, L. P. GORKOW und I. E. DSJALOSCHINSKI, Metody kwantowoj teorii polja w statistitscheskoj fisike, Moskau 1962 — *Bem. d. Herausg.*

INHALTSVERZEICHNIS

EINIGE BEZEICHNUNGEN

Vektorindizes werden durch lateinische Buchstaben $i, k, \ldots$ bezeichnet. Spinindizes werden durch griechische Buchstaben $\alpha, \beta, \ldots$ bezeichnet. Über alle doppelt auftretende Indizes wird stillschweigend summiert.

„4-Vektoren" (s. Fußnote auf S. 51) werden durch große Buchstaben $X, P, \ldots$ gekennzeichnet.

Das Volumenelement ist $\mathrm{d}V$ oder d^3x.

Die Grenze, wenn eine Größe von oben oder unten gegen Null strebt: $+0$ und -0.

Operatoren werden durch Buchstaben mit einem Dach $\wedge$ gekennzeichnet.

Der HAMILTON-Operator ist $\hat{H}$, $\hat{H}' = \hat{H} - \mu\hat{N}$. Der Störungsoperator ist $\hat{V}$, ψ-Operatoren in der SCHRÖDINGER-Darstellung sind $\hat{\psi}$, $\hat{\psi}^+$, in der HEISENBERG-Darstellung $\hat{\Psi}$, $\hat{\Psi}^+$, in der MATSUBARA-Darstellung $\hat{\Psi}^{\mathrm{M}}$, $\hat{\bar{\Psi}}^{\mathrm{M}}$.

Die GREENschen Funktionen sind G, D. Die temperaturabhängigen GREENschen Funktionen sind $\mathcal{G}$, $\mathcal{D}$.

Die thermodynamischen Größen werden wie im Band V bezeichnet, insbesondere: die Temperatur T, das Volumen V, der Druck P, das chemische Potential μ.

Die magnetische Feldstärke und die magnetische Induktion sind gegeben durch $\boldsymbol{H}$ bzw. $\boldsymbol{B}$; das äußere magnetische Feld ist $\mathfrak{H}$.

Das Zeichen $\sim$ bedeutet größenordnungsmäßig gleich, und $\propto$ bedeutet proportional.

Hinweise auf die Nummer der Paragraphen und der Formeln in anderen Bänden dieses Lehrbuches sind mit römischen Ziffern versehen: I – „Mechanik" (1990); II – „Klassische Feldtheorie" (1989); III – „Quantenmechanik" (1990); IV – „Quantenelektrodynamik" (1991); V – „Statistische Physik, Teil I" (1991); VI – „Hydrodynamik" (1991); VIII – „Elektrodynamik der Kontinua" (1990).

Die in den Hinweisen genannten Paragraphen- und Formelnummern beziehen sich auf die angegebenen Auflagen und stimmen mit älteren Auflagen u. U. nicht überein.

1 DIE NORMALE FERMI-FLÜSSIGKEIT

§ 1. Elementaranregungen in einer FERMI-Flüssigkeit

Bei sehr tiefen Temperaturen, bei denen die DE BROGLIE-Wellenlänge, die der thermischen Bewegung der Atome in einer Flüssigkeit entspricht, mit den zwischenatomaren Abständen vergleichbar wird, sind die makroskopischen Eigenschaften der Flüssigkeit durch Quanteneffekte bestimmt. Die Theorie dieser Quanteneffekte ist von großem prinzipiellen Interesse, obwohl es in der Natur nur zwei Objekte dieser Art gibt, die Flüssigkeiten im buchstäblichen Sinne dieses Wortes sind; das sind die flüssigen Isotope des Heliums (He^3 und He^4) bei Temperaturen von etwa 1—2 K. Alle anderen Stoffe werden schon wesentlich früher fest, als daß die Quanteneffekte in ihnen eine entscheidende Rolle spielen könnten. Wir erinnern in diesem Zusammenhang daran, daß nach der klassischen Mechanik alle Körper am absoluten Temperaturnullpunkt fest sein sollten (s. V, § 64); Helium bleibt, weil die Wechselwirkung seiner Atome besonders schwach ist, flüssig bis zu Temperaturen, bei denen die Quanteneffekte ins Spiel kommen, worauf die Verfestigung schon nicht mehr einzutreten braucht.

Die Berechnung der thermodynamischen Größen eines makroskopischen Körpers erfordert es, daß man das Spektrum seiner Energieniveaus kennt. Im Falle eines Systems von stark wechselwirkenden Teilchen, wie es eine Quantenflüssigkeit ist, handelt es sich natürlich um die Niveaus, die den quantenmechanischen stationären Zuständen der Flüssigkeit als Ganzes entsprechen, und keinesfalls um die Zustände der einzelnen Atome. Bei der Berechnung der Zustandssumme im Gebiet hinreichend tiefer Temperaturen braucht man nur die schwach angeregten Energieniveaus der Flüssigkeit zu berücksichtigen — die Niveaus, die nicht allzu hoch über dem Grundzustand liegen.

Der folgende Umstand ist von entscheidender Bedeutung für die ganze Theorie. Jeder schwach angeregte Zustand eines makroskopischen Körpers kann in der Quantenmechanik als Gesamtheit von einzelnen *Elementaranregungen* betrachtet werden. Diese Elementaranregungen verhalten sich wie gewisse *Quasiteilchen,* die sich in dem von dem Körper eingenommenen Volumen bewegen und bestimmte Energien ε und Impulse $\boldsymbol{p}$ besitzen. Die Form der Abhängigkeit $\varepsilon(\boldsymbol{p})$ (oder, wie man sagt, das *Dispersionsgesetz* der Elementaranregungen) ist eine wichtige Charakteristik des Energiespektrums des Körpers. Wir betonen noch einmal, daß der Begriff der Elementaranregungen als eine Methode zur quantenmechanischen Beschreibung der kollektiven Bewegung der Atome eines Körpers entsteht, und die Quasiteilchen keinesfalls mit einzelnen Atomen oder Molekülen identifiziert werden können.

Es gibt unterschiedliche Typen von Energiespektren, die die Quantenflüssigkeiten im Prinzip haben können. In Abhängigkeit von dem Typ des Spektrums wird die Flüssigkeit auch vollkommen unterschiedliche makroskopische Eigenschaften haben. Wir beginnen mit der Behandlung der Flüssigkeit mit einem Spektrum vom FERMI-Typ. Die

Theorie dieser FERMI-Flüssigkeit wurde von L. D. LANDAU (1956–1958) geschaffen; von ihm stammen die Resultate, die in den §§ 1–4 dargestellt sind.[1])

Das Energiespektrum einer Quantenflüssigkeit vom FERMI-Typ wird im gewissen Sinne analog zu dem Spektrum des idealen FERMI-Gases (aus Teilchen mit Spin 1/2) konstruiert. Dem Grundzustand des letzteren entspricht die Besetzung aller Teilchenzustände innerhalb der FERMI-*Kugel*, einer Kugel im Impulsraum mit dem Radius p_F, der mit der Dichte des Gases N/V (der Zahl der Teilchen pro Volumeneinheit) durch die Formel

$$\frac{N}{V} = 2\frac{4\pi p_F^3}{3(2\pi\hbar)^3} = \frac{p_F^3}{3\pi^2\hbar^3} \tag{1,1}$$

zusammenhängt (s. V, § 57). Die angeregten Zustände des Gases entstehen, wenn Teilchen aus den Zuständen der besetzten Kugel in irgendwelche Zustände mit $p > p_F$ übergehen.

In einer Flüssigkeit gibt es selbstverständlich keine Quantenzustände für einzelne Teilchen. Der Ausgangspunkt für die Konstruktion des Spektrums einer FERMI-Flüssigkeit besteht aber in der Behauptung, daß die Klassifizierung der Energieniveaus ungeändert bleibt, wenn die Wechselwirkung zwischen den Atomen allmählich „eingeschaltet" wird, d. h. bei dem Übergang vom Gas zur Flüssigkeit. In dieser Klassifikation geht die Rolle der Gasteilchen auf die Elementaranregungen (Quasiteilchen) über, deren Zahl mit der Zahl der Atome übereinstimmt und die der FERMI-Statistik unterworfen sind.

Wir wollen gleich betonen, daß ein Spektrum dieses Typs offensichtlich nur eine Flüssigkeit aus Teilchen mit halbzahligem Spin haben kann — der Zustand eines Systems aus Bosonen (Teilchen mit ganzzahligem Spin) kann nicht mit Hilfe von Quasiteilchen beschrieben werden, die der FERMI-Statistik genügen. Gleichzeitig muß man auch betonen, daß ein Spektrum dieses Typs keine universelle Eigenschaft aller solcher Flüssigkeiten sein kann. Der Typ des Spektrums hängt auch von dem konkreten Charakter der Wechselwirkung zwischen den Atomen ab. Eine einfache Überlegung macht diesen Umstand deutlich: wenn die Wechselwirkung dergestalt ist, daß unter ihrer Wirkung die Atome danach streben, sich in Paaren zu assoziieren, dann würden wir in der Grenze eine molekulare Flüssigkeit erhalten, die aus Teilchen (Molekülen) mit ganzzahligem Spin besteht, für sie ist ein Spektrum des betrachteten FERMI-Typs selbstverständlich unmöglich.

Jedes Quasiteilchen besitzt einen bestimmten Impuls $\boldsymbol{p}$ (wir werden noch auf die Frage zurückkommen, wieso diese Behauptung richtig ist). $n(\boldsymbol{p})$ sei die Verteilungsfunktion der Quasiteilchen bezüglich der Impulse. Sie sei durch die Bedingung

$$\int n\,\mathrm{d}\tau = \frac{N}{V}, \quad \mathrm{d}\tau = \frac{\mathrm{d}^3p}{(2\pi\hbar)^3}$$

normiert (diese Bedingung wird unten noch konkretisiert werden). Das oben erwähnte Klassifizierungsprinzip besteht in der Annahme, daß die Vorgabe dieser Funktion eindeutig die Energie E der Flüssigkeit bestimmt und daß der Grundzustand einer Verteilungsfunktion entspricht, in der alle Zustände innerhalb der FERMI-Kugel mit dem Ra-

---

[1]) Vorgreifend möchten wir zur Vermeidung von Mißverständnissen sofort konkretisieren, daß es sich um die nicht superfluide (oder, wie man auch sagt, die *normale*) FERMI-Flüssigkeit handelt. Von diesem Typ ist das flüssige Isotop He^3 (mit dem Vorbehalt, der in der Fußnote 3 auf S. 223 gemacht wird).

dius p_F besetzt sind. Dieser Radius hängt mit der Dichte der Flüssigkeit über genau die gleiche Formel (1,1) wie im Falle des idealen Gases zusammen.

Es ist wichtig zu betonen, daß die Gesamtenergie E der Flüssigkeit sich keinesfalls auf die Summe der Energien ε der Quasiteilchen reduziert. Mit anderen Worten, E ist ein Funktional der Verteilungsfunktion, das sich nicht auf das Integral $\int n\varepsilon \, d\tau$ reduziert (wie das für ein ideales Gas gilt, wo die Quasiteilchen mit den echten Teilchen zusammenfallen und nicht miteinander wechselwirken). Weil der primäre Begriff gerade die Energie E ist, so entsteht das Problem, die Energie der Quasiteilchen unter Berücksichtigung ihrer Wechselwirkung zu bestimmen.

Zu diesem Zwecke betrachten wir die Änderung von E bei einer unendlich kleinen Änderung der Verteilungsfunktion. Sie muß offensichtlich durch ein Integral von einem Ausdruck gegeben sein, der linear in der Variation δn ist, d.h. die Form

$$\frac{\delta E}{V} = \int \varepsilon(\boldsymbol{p}) \, \delta n \, d\tau$$

hat. Die Größe ε ist die Variationsableitung der Energie E nach der Verteilungsfunktion. Sie entspricht der Änderung der Energie des Systems, wenn man ein Quasiteilchen mit dem Impuls $\boldsymbol{p}$ hinzufügt, und gerade diese Größe spielt die Rolle der HAMILTON-Funktion des Quasiteilchens im Feld der anderen Teilchen. Sie ist ebenfalls ein Funktional der Verteilungsfunktion, d.h. die Form der Funktion $\varepsilon(\boldsymbol{p})$ ist durch die Verteilung aller Teilchen in der Flüssigkeit bestimmt.

Wir merken in diesem Zusammenhang an, daß man die Elementaranregung in dem betrachteten Typ des Spektrums im gewissen Sinne als Atom im selbstkonsistenten Feld der anderen Atome behandeln kann. Diese Selbstkonsistenz darf man aber nicht in dem in der Quantenmechanik üblichen Sinne verstehen. Sie hat hier einen tieferen Charakter; im HAMILTON-Operator des Atoms wird nicht nur der Einfluß der umgebenden Teilchen auf die potentielle Energie betrachtet, sondern es wird auch die Abhängigkeit des Operators der kinetischen Energie vom Impulsoperator geändert.

Bis jetzt haben wir von der Existenz eines Spins der Quasiteilchen abgesehen. Weil der Spin eine quantenmechanische Größe ist, kann er klassisch nicht betrachtet werden. Aus diesem Grunde müssen wir die Verteilungsfunktion als statistische Matrix bezüglich des Spins betrachten. Die Energie ε einer Elementaranregung ist im allgemeinen nicht nur eine Funktion des Impulses, sondern auch ein Operator bezüglich der Spinvariablen, der durch den Spinoperator $\hat{\boldsymbol{s}}$ des Quasiteilchens ausgedrückt werden kann. In einer homogenen und isotropen Flüssigkeit (die sich weder in einem Magnetfeld befindet noch ferromagnetisch ist) kann der Operator $\hat{\boldsymbol{s}}$ in die skalare Funktion ε nur in Form der Skalare $\hat{\boldsymbol{s}}^2$ oder $(\hat{\boldsymbol{s}}\boldsymbol{p})^2$ eingehen; die erste Potenz des Produktes $\hat{\boldsymbol{s}}\boldsymbol{p}$ ist nicht erlaubt, weil sie ein Pseudoskalar ist, da der Spinvektor ein axialer Vektor ist. Es ist $\hat{\boldsymbol{s}}^2 = s(s+1)$, und für Spin 1/2 führt ebenso $(\hat{\boldsymbol{s}}\boldsymbol{p})^2 = p^2/4$ auf eine von $\hat{\boldsymbol{s}}$ unabhängige Konstante. In diesem Falle hängt also die Energie des Quasiteilchens überhaupt nicht vom Spinoperator ab, d.h., alle Energieniveaus der Quasiteilchen sind zweifach entartet.

Im Grunde genommen ist die Annahme der Existenz eines Spins für ein Quasiteilchen ein Ausdruck der Tatsache, daß diese Entartung vorhanden ist. In diesem Sinne kann man behaupten, daß der Spin der Quasiteilchen im gegebenen Typ des Spektrums immer gleich 1/2 ist, unabhängig davon, welchen Spin die echten Flüssigkeitsteilchen haben. Denn bei einem beliebigen, von 1/2 verschiedenen Spin s würden die Glieder der Form $(\hat{\boldsymbol{s}}\boldsymbol{p})^2$ zu einer Aufspaltung der $(2s+1)$-fach entarteten Niveaus in $(2s+1)/2$ Niveaus mit zweifacher Entartung führen. Mit anderen Worten, es treten $(2s+1)/2$ verschiedene Zweige der Funktion $\varepsilon(\boldsymbol{p})$ auf, von denen jeder „Quasiteilchen mit Spin 1/2“ entspricht.

Wie schon bemerkt wurde, wird die Verteilungsfunktion bei Berücksichtigung des Spins der Quasiteilchen eine Matrix oder ein Operator $\hat{n}(\boldsymbol{p})$ bezüglich der Spinvariablen. Dieser Operator wird in expliziter Form als hermitische Dichtematrix $n_{\alpha\beta}(\boldsymbol{p})$ geschrieben, wobei α, β Spinindizes sind, die die beiden Werte $\pm 1/2$ annehmen können. Die diagonalen Matrixelemente bestimmen die Zahl der Quasiteilchen in bestimmten Spinzuständen. Deshalb muß die Normierungsbedingung für die Verteilungsfunktion der Quasiteilchen jetzt in der Form

$$\operatorname{Sp}\int \hat{n}\, \mathrm{d}\tau \equiv \int n_{\alpha\alpha}\, \mathrm{d}\tau = \frac{N}{V}, \quad \mathrm{d}\tau = \frac{\mathrm{d}^3 p}{(2\pi\hbar)^3} \tag{1,2}$$

geschrieben werden (das Symbol Sp bedeutet, daß die Spur der Matrix bezüglich der Spinindizes zu nehmen ist).[1])

Ein Operator — eine Matrix bezüglich der Spinvariablen — ist im allgemeinen auch die Energie des Quasiteilchens $\hat{\varepsilon}$. Ihre Definition muß man als

$$\frac{\delta E}{V} = \operatorname{Sp}\int \hat{\varepsilon}\, \delta\hat{n}\, \mathrm{d}\tau \equiv \int \varepsilon_{\alpha\beta}\, \delta n_{\beta\alpha}\, \mathrm{d}\tau \tag{1,3}$$

schreiben.

Wenn die Spinabhängigkeit der Verteilungsfunktion und der Energie fehlt, d. h. wenn sich $n_{\alpha\beta}$ und $\varepsilon_{\alpha\beta}$ auf die Einheitsmatrix reduzieren:

$$n_{\alpha\beta} = n\, \delta_{\alpha\beta}, \quad \varepsilon_{\alpha\beta} = \varepsilon\, \delta_{\alpha\beta}, \tag{1,4}$$

dann führt die Spur in (1,2—3) einfach auf eine Multiplikation mit 2:

$$2\int n\, \mathrm{d}\tau = \frac{N}{V}, \quad \frac{\delta E}{V} = 2\int \varepsilon\, \delta n\, \mathrm{d}\tau. \tag{1,5}$$

Es ist leicht zu sehen, daß im statistischen Gleichgewicht die Verteilungsfunktion der Quasiteilchen die Form einer FERMI-Verteilung hat, wobei die Rolle der Energie die nach (1,3) definierte Größe $\hat{\varepsilon}$ spielt. Denn weil die Klassifizierungseigenschaften der Energieniveaus der Flüssigkeit mit denen eines idealen FERMI-Gases übereinstimmen, wird die Entropie S der Flüssigkeit durch den gleichen kombinatorischen Ausdruck

$$\frac{S}{V} = -\operatorname{Sp}\int \{\hat{n}\ln\hat{n} - (1-\hat{n})\ln(1-\hat{n})\}\, \mathrm{d}\tau \tag{1,6}$$

wie im Falle des Gases bestimmt (s. V, § 55). Wenn wir diesen Ausdruck unter der zusätzlichen Bedingung variieren, daß die Gesamtzahl der Teilchen und die Gesamtenergie konstant bleiben sollen,

$$\frac{\delta N}{V} = \operatorname{Sp}\int \delta\hat{n}\, \mathrm{d}\tau = 0, \quad \frac{\delta E}{V} = \operatorname{Sp}\int \hat{\varepsilon}\, \delta\hat{n}\, \mathrm{d}\tau = 0,$$

erhalten wir die gesuchte Verteilung

$$\hat{n} = [\mathrm{e}^{(\hat{\varepsilon}-\mu)/T} + 1]^{-1}. \tag{1,7}$$

[1]) Hier und überall unten wird über doppelt auftretende Indizes wie üblich summiert.

Dabei ist μ das chemische Potential der Flüssigkeit.

Wenn die Energie der Quasiteilchen nicht vom Spin abhängt, folgt aus der Formel (1,7) die gleiche Verknüpfung zwischen den Größen n und ε:

$$n = [e^{(\varepsilon-\mu)/T} + 1]^{-1}. \quad (1,8)$$

Bei der Temperatur $T = 0$ fällt das chemische Potential mit der Grenzenergie an der Oberfläche der FERMI-Kugel zusammen:

$$\mu\,|_{T=0} = \varepsilon_F \equiv \varepsilon(p_F). \quad (1,9)$$

Wir unterstreichen, daß ungeachtet der formalen Analogie des Ausdruckes (1,8) mit der üblichen FERMI-Verteilung beide nicht identisch sind: weil ε selbst ein Funktional von n ist, ist die Formel (1,8) streng genommen eine komplizierte implizite Definition von n.

Kehren wir zu der getroffenen Annahme zurück, daß jedem Quasiteilchen ein bestimmter Impuls zugeschrieben werden kann. Damit diese Annahme berechtigt ist, ist es erforderlich, daß die Unbestimmtheit des Impulses (die mit der Endlichkeit der freien Weglänge des Quasiteilchens zusammenhängt) nicht nur klein im Vergleich zu der Größe des Impulses selbst ist, sondern auch gegenüber der Breite Δp des „Aufweichungsgebietes" der Verteilung — des Gebietes, in dem sie sich wesentlich von der Stufenfunktion

$$\theta(\boldsymbol{p}) \equiv \theta(p) = \begin{cases} 1 & \text{bei} \quad p < p_F \\ 0 & \text{bei} \quad p > p_F \end{cases} \quad (1,10)$$

unterscheidet.[1]) Es ist leicht zu sehen, daß diese Bedingung erfüllt ist, wenn die Verteilung $n(\boldsymbol{p})$ sich von (1,10) nur in einem kleinen Gebiet in der Nähe der Oberfläche der FERMI-Kugel unterscheidet. Denn wegen des PAULI-Prinzips können nur Quasiteilchen in dem Aufweichungsgebiet der Verteilung aneinander gestreut werden, wobei sie im Ergebnis der Streuung in freie Zustände in demselben Gebiet übergehen müssen. Deshalb ist die Stoßwahrscheinlichkeit proportional dem Quadrat der Breite dieses Gebietes. Dementsprechend ist auch die Unbestimmtheit der Energie und mit ihr auch die Unbestimmtheit des Impulses des Quasiteilchens proportional zu $(\Delta p)^2$. Hieraus folgt, daß bei hinreichend kleinem Δp die Unbestimmtheit des Impulses nicht nur klein im Vergleich zu p_F, sondern auch im Vergleich zu Δp ist.

Die dargestellte Methode ist also nur für solche angeregte Zustände der Flüssigkeit richtig, die durch eine Verteilungsfunktion für die Quasiteilchen beschrieben werden, welche sich von der Stufenfunktion nur in einem engen Gebiet in der Nähe der FERMI-Fläche unterscheidet. Insbesondere sind für Verteilungen im thermodynamischen Gleichgewicht nur hinreichend tiefe Temperaturen zulässig. Die Breite (bezüglich der Energie) des Aufweichungsgebietes der Gleichgewichtsverteilung ist $\sim T$. Die quantentheoretische Unbestimmtheit der Energie des Quasiteilchens, die mit den Stößen zusammenhängt, ist von der Größenordnung $\hbar/\tau$, wobei τ die mittlere Flugzeit zwischen zwei Stößen des Quasiteilchens ist. Deshalb lautet die Bedingung, unter der die Theorie anwendbar ist:

$$\hbar/\tau \ll T. \quad (1,11)$$

[1]) Wir merken für das Weitere an, daß die Ableitung

$$\theta'(p) = -\delta(p - p_F)$$

ist. Denn beide Seiten dieser Gleichung ergeben das gleiche Resultat (eins) bei der Integration über ein beliebiges, $p = p_F$ enthaltendes Intervall.

Nach dem oben Gesagten ist dabei die Zeit τ umgekehrt proportional dem Quadrat der Breite des Aufweichungsgebietes, d. h.

$$\tau \propto T^{-2},$$

so daß (1,11) bei $T \to 0$ offenbar erfüllt ist. Für eine Flüssigkeit, in der die Wechselwirkung zwischen den Teilchen nicht schwach ist, stimmen alle Energieparameter größenordnungsmäßig mit der Grenzenergie ε_F überein; in diesem Sinne ist die Bedingung (1,11) äquivalent der Bedingung $T \ll |\varepsilon_F|$.[1])

Für Verteilungen, die der stufenförmigen ähnlich sind (der Verteilung bei $T = 0$), kann man in erster Näherung das Funktional ε durch seinen Wert ersetzen, der für $n(\boldsymbol{p}) = \theta(p)$ berechnet wird. Dann wird ε eine bestimmte Funktion des Impulsbetrages, und die Formel (1,7) wird zu einer gewöhnlichen FERMI-Verteilung.

Dabei kann man in der Nähe der Oberfläche der FERMI-Kugel, wo die Funktion $\varepsilon(\boldsymbol{p})$ einen unmittelbaren physikalischen Sinn hat, diese Funktion nach Potenzen der Differenz $p - p_F$ entwickeln. Wir finden

$$\varepsilon - \varepsilon_F \approx v_F(p - p_F). \tag{1,12}$$

Dabei ist

$$\boldsymbol{v}_F = \left.\frac{\partial \varepsilon}{\partial \boldsymbol{p}}\right|_{p=p_F} \tag{1,13}$$

die „Geschwindigkeit" der Quasiteilchen auf der FERMI-Oberfläche. In einem idealen FERMI-Gas, wo die Quasiteilchen mit den echten Teilchen identisch sind, haben wir $\varepsilon = p^2/2m$, so daß $v_F = p_F/m$ ist. In Analogie dazu kann man für die FERMI-Flüssigkeit die Größe

$$m^* = p_F/v_F \tag{1,14}$$

einführen und sie *effektive Masse* eines Quasiteilchens nennen; diese Größe ist positiv (s. Ende des § 2).

In den Bezeichnungen der so eingeführten Größen kann man die Bedingung, unter der die Theorie angewendet werden darf, als $T \ll v_F p_F$ schreiben, wobei einen realen Sinn nur die Quasiteilchen mit Impulsen p haben, für die $|p - p_F| \ll p_F$ ist. Wir unterstreichen diesen letzten Umstand noch einmal und bemerken, daß er insbesondere der Beziehung (1,1) zwischen p_F und der Flüssigkeitsdichte einen nichttrivialen Charakter verleiht, weil ihre anschauliche Ableitung (für das FERMI-Gas) auf der Vorstellung beruht, daß sich die Teilchen in Zuständen befinden, die die ganze FERMI-Kugel ausfüllen und nicht nur die Umgebung ihrer Oberfläche.[2])

Die effektive Masse bestimmt speziell die Entropie S und die Wärmekapazität C der Flüssigkeit bei tiefen Temperaturen. Sie werden durch die gleichen Formeln gegeben wie auch für ein ideales Gas (V, § 58), man braucht in ihnen nur die Teilchenmasse m durch die effektive Masse m^* zu ersetzen:

$$S = C = V\gamma T, \quad \gamma = \frac{m^* p_F}{3\hbar^3} = \left(\frac{\pi}{3}\right)^{2/3} \frac{m^*}{\hbar^2} \left(\frac{N}{V}\right)^{1/3} \tag{1,15}$$

[1]) Für flüssiges He^3 ist aber, wie das Experiment zeigt, das Gebiet für die quantitative Anwendung der Theorie praktisch begrenzt durch Temperaturen $T \lesssim 0{,}1$ K (während $|\varepsilon_F| \approx 2{,}5$ K ist).

[2]) Der Beweis der Beziehung (1,1) erfordert die Anwendung von komplizierteren mathematischen Methoden, er wird später im § 20 gegeben werden.

(wegen der linearen Abhängigkeit von T fallen S und C zusammen). Der Ausdruck (1,6), mit dessen Hilfe die Entropie durch die Verteilungsfunktion ausgedrückt wird, ist in der Tat für die Flüssigkeit und das Gas identisch, und bei der Berechnung dieses Integrals ist nur das Gebiet der Impulse in der Nähe von p_F wesentlich, in dem die Verteilungsfunktion der Quasiteilchen in der Flüssigkeit und dem Gas durch ein und denselben Ausdruck (1,8) gegeben sind.[1])

Bevor wir die Theorie weiterentwickeln, möchten wir folgende Bemerkung machen. Obwohl die verwendete Methode zur Einführung des Begriffes Quasiteilchen in der FERMI-Flüssigkeit in völliger Analogie zu Gasteilchen für den systematischen Aufbau der Theorie sehr zweckmäßig ist, hat das mit ihr zusammenhängende physikalische Bild den Nachteil, daß in ihm die unbeobachtbare volle FERMI-Kugel der Quasiteilchen auftaucht. Dieser Mangel könnte durch eine Formulierung beseitigt werden, in der die Elementaranregungen nur bei $T \neq 0$ auftreten. In diesem Bild spielen die Quasiteilchen außerhalb der FERMI-Kugel und die „Löcher" innerhalb der FERMI-Kugel die Rolle der Elementaranregungen; den ersten muß man (in der Näherung, die der Formel (1,12) entspricht) die Energie $\varepsilon = v_F(p - p_F)$ und den letzteren die Energie $\varepsilon = v_F(p_F - p)$ zuschreiben. Die statistische Verteilung für die einen wie die anderen wird durch die Formel für die FERMI-Verteilung mit verschwindendem chemischen Potential gegeben (in Übereinstimmung damit, daß die Zahl der Elementaranregungen dabei nicht konstant ist, sondern selbst durch die Temperatur bestimmt wird[2])):

$$n = [e^{\varepsilon/T} + 1]^{-1}. \qquad (1,16)$$

Die Elementaranregungen erscheinen oder verschwinden in diesem Bild paarweise, so daß die Gesamtzahl der Anregungen mit Impulsen $p > p_F$ und $p < p_F$ immer gleich ist.

Wir weisen auch darauf hin, daß bei dieser Definition der Elementaranregungen ihre Energie immer positiv ist: die Energie ist die Zunahme der Energie des angeregten Niveaus gegenüber der des normalen Niveaus des Systems. Die nach (1,3) definierte Energie der Quasiteilchen kann sowohl positiv als auch negativ sein.

Für eine Flüssigkeit ist bei der Temperatur $T = 0$ und bei verschwindendem Druck die Größe $\varepsilon_F = \mu$ offenbar negativ, deswegen sind auch die ε_F benachbarten Werte ε negativ. Das wird daraus klar, daß bei $T = 0$ und $P = 0$ die Größe $-\mu$ mit einer positiven Größe zusammenfällt — mit dem Grenzwert der auf ein Teilchen bezogenen Verdampfungswärme der Flüssigkeit.

§ 2. Die Wechselwirkung der Quasiteilchen

Die Energie der Quasiteilchen ändert sich, weil sie ein Funktional der Verteilungsfunktion der Quasiteilchen ist, wenn die Verteilungsfunktion geändert wird. Die Änderung der

---

[1]) Für flüssiges He^3 (bei verschwindendem Druck) gilt: $p_F/\hbar = 0{,}8 \cdot 10^8$ cm^{-1}, $m^* = 3{,}1 \cdot m(He^3)$; p_F wird aus der Flüssigkeitsdichte, m^* aus der Wärmekapazität bestimmt.

[2]) Wir erinnern daran (vgl. V, § 63), daß unter diesen Bedingungen die Zahl der Quasiteilchen N_{Qu} durch die Bedingung für das thermodynamische Gleichgewicht bestimmt ist, nämlich daß die freie Energie F als Funktion von N_{Qu} bei gegebenen Werten von Temperatur und Volumen ein Minimum annehmen muß: $(\partial F/\partial N_{Qu})_{T,V} = 0$; diese Ableitung ist aber das „chemische Potential der Quasiteilchen" (nicht zu verwechseln mit dem chemischen Potential μ der Flüssigkeit, das durch die Ableitung von F nach der Zahl der echten Teilchen N bestimmt ist).

Energie bei einer kleinen Abweichung δn der Verteilungsfunktion von der Stufenfunktion (1,10) muß die Form

$$\delta\varepsilon_{\alpha\beta}(\boldsymbol{p}) = \int f_{\alpha\gamma,\beta\delta}(\boldsymbol{p},\boldsymbol{p}')\,\delta n_{\delta\gamma}(\boldsymbol{p}')\,\mathrm{d}\tau' \tag{2,1}$$

oder, in einer mehr symbolischen Form,

$$\delta\hat{\varepsilon}(\boldsymbol{p}) = \mathrm{Sp}'\int \hat{f}(\boldsymbol{p},\boldsymbol{p}')\,\delta\hat{n}(\boldsymbol{p}')\,\mathrm{d}\tau'$$

haben, wobei Sp′ bedeutet, daß die Spur über Spinindexpaare zu nehmen ist, die dem Impuls $\boldsymbol{p}'$ entsprechen. Die Funktion $\hat{f}$ kann man *Wechselwirkungsfunktion* der Quasiteilchen nennen (in einem FERMI-Gas ist $\hat{f} \equiv 0$). Nach ihrer Definition ist diese Funktion die zweite Variationsableitung der Gesamtenergie E der Flüssigkeit, sie ist deshalb symmetrisch in den Variablen $\boldsymbol{p}$, $\boldsymbol{p}'$ und den ihnen entsprechenden Spinindexpaaren:

$$f_{\alpha\gamma,\beta\delta}(\boldsymbol{p},\boldsymbol{p}') = f_{\gamma\alpha,\delta\beta}(\boldsymbol{p}',\boldsymbol{p}). \tag{2,2}$$

Unter Berücksichtigung der Änderung (2,1) wird die Energie der Quasiteilchen in der Nähe der FERMI-Fläche durch die Summe

$$\hat{\varepsilon}(\boldsymbol{p}) - \varepsilon_F = v_F(p - p_F) + \mathrm{Sp}'\int \hat{f}(\boldsymbol{p},\boldsymbol{p}')\,\delta\hat{n}(\boldsymbol{p}')\,\mathrm{d}\tau' \tag{2,3}$$

gegeben. Für die Verteilungen im thermodynamischen Gleichgewicht bestimmt speziell das zweite Glied in der Formel (2,3) die Abhängigkeit der Quasiteilchenenergie von der Temperatur. Weil $\delta\hat{n}'$ nur in einer schmalen Schicht von $\boldsymbol{p}'$-Werten in der Nähe der Oberfläche der FERMI-Kugel merklich von Null verschieden ist und sich in dieser Schicht die Impulse $\boldsymbol{p}$ der realen Quasiteilchen befinden, kann man die Funktion $\hat{f}(\boldsymbol{p},\boldsymbol{p}')$ in den Formeln (2,1) und (2,3) praktisch durch ihren Wert auf der Oberfläche selbst ersetzen, d.h. man kann $p = p' = p_F$ setzen, so daß $\hat{f}$ nur von den Richtungen der Vektoren $\boldsymbol{p}$ und $\boldsymbol{p}'$ abhängen wird.

Die Spinabhängigkeit der Funktion $\hat{f}$ hängt sowohl mit den relativistischen Effekten (Spin-Spin- und Spin-Bahn-Wechselwirkung) als auch mit der Austausch-Wechselwirkung zusammen. Die letztere hat die größere Bedeutung. Wenn man sie berücksichtigt, hat die Wechselwirkungsfunktion der Quasiteilchen (auf der FERMI-Fläche) die Form

$$\frac{p_F m^*}{\pi^2\hbar^3}\hat{f}(\boldsymbol{p},\boldsymbol{p}') = F(\vartheta) + \boldsymbol{\sigma}\boldsymbol{\sigma}' G(\vartheta), \tag{2,4}$$

dabei sind $\boldsymbol{\sigma}$, $\boldsymbol{\sigma}'$ PAULI-Matrizen, die auf die entsprechenden (zu den Variablen $\boldsymbol{p}$ und $\boldsymbol{p}'$ gehörenden) Spinindizes wirken, F und G sind zwei Funktionen des Winkels ϑ zwischen $\boldsymbol{p}$ und $\boldsymbol{p}'$.[1]) Die Form dieses Ausdruckes hängt mit der charakteristischen Eigenschaft der Austausch-Wechselwirkung zusammen: sie hängt nicht von der Orientierung des Gesamtdrehimpulses des Systems im Raum ab; deshalb können die Operatoren der beiden Spins in den Ausdruck nur in der Form des skalaren Produktes eingehen. Die nach (2,4) definierten Funktionen F und G sind dimensionslos. Der zu diesem Zweck auf der linken Seite von (2,4) eingeführte Faktor ist die Anzahl der Quasiteilchenzustände auf der FERMI-Fläche, bezogen auf das Einheitsintervall der Energie

$$\nu(\varepsilon_F) = \frac{2\mathrm{d}\tau}{\mathrm{d}\varepsilon}\bigg|_{\varepsilon=\varepsilon_F} = \frac{2\cdot 4\pi p_F^2}{(2\pi\hbar)^3}\left(\frac{\mathrm{d}p}{\mathrm{d}\varepsilon}\right)_{p_F}$$

---

[1]) In expliziter Matrixform

$$\frac{p_F m^*}{\pi^2\hbar^3} f_{\alpha\gamma,\beta\delta} = F\,\delta_{\alpha\beta}\delta_{\gamma\delta} + G\boldsymbol{\sigma}_{\alpha\beta}\boldsymbol{\sigma}_{\gamma\delta}. \tag{2,4a}$$

oder

$$v_F = \frac{p_F^2}{\pi^2 \hbar^3 v_F} = \frac{p_F m^*}{\pi^2 \hbar^3}. \tag{2,5}$$

Weil die Spur der PAULI-Matrizen gleich Null ist, verschwindet das zweite Glied in (2,4), wenn man die Spur nimmt, so daß $\mathrm{Sp}'\hat{f}$ auch nicht von $\boldsymbol{\sigma}$ abhängt. Diese Unabhängigkeit gilt in Wirklichkeit auch bei Berücksichtigung der Spin-Bahn- und der Spin-Spin-Wechselwirkung. Das liegt daran, daß die skalare Funktion $\mathrm{Sp}'\hat{f}$ den Spinoperator nur in der Form des Produktes $\hat{\boldsymbol{s}}(\boldsymbol{p} \times \boldsymbol{p}')$ der beiden axialen Vektoren $\hat{\boldsymbol{s}}$ und $\boldsymbol{p} \times \boldsymbol{p}'$ enthalten könnte (Ausdrücke, die in den Komponenten von $\hat{\boldsymbol{s}}$ quadratisch sind, braucht man nicht zu betrachten, weil sie für Spin 1/2 auf Glieder führen, die in $\hat{\boldsymbol{s}}$ linear sind, und solche, die $\hat{\boldsymbol{s}}$ überhaupt nicht enthalten). Dieses Produkt ist aber bezüglich der Zeitumkehr nicht invariant und kann nicht in die invariante Größe $\mathrm{Sp}'\hat{f}$ eingehen.

Wir führen die für das Weitere zweckmäßige Bezeichnung

$$f_{\alpha\gamma,\beta\gamma}(\boldsymbol{p}, \boldsymbol{p}') = \delta_{\alpha\beta} f(\boldsymbol{p}, \boldsymbol{p}'), \quad f = \frac{1}{2} \mathrm{Sp}\, \mathrm{Sp}'\hat{f} \tag{2,6}$$

ein. Für den Ausdruck (2,4) finden wir

$$\frac{p_F m^*}{\pi^2 \hbar^3} f(\vartheta) = 2F(\vartheta). \tag{2,7}$$

Die Wechselwirkungsfunktion der Quasiteilchen genügt einer bestimmten Integralbeziehung, die aus dem GALILEIschen Relativitätsprinzip folgt. Eine direkte Folge dieses Prinzips ist (bei fehlendem äußeren Feld) das Zusammenfallen des Impulses des Einheitsvolumens der Flüssigkeit mit der Massenstromdichte. Die Geschwindigkeit eines Quasiteilchens ist $\partial\varepsilon/\partial\boldsymbol{p}$, so daß der Quasiteilchenstrom durch das Integral

$$\mathrm{Sp} \int \hat{n} \frac{\partial \hat{\varepsilon}}{\partial \boldsymbol{p}} \, d\tau$$

gegeben ist. Weil die Zahl der Quasiteilchen in der Flüssigkeit mit der Zahl der echten Teilchen übereinstimmt, so ist klar, daß man den gesamten Massentransport durch die Quasiteilchen erhält, wenn man ihre Zahl mit der Masse m der echten Teilchen multipliziert. Wir erhalten so die folgende Gleichung:

$$\mathrm{Sp} \int \boldsymbol{p} \hat{n} \, d\tau = \mathrm{Sp} \int m \frac{\partial \hat{\varepsilon}}{\partial \boldsymbol{p}} \hat{n} \, d\tau. \tag{2,8}$$

Wir setzen $n_{\alpha\beta} = n\delta_{\alpha\beta}$, $\varepsilon_{\alpha\beta} = \varepsilon\delta_{\alpha\beta}$ und variieren beide Seiten von (2,8). Unter Benutzung von (2,1) erhalten wir

$$\int \boldsymbol{p}\, \delta n \, d\tau = m \int \frac{\partial \varepsilon}{\partial \boldsymbol{p}} \delta n \, d\tau + m \int \frac{\partial f(\boldsymbol{p}, \boldsymbol{p}')}{\partial \boldsymbol{p}} n \, \delta n' \, d\tau \, d\tau'$$
$$= m \int \frac{\partial \varepsilon}{\partial \boldsymbol{p}} \delta n \, d\tau - m \int f(\boldsymbol{p}, \boldsymbol{p}') \frac{\partial n'}{\partial \boldsymbol{p}'} \delta n \, d\tau \, d\tau'.$$

Dabei ist $n' \equiv n(\boldsymbol{p}')$. (Im zweiten Integral ist die Bezeichnung der Variablen getauscht und partiell integriert worden.) Weil δn beliebig ist, folgt daraus die gesuchte Beziehung

$$\frac{\boldsymbol{p}}{m} = \frac{\partial \varepsilon}{\partial \boldsymbol{p}} - \int f(\boldsymbol{p}, \boldsymbol{p}') \frac{\partial n(\boldsymbol{p}')}{\partial \boldsymbol{p}'} \, d\tau'. \tag{2,9}$$

Für die spinunabhängige Stufenfunktion $n(\boldsymbol{p}') = \theta(p')$ führt die Ableitung $\partial n'/\partial \boldsymbol{p}'$ auf eine δ-Funktion:

$$\frac{\partial \theta(p)}{\partial \boldsymbol{p}} = -\frac{\boldsymbol{p}}{p}\,\delta(p - p_F). \tag{2,10}$$

Wenn wir in (2,9) die Funktion $\varepsilon(\boldsymbol{p})$ aus (1,12) einsetzen, dann überall den Impuls $\boldsymbol{p} = p\boldsymbol{n}$ durch den Wert $\boldsymbol{p}_F = p_F\boldsymbol{n}$ auf der FERMI-Fläche ersetzen und beide Seiten der Gleichung mit $\boldsymbol{p}_F$ multiplizieren, erhalten wir folgende Beziehung zwischen der Masse m der echten Teilchen und der effektiven Masse der Quasiteilchen:

$$\frac{1}{m} = \frac{1}{m^*} + \frac{p_F}{(2\pi\hbar)^3}\int f(\vartheta)\cos\vartheta\,\mathrm{d}o'. \tag{2,11}$$

Dabei ist $\mathrm{d}o'$ das Element des Raumwinkels in der Richtung $\boldsymbol{p}'$. Wenn man hier für $f(\vartheta)$ den Ausdruck (2,7) einsetzt, dann nimmt diese Gleichung die Form

$$\frac{m^*}{m} = 1 + \overline{F(\vartheta)\cos\vartheta} \tag{2,12}$$

an, wobei der Strich die Mittelung über die Richtungen bedeutet (d.h. die Integration über $\mathrm{d}o'/4\pi = \sin\vartheta\,\mathrm{d}\vartheta/2$).

Wir berechnen noch die Kompressibilität der FERMI-Flüssigkeit (am absoluten Nullpunkt), d.h. die Größe $u^2 = \partial P/\partial \varrho$.[1] Die Dichte der Flüssigkeit ist $\varrho = mN/V$, so daß

$$u^2 = -\frac{V^2}{mN}\frac{\partial P}{\partial V}$$

ist. Um diese Ableitung zu berechnen, ist es zweckmäßig, sie durch die Ableitung des chemischen Potentials auszudrücken. Wenn wir beachten, daß das letztere von N und V nur in Form des Verhältnisses N/V abhängt und daß bei $T = \text{const} = 0$ für das Differential $\mathrm{d}\mu$ gilt $\mathrm{d}\mu = V\,\mathrm{d}P/N$, finden wir

$$\frac{\partial \mu}{\partial N} = -\frac{V}{N}\frac{\partial \mu}{\partial V} = -\frac{V^2}{N^2}\frac{\partial P}{\partial V},$$

so daß

$$u^2 = \frac{N}{m}\frac{\partial \mu}{\partial N} \tag{2,13}$$

ist.

Bei $T = 0$ gilt $\mu = \varepsilon_F$, und die Änderung $\delta\mu$ bei einer Änderung der Teilchenzahl um δN ist gleich

$$\delta\mu = \int f(\boldsymbol{p}_F, \boldsymbol{p}')\,\delta n'\,\mathrm{d}\tau' + \frac{\partial \varepsilon_F}{\partial p_F}\,\delta p_F. \tag{2,14}$$

---

[1]) Bei $T = 0$ ist auch $S = 0$, so daß keine Notwendigkeit besteht, zwischen isothermer und adiabatischer Kompressibilität zu unterscheiden. Die Größe u ist wie der bekannte Ausdruck für die Schallgeschwindigkeit in der Flüssigkeit definiert. Man muß aber beachten, daß sich bei $T = 0$ der gewöhnliche Schall in einer FERMI-Flüssigkeit praktisch überhaupt nicht ausbreiten kann — s. § 4.

Das erste Glied in dem Ausdruck (2,14) ist die Änderung der Größe $\varepsilon(p_F)$ infolge der Änderung der Verteilungsfunktion. Das zweite Glied hängt damit zusammen, daß die Änderung der Gesamtzahl der Teilchen auch den Wert des Grenzimpulses ändert: wegen (1,1) haben wir $\delta N = Vp_F^2\, \delta p_F/\pi^2\hbar^3$. Weil $\delta n'$ nur bei $p' \approx p_F$ merklich von Null verschieden ist, können wir, wenn wir im Integral die Funktion f durch ihren Wert auf der FERMI-Fläche ersetzen, schreiben

$$\int f\, \delta n'\, d\tau' \approx \frac{1}{2} \int f\, do' \int \delta n' \frac{2d\tau'}{4\pi} = \frac{1}{2}\, 4\pi \bar{f}\, \frac{\delta N}{4\pi V}.$$

Wir setzen das in (2,14) ein, führen m^* gemäß $\partial\varepsilon_F/\partial p_F = p_F/m^*$ ein und erhalten

$$\frac{\partial \mu}{\partial N} = \frac{\bar{f}}{2V} + \frac{\pi^2\hbar^3}{p_F m^* V}. \tag{2,15}$$

Schließlich nehmen wir $1/m^*$ aus (2,11) und berücksichtigen wieder (1,1), dann erhalten wir endgültig

$$u^2 = \frac{p_F^2}{3m^2} + \frac{1}{3m}\left(\frac{p_F}{2\pi\hbar}\right)^3 \int f(\vartheta)\,(1 - \cos\vartheta)\, do'. \tag{2,16}$$

Mit der Funktion $f(\vartheta)$ aus (2,7) und unter Benutzung von (2,12) kann man diesen Ausdruck auf die Form

$$u^2 = \frac{p_F^2}{3mm^*}\,(1 + \overline{F(\vartheta)}) \tag{2,17}$$

bringen.

Die Funktion $\hat{f}$ muß einer bestimmten Bedingung genügen, die aus der Forderung entsteht, daß der Grundzustand der Flüssigkeit stabil sein soll. Der letztere besteht darin, daß alle Zustände der Quasiteilchen innerhalb der FERMI-Kugel besetzt sind, und die Energie dieses Zustandes muß bezüglich einer beliebigen kleinen Deformation der Kugel minimal sein. Wir wollen hier nicht alle Rechnungen ausführen, sondern nur ihr Endergebnis angeben.[1] Man formuliert es am zweckmäßigsten, wenn man die Funktionen $F(\vartheta)$ und $G(\vartheta)$ aus (2,4) nach LEGENDREschen Polynomen entwickelt, d. h. wenn man sie als

$$F(\vartheta) = \sum_l (2l + 1)\, F_l P_l(\cos\vartheta); \quad G(\vartheta) = \sum_l (2l + 1)\, G_l P_l(\cos\vartheta) \tag{2,18}$$

darstellt (bei dieser Definition fallen die Koeffizienten F_l und G_l mit den Mittelwerten der Produkte FP_l und GP_l zusammen). Dann schreiben sich die Stabilitätsbedingungen in Form der Ungleichungen

$$F_l + 1 > 0, \tag{2,19}$$

$$G_l + 1 > 0. \tag{2,20}$$

Wenn wir die Bedingung (2,19) für $l = 1$ mit dem Ausdruck (2,12) für die effektive Masse vergleichen, können wir uns davon überzeugen, daß die letztere positiv ist. Die Bedingung (2,19) für $l = 0$ gewährleistet, daß der Ausdruck (2,17) positiv ist.[2]

---

[1]) Siehe I. JA. POMERANTSCHUK, Ž. eksper. teoret. fiz. **35**, 524 (1958).

[2]) Bei $l = 1$ gilt auch die Ungleichung $F_1 > G_1$. Zu ihrer Ableitung siehe A. J. LEGGET, Ann. of Phys. **46**, 76 (1968).

§ 3. Die magnetische Suszeptibilität der FERMI-Flüssigkeit

Ein Quasiteilchen mit einem von Null verschiedenen Spin besitzt im allgemeinen auch ein magnetisches Moment. Für Spin 1/2 hat der Operator dieses Momentes die Form $\beta\boldsymbol{\sigma}$ (die z-Projektion des magnetischen Momentes ist gleich $\pm\beta$). Die Konstante $2\beta/\hbar$, die das Verhältnis des magnetischen Momentes des Quasiteilchens zum Drehimpuls ($\hbar/2$) bestimmt, fällt mit dem Wert dieser Konstanten für die echten Teilchen zusammen: es ist offensichtlich, daß sich die Größe dieses Verhältnisses bei einer beliebigen Addition der Spins der Teilchen zum Spin des Quasiteilchens nicht ändert.

Die Existenz eines magnetischen Momentes des Quasiteilchens führt seinerseits zum Paramagnetismus der Flüssigkeit. Wir wollen nun die entsprechende magnetische Suszeptibilität berechnen.

Für ein „freies“ Quasiteilchen wäre der Operator der zusätzlichen Energie, die es in dem Magnetfeld $\boldsymbol{H}$ annimmt, $-\beta\boldsymbol{\sigma}\boldsymbol{H}$. Aber in der FERMI-Flüssigkeit muß man die Tatsache berücksichtigen, daß sich wegen der Wechselwirkung der Quasiteilchen die Energie eines jeden von ihnen auch schon wegen der Änderung der Verteilungsfunktion im Magnetfeld ändert. Bei der Berechnung der magnetischen Suszeptibilität muß man deshalb den Operator für die Änderung der Quasiteilchenenergie in der Form

$$\delta\hat{\varepsilon} = -\beta\boldsymbol{\sigma}\boldsymbol{H} + \mathrm{Sp}' \int \hat{f}\, \delta\hat{n}'\, \mathrm{d}\tau' \tag{3,1}$$

schreiben. Die Änderung der Verteilungsfunktion selbst wird durch $\delta\hat{\varepsilon}$ gemäß $\delta\hat{n} = (\partial n/\partial\varepsilon)\, \delta\hat{\varepsilon}$ ausgedrückt.[1]) Für $\delta\hat{\varepsilon}$ erhalten wir daher die Gleichung

$$\delta\hat{\varepsilon}(\boldsymbol{p}) = -\beta\boldsymbol{\sigma}\boldsymbol{H} + \mathrm{Sp}' \int \hat{f}(\boldsymbol{p}, \boldsymbol{p}') \frac{\mathrm{d}n'}{\mathrm{d}\varepsilon'}\, \delta\hat{\varepsilon}(\boldsymbol{p}')\, \mathrm{d}\tau'. \tag{3,2}$$

Im weiteren Verlauf werden wir die Lösung dieser Gleichung nur auf der FERMI-Fläche benötigen. Wir suchen sie in der Form

$$\delta\hat{\varepsilon} = -\frac{\beta}{2} g\boldsymbol{\sigma}\boldsymbol{H}, \tag{3,3}$$

wobei g eine Konstante ist. Für die Stufenfunktion $n(\boldsymbol{p}') = \theta(p')$ gilt

$$\frac{\mathrm{d}n'}{\mathrm{d}\varepsilon'} = -\,\delta(\varepsilon' - \varepsilon_F),$$

so daß die Integration über $\mathrm{d}p' = \mathrm{d}\varepsilon'/v_F$ dazu führt, daß der Wert des Integranden auf der FERMI-Fläche zu nehmen ist. Wenn wir die Funktion $\hat{f}$ aus (2,4) einsetzen und beachten, daß für die PAULI-Matrizen

$$\mathrm{Sp}\, \boldsymbol{\sigma} = 0, \quad \mathrm{Sp}'(\boldsymbol{\sigma}\boldsymbol{\sigma}')\, \boldsymbol{\sigma}' = \frac{1}{3} \boldsymbol{\sigma}\, \mathrm{Sp}'\, \boldsymbol{\sigma}'\boldsymbol{\sigma}' = 2\boldsymbol{\sigma}$$

---

[1]) Bei der Berechnung des feldabhängigen Zusatzgliedes δn braucht man die Änderung des chemischen Potentials nicht zu berücksichtigen. Die Änderung der makroskopischen Größe μ in einer isotropen Flüssigkeit kann nur quadratisch im Feld $\boldsymbol{H}$ sein (bei der Berechnung der Suszeptibilität ist das Feld eine kleine Größe), während $\delta\hat{\varepsilon}$ von erster Ordnung im Feld ist. Wir weisen auch darauf hin, daß wegen der Kleinheit der magnetischen Suszeptibilität der Flüssigkeit hier kein Unterschied zwischen Feldstärke und Induktion gemacht werden muß.

gilt, finden wir $g = 2 - g\overline{G(\vartheta)}$ oder

$$g = \frac{2}{1 + \overline{G(\vartheta)}}. \tag{3,4}$$

Dabei kennzeichnet der Strich (wie in (2,12)) die Mittelung über die Richtungen.

Die Suszeptibilität χ wird aus dem Ausdruck für das magnetische Moment, bezogen auf die Volumeneinheit der Flüssigkeit, bestimmt:

$$\chi \boldsymbol{H} = \beta \operatorname{Sp} \int \boldsymbol{\sigma}\, \delta\hat{n}\, d\tau = \beta \operatorname{Sp} \int \boldsymbol{\sigma}\, \delta\hat{\varepsilon} \frac{\partial n}{\partial \varepsilon}\, d\tau$$

oder, nach Integration mit der Stufenfunktion $n(\boldsymbol{p})$:

$$\chi \boldsymbol{H} = -\beta \frac{p_F m^*}{2\pi^2\hbar^3} \operatorname{Sp} \boldsymbol{\sigma}\, \delta\hat{\varepsilon}(p_F).$$

Wenn wir schließlich hier (3,3—4) einsetzen und beachten, daß $\operatorname{Sp}(\boldsymbol{\sigma H})\,\boldsymbol{\sigma} = 2\boldsymbol{H}$ ist, erhalten wir

$$\chi = \frac{\beta^2 p_F m^*}{\pi^2\hbar^3(1 + \overline{G})} = \frac{3\gamma\beta^2}{\pi^2(1 + \overline{G})}, \tag{3,5}$$

wobei γ der Koeffizient im linearen Gesetz für die Wärmekapazität (1,15) ist. Der Ausdruck $\chi = 3\gamma\beta^2/\pi^2$ ist die Suszeptibilität des entarteten Fermi-Gases aus Teilchen mit dem magnetischen Moment β (s. V, (59,5)). Der Faktor $(1 + \overline{G})^{-1}$ drückt den Unterschied zwischen Fermi-Flüssigkeit und Fermi-Gas aus.[1])

Wir bemerken, daß die Stabilitätsbedingung (2,20) mit $l = 0$ mit der Bedingung $\chi > 0$ zusammenfällt.

§ 4. Der nullte Schall

Nichtgleichgewichtszustände der Fermi-Flüssigkeit werden durch Verteilungsfunktionen für die Quasiteilchen beschrieben, die nicht nur von den Impulsen, sondern auch von den Koordinaten (und der Zeit) abhängen. Diese Funktionen $\hat{n}(\boldsymbol{p}, \boldsymbol{r}, t)$ genügen einer kinetischen Gleichung der Form

$$\frac{d\hat{n}}{dt} = \operatorname{St} \hat{n}, \tag{4,1}$$

dabei ist $\operatorname{St} \hat{n}$ das sogenannte Stoßintegral, das die Änderung der Zahl der Quasiteilchen in einem gegebenen Element des Phasenraumes auf Grund der Stöße der Quasiteilchen miteinander bestimmt.[2])

---

[1]) Für He^3 gilt $\overline{G} \approx -2/3$.

[2]) Der Inhalt dieses Paragraphen setzt voraus, daß man mit dem Begriff der kinetischen Gleichung vertraut ist, er fällt deswegen aus dem Profil des vorliegenden Bandes heraus. Ohne die kinetische Gleichung (und ihre Anwendung in diesem und dem folgenden Paragraphen) wäre jedoch die Formulierung der Theorie der Fermi-Flüssigkeit nicht genügend vollständig. Wir benötigen hier lediglich die Gleichung ohne das Stoßintegral; Fragen, die mit der konkreten Form des Stoßintegrals zusammenhängen, werden in einem anderen Band über physikalische Kinetik behandelt werden.

Die totale zeitliche Ableitung in (4,1) berücksichtigt sowohl die direkte Abhängigkeit der Größe $\hat{n}$ von t als auch die implizite Abhängigkeit, die mit der Änderung der Koordinaten, des Impulses und der Spinvariablen des Quasiteilchens gemäß seinen Bewegungsgleichungen zusammenhängt. Die Besonderheit der FERMI-Flüssigkeit besteht darin, daß, weil die Energie der Quasiteilchen ein Funktional der Verteilungsfunktion ist, in einer inhomogenen Flüssigkeit zusammen mit $\hat{n}$ auch $\hat{\varepsilon}$ von den Koordinaten abhängt.

Für die Verteilungen $\hat{n}$, die sich nur schwach von der Gleichgewichtsverteilung n_0 unterscheiden, schreiben wir

$$\hat{n}(\boldsymbol{p}, \boldsymbol{r}, t) = n_0(\boldsymbol{p}) + \delta\hat{n}(\boldsymbol{p}, \boldsymbol{r}, t). \tag{4,2}$$

Dabei ist die Energie eines Quasiteilchens $\hat{\varepsilon} = \varepsilon_0 + \delta\hat{\varepsilon}$, wobei ε_0 die Energie ist, die der Gleichgewichtsverteilung entspricht, $\delta\hat{\varepsilon}$ ist durch den Ausdruck (2,1) gegeben, so daß

$$\frac{\partial\hat{\varepsilon}}{\partial\boldsymbol{r}} = \frac{\partial\delta\hat{\varepsilon}}{\partial\boldsymbol{r}} = \mathrm{Sp}' \int \hat{f}(\boldsymbol{p}, \boldsymbol{p}') \frac{\partial\delta\hat{n}(\boldsymbol{p}')}{\partial\boldsymbol{r}} \mathrm{d}\tau' \tag{4,3}$$

ist. Bei fehlendem äußeren Magnetfeld hängen ε_0 und n_0 nicht vom Spin ab.

Die explizite Zeitabhängigkeit von $\hat{n}$ liefert in $\mathrm{d}\hat{n}/\mathrm{d}t$ das Glied

$$\frac{\partial\hat{n}}{\partial t} = \frac{\partial\delta\hat{n}}{\partial t}.$$

Die Abhängigkeit über die Koordinaten und den Impuls ergibt die Glieder

$$\frac{\partial\hat{n}}{\partial\boldsymbol{r}}\dot{\hat{\boldsymbol{r}}} + \frac{\partial\hat{n}}{\partial\boldsymbol{p}}\dot{\hat{\boldsymbol{p}}}.$$

Die Rolle der HAMILTON-Funktion des Quasiteilchens spielt seine Energie $\hat{\varepsilon}$. Wegen der HAMILTONschen Gleichungen gilt

$$\dot{\hat{\boldsymbol{r}}} = \frac{\partial\hat{\varepsilon}}{\partial\boldsymbol{p}}, \quad \dot{\hat{\boldsymbol{p}}} = -\frac{\partial\hat{\varepsilon}}{\partial\boldsymbol{r}}.$$

Deshalb haben wir bei Beschränkung auf Glieder erster Ordnung in $\delta\hat{n}$

$$\frac{\partial\delta\hat{n}}{\partial\boldsymbol{r}}\frac{\partial\varepsilon_0}{\partial\boldsymbol{p}} - \frac{\partial n_0}{\partial\boldsymbol{p}}\frac{\partial\delta\hat{\varepsilon}}{\partial\boldsymbol{r}}.$$

Schließlich wird die zeitliche Änderung der Funktion $\hat{n}$ als Operator bezüglich der Spinvariablen nach den allgemeinen Regeln der Quantenmechanik durch den Kommutator

$$\frac{i}{\hbar}\{\hat{\varepsilon}, \hat{n}\} \tag{4,4}$$

gegeben. Bei spinunabhängigen n_0 und ε_0 treten jedoch Glieder erster Ordnung in diesem Kommutator nicht auf.

Wenn wir die aufgeschriebenen Glieder sammeln, erhalten wir die Gleichung

$$\frac{\partial\delta\hat{n}}{\partial t} + \frac{\partial\varepsilon_0}{\partial\boldsymbol{p}}\frac{\partial\delta\hat{n}}{\partial\boldsymbol{r}} - \frac{\partial\delta\hat{\varepsilon}}{\partial\boldsymbol{r}}\frac{\partial n_0}{\partial\boldsymbol{p}} = \mathrm{St}\,\hat{n}. \tag{4,5}$$

Bevor wir zu der Anwendung der kinetischen Gleichung kommen, wollen wir noch die Bedingungen betrachten, unter denen sie angewendet werden kann. Indem wir die klassischen (bezüglich der Koordinaten und des Impulses) Gleichungen benutzen, haben wir damit angenommen, daß die Bewegung der Quasiteilchen quasiklassisch ist; diese Annahme liegt wesentlich schon der Beschreibung der Flüssigkeit mit Hilfe der Verteilungsfunktionen, die gleichzeitig von den Koordinaten und den Impulsen der Quasiteilchen abhängen, zugrunde. Die Bedingung für die quasiklassische Beschreibung besteht darin, daß die DE BROGLIE-Wellenlänge der Quasiteilchen $\hbar/p_F$ klein gegen die charakteristische Länge L ist, innerhalb derer sich die Funktion n spürbar ändert. Wenn wir an Stelle von L die „Wellenzahl" der Inhomogenität $k \sim 1/L$ einführen, können wir diese Bedingung als

$$\hbar k \ll p_F \tag{4,6}$$

schreiben.[1]) Die Frequenz ω der Änderung der Verteilungsfunktion, die sich bei gegebenem k einstellt, ist von der Größenordnung $\omega \sim v_F k$ und genügt automatisch der Bedingung

$$\hbar\omega \ll \varepsilon_F. \tag{4,7}$$

Die Beziehung zwischen $\hbar\omega$ und der Temperatur T kann beliebig sein. Wenn $\hbar\omega \gg T$ ist, dann spielt die Rolle der Breite des Aufweichungsgebietes für die Verteilungsfunktion die Größe $\hbar\omega$; dann ist (4,7) die für die Anwendbarkeit der ganzen Theorie notwendige Bedingung, die gewährleistet, daß die quantentheoretische Unbestimmtheit der Energie eines Quasiteilchens (die mit seinen Stößen zusammenhängt) klein im Vergleich zu ε_F ist.

Wir wenden nun die kinetische Gleichung zur Untersuchung der Schwingungsbewegungen der FERMI-Flüssigkeit an.

Bei tiefen, aber von Null verschiedenen Temperaturen finden in der FERMI-Flüssigkeit gegenseitige Stöße der Quasiteilchen statt, wobei die Zeit zwischen zwei Stößen $\tau \propto T^{-2}$ ist. Der Charakter der sich in der Flüssigkeit ausbreitenden Wellen hängt entscheidend von der Größe des Produktes $\omega\tau$ ab.

Bei $\omega\tau \ll 1$ (das entspricht praktisch der Bedingung, daß die freie Weglänge l der Quasiteilchen klein im Vergleich zur Wellenlänge λ ist) wird durch die Stöße das thermodynamische Gleichgewicht in jedem (im Vergleich zu λ kleinen) Volumenelement der Flüssigkeit eingestellt. Das bedeutet, daß wir es mit gewöhnlichen hydrodynamischen Schallwellen zu tun haben, die sich mit der Geschwindigkeit $u = \sqrt{\partial P/\partial \varrho}$ ausbreiten. Die Absorption der Schallwellen ist bei $\omega\tau \ll 1$ klein, sie wächst aber bei der Zunahme von $\omega\tau$ an und wird bei $\omega\tau \sim 1$ sehr stark, so daß die Ausbreitung von Schallwellen unmöglich wird.[2])

Beim weiteren Anwachsen von $\omega\tau$, wenn dann $\omega\tau \gg 1$ ist, wird in der FERMI-Flüssigkeit erneut die Ausbreitung von Wellen möglich, die aber einen anderen physikalischen Charakter haben. In diesen Schwingungen spielen die Stöße der Quasiteilchen keine Rolle, und das thermodynamische Gleichgewicht kann sich nicht in jedem Volumenele-

---

[1]) Nach der Definition (1,1) ist $\hbar/p_F$ von der Größenordnung der zwischenatomaren Abstände, so daß die Bedingung (4,6) eine sehr schwache ist.

[2]) Bei $\omega\tau \ll 1$ ist der Schallabsorptionskoeffizient $\gamma \sim \omega^2\eta/\varrho u^3$, dabei ist η die Zähigkeit der Flüssigkeit. Größenordnungsmäßig haben wir $u \sim v_F$, $\eta/\varrho \sim v_F l \sim v_F^2\tau$, dabei ist v_F die (temperaturunabhängige) Geschwindigkeit der Quasiteilchen, so daß $\eta \propto T^{-2}$ ist (I. JA. POMERANTSCHUK, 1950). Dabei ist $\gamma u/\omega \sim \omega\tau \propto \omega/T^2$.

ment einstellen. Man kann den Ablauf dieses Prozesses am absoluten Nullpunkt der Temperatur betrachten. Diese Wellen werden *nullter Schall* genannt.

Nach dem oben Gesagten kann man bei $\omega\tau \gg 1$ in der kinetischen Gleichung das Stoßintegral weglassen; dann ist

$$\frac{\partial \delta\hat{n}}{\partial t} + \boldsymbol{v}\frac{\partial \delta\hat{n}}{\partial \boldsymbol{r}} - \frac{\partial n_0}{\partial \boldsymbol{p}}\frac{\partial \delta\hat{\varepsilon}}{\partial \boldsymbol{r}} = 0, \tag{4,8}$$

wobei $\boldsymbol{v} = \partial\varepsilon/\partial\boldsymbol{p}$ die Geschwindigkeit der Quasiteilchen ist, die aus der ungestörten Energie ε berechnet wurde ($\boldsymbol{v} = v_F\boldsymbol{n}$ mit $\boldsymbol{n}$ als dem Einheitsvektor in Richtung von $\boldsymbol{p}$); der Index 0 am ε wird hier und unten weggelassen.

Bei $T = 0$ ist die Gleichgewichts-Verteilungsfunktion n_0 eine Stufenfunktion $\theta(p)$, die am Grenzimpuls $p = p_F$ abschneidet. Ihre Ableitung ist

$$\frac{\partial n_0}{\partial \boldsymbol{p}} = -\boldsymbol{n}\,\delta(p - p_F) = -\boldsymbol{v}\,\delta(\varepsilon - \varepsilon_F).$$

Wir nehmen an, daß die Zeit- und Ortsabhängigkeit von $\delta\hat{n}$ in der Welle durch den Faktor $\exp\,(i[\boldsymbol{kr} - \omega t])$ gegeben ist, und suchen die Lösung der kinetischen Gleichung in der Form

$$\delta\hat{n} = \delta(\varepsilon - \varepsilon_F)\,\hat{\nu}(\boldsymbol{n})\,\mathrm{e}^{i(\boldsymbol{kr} - \omega t)}. \tag{4,9}$$

Die Gleichung (4,8) mit $\partial\delta\hat{\varepsilon}/\partial\boldsymbol{r}$ aus (4,3) nimmt dann die Form

$$(\omega - v_F\boldsymbol{nk})\,\hat{\nu}(\boldsymbol{n}) = \boldsymbol{nk}\,\frac{p_F^2}{(2\pi\hbar)^3}\,\mathrm{Sp}'\int \hat{f}(\boldsymbol{n}, \boldsymbol{n}')\,\hat{\nu}(\boldsymbol{n}')\,\mathrm{d}o' \tag{4,10}$$

an. $\boldsymbol{n}$ und $\boldsymbol{n}'$ sind Einheitsvektoren in den Richtungen von $\boldsymbol{p}$ und $\boldsymbol{p}'$, integriert wird über die Richtungen $\boldsymbol{n}'$.

Wir betrachten die Schwingungen (den nullten Schall), die nicht die Spingrößen der Flüssigkeit betreffen. Das bedeutet, daß nicht nur die Gleichgewichts-Verteilungsfunktion, sondern auch ihre „Störung“ δn spinunabhängig ist. In einer solchen Welle reduziert sich die Änderung der Verteilungsfunktion bei den Schwingungen auf eine Deformation der FERMI-Fläche (einer Kugel in der ungestörten Verteilung), die dabei die scharfe Grenze zwischen den besetzten und unbesetzten Zuständen der Quasiteilchen bleibt. Die Funktion $\nu(\boldsymbol{n})$ ist die Größe der Verschiebung (in Energieeinheiten) dieser Oberfläche in der gegebenen Richtung $\boldsymbol{n}$.

Weil $\nu(\boldsymbol{n}')$ von den Spinvariablen nicht abhängt, wirkt die Operation Sp′ in (4,10) nur auf die Funktion $\hat{f}$. Wenn wir die letztere in der Form (2,4) schreiben, haben wir $\mathrm{Sp}'\hat{f} = (2\pi^2\hbar^3/p_F m^*)\,F(\vartheta)$. Der Operator $\boldsymbol{\sigma}$ fällt also ganz aus der Gleichung heraus, die jetzt die Form

$$(\omega - kv)\,\nu(\boldsymbol{n}) = kv\int F(\vartheta)\,\nu(\boldsymbol{n}')\,\frac{\mathrm{d}o'}{4\pi} \tag{4,11}$$

annimmt. Wir wählen die Richtung von $\boldsymbol{k}$ als Polarachse, die Winkel θ, φ mögen die Richtung von $\boldsymbol{n}$ definieren. Wenn wir noch die Ausbreitungsgeschwindigkeit der Welle

$u_0 = \omega/k$ und die Bezeichnung $s = u_0/v_F$ einführen, können wir die erhaltene Gleichung schließlich in der Form

$$(s - \cos\theta)\,\nu(\theta,\varphi) = \cos\theta \int F(\vartheta)\,\nu(\theta',\varphi')\,\frac{do'}{4\pi} \tag{4,12}$$

schreiben.

Diese Integralgleichung bestimmt im Prinzip die Ausbreitungsgeschwindigkeit der Wellen und die Funktion $\nu(\boldsymbol{n}')$ in ihnen. Wir bemerken sofort, daß für ungedämpfte Schwingungen (nur die interessieren uns hier) die Größe s größer als 1 sein muß, d. h. es muß

$$u_0 > v_F \tag{4,13}$$

gelten. Den Ursprung dieser Ungleichung kann man verstehen, wenn man (4,12) als

$$\tilde{\nu}(\theta,\varphi) = \cos\theta \int F(\vartheta)\,\frac{\tilde{\nu}(\theta',\varphi')}{s - \cos\theta'}\,\frac{do'}{4\pi},$$

schreibt, dabei ist an Stelle von ν eine andere unbekannte Funktion $\tilde{\nu} = (s - \cos\theta)\,\nu$ eingeführt worden. Bei $s = \omega/kv_F < 1$ hat der Integrand im Punkt $\cos\theta' = s$ einen Pol, und, um dem Integral einen Sinn zu geben, muß dieser Pol in der Ebene der komplexen Variablen $\cos\theta'$ nach einer bestimmten Regel umlaufen werden. Dieser Umlauf erzeugt im Integral einen Imaginärteil, dadurch erhält auch die Frequenz ω (bei gegebenem reellen k) einen Imaginärteil, dem entspricht eine Dämpfung der Welle. Der physikalische Sinn der Gleichung $\cos\theta = u_0/v_F$ (die dem Pol entspricht) besteht darin, daß sie eine Bedingung für die Tscherenkowsche Ausstrahlung von Wellen des nullten Schalles durch die Quasiteilchen ist.[1])

Wir betrachten als Beispiel den Fall, bei dem sich die Funktion $F(\vartheta)$ auf eine Konstante reduziert (wir bezeichnen sie mit F_0). Das Integral auf der rechten Seite der Gleichung (4,12) hängt dabei nicht von den Winkeln θ, φ ab. Deshalb hat die gesuchte Funktion ν die Form

$$\nu = \text{const}\cdot\frac{\cos\theta}{s - \cos\theta}. \tag{4,14}$$

Die Fermi-Fläche nimmt also die Form einer Rotationsfläche an, die in der Vorwärtsrichtung, in der sich die Wellen ausbreiten, gestreckt und in der entgegengesetzten Richtung abgeplattet ist. Diese Anisotropie bringt zum Ausdruck, daß der Zustand der Flüssigkeit in jedem Volumenelement nicht im Gleichgewicht ist: Im Gleichgewicht müssen alle Eigenschaften der Flüssigkeit isotrop sein, dabei ist die Fermi-Fläche kugelförmig. Zum Vergleich weisen wir darauf hin, daß einer gewöhnlichen Schallwelle eine kugelförmige Fermi-Fläche mit schwingendem Radius entspricht (der Grenzimpuls p_F schwingt zusammen mit der Flüssigkeitsdichte), die als Ganzes um eine mit der Geschwindigkeit der Flüssigkeitsbewegung in der Welle zusammenhängende Größe verschoben ist. Die entsprechende Funktion ν hat die Gestalt $\nu = \delta p_F + \text{const}\cdot\cos\theta$.

---

[1]) Dieser Dämpfungsmechanismus heißt Landau-Dämpfung; er wird ausführlich im Band X im Zusammenhang mit den Plasmaschwingungen untersucht werden. Die Regel für den Umlauf des Poles im Integral wird mit Hilfe der Substitution von ω durch $\omega + i0$ (d.h. $s \to s + i0$) festgelegt, ihr Sinn besteht darin, daß hierdurch die Endlichkeit der Störung zu allen vorhergehenden Zeitpunkten (darunter auch bei $t \to -\infty$) gewährleistet wird.

Um die Ausbreitungsgeschwindigkeit u_0 der Welle des nullten Schalles zu bestimmen, setzen wir (4,14) in (4,12) ein und finden

$$F_0 \int_0^\pi \frac{\cos\theta}{s-\cos\theta} \frac{2\pi \sin\theta \, d\theta}{4\pi} = 1.$$

Wenn wir die Integration ausführen, erhalten wir eine Gleichung, die die Geschwindigkeit u_0 mit Hilfe der gegebenen Größe F_0 in implizierter Form bestimmt:

$$\frac{s}{2} \ln \frac{s+1}{s-1} - 1 = \frac{1}{F_0}. \tag{4,15}$$

Die Funktion auf der linken Seite der Gleichung fällt von ∞ bis auf 0, wenn sich s von 1 bis ∞ ändert, sie bleibt dabei immer positiv. Hieraus folgt, daß die betrachteten Wellen nur bei $F_0 > 0$ existieren können. Wir betonen, daß die Möglichkeit für die Ausbreitung des nullten Schalles also von den Eigenschaften der Wechselwirkung der Quasiteilchen in der FERMI-Flüssigkeit abhängt.

Bei $F_0 \to 0$ finden wir aus (4,15), daß s nach dem Gesetz

$$s - 1 \approx \frac{2}{e^2} e^{-2/F_0} \tag{4,16}$$

gegen 1 strebt. Dieser Fall hat eine allgemeinere Bedeutung als die Formel (4,15) (die $F = \text{const} \equiv F_0$ entspricht); er entspricht dem nullten Schall in einem fast idealen FERMI-Gas bei einer beliebigen Gestalt der Funktion $F(\vartheta)$. Denn einem fast idealen Gas entspricht eine betragsmäßig kleine Funktion $F(\vartheta)$. Der Gleichung (4,12) entnimmt man, daß dabei s nahe bei 1 liegt und die Funktion ν nur bei kleinen Winkeln θ merklich von Null verschieden ist. Auf Grund dessen kann man, wenn man nur dieses Winkelgebiet betrachtet, in dem Integral auf der rechten Seite von (4,12) die Funktion $F(\vartheta)$ durch ihren Wert bei $\vartheta = 0$ ersetzen (bei $\theta = 0$ und $\theta' = 0$ ist auch $\vartheta = 0$). Wir kehren also zu den Formeln (4,14) und (4,16) zurück, in denen die Konstante F_0 durch $F(0)$ ersetzt ist.[1]) Wir bemerken, daß in einem schwach nichtidealen Gas die Geschwindigkeit des nullten Schalles die Geschwindigkeit des gewöhnlichen Schalles um den Faktor $\sqrt{3}$ übersteigt. Denn für den erstgenannten haben wir $u_0 \approx v_F$, und für den zweiten finden wir aus Formel (2,17) (wenn wir in ihr $\overline{F}$ vernachlässigen und $m^* \approx m$ setzen) $u^2 \approx p_F^2/3m^{*2} = v_F^2/3$.

Bei einer beliebigen Abhängigkeit $F(\vartheta)$ ist die Lösung der Gleichung (4,12) nicht eindeutig. Sie erlaubt im Prinzip die Existenz von mehreren Typen des nullten Schalles, die sich voneinander durch die Winkelabhängigkeit ihrer Amplituden $\nu(\theta, \varphi)$ unterscheiden und sich mit unterschiedlichen Geschwindigkeiten ausbreiten. Neben den axialsymmetrischen Lösungen $\nu(\theta)$ können dabei auch asymmetrische Lösungen existieren, in denen ν den azimutalen Faktor $e^{\pm im\varphi}$ enthält, dabei ist m eine ganze Zahl (s. Aufgabe). Wir merken an, daß für alle diese Lösungen das Integral $\int \nu \, do = 0$ ist, d. h. das von der FERMI-Oberfläche eingeschlossene Volumen bleibt unverändert; das bedeutet, daß die Schwingungen ohne Änderung der Flüssigkeitsdichte stattfinden.

Die Möglichkeit der Ausbreitung von Wellen in einer FERMI-Flüssigkeit bei verschwin-

---

[1]) Die dem nullten Schall in einem schwach nichtidealen FERMI-Gas entsprechenden Schwingungen wurden zuerst von JU. L. KLIMONTOWITSCH und W. P. SILIN (1952) betrachtet.

dender Temperatur bedeutet, daß ihr Energiespektrum einen Zweig enthalten kann, der Elementaranregungen mit dem Impuls $\boldsymbol{p} = \hbar \boldsymbol{k}$ und der Energie $\varepsilon = \hbar\omega = u_0 p$ — „Quanten des nullten Schalles" — entspricht. Die Tatsache, daß der nullte Schall (mit beliebigem vorgegebenen $\boldsymbol{k}$) eine beliebige (kleine) Intensität besitzen kann, bedeutet in der Sprache der Elementaranregungen, daß die letzteren ihre Quantenzustände in beliebiger Anzahl besetzen können; mit anderen Worten ausgedrückt, sie genügen der BOSE-Statistik und bilden, wie man sagt, einen BOSE-*Zweig* des Spektrums der FERMI-Flüssigkeit. Wir betonen aber, daß es im Rahmen der LANDAU-Theorie falsch wäre, die diesem Zweig entsprechenden Korrekturen in die thermodynamischen Größen der FERMI-Flüssigkeit einzuführen, weil sie höhere Potenzen der Temperatur (T^3 in der Wärmekapazität) als die ersten Korrekturen zu der behandelten Näherung der Theorie enthalten.

Die Frage der Absorption des nullten Schalles erfordert es, daß man die Stöße der Quasiteilchen betrachtet, sie gehört nicht zum Inhalt dieses Bandes.

Aufgabe

Es ist die Ausbreitungsgeschwindigkeit der asymmetrischen Wellen des nullten Schalles bei $F = F_0 + F_1 \cos\vartheta$ zu bestimmen.

Lösung. Bei

$$F = F_0 + F_1 (\cos\theta \cos\theta' + \sin\theta \sin\theta' \cos(\varphi - \varphi'))$$

können Lösungen mit $\nu \propto e^{\pm i\varphi}$ existieren. Denn wenn wir $\nu = f(\theta)\, e^{i\varphi}$ setzen, das in (4,12) einsetzen und über φ' integrieren, erhalten wir

$$(s - \cos\theta) f = \frac{F_1}{4} \cos\theta \sin\theta \int_0^\pi \sin^2\theta' f(\theta')\, d\theta'.$$

Daraus folgt

$$\nu = \text{const} \cdot \frac{\sin\theta\cos\theta}{s - \cos\theta}\, e^{i\varphi}.$$

Wenn wir diesen Ausdruck wieder in die vorherige Gleichung einsetzen, erhalten wir die Beziehung

$$\int_0^\pi \frac{\sin^3\theta\cos\theta}{s - \cos\theta}\, d\theta = \frac{4}{F_1},$$

die die Abhängigkeit der Ausbreitungsgeschwindigkeit von F_1 bestimmt. Das Integral auf der linken Seite der Gleichung ist eine monoton fallende Funktion von s. Deshalb wird ihr größter Wert bei $s = 1$ erreicht. Wenn wir das Integral bei $s = 1$ berechnen, finden wir, daß die Ausbreitung einer asymmetrischen Welle des betrachteten Typs bei $F_1 > 6$ möglich ist.[1])

§ 5. Spinwellen in der FERMI-Flüssigkeit

Neben den im vorigen Paragraphen betrachteten Lösungen $\nu(\boldsymbol{n})$, die spinunabhängig sind, hat die Gleichung (4,10) auch Lösungen der Form

$$\hat{\nu} = \boldsymbol{\sigma}\boldsymbol{\mu}(\boldsymbol{n}), \tag{5,1}$$

[1]) Für flüssiges He^3 kann man die Werte F_0 und F_1 aus den bekannten Werten von m^* und u^2 mit Hilfe der Formeln (2,12) und (2,17) berechnen: $F_0 = 10{,}8$; $F_1 = 6{,}3$ (bei verschwindendem Druck).

bei denen die Änderung der Verteilungsfunktion der Quasiteilchen von ihrer Spinprojektion abhängt. Diese Wellen kann man *Spinwellen* nennen.

Wenn wir (5,1) in (4,10) einsetzen, die Funktion $\hat{f}$ erneut in der Form (2,4) nehmen und beachten, daß $\mathrm{Sp}'\, \boldsymbol{\sigma}'(\boldsymbol{\sigma}\boldsymbol{\sigma}') = 2\boldsymbol{\sigma}$ ist, erhalten wir (nach Herauskürzen von $\boldsymbol{\sigma}$)

$$(s - \cos\theta)\,\boldsymbol{\mu}(\theta, \varphi) = \cos\theta \int G(\vartheta)\,\boldsymbol{\mu}(\theta', \varphi')\,\frac{\mathrm{d}o'}{4\pi}. \tag{5,2}$$

Für jede Vektorkomponente von $\boldsymbol{\mu}$ erhält man eine Gleichung, die sich von (4,12) nur dadurch unterscheidet, daß F durch G ersetzt ist. Deshalb können alle weiteren Rechnungen, die im § 4 durchgeführt wurden, auch auf die Spinwellen angewendet werden.[1])

Spinwellen eines anderen Typs können sich in der FERMI-Flüssigkeit bei Anwesenheit eines Magnetfeldes ausbreiten (W. P. SILIN, 1958). Wir betrachten hier nur die Schwingungen mit $\boldsymbol{k} = 0$, in denen $\delta\hat{n}$ von den Koordinaten nicht abhängt.

Wenn ein Magnetfeld $\boldsymbol{H}$ vorhanden ist, hängen schon die Energien der nicht durch Schwingungen gestörten Quasiteilchen und ihre Verteilungsfunktion vom Spin ab. Diese Abhängigkeiten sind miteinander gekoppelt und werden durch die Formeln (s. § 3)

$$\hat{\varepsilon}_0 = \varepsilon_0(\boldsymbol{p}) - \beta_1 \boldsymbol{\sigma}\boldsymbol{H}, \quad \beta_1 = \beta/(1 + \overline{G}), \tag{5,3}$$

$$\hat{n}_0 = n_0(\boldsymbol{p}) - \frac{\mathrm{d}n_0}{\mathrm{d}\varepsilon}\beta_1\boldsymbol{\sigma}\boldsymbol{H} = n_0(\boldsymbol{p}) + \delta(\varepsilon - \varepsilon_F)\,\beta_1\boldsymbol{\sigma}\boldsymbol{H}, \tag{5,4}$$

ausgedrückt. Dabei ist $\varepsilon_0(\boldsymbol{p})$ die Energie bei fehlendem Feld; der Index 0 erinnert wieder daran, daß sich diese Ausdrücke auf die Flüssigkeit im Gleichgewicht beziehen.

Wir suchen wieder einen kleinen veränderlichen Teil der Verteilungsfunktion in der Welle von der Form

$$\delta\hat{n} = \delta(\varepsilon - \varepsilon_F)\,\boldsymbol{\sigma}\boldsymbol{\mu}(\boldsymbol{n})\,\mathrm{e}^{-i\omega t}.$$

Die entsprechende Änderung der Quasiteilchenenergie ist

$$\delta\hat{\varepsilon} = \boldsymbol{\sigma}\int \boldsymbol{\mu}(\boldsymbol{n}')\,G(\vartheta)\,\frac{\mathrm{d}o'}{4\pi}\cdot \mathrm{e}^{-i\omega t}.$$

In der kinetischen Gleichung muß man jetzt das Glied (4,4) mit dem Kommutator $\{\hat{\varepsilon}, \hat{n}\}$ berücksichtigen; für koordinatenunabhängige Verteilungen nimmt sie die Form

$$\frac{\partial \delta\hat{n}}{\partial t} + \frac{i}{\hbar}\{\hat{\varepsilon}, \hat{n}\} = 0 \tag{5,5}$$

an.

Einschließlich der in $\delta\hat{n}$ linearen Glieder haben wir

$$\{\hat{\varepsilon}, \hat{n}\} = -\beta_1\{\boldsymbol{\sigma}\boldsymbol{H}, \delta\hat{n}\} + \beta_1\,\delta(\varepsilon - \varepsilon_F)\,\{\delta\hat{\varepsilon}, \boldsymbol{\sigma}\boldsymbol{H}\}.$$

Die hier auftretenden Kommutatoren sind durch die Formel

$$\{\boldsymbol{\sigma}\boldsymbol{a}, \boldsymbol{\sigma}\boldsymbol{b}\} = 2i\boldsymbol{\sigma}(\boldsymbol{a}\times\boldsymbol{b})$$

---

[1]) Im flüssigen He^3 ist die Größe $G_0 = \overline{G(\vartheta)} < 0$ (s. Fußnote auf S. 13). Deshalb ist die Ausbreitung solcher Wellen in dieser Flüssigkeit unmöglich.

bestimmt. Dabei sind $\boldsymbol{a}$, $\boldsymbol{b}$ beliebige Vektoren (s. III, (55,10)). Im Ergebnis bekommt die kinetische Gleichung die Gestalt

$$i\omega\boldsymbol{\mu}(\boldsymbol{n}) = \frac{2\beta_1}{\hbar} \boldsymbol{H} \times \boldsymbol{\varrho}(\boldsymbol{n}) \tag{5,6}$$

mit

$$\boldsymbol{\varrho}(\boldsymbol{n}) = \boldsymbol{\mu}(\boldsymbol{n}) + \int \boldsymbol{\mu}(\boldsymbol{n}')\, G(\vartheta) \frac{do'}{4\pi}. \tag{5,7}$$

Die Lösung der Gleichung (5,6) kann im allgemeinen Falle in eine Reihe nach Kugelfunktionen $Y_{lm}(\theta, \varphi)$ (mit der Polarachse längs $\boldsymbol{H}$) entwickelt werden. Jedes Glied der Entwicklung stellt einen bestimmten Typ von Schwingungen mit der Frequenz ω_{lm} dar.

Die erste, ω_{00}, gehört zu Schwingungen mit $\boldsymbol{\mu} = \text{const}$; dabei ist $\boldsymbol{\varrho} = \boldsymbol{\mu}(1 + \overline{G})$, und die Gleichung (5,6) führt auf

$$i\omega_{00}\boldsymbol{\mu} = \frac{2\beta}{\hbar} \boldsymbol{H} \times \boldsymbol{\mu},$$

d. h., die Schwingungen sind zum Feld transversal ($\boldsymbol{\mu} \perp \boldsymbol{H}$). Wenn wir die Gleichung komponentenweise aufschreiben (für die Komponenten in der zu $\boldsymbol{H}$ senkrechten Ebene) und die Determinante dieses Systems bilden, finden wir die Frequenz

$$\omega_{00} = 2\beta H/\hbar. \tag{5,8}$$

Wir erinnern daran, daß β das magnetische Moment eines (echten) Teilchens der Flüssigkeit ist. Die Frequenz ω_{00} ist also vollkommen unabhängig von den spezifischen Eigenschaften der Flüssigkeit. Die Werte der restlichen Frequenzen ω_{lm} hängen von der konkreten Form der Funktion $G(\vartheta)$ ab.

§ 6. Das entartete, fast ideale FERMI-Gas mit Abstoßung zwischen den Teilchen

Die Frage nach den thermodynamischen Eigenschaften eines „fast idealen“, entarteten Gases hat keinen unmittelbaren physikalischen Sinn, weil die in der Natur wirklich existierenden Gase bei Temperaturen in der Nähe des absoluten Nullpunktes kondensieren. Weil diese Frage aber methodisch interessant ist, ist es sinnvoll, sie für ein fiktives Gasmodell zu betrachten, dessen Teilchen so wechselwirken, daß eine Kondensation des Gases ausgeschlossen ist.

Die Bedingung dafür, daß das Gas schwach nichtideal ist, besteht darin, daß die Reichweite der Molekularkräfte r_0 klein im Vergleich zu den Abständen zwischen den Teilchen $l \sim (V/N)^{1/3}$ ist. Zusammen mit der Bedingung $r_0 \ll l$ wird auch die Ungleichung

$$pr_0/\hbar \ll 1 \tag{6,1}$$

für die Teilchenimpulse p gültig, denn für ein entartetes FERMI-Gas wird der Grenzimpuls p_F nach der Formel (1,1) abgeschätzt, nach der $p_F/\hbar \sim (N/V)^{1/3} \ll 1/r_0$ ist.

Wir werden hier nur eine Paarwechselwirkung zwischen den Teilchen betrachten, wobei wir der Einfachheit halber annehmen werden, daß dieses Wechselwirkung $U(r)$ unabhängig von den Teilchenspins ist. Unser Ziel besteht in der Berechnung der ersten Glieder in der Entwicklung der thermodynamischen Größen nach Potenzen des Verhältnisses r_0/l unter Benutzung der quantenmechanischen Störungstheorie. Die Schwierigkeit besteht darin, daß wegen des schnellen Anwachsens der Wechselwirkungsenergie bei kleinen Abständen zwischen den Teilchen die Störungstheorie (die sog. BORNsche Näherung) auf die Stöße in Wirklichkeit nicht angewendet werden kann. Diese Schwierigkeit kann man aber auf die folgende Art und Weise umgehen.

In dem Grenzfall „langsamer" Stöße (wie sie es bei der Bedingung (6,1) sind) strebt die Amplitude der gegenseitigen Streuung von Teilchen mit der Masse m gegen einen konstanten Grenzwert $-a$, der in der BORNschen Näherung durch den Ausdruck (s. III, (126,13))

$$-a = -\frac{m}{4\pi\hbar^2} U_0, \quad U_0 = \int U(r)\,\mathrm{d}^3x \qquad (6,2)$$

gegeben ist, dieser Grenzwert entspricht dabei dem s-Zustand des Teilchenpaares (mit Spin 1/2 pro Teilchen); die konstante Größe a heißt *Streulänge*.[1]) Weil diese Größe die Eigenschaften der Stöße vollständig bestimmt, muß sie auch die thermodynamischen Eigenschaften des Gases bestimmen.

Hieraus folgt die Möglichkeit für die Anwendung des folgenden Verfahrens (man nennt es *Renormierung*). Wir ersetzen formal die echte Energie $U(r)$ durch eine andere Funktion mit dem gleichen Wert a, die aber eine Anwendung der Störungstheorie erlaubt. Solange (d. h. bis zu solchen Näherungen), wie das Endergebnis der Rechnungen U nur über die Streuamplitude enthält, wird dieses Resultat mit dem zusammenfallen, das für die echte Wechselwirkung herauskommen würde.

Die Reichweite der echten Wechselwirkung fällt im allgemeinen größenordnungsmäßig mit der Streulänge a zusammen. Für das fiktive Feld $U(r)$, welches als Hilfsbegriff eingeführt wurde, bedeutet die Bedingung für die Anwendbarkeit der BORNschen Näherung, daß $a \ll r_0$ sein muß. Ein echter, kleiner Entwicklungsparameter der Theorie ist natürlich die Größe $ap_F/\hbar$.

Wir werden unten den Zusammenhang zwischen U_0 und a nicht nur in der ersten (Formel (6,2)), sondern auch in der zweiten BORNschen Näherung benötigen. Um ihn zu finden, erinnern wir daran, daß, wenn die Wahrscheinlichkeit für irgendeinen Übergang des Systems unter dem Einfluß einer konstanten Störung $\hat{V}$ in der ersten Näherung durch das Matrixelement V_{00} bestimmt ist, man in der zweiten Näherung V_{00} durch

$$V_{00} + \sum_n{}' \frac{V_{0n}V_{n0}}{E_0 - E_n}$$

ersetzen muß, dabei wird die Summation über die Zustände ($n \neq 0$) des ungestörten Systems ausgeführt (s. III, § 43). Im gegebenen Fall handelt es sich um ein System von zwei sich stoßenden Teilchen, die Störung ist ihre Wechselwirkung $U(r)$. Die Matrix-

[1]) Der Ausdruck (6,2) berücksichtigt nicht die quantenmechanische Identität der Teilchen. In dem Grenzfall langsamer Stöße von identischen Teilchen mit Spin 1/2 findet die Streuung nur bei antiparallelen Spins statt, wobei der differentielle Streuquerschnitt für den Raumwinkel do (im Schwerpunktssystem) gleich $d\sigma = 4a^2\,do$ ist; den totalen Streuquerschnitt erhält man durch Integration von $d\sigma$ über eine Halbkugel: $\sigma = 8\pi a^2$ (s. III, § 137).

elemente der Störung für Übergänge mit der Änderung der Teilchenimpulse $\boldsymbol{p}_1, \boldsymbol{p}_2 \to \boldsymbol{p}_1', \boldsymbol{p}_2'$ (wobei $\boldsymbol{p}_1 + \boldsymbol{p}_2 = \boldsymbol{p}_1' + \boldsymbol{p}_2'$) sind gleich

$$\langle \boldsymbol{p}_1'\alpha_1, \boldsymbol{p}_2'\alpha_2 \,|U|\, \boldsymbol{p}_1\alpha_1, \boldsymbol{p}_2\alpha_2\rangle = \frac{1}{V}\int U(r)\, \mathrm{e}^{-i\boldsymbol{p}\boldsymbol{r}/\hbar}\, \mathrm{d}^3x\,, \tag{6,3}$$

dabei ist $\boldsymbol{p} = \boldsymbol{p}_2' - \boldsymbol{p}_2 = -(\boldsymbol{p}_1' - \boldsymbol{p}_1)$. Wegen der Unabhängigkeit der Wechselwirkung von den Spins ändern sich die Spinprojektionen der Teilchen (die durch die Indizes α_1, α_2 gekennzeichnet sind) nicht. Die Rolle von V_{00} spielt das Matrixelement bei verschwindenden Impulsen: U_0/V. Für den Übergang von der ersten zur zweiten Näherung muß man also U_0 durch

$$U_0 + \frac{1}{V}\sum_{\boldsymbol{p}_1'}\left[\frac{p_1^2 + p_2^2 - p_1'^2 - p_2'^2}{2m}\right]^{-1}\left|\int U\mathrm{e}^{-i\boldsymbol{p}\boldsymbol{r}/\hbar}\,\mathrm{d}^3x\right|^2$$

ersetzen (summiert wird bei gegebenen $\boldsymbol{p}_1, \boldsymbol{p}_2$ über $\boldsymbol{p}_1' \neq \boldsymbol{p}_1, \boldsymbol{p}_2$). Weil in unserem Fall die Teilchenimpulse als klein angenommen wurden, kann man in allen in der Summe auftretenden Gliedern die Matrixelemente durch ihre Werte bei $\boldsymbol{p} = 0$ ersetzen. Wenn wir das tun, erhalten wir folgenden Ausdruck für die Streulänge:[1])

$$a = \frac{m}{4\pi\hbar^2}\left[U_0 + \frac{U_0^2}{V}\sum_{\boldsymbol{p}_1'}\frac{2m}{p_1^2 + p_2^2 - p_1'^2 - p_2'^2}\right]. \tag{6,4}$$

Mit der gleichen Genauigkeit erhalten wir hieraus

$$U_0 = \frac{4\pi\hbar^2 a}{m}\left[1 - \frac{4\pi\hbar^2 a}{mV}\sum_{\boldsymbol{p}_1'}\frac{2m}{p_1^2 + p_2^2 - p_1'^2 - p_2'^2}\right]. \tag{6,5}$$

Die Divergenz der Summe in (6,4) (bei großen $\boldsymbol{p}_1', \boldsymbol{p}_2'$) hängt damit zusammen, daß alle Matrixelemente durch konstante Größen ersetzen wurden, sie ist nicht entscheidend, weil sich bei der weiteren Verwendung dieses Ausdruckes für die Berechnung der Energie des Systems trotzdem ein konvergenter Ausdruck ergibt, in welchem die großen Impulse keine Rolle spielen. Wir verstehen unter a die Streulänge langsamer Teilchen, die von der Teilchenenergie unabhängig ist. Die Formel (6,4) enthält auf den ersten Blick die Abhängigkeit von den Impulsen $\boldsymbol{p}_1, \boldsymbol{p}_2$. In Wirklichkeit ist diese Abhängigkeit nur im Imaginärteil der Amplitude enthalten (der bei der entsprechenden Definition des Summationsverfahrens entsteht — vgl. III, (130,9)), den man nicht zu beachten braucht, weil uns schon vorher bekannt ist, daß das Endergebnis reell sein wird. Mit dieser Frage werden wir uns noch im § 21 beschäftigen.

In diesem Paragraphen betrachten wir das Modell eines FERMI-Gases mit abstoßender Wechselwirkung zwischen den Teilchen; für solch eine Wechselwirkung ist $a > 0$. Gerade in diesem Fall hat das Gas ein Energiespektrum von dem in den §§ 1, 2 betrachteten FERMI-Typ.

Der HAMILTON-Operator des Systems von Teilchen (mit Spin 1/2) mit einer Paarwechselwirkung zwischen ihnen lautet in der Methode der zweiten Quantelung

$$\hat{H} = \sum_{\boldsymbol{p}\alpha}\frac{p^2}{2m}\hat{a}^+_{\boldsymbol{p}\alpha}\hat{a}_{\boldsymbol{p}\alpha} + \frac{1}{2}\sum \langle \boldsymbol{p}_1'\alpha_1, \boldsymbol{p}_2'\alpha_2 \,|U|\, \boldsymbol{p}_1\alpha_1, \boldsymbol{p}_2\alpha_2\rangle\, \hat{a}^+_{\boldsymbol{p}_1'\alpha_1}\hat{a}^+_{\boldsymbol{p}_2'\alpha_2}\hat{a}_{\boldsymbol{p}_2\alpha_2}\hat{a}_{\boldsymbol{p}_1\alpha_1} \tag{6,6}$$

---

[1]) In allen Zwischenergebnissen schreiben wir die Summen über die diskreten Impulswerte für Teilchen in einem endlichen Volumen V; in der Endformel wird die Summation nach den üblichen Regeln durch die Integration über $V\,\mathrm{d}^3p/(2\pi\hbar)^3$ ersetzt.

(s. III, § 64). Hier bedeuten $\hat{a}^+_{p\alpha}$ und $\hat{a}_{p\alpha}$ Erzeugungs- und Vernichtungsoperatoren eines freien Teilchens mit dem Impuls $\boldsymbol{p}$ und der Spinprojektion α ($\alpha = \pm 1/2$). Das erste Glied in (6,6) entspricht der kinetischen, das zweite der potentiellen Energie der Teilchen; in dem letzten Glied wird über alle Impulse (und Spinprojektionen) unter Beachtung des Impulserhaltungssatzes bei den Stößen summiert.

In Übereinstimmung mit der Annahme, daß die Teilchenimpulse klein sein sollen, ersetzen wir wieder die Matrixelemente in (6,6) durch ihre Werte für verschwindende Impulse: $\langle 0\alpha_1, 0\alpha_2 | U | 0\alpha_1, 0\alpha_2 \rangle = U_0/V$. Wir merken weiterhin an, daß wegen der Antikommutativität der Operatoren $\hat{a}^+_{p_1'\alpha_1}$ und $\hat{a}^+_{p_2'\alpha_2}$ in der FERMI-Statistik ihr Produkt antisymmetrisch bezüglich der Vertauschung der Indizes ist; das gleiche gilt auch für die Produkte von $\hat{a}_{p_1\alpha_1}$ und $\hat{a}_{p_2\alpha_2}$. Im Ergebnis dessen heben sich in der zweiten Summe in (6,6) alle Glieder weg, die Paare von identischen Indizes α_1, α_2 haben (physikalisch hängt das mit dem schon erwähnten Umstand zusammen, daß im Grenzfall langsamer Stöße sich nur Teilchen mit entgegengesetzten Spins gegenseitig streuen).

Der HAMILTON-Operator des Systems nimmt also die Gestalt

$$\hat{H} = \sum_{p\alpha} \frac{p^2}{2m} \hat{a}^+_{p\alpha} \hat{a}_{p\alpha} + \frac{U_0}{V} \sum_{p_1 p_2 p_1'} \hat{a}'^+_{1+} \hat{a}'^+_{2-} \hat{a}_{2-} \hat{a}_{1+} \tag{6,7}$$

an, dabei ist $\hat{a}_{1+} \equiv \hat{a}_{p_1+}$, $\hat{a}'^+_{1+} \equiv \hat{a}^+_{p_1'+}$ usw., und die Indizes + und − stehen hier an Stelle von +1/2 und −1/2.

Die Eigenwerte dieses HAMILTON-Operators werden mit Hilfe der gewöhnlichen Störungstheorie berechnet, wobei das zweite Glied in (6,7) als kleine Korrektur zum ersten Glied betrachtet wird. Das letztgenannte hat schon Diagonalform, und seine Eigenwerte sind gleich

$$E^{(0)} = \sum_{p\alpha} \frac{p^2}{2m} n_{p\alpha}, \tag{6,8}$$

wobei die $n_{p\alpha}$ die Besetzungszahlen der Zustände $p\alpha$ sind.[1])

Die Korrektur erster Ordnung wird durch die diagonalen Matrixelemente der Wechselwirkungsenergie gegeben:

$$E^{(1)} = \frac{U_0}{V} \sum_{p_1 p_2} n_{1+} n_{2-} \tag{6,9}$$

mit $n_{1+} \equiv n_{p_1+}$ usw.

Um die Korrekturen zweiter Ordnung zu finden, benutzen wir die bekannte Formel der Störungstheorie

$$E_n^{(2)} = \sum_m{}' \frac{|V_{nm}|^2}{E_n - E_m}.$$

Dabei numerieren n, m die Zustände des ungestörten Systems. Eine einfache Rechnung (unter Verwendung der bekannten Matrixelemente der Operatoren $\hat{a}_{p\alpha}$, $\hat{a}^+_{p\alpha}$) führt auf das Ergebnis

$$\frac{U_0^2}{V^2} \sum_{p_1 p_2 p_1'} \frac{n_{1+} n_{2-} (1 - n'_{1+})(1 - n'_{2-})}{(p_1^2 + p_2^2 - p_1'^2 - p_2'^2)/2m}. \tag{6,10}$$

---

1) Indem wir annehmen, daß die Teilchen bestimmte Werte der Spinprojektion haben, setzen wir damit auch gleichzeitig voraus, daß die statistische Matrix $n_{\alpha\beta}(\boldsymbol{p})$ auf Diagonalform gebracht ist; die Funktionen $n_\alpha(\boldsymbol{p})$ mit $\alpha = \pm 1/2$ sind dabei die Diagonalelemente.

Die Struktur dieses Ausdruckes ist völlig verständlich: Das Quadrat für den Übergang $\boldsymbol{p}_1, \boldsymbol{p}_2 \to \boldsymbol{p}_1', \boldsymbol{p}_2'$ ist proportional den Besetzungszahlen der Zustände $\boldsymbol{p}_1, \boldsymbol{p}_2$ und den Zahlen der freien Plätze in den Zuständen $\boldsymbol{p}_1', \boldsymbol{p}_2'$.

Das in (6,9—10) eingehende Integral U_0 kann durch eine reale physikalische Größe ausgedrückt werden — durch die Streuamplitude a. In den Gliedern zweiter Ordnung kann das gemäß (6,2) getan werden, aber in den Gliedern erster Ordnung benötigt man die genauere Formel (6,5). Wenn wir diese Ausdrücke einsetzen, erhalten wir für die Korrektur erster Ordnung bezüglich a

$$E^{(1)} = \frac{g}{V} \sum_{\boldsymbol{p}_1 \boldsymbol{p}_2} n_{1+} n_{2-} \tag{6,11}$$

und für die Korrektur zweiter Ordnung

$$E^{(2)} = \frac{2mg^2}{V^2} \sum_{\boldsymbol{p}_1 \boldsymbol{p}_2 \boldsymbol{p}_1'} \frac{n_{1+} n_{2-} [(1 - n_{1+}')(1 - n_{2-}') - 1]}{p_1^2 + p_2^2 - p_1'^2 - p_2'^2}$$

(der Kürze halber haben wir in den Zwischenformeln die „Kopplungskonstante" der Gasteilchen $g = 4\pi\hbar^2 a/m$ eingeführt).[1]) Wenn wir den Ausdruck im Zähler ausmultiplizieren, sehen wir, daß sich die Glieder mit Produkten von vier n gegenseitig wegheben, weil ihre Zähler symmetrisch und die Nenner antisymmetrisch bezüglich einer Vertauschung von $\boldsymbol{p}_1, \boldsymbol{p}_2$ und $\boldsymbol{p}_1', \boldsymbol{p}_2'$ sind; über diese Variablen wird symmetrisch summiert. Wir finden also schließlich

$$E^{(2)} = -\frac{2mg^2}{V^2} \sum_{\boldsymbol{p}_1 \boldsymbol{p}_2 \boldsymbol{p}_1'} \frac{n_{1+} n_{2-} (n_{1+}' + n_{2-}')}{p_1^2 + p_2^2 - p_1'^2 - p_2'^2}. \tag{6,12}$$

Diese Summe (in der alle $n_{\boldsymbol{p}\alpha} \to 0$ bei $\boldsymbol{p} \to \infty$ gehen) ist schon konvergent.

Mit Hilfe der erhaltenen Formeln kann man vor allem die Energie des Grundzustandes berechnen. Zu diesem Zwecke muß man alle $n_{\boldsymbol{p}\alpha}$ innerhalb der FERMI-Kugel ($p < p_F = \hbar(3\pi^2 N/V)^{1/3}$) gleich Eins und außerhalb der FERMI-Kugel gleich Null setzen. Wir bemerken in diesem Zusammenhang, daß, obwohl in dem Ausgangs-HAMILTON-Operator die Eigenwerte der Operatorprodukte $\hat{a}_{\boldsymbol{p}\alpha}^+ \hat{a}_{\boldsymbol{p}\alpha}$ die Besetzungszahlen für die Zustände der eigentlichen Gasteilchen geben, wir es aber nach der Diagonalisierung des HAMILTON-Operators mit Hilfe der Störungstheorie schon mit der Verteilungsfunktion der Quasiteilchen (die wir, wie in den vorigen Paragraphen, mit $n_{\boldsymbol{p}\alpha}$ bezeichnen) zu tun haben.

Wenn wir beachten, daß $\sum n_{\boldsymbol{p}+} = \sum n_{\boldsymbol{p}-} = N/2$ ist, erhalten wir aus (6,11) die Korrektur erster Ordnung

$$E_0^{(1)} = gN^2/4V.$$

In der Formel (6,12) ersetzen wir die Summation über die drei Impulse unter Berücksichtigung der Bedingung $\boldsymbol{p}_1 + \boldsymbol{p}_2 = \boldsymbol{p}_1' + \boldsymbol{p}_2'$ durch eine Integration über

$$\frac{V^3}{(2\pi\hbar)^9} \delta(\boldsymbol{p}_1 + \boldsymbol{p}_2 - \boldsymbol{p}_1' - \boldsymbol{p}_2') \, d^3p_1 \, d^3p_2 \, d^3p_1' \, d^3p_2',$$

so daß

$$E_0^{(2)} = -\frac{4mg^2 V}{(2\pi\hbar)^9} \int \frac{\delta(\boldsymbol{p}_1 + \boldsymbol{p}_2 - \boldsymbol{p}_1' - \boldsymbol{p}_2')}{p_1^2 + p_2^2 - p_1'^2 - p_2'^2} \, d^3p_1 \, d^3p_2 \, d^3p_1' \, d^3p_2'$$

---

[1]) Nach der Renormierung der Streuamplitude fällt diese Größe keinesfalls mit der in (6,2) auftretenden Größe U_0 zusammen.

ist, wobei über das Gebiet $p_1, p_2, p_1' \leq p_F$ integriert wird. Die Berechnung des Integrales[1]) führt auf das folgende endgültige Resultat für die Energie des Grundzustandes:

$$E_0 = N\frac{3p_F^2}{10m}\left[1 + \frac{10}{9\pi}\frac{p_F a}{\hbar} + \frac{4(11 - 2\ln 2)}{21\pi^2}\left(\frac{p_F a}{\hbar}\right)^2\right]. \tag{6,13}$$

Dabei ist die vor der Klammer stehende Größe die Energie eines idealen FERMI-Gases (K. HUANG, C. N. YANG, 1957).

Das chemische Potential des Gases bei verschwindender Temperatur wird aus der Ableitung $\mu = (\partial E_0/\partial N)_V$ bestimmt. Ausgedrückt durch den Grenzimpuls p_F, nimmt es die Form

$$\mu = \frac{p_F^2}{2m}\left[1 + \frac{4}{3\pi}\frac{p_F a}{\hbar} + \frac{4(11 - 2\ln 2)}{15\pi^2}\left(\frac{p_F a}{\hbar}\right)^2\right] \tag{6,14}$$

an.

Nach den allgemeinen Annahmen der LANDAU-Theorie sind das Spektrum der Elementaranregungen $\varepsilon(\boldsymbol{p})$ und die Wechselwirkungsfunktion der Quasiteilchen $f_{\alpha\alpha'}(\boldsymbol{p}, \boldsymbol{p}')$ durch die erste und die zweite Variation der Energie nach der Verteilungsfunktion der Quasiteilchen definiert.[2]) Wenn wir E als diskrete Summe über $\boldsymbol{p}$ und α schreiben, finden wir definitionsgemäß

$$\delta E = \sum_{\boldsymbol{p}\alpha} \varepsilon_\alpha(\boldsymbol{p})\,\delta n_{\boldsymbol{p}\alpha} + \frac{1}{2V}\sum_{\boldsymbol{p}\alpha,\boldsymbol{p}'\alpha'} f_{\alpha\alpha'}(\boldsymbol{p}, \boldsymbol{p}')\,\delta n_{\boldsymbol{p}\alpha}\,\delta n_{\boldsymbol{p}'\alpha'}. \tag{6,15}$$

(Dabei muß man nach der Differentiation der Energie $n_{\boldsymbol{p}\alpha}$ innerhalb der FERMI-Kugel durch Eins und außerhalb durch Null ersetzen.) Es besteht keine Notwendigkeit, auf diesem Wege auch die effektive Masse der Quasiteilchen m^* zu berechnen, weil sie auf eine einfachere Art und Weise gefunden werden kann (s. unten).

Zur Berechnung der Funktion $f_{\alpha\alpha'}(\boldsymbol{p}, \boldsymbol{p}')$ (auf der FERMI-Fläche) differenzieren wir die Summe der Ausdrücke (6,11—12) zweimal und setzen anschließend $p = p' = p_F$. Wenn wir diese einfache Berechnung ausführen und von der Summation zur Integration übergehen, erhalten wir

$$f_{+-}(\boldsymbol{p}, \boldsymbol{p}') = g - \frac{4mg^2}{(2\pi\hbar)^3}\int\left\{\frac{\delta(\boldsymbol{p} + \boldsymbol{p}' - \boldsymbol{p}_1 - \boldsymbol{p}_2)}{2p_F^2 - p_1^2 - p_2^2} + \frac{\delta(\boldsymbol{p} + \boldsymbol{p}_1 - \boldsymbol{p}' - \boldsymbol{p}_2) + \delta(\boldsymbol{p}' + \boldsymbol{p}_1 - \boldsymbol{p} - \boldsymbol{p}_2)}{2(p_1^2 - p_2^2)}\right\} \mathrm{d}^3p_1\,\mathrm{d}^3p_2,$$

$$f_{++}(\boldsymbol{p}, \boldsymbol{p}') = f_{--}(\boldsymbol{p}, \boldsymbol{p}') = \frac{2mg^2}{(2\pi\hbar)^3}\int\frac{\delta(\boldsymbol{p} + \boldsymbol{p}_1 - \boldsymbol{p}' - \boldsymbol{p}_2) + \delta(\boldsymbol{p}' + \boldsymbol{p}_1 - \boldsymbol{p} - \boldsymbol{p}_2)}{p_1^2 - p_2^2}\,\mathrm{d}^3p_1\,\mathrm{d}^3p_2.$$

Die Integration in diesen Formeln ist wegen der niedrigen Dimension der Integrale vergleichsweise einfach.

---

[1]) Es ist praktisch einfacher, die Rechnungen in einer anderen Reihenfolge durchzuführen, indem man mit der Berechnung der Funktion f beginnt (s. unten).

[2]) Die Matrix $f_{\alpha\alpha'}(\boldsymbol{p}, \boldsymbol{p}')$ ist in diesem Paragraphen aus der Gesamtheit der in zwei Indexpaaren (α, β und γ, δ) diagonalen Komponenten der Matrix $f_{\alpha\gamma,\beta\delta}(\boldsymbol{p}, \boldsymbol{p}')$ gebildet.

Das Endergebnis soll in der Form (2,4) dargestellt werden, die von der Wahl der Quantisierungsachse der Spins unabhängig ist. Es wird durch folgende Formel gegeben:

$$f_{\alpha\gamma,\beta\delta} = \frac{2\pi a\hbar^2}{m}\left\{\left[1 + \frac{2ap_F}{\pi\hbar}\left(2 + \frac{\cos\vartheta}{2\sin\frac{\vartheta}{2}}\ln\frac{1+\sin\frac{\vartheta}{2}}{1-\sin\frac{\vartheta}{2}}\right)\right]\delta_{\alpha\beta}\delta_{\gamma\delta}\right.$$

$$\left. - \left[1 + \frac{2ap_F}{\pi\hbar}\left(1 - \frac{1}{2}\sin\frac{\vartheta}{2}\ln\frac{1+\sin\frac{\delta}{2}}{1-\sin\frac{\vartheta}{2}}\right)\right]\boldsymbol{\sigma}_{\alpha\beta}\boldsymbol{\sigma}_{\gamma\delta}\right\}. \qquad (6{,}16)$$

Dabei ist ϑ der Winkel zwischen den Vektoren $\boldsymbol{p}_F$ und $\boldsymbol{p}'_F$ (A. A. ABRIKOSOW, I. M. CHALATNIKOW, 1957).[1])

Die effektive Masse der Quasiteilchen erhält man hieraus durch Integration gemäß der Formel (2,12), sie ist gleich

$$\frac{m^*}{m} = 1 + \frac{8}{15\pi^2}(7\ln 2 - 1)\left(\frac{ap_F}{\hbar}\right)^2. \qquad (6{,}17)$$

Die Formel (2,17) gestattet es, die Schallgeschwindigkeit im Gas zu berechnen, für sie erhält man

$$u^2 = \frac{p_F^2}{3m^2}\left[1 + \frac{2}{\pi}\frac{ap_F}{\hbar} + \frac{8(11 - 2\ln 2)}{15\pi^2}\left(\frac{ap_F}{\hbar}\right)^2\right]. \qquad (6{,}18)$$

Wenn wir danach die Größe u^2m/N (ausgedrückt durch N/V an Stelle von p_F) über dN integrieren, finden wir gemäß (2,13) das chemische Potential des Gases, und eine weitere Integration über dN führt auf den Ausdruck (6,13) für die Energie des Grundzustandes.

Die Formel (6,13) gibt die ersten Glieder der Entwicklung der Energie des Gases nach Potenzen des „Parameters der Gasartigkeit“ $\eta = p_Fa/\hbar \sim a(N/V)^{1/3}$ an. Durch analoge, aber wesentlich umfangreichere Rechnungen könnte man auch noch die nächsten Glieder der Entwicklung erhalten. Das liegt daran, daß im Falle des FERMI-Gases die Dreierstöße nur in relativ hoher Näherung einen Beitrag zur Energie geben. Von den drei sich stoßenden Teilchen haben zumindest zwei die gleiche Spinprojektion. Dabei muß die Koordinaten-Wellenfunktion des Systems bezüglich dieser beiden Teilchen antisymmetrisch sein. Das bedeutet, daß der Bahndrehimpuls bezüglich der Bewegung dieser Teilchen mindestens gleich 1 sein muß (p-Zustand). Die entsprechende Wellenfunktion enthält eine (im Vergleich zu der Wellenfunktion eines s-Zustandes) zusätzliche Potenz des Wellenvektors $p/\hbar$ (s. III, § 33), und folglich enthält die Wahrscheinlichkeit dieses Stoßes ein zusätzliches p^2, d. h. sie ist um den Faktor $(pa/\hbar)^2 \sim \eta^2$ im Vergleich zu der Wahrscheinlichkeit eines „frontalen“ Stoßes der Teilchen, die nicht dem PAULI-Prinzip

1) Die Funktion (6,16) geht bei $\vartheta = \pi$ logarithmisch gegen Unendlich. Dieser Umstand hängt mit den getroffenen Vernachlässigungen zusammen. Eine genauere Untersuchung zeigt, daß zwar der Wert $\vartheta = \pi$ wirklich ein singulärer Punkt der Funktion ist, die letztere dort aber nicht gegen Unendlich strebt, sondern gegen Null (s. Fußnote 2 auf S. 223). Daß die Formel (6,16) in der Nähe von $\vartheta = \pi$ nicht angewendet werden kann, ist für die weiteren Ausführungen unwesentlich, weil die dort auftretenden Integrale in diesem Punkt konvergieren.

unterworfen sind, abgeschwächt. Deshalb werden die Dreierstöße Beiträge zu der Energie erst in den Gliedern geben, die das Volumen als $V^{-2}V^{-2/3}$ enthalten. Mit anderen Worten, durch die Charakteristika der Zweierstöße allein werden alle Glieder der Entwicklung der Energie bis zu Gliedern der Ordnung

$$N\frac{p_F^2}{m}\eta^5$$

einschließlich ausgedrückt (d. h. noch drei Glieder, die auf die in (6,13) aufgeschriebenen folgen). Als Charakteristika der Zweierstöße werden aber nicht nur die Amplitude der s-Streuung für die langsamen Stöße (wie in (6,13)), sondern auch ihre Ableitungen nach der Energie und auch die Amplitude der p-Streuung auftreten.

II GREENSCHE FUNKTIONEN EINES FERMI-SYSTEMS BEI $T = 0$

§ 7. Die GREENsche Funktion eines makroskopischen Systems

Die im vorigen Paragraphen benutzte Methode wird in den höheren Näherungen der Störungstheorie sehr umfangreich und dadurch praktisch nicht anwendbar. Dieser Mangel ist um so entscheidender, weil in den realen physikalischen Aufgaben die Wechselwirkung zwischen den Teilchen keinesfalls schwach ist, so daß man zur Erklärung verschiedener Eigenschaften makroskopischer Systeme eine unendliche Menge von Gliedern der störungstheoretischen Reihe betrachten muß. Zur Überwindung derartiger Schwierigkeiten gibt es eine mathematische Technik, die der in der Quantenfeldtheorie benutzten ähnlich ist.

Die konkrete Form dieses mathematischen Apparates hängt wesentlich vom Charakter des makroskopischen Systems ab, auf das er angewendet werden soll. Die folgenden Paragraphen dieses Kapitels enthalten die Entwicklung des Apparates für die FERMI-Flüssigkeit bei der absoluten Temperatur Null.[1]) Dabei hat die Darstellung nicht nur die praktische Anwendung der Methode auf das gegebene Objekt zum Ziel, sondern soll auch demonstrieren, wie überhaupt solch ein Apparat aufgebaut ist.

Ausgangspunkt sind die ψ-Operatoren der zweiten Quantelung, deren Eigenschaften aus der Quantenmechanik bekannt sind (s. III, §§ 64, 65). Wir brauchen diese Operatoren in der HEISENBERG-Darstellung, in der sie explizit von der Zeit abhängen. Deshalb beginnen wir damit, daß wir einige Eigenschaften der ψ-Operatoren in dieser Darstellung erklären.

Wir werden ein System betrachten, welches aus Teilchen mit Spin 1/2 besteht. Dementsprechend müssen die ψ-Operatoren einen Index haben, der den Wert der Spinprojektion angibt und der die Werte $\pm 1/2$ annehmen kann. Die Spinindizes werden wir wie früher mit griechischen Buchstaben kennzeichnen, über doppelt auftretende Indizes wird summiert.

Nach den allgemeinen Regeln (s. III, § 13) wird der Operator $\hat{f}(t)$ einer beliebigen physikalischen Größe in der HEISENBERG-Darstellung durch den zeitunabhängigen (SCHRÖDINGERschen) Operator $\hat{f}$ derselben Größe gemäß

$$\hat{f}(t) = e^{i\hat{H}t}\hat{f}e^{-i\hat{H}t}$$

ausgedrückt.[2]) Dabei ist H der HAMILTON-Operator des Systems.

Hier wird es aber zweckmäßig sein, diese Definition etwas abzuändern. In der Quantenstatistik ist es nämlich bequemer, die Zustände eines Systems nicht bei gegebener

---

[1]) Die systematische Entwicklung dieses Apparats stammt von W. M. GALIZKI und A. B. MIGDAL (1958).

[2]) Zur Vereinfachung der Schreibweise der Formeln werden wir in breitem Maße ein Maßsystem anwenden, in welchem das Wirkungsquantum $\hbar = 1$ ist (so daß der Impuls die Dimension cm^{-1}, die Energie die Dimension s^{-1} hat). Für den Übergang von diesem System zu den üblichen Einheiten muß man in den Formeln alle Impulse p und Energien E durch $p/\hbar$ bzw. $E/\hbar$ ersetzen. Solche Einheiten werden insbesondere in diesem Kapitel benutzt.

Teilchenzahl N, sondern bei gegebenem chemischen Potential μ zu betrachten. Dabei kann man den Grundzustand des Systems, in welchem es sich bei $T = 0$ befindet, als den Zustand mit dem kleinsten Eigenwert des Operators

$$\hat{H}' = \hat{H} - \mu\hat{N} \tag{7,1}$$

(und nicht des Operators $\hat{H}$, wie bei vorgegebenem N) definieren. Denn die Wahrscheinlichkeit, daß sich das System (bei gegebenem Wert von μ) im Zustand mit der Energie E_n und der Teilchenzahl N_n befindet, ist gleich

$$w \propto \exp\left(-\frac{E_n - \mu N_n}{T}\right) = \exp\left(-\frac{E'_n}{T}\right)$$

(s. V, (35,1)); E'_n sind die Eigenwerte des Operators $\hat{H}'$, und wir sehen, daß bei $T = 0$ nur der Zustand mit dem kleinsten E'_n übrigbleibt.[1])

Wir definieren also die HEISENBERGschen ψ-Operatoren durch die Formeln

$$\begin{aligned} \hat{\Psi}_\alpha(t, \boldsymbol{r}) &= e^{i\hat{H}'t}\hat{\psi}_\alpha(\boldsymbol{r})\, e^{-i\hat{H}'t}, \\ \hat{\Psi}^+_\alpha(t, \boldsymbol{r}) &= e^{i\hat{H}'t}\hat{\psi}^+_\alpha(\boldsymbol{r})\, e^{-i\hat{H}'t}. \end{aligned} \tag{7,2}$$

Wir werden die HEISENBERGschen ψ-Operatoren mit dem großen Buchstaben $\hat{\Psi}$ und die SCHRÖDINGERschen mit dem kleinen Buchstaben $\hat{\psi}$ kennzeichnen.

Die SCHRÖDINGERschen ψ-Operatoren genügen den bekannten Vertauschungsregeln. Die Kommutatoren der HEISENBERG-Operatoren, genommen zu verschiedenen Zeitpunkten t und t', kann man in allgemeiner Form nicht berechnen. Bei $t = t'$ fallen aber ihre Vertauschungsregeln mit den Regeln für die SCHRÖDINGER-Operatoren zusammen. So folgen aus den Regeln

$$\hat{\psi}_\alpha(\boldsymbol{r})\, \hat{\psi}^+_\beta(\boldsymbol{r}') + \hat{\psi}^+_\beta(\boldsymbol{r}')\, \hat{\psi}_\alpha(\boldsymbol{r}) = \delta_{\alpha\beta}\delta(\boldsymbol{r} - \boldsymbol{r}')$$

die analogen Regeln

$$\begin{aligned} &\hat{\Psi}_\alpha(t, \boldsymbol{r})\, \hat{\Psi}^+_\beta(t, \boldsymbol{r}') + \hat{\Psi}^+_\beta(t, \boldsymbol{r}')\, \hat{\Psi}_\alpha(t, \boldsymbol{r}) \\ &= e^{i\hat{H}'t}(\hat{\psi}_\alpha(\boldsymbol{r})\, \psi^+_\beta(\boldsymbol{r}') + \hat{\psi}^+_\beta(\boldsymbol{r}')\, \hat{\psi}_\alpha(\boldsymbol{r}))\, e^{-i\hat{H}'t} = \delta_{\alpha\beta}\delta(\boldsymbol{r} - \boldsymbol{r}'). \end{aligned} \tag{7,3}$$

Ebenso gilt

$$\begin{aligned} \hat{\Psi}_\alpha(t, \boldsymbol{r})\, \hat{\Psi}_\beta(t, \boldsymbol{r}') + \hat{\Psi}_\beta(t, \boldsymbol{r}')\, \hat{\Psi}_\alpha(t, \boldsymbol{r}) &= 0, \\ \hat{\Psi}^+_\alpha(t, \boldsymbol{r})\, \hat{\Psi}^+_\beta(t, \boldsymbol{r}') + \hat{\Psi}^+_\beta(t, \boldsymbol{r}')\, \hat{\Psi}^+_\alpha(t, \boldsymbol{r}) &= 0. \end{aligned} \tag{7,4}$$

Wenn wir die Definition (7,2) nach der Zeit differenzieren, finden wir, daß die HEISENBERGschen ψ-Operatoren der Gleichung

$$-i\frac{\partial}{\partial t}\hat{\Psi}_\alpha(t, \boldsymbol{r}) = \hat{H}'\hat{\Psi}_\alpha(t, \boldsymbol{r}) - \hat{\Psi}_\alpha(t, \boldsymbol{r})\, \hat{H}' \tag{7,5}$$

genügen (vgl. III, (13,7)).

Die HEISENBERG- und die SCHRÖDINGER-Darstellung sind für Operatoren von Erhaltungsgrößen (d.h. für Operatoren, die mit dem HAMILTON-Operator vertauschbar sind)

---

[1]) Wir werden den Operator $\hat{H}'$ wie auch den Operator $\hat{H}$ als HAMILTON-Operator bezeichnen.

identisch. Das gilt insbesondere für den HAMILTON-Operator selbst, auch für den Operator der Teilchenzahl, die natürlich auch eine Erhaltungsgröße ist. Die Ausdrücke dieser Operatoren, geschrieben mit Hilfe der SCHRÖDINGERschen oder der HEISENBERGschen ψ-Operatoren, sind gleich. So gilt für den Teilchenzahloperator

$$\hat{N} = \int \hat{\psi}_\alpha^+(\boldsymbol{r})\, \hat{\psi}_\alpha(\boldsymbol{r})\, \mathrm{d}^3x = \int \hat{\Psi}_\alpha^+(t, \boldsymbol{r})\, \hat{\Psi}_\alpha(t, \boldsymbol{r})\, \mathrm{d}^3x. \tag{7,6}$$

Der HAMILTON-Operator eines Systems von wechselwirkenden Teilchen hat die Form

$$\begin{aligned}
\hat{H}' &= \hat{H}'^{(0)} + \hat{V}^{(1)} + \hat{V}^{(2)} + \dots, \\
\hat{H}'^{(0)} &= -\frac{1}{2m} \int \hat{\Psi}_\alpha^+(t, \boldsymbol{r})\, \Delta \hat{\Psi}_\alpha(t, \boldsymbol{r})\, \mathrm{d}^3x - \mu \hat{N}, \\
\hat{V}^{(1)} &= \int \hat{\Psi}_\alpha^+(t, \boldsymbol{r})\, U^{(1)}(\boldsymbol{r})\, \hat{\Psi}_\alpha(t, \boldsymbol{r})\, \mathrm{d}^3x, \qquad (7,7) \\
\hat{V}^{(2)} &= \frac{1}{2} \int \hat{\Psi}_\beta^+(t, \boldsymbol{r})\, \hat{\Psi}_\alpha^+(t, \boldsymbol{r}')\, U^{(2)}(\boldsymbol{r} - \boldsymbol{r}')\, \hat{\Psi}_\alpha(t, \boldsymbol{r}')\, \hat{\Psi}_\beta(t, \boldsymbol{r})\, \mathrm{d}^3x\, \mathrm{d}^3x'.
\end{aligned}$$

Hier bedeuten $\hat{H}'^{(0)}$ den HAMILTON-Operator des Systems der freien Teilchen, $\hat{V}^{(1)}$ den Operator ihrer Wechselwirkung mit einem äußeren Feld $U^{(1)}(\boldsymbol{r})$, $\hat{V}^{(2)}$ den Operator der Paarwechselwirkung der Teilchen, wobei $U^{(2)}(\boldsymbol{r} - \boldsymbol{r}')$ die Wechselwirkungsenergie zweier Teilchen ist; weggelassen sind die Dreierwechselwirkungen und höhere Glieder (s. III, (64,25)). Der Einfachheit halber wollen wir annehmen, daß alle Wechselwirkungen unabhängig von den Teilchenspins sind.

Der Kommutator von $\hat{H}'$ und $\hat{\Psi}_\alpha$ in (7,5) wird mit Hilfe der Regeln (7,3—4) berechnet; die dabei entstehenden δ-Funktionen werden durch eine Integration beseitigt. Wir erhalten dadurch die „SCHRÖDINGER-Gleichung" für $\hat{\Psi}_\alpha(t, \boldsymbol{r})$ in der Gestalt

$$\begin{aligned}
i \frac{\partial}{\partial t} \hat{\Psi}_\alpha(t, \boldsymbol{r}) &= \left(-\frac{1}{2m} \Delta - \mu + U^{(1)}(\boldsymbol{r})\right) \hat{\Psi}_\alpha(t, \boldsymbol{r}) \\
&\quad + \int \hat{\Psi}_\beta^+(t, \boldsymbol{r}')\, U^{(2)}(\boldsymbol{r} - \boldsymbol{r}')\, \hat{\Psi}_\beta(t, \boldsymbol{r}')\, \mathrm{d}^3x' \cdot \hat{\Psi}_\alpha(t, \boldsymbol{r}) + \dots \qquad (7,8)
\end{aligned}$$

Die grundlegende Rolle in der dargestellten Methode spielt der Begriff der *GREENschen Funktion* des makroskopischen Systems. Sie ist definiert durch den folgenden Ausdruck:[1])

$$G_{\alpha\beta}(X_1, X_2) = -i \langle T \hat{\Psi}_\alpha(X_1)\, \hat{\Psi}_\beta^+(X_2) \rangle. \tag{7,9}$$

Hier und weiter unten bezeichnet X der Kürze halber die Gesamtheit von Zeitpunkt t und Ortsvektor des Punktes $\boldsymbol{r}$. Die spitzen Klammern $\langle \dots \rangle$ bezeichnen die Mittelung über den Grundzustand des Systems (anstelle des umfangreicheren Symbols für das diagonale Matrixelement $\langle 0 \mid \dots \mid 0 \rangle$). Das Symbol T ist das Zeichen für das chronologische Produkt: die auf das Symbol folgenden Operatoren müssen von rechts nach links in der Reihenfolge wachsender Zeiten geordnet werden. Bei Fermionen muß die Vertauschung eines Paares von ψ-Operatoren (im Vergleich zu ihrer Anordnung in der ursprünglichen

---

[1]) Diese Definition ist analog der Definition der exakten GREENschen Funktionen (der Propagatoren) in der Quantenelektrodynamik (vgl. IV, §§ 100, 102).

Schreibweise des Produktes) von einer Vorzeichenänderung des Produktes begleitet sein. In expliziter Form bedeutet das

$$G_{\alpha\beta}(X_1, X_2) = \begin{cases} -i\langle \hat{\Psi}_\alpha(X_1)\, \hat{\Psi}^+_\beta(X_2)\rangle, & t_1 > t_2, \\ i\langle \hat{\Psi}^+_\beta(X_2)\, \hat{\Psi}_\alpha(X_1)\rangle, & t_1 < t_2. \end{cases} \tag{7,10}$$

Wir wollen einige offenkundige Eigenschaften der GREENschen Funktion angeben. Wenn ein System nicht ferromagnetisch ist und sich nicht in einem äußeren Feld befindet, dann reduziert sich die Spinabhängigkeit der GREENschen Funktion auf die Einheitsmatrix:

$$G_{\alpha\beta}(X_1, X_2) = \delta_{\alpha\beta} G(X_1, X_2) \tag{7,11}$$

(jede andere Form der Abhängigkeit würde eine bestimmte Richtung im Raum — die z-Achse als Quantisierungsachse des Spins — auszeichnen).[1]) Wegen der Homogenität der Zeit gehen die Zeiten t_1 und t_2 in die GREENsche Funktion nur in Form der Differenz $t = t_1 - t_2$ ein. Wenn außerdem das System mikroskopisch im Raum homogen ist, dann gehen auch die Koordinaten der beiden Punkte nur in Form der Differenz $\boldsymbol{r} = \boldsymbol{r}_1 - \boldsymbol{r}_2$ ein. Mit anderen Worten, in diesem Falle ist

$$G_{\alpha\beta}(X_1, X_2) = \delta_{\alpha\beta} G(X), \quad X = X_1 - X_2. \tag{7,12}$$

Wir unterstreichen, daß die mikroskopische Homogenität bedeutet, daß der Körper nicht nur als homogen bezüglich seiner mittleren (makroskopischen) Dichte, sondern auch bezüglich der Wahrscheinlichkeitsdichte für die verschiedenen (mikroskopischen) Lagen seiner Teilchen im Raum vorausgesetzt wird. Von dieser Art sind Flüssigkeiten und Gase (aber nicht feste Kristalle). Wegen ihrer Isotropie ist $G(t, \boldsymbol{r}) = G(t, -\boldsymbol{r})$. In diesem Zusammenhang betonen wir noch einmal, daß die Funktion $G(t, \boldsymbol{r})$ nach ihrer Definition keinesfalls gerade bezüglich der Variablen t ist. In diesem Sinne ist die Ordnung von t_1 und t_2 in der Differenz $t = t_1 - t_2$ wesentlich.

Die Dichtematrix eines Teilchens in Koordinatendarstellung ist definiert als der Mittelwert

$$\varrho_{\alpha\beta}(\boldsymbol{r}_1, \boldsymbol{r}_2) = \frac{1}{N} \langle \hat{\Psi}^+_\beta(t, \boldsymbol{r}_2)\, \hat{\Psi}_\alpha(t, \boldsymbol{r}_1)\rangle. \tag{7,13}$$

Die Kenntnis dieser Matrix erlaubt es, den Mittelwert einer beliebigen Größe, die sich auf ein einzelnes Teilchen bezieht, zu berechnen. $\hat{F}_{\alpha\beta}$ sei irgendein „Einteilchenoperator", d. h. ein Operator der Form

$$\hat{F}_{\alpha\beta} = \sum_a \hat{f}^{(a)}_{\alpha\beta}, \tag{7,14}$$

dabei ist $\hat{f}^{(a)}_{\alpha\beta}$ ein Operator, der nur auf die Koordinaten und den Spin eines einzigen (des a-ten) Teilchens wirkt, summiert wird über alle Teilchen im System. Im Apparat der zweiten Quantelung wird solch ein Operator (in der HEISENBERG-Darstellung) in der Form

$$\hat{F}_{\alpha\beta}(t) = \int \hat{\Psi}^+_\alpha(t, \boldsymbol{r})\, \hat{f}_{\beta\gamma} \hat{\Psi}_\gamma(t, \boldsymbol{r})\, \mathrm{d}^3x \tag{7,15}$$

---

[1]) Diese Behauptung erfordert eine Erläuterung. Die Spinkomponenten bilden einen kontravarianten Spinor ersten Ranges (und in diesem Zusammenhang wäre die Bezeichnung $\hat{\Psi}^\alpha$ mit dem Index α oben richtiger). Die Komponenten von $\hat{\Psi}^+_\beta$ bilden einen kovarianten Spinor. Deshalb ist $G_{\alpha\beta}$ ein gemischter Spinor zweiten Ranges. Der gemischte Einheitsspinor zweiten Ranges ist $\delta_{\alpha\beta}$.

geschrieben (vgl. III, (64,23)). Hieraus folgt, daß der Mittelwert der Größe F mit Hilfe der Dichtematrix in der Form

$$\langle F\rangle = N\langle f\rangle = N\int [\hat{f}^{(1)}_{\alpha\beta}\varrho_{\beta\alpha}(\boldsymbol{r}_1, \boldsymbol{r}_2)]_{\boldsymbol{r}_2=\boldsymbol{r}_1}\, d^3x_1 \tag{7,16}$$

dargestellt werden kann. Dabei ist $\hat{f}^{(1)}_{\alpha\beta}$ der Operator, der auf die Koordinaten $\boldsymbol{r}_1$ wirkt (man muß $\boldsymbol{r}_2 = \boldsymbol{r}_1$ nach der Einwirkung des Operators, aber noch vor der Integration setzen).

Nach (7,10) kann die Dichtematrix durch die GREENsche Funktion ausgedrückt werden:

$$\varrho_{\alpha\beta}(\boldsymbol{r}_1, \boldsymbol{r}_2) = -\frac{i}{N} G_{\alpha\beta}(t_1, \boldsymbol{r}_1; t_1 + 0, \boldsymbol{r}_2). \tag{7,17}$$

Hier (und überall unten) bedeutet das Symbol $t_1 + 0$ im Argument der Funktion, daß die Zeit von oben gegen t_1 strebt. Die Bildung dieses Grenzwertes gewährleistet die richtige Anordnung der ψ-Operatoren, die mit der Anordnung in dem Produkt (7,13) übereinstimmt.

Für ein mikroskopisch homogenes System hängt die Dichtematrix nur von der Differenz $\boldsymbol{r} = \boldsymbol{r}_1 - \boldsymbol{r}_2$ ab, und bei Unabhängigkeit von den Spins ist $\varrho_{\alpha\beta} = \delta_{\alpha\beta}\,\varrho$, wobei

$$\varrho(\boldsymbol{r}) = -\frac{i}{N} G(t = -0, \boldsymbol{r}) \tag{7,18}$$

ist. Dabei ist an Stelle von $G_{\alpha\beta}(X_1, X_2)$ die Funktion $G(X_1 - X_2) \equiv G(X)$ gemäß (7,12) eingeführt. Bei $\boldsymbol{r}_1 = \boldsymbol{r}_2$ und nachdem die Spur über die Spinvariablen genommen wurde, wandelt sich das Produkt der Operatoren in (7,13) in $\hat{\Psi}^+_\alpha \hat{\Psi}_\alpha$ um — in den Operator für die Teilchenzahldichte im System. Deshalb ist die mittlere Dichte des Körpers:

$$\frac{N}{V} = 2N\varrho(0) = -2iG(t = -0, \boldsymbol{r} = 0) \tag{7,19}$$

(t strebt von unten gegen Null). Diese Gleichung verknüpft das chemische Potential μ (von dem G als von einem Parameter abhängt) bei $T = 0$ mit der Teilchenzahldichte N/V.

Die FOURIER-Entwicklung der Funktion $\varrho(\boldsymbol{r}_1, \boldsymbol{r}_2)$ bestimmt die Verteilung der Teilchen bezüglich der Impulse:[1])

$$N(\boldsymbol{p}) = N\int \varrho(\boldsymbol{r}_1, \boldsymbol{r}_2)\, e^{-i\boldsymbol{p}(\boldsymbol{r}_1-\boldsymbol{r}_2)}\, d^3(x_1 - x_2) = -i\int G(t, \boldsymbol{r})\big|_{t=-0}\, e^{-i\boldsymbol{p}\boldsymbol{r}}\, d^3x. \tag{7,20}$$

---

[1]) Wir erinnern daran (s. III, § 14), daß die Einteilchen-Dichtematrix das Integral

$$\varrho(\boldsymbol{r}_1, \boldsymbol{r}_2) = \int \Psi^*(\boldsymbol{r}_2, q)\, \Psi(\boldsymbol{r}_1, q)\, dq$$

ist, dabei ist $\Psi(\boldsymbol{r}, q)$ die Wellenfunktion des ganzen Systems, wobei $\boldsymbol{r}$ den Ortsvektor eines Teilchens kennzeichnet, q ist die Gesamtheit der Koordinaten aller übrigen Teilchen; über die letzteren wird integriert. Die FOURIER-Komponenten der Dichtematrix fallen mit dem Ausdruck

$$\int \left| \int \Psi(\boldsymbol{r}, q)\, e^{i\boldsymbol{p}\boldsymbol{r}}\, d^3x \right|^2 dq$$

zusammen. Hieraus folgt auch ihr Zusammenhang mit der Verteilung der Teilchen bezüglich der Impulse.

Das ist die Zahl der Teilchen (pro Volumeneinheit) mit einer bestimmten Spinprojektion und mit Impulsen in dem Intervall $d^3p/(2\pi)^3$. Wir betonen, daß es sich hier um echte Teilchen handelt und nicht um Quasiteilchen (die letzteren sind in dem hier dargestellten Apparat noch nicht aufgetaucht!). Die Bezeichnung $N(\boldsymbol{p})$ ist zum Unterschied von der Verteilungsfunktion der Quasiteilchen $n(\boldsymbol{p})$ eingeführt.

Im weiteren Verlauf werden wir es gewöhnlich mit der GREENschen Funktion in der Impulsdarstellung zu tun haben, die als Komponente der FOURIER-Entwicklung der Funktion $G(t, \boldsymbol{r})$ nach t und $\boldsymbol{r}$ definiert ist:

$$G(t, \boldsymbol{r}) = \int G(\omega, \boldsymbol{p})\, e^{i(\boldsymbol{p}\boldsymbol{r} - \omega t)} \frac{d\omega\, d^3p}{(2\pi)^4}, \tag{7,21}$$

$$G(\omega, \boldsymbol{p}) = \int G(t, \boldsymbol{r})\, e^{-i(\boldsymbol{p}\boldsymbol{r} - \omega t)}\, dt\, d^3x. \tag{7,22}$$

Die Verteilung der Teilchen über die Impulse wird durch diese Funktion mit Hilfe der Formel

$$N(\boldsymbol{p}) = -i \lim_{t \to -0} \int_{-\infty}^{\infty} G(\omega, \boldsymbol{p})\, e^{-i\omega t} \frac{d\omega}{2\pi} \tag{7,23}$$

ausgedrückt, die man erhält, wenn man (7,21) in (7,20) einsetzt. Ihre Normierung wird durch die Formel

$$-2i \lim_{t \to -0} \int G(\omega, \boldsymbol{p})\, e^{-i\omega t} \frac{d\omega\, d^3p}{(2\pi)^4} = \frac{N}{V} \tag{7,24}$$

gegeben, die die Bedingung (7,19) darstellt, ausgedrückt in der Impulsdarstellung. Die Verteilung $N(\boldsymbol{p})$ ist also automatisch richtig normiert:

$$2 \int N(\boldsymbol{p}) \frac{d^3p}{(2\pi)^3} = \frac{N}{V}.$$

Wir bemerken, daß die Grenze, in der die Integrale (7,23—24) genommen werden, einer bestimmten Regel für den Umlauf in der Ebene der komplexen Variablen ω äquivalent ist. Die Existenz des Faktors $e^{-i\omega t}$ mit $t < 0$ erlaubt es, den Integrationsweg (die reelle Achse) durch einen Halbkreis mit unendlich großem Radius in der oberen ω-Halbebene zu schließen, so daß das Integral durch die Residuen der Funktion $G(\omega, \boldsymbol{p})$ in ihren Polen in der oberen Halbebene bestimmt ist.

§ 8. Die Bestimmung des Energiespektrums mit Hilfe der GREENschen Funktion

Für ein mikroskopisch homogenes System ist die Zeit- und Koordinatenabhängigkeit der Matrixelemente eines HEISENBERGschen ψ-Operators in bezug auf die stationären Zustände mit bestimmten Werten von Energie und Impuls leicht zu bestimmen.

Die zeitliche Abhängigkeit wird durch einen Exponentialfaktor gegeben:

$$\langle n \,|\hat{\Psi}_\alpha(t, \boldsymbol{r})|\, m\rangle = e^{i\omega_{nm}t} \langle n \,|\hat{\psi}_\alpha(\boldsymbol{r})|\, m\rangle. \tag{8,1}$$

Weil aber der HEISENBERGsche ψ-Operator mit Hilfe des HAMILTON-Operators $\hat{H}'$ definiert ist, so gilt

$$\omega_{nm} = E'_n - E'_m = E_n - E_m - \mu(N_n - N_m).$$

Nach den allgemeinen Eigenschaften der ψ-Operatoren verringert der Operator $\hat{\Psi}$ die Zahl der Teilchen im System um 1 (und $\hat{\Psi}^+$ erhöht sie um 1). Deshalb ist im Matrixelement (8,1) $N_n = N_m - 1$, so daß

$$\omega_{nm} = E_n(N) - E_m(N+1) + \mu \tag{8,2}$$

ist, wobei als Argumente die Teilchenzahlen in den entsprechenden Zuständen angegeben sind.

Um die Koordinatenabhängigkeit zu bestimmen, bemerken wir, daß wegen der Homogenität des Systems die Matrixelemente seiner ψ-Operatoren bei einer Verschiebung um den beliebigen Abstand $\boldsymbol{r}$ gegenüber dem System sich nicht ändern können. Das bedeutet aber keinesfalls, daß die Matrixelemente überhaupt nicht von den Koordinaten abhängen. Das liegt daran, daß der Unterschied von $\psi_{nm}(\boldsymbol{r})$ gegenüber dem Wert $\psi_{nm}(0)$ in irgendeinem gegebenen Punkt $\boldsymbol{r} = 0$ mit zwei Ursachen verknüpft ist: mit der Verschiebung um den Abstand $\boldsymbol{r}$ gegenüber dem System selbst und mit der Verschiebung des Beobachtungspunktes in einen anderen Raumpunkt, so daß sich auch die Phasen der Wellenfunktionen ändern. Um die letzte Änderung auszuschließen, verschieben wir das System um den Vektor $-\boldsymbol{r}$, d. h. wir wenden auf seine Wellenfunktionen den Operator der Parallelverschiebung an:

$$\hat{T}(-\boldsymbol{r}) = e^{-i\boldsymbol{r}\hat{\boldsymbol{P}}}$$

($\hat{\boldsymbol{P}}$ ist der Operator des Gesamtimpulses des Systems, s. III, (15,13)). Durch diese Operationen kehrt der Beobachtungspunkt in den Ausgangspunkt zurück, bleibt aber gegenüber dem System um den Vektor $\boldsymbol{r}$ verschoben. Die Invarianz der Matrixelemente in bezug auf diese Transformation wird durch folgende Gleichung ausgedrückt:

$$\langle n \,|\hat{\psi}_\alpha(0)|\, m\rangle = \langle n \,|e^{i\boldsymbol{r}\hat{\boldsymbol{P}}}\hat{\psi}_\alpha(\boldsymbol{r})\, e^{-i\boldsymbol{r}\hat{\boldsymbol{P}}}|\, m\rangle. \tag{8,3}$$

Wenn das System in den Zuständen n und m die Impulse $\boldsymbol{P}_n$ und $\boldsymbol{P}_m$ besitzt, dann ist

$$\langle n \,|\hat{\psi}_\alpha(0)|\, m\rangle = e^{i\boldsymbol{k}_{nm}\boldsymbol{r}} \langle n \,|\hat{\psi}_\alpha(\boldsymbol{r})|\, m\rangle.$$

Daraus folgt

$$\begin{aligned} \langle n \,|\hat{\Psi}_\alpha(t, \boldsymbol{r})|\, m\rangle &= e^{i(\omega_{nm}t - \boldsymbol{k}_{nm}\boldsymbol{r})} \langle n \,|\hat{\psi}_\alpha(0)|\, m\rangle, \\ \langle n \,|\hat{\Psi}^+_\alpha(t, \boldsymbol{r})|\, m\rangle &= \langle m \,|\hat{\Psi}_\alpha(t, \boldsymbol{r})|\, n\rangle^* \end{aligned} \tag{8,4}$$

mit $\boldsymbol{k}_{nm} = \boldsymbol{P}_n - \boldsymbol{P}_m$.

Mit Hilfe dieser Formeln kann man eine wichtige Entwicklung für die GREENsche Funktion im Impulsraum erhalten, die ihre physikalische Bedeutung deutlich werden läßt.

Wegen der „unstetigen" Definition der Funktion $G(t, \boldsymbol{r})$ muß man bei der Berechnung von $G(\omega, \boldsymbol{p})$ das Integral über dt in (7,22) in zwei Integrale zerlegen: von $-\infty$ bis 0 und von 0 bis ∞. Im zweiten Integral (d. h. bei $t = t_1 - t_2 > 0$) haben wir, wenn wir das Produkt in der Definition (7,10) nach den Regeln der Matrizenrechnung zerlegen:

$$G(t, \boldsymbol{r}) = \frac{1}{2} G_{\alpha\alpha} = -\frac{i}{2} \sum_m \langle 0 \,|\hat{\Psi}_\alpha(X_1)|\, m\rangle \langle m \,|\hat{\Psi}^+_\alpha(X_2)|\, 0\rangle$$

(summiert wird über alle Quantenzustände des Systems). Wenn wir hier (8,4) einsetzen und beachten, daß im Grundzustand $\boldsymbol{P}_0 = 0$ ist, finden wir

$$G(t, \boldsymbol{r}) = -\frac{i}{2} \sum_m |\langle 0 | \hat{\psi}_\alpha(0) | m \rangle|^2 \, e^{i(\omega_{0m} t + \boldsymbol{P}_m \boldsymbol{r})} \tag{8,5}$$

mit

$$\omega_{0m} = E_0(N) - E_m(N+1) + \mu .$$

Die räumliche Integration in (7,22) (mit $G(t, \boldsymbol{r})$ aus (8,5)) gibt in jedem Glied der Summe die δ-Funktion $\delta(\boldsymbol{p} - \boldsymbol{P}_m)$. Um bei der Integration über dt ($t > 0$) die Konvergenz zu gewährleisten, muß man zu ω einen unendlich kleinen positiven Imaginärteil hinzufügen, d. h. man muß $\omega \to \omega + i0$ setzen.[1]) Dann erhalten wir

$$\int_0^\infty \int G(t, \boldsymbol{r}) \, e^{i(\omega t - \boldsymbol{p}\boldsymbol{r})} \, d^3x \, dt = \frac{(2\pi)^3}{2} \sum_m |\langle 0 | \hat{\psi}_\alpha(0) | m \rangle|^2 \frac{\delta(\boldsymbol{p} - \boldsymbol{P}_m)}{\omega + \omega_{0m} + i0} .$$

Auf analoge Weise wird das Integral über dt von $-\infty$ bis 0 berechnet. Bei $t < 0$ erhalten wir an Stelle von (8,5):

$$G(t, \boldsymbol{r}) = \frac{i}{2} \sum_m |\langle m | \hat{\psi}_\alpha(0) | 0 \rangle|^2 \, e^{i(\omega_{m0} t - \boldsymbol{P}_m \boldsymbol{r})} \tag{8,6}$$

mit $\omega_{m0} = E_m(N-1) - E_0(N) + \mu$. Nachdem wir das Integral von $-\infty$ bis 0 berechnet und beide Integrale addiert haben, erhalten wir

$$G(\omega, \boldsymbol{p}) = \frac{(2\pi)^3}{2} \sum_m \left\{ \frac{A_m \, \delta(\boldsymbol{p} - \boldsymbol{P}_m)}{\omega + \mu + E_0(N) - E_m(N+1) + i0} \right.$$
$$\left. + \frac{B_m \, \delta(\boldsymbol{p} + \boldsymbol{P}_m)}{\omega + \mu + E_m(N-1) - E_0(N) - i0} \right\} . \tag{8,7}$$

Dabei bedeuten

$$A_m = |\langle 0 | \hat{\psi}_\alpha(0) | m \rangle|^2, \quad B_m = |\langle m | \hat{\psi}_\alpha(0) | 0 \rangle|^2 . \tag{8,8}$$

Das ist die gesuchte Entwicklung.[2])

Wir führen die Bezeichnungen

$$\varepsilon_m^{(+)} = E_m(N+1) - E_0(N), \quad \varepsilon_m^{(-)} = E_0(N) - E_m(N-1) \tag{8,9}$$

für die Anregungsenergien ein, definiert als die Differenzen zwischen einem angeregten Niveau des Systems mit einer bestimmten Teilchenzahl und dem Grundniveau des Systems, welches ein Teilchen mehr oder ein Teilchen weniger enthält. Die Indizes $(+)$ und $(-)$ geben an, daß für diese Energien

$$\varepsilon_m^{(+)} > \mu, \quad \varepsilon_m^{(-)} < \mu \tag{8,10}$$

gilt. Denn wenn wir beachten, daß $E_0(N+1) - E_0(N) \approx \partial E_0/\partial N = \mu$ das chemische Potential bei $T = 0$ ist, können wir zum Beispiel schreiben

$$\varepsilon_m^{(+)} = E_m(N+1) - E_0(N+1) + E_0(N+1) - E_0(N)$$
$$\approx [E_m(N+1) - E_0(N+1)] + \mu .$$

---

[1]) Diese Prozedur ist analog der Methode zur Berechnung der GREENschen Funktionen in der Quantenelektrodynamik (vgl. IV, § 76).

[2]) Die analoge Entwicklung in der Quantenfeldtheorie heißt KÄLLEN-LEHMANN-Formel (vgl. IV, §§ 101, 108).

Die Differenz in den eckigen Klammern (wo sich beide Energien auf Systeme mit gleicher Teilchenzahl beziehen) ist aber nach der Definition des Grundzustandes positiv, daraus folgt, daß $\varepsilon_m^{(+)} > \mu$ ist. Auf den Sinn der Definition (8,9) kommen wir noch später zurück.

Die Verschiebung der Pole in den Gliedern der Summe (als Funktion von ω), die durch die Terme $\pm i0$ in ihren Nennern ausgedrückt wird, ist äquivalent dazu, daß δ-funktionsartige Imaginärteile nach der Regel[1])

$$\frac{1}{x \pm i0} = \mathrm{P}\,\frac{1}{x} \mp i\pi\,\delta(x) \tag{8,11}$$

auftreten. Wenn wir sie auf (8,7) anwenden, finden wir den Realteil der GREENschen Funktion

$$\operatorname{Re} G(\omega, \boldsymbol{p}) = 4\pi^3 \sum_m \mathrm{P}\left[\frac{A_m\,\delta(\boldsymbol{p} - \boldsymbol{P}_m)}{\omega + \mu - \varepsilon_m^{(+)}} + \frac{B_m\,\delta(\boldsymbol{p} + \boldsymbol{P}_m)}{\omega + \mu - \varepsilon_m^{(-)}}\right] \tag{8,12}$$

und ihren Imaginärteil (hier muß man beachten, daß alle Differenzen $\varepsilon_m^{(+)} - \mu > 0$ und alle Differenzen $\varepsilon_m^{(-)} - \mu < 0$ sind)

$$\operatorname{Im} G(\omega, \boldsymbol{p}) =$$

$$= \begin{cases} -4\pi^4 \sum\limits_m A_m\,\delta(\boldsymbol{p} - \boldsymbol{P}_m)\,\delta(\omega + \mu - \varepsilon_m^{(+)}) & \text{bei} \quad \omega > 0, \\ 4\pi^4 \sum\limits_m B_m\,\delta(\boldsymbol{p} + \boldsymbol{P}_m)\,\delta(\omega + \mu - \varepsilon_m^{(-)}) & \text{bei} \quad \omega < 0. \end{cases} \tag{8,13}$$

Hieran sieht man, daß immer

$$\operatorname{sign} \operatorname{Im} G(\omega, \boldsymbol{p}) = -\operatorname{sign} \omega \tag{8,14}$$

ist.

Wir geben noch das asymptotische Verhalten der Funktion $G(\omega, \boldsymbol{p})$ bei $\omega \to \infty$ an. Aus (8,7) folgt

$$G(\omega, \boldsymbol{p}) \approx \frac{4\pi^3}{\omega} \sum_m [A_m\,\delta(\boldsymbol{p} - \boldsymbol{P}_m) + B_m\,\delta(\boldsymbol{p} + \boldsymbol{P}_m)].$$

Der Koeffizient bei $1/\omega$ ist, wie man sich leicht überzeugt, gleich der FOURIER-Komponenten (bezüglich $\boldsymbol{r}_1 - \boldsymbol{r}_2$) von

$$\frac{1}{2}\{\hat{\Psi}_\alpha(t, \boldsymbol{r}_1)\,\hat{\Psi}_\alpha^+(t, \boldsymbol{r}_2) + \hat{\Psi}_\alpha^+(t, \boldsymbol{r}_2)\,\hat{\Psi}_\alpha(t, \boldsymbol{r}_1)\} = \delta(\boldsymbol{r}_1 - \boldsymbol{r}_2),$$

d. h. gleich Eins. Es ist also:

$$G(\omega, \boldsymbol{p}) \to 1/\omega \quad \text{bei} \quad |\omega| \to \infty. \tag{8,15}$$

---

[1]) Vgl. III, (43,10). Das Zeichen P bedeutet, daß bei der Integration von Ausdrücken der Form $f(x)/(x \pm i0)$ das Integral im Sinn des Hauptwertes zu nehmen ist:

$$\int_{-\infty}^{\infty} \frac{f(x)}{x \pm i0}\,\mathrm{d}x = \fint_{-\infty}^{\infty} \frac{f(x)}{x}\,\mathrm{d}x \mp i\pi f(0).$$

Das zweite Glied entsteht vom Umlauf des Poles $x = -i0$ (oder $x = i0$) auf einem Halbkreis in der oberen (oder unteren) Halbebene.

Die wesentlichste Eigenschaft der GREENschen Funktion in der Impulsdarstellung besteht darin, daß ihre Pole nur in den Punkten $\omega = \varepsilon_m - \mu$ liegen können. Dabei sind die ε_m die auf die oben angegebene Art definierten diskreten Anregungsenergien des Systems. Jede dieser Energien entspricht einem bestimmten Impuls des Systems $\boldsymbol{P}_m$. Das wird dadurch deutlich, daß in jedem Polglied der GREENschen Funktion die entsprechende δ-Funktion auftritt.

Uns interessiert hier aber die GREENsche Funktion eines makroskopischen Körpers. Das bedeutet, daß der Grenzfall betrachtet wird, in dem das Volumen V und die Teilchenzahl N gegen Unendlich streben (bei gegebenem endlichen Wert des Verhältnisses N/V). In diesem Grenzfall streben die Abstände zwischen den Niveaus des Systems gegen Null, die Pole der Funktion $G(\omega, \boldsymbol{p})$ verschmelzen, und man kann nur behaupten, daß diese Funktion einen Imaginärteil bei den Werten $\omega + \mu$ in dem kontinuierlichen Bereich der möglichen Anregungsenergien des Systems hat. Eine Ausnahme bilden aber die Anregungen, in denen der gesamte Impuls $\boldsymbol{p}$ des makroskopischen Systems nur einem einzelnen Quasiteilchen mit einem bestimmten Dispersionsgesetz $\varepsilon(\boldsymbol{p})$ zugeschrieben werden kann (wir erinnern daran, daß im Grundzustand des Systems $\boldsymbol{p} = 0$ ist); diesen Werten entsprechen isolierte Pole der GREENschen Funktion.

Wenn sich der Impuls $\boldsymbol{p}$ aus den Impulsen mehrerer Quasiteilchen zusammensetzt, dann ist die Energie des Systems nicht mehr eindeutig durch den Wert $\boldsymbol{p}$ bestimmt: der gegebene Impuls des Systems kann auf unterschiedliche Art und Weise aus den Impulsen der Quasiteilchen zusammengesetzt werden, die Summe ihrer Energien durchläuft dabei einen kontinuierlichen Wertebereich; die Integration über alle diese Zustände beseitigt den Pol.

Die Gleichung

$$G^{-1}(\varepsilon - \mu, \boldsymbol{p}) = 0 \tag{8,16}$$

bestimmt also das Dispersionsgesetz der Quasiteilchen (W. L. BONTSCH-BRUJEWITSCH, 1955).

Wir betonen, daß die Art und Weise, wie die Anregungsenergie gemäß (8,9) bestimmt wird, gerade der Definition der Quasiteilchenenergie in der LANDAU-Theorie entspricht. Denn die Differenz $\varepsilon_m^{(+)}$ ist die Änderung der Energie des Systems, wenn man ein Teilchen zum System hinzufügt; wenn wir diese Änderung einem Quasiteilchen zuschreiben, definieren wir ε in Übereinstimmung mit (1,3). Auf analoge Weise ist $-\varepsilon_m^{(-)}$ die Änderung der Energie, wenn ein Teilchen entfernt wird, so daß $\varepsilon_m^{(-)}$ die Energie eines entfernten Quasiteilchens ist. Es ist deshalb natürlich, daß $\varepsilon_m^{(-)} < \mu$ ist, weil in der LANDAU-Theorie ein Quasiteilchen nur aus dem Innern der FERMI-Kugel entnommen werden kann.[1])

Weil man alle in der Entwicklung (8,7) auftretenden angeregten Zustände aus dem Grundzustand dadurch erhalten kann, daß man ein Teilchen (mit Spin 1/2) hinzufügt oder entfernt, so ist klar, daß für ein System von Fermionen die Pole der GREENschen Funktion nur ein Spektrum von Elementaranregungen des FERMI-Typs bestimmen können. Wie ein BOSE-Zweig bestimmt wird, wird unten im § 18 gezeigt werden.

---

[1]) Wir weisen darauf hin, daß in die Definition der Quasiteilchenenergie $\varepsilon_m^{(-)}$ das angeregte Niveau des Systems E_m mit dem Minuszeichen eingeht. Damit hängt auch die Tatsache zusammen, daß der Impuls dieser Quasiteilchen $\boldsymbol{p} = -\boldsymbol{P}_m$ ist, wie das aus der δ-Funktion $\delta(\boldsymbol{p} + \boldsymbol{P}_m)$ in den entsprechenden Gliedern der Entwicklung (8,7) zu entnehmen ist.

Die Beschreibung des Spektrums eines makroskopischen Systems mit Hilfe des Begriffes der Quasiteilchen mit einer bestimmten Abhängigkeit ε von $\boldsymbol{p}$ ist eine Näherungsbeschreibung, deren Genauigkeit mit wachsendem $|\varepsilon - \mu|$ abnimmt. Die Abweichung von dem Bild der unabhängigen Quasiteilchen zeigt sich darin, daß die Pole der GREENschen Funktion in das komplexe Gebiet verschoben werden: die Energie $\varepsilon(\boldsymbol{p})$ wird komplex. Nach den allgemeinen Gesetzen der Quantenmechanik (s. III, § 134) bedeuten komplexe Energieniveaus, daß die Lebensdauer τ eines angeregten Zustandes des Systems endlich ist ($\tau \sim 1/|\text{Im}\,\varepsilon|$). Die Größe $\text{Im}\,\varepsilon$ selbst charakterisiert den Grad der „Verschmierung" der Energie des Quasiteilchens (Niveaubreite). Diese Behandlung hat natürlich nur einen Sinn, wenn der Imaginärteil klein ist: $|\text{Im}\,\varepsilon| \ll |\varepsilon - \mu|$. Wie im § 1 erklärt wurde, ist diese Bedingung für die schwach angeregten Zustände eines Systems erfüllt, weil $|\text{Im}\,\varepsilon| \sim 1/\tau \propto (p - p_F)^2$ ist, während $\text{Re}\,(\varepsilon - \mu) \propto |p - p_F|$ ist.

Das erforderliche Vorzeichen von $\text{Im}\,\varepsilon$ wird vom festliegenden Vorzeichen beim Imaginärteil der GREENschen Funktion geliefert. Denn in der Nähe ihres Poles hat diese Funktion die Form

$$G(\omega, \boldsymbol{p}) \approx \frac{Z}{\omega + \mu - \varepsilon(\boldsymbol{p})}, \tag{8,17}$$

wobei die Konstante $Z > 0$ ist. Das folgt daraus, daß die Koeffizienten A_m, B_m in der Entwicklung (8,7) positiv sind. Die Größe Z nennt man oft (in Analogie zur Quantenelektrodynamik) *Renormierungskonstante.* Der Imaginärteil der GREENschen Funktion ist

$$\text{Im}\, G \approx \frac{Z\, \text{Im}\,\varepsilon}{|\omega + \mu - \varepsilon|^2}.$$

Wenn wir beachten, daß sich dieser Ausdruck auf die Werte $\omega \approx \varepsilon - \mu$ bezieht und wenn wir sein Vorzeichen mit der Regel (8,14) vergleichen, finden wir, daß

$$\begin{aligned} &\text{Im}\,\varepsilon < 0 \quad \text{bei} \quad \text{Re}\,\varepsilon > \mu, \\ &\text{Im}\,\varepsilon > 0 \quad \text{bei} \quad \text{Re}\,\varepsilon < \mu \end{aligned} \tag{8,18}$$

ist, wie es auch sein muß; das Vorzeichen von $\text{Im}\,\varepsilon$ entspricht in beiden Fällen ($\varepsilon_m^{(+)}$ und $\varepsilon_m^{(-)}$ in (8,9)) der richtigen, negativen, imaginären Ergänzung zu der Energie des angeregten Zustandes E_m.

Zu den analytischen Eigenschaften der GREENschen Funktion werden wir noch im § 36 zurückkommen, wo diese Frage gleich für den allgemeinen Fall beliebiger Temperaturen betrachtet wird.

§ 9. Die GREENsche Funktion eines idealen FERMI-Gases

Zur Illustration der in dem vorhergehenden Paragraphen betrachteten allgemeinen Beziehungen berechnen wir nun die GREENsche Funktion eines idealen Gases.

Die SCHRÖDINGERschen ψ-Operatoren kann man immer in Form der Entwicklung

$$\hat{\psi}_\alpha(\boldsymbol{r}) = \sum_{\boldsymbol{p}\sigma} \hat{a}_{\boldsymbol{p}\sigma} \psi_{\boldsymbol{p}\alpha}(\boldsymbol{r}, \sigma) \tag{9,1}$$

nach einem vollständigen Satz von Funktionen $\psi_{p\alpha}(\sigma)$ — den Wellenfunktionen des freien Teilchens mit dem Impuls $\boldsymbol{p}$ und der Spinprojektion σ — darstellen, d. h. man kann nach ebenen Wellen

$$\psi_{p\alpha}(\sigma) = \frac{u_\alpha(\sigma)}{\sqrt{V}}\, e^{i p r} \tag{9,2}$$

entwickeln (u_α ist die Spinoramplitude, normiert durch die Bedingung $u_\alpha u_\alpha^* = 1$). Diese Wahl von Funktionen $\psi_{p\alpha}$ hat keinerlei Beziehung zu der realen Wechselwirkung der Teilchen in dem System.

Für ein System von wechselwirkungsfreien Teilchen kann man aber auch die HEISENBERGschen ψ-Operatoren explizit aufschreiben. In diesem Falle reduziert sich der Übergang von der SCHRÖDINGER- zur HEISENBERG-Darstellung darauf, daß in jedes Glied der Summe in (9,1) der entsprechende Zeitfaktor gemäß

$$\hat{\Psi}_\alpha(t, \boldsymbol{r}) = \sum_{p\sigma} \hat{a}_{p\sigma}\psi_{p\alpha}(\boldsymbol{r}, \sigma) \exp\left[-i\left(\frac{p^2}{2m} - \mu\right)t\right] \tag{9,3}$$

einzuführen ist. Davon kann man sich leicht überzeugen, wenn man beachtet, daß die Matrixelemente des HEISENBERGschen Operators für jeden Übergang $i \to f$ den Faktor $\exp[-i(E_i' - E_f')\,t]$ enthalten müssen, wobei E_i' und E_f' die Energie des Anfangs- bzw. des Endzustandes sind (in dem gegebenen Fall sind es die Eigenwerte des HAMILTON-Operators $\hat{H}' = \hat{H} - \mu\hat{N}$). Für einen Übergang mit einer Abnahme der Teilchenzahl im Zustand $\boldsymbol{p}\alpha$ um 1 ist die Differenz $E_i' - E_f' = p^2/2m - \mu$, so daß die angegebene Forderung erfüllt ist.

An Stelle der direkten Berechnung der GREENschen Funktion mit Hilfe von (9,3) nach der Definition (7,10) ist es aber zweckmäßiger, diese Definition zunächst in die ihr äquivalente Differentialgleichung umzuformen. Dazu differenzieren wir die Funktion $G_{\alpha\beta}(X_1 - X_2)$ nach t_1. Dabei muß man berücksichtigen, daß diese Funktion bei $t_1 = t_2$ unstetig ist. Denn nach der Definition (7,10) ist der Sprung der Funktion

$$[G_{\alpha\beta}] \equiv G_{\alpha\beta}\,|_{t_1=t_2+0} - G_{\alpha\beta}\,|_{t_1=t_2-0}$$
$$= -i\,\langle \hat{\Psi}_\alpha(t_1, \boldsymbol{r}_1)\,\hat{\Psi}_\beta^+(t_1, \boldsymbol{r}_2) + \hat{\Psi}_\beta^+(t_1, \boldsymbol{r}_2)\,\hat{\Psi}_\alpha(t_1, \boldsymbol{r}_1)\rangle$$

oder, wegen (7,3):[1])

$$[G_{\alpha\beta}] = -i\,\delta_{\alpha\beta}\delta(\boldsymbol{r}_1 - \boldsymbol{r}_2). \tag{9,4}$$

Die Existenz des Sprunges führt bei der Differentiation dazu, daß das Glied $[G_{\alpha\beta}]\,\delta(t_1 - t_2)$ auftritt. Deshalb ist

$$\frac{\partial}{\partial t_1} G_{\alpha\beta} = -i\left\langle T\,\frac{\partial\hat{\Psi}_\alpha(X_1)}{\partial t_1}\,\hat{\Psi}_\beta^+(X_2)\right\rangle - i\,\delta_{\alpha\beta}\delta(\boldsymbol{r}_1 - \boldsymbol{r}_2)\,\delta(t_1 - t_2). \tag{9,5}$$

Für ein System von freien Teilchen genügt der HEISENBERGsche ψ-Operator der Gleichung

$$i\,\frac{\partial\hat{\Psi}_\alpha}{\partial t} = -\frac{1}{2m}\Delta\hat{\Psi}_\alpha - \mu\hat{\Psi}_\alpha$$

[1]) Wir unterstreichen, daß die Größe dieses Sprunges von der Wechselwirkung der Teilchen überhaupt nicht abhängt.

(vgl. (7,8)). Wenn wir diese Ableitung in (9,5) einsetzen und erneut die Definition (7,10) verwenden, erhalten wir folgende Gleichung für die GREENsche Funktion:

$$\left(i\frac{\partial}{\partial t} + \frac{\Delta}{2m} + \mu\right) G^{(0)}(t, \boldsymbol{r}) = \delta(t)\,\delta(\boldsymbol{r}). \tag{9,6}$$

Dabei wurde schon $G^{(0)}_{\alpha\beta} = \delta_{\alpha\beta}G^{(0)}$ gesetzt, und der Index (0) bei G weist darauf hin, daß es zwischen den Teilchen keine Wechselwirkung gibt.

Wir bilden die FOURIER-Transformierte dieser Gleichung:

$$\left(\omega - \frac{\boldsymbol{p}^2}{2m} + \mu\right) G^{(0)}(\omega, \boldsymbol{p}) = 1.$$

Wenn man hieraus die GREENsche Funktion bestimmt, muß man zu ω einen unendlich kleinen Imaginärteil so hinzufügen, daß der Imaginärteil von G das richtige Vorzeichen hat (in Übereinstimmung mit (8,14)):

$$G^{(0)}(\omega, \boldsymbol{p}) = \left[\omega - \frac{\boldsymbol{p}^2}{2m} + \mu + i0 \cdot \operatorname{sign} \omega\right]^{-1}. \tag{9,7}$$

Der Pol dieses Ausdruckes liegt bei $\omega + \mu = \varepsilon(\boldsymbol{p}) = p^2/2m$ in Übereinstimmung damit, daß bei einem idealen Gas die Quasiteilchen mit den wirklichen Teilchen übereinstimmen. Das chemische Potential eines idealen FERMI-Gases ist $\mu = p_F^2/2m$. Für schwach angeregte Zustände liegt p in der Nähe von p_F, so daß man $p^2/2m \approx \mu + v_F(p - p_F)$ setzen kann (dabei ist $v_F = p_F/m$). Für solche Zustände kann man die GREENsche Funktion in der Form

$$G^{(0)}(\omega, \boldsymbol{p}) = [\omega - v_F(p - p_F) + i0 \cdot \operatorname{sign} \omega]^{-1} \tag{9,8}$$

schreiben.

Bei allen Integrationen unter Beteiligung der Funktion $G^{(0)}$ ist der unendlich kleine Imaginärteil in ihrem Nenner nur in der Nähe des Poles wesentlich, wenn $\omega \approx v_F(p - p_F)$ ist. In diesem Sinne kann man sign ω in (9,7) durch sign $(p - p_F)$ ersetzen und $G^{(0)}$ als

$$G^{(0)}(\omega, \boldsymbol{p}) = [\omega - p^2/2m + \mu + i0 \cdot \operatorname{sign}(p - p_F)]^{-1} \tag{9,9}$$

schreiben. Diese Substitution ist in der Hinsicht wichtig, daß $G^{(0)}$ in der Form (9,9) eine einheitliche analytische Funktion in der ganzen komplexen ω-Ebene ist, und man zur Berechnung von Integralen die Methoden der Theorie analytischer Funktionen verwenden kann.

Zur Berechnung des Integrals (7,23) (der Impulsverteilung der Teilchen) schließen wir den Integrationsweg (die reelle ω-Achse) also bei von Null verschiedenem, negativen t durch einen unendlich entfernten Halbkreis in der oberen Halbebene, anschließend kann man $t = 0$ setzen. Das Integral

$$N(\boldsymbol{p}) = -\frac{i}{2\pi}\int \frac{d\omega}{\omega - p^2/2m + \mu + i0 \cdot \operatorname{sign}(p - p_F)}$$

ist durch das Residuum des Integranden im Pol in der oberen Halbebene bestimmt. Bei $p > p_F$ fehlt dieser Pol, so daß $N(\boldsymbol{p}) = 0$ ist. Wenn $p < p_F$ ist, dann erhalten wir $N(\boldsymbol{p}) = 1$ — wie das für den Grundzustand des idealen FERMI-Gases auch sein muß.

§ 10. Die Verteilung der Teilchen einer Fermi-Flüssigkeit bezüglich der Impulse

Die Greensche Funktion einer Fermi-Flüssigkeit kann selbstverständlich nicht in allgemeiner Form berechnet werden, wie das für ein Fermi-Gas getan wurde. Die Behauptung aber, daß die Fermi-Flüssigkeit ein Spektrum des in § 1 beschriebenen Typs besitzt, bedeutet, daß ihre Greensche Funktion einen Pol bei

$$\omega = \varepsilon(\boldsymbol{p}) - \mu \approx v_F(p - p_F), \quad v_F = p_F/m^* \tag{10,1}$$

hat. Mit anderen Worten, sie muß als

$$G(\omega, \boldsymbol{p}) = \frac{Z}{\omega - v_F(p - p_F) + i0 \cdot \operatorname{sign} \omega} + g(\omega, \boldsymbol{p}) \tag{10,2}$$

darstellbar sein, dabei ist $g(\omega, \boldsymbol{p})$ eine in dem Punkt (10,1) endliche Funktion. Wie schon im Zusammenhang mit (8,17) bemerkt wurde, ist der Koeffizient Z (das Residuum der Funktion G in dem Pol) positiv.

Aus dem Ausdruck (10,2) kann man einen interessanten Schluß über den Charakter der Impulsverteilung der Flüssigkeitsteilchen (nicht der Quasiteilchen!) ziehen. Wir berechnen die Differenz der Funktionswerte der Verteilungsfunktion $N(\boldsymbol{p})$ (die praktisch nur vom Betrag p abhängt) auf beiden Seiten der Oberfläche der Fermi-Kugel, d. h. den Grenzwert der Differenz

$$N(p_F - q) - N(p_F + q)$$

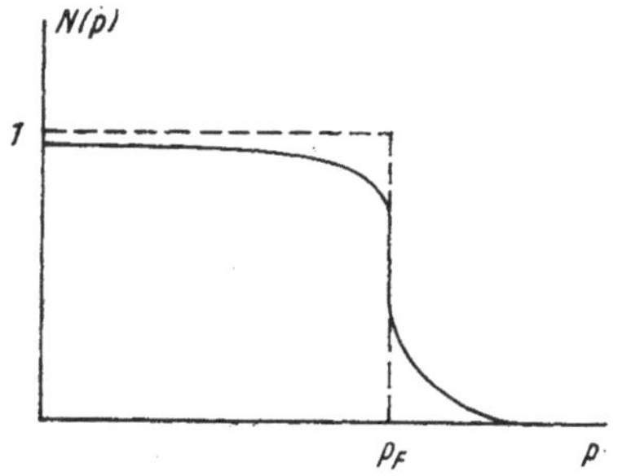

Abb. 1

bei $q = +0$.

Die Verteilung $N(\boldsymbol{p})$ wird über das Integral (7,23) durch die Greensche Funktion ausgedrückt. Wegen der Endlichkeit der Funktion $g(\omega, \boldsymbol{p})$ ist es von vornherein klar, daß die Differenz ihrer Integrale bei $q \to 0$ gegen Null streben wird. Deshalb genügt es, nur die Differenz der Integrale über die Polglieder in (10,2) zu betrachten. Weil bei der Integration das Glied $i0$ im Nenner nur in der Nähe des Poles wesentlich ist, kann man (wie das schon im § 9 angegeben wurde) sign $(p - p_F)$ an Stelle von sign ω schreiben. Dann erhalten wir

$$N(p_F - q) - N(p_F + q) = -i \int_{-\infty}^{\infty} \left\{ \frac{Z}{\omega + v_F q - i0} - \frac{Z}{\omega - v_F q + i0} \right\} \frac{d\omega}{2\pi}$$

(weil das Integral über die Differenz konvergiert, kann man den Faktor $e^{-i\omega t}$ mit $t = -0$ in ihm weglassen). Wenn wir nun den Integrationsweg durch einen unendlich großen Halbkreis (egal in welcher Halbebene) schließen, finden wir, daß das ganze Integral gleich Z ist und von q nicht abhängt. Wir erhalten also

$$N(p_F - 0) - N(p_F + 0) = Z \tag{10,3}$$

(A. B. MIGDAL, 1957).

Es wurde oben schon angegeben, daß $Z > 0$ ist. Weil $N(\boldsymbol{p}) \leq 1$ ist, so folgt aus (10,3), daß

$$0 < Z \leq 1 \tag{10,4}$$

ist (wobei der Wert $Z = 1$ nur im Grenzfall des idealen Gases erreicht wird).

Die Verteilung der Teilchen über die Impulse hat also in der FERMI-Flüssigkeit bei $T = 0$, wie auch bei dem Gas, einen Sprung auf der Oberfläche der FERMI-Kugel, wobei sie außerhalb der Kugel kleiner als innerhalb ist. Zum Unterschied vom Fall des Gases ist aber die Größe des Sprunges kleiner als Eins, und die Funktion $N(\boldsymbol{p})$ bleibt auch bei $p > p_F$ von Null verschieden (wie das in Abb. 1 durch die ausgezogene Linie dargestellt ist, die gestrichelte Linie entspricht dem Gas).

§ 11. Die Berechnung der thermodynamischen Größen aus der GREENschen Funktion

Die Kenntnis der GREENschen Funktion genügt, um die thermodynamischen Eigenschaften eines Systems zu beschreiben. Bei $T = 0$ werden diese Eigenschaften durch die Abhängigkeit der Energie des Systems (die mit der Energie des Grundzustandes E_0 zusammenfällt) von der Dichte N/V bestimmt.

Nachdem das Dispersionsgesetz der Quasiteilchen $\varepsilon(p)$ bestimmt ist (durch die Lösung der Gleichung (8,16)), kann man diese Abhängigkeit finden, wenn man

$$\varepsilon(p_F) = \mu \tag{11,1}$$

benutzt. Weil die Abhängigkeit des FERMI-Impulses p_F von N/V nach (1,1) bekannt ist,

$$p_F = (3\pi^2)^{1/3} (N/V)^{1/3} \tag{11,2}$$

bestimmt die Gleichung (11,1) die Funktion $\mu(N/V)$ (wenn auch in impliziter Form, weil das Dispersionsgesetz $\varepsilon(p)$ im allgemeinen μ als Parameter enthält). Bei $T = 0$ (und deshalb auch $S = 0$) ist das chemische Potential $\mu = (\partial E_0/\partial N)_V$; wenn wir diese Gleichung integrieren, finden wir die gesuchte Energie

$$E_0 = \int_0^N \mu\left(\frac{N}{V}\right) \mathrm{d}N \tag{11,3}$$

(bei $N = 0$ ist natürlich auch $E_0 = 0$).

Eine andere Möglichkeit, die thermodynamischen Eigenschaften bei $T = 0$ zu beschreiben, besteht darin, das thermodynamische Potential Ω zu berechnen. Nach der allgemeinen Definition (s. V, § 24) ist dieses Potential $\Omega = E - TS - \mu N = -PV$, und sein Differential ist $\mathrm{d}\Omega = -S\,\mathrm{d}T - N\,\mathrm{d}\mu$. Bei $T = 0$ ist auch $S = 0$, und diese Ausdrücke reduzieren sich auf

$$\Omega = E - \mu N, \tag{11,4}$$

$$\mathrm{d}\Omega = -N\,\mathrm{d}\mu. \tag{11,5}$$

Wir erinnern auch daran, daß das Potential Ω seiner Bedeutung nach die Eigenschaften des Systems bei $V = \text{const}$ beschreibt.

Die einfachste Art und Weise, Ω durch die GREENsche Funktion auszudrücken, besteht darin, den Zusammenhang (7,24) zwischen N/V und G zu benutzen. Wenn wir N aus (7,24) in (11,5) einsetzen und über $d\mu$ (bei $V = \text{const}$) integrieren, erhalten wir:

$$\Omega(\mu) = 2iV \int\limits_0^\mu d\mu' \cdot \lim_{t \to -0} \int G(\omega, \boldsymbol{p})\, e^{-i\omega t} \frac{d^3p\, d\omega}{(2\pi)^4}, \tag{11,6}$$

weil abermals im Gas $\Omega = 0$ bei $\mu = 0$ ist.

§ 12. ψ-Operatoren in der Wechselwirkungsdarstellung

Die GREENsche Funktion eines Systems von wechselwirkenden Teilchen kann man natürlich in allgemeiner Form nicht berechnen. Es gibt aber eine mathematische Technik (ähnlich der Diagrammtechnik in der Quantenfeldtheorie), die es erlaubt, sie in Form einer Reihe nach Potenzen der Wechselwirkungsenergie der Teilchen zu berechnen. Dabei wird jedes Glied der Reihe durch die GREENsche Funktion des Systems freier Teilchen und den Wechselwirkungsoperator ausgedrückt.

Wir führen neben der HEISENBERG-Darstellung noch eine andere Darstellung für die Operatoren ein — eine Darstellung, in der ihre Abhängigkeit von der Zeit nicht durch den echten HAMILTON-Operator des Systems

$$\hat{H}' = \hat{H}'^{(0)} + \hat{V} = \hat{H}^{(0)} - \mu\hat{N} + \hat{V}$$

($\hat{V}$ ist der Wechselwirkungsoperator), sondern durch den HAMILTON-Operator $\hat{H}^{(0)}$ der freien Teilchen bestimmt ist:

$$\hat{\Psi}_0(t, \boldsymbol{r}) = \exp\,(i\hat{H}'^{(0)}\, t)\, \hat{\psi}(\boldsymbol{r}) \exp\,(-i\hat{H}'^{(0)}\, t). \tag{12,1}$$

Die Operatoren und Wellenfunktionen in dieser Darstellung (der sogenannten *Wechselwirkungsdarstellung*) werden wir durch einen Index 0 kennzeichnen. Wenn wir die GREENsche Funktion durch die Operatoren $\hat{\Psi}_0$ (an Stelle der HEISENBERG-Operatoren $\hat{\Psi}$) ausdrücken, so tun wir dadurch den ersten Schritt auf das gestellte Ziel zu, G durch $\hat{V}$ und $G^{(0)}$ auszudrücken.

In diesem Paragraphen bezeichnen wir mit dem Buchstaben Φ (oder φ) die Wellenfunktionen im „Raum der Besetzungszahlen" (zum Unterschied von den Koordinatenwellenfunktionen Ψ und ψ). Auf diese Funktionen wirken die Operatoren der zweiten Quantelung. φ möge eine solche Funktion in der SCHRÖDINGER-Darstellung sein. Ihre zeitliche Abhängigkeit wird durch die Wellengleichung

$$i\frac{\partial \varphi}{\partial t} = (\hat{H}'^{(0)} + \hat{V})\, \varphi \tag{12,2}$$

bestimmt. In der HEISENBERG-Darstellung, wo die ganze Zeitabhängigkeit auf die Operatoren übergewälzt ist, hängt die Wellenfunktion Φ des Systems von der Zeit gar nicht ab: $\Phi = \text{const}$. In der Wechselwirkungsdarstellung hängt die Wellenfunktion Φ_0 von der Zeit ab, diese Abhängigkeit hängt aber nur mit der Wechselwirkung der Teilchen in dem System zusammen und wird durch die Gleichung

$$i \frac{\partial}{\partial t} \Phi_0(t) = \hat{V}_0(t)\, \Phi_0(t) \tag{12,3}$$

bestimmt, wobei

$$\hat{V}_0(t) = \exp(i\hat{H}'^{(0)} t)\, \hat{V} \exp(-i\hat{H}'^{(0)} t) \tag{12,4}$$

der Wechselwirkungsoperator in der Wechselwirkungsdarstellung ist (in den Operatoren der Form (7,6—7) geht man zu dieser Darstellung über, indem man einfach $\hat{\Psi}$ durch $\hat{\Psi}_0$ ersetzt). Die Gleichung (12,3) kann man leicht erhalten, wenn man beachtet, daß der Transformation der Operatoren gemäß (12,1) die Transformation der Wellenfunktionen gemäß

$$\Phi_0 = \exp(i\hat{H}'^{(0)} t)\, \varphi \tag{12,5}$$

entspricht (s. III, § 12). Wenn wir diesen Ausdruck differenzieren, erhalten wir unter Beachtung von (12,2) die Gleichung (12,3)[1].

Wegen (12,3) hängen die Werte $\Phi_0(t)$ in zwei unendlich benachbarten Zeitpunkten durch die Gleichung

$$\Phi_0(t + \delta t) = [1 - i\,\delta t \cdot \hat{V}_0(t)]\, \Phi_0(t) = \exp\{-i\,\delta t \cdot \hat{V}_0(t)\}\, \Phi_0(t)$$

zusammen. Dementsprechend kann der Wert Φ_0 in einem beliebigen Zeitpunkt t durch den Wert in irgendeinem Anfangszeitpunkt t_0 ($t_0 < t$) als

$$\Phi_0(t) = \hat{S}(t, t_0)\, \Phi_0(t_0) \tag{12,6}$$

ausgedrückt werden. Dabei ist

$$\hat{S}(t, t_0) = \prod_{t_i = t_0}^{t} \exp\{-i\,\delta t \cdot \hat{V}_0(t_i)\}, \tag{12,7}$$

wobei die Faktoren in diesem Produkt nach zunehmenden Zeiten t_i von rechts nach links geordnet sind. Es ist natürlich der Grenzwert des Produktes über alle unendlich kleinen Intervalle δt zwischen t_0 und t zu nehmen. Wenn $V_0(t)$ eine gewöhnliche Funktion wäre, dann würde dieser Grenzwert einfach auf

$$\exp\left\{-i \int_{t_0}^{t} V_0(t)\, dt\right\}$$

führen. Das setzt aber voraus, daß die Faktoren vertauschbar sind, wenn von dem Produkt in (12,7) zu der Summe im Exponenten übergegangen wird. Für den Operator $\hat{V}_0(t)$ gilt diese Kommutativität nicht, und man kommt daher nicht zu einem gewöhnlichen Integral. Stattdessen kann man (12,7) in der symbolischen Form

$$\hat{S}(t, t_0) = T \exp\left\{-i \int_{t_0}^{t} \hat{V}_0(t)\, dt\right\} \tag{12,8}$$

[1] Die Gleichung (12,3) fällt mit der Gleichung (IV, 73,5) zusammen, und der unten folgende Lösungsprozeß wiederholt die Darstellung in IV, § 73.

schreiben, dabei ist T das Symbol für die chronologische Ordnung der Faktoren in der gleichen Reihenfolge wie in (12,7), d.h. von rechts nach links von kleinen Zeiten zu großen.

Der Operator $\hat{S}$ ist unitär ($\hat{S}^{-1} = \hat{S}^{+}$) und besitzt die einleuchtenden Eigenschaften

$$\begin{aligned} \hat{S}(t_3, t_2)\, \hat{S}(t_2, t_1) &= \hat{S}(t_3, t_1), \\ \hat{S}^{-1}(t_2, t_1)\, \hat{S}^{-1}(t_3, t_2) &= \hat{S}^{-1}(t_3, t_1). \end{aligned} \tag{12,9}$$

Zur Vereinfachung der weiteren Betrachtungen treffen wir die formale Annahme (die sich auf das Endergebnis nicht auswirken wird), daß die Wechselwirkung $\hat{V}_0(t)$ adiabatisch von $t = -\infty$ bis zu endlichen Zeiten „eingeschaltet" und bei $t = +\infty$ „ausgeschaltet" wird. Dann fällt bei $t \to -\infty$, vor dem Einschalten der Wechselwirkung, die Wellenfunktion $\Phi_0(t)$ mit der HEISENBERG-Funktion Φ zusammen. Wenn wir in (12,6) $t_0 = -\infty$ einsetzen, erhalten wir

$$\Phi_0(t) = \hat{S}(t, -\infty)\, \Phi. \tag{12,10}$$

Nachdem wir auf diese Weise den Zusammenhang der Wellenfunktionen erhalten haben, können wir nun damit auch das Transformationsgesetz der Operatoren, insbesondere das für die ψ-Operatoren, aufstellen:

$$\hat{\Psi} = \hat{S}^{-1}(t, -\infty)\, \hat{\Psi}_0 \hat{S}(t, -\infty). \tag{12,11}$$

Wegen der Unitarität von $\hat{S}$ werden die Operatoren $\hat{\Psi}^{+}$ nach demselben Gesetz transformiert.

Wir drücken nun die GREENsche Funktion durch die ψ-Operatoren in der Wechselwirkungsdarstellung aus.[1]) Es sei $t_1 > t_2$; dann gilt

$$\begin{aligned} G_{\alpha\beta}(X_1, X_2) = -i\langle \hat{\Psi}_\alpha(t_1)\, \hat{\Psi}_\beta^{+}(t_2)\rangle = -i\langle \hat{S}^{-1}(t_1, -\infty)\, \hat{\Psi}_{0\alpha}(t_1)\, \hat{S}(t_1, -\infty) \\ \times \hat{S}^{-1}(t_2, -\infty)\, \hat{\Psi}_{0\beta}^{+}(t_2)\, \hat{S}(t_2, -\infty)\rangle. \end{aligned}$$

Nach (12,9) haben wir

$$\begin{aligned} \hat{S}(t_1, -\infty)\, \hat{S}^{-1}(t_2, -\infty) &= \hat{S}(t_1, t_2)\, \hat{S}(t_2, -\infty)\, \hat{S}^{-1}(t_2, -\infty) = \hat{S}(t_1, t_2), \\ \hat{S}^{-1}(t_1, -\infty) &= \hat{S}^{-1}(t_1, -\infty)\, \hat{S}^{-1}(\infty, t_1)\, \hat{S}(\infty, t_1) = \hat{S}^{-1}(\infty, -\infty)\, \hat{S}(\infty, t_1). \end{aligned}$$

Wenn wir das in den vorhergehenden Ausdruck einsetzen, erhalten wir

$$G_{\alpha\beta}(X_1, X_2) = -i\langle \hat{S}^{-1}(\infty, -\infty)\, \hat{S}(\infty, t_1)\, \hat{\Psi}_{0\alpha}(t_1)\, \hat{S}(t_1, t_2)\, \hat{\Psi}_{0\beta}^{+}(t_2)\, \hat{S}(t_2, -\infty)\rangle.$$

Wir fassen die Operatoren S als Produkte der Form (12,7) auf und sehen, daß alle Faktoren in dem gemittelten Ausdruck, beginnend mit dem zweiten, in chronologischer Reihenfolge von rechts nach links von $t = -\infty$ bis $t = +\infty$ angeordnet sind. Deshalb kann man

$$G_{\alpha\beta}(X_1, X_2) = -i\langle \hat{S}^{-1} T[\hat{\Psi}_{0\alpha}(t_1)\, \hat{\Psi}_{0\beta}^{+}(t_2)\, \hat{S}]\rangle \tag{12,12}$$

schreiben, mit

$$\hat{S} = \hat{S}(\infty, -\infty) = T \exp\left\{-i \int_{-\infty}^{\infty} \hat{V}_0(t)\, dt\right\}. \tag{12,13}$$

[1]) Diese Ableitung wiederholt die Betrachtungen in IV, § 100.

Die Berechnungen bei $t_1 < t_2$ unterscheiden sich von den durchgeführten nur durch die Bezeichnungen, und das Endergebnis (12,12—13) ist für beliebige t_1, t_2 gültig.

Die durchgeführte Transformation hängt nicht davon ab, über welchen Zustand gemittelt wird. Wenn die Mittelung aber über den Grundzustand ausgeführt wird (wie in (12,12)), dann kann die Transformation noch weiter geführt werden. Dazu bemerken wir, daß ein adiabatisches Einschalten oder Ausschalten der Wechselwirkung, wie jede adiabatische Störung, keinen Übergang mit einer Änderung der Energie des Quantensystems hervorrufen kann (s. III, § 41). Deshalb bleibt ein System, welches sich in einem nichtentarteten Zustand (wie dem Grundzustand) befindet, auch in diesem Zustand. Mit anderen Worten, die Wirkung des Operators $\hat{S}$ auf die Wellenfunktion $\Phi = \Phi_0(-\infty)$ kann nur dazu führen, daß die Wellenfunktion mit einem (für den Zustand unwesentlichen) Phasenfaktor multipliziert wird — mit dem Mittelwert von $\hat{S}$ im Grundzustand: $\hat{S}\Phi = \langle\hat{S}\rangle\,\Phi$. Ebenso gilt $\Phi^*\,\hat{S}^{-1} = \langle\hat{S}\rangle^{-1}\,\Phi^*$. Wir erhalten also schließlich folgende Formel für die GREENsche Funktion, ausgedrückt mit Hilfe der Operatoren in der Wechselwirkungsdarstellung:[1])

$$iG_{\alpha\beta}(X_1, X_2) = \frac{1}{\langle\hat{S}\rangle}\langle T[\hat{\Psi}_{0\alpha}(X_1)\,\hat{\Psi}^+_{0\beta}(X_2)\,\hat{S}]\rangle . \tag{12,14}$$

Im Sinne dieser Darstellung wird die Mittelung in (12,14) über den Grundzustand des Systems der freien Teilchen ausgeführt. Denn die Eigenschaften der Operatoren $\hat{\Psi}_0$ fallen mit den Eigenschaften der HEISENBERG-Operatoren $\hat{\Psi}$ bei fehlender Wechselwirkung zusammen, und die Wellenfunktion Φ hängt in der HEISENBERG-Darstellung von der Zeit nicht ab, so daß sie mit ihrem Wert bei $t = -\infty$ übereinstimmt, wenn gar keine Wechselwirkung vorhanden ist. Deshalb ist

$$\langle T\hat{\Psi}_{0\alpha}(X_1)\,\hat{\Psi}^+_{0\beta}(X_2)\rangle = iG^{(0)}_{\alpha\beta}(X_1, X_2) \tag{12,15}$$

insbesondere die GREENsche Funktion eines Systems von nicht miteinander wechselwirkenden Teilchen.

§ 13. Die Diagrammtechnik für FERMI-Systeme

Der Sinn von symbolischen Ausdrücken des Typs (12,14) besteht darin, daß sie die Möglichkeit geben, die aufeinanderfolgenden Glieder der Entwicklung nach Potenzen von $\hat{V}$ leicht aufzuschreiben. So ist

$$\begin{aligned}&\langle T\hat{\Psi}_{0\alpha}(X)\,\hat{\Psi}^+_{0\beta}(X')\,S\rangle\\ &= \sum_{n=0}^{\infty}\frac{(-i)^n}{n!}\int_{-\infty}^{\infty}\mathrm{d}t_1\ldots\int_{-\infty}^{\infty}\mathrm{d}t_n\langle T\hat{\Psi}_{0\alpha}(X)\,\hat{\Psi}^+_{0\beta}(X')\,\hat{V}_0(t_1)\ldots\hat{V}_0(t_n)\rangle,\end{aligned} \tag{13,1}$$

und der Ausdruck für $\langle\hat{S}\rangle$ unterscheidet sich von dem aufgeschriebenen nur dadurch, daß hinter dem Zeichen des T-Produktes die Faktoren $\hat{\Psi}_{0\alpha}\hat{\Psi}^+_{0\beta}$ fehlen. Wie schon gezeigt

[1]) Wir weisen darauf hin, daß die Bezeichnungen in (12,14) etwas formal sind: obwohl das Symbol T zweimal auftritt (in expliziter Form und in der Definition von S), müssen alle Faktoren in dem Produkt nach einer einheitlichen chronologischen Reihenfolge geordnet sein.

wurde, erhält man den Operator $\hat{V}_0(t)$ in der Wechselwirkungsdarstellung, wenn man in (7,7) alle $\hat{\Psi}$ durch $\hat{\Psi}_0$ ersetzt. Die Berechnung der folgenden Glieder der Entwicklung (13,1) führt folglich auf die Berechnung von Mittelwerten von T-Produkten einer unterschiedlichen Anzahl von Ψ-Operatoren freier Teilchen, gemittelt wird über den Grundzustand.

Diese Rechnungen werden in einem hohen Maße automatisiert mit Hilfe der Regeln der *Diagrammtechnik*, die aber stark von dem Charakter des untersuchten physikalischen Systems abhängen. Die in diesem Paragraphen dargestellte Technik bezieht sich auf nichtsuperfluide FERMI-Systeme, wobei die Wechselwirkung der Teilchen als Paarwechselwirkung angenommen wird, die spinunabhängig ist. Der entsprechende Wechselwirkungsoperator ist

$$\hat{V}_0(t) = \frac{1}{2} \int \hat{\Psi}^+_{0\gamma}(t, \boldsymbol{r}_1)\, \hat{\Psi}^+_{0\delta}(t, \boldsymbol{r}_2)\, U(\boldsymbol{r}_1 - \boldsymbol{r}_2)\, \hat{\Psi}_{0\delta}(t, \boldsymbol{r}_2)\, \hat{\Psi}_{0\gamma}(t, \boldsymbol{r}_1)\, \mathrm{d}^3x_1\, \mathrm{d}^3x_2. \tag{13,2}$$

Dabei ist $U(\boldsymbol{r}_1 - \boldsymbol{r}_2)$ die Wechselwirkungsenergie zweier Teilchen (die Indizes (2) an $\hat{V}$ und U haben wir weggelassen).

Der Mittelwert von Produkten von ψ-Operatoren wird mit Hilfe des WICK-*Theorems* berechnet, das lautet:[1])

Der Mittelwert eines Produktes einer beliebigen (geraden) Anzahl von Operatoren $\hat{\Psi}$ und $\hat{\Psi}^+$ ist gleich der Summe der Produkte aller möglichen paarweisen Mittelwerte (Kontraktionen) dieser Operatoren. In jedem Operatorpaar stehen die Operatoren in der gleichen Reihenfolge wie auch in dem ursprünglichen Produkt. Das Vorzeichen eines jeden Gliedes der Summe wird durch den Faktor $(-1)^P$ gegeben, dabei ist P die Zahl von Vertauschungen der Operatoren, die notwendig sind, um alle zu mittelnden Operatoren nebeneinander zu bringen.

Von Null verschieden sind nur die Kontraktionen, in die ein Operator $\hat{\Psi}$ und ein Operator $\hat{\Psi}^+$ eingehen: in dem diagonalen Matrixelement müssen alle Teilchen, die durch den Operator $\hat{\Psi}$ vernichtet wurden, durch den Operator $\hat{\Psi}^+$ wieder erzeugt werden. Es ist deshalb klar, daß der Mittelwert von Produkten mehrerer ψ-Operatoren nur dann von Null verschieden sein kann, wenn in ihm die gleiche Anzahl von Operatoren $\hat{\Psi}$ und $\hat{\Psi}^+$ enthalten ist.

Bei der Anwendung auf einen Mittelwert eines T-Produktes erlaubt es das WICK-Theorem, ihn durch die Mittelwerte von paarweisen T-Produkten auszudrücken, d.h. nach (12,15) durch die GREENschen Funktionen freier Teilchen. Wir wollen das für die Korrektur erster Ordnung in der GREENschen Funktion eines Systems wechselwirkender Teilchen tun.

Zunächst möchten wir folgende allgemeine Bemerkung machen. Bei der Zerlegung des Ausdruckes im Zähler der Formel (12,14) nach dem WICK-Theorem entstehen insbesondere Glieder der Form

$$\langle T\hat{\Psi}_{0\alpha}(X_1)\, \hat{\Psi}^+_{0\beta}(X_2)\rangle \langle \hat{S}\rangle = iG^{(0)}_{\alpha\beta}(X_1, X_2) \langle \hat{S}\rangle, \tag{13,3}$$

---

[1]) Um die Darstellung nicht zu unterbrechen, verschieben wir den Beweis dieses Theorems an das Ende dieses Paragraphen.

in denen ein Paar „äußerer“ (bezüglich $\hat{S}$) Ψ-Operatoren miteinander kontrahiert werden; der Ausdruck $\langle\hat{S}\rangle$ enthält (in jedem seiner Entwicklungsglieder) nur Kontraktionen „innerer“ Operatoren miteinander. Der Faktor $\langle\hat{S}\rangle$ kürzt sich insgesamt gegen den Nenner in (12,14) heraus, und auf diese Weise geben alle diese Glieder einfach die „ungestörte“ GREENsche Funktion $iG^{(0)}_{\alpha\beta}$.

Wenn wir in (13,1) nur die beiden ersten Glieder der Entwicklung mitnehmen, (13,2) einsetzen und die Variablen umbenennen, erhalten wir

$$iG_{\alpha\beta}(X_1, X_2) \approx iG^{(0)}_{\alpha\beta} + iG^{(1)}_{\alpha\beta}$$

mit

$$iG^{(1)}_{\alpha\beta} = -\frac{i}{2}\langle T\hat{\Psi}_{0\alpha}(X_1)\,\hat{\Psi}^+_{0\beta}(X_2)$$

$$\times \int_{-\infty}^{\infty} dt \int d^3x_3\, d^3x_4\, \hat{\Psi}^+_{0\gamma}(t, \boldsymbol{r}_3)\,\hat{\Psi}^+_{0\delta}(t, \boldsymbol{r}_4)\,U(\boldsymbol{r}_3 - \boldsymbol{r}_4)\,\hat{\Psi}_{0\delta}(t, \boldsymbol{r}_4)\,\hat{\Psi}_{0\gamma}(t, \boldsymbol{r}_3)\rangle.$$

Um die Schreibweise der Formeln kompakt zu gestalten, führen wir die Bezeichnung

$$U(X_1 - X_2) = U(\boldsymbol{r}_1 - \boldsymbol{r}_2)\,\delta(t_1 - t_2) \tag{13,4}$$

ein. Dann ist[1])

$$iG^{(1)}_{12} = -\frac{i}{2}\int \langle T\hat{\Psi}_1\hat{\Psi}^+_2\hat{\Psi}^+_3\hat{\Psi}^+_4\hat{\Psi}_4\hat{\Psi}_3\rangle\, U_{34}\, d^4X_3\, d^4X_4,$$

mit $d^4X = dt\, d^3x$.

Um nach dem WICK-Theorem zu mitteln, schreiben wir die Operatoren für sich und bilden alle nötigen Varianten von Kontraktionen:

$$\langle\Psi_1\Psi^+_2\Psi^+_3\Psi^+_4\Psi_4\Psi_3\rangle \to \Psi_1\Psi^+_2\Psi^+_3\Psi^+_4\Psi_4\Psi_3 + \Psi_1\Psi^+_2\Psi^+_3\Psi^+_4\Psi_4\Psi_3$$

$$+ \Psi_1\Psi^+_2\Psi^+_3\Psi^+_4\Psi_4\Psi_3 + \Psi_1\Psi^+_2\Psi^+_3\Psi^+_4\Psi_4\Psi_3.$$

Nach dem oben Gesagten sind die Glieder weggelassen, die die Kontraktionen $\overbrace{\Psi_1\Psi^+_2}$ enthalten. Die paarweise kontrahierten (durch einen Bogen verbundenen) Operatoren muß man so vertauschen, daß sie nebeneinander stehen. So bedeutet das erste der aufgeschriebenen Glieder das Produkt

$$\langle T\hat{\Psi}_1\hat{\Psi}^+_3\rangle\,\langle T\hat{\Psi}^+_2\hat{\Psi}_4\rangle\,\langle T\hat{\Psi}^+_4\hat{\Psi}_3\rangle$$

und das letzte

$$-\langle T\hat{\Psi}_1\hat{\Psi}^+_4\rangle\,\langle T\hat{\Psi}^+_2\hat{\Psi}_4\rangle\,\langle T\hat{\Psi}^+_3\hat{\Psi}_3\rangle.$$

---

[1]) Zur Vereinfachung der Schreibweise umfangreicher Formeln wollen wir hier und unten vereinbaren, den Index an $\hat{\Psi}_0$ wegzulassen, die Ziffernindizes 1, 2, ... sollen die Gesamtheit der Werte des Argumentes X und des Spinindexes kennzeichnen:

$$\hat{\Psi}_1 \equiv \hat{\Psi}_\alpha(X_1), \quad \hat{\Psi}_2 \equiv \hat{\Psi}_\beta(X_2), \ldots$$
$$G_{12} \equiv G_{\alpha\beta}(X_1, X_2), \quad U_{12} \equiv U(X_1 - X_2).$$

Die Kontraktionen von Produkten von ψ-Operatoren unterschiedlicher Argumente sind gemäß

$$\widehat{\Psi_1\Psi_3^+} \equiv \langle T\hat{\Psi}_1\hat{\Psi}_3^+\rangle = iG^0_{13}, \quad \widehat{\Psi_2^+\Psi_4} = -\,iG^0_{42} \text{ usw.}$$

zu ersetzen. Die Kontraktionen von ψ-Operatoren gleicher Argumente stellen die räumliche Teilchenzahldichte im idealen Gas dar. Wir bezeichnen sie mit $n^{(0)}$ und verstehen sie als Funktion des chemischen Potentials:[1])

$$\langle\hat{\Psi}^+\hat{\Psi}\rangle = n^{(0)}(\mu) = \frac{(2m\mu)^{3/2}}{3\pi^2}. \tag{13,5}$$

Auf diese Weise erhalten wir

$$iG^{(1)}_{12} = \frac{1}{2}\int d^4X_3\, d^4X_4 \cdot U_{34}[-G^{(0)}_{13}G^{(0)}_{34}G^{(0)}_{42} - G^{(0)}_{14}G^{(0)}_{43}G^{(0)}_{32}$$
$$+ in^{(0)}G^{(0)}_{13}G^{(0)}_{32} + in^{(0)}G^{(0)}_{14}G^{(0)}_{42}].$$

Diese vier Glieder sind einander paarweise gleich — sie unterscheiden sich nur durch die Bezeichnung der Integrationsvariablen X_3 und X_4. Dadurch verschwindet der Faktor 1/2, und die Korrektur erster Ordnung zur GREENschen Funktion enthält also nur zwei Glieder:

$$iG^{(1)}_{12} = \int U_{34}[in^{(0)}G^{(0)}_{14}G^{(0)}_{42} - G^{(0)}_{13}G^{(0)}_{34}G^{(0)}_{42}]\, d^4X_3\, d^4X_4. \tag{13,6}$$

Die Struktur dieser Glieder wird zweckmäßigerweise mit Hilfe der folgenden FEYNMAN-Diagramme graphisch dargestellt:

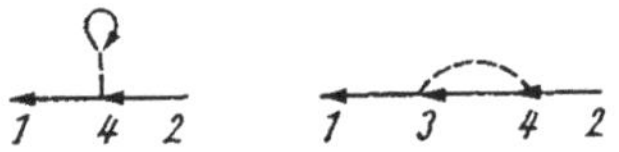

(13,7)

In diesen Diagrammen kennzeichnet die ausgezogene Linie $4 \leftarrow 2$ die Kontraktion $\widehat{\Psi_4\Psi_2^+}$ (d.h. die Funktion $iG^{(0)}_{42}$); die Zahlen geben die Nummer der Variablen X_4 und X_2 an, von denen die kontrahierten Operatoren abhängen, und die Richtung des Pfeiles entspricht der Richtung von $\hat{\Psi}^+$ nach $\hat{\Psi}$ in der Kontraktion. Die Kontraktion $\widehat{\Psi^+\Psi}$ von zwei Operatoren, die von den gleichen Variablen abhängen, (d.h. die Dichte $n^{(0)}$) wird demgemäß durch eine Schleife dargestellt — durch eine ausgezogene Linie, „die in sich geschlossen ist". Die gestrichelte Linie 3 - - - 4 kennzeichnet den Faktor U_{34}. Über alle Variablen, die an inneren Punkten der Diagramme (an Schnittpunkten von Linien) auftreten, wird integriert. Die Variablen (X_1 und X_2), die die „äußeren Enden" eines Diagramms kennzeichnen, bleiben frei.

Die aus (13,3) entstehenden Glieder erster Ordnung würden durch Diagramme dargestellt, die in zwei einzelne Teile zerfallen — die gerade Linie ($iG^{(0)}_{\alpha\beta}$) und eine Figur mit geschlossenen Schleifen ausgezogener Linien, z.B.

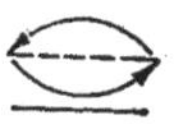

[1]) Solche Kontraktionen kommen immer von ψ-Operatoren, die in demselben Wechselwirkungsoperator $\hat{V}$ enthalten sind. Deshalb steht in diesen Gliedern $\hat{\Psi}^+$ immer links von $\hat{\Psi}$.

Wenn man die Art und Weise der Kontraktion der Operatoren und die Struktur der entsprechenden Diagramme eingehender betrachtet, kann man das Auftreten einer allgemeinen Regel verstehen: In allen Ordnungen der Störungstheorie führt der Faktor $\langle S\rangle^{-1}$ in (12,14) dazu, daß nur „Verbunddiagramme" mit zwei äußeren Enden berücksichtigt werden müssen, die keine „separaten", weder durch ausgezogene noch durch gestrichelte Linien mit den anderen Teilen des Diagramms verbundenen Schleifen ohne äußere Enden enthalten (vgl. die analoge Situation in der Quantenelektrodynamik — IV, § 100).

Daß sich der Koeffizient 1/2 in (13,6) wegkürzt, folgt aus einer allgemeinen Regel: man braucht (in den Gliedern n-ter Ordnung) den Faktor $1/n!$, der von der Entwicklung (13,1) her kommt, und den Faktor 2^{-n}, der von dem Koeffizienten 1/2 in (13,2) abstammt, nicht zu berücksichtigen. Denn die Diagramme n-ter Ordnung enthalten n gestrichelte Linien i - - - - - k. Der Faktor $1/n!$ wird weggekürzt durch die Reduktion der Glieder, die sich nur durch die Vertauschung von Zahlenpaaren i, k zwischen allen n gestrichelten Linien unterscheiden. Der Faktor 2^{-n} hebt sich weg wegen der Vertauschung der Zahlen i, k zwischen den Enden jeder dieser Linien.

Die endgültigen Regeln der Diagrammtechnik formulieren wir für die Berechnung der GREENschen Funktion nicht in der Koordinaten-, sondern in der Impulsdarstellung, die für die physikalischen Anwendungen wichtiger ist.

Der Übergang zu der Impulsdarstellung wird durch die FOURIER-Entwicklung (7,21—22) gegeben, die wir in „vierdimensionaler" Form schreiben:¹)

$$G(X) = \int G(P)\,\mathrm{e}^{-iPX}\frac{\mathrm{d}^4P}{(2\pi)^4}, \qquad G(P) = \int G(X)\,\mathrm{e}^{iPX}\,\mathrm{d}^4X, \tag{13,8}$$

dabei ist der „Viererimpuls" $P = (\omega, \boldsymbol{p})$, und es gilt $PX = \omega t - \boldsymbol{pr}$. Auf analoge Weise entwickeln wir auch das Wechselwirkungspotential:

$$U(X) = \delta(t)\,U(\boldsymbol{r}) = \int U(Q)\,\mathrm{e}^{-iQX}\frac{\mathrm{d}^4Q}{(2\pi)^4} \tag{13,9}$$

mit $Q = (q_0, \boldsymbol{q})$; dabei fällt $U(Q)$ mit der Komponente der dreidimensionalen Entwicklung zusammen

$$U(Q) \equiv U(\boldsymbol{q}) = \int U(\boldsymbol{r})\,\mathrm{e}^{-i\boldsymbol{qr}}\,\mathrm{d}^3x. \tag{13,10}$$

Weil die Funktion $U(\boldsymbol{r})$ gerade ist, gilt offensichtlich $U(-\boldsymbol{q}) = U(\boldsymbol{q})$.

Wir führen diese Entwicklung für die Korrektur erster Ordnung $G_{12}^{(1)} \equiv G_{\alpha\beta}^{(1)}(X_1 - X_2)$ aus. Dazu multiplizieren wir die Gleichung (13,6) mit $\exp\,[iP(X_1 - X_2)]$ und integrieren sie über $\mathrm{d}^4(X_1 - X_2)$.

Im ersten Glied schreiben wir

$$\mathrm{e}^{iP(X_1-X_2)} = \mathrm{e}^{iP(X_1-X_3)}\,\mathrm{e}^{iP(X_3-X_2)},$$

und wenn wir die Integrationsvariablen ändern, erhalten wir

$$in^{(0)}\int G_{\alpha\gamma}^{(0)}(X_1 - X_3)\,\mathrm{e}^{iP(X_1-X_3)}\,\mathrm{d}^4(X_1 - X_3)$$
$$\times \int G_{\gamma\beta}^{(0)}(X_3 - X_2)\,\mathrm{e}^{iP(X_3-X_2)}\,\mathrm{d}^4(X_3 - X_2)\int U(X_3 - X_4)\,\mathrm{d}^4(X_3 - X_4).$$

¹) Wenn wir auch der Bequemlichkeit halber die Bezeichnungen der vierdimensionalen Terminologie benutzen, so betonen wir aber noch einmal, daß sie keinerlei Beziehung zur relativistischen Invarianz hat!

Die ersten beiden Integrale ergeben $G^{(0)}_{\alpha\gamma}(P)\,G^{(0)}_{\gamma\beta}(P)$, und das dritte ist gleich $U(0) = \int U(\boldsymbol{r})\,\mathrm{d}^3x$ – dem Wert $U(\boldsymbol{q})$ bei $\boldsymbol{q} = 0$.

In dem zweiten Glied schreiben wir auf analoge Weise

$$\mathrm{e}^{iP(X_1-X_2)} = \mathrm{e}^{iP(X_1-X_3)}\,\mathrm{e}^{iP(X_3-X_4)}\,\mathrm{e}^{iP(X_4-X_2)},$$

und nach dem Übergang zur Integration über $X_1 - X_3$, $X_3 - X_4$, $X_4 - X_2$ erhalten wir

$$-G^{(0)}_{\alpha\gamma}(P) \int G^{(0)}_{\gamma\delta}(X)\,U(X)\,\mathrm{e}^{iPX}\,\mathrm{d}^4X \cdot G^{(0)}_{\delta\beta}(P).$$

Das verbleibende Integral wird durch die FOURIER-Komponenten der Funktionen $G^{(0)}_{\gamma\delta}$ und U mit Hilfe der Formel für die FOURIER-Komponenten eines Produktes zweier Funktionen ausgedrückt:[1])

$$\int f(X)\,g(X)\,\mathrm{e}^{iPX}\,\mathrm{d}^4X = \int f(P_1)\,g(P - P_1)\,\frac{\mathrm{d}^4P_1}{(2\pi)^4}. \qquad (13{,}11)$$

Für die Korrektur erster Ordnung zur GREENschen Funktion in der Impulsdarstellung erhalten wir also schließlich

$$iG^{(1)}_{\alpha\beta}(P) = in^{(0)}U(0)\,G^{(0)}_{\alpha\gamma}(P)\,G^{(0)}_{\gamma\beta}(P)$$
$$- \int G^{(0)}_{\alpha\gamma}(P)\,G^{(0)}_{\gamma\delta}(P_1)\,G^{(0)}_{\delta\beta}(P)\,U(\boldsymbol{p} - \boldsymbol{p}_1)\,\frac{\mathrm{d}^4P_1}{(2\pi)^4}. \qquad (13{,}12)$$

Jedem der beiden Glieder in (13,12) wird ein bestimmtes FEYNMAN-Diagramm zugeordnet, und der Ausdruck (13,12) wird dargestellt als

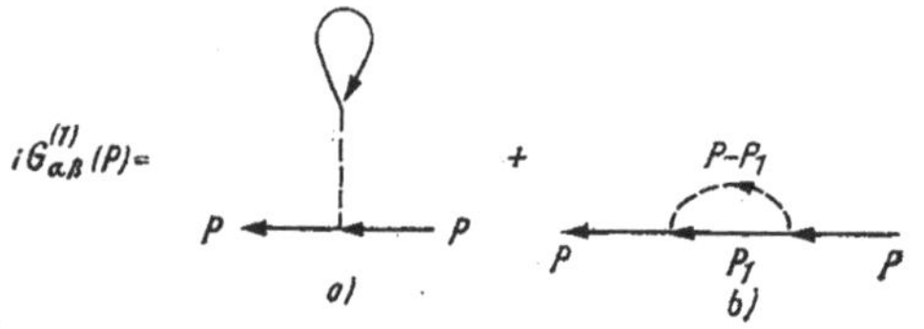

(13,13)

Den Schnittpunkt von Linien nennt man *Eckpunkt* oder *Vertex* des Diagramms. Jedes Diagramm hat $2n$ Eckpunkte, dabei ist n die Ordnung der Störungstheorie. In jedem Eckpunkt laufen zwei ausgezogene und eine gestrichelte Linie zusammen. Jeder ausgezogenen Linie wird ihr „Viererimpuls" P in der Richtung zugeordnet, die durch den Pfeil angegeben ist (wobei sich längs jeder kontinuierlichen Folge von ausgezogenen Linien die Pfeilrichtung nicht ändert). Jeder gestrichelten Linie wird ein Viererimpuls

[1]) Zum Beweis dieser Formel muß man auf ihrer linken Seite die Funktionen $f(X)$ und $g(X)$ selbst als FOURIER-Entwicklungen einsetzen:

$$\int f(X)\,g(X)\,\mathrm{e}^{iPX}\,\mathrm{d}^4X = \int f(P_1)\,g(P_2)\,\mathrm{e}^{i(P-P_1-P_2)X}\,\mathrm{d}^4X\,\frac{\mathrm{d}^4P_1\,\mathrm{d}^4P_2}{(2\pi)^8}.$$

Die Integration über d^4X geschieht nach der Formel

$$\int \mathrm{e}^{iPX}\,\mathrm{d}^4X = (2\pi)^4\,\delta^4(P),$$

wobei die „vierdimensionale" δ-Funktion $\delta^{(4)}$ als Produkt der δ-Funktionen der Komponenten des „Vierervektors" P definiert ist. Der entstehende Faktor $\delta^{(4)}(P - P_1 - P_2)$ beseitigt die Integration über d^4P_2, und wir kommen zu der rechten Seite von (13,11).

Q zugeschrieben, wobei auch für diese Linien irgendeine (beliebige) Pfeilrichtung vereinbart wird.[1]) In den Eckpunkten eines Diagramms ist der „Erhaltungssatz für den Viererimpuls“ erfüllt: die Summe der Viererimpulse der einlaufenden Linien ist gleich der Summe der Viererimpulse der aus dem Eckpunkt auslaufenden Linien. Einem Eckpunkt wird auch ein bestimmter Spinindex α zugeschrieben. Jedes Diagramm hat zwei *äußere* Linien (eine einlaufende und eine auslaufende), deren Viererimpuls das Argument der gesuchten GREENschen Funktion $G_{\alpha\beta}(P)$ ist; der auslaufenden und der einlaufenden äußeren Linie wird auch je ein Spinindex α und β dieser Funktion zugeschrieben. Die übrigen Linien eines Diagramms nennt man *innere* Linien.

Die analytische Form der Glieder, die jedem Diagramm entsprechen, entspringt folgenden Regeln:

1. Jeder ausgezogenen Linie zwischen den Eckpunkten α und β entspricht der Faktor $iG^{(0)}_{\alpha\beta}(P)$, jeder gestrichelten Linie der Faktor $-iU(Q)$. Einer geschlossenen Schleife mit einem Eckpunkt wird der Faktor $n^{(0)}(\mu)$ zugeordnet.

2. In jedem Eckpunkt ist der Erhaltungssatz für den Viererimpuls erfüllt. Über die restlichen unbestimmten Viererimpulse der inneren Linien wird integriert (d. h. über $d^4P/(2\pi)^4$). In jedem Eckpunkt wird über das Paar der stummen Indizes summiert — wobei je ein Index von den benachbarten $G^{(0)}$-Faktoren stammt.

3. Der allgemeine Faktor, mit dem das Diagramm in $iG_{\alpha\beta}$ eingeht, ist gleich $(-1)^L$, dabei ist L die Zahl der in ihm enthaltenen geschlossenen Schleifen ausgezogener Linien mit mehr als einem Eckpunkt.

Die letzte Regel hat folgenden Ursprung. Eine geschlossene Schleife mit $k > 1$ Eckpunkten entspringt der Kontraktion von ψ-Operatoren der Form

$$\Psi_1^+ \Psi_1 \Psi_2^+ \Psi_2 \ldots \Psi_k^+ \Psi_k .$$

Hier sind alle Kontraktionen gleich $iG^{(0)}_{12}, \ldots, iG^{(0)}_{k-1,k}$, und die letzte ist gleich $-iG^{(0)}_{k1}$. Was die Schleifen mit einem Eckpunkt angeht, so ist ihr richtiges Vorzeichen schon dadurch gegeben, daß $n^{(0)}$ nach Regel 1 eingeführt wurde.

Zur Illustration zeichnen wir die Gesamtheit der Diagramme, die die Korrektur zweiter Ordnung zur GREENschen Funktion bestimmen [siehe Formel (13, 14), S. 54].

Schließlich kehren wir zum WICK-Theorem zurück und wollen seinen Beweis bei der Anwendung auf den „makroskopischen Grenzfall“ geben (d. h. bei $N \to \infty$, oder bei gegebener Dichte des Systems, bei $V \to \infty$), nur dieser Grenzfall ist bei den statistischen Anwendungen wichtig.

Wir betrachten zum Beispiel den Mittelwert eines Produktes von vier ψ-Operatoren des Typs

$$\langle \hat{\Psi}_{01} \hat{\Psi}_{02} \hat{\Psi}^+_{03} \hat{\Psi}^+_{04} \rangle = \frac{1}{V^2} \sum_{p_1 \ldots p_4} \langle \hat{a}_{p_1} \hat{a}_{p_2} \hat{a}^+_{p_3} \hat{a}^+_{p_4} \rangle \exp(\ldots) \tag{13,15}$$

---

[1]) Die „zeitlichen“ Komponenten der Vierervektoren $Q = (q_0, \boldsymbol{q})$ sind im allgemeinen von Null verschieden, aber die Funktion $U(Q)$ hängt nach der Definition (13,10) von q_0 nicht ab. Die Irrelevanz der Richtung der gestrichelten Linie hängt damit zusammen, daß die Funktion $U(Q) = U(-Q)$ gerade ist.

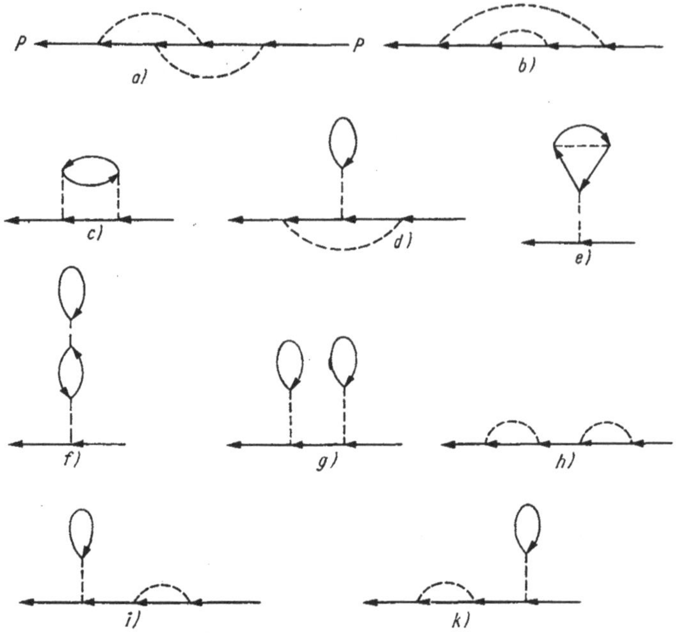

(13,14)

(die ψ-Operatoren sind in der Form (9,3) dargestellt; die umfangreichen Exponenten wollen wir nicht aufschreiben). In dieser Summe sind nur die Glieder von Null verschieden, die die gleiche Anzahl von Operatoren $\hat{a}_p$ und $\hat{a}_p^+$ mit gleichen Impulswerten enthalten. Unter ihnen gibt es Glieder, in denen die Impulse paarweise gleich sind, zum Beispiel $p_1 = p_4$, $p_2 = p_3$. Diese Glieder entsprechen der paarweisen Kontraktion

$$\underbrace{\Psi_{01}\overbrace{\Psi_{02}\Psi_{03}^+}\Psi_{04}^+},$$

sie werden durch eine Summe der Form

$$\frac{1}{V^2}\sum_{p_1 p_2} \langle \hat{a}_{p_1}\hat{a}_{p_1}^+\rangle \langle \hat{a}_{p_2}\hat{a}_{p_2}^+\rangle \exp(\ldots)$$

ausgedrückt. In dem Grenzfall $V \to \infty$ werden die Summationen über p_1 und p_2 durch eine Integration über $V^2\, d^3p_1\, d^3p_2/(2\pi)^6$ ersetzt, das Volumen V kürzt sich heraus, und dieser Ausdruck bleibt endlich. In der Summe (13,15) sind auch die Glieder mit $p_1 = p_2 = p_3 = p_4$ von Null verschieden; diese Glieder bilden eine Summe der Form

$$\frac{1}{V^2}\sum_{p} \langle \hat{a}_p\hat{a}_p\hat{a}_p^+\hat{a}_p^+\rangle \exp(\ldots);$$

nachdem man aber zur Integration übergegangen ist, verbleibt ein Faktor $1/V$, und im Grenzfall $V \to \infty$ verschwindet der Ausdruck.

Es ist klar, daß dieses Ergebnis einen allgemeinen Charakter hat: im Grenzfall $V \to \infty$ verschwinden in einem Mittelwert eines Produktes von ψ-Operatoren nur die Glieder mit paarweisen Kontraktionen nicht.

Wir bemerken, daß in dem gegebenen Beweis die Tatsache nicht ausdrücklich benutzt wurde, daß über den Grundzustand gemittelt wird, und deshalb bleibt der Beweis auch bei der Mittelung über einen beliebigen Quantenzustand des Systems gültig.

§ 14. Die Selbstenergie-Funktion

Die in dem vorangegangenen Paragraphen formulierten Regeln für die Diagrammtechnik besitzen eine wichtige Eigenschaft: der allgemeine Koeffizient in einem Diagramm hängt nicht von seiner Ordnung ab. Wegen dieser Eigenschaft hat jede „Figur“ in dem Diagramm eine bestimmte analytische Bedeutung, unabhängig davon, in welches Diagramm sie eingeht, so daß man sie schon von vorn herein, unabhängig ausrechnen kann. Außerdem kann man im voraus die Summe einiger Figuren berechnen, die eine bestimmte Anzahl von Enden haben, und anschließend kann man diesen „Block“ in kompliziertere Diagramme einsetzen. Das ist einer der wichtigsten Vorteile der Diagrammtechnik.

Einer dieser „Blöcke“ mit einer besonderen, selbständigen Bedeutung ist die sogenannte *Selbstenergie-Funktion.*[1]) Um zu diesem Begriff zu kommen, betrachten wir alle Diagramme für die GREENsche Funktion, die man nicht in zwei Teile zerteilen kann, welche nur durch eine ausgezogene Linie verbunden sind. Dazu gehören zum Beispiel die beiden Diagramme der ersten Ordnung der Störungstheorie (13,13) und die Diagramme (13,14a—f) der zweiten Ordnung. Alle diese Diagramme sind nach dem gleichen Typ gebaut: je ein Faktor $iG^{(0)}_{\alpha\beta}$ an den Enden und irgendein innerer Teil (eine Funktion von P), den man auch Selbstenergie-Funktion nennt. Die Summe aller möglicher solcher Teile nennt man exakte oder vollständige Selbstenergie-Funktion oder *Massenoperator*. Wir bezeichnen sie mit $-i\Sigma_{\alpha\beta}(P)$.

Alle Diagramme vom Selbstenergie-Typ geben zur GREENschen Funktion den Beitrag

$$iG^{(0)}_{\alpha\beta}(P)\,[-i\Sigma_{\beta\gamma}(P)]\,iG^{(0)}_{\gamma\delta}(P) = iG^{(0)}(P)\,\Sigma(P)\,G^{(0)}(P)\,\delta_{\alpha\delta}, \tag{14,1}$$

dabei ist außer $G^{(0)}_{\alpha\beta} = G^{(0)}\,\delta_{\alpha\beta}$ auch

$$\Sigma_{\alpha\beta}(P) = \delta_{\alpha\beta}\Sigma(P) \tag{14,2}$$

benutzt worden. Die vollständige GREENsche Funktion (dargestellt durch eine dicke ausgezogene Linie) ist durch die Summe der unendlichen Reihe

(14,3)

gegeben, wobei die Kreise die exakten Selbstenergie-Funktionen $(-i\Sigma_{\alpha\beta})$ darstellen. Jedes Glied dieser Reihe (beginnend mit dem dritten) stellt eine Gesamtheit von Diagrammen dar, welche in zwei, drei usw. Teile zerlegt werden können, die nur durch eine ausgezogene Linie miteinander verbunden sind.

Wenn man von allen Gliedern der Reihe (14,3), beginnend mit dem zweiten, einen Kreis mit der zu ihm gehörenden rechten Linie „abschneidet“, dann stimmt die übrigbleibende Reihe wieder mit der vollständigen Reihe überein. Das bedeutet

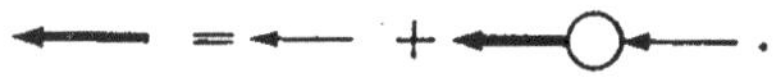

(14,4)

In analytischer Form schreibt sich diese Gleichung als

$$G = G^{(0)} + G\Sigma G^{(0)} \tag{14,5}$$

---

[1]) Vgl. die analoge Definition in der Quantenelektrodynamik, wo diese Funktion kompakte Selbstenergie-Funktion genannt wurde (IV, §§ 100, 102).

oder, wenn man durch $G^{(0)}G$ dividiert:

$$\frac{1}{G(P)} = \frac{1}{G^{(0)}(P)} - \Sigma(P). \tag{14,6}$$

Wir bemerken, daß das Vorzeichen des Imaginärteils von Σ mit dem Vorzeichen von Im G übereinstimmt, und nach (8,14) ist

$$\operatorname{sign} \operatorname{Im} \Sigma(\omega, \boldsymbol{p}) = -\operatorname{sign} \omega. \tag{14,7}$$

Das folgt aus (14,6) unter Berücksichtigung dessen, daß das Vorzeichen von Im G^{-1} entgegengesetzt zu dem Vorzeichen von Im G und nach (9,7) Im $G^{(0)-1} = 0$ ist.

Die Berechnung von G reduziert sich also auf die Berechnung von Σ, dabei braucht man nur eine geringere Anzahl von Diagrammen zu betrachten. Diese Anzahl verringert sich noch dadurch, daß ein Teil der verbleibenden Diagramme sofort zu einem sehr einfachen Ausdruck aufsummiert werden kann.

Wir trennen nämlich von der Menge der Diagramme, die Σ bestimmen (bei einer Paarwechselwirkung zwischen den Teilchen), diejenigen ab, die unterschiedliche „Auswüchse" darstellen, die mit den Endlinien durch eine gestrichelte Linie verknüpft sind; ihre Summe bezeichnen wir mit Σ_a. Alle diese Diagramme sind in einem *Skelettdiagramm*[1]) der Form

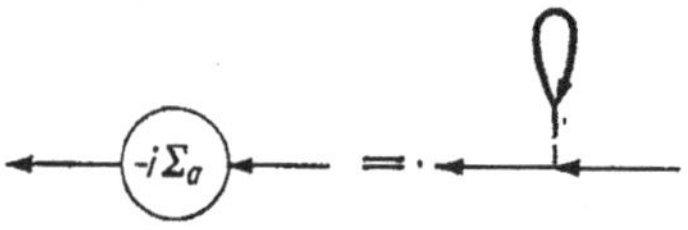

(14,8)

enthalten. Den restlichen Teil bezeichnen wir mit Σ_b. So gehören unter den Diagrammen der ersten und zweiten Ordnung zur ersten Kategorie die folgenden:

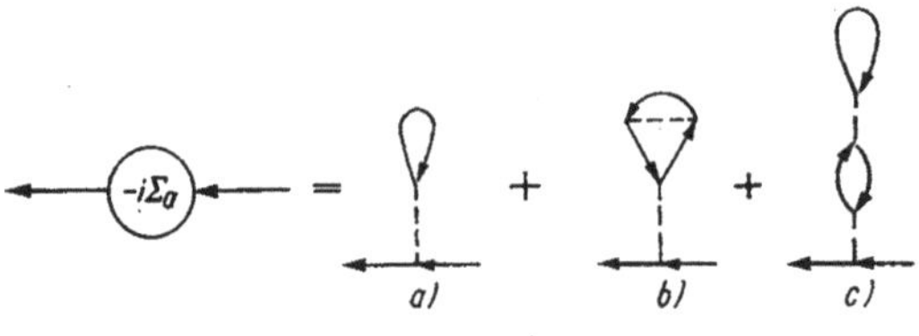

(14,9)

und zu der zweiten Kategorie:

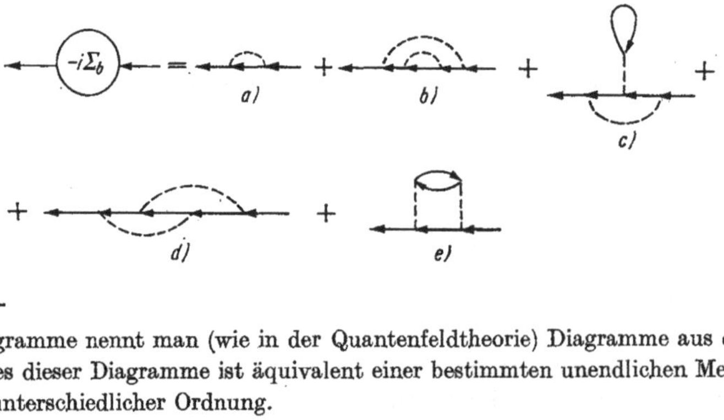

(14,10)

---

[1]) Skelettdiagramme nennt man (wie in der Quantenfeldtheorie) Diagramme aus dicken Linien und Blöcken; jedes dieser Diagramme ist äquivalent einer bestimmten unendlichen Menge gewöhnlicher Diagramme unterschiedlicher Ordnung.

Der dicken Schleife im Diagramm (14,8) entspricht die exakte Dichte des Systems $n(\mu)$ (analog dazu, wie der dünnen Schleife im Diagramm (13,13a) die Dichte des idealen Gases $n^{(0)}(\mu)$ entspricht). Deshalb folgt aus der Definition (14,8)

$$-i\Sigma_a = -in(\mu)\, U(0). \tag{14,11}$$

Es gilt also

$$\Sigma = n(\mu)\, U(0) + \Sigma_b, \tag{14,12}$$

so daß nur die in Σ_b eingehenden Diagramme gesondert berechnet werden müssen.

Das Dispersionsgesetz der Quasiteilchen ist durch die Gleichung (8,16) bestimmt. Wenn wir in ihr G durch Σ gemäß (14,6) ausdrücken und $G^{(0)}$ aus (9,7) nehmen, erhalten wir diese Gleichung in der Gestalt

$$\frac{1}{G^{(0)}(\varepsilon-\mu,\boldsymbol{p})} = \varepsilon(\boldsymbol{p}) - \frac{p^2}{2m} = \Sigma(\varepsilon-\mu,\boldsymbol{p}). \tag{14,13}$$

An der Grenze der FERMI-Kugel, bei $p = p_F$, fällt die Energie eines Quasiteilchens mit μ zusammen. Hieraus sieht man, daß

$$\mu - \Sigma(0,\boldsymbol{p}_F) = \frac{p_F^2}{2m} \tag{14,14}$$

ist. Insgesamt nimmt das Dispersionsgesetz (bei Werten von p in der Nähe von p_F) die Form

$$\varepsilon(\boldsymbol{p}) - \mu = \frac{p_F}{m}(p - p_F) + \Sigma(\varepsilon-\mu,\boldsymbol{p}_F) - \Sigma(0,\boldsymbol{p}_F) \tag{14,15}$$

an. Wir betonen, daß p_F hier der exakte Wert des Grenzimpulses für ein System wechselwirkender Teilchen ist. Er hängt über die Beziehung $p_F^3/3\pi^2 = n$ mit der exakten Dichte $n(\mu)$ zusammen, und nicht mit der genäherten $n^{(0)}$, wie in (13,5).

§ 15. Die GREENsche Zweiteilchenfunktion

Zu anderen wichtigen Begriffen der Diagrammtechnik kommen wir, wenn wir das über den Grundzustand gemittelte T-Produkt von vier ψ-Operatoren in der HEISENBERG-Darstellung betrachten:[1])

$$K_{34,12} = \langle T\hat{\Psi}_3\hat{\Psi}_4\hat{\Psi}_1^+\hat{\Psi}_2^+\rangle. \tag{15,1}$$

Diese Funktion nennt man GREEN*sche Zweiteilchenfunktion* (zum Unterschied von der GREENschen Funktion (7,9), die in diesem Zusammenhang Einteilchenfunktion genannt wird).

Für die Anwendung der Störungstheorie und den Aufbau der Diagrammtechnik muß

---

[1]) Wir verwenden wieder abgekürzte Bezeichnungen, dabei kennzeichnen die Indizes 1, 2, ... die Menge der Viererkoordinaten und des Spinindexes: $X_1\alpha$, $X_2\beta$, ... (vgl. Fußnote auf S. 49). In der vollständigen Schreibweise heißt das:

$$K_{34,12} \equiv K_{\gamma\delta\,\alpha\beta}(X_3, X_4; X_1, X_2).$$

man wieder zu den ψ-Operatoren in der Wechselwirkungsdarstellung übergehen. Wie auch in dem Fall der Funktion G führt das dazu, daß ein Faktor $\hat{S}$ hinter dem Symbol des T-Produktes auftritt:

$$K_{34,12} = \frac{1}{\langle\hat{S}\rangle} \langle T\hat{\Psi}_{03}\hat{\Psi}_{04}\hat{\Psi}_{01}^{+}\hat{\Psi}_{02}^{+}\hat{S}\rangle. \tag{15,2}$$

In der nullten Näherung (d. h. bei $\hat{S} = 1$) zerfällt dieser Ausdruck in eine Summe von Produkten von zwei Kontraktionen, ausgedrückt durch $G^{(0)}$-Funktionen:

$$K_{34,12}^{(0)} = G_{31}^{(0)}G_{42}^{(0)} - G_{32}^{(0)}G_{41}^{(0)}. \tag{15,3}$$

Die weitere Betrachtung der Eigenschaften der so definierten GREENschen Zweiteilchenfunktion werden wir in der Impulsdarstellung durchführen.

Für ein homogenes System hängt die Funktion $K_{34,12}$ praktisch nur von drei unabhängigen Differenzen von Argumenten ab, zum Beispiel von $X_3 - X_2$, $X_4 - X_2$, $X_1 - X_2$. In der Impulsdarstellung wird diese Eigenschaft dadurch ausgedrückt, daß die Komponente der FOURIER-Entwicklung nach allen Variablen $X_1, \ldots, X_4$ eine δ-Funktion enthält:

$$\begin{aligned} &\int K_{34,12} \exp\{i(P_3X_3 + P_4X_4 - P_1X_1 - P_2X_2)\}\, \mathrm{d}^4X_1 \ldots \mathrm{d}^4X_4 \\ &= (2\pi)^4\, \delta^{(4)}(P_3 + P_4 - P_1 - P_2)\, K_{\gamma\delta,\alpha\beta}(P_3, P_4; P_1, P_2). \end{aligned} \tag{15,4}$$

Davon kann man sich leicht überzeugen, wenn man beachtet, daß

$$\begin{aligned} &P_3X_3 + P_4X_4 - P_1X_1 - P_2X_2 \\ &= P_3(X_3 - X_2) + P_4(X_4 - X_2) - P_1(X_1 - X_2) - X_2(P_1 + P_2 - P_3 - P_4) \end{aligned}$$

ist und wenn man zu der Integration über $X_3 - X_2$, $X_4 - X_2$, $X_1 - X_2$, X_2 übergeht. Wir bemerken übrigens, daß man die Formel für die umgekehrte FOURIER-Transformation als

$$\begin{aligned} K_{34,12} = &\int K_{\gamma\delta,\alpha\beta}(P_3, P_4; P_1, P_3 + P_4 - P_1) \\ &\times \exp\{-i[P_3(X_3 - X_2) + P_4(X_4 - X_2) - P_1(X_1 - X_2)]\}\, \frac{\mathrm{d}^4P_1\, \mathrm{d}^4P_3\, \mathrm{d}^4P_4}{(2\pi)^{12}} \end{aligned} \tag{15,5}$$

schreiben kann.

Die so definierte Funktion $K_{\gamma\delta,\alpha\beta}(P_3, P_4; P_1, P_2)$ werden wir GREENsche Zweiteilchenfunktion in der Impulsdarstellung nennen; ihre Argumente hängen durch die Gleichung

$$P_1 + P_2 = P_3 + P_4$$

zusammen.

In der nullten Näherung gilt für sie (in Übereinstimmung mit (15,3)):

$$\begin{aligned} &K_{\gamma\delta,\alpha\beta}^{(0)}(P_3, P_4; P_1, P_2) \\ &= (2\pi)^4\, [\delta^{(4)}(P_1 - P_3)\, G_{\gamma\alpha}^{(0)}(P_1)\, G_{\delta\beta}^{(0)}(P_2) - \delta^{(4)}(P_1 - P_4)\, G_{\gamma\beta}^{(0)}(P_2)\, G_{\delta\alpha}^{(0)}(P_1)], \end{aligned} \tag{15,6}$$

d. h., K reduziert sich auf eine Summe von zwei Produkten von GREENschen Einteilchenfunktionen.

In den folgenden Näherungen der Störungstheorie treten Glieder auf, die Korrekturen zu diesen Einteilchenfunktionen enthalten. Neben ihnen entstehen aber auch Glieder, die nicht in ein Produkt von G-Funktionen passen. Gerade dieser Teil der GREENschen Zweiteilchenfunktion ist besonders interessant. Um ihn zu bestimmen, stellen wir K in der Form

$$\begin{aligned} K_{\alpha_3\alpha_4,\alpha_1\alpha_2}(P_3, P_4; P_1, P_2) &= (2\pi)^4 \left[\delta^{(4)}(P_1 - P_3)\, G_{\alpha_3\alpha_1}(P_1)\, G_{\alpha_4\alpha_2}(P_2)\right. \\ &\quad \left. - \delta^{(4)}(P_1 - P_4)\, G_{\alpha_3\alpha_2}(P_2)\, G_{\alpha_4\alpha_1}(P_1)\right] \\ &\quad + G_{\alpha_3\beta_3}(P_3)\, G_{\alpha_4\beta_4}(P_4)\, i\Gamma_{\beta_3\beta_4,\beta_1\beta_2}(P_3, P_4; P_1, P_2)\, G_{\beta_1\alpha_1}(P_1)\, G_{\beta_2\alpha_2}(P_2) \end{aligned} \tag{15,7}$$

dar. Die so definierte Funktion Γ heißt *Vertexfunktion.*

Nach der Definition (15,1) ist die GREENsche Zweiteilchenfunktion in der Raum-Zeit-Darstellung antisymmetrisch gegenüber einer Vertauschung der Argumente (zusammen mit den Spinindizes) des ersten und zweiten Paares: 1 und 2 oder 3 und 4. Hieraus folgt eine analoge Symmetrieeigenschaft für die GREENsche Funktion und die Vertexfunktion in der Impulsdarstellung:

$$\Gamma_{\gamma\delta,\alpha\beta}(P_3, P_4; P_1, P_2) = -\Gamma_{\delta\gamma,\alpha\beta}(P_4, P_3; P_1, P_2) = -\Gamma_{\gamma\delta,\beta\alpha}(P_3, P_4; P_2, P_1). \tag{15,8}$$

Der Sinn der Abtrennung von vier G-Faktoren in der Definition von Γ (letztes Glied in (15,7)) wird klar, wenn man auf den Charakter der Diagramme achtet, die bei Zerlegung des Ausdruckes (15,2) für die GREENsche Zweiteilchenfunktion entstehen. Die unten folgenden Betrachtungen setzen erneut voraus, daß die Teilchen über eine Paarwechselwirkung miteinander wechselwirken.

In der nullten Näherung entsprechen der Funktion K die Diagramme

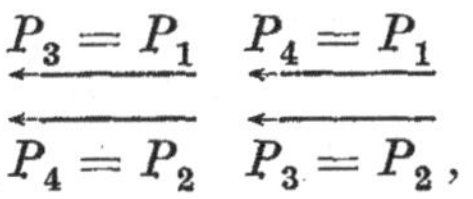

die zu den beiden Gliedern in (15,6) gehören. In der ersten Näherung der Störungstheorie erscheinen Diagramme¹) der Typen

die Korrekturen zu jedem einzelnen Faktor in (15,6) darstellen. Außer ihnen können aber auch Diagramme auftreten, die nicht in zwei einzelne Teile zerfallen:

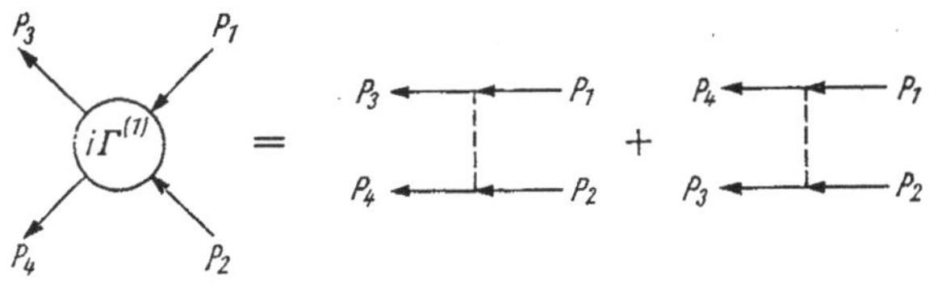

(15,9)

---

¹) Wie in dem Fall der GREENschen Einteilchenfunktion führt der Faktor $\langle\hat{S}\rangle^{-1}$ in der Definition (15,2) dazu, daß die Diagramme verschwinden, welche abgetrennte geschlossene Schleifen ausgezogener Linien enthalten.

Die vier Pfeile $P_1, \ldots, P_4$ entsprechen den vier G-Faktoren im letzten Glied in (15,7), und der „innere“ Teil der Diagramme definiert (in der ersten Näherung) die Vertexfunktion — den Kreis an der linken Seite der Diagrammgleichung (15,9). Wenn wir diese Diagramme in analytischer Form ausschreiben, erhalten wir

$$\Gamma^{(1)}_{\gamma\delta,\alpha\beta}(P_3, P_4; P_1, P_2) = -\delta_{\alpha\gamma}\delta_{\beta\delta}U(P_1 - P_3) + \delta_{\alpha\delta}\delta_{\beta\gamma}U(P_1 - P_4).$$

Die Diagramme höherer Ordnung enthalten Korrekturen dreier unterschiedlicher Kategorien: 1. weitere Korrekturen zu zwei nicht miteinander verknüpften ausgezogenen Linien, 2. Korrekturen vom Selbstenergietyp zu den Endlinien in den Diagrammen (15,9), 3. Korrekturen, die eine Figur bilden, welche die gestrichelte Linie in den Diagrammen (15,9) ersetzt; die Summe aller möglichen Figuren gibt die exakte Vertexfunktion $i\Gamma$. In der graphischen Darstellung der GREENschen Zweiteilchenfunktion durch eine Summe von Skelettdiagrammen

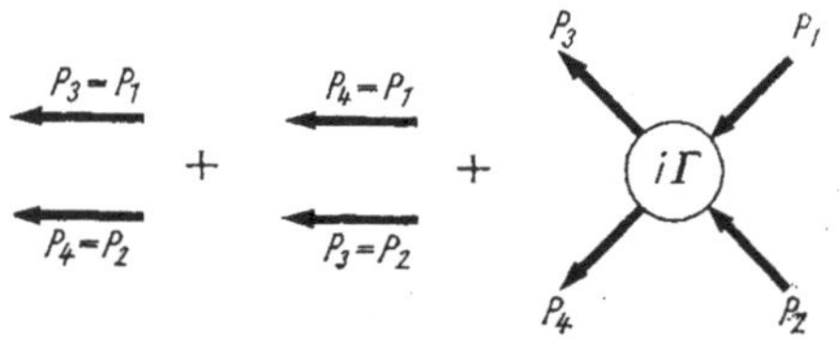

(15,10)

stellen die dicken Linien die exakten G-Funktionen und der Kreis wie verabredet die Vertexfunktion dar.

Die Berechnung der Vertexfunktion in den verschiedenen Ordnungen der Störungstheorie muß nach den im § 13 formulierten Regeln der Diagrammtechnik ausgeführt werden, wobei Diagramme mit vier äußeren Linien zu betrachten sind (und nicht nur mit zweien, wie bei der Berechnung von G). Die Regel 3, die den gemeinsamen Faktor eines Diagramms bestimmt, muß durch folgenden Hinweis ergänzt werden: wenn durch eine kontinuierliche Folge von ausgezogenen Linien die Enden 1 mit 4 und 2 mit 3 (an Stelle von 1 mit 3 und 2 mit 4) verbunden werden, dann ändert sich das Vorzeichen des Diagramms.

Wir zeichnen zum Beispiel alle Diagramme auf, die die Vertexfunktion in der zweiten Ordnung der Störungstheorie bestimmen:

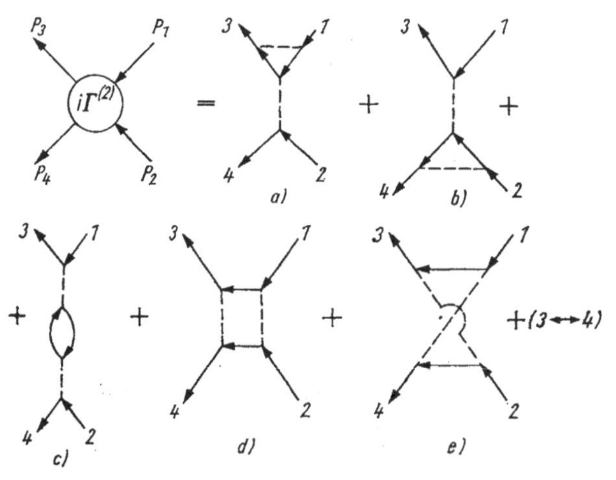

(15,11)

Die Selbstenergiefunktion und die Vertexfunktion (Σ und Γ) sind nicht unabhängig voneinander; sie hängen über eine bestimmte Integralgleichung (die sogenannte DYSON-*Gleichung*) zusammen.[1])

Zu ihrer Ableitung benutzen wir die Gleichung (9,5), die (wie dort schon bemerkt wurde) auch unter Berücksichtigung der Wechselwirkung der Teilchen richtig ist. Der Unterschied gegenüber der Ableitung im § 9 besteht aber darin, daß jetzt der ψ-Operator der Gleichung (7,8) genügt. Wenn wir in der letzteren das Glied mit dem äußeren Feld weglassen und aus ihr die Ableitung $\partial\hat{\Psi}/\partial t_1$ in (9,5) einsetzen, erhalten wir:

$$\left(i\frac{\partial}{\partial t_1}+\frac{\Delta_1}{2m}+\mu\right)G_{\alpha\beta}(X_1-X_2)-\delta_{\alpha\beta}\delta^{(4)}(X_1-X_2)$$
$$=-i\int\langle T\hat{\Psi}_\gamma^+(X_3)\,U(X_1-X_3)\,\hat{\Psi}_\gamma(X_3)\,\mathrm{d}^4X_3\cdot\hat{\Psi}_\alpha(X_1)\,\hat{\Psi}_\beta^+(X_2)\rangle$$
$$=-i\int K_{\gamma\alpha,\gamma\beta}(X_3,X_1;X_3,X_2)\,U_{13}\,\mathrm{d}^4X_3. \qquad (15{,}12)$$

Diese Gleichung löst im Prinzip die gestellte Frage, weil K nach (15,7) durch Γ ausgedrückt ist. Es bleibt nur noch, zu der Impulsdarstellung überzugehen. Dazu multiplizieren wir die Gleichung (15,12) mit $\exp\,[iP(X_1-X_2)]$ und integrieren über $\mathrm{d}^4(X_1-X_2)$, nachdem wir $K_{31,32}$ in der Form (15,5) und U_{13} in der Form (13,9) eingesetzt haben. Dann gibt die Integration über die Viererkoordinaten δ-Funktionen, die die Integration über die Viererimpulse beseitigen. Insgesamt erhalten wir:

$$[G^{(0)-1}(P)\,G(P)-1]\,\delta_{\alpha\beta}$$
$$=-i\int K_{\gamma\alpha,\gamma\beta}(P_3,P_4;P_3+P_4-P,P)\,U(P-P_4)\frac{\mathrm{d}^4P_3\,\mathrm{d}^4P_4}{(2\pi)^8} \qquad (15{,}13)$$

mit $G^{(0)}(P)$ aus (9,7).

Nun bleibt noch übrig, K durch Γ auszudrücken. Wenn wir (15,7) in (15,13) einsetzen, erhalten wir schließlich die DYSON-Gleichung in der Form

$$\delta_{\alpha\beta}[G^{(0)-1}(P)-G^{-1}(P)]=\delta_{\alpha\beta}\Sigma(P)$$
$$=U(0)\,n(\mu)\,\delta_{\alpha\beta}+i\delta_{\alpha\beta}\int U(P-P_1)\,G(P_1)\frac{\mathrm{d}^4P_1}{(2\pi)^4}$$
$$+\int\Gamma_{\gamma\alpha,\gamma\beta}(P_3,P_4;P_3+P_4-P,P)\,G(P_3)\,G(P_4)\,G(P_3+P_4-P)$$
$$\times U(P-P_4)\frac{\mathrm{d}^4P_3\,\mathrm{d}^4P_4}{(2\pi)^8}. \qquad (15{,}14)$$

Hier ist $n(\mu)$ die exakte Dichte des Systems als Funktion seines chemischen Potentials; dieser Faktor entsteht durch die Integration der G-Funktion nach Formel (7,24) (dabei ist berücksichtigt, daß die gegebene G-Funktion aus einer Kontraktion entsteht, in der $\hat{\Psi}^+$ links von $\hat{\Psi}$ steht). Wir bemerken, daß das erste Glied auf der rechten Seite der Gleichung (15,14) gleich Σ_a aus (14,11) ist.

---

[1]) Sie ist analog der DYSON-Gleichung in der Quantenelektrodynamik (s. IV, § 104).

§ 16. Zusammenhang zwischen Vertexfunktion und Streuamplitude der Quasiteilchen

Der in den vorhergehenden Paragraphen entwickelte mathematische Apparat wird die Möglichkeit geben, die Grundbeziehungen der LANDAUschen Theorie der FERMI-Flüssigkeit, die im Kapitel I bis zu einem gewissen Grade intuitiv eingeführt wurden, streng zu begründen und tiefer verstehen zu können. Diesem Ziel sind die §§ 16—20 gewidmet.[1])

Es gibt einen engen Zusammenhang zwischen der Vertexfunktion und der Streuamplitude für die Streuung der Quasiteilchen aneinander. Um diesen Zusammenhang besser erklären zu können, betrachten wir ihn zunächst im Rahmen der rein quantenmechanischen Aufgabe, die Streuung zweier Teilchen im Vakuum zu beschreiben.

In der Quantenmechanik entspricht den „Vierendern" — Diagrammen mit vier äußeren Enden (je zwei einlaufenden und zwei auslaufenden Linien) — der Prozeß der Streuung von zwei Teilchen; dabei korrespondieren in dem analytischen Ausdruck des Diagramms seine äußeren Linien den Amplituden der Wellenfunktionen (ebene Wellen) der freien Teilchen (vgl. IV, § 103). Wir wollen nun verfolgen, wie diese Diagramme unterschiedlicher Ordnung wirklich die aufeinanderfolgenden Glieder der bekannten BORNschen Entwicklung für die Streuamplitude geben.

Zunächst verschwindet im Falle des Vakuums eine große Anzahl von Diagrammen überhaupt. Das kann man am einfachsten in der Koordinatendarstellung begreifen, wenn man beachtet, daß im Vakuum alle Kontraktionen des Typs $\langle\hat{\Psi}^+\hat{\Psi}\rangle$, in denen der Vernichtungsoperator rechts steht und zuerst auf den Vakuumzustand wirkt, verschwinden; es bleiben nur die Kontraktionen des Typs $\langle\hat{\Psi}\hat{\Psi}^+\rangle$ übrig. Daher verschwinden alle Diagramme mit geschlossenen Schleifen ausgezogener Linien — sie enthalten immer eine Kontraktion des Typs $\langle\hat{\Psi}^+\hat{\Psi}\rangle$. Aus dem gleichen Grunde sind auch alle Korrekturen zur GREENschen Funktion gleich Null, d. h. die Korrekturen zu den inneren ausgezogenen Linien der Diagramme.[2]) Schließlich sind die Diagramme mit sich überkreuzenden gestrichelten Linien gleich Null; so entspricht in dem Diagramm

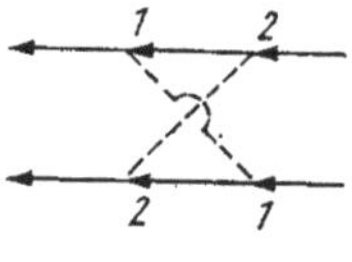

(die Zahlen 1 und 2 entsprechen den Argumenten X_1 und X_2) bei $t_2 > t_1$ der oberen inneren Linie die Kontraktion $\langle\hat{\Psi}_2^+\hat{\Psi}_1\rangle = 0$, und wenn $t_2 < t_1$ ist, dann entspricht der unteren Linie die Kontraktion $\langle\hat{\Psi}_1^+\hat{\Psi}_2\rangle = 0$.

---

[1]) Der Inhalt der §§ 16—18 stammt von L. D. LANDAU (1958), der Inhalt der §§ 19, 20 von L. D. LANDAU und L. P. PITAJEWSKI (1959).

[2]) Das Verschwinden aller Korrekturen zur GREENschen Funktion im Vakuum drückt einfach die Tatsache aus, daß ein Teilchen mit nichts in Wechselwirkung treten kann. Wir erinnern in diesem Zusammenhang daran, daß die Existenz von Vakuumkorrekturen zu der GREENschen Funktion eines Teilchens in der Quantenelektrodynamik damit zusammenhängt, daß in den Zwischenzuständen virtuelle Elektronenpaare und Photonen auftreten können.

Für zwei Teilchen im Vakuum bleiben also nur die folgenden Diagramme, die, wie man sagt, eine „Leiter-Reihe" bilden:

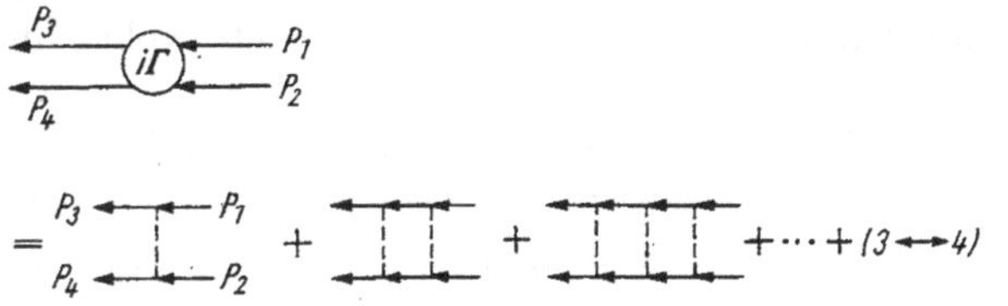

(16,1)

Den inneren ausgezogenen Linien in ihnen entsprechen die GREENschen Vakuumfunktionen

$$G^{(\mathrm{vak})}(\omega, \boldsymbol{p}) = \left[\omega - \frac{\boldsymbol{p}^2}{2m} + i0\right]^{-1} \tag{16,2}$$

(Formel (9,7) mit $\mu = 0$). Wir weisen darauf hin, daß (weil das Glied μ im Nenner fehlt) der Pol dieser Funktion sich immer in einer bestimmten (der unteren) Halbebene der komplexen Variablen ω befindet. Daß die oben aufgezählten Diagramme verschwinden, kommt vom mathematischen Standpunkt aus daher, daß alle Pole der Integranden in einer Halbebene liegen; das Verschwinden der Integrale sieht man, wenn man den Integrationsweg in der anderen Halbebene schließt.

Die Leiter-Reihe kann man aufsummieren, wodurch sie in eine Integralgleichung umgewandelt wird (vgl. unten die Summation der analogen Reihe (17,3)). Wenn man zunächst die Diagramme mit vertauschten Enden 3 und 4 nicht beachtet, ist diese Gleichung äquivalent der SCHRÖDINGER-Gleichung für zwei Teilchen ohne Berücksichtigung ihrer Identität, aufgeschrieben in der Impulsdarstellung (III, (130,9)). Dementsprechend wird die Vertexfunktion Γ durch die Streuamplitude f zweier Teilchen nach der Formel

$$\Gamma_{\gamma\delta,\alpha\beta}(P_3, P_4; P_1, P_2) = \delta_{\alpha\gamma}\delta_{\beta\delta}\,\frac{4\pi}{m}\,f \tag{16,3}$$

ausgedrückt. Wenn man dann die Diagramme mit vertauschten Enden 3 und 4 hinzufügt, so führt das dazu, daß die Amplitude antisymmetrisch wird, wie das für Fermionen auch der Fall sein muß. In der ersten Näherung der Störungstheorie bleiben nur das erste Diagramm (16,1) und das Diagramm mit vertauschten Enden, in die $G^{(\mathrm{vak})}$ überhaupt nicht eingeht. Für die Streuamplitude erhält man dann die übliche Formel der ersten BORNschen Näherung. Die folgenden Diagramme geben, nachdem die Integration über die Zwischenfrequenzen ausgeführt ist, die bekannten Ausdrücke für die Korrekturen zur Amplitude in den folgenden BORNschen Näherungen.

In der FERMI-Flüssigkeit führt die Wechselwirkung der stoßenden Teilchen mit den Teilchen des Mediums dazu, daß die Teilchen effektiv durch Quasiteilchen ersetzt werden. Alle mit dieser Wechselwirkung zusammenhängenden Korrekturen zu den inneren Linien eines Diagramms werden automatisch durch die Definition der Funktion Γ berücksichtigt. Eine besondere Betrachtung erfordern aber die Korrekturen zu den äußeren Linien. In der Quantenfeldtheorie wird gezeigt, daß schon wegen der allgemeinen Forderung nach Unitarität der Streumatrix diese Korrekturen dazu führen, daß in der Streuamplitude an jedem freien Ende ein Faktor $\sqrt{Z}$ auftritt, dabei ist Z die Renormierungskonstante der GREENschen Funktion (s. IV, § 107). Für Diagramme mit vier Enden bedeutet das, daß man einen Faktor Z^2 erhält. Obwohl der dort gegebene Beweis auch für die Quasiteilchen in der FERMI-Flüssigkeit gültig ist, wollen wir hier den Ursprung dieses Faktors auch mit Hilfe einfacherer (wenn auch nicht vollkommen strenger) Überlegungen untersuchen.

Es handelt sich darum, daß sich die GREENsche Funktion der Flüssigkeit in der Nähe ihres Poles (erstes Glied in (10,2)) von der GREENschen Funktion des idealen Gases nur durch den Faktor Z unterscheidet. Wenn man an Stelle von $\hat{\Psi}$ und $\hat{\Psi}^+$ die Operatoren $\hat{\Psi}_{qu} = \hat{\Psi}/\sqrt{Z}$, $\hat{\Psi}^+_{qu} = \hat{\Psi}^+/\sqrt{Z}$ einführt, dann wird die mit ihnen gebildete GREENsche Funktion $G_{qu} = G/Z$ in der Nähe des Poles exakt wie die eines idealen Gases aussehen. In diesem Sinne kann man diese Operatoren als ψ-Operatoren eines idealen Gases von Quasiteilchen betrachten. Die mit ihrer Hilfe definierte GREENsche Zweiteilchenfunktion wird $K_{qu} = K/Z^2$ sein, und folglich ist (nach der Definition (15,7)) die Vertexfunktion $\Gamma_{qu} = \Gamma Z^2$, wie es gefordert war.

Bei der Anwendung auf die Quasiteilchen ist nicht so sehr der Streuquerschnitt als vielmehr die Zahl der Stöße (pro s in einem cm³ der Flüssigkeit) wesentlich. Diese Zahl wird für Stöße mit gegebener Änderung der Impulse und der Spinprojektion der Teilchen $(\boldsymbol{p}_1\alpha, \boldsymbol{p}_2\beta \to \boldsymbol{p}_3\gamma, \boldsymbol{p}_4\delta)$ durch die Formel

$$\mathrm{d}W = 2\pi \left|Z^2\Gamma_{\gamma\delta,\alpha\beta}(P_3, P_4; P_1, P_2)\right|^2 \delta(\varepsilon_3 + \varepsilon_4 - \varepsilon_1 - \varepsilon_2)$$
$$\times n_{\boldsymbol{p}_1} n_{\boldsymbol{p}_2}(1 - n_{\boldsymbol{p}_3})(1 - n_{\boldsymbol{p}_4}) \frac{\mathrm{d}^3p_1\,\mathrm{d}^3p_2\,\mathrm{d}^3p_3}{(2\pi)^9} \tag{16,4}$$

gegeben. Dabei ist $\boldsymbol{p}_1 + \boldsymbol{p}_2 = \boldsymbol{p}_3 + \boldsymbol{p}_4$; $n_{\boldsymbol{p}}$ ist die Verteilungsfunktion der Quasiteilchen. Die Faktoren $n_{\boldsymbol{p}_1}$ und $n_{\boldsymbol{p}_2}$ drücken einfach die Tatsache aus, daß die Zahl der Stöße von Quasiteilchen mit gegebenen Anfangsimpulsen (und Spinprojektionen) proportional der Zahl dieser Quasiteilchen pro Volumeneinheit ist. Die Faktoren $(1 - n_{\boldsymbol{p}_3})$ und $(1 - n_{\boldsymbol{p}_4})$ hängen damit zusammen, daß nach dem PAULI-Prinzip ein Stoß nur stattfinden kann, wenn die Endzustände frei sind.

§ 17. Die Vertexfunktion bei kleinen Impulsübertragungen

Eine wichtige Rolle in der Theorie der FERMI-Flüssigkeit spielt die Vertexfunktion, wenn die Werte der Variablenpaare P_1, P_3 und P_2, P_4 nahe beieinander liegen (wir werden insbesondere sehen, daß sie eng mit der Wechselwirkungsfunktion der Quasiteilchen zusammenhängt). Wir betrachten die Beziehung $P_1 + P_2 = P_3 + P_4$, setzen $P_3 = P_1 + K$, $P_4 = P_2 - K$ und führen die abkürzende Bezeichnung

$$\Gamma_{\gamma\delta,\alpha\beta}(P_1 + K, P_2 - K; P_1, P_2) = \Gamma_{\gamma\delta,\alpha\beta}(K; P_1, P_2) \tag{17,1}$$

ein; wir werden diese Funktion bei kleinen Werten von K betrachten. Im Sprachgebrauch der Streuprozesse der Quasiteilchen bedeutet das, daß Stöße mit einer kleinen Übertragung des Vierertimpulses betrachtet werden, Stöße in der Nähe der „Vorwärtsstreuung“.

Bei $K = 0$ hat die Funktion Γ, wie wir sehen werden, eine Singularität. Wir werden uns gerade für den Teil der Funktion interessieren, in dem diese Singularität enthalten ist. Den Ursprung der letzteren kann man leicht verstehen, wenn man das Skelettdiagramm

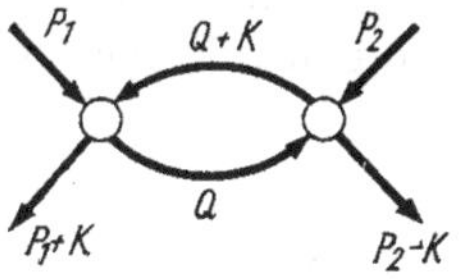

(17,2)

betrachtet, welches die Menge von Diagrammen der GREENschen Zweiteilchenfunktion enthält, die zwischen den Paaren P_1, P_3 und P_2, P_4 in zwei Teile zerteilt werden kann, wobei die beiden Teile durch zwei ausgezogene Linien verbunden sind.[1]) Die zwei verbindenden dicken Linien entsprechen den exakten GREENschen Einteilchenfunktionen $G(Q)$ und $G(Q+K)$, wobei in dem Diagramm über den Viererimpuls Q integriert wird. Bei $K \to 0$ nähern sich die Argumente dieser beiden Funktionen, und damit auch ihre Pole. Die sich nähernden Pole können den Integrationsweg zwischen sich „einklemmen" (s. unten), das ist die Quelle für das Entstehen einer Singularität in der Funktion Γ.

Um die exakte Funktion Γ zu berechnen, muß man die ganze Reihe der Störungstheorie aufsummieren. Weil unser Ziel darin besteht, die Teile auszusondern, welche bei $K = 0$ eine Singularität haben, muß man zunächst den Beitrag von allen Diagrammen abtrennen, die nicht durch das Zerschneiden eines Paares ausgezogener Linien mit annähernd gleichen (sich um K unterscheidenden) Viererimpulsen zertrennt werden können. Diesen Teil der Funktion Γ, der bei $K = 0$ keine Singularität hat, bezeichnen wir mit $\tilde{\Gamma}$; in ihm kann man $K = 0$ setzen, so daß $\tilde{\Gamma}$ nur eine Funktion der Veränderlichen P_1, P_2 ist: $\tilde{\Gamma}_{\gamma\delta,\alpha\beta}(P_1, P_2)$. Was die „gefährlichen" Diagramme betrifft, so kann man sie nach der Zahl der in ihnen enthaltenen Paare von Linien mit fast gleichen Argumenten klassifizieren. Die vollständige Vertexfunktion Γ wird also durch die folgende unendliche „Leiter"-Reihe von Diagrammen dargestellt:

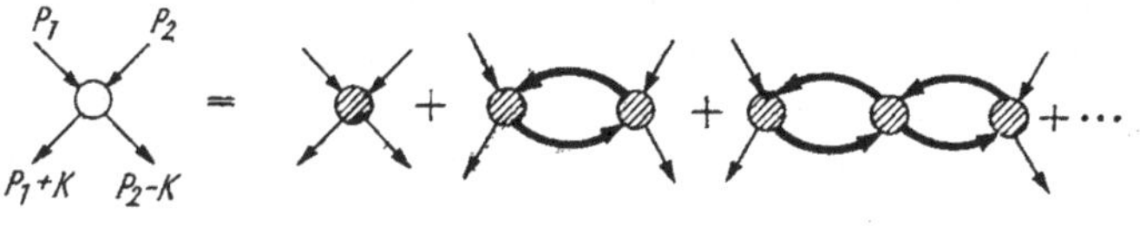

(17,3)

Dem leeren Kreis entspricht das gesuchte $i\Gamma$, die gestrichelten Kreise stellen das $i\tilde{\Gamma}$ dar. Die äußeren Linien in diesen Diagrammen gehen in die Definition von Γ nicht ein und dienen nur zur Angabe der Zahl und der Werte der ein- und auslaufenden Viererimpulse.

Alle inneren Linien in den Diagrammen (17,3) sind dicke Linien, d. h., ihnen entsprechen die exakten G Funktionen. Wir betonen in diesem Zusammenhang, daß die Möglichkeit, Γ in Form dieser Skelettdiagramme darzustellen (und dadurch auch alle Folgerungen daraus), keinesfalls voraussetzt, daß es sich um eine Paarwechselwirkung zwischen den Teilchen handelt, denn die gestrichelten Linien fehlen hier. Vom Charakter

[1]) In der zweiten Ordnung der Störungstheorie (bezüglich der Paarwechselwirkung) gehen in (17,2) die Diagramme (15,11a, b, c) und mit vertauschten Enden 3 und 4 das Diagramm (15,11e) ein.

der Wechselwirkung hängt nur die (uns hier nicht interessierende) innere Struktur der durch Kreise dargestellten Blöcke ab.[1])

Die Aufgabe, die Reihe (17,3) aufzusummieren, führt auf die Lösung einer Integralgleichung. Um sie zu erhalten, „multiplizieren“ wir die ganze Reihe noch einmal mit einem $\tilde{\Gamma}$, d. h. wir ersetzen sie durch die Reihe

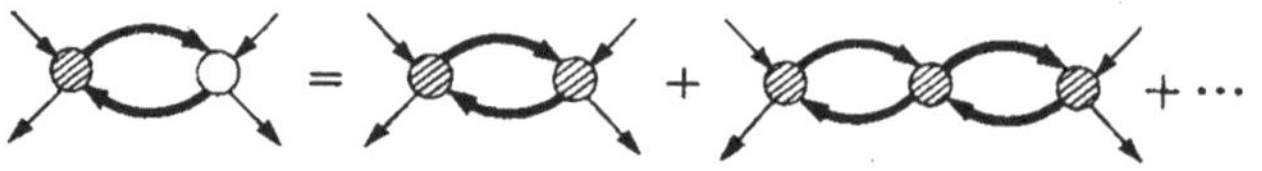

Der Vergleich mit der Ausgangsreihe (17,3) führt auf die Gleichung

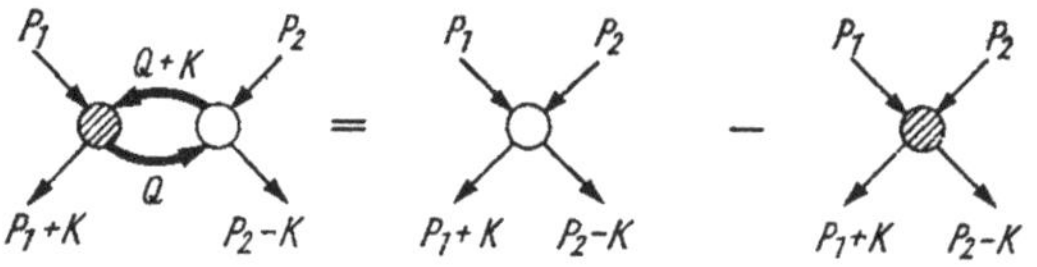

(17,4)

Diese Diagrammgleichung gibt, in analytischer Form geschrieben, die gesuchte Integralgleichung:

$$\begin{aligned} &\Gamma_{\gamma\delta,\alpha\beta}(K; P_1, P_2) \\ &= \tilde{\Gamma}_{\gamma\delta,\alpha\beta}(P_1, P_2) - i \int \tilde{\Gamma}_{\gamma\zeta,\alpha\varkappa}(P_1, Q)\, G(Q+K)\, G(Q) \\ &\quad \times \Gamma_{\varkappa\delta,\zeta\beta}(K; Q, P_2) \frac{d^4Q}{(2\pi)^4}. \end{aligned} \tag{17,5}$$

In der Funktion $\tilde{\Gamma}$ ist nach dem oben Gesagten $K = 0$ gesetzt. Es sind die oben eingeführten abkürzenden Bezeichnungen für Γ und für $\tilde{\Gamma}$ benutzt worden, außerdem ist $G_{\alpha\beta} = G\, \delta_{\alpha\beta}$ gesetzt worden.

Um diese Gleichung zu untersuchen, betrachten wir zunächst das in ihrem Kern stehende Produkt $G(Q+K)\, G(Q)$. Wie schon bemerkt wurde, nähern sich die Pole der beiden Funktionen bei kleinen K. In der Nähe dieser Pole können die G-Funktionen durch die Polglieder (10,2) dargestellt werden. Wir bezeichnen die Komponenten der Vierervektoren gemäß

$$K = (\omega, \boldsymbol{k}), \quad Q = (q_0, \boldsymbol{q}) \tag{17,6}$$

und schreiben in diesem Gebiet:

$$\begin{aligned} &G(Q)\, G(Q+K) \\ &\approx Z^2[q_0 - v_F(q - p_F) + i\,\delta_1]^{-1}\, [q_0 + \omega - v_F(|\boldsymbol{q} + \boldsymbol{k}| - p_F) + i\,\delta_2]^{-1}, \end{aligned} \tag{17,7}$$

---

[1]) Es werden hier nur solche allgemeinen Eigenschaften vorausgesetzt, wie die Konvergenz des Integrals der Wechselwirkungsenergie über den Konfigurationsraum der Teilchen und die Erhaltung der Teilchenzahl. Die letztere zeigt sich darin, daß die Differenz der Anzahl von Linien, welche in jedem Querschnitt nach rechts und nach links gehen, konstant ist (gleich Null für einen Querschnitt des in (17,3) angegebenen Typs).

dabei sind δ_1, δ_2 unendlich kleine Zusatzglieder, deren Vorzeichen (in der Nähe der Pole) gemäß

$$\begin{aligned}\operatorname{sign}\delta_1 &= \operatorname{sign}(q - p_F),\\ \operatorname{sign}\delta_2 &= \operatorname{sign}(|\boldsymbol{q}+\boldsymbol{k}| - p_F)\end{aligned} \tag{17,8}$$

definiert sind.

Die Vorzeichen von δ_1 und δ_2 bestimmen die Lage der Pole — in der oberen oder unteren Halbebene der komplexen Variablen q_0. Die Singularität in dem Kern der Integralgleichung (und damit auch in ihrer Lösung) entsteht dadurch, daß der Integrationsweg (die reelle Achse) zwischen den Polen eingeklemmt wird. Dazu müssen sich die Pole auf unterschiedlichen Seiten dieses Weges befinden, d. h. in unterschiedlichen Halbebenen.

Wir nehmen zunächst an, daß $\boldsymbol{qk} > 0$ ist, d. h. $\cos\theta > 0$, wobei θ der Winkel zwischen $\boldsymbol{q}$ und $\boldsymbol{k}$ ist. Dann ist $|\boldsymbol{q}+\boldsymbol{k}| > q$, und δ_1 und δ_2 haben unterschiedliches Vorzeichen ($\delta_1 < 0$, $\delta_2 > 0$), wenn $q < p_F$, $|\boldsymbol{q}+\boldsymbol{k}| > p_F$ ist, was wegen der Kleinheit von k der Bedingung

$$p_F - k\cos\theta < q < p_F \tag{17,9}$$

äquivalent ist. Bei der weiteren Integration über dq_0 in (17,5) kann man den Integrationsweg durch einen unendlich großen Halbkreis schließen (egal ob oben oder unten), und dann ist das Integral durch das Residuum des Integranden in dem entsprechenden Pol bestimmt. Dabei kann wegen der Kleinheit des Intervalles (17,9) (bei kleinem k) in den Faktoren Γ und $\tilde{\Gamma}$ unter dem Integralzeichen $k = 0$ gesetzt werden und dementsprechend für die Lage der Pole (bei kleinen k, ω): $q_0 \approx 0$.

Mit anderen Worten ausgedrückt, gemäß seiner Rolle im Kern der Integralgleichung (17,5) ist das Produkt der Polfaktoren (17,7) äquivalent den δ-Funktionen

$$A\,\delta(q_0)\,\delta(q - p_F)$$

mit dem Koeffizienten A, der durch das Integral

$$A = \int \frac{Z^2\,dq_0\,dq}{[q_0 - v_F(q - p_F) + i\,\delta_1]\,[q_0 + \omega - v_F(|\boldsymbol{q}+\boldsymbol{k}| - p_F) + i\,\delta_2]}$$

definiert ist. Liegt q außerhalb des Intervalles (17,9), dann liegen die beiden Pole in einer Halbebene der komplexen Variablen q_0, und wenn wir den Weg der Integration über dq_0 in der anderen Halbebene schließen, überzeugen wir uns davon, daß das Integral verschwindet. In dem Gebiet (17,9) finden wir, wenn wir den Integrationsweg in einer der Halbebenen schließen und das Integral aus dem Residuum des in dieser Halbebene gelegenen Poles berechnen,

$$A = \int \frac{2\pi i Z^2\,dq}{\omega - v_F(|\boldsymbol{q}+\boldsymbol{k}| - q) + i0}$$

(es wurde berücksichtigt, daß in dem Gebiet (17,9) $\delta_1 < 0$, $\delta_2 > 0$ ist). Wegen (17,9) ist $q \approx p_F \gg k$, man kann deshalb $|\boldsymbol{q}+\boldsymbol{k}| - q \approx k\cos\theta$ setzen. Dadurch erhält man (unter Beachtung der Grenzen von (17,9))

$$A = \frac{2\pi i Z^2 k\cos\theta}{\omega - k v_F\cos\theta}.$$

Auf die gleiche Art ist leicht zu beweisen, daß dieser Ausdruck für A (aber mit dem anderen Vorzeichen bei $i0$) auch bei $\cos\theta < 0$ erhalten wird (wobei die Integration im Gebiet $q > p_F$, $|\mathbf{q} + \mathbf{k}| < p_F$ ausgeführt werden muß). Im Kern der Gleichung (17,5) haben wir also

$$G(Q)\,G(Q+K) = \frac{2\pi i Z^2 \mathbf{lk}\,\delta(q_0)\,\delta(q - p_F)}{\omega - v_F \mathbf{lk} + i0 \cdot \operatorname{sign}\omega} + \varphi(Q), \tag{17,10}$$

dabei ist $\mathbf{lk}$ an Stelle von $k\cos\theta$ geschrieben ($\mathbf{l} = \mathbf{q}/q$), und die Funktion φ enthält (bei kleinen K) keinen δ-funktionsartigen Teil, weshalb man in ihr $K = 0$ setzen kann.

Wenn wir (17,10) in (17,5) einsetzen, erhalten wir die grundlegende Integralgleichung in der Form

$$\begin{aligned}\Gamma_{\gamma\delta,\alpha\beta}(K; P_1, P_2) &= \tilde{\Gamma}_{\gamma\delta,\alpha\beta}(P_1, P_2)\\ &- i\int \tilde{\Gamma}_{\gamma\zeta,\alpha\varkappa}(P_1, Q)\,\varphi(Q)\,\Gamma_{\varkappa\delta,\zeta\beta}(K; Q, P_2)\,\frac{d^4Q}{(2\pi)^4}\\ &+ \frac{Z^2 p_F^2}{(2\pi)^3}\int \tilde{\Gamma}_{\gamma\zeta,\alpha\varkappa}(P_1, Q_F)\,\Gamma_{\varkappa\delta,\zeta\beta}(K; Q_F, P_2)\,\frac{\mathbf{lk}\,do_l}{\omega - v_F\mathbf{lk}}.\end{aligned} \tag{17,11}$$

Im letzten Glied ist $d^4Q = q^2\,dq\,do_l\,dq_0$ gesetzt (dabei ist do_l das Raumwinkelelement in der Richtung $\mathbf{l}$), und durch die Integration über $dq\,dq_0$ werden die δ-Funktionen beseitigt. In diesem Glied ist in den Funktionen Γ und $\tilde{\Gamma}$ das Argument Q auf der FERMI-Fläche zu nehmen: $Q_F = (0, p_F\mathbf{l})$.

Wir möchten die Aufmerksamkeit auf den speziellen Charakter des Faktors $\mathbf{lk}/(\omega - v_F\mathbf{lk})$ im Kern der Gleichung (17,11) lenken: sein Grenzwert bei $\mathbf{k} \to 0$, $\omega \to 0$ hängt von dem Grenzwert ab, gegen den dabei das Verhältnis ω/k strebt. Diesen Charakter wird folglich auch die Lösung der Gleichung haben: der Grenzwert der Funktion $\Gamma(K; P_1, P_2)$ hängt bei $K \to 0$ davon ab, wie ω und $\mathbf{k}$ gegen Null gehen.

Wir bezeichnen mit $\Gamma^\omega(P_1, P_2)$ den Grenzwert

$$\Gamma^\omega_{\gamma\delta,\alpha\beta}(P_1, P_2) = \lim_{K\to 0} \Gamma_{\gamma\delta,\alpha\beta}(K; P_1, P_2) \quad \text{bei} \quad k/\omega \to 0 \tag{17,12}$$

(wir werden im § 18 sehen, daß gerade mit dieser Größe die Wechselwirkungsfunktion der Quasiteilchen zusammenhängt). Wenn auf diese Weise der Grenzübergang durchgeführt wird, dann verschwindet der Kern des letzten Integralgliedes in (17,11), so daß Γ^ω der Gleichung

$$\begin{aligned}&\Gamma^\omega_{\gamma\delta,\alpha\beta}(P_1, P_2)\\ &= \tilde{\Gamma}_{\gamma\delta,\alpha\beta}(P_1, P_2) - i\int \tilde{\Gamma}_{\gamma\zeta,\alpha\varkappa}(P_1, Q)\,\varphi(Q)\,\Gamma^\omega_{\varkappa\delta,\zeta\beta}(Q, P_2)\,\frac{d^4Q}{(2\pi)^4}\end{aligned} \tag{17,13}$$

genügt. Wir bemerken, daß wegen (15,8)

$$\Gamma^\omega_{\gamma\delta,\alpha\beta}(P_1, P_2) = \Gamma^\omega_{\delta\gamma,\beta\alpha}(P_2, P_1) \tag{17,14}$$

gilt.

Aus den beiden Gleichungen (17,11) und (17,13) kann man $\tilde{\Gamma}$ eliminieren. Dadurch erhält man

$$\begin{aligned}\Gamma_{\gamma\delta,\alpha\beta}(K; P_1, P_2) &= \Gamma^\omega_{\gamma\delta,\alpha\beta}(P_1, P_2)\\ &+ \frac{Z^2 p_F^2}{(2\pi)^3}\int \Gamma^\omega_{\gamma\zeta,\alpha\varkappa}(P_1, Q_F)\,\Gamma_{\varkappa\delta,\zeta\beta}(K; Q_F, P_2)\,\frac{\mathbf{lk}\,do_l}{\omega - v_F\,\mathbf{lk}}.\end{aligned} \tag{17,15}$$

Denn wenn man (17,13) formal als $\tilde{\Gamma} = \hat{L}\Gamma^{\omega}$ schreibt, dann schreibt sich (17,11) als

$$\hat{L}\Gamma = \tilde{\Gamma} + \frac{Z^2 p_F^2}{(2\pi)^3} \int \tilde{\Gamma}\Gamma \frac{\boldsymbol{lk}}{\omega - v_F\, \boldsymbol{lk}}\, do_l .$$

Wenn wir hier $\tilde{\Gamma} = \hat{L}\Gamma^{\omega}$ einsetzen und auf beide Seiten der Gleichung den Operator $\hat{L}^{-1}$ anwenden, erhalten wir (17,15).

Wir führen nun die Funktion Γ^k gemäß

$$\Gamma^k_{\gamma\delta,\alpha\beta}(P_1, P_2) = \lim_{K \to 0} \Gamma_{\gamma\delta,\alpha\beta}(K; P_1, P_2) \quad \text{bei} \quad \omega/k \to 0 \tag{17,16}$$

ein. Gerade diese Funktion (mit Z^2 multipliziert) stellt die Amplitude der Vorwärtsstreuung dar (d. h. die für den Übergang $P_1, P_2 \to P_1, P_2$), die realen physikalischen Prozessen entspricht, welche unter Beteiligung von Quasiteilchen auf der FERMI-Fläche stattfinden: die Stöße, die die Quasiteilchen auf dieser Fläche lassen, sind begleitet von einer Impulsänderung ohne Energieänderung, und deshalb muß der Übergang zum Grenzwert der verschwindenden Impulsübertragung ($\boldsymbol{k} \to 0$) ausgeführt werden, wenn die Energieübertragung streng gleich Null ist ($\omega = 0$). Die oben eingeführte Funktion Γ^{ω} entspricht dem unphysikalischen Grenzfall der „Streuung" mit kleiner Energieübertragung bei streng verschwindender Impulsübertragung ($\boldsymbol{k} = 0$).

Wenn wir $\omega = 0$ in (17,15) einsetzen, zu dem Grenzwert $\boldsymbol{k} \to 0$ übergehen und beide Seiten der Gleichung mit Z^2 multiplizieren, erhalten wir

$$Z^2\Gamma^k_{\gamma\delta,\alpha\beta}(P_1, P_2) = Z^2\Gamma^{\omega}_{\gamma\delta,\alpha\beta}(P_1, P_2) - \frac{p_F^2}{v_F(2\pi)^3} \int Z^2\Gamma^{\omega}_{\gamma\zeta,\alpha\varkappa}(P_1, Q_F) \cdot Z^2\Gamma^k_{\varkappa\delta,\zeta\beta}(Q_F, P_2)\, do_l . \tag{17,17}$$

Es gibt also eine allgemeine Beziehung, welche die beiden Grenzfälle der Vorwärtsstreuamplitude miteinander verknüpft.

Die Antisymmetrieeigenschaften (15,8) für Γ geben eine gewisse Information über das Verhalten von Γ^k und Γ^{ω} bei $P_1 \to P_2$. Wenn wir in dieser Gleichung $P_1 = P_2$ und $\alpha = \beta$ setzen, erhalten wir

$$\Gamma_{\gamma\delta,\alpha\alpha}(P_1 + K, P_1 - K; P_1, P_1) = 0 \tag{17,18}$$

(über α wird hier nicht summiert!).[1]) Der Übergang zu Γ^{ω} oder Γ^k muß in dieser Gleichung mit Vorsicht durchgeführt werden, weil in Γ^{ω}, Γ^k zuerst $K = 0$ zu setzen ist, während in (17,18) zuerst $P_1 = P_2$ gesetzt war.

Es möge nun gleichzeitig K und $P_1 - P_2 \equiv S = (s_0, \boldsymbol{s})$ klein sein. Dann werden neben den Diagrammen (17,2) auch die Diagramme

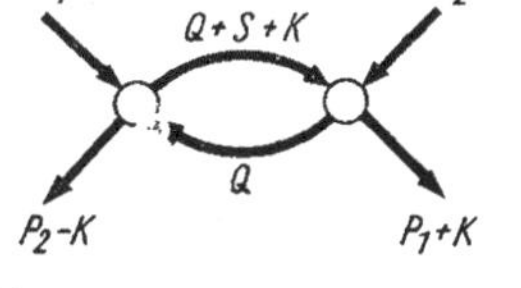

[1]) Bei alleiniger Berücksichtigung der Austauschwechselwirkung zwischen den Spins der Quasiteilchen sind von allen $\Gamma_{\gamma\delta,\alpha\alpha}$ nur die $\Gamma_{\alpha\alpha,\alpha\alpha}$ von Null verschieden. Diese Behauptung bringt zum Ausdruck, daß der Spinvektor bei der Streuung ungeändert bleibt. Man kann sie auch unmittelbar an dem Ausdruck des Typs (2,4) nachprüfen.

gefährlich. Bei $K, S \to 0$ wird die Funktion $\Gamma_{\gamma\delta,\alpha\alpha}$ folglich von den beiden „singulären" Argumenten

$$x = \frac{\omega}{k}, \quad y = \frac{s_0 + \omega}{|\boldsymbol{s} + \boldsymbol{k}|}$$

abhängen, und (17,18) bedeutet, daß diese Funktion bei $x = y$ verschwindet. Wir wollen den Wert von Γ auf der FERMI-Fläche betrachten; dann ist $\omega = s_0 = 0$, so daß auch $y = 0$ ist. Deshalb gilt die Gleichung (17,18) in diesem Grenzfall, wenn auch $x = 0$ ist. Mit anderen Worten, auf der FERMI-Fläche ist sie für Γ^k richtig:

$$\Gamma^k_{\gamma\delta,\alpha\alpha}(P_1, P_1) = 0 \tag{17,19}$$

(N. D. MERMIN, 1967).

§ 18. Zusammenhang zwischen der Vertexfunktion und der Wechselwirkungsfunktion der Quasiteilchen

Analog dazu, wie bei der Bildung des Matrixelementes (7,9), welches die GREENsche Einteilchenfunktion definiert, Zwischenzustände mit den Teilchenzahlen $N \pm 1$ beteiligt sind, so sind bei der Bildung der GREENschen Zweiteilchenfunktion (des Matrixelements (15,1)) Zwischenzustände mit N, $N \pm 1$, $N \pm 2$ Teilchen beteiligt.[1])

Weil Zwischenzustände mit $N \pm 1$ Teilchen vorkommen, hat die GREENsche Zweiteilchenfunktion Pole, die mit den Polen der Funktion G zusammenfallen, d. h. mit der Quasiteilchenenergie. Die entsprechenden Faktoren sind aber in (15,7) in expliziter Form abgetrennt. Deshalb hat die durch diese Formel definierte Vertexfunktion Γ nur Pole, die Zuständen mit N und $N \pm 2$ Teilchen entsprechen. Der Drehimpuls dieser Zustände unterscheidet sich von dem Drehimpuls des Grundzustandes um 0 oder 1, so daß die diesen Polen entsprechenden Elementaranregungen ganzzahligen Spin haben (0 oder 1) und daher der BOSE-Statistik unterworfen sind. Anders ausgedrückt bedeutet das, daß die Pole der Vertexfunktion die BOSE-Zweige des Energiespektrums der FERMI-Flüssigkeit bestimmen.

Die Pole, die von den Zwischenzuständen ohne Änderung der Teilchenzahl kommen, entsprechen den Quanten des nullten Schalles als Elementaranregungen. In der Diagrammtechnik entsprechen den Zwischenzuständen verschiedene Querschnitte der Diagramme, welche die Diagramme in zwei Teile zwischen diesen oder jenen äußeren Linien zerteilen. Im gegebenen Fall entsprechen den Zwischenzuständen ohne Änderung der Teilchenzahl Querschnitte der Diagramme (17,3) durch eines der Paare ausgezogener Linien, die benachbarte Blöcke Γ verbinden. Daß die Teilchenzahl in diesen Zuständen nicht geändert ist, wird dadurch ausgedrückt, daß die gleiche Anzahl Linien den Querschnitt in der einen und der anderen Richtung durchdringen. Die Viererimpulsübertragung durch einen solchen Querschnitt ist $(Q + K) - Q = K$. Dementsprechend gehören zu den Elementaranregungen ohne Änderung der Teilchenzahl die Pole der Vertexfunktion $\Gamma(K; P_1, P_2)$ bezüglich der Variablen K.

---

[1]) Zustände mit N Teilchen entstehen zum Beispiel bei einer solchen Reihenfolge der Operatoren im T-Produkt wie $\hat{\Psi}_3 \hat{\Psi}_1^+ \hat{\Psi}_4 \hat{\Psi}_2^+$. Zustände mit $N + 2$ Teilchen entsprechen solchen Reihenfolgen wie $\hat{\Psi}_3 \hat{\Psi}_4 \hat{\Psi}_1^+ \hat{\Psi}_2^+$.

Wir sahen oben (bei der Ableitung von (17,10)), daß von den beiden Impulsen $\boldsymbol{q}$ und $\boldsymbol{q} + \boldsymbol{k}$ (die in die Vierervektoren Q und $Q + K$ eingehen) der eine größer und der andere kleiner als der Grenzimpuls p_F sein muß. Andererseits können bei der Anregung aus dem Grundzustand außerhalb der FERMI-Kugel nur „Teilchen" und innerhalb der Kugel nur „Löcher" existieren. In diesem Sinne kann man sagen, daß man die Null-Anregungen in einer FERMI-Flüssigkeit als gebundene Zustände von Teilchen und Löchern betrachten kann.[1])

Die Elementaranregungen, zu denen Zwischenzustände mit $N \pm 2$ Teilchen gehören (ihnen entsprechen die Pole der Funktion $\Gamma(K; P_1, P_2)$ bezüglich der Variablen $P_1 + P_2$), könnte man als gebundene Zustände von zwei Teilchen oder zwei Löchern betrachten. Die Existenz solcher Zustände würde aber (wie im Kapitel V gezeigt werden wird) zur Superfluidität der FERMI-Flüssigkeit führen, das erfordert aber seinerseits eine entscheidende Änderung des ganzen mathematischen Apparates der Diagrammtechnik.

Bei der Bestimmung des BOSE-Zweiges im Energiespektrum einer nichtsuperfluiden FERMI-Flüssigkeit muß man also die Pole der Vertexfunktion $\Gamma(K; P_1, P_2)$ bezüglich der Variablen $K = (\omega, \boldsymbol{k})$ untersuchen. Bei jedem Wert von $\boldsymbol{k}$ entspricht dem Pol eine bestimmte Energie $\omega = \omega(\boldsymbol{k})$, wodurch das Dispersionsgesetz dieser Anregungen bestimmt ist. Für schwach angeregte Zustände sind ω und $\boldsymbol{k}$ klein, so daß man die Gleichungen benutzen kann, die man für die Funktion $\Gamma(K; P_1, P_2)$ im Gebiet kleiner K-Werte erhält.

In der Nähe des Pols der Funktion Γ sind die linke Seite und das Integral auf der rechten Seite der Gleichung (17,15) beliebig groß, das Glied $\Gamma^{\omega}(P_1, P_2)$ bleibt jedoch endlich und kann deshalb weggelassen werden. Wir bemerken weiter, daß die Variable P_2, und auch die Indizes β und δ, von den Operationen nicht berührt werden, welche in der Gleichung (17,15) mit der Funktion Γ ausgeführt werden, d. h. sie spielen in der Gleichung die Rolle von unwesentlichen Parametern. Schließlich werden wir die Funktion auf der FERMI-Fläche betrachten, d. h. wir setzen $P_1 = (0, p_F \boldsymbol{n})$, wobei $\boldsymbol{n}$ ein variabler Einheitsvektor ist. Wenn wir das alles beachten, schließen wir, daß die Bestimmung der Schallanregungen in der FERMI-Flüssigkeit auf die Bestimmung der Eigenwerte der Integralgleichung

$$\chi_{\gamma\alpha}(\boldsymbol{n}) = \frac{Z^2 p_F^2}{(2\pi)^3} \int \Gamma^{\omega}_{\gamma\zeta,\alpha\varkappa}(\boldsymbol{n}, \boldsymbol{l})\, \chi_{\varkappa\zeta}(\boldsymbol{l}) \frac{\boldsymbol{lk}\, do_l}{\omega - v_F \boldsymbol{lk}} \tag{18,1}$$

führt, wobei $\chi_{\gamma\alpha}(\boldsymbol{n})$ eine Hilfsfunktion ist.

Wir transformieren die Gleichung, indem wir an Stelle von χ die neue Funktion

$$\nu_{\gamma\alpha}(\boldsymbol{n}) = \frac{\boldsymbol{nk}}{\omega - v_F \boldsymbol{nk}} \chi_{\gamma\alpha}(\boldsymbol{n}) \tag{18,2}$$

einführen. Dann nimmt die Gleichung (18,1) die Form

$$(\omega - v_F \boldsymbol{nk})\, \nu_{\gamma\alpha}(\boldsymbol{n}) = \boldsymbol{kn} \frac{p_F^2 Z^2}{(2\pi)^3} \int \Gamma^{\omega}_{\gamma\zeta,\alpha\varkappa}(\boldsymbol{n}, \boldsymbol{n}')\, \nu_{\varkappa\zeta}(\boldsymbol{n}')\, do' \tag{18,3}$$

an (die Bezeichnung $\boldsymbol{l}$ ist hier durch $\boldsymbol{n}'$ ersetzt worden).

---

[1]) In dieser Formulierung hat die Aufgabe formal viel Gemeinsames mit der Aufgabe, die Niveaus der gebundenen Zustände eines Elektrons und eines Positrons in der Quantenelektrodynamik zu bestimmen (s. IV, § 122). Insbesondere ist die Gleichung (17,4—5) analog der BETHE-SALPETER-Gleichung (IV, (122,10—11)).

Diese Gleichung fällt der Form nach mit der kinetischen Gleichung (4,10) für die Schwingungen der FERMI-Flüssigkeit zusammen. Ein Vergleich beider Gleichungen führt zu folgender Korrespondenz zwischen der Wechselwirkungsfunktion der Quasiteilchen und der Funktion Γ^ω:

$$f_{\gamma\delta,\alpha\beta}(p_F \boldsymbol{n}, p_F \boldsymbol{n}') = Z^2 \Gamma^\omega_{\gamma\delta,\alpha\beta}(\boldsymbol{n}, \boldsymbol{n}'). \tag{18,4}$$

Dadurch ist der Zusammenhang zwischen der Funktion f und den Eigenschaften der Quasiteilchenstreuung hergestellt.[1])

Die Gleichung (18,4) verknüpft f mit der Amplitude des nichtphysikalischen Streuprozesses. Wir benutzen jetzt die Formel (17,17) und erhalten mit ihrer Hilfe eine direkte Beziehung zwischen f und der „physikalischen" Amplitude für die Vorwärtsstreuung der Quasiteilchen auf der FERMI-Fläche, die wir hier als

$$A_{\gamma\delta,\alpha\beta}(\boldsymbol{n}_1, \boldsymbol{n}_2) = Z^2 \Gamma^k_{\gamma\delta,\alpha\beta}(\boldsymbol{n}_1, \boldsymbol{n}_2) \tag{18,5}$$

bezeichnen wollen. Die Beziehung (17,17) nimmt auf der FERMI-Fläche die Gestalt

$$\begin{aligned} &A_{\gamma\delta,\alpha\beta}(\boldsymbol{n}_1, \boldsymbol{n}_2) \\ &= f_{\gamma\delta,\alpha\beta}(\boldsymbol{n}_1, \boldsymbol{n}_2) - \frac{p_F^2}{2\pi^2 v_F} \int f_{\gamma\zeta,\alpha\varkappa}(\boldsymbol{n}_1, \boldsymbol{n}')\, A_{\varkappa\delta,\zeta\beta}(\boldsymbol{n}', \boldsymbol{n}_2) \frac{do'}{4\pi} \end{aligned} \tag{18,6}$$

an.

Die Spinabhängigkeit der Funktionen A und f kann mit Hilfe der PAULI-Matrizen $\boldsymbol{\sigma}$ ausgedrückt werden. Im allgemeinen Fall können diese Funktionen beliebige skalare Kombinationen der vier Vektoren $\boldsymbol{n}_1$, $\boldsymbol{n}_2$, $\boldsymbol{\sigma}_1$, $\boldsymbol{\sigma}_2$ enthalten. Wenn aber die Wechselwirkung zwischen den Teilchen Austauschcharakter hat, dann sind nur die Skalarprodukte $\boldsymbol{n}_1\boldsymbol{n}_2$ und $\boldsymbol{\sigma}_1\boldsymbol{\sigma}_2$ zugelassen. Dann kann man die Funktionen A und f (wie das für f schon in (2,4) getan wurde) in der Form

$$\begin{aligned} \frac{p_F^2}{\pi^2 v_F} f_{\gamma\delta,\alpha\beta}(\boldsymbol{n}_1, \boldsymbol{n}_2) &= F(\vartheta)\, \delta_{\alpha\gamma}\delta_{\beta\delta} + G(\vartheta)\, \boldsymbol{\sigma}_{\gamma\alpha}\boldsymbol{\sigma}_{\delta\beta}, \\ \frac{p_F^2}{\pi^2 v_F} A_{\gamma\delta,\alpha\beta}(\boldsymbol{n}_1, \boldsymbol{n}_2) &= B(\vartheta)\, \delta_{\alpha\gamma}\delta_{\beta\delta} + C(\vartheta)\, \boldsymbol{\sigma}_{\gamma\alpha}\boldsymbol{\sigma}_{\delta\beta} \end{aligned} \tag{18,7}$$

darstellen, dabei sind die Koeffizienten F, G, B, C nur Funktionen des Winkels ϑ zwischen $\boldsymbol{n}_1$ und $\boldsymbol{n}_2$. Diese Funktionen entwickeln wir nach LEGENDREschen Polynomen:

$$B(\vartheta) = \sum_{l=0}^{\infty} (2l + 1)\, B_l P_l(\cos\vartheta)\,, \ldots \tag{18,8}$$

Wenn wir (18,7–8) in (18,6) einsetzen und das Integral berechnen (wir benutzen dabei das Additionstheorem für die LEGENDREschen Polynome), erhalten wir

$$B_l = F_l(1 - B_l), \quad C_l = G_l(1 - C_l). \tag{18,9}$$

---

[1]) Die dargestellte allgemeine Ableitung stammt von L. D. LANDAU (1958). Für ein schwach nichtideales FERMI-Gas wurde die Ableitung der kinetischen Gleichung durch Summation der konkreten Diagramme des Typs (17,3) schon vorher von A. B. MIGDAL und W. M. GALITZKI (1958) durchgeführt. Wir merken an, daß im Fall des Gases in den G-Funktionen (in der nullten Näherung) keine Glieder ohne Pol vorkommen, deshalb braucht man sie nicht extra auszuschließen.

Durch diese Formeln wird ein einfacher algebraischer Zusammenhang zwischen den Entwicklungskoeffizienten von f und A hergestellt.

Die Stabilitätsbedingungen (2,19—20) führen auf die analogen Ungleichungen für die Koeffizienten B_l, C_l:

$$B_l < 1, \quad C_l < 1. \tag{18,10}$$

Außerdem genügen diese Koeffizienten einer Beziehung, die eine Folge der Formel (17,19) ist: $B(0) + C(0) = 0$ oder

$$\sum_{l=0}^{\infty} (2l + 1)(B_l + C_l) = 0. \tag{18,11}$$

Die Gleichungen (18,9) und (18,11) reichen zusammen mit den Bedingungen (18,10) aus, um die folgende interessante Behauptung zu beweisen: in jeder stabilen FERMI-Flüssigkeit gibt es zumindest einen Zweig (einen gewöhnlichen oder spinabhängigen) des axialsymmetrischen nullten Schalles.[1])

§ 19. Identitäten für Ableitungen der GREENschen Funktion

Im mathematischen Apparat der GREENschen Funktionen spielen einige Identitäten zwischen den Ableitungen dieser Funktionen und der Streuamplitude der Quasiteilchen eine wichtige Rolle. Die Ableitung dieser Beziehungen ist immer vom gleichen Typ: es wird die Änderung der GREENschen Funktion unter dem Einfluß eines gewissen fiktiven „äußeren Feldes“ berechnet, das Resultat der Einwirkung dieses Feldes auf das System ist von vornherein bekannt.

Deshalb berechnen wir zunächst die Änderung δG der GREENschen Funktion unter dem Einfluß eines „äußeren Feldes“ beliebiger Gestalt. Einem solchen Feld entspricht im HAMILTON-Operator das Glied

$$\delta \hat{V}^{(1)} = \int \hat{\Psi}_\alpha^+(t, \boldsymbol{r})\, \delta \hat{U} \hat{\Psi}_\alpha(t, \boldsymbol{r})\, \mathrm{d}^3x. \tag{19,1}$$

Dabei ist $\delta \hat{U}$ irgendein Operator, der auf die Funktion von $\boldsymbol{r}$ einwirkt (und auch von der Zeit t abhängen kann).

Wenn ein äußeres Feld vorhanden ist, hängt die GREENsche Funktion von den beiden Viererimpulsen P_1 und P_2 ab. In der Diagrammtechnik wird ein solches Feld durch ein neues graphisches Element dargestellt — durch eine äußere gestrichelte Linie:

Dabei entspricht dieser Linie der Faktor

$$-i\, \delta U(P_2, P_1) = -i \int \mathrm{e}^{iP_2X}\, \delta \hat{U} \mathrm{e}^{-iP_1X}\, \mathrm{d}^4X. \tag{19,2}$$

---

[1]) Siehe N. D. MERMIN, Phys. Rev. **159**, 161 (1967).

In der ersten Ordnung nach dem äußeren Feld wird die Korrektur zur exakten GREENschen Funktion durch die Summe der beiden Skelettdiagramme dargestellt:

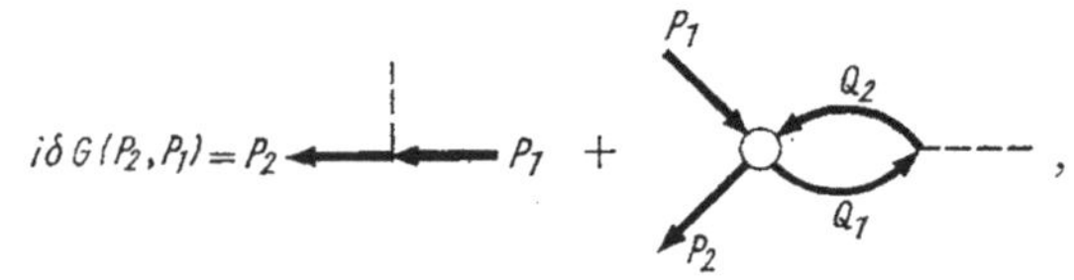

(19,3)

wobei alle ausgezogenen Linien dicke Linien sind (exakte G-Funktionen) und der Kreis die exakte Vertexfunktion ($i\Gamma$) ist. In analytischer Form schreibt sich diese Gleichung als

$$\delta G_{\beta\alpha}(P_2, P_1) = G_{\beta\gamma}(P_2)\, \delta U(P_2, P_1)\, G_{\gamma\alpha}(P_1)$$
$$- iG_{\beta\gamma}(P_2)\, G_{\varepsilon\alpha}(P_1) \int \Gamma_{\gamma\delta,\varepsilon\zeta}(P_2, Q_1; P_1, Q_2)$$
$$\times \delta U(Q_2, Q_1)\, G_{\zeta\varkappa}(Q_2)\, G_{\varkappa\delta}(Q_1) \frac{d^4Q_1}{(2\pi)^4} \tag{19,4}$$

mit $Q_2 + P_1 = P_2 + Q_1$.

Die ersten beiden uns interessierenden Identitäten hängen mit der Erhaltung der Teilchenzahl im System zusammen. Im HAMILTON-Operator des Systems wird diese Eigenschaft dadurch ausgedrückt, daß die ψ-Operatoren nur paarweise eingehen: je ein $\hat{\Psi}^+(X)$ und ein $\hat{\Psi}(X)$ für jedes Argument X.

Wir führen die Eichtransformation

$$\hat{\Psi}_\alpha(X) = \hat{\Psi}'_\alpha(X)\, e^{-i\chi(X)}, \quad \hat{\Psi}^+_\alpha = \hat{\Psi}'^+_\alpha e^{i\chi(X)} \tag{19,5}$$

für die ψ-Operatoren aus, wobei $\chi(X)$ eine reelle Funktion ist.[1]) Wenn $\hat{\Psi}$ der „SCHRÖDINGER-Gleichung“ (7,8) genügt, so genügt der Operator $\hat{\Psi}'$ wegen des angegebenen Charakters des HAMILTON-Operators derselben Gleichung mit der Substitution

$$\Delta \to (\nabla - i\,\nabla\chi)^2, \quad \frac{\partial}{\partial t} \to \frac{\partial}{\partial t} - i\,\frac{\partial\chi}{\partial t}.$$

Bei unendlich kleinem $\chi \equiv \delta\chi$ ist diese Änderung der Gleichung äquivalent dazu, daß zum HAMILTON-Operator das „äußere Feld“

$$\delta\hat{U} = -\frac{\partial\delta\chi}{\partial t} + \frac{i}{2m}(\Delta\delta\chi + 2(\nabla\,\delta\chi)\nabla)$$

hinzugefügt wird. Wenn insbesondere

$$\delta\chi(X) = \mathrm{Re}\,(\chi_0 e^{-iKX}), \quad K = (\omega, \boldsymbol{k})$$

ist, dann gilt (wegen der Linearität der folgenden Operationen kann das Zeichen Re weggelassen werden)

$$\delta U(P_2, P_1) = i(2\pi)^4\, \chi_0\, \delta^{(4)}(P_2 - P_1 - K) \left\{\omega - \frac{1}{2m}\boldsymbol{k}(\boldsymbol{p}_1 + \boldsymbol{p}_2)\right\}. \tag{19,6}$$

Andererseits unterscheidet sich die mit den Operatoren

$$\hat{\Psi}'_\alpha = \hat{\Psi}_\alpha(1 + i\,\delta\chi), \quad \hat{\Psi}'^+_\alpha = \hat{\Psi}^+_\alpha(1 - i\,\delta\chi)$$

---

[1]) Sie ist analog der Eichtransformation in der Quantenmechanik (vgl. III, (111,8–9)).

konstruierte GREENsche Funktion von der mit den Operatoren $\hat{\Psi}$, $\hat{\Psi}^+$ konstruierten Funktion um

$$\delta G_{\alpha\beta}(X_1, X_2) = i G_{\alpha\beta}(X_1 - X_2)\,[\delta\chi(X_1) - \delta\chi(X_2)]$$

oder in den FOURIER-Komponenten:

$$\begin{aligned}\delta G_{\alpha\beta}(P_2, P_1) &= \int \delta G_{\alpha\beta}(X_1, X_2)\, \mathrm{e}^{i(P_2 X_1 - P_1 X_2)}\, \mathrm{d}^4X_1\, \mathrm{d}^4X_2 \\ &= i[G_{\alpha\beta}(P_1) - G_{\alpha\beta}(P_2)]\, \delta\chi(P_2 - P_1),\end{aligned} \tag{19,7}$$

mit

$$\delta\chi(P) = \int \delta\chi(X)\, \mathrm{e}^{iPX}\, \mathrm{d}^4X = (2\pi)^4\, \chi_0\, \delta^{(4)}(P - K).$$

Ein und dieselbe Änderung $\delta G_{\alpha\beta}$ ist also auf zweierlei Arten ausgedrückt: (19,7) und (19,4), wo man δU aus (19,6) einsetzen muß. Wenn man beide Ausdrücke miteinander vergleicht, erhält man (nachdem $G_{\alpha\beta} = G\,\delta_{\alpha\beta}$ gesetzt und einige Variable umbenannt wurden):

$$\delta_{\alpha\beta}[G(P+K) - G(P)] = G(P+K)\, G(P) \left\{\left[-\omega + \frac{\boldsymbol{k}(2\boldsymbol{p} + \boldsymbol{k})}{2m}\right] \delta_{\alpha\beta}\right.$$

$$\left. + i \int \Gamma_{\beta\delta,\alpha\delta}(K; P, Q)\, G(Q)\, G(Q - K) \left[\omega - \frac{\boldsymbol{k}(2\boldsymbol{q} - \boldsymbol{k})}{2m}\right] \frac{\mathrm{d}^4Q}{(2\pi)^4}\right\}.$$

Die gesuchten Identitäten erhält man, wenn man in dieser Gleichung zum Grenzfall $\omega, \boldsymbol{k} \to 0$ übergeht, dabei ist

$$G(P+K) - G(P) \to \omega \frac{\partial G}{\partial p_0} + \boldsymbol{k} \frac{\partial G}{\partial \boldsymbol{p}} \tag{19,8}$$

(mit $P = (p_0, \boldsymbol{p})$). Wenn wir diesen Übergang unter der Bedingung $k/\omega \to 0$ ausführen, erhalten wir die erste Identität:

$$\delta_{\alpha\beta} \frac{\partial G(P)}{\partial p_0} = -\{G^2(P)\}_\omega \left[\delta_{\alpha\beta} - i \int \Gamma^\omega_{\beta\delta,\alpha\delta}(P, Q)\, \{G^2(Q)\}_\omega \frac{\mathrm{d}^4Q}{(2\pi)^4}\right]. \tag{19,9}$$

Hier ist die Bezeichnung

$$\{G^2(P)\}_\omega = \lim_{\omega, \boldsymbol{k} \to 0} G(P)\, G(P+K) \quad \text{bei} \quad k/\omega \to 0 \tag{19,10}$$

eingeführt.

Wenn wir auf analoge Weise den Grenzübergang unter der Bedingung $\omega/k \to 0$ ausführen, erhalten wir noch eine Identität:

$$\delta_{\alpha\beta} \frac{\partial G}{\partial \boldsymbol{p}} = \{G^2(P)\}_{\boldsymbol{k}} \left[\frac{\boldsymbol{p}}{m} \delta_{\alpha\beta} - i \int \Gamma^k_{\beta\delta,\alpha\delta}(P, Q) \frac{\boldsymbol{q}}{m} \{G^2(Q)\}_k \frac{\mathrm{d}^4Q}{(2\pi)^4}\right] \tag{19,11}$$

mit der analogen Bezeichnung $\{G^2(P)\}_k$.

Wir betrachten weiterhin die Änderung der GREENschen Funktion, wenn auf das System ein konstantes Feld

$$\delta\hat{U} = \delta U(\boldsymbol{r}) = U_0 \mathrm{e}^{i\boldsymbol{k}\boldsymbol{r}} \tag{19,12}$$

einwirkt. Bei $\boldsymbol{k} \to 0$ ändert sich dieses Feld langsam im Raum, so daß sein Einfluß auf das System makroskopisch betrachtet werden kann. Nach der thermodynamischen Bedingung für das Gleichgewicht in einem äußeren Feld muß $\mu + \delta U = \text{const}$ sein (s. V, § 25); bei $\boldsymbol{k} \to 0$ bedeutet das einfach, daß das chemische Potential μ um die kleine Größe $-U_0$ geändert wird. Die entsprechende Änderung der GREENschen Funktion ist

$$\delta G_{\alpha\beta}(X_1, X_2) = -U_0\, \delta_{\alpha\beta} \frac{\partial G(X_1 - X_2)}{\partial \mu},$$

und ihre FOURIER-Komponente (definiert wie in (19,7)) ist

$$\delta G_{\alpha\beta}(P_2, P_1) = -(2\pi)^4\, \delta_{\alpha\beta}\, \delta^{(4)}(P_2 - P_1)\, U_0 \frac{\partial G(P_1)}{\partial \mu}.$$

Andererseits kann man diese Änderung der GREENschen Funktion nach der Formel (19,4) ausrechnen, wenn man in ihr diesmal

$$\delta U(P_2, P_1) = (2\pi)^4\, U_0\, \delta^{(4)}(P_2 - P_1 - K), \quad (K = 0, \boldsymbol{k})$$

einsetzt. Der Übergang zur Grenze $\boldsymbol{k} \to 0$ entspricht diesmal (konstantes Feld, $\omega \equiv 0$) dem Fall $\omega/k \to 0$. Insgesamt erhalten wir die Identität

$$\delta_{\alpha\beta} \frac{\partial G(P)}{\partial \mu} = -\{G^2(P)\}_k \left[\delta_{\alpha\beta} - i \int \Gamma^k_{\beta\delta,\alpha\delta}(P, Q)\, \{G^2(Q)\}_k \frac{d^4Q}{(2\pi)^4}\right]. \tag{19,13}$$

Schließlich entsteht die letzte Identität als Folge der GALILEIschen Invarianz des Systems. Zu ihrer Ableitung betrachten wir eine Flüssigkeit in einem Koordinatensystem, welches sich mit der sich zeitlich langsam ändernden kleinen Geschwindigkeit $\delta \boldsymbol{w}(t) = \boldsymbol{w}_0 e^{-i\omega t}$ bewegt. Der Übergang zu diesem System ist äquivalent dazu, daß man das System einem äußeren Feld mit dem Operator[1])

$$\delta \hat{U} = -\delta \boldsymbol{w} \cdot \hat{\boldsymbol{p}} = i\, \delta \boldsymbol{w} \cdot \nabla \tag{19,14}$$

unterwirft, in der Impulsdarstellung lautet dieser Operator

$$\delta U(P_2, P_1) = -\boldsymbol{p}_1\, \boldsymbol{w}_0 (2\pi)^4\, \delta^{(4)}(P_2 - P_1 - K), \quad K = (\omega, 0).$$

Diesen Ausdruck muß man in (19,4) einsetzen, anschließend wird der Grenzübergang $\omega \to 0$ durchgeführt.

Andererseits handelt es sich bei $\omega \to 0$ um die GALILEI-Transformation von einem Inertialsystem zu einem anderen, das sich mit der konstanten Geschwindigkeit $\delta \boldsymbol{w}$ bewegt. Wenn in der Flüssigkeit eine Elementaranregung mit der Energie $\varepsilon(\boldsymbol{p})$ vorhanden ist, dann wird die Energie dieser Anregung in dem sich mit der Geschwindigkeit $\delta \boldsymbol{w}$ bewegenden Bezugssystem gleich $\varepsilon - \boldsymbol{p}\, \delta \boldsymbol{w}$ sein.[2]) Deshalb muß die Frequenz p_0 in dem

---

[1]) In der klassischen LAGRANGE-Funktion eines freien Teilchens $L = mv^2/2$ erfolgt der Übergang zu einem bewegten Koordinatensystem durch die Substitution $\boldsymbol{v} \to \boldsymbol{v} + \delta \boldsymbol{w}$, er führt zum Auftreten eines kleinen (bei kleinem $\delta \boldsymbol{w}$) Zusatzgliedes $\delta L = m\boldsymbol{v}\, \delta \boldsymbol{w}$. Dementsprechend (vgl. I, (40,7)) ist das Zusatzglied zur HAMILTON-Funktion: $\delta H = -\boldsymbol{p}\, \delta \boldsymbol{w}$, und in der Quantenmechanik entspricht ihr der Operator (19,14).

[2]) Vgl. unten die ausführlicheren Untersuchungen im § 23.

neuen Bezugssystem in die Funktion $G(P)$ in der Kombination $p_0 + \boldsymbol{p}\,\delta \boldsymbol{w}$ eingehen (so daß sich der Pol der Funktion um $-\boldsymbol{p}\,\delta\boldsymbol{w}$ verschiebt). Es ist also

$$\delta G = \boldsymbol{p}\,\delta\boldsymbol{w}\,\frac{\partial G}{\partial p_0},$$

und wir gelangen zu der Identität

$$\delta_{\alpha\beta}\boldsymbol{p}\,\frac{\partial G(P)}{\partial p_0} = -\,\{G^2(P)\}_\omega \left\{\delta_{\alpha\beta}\boldsymbol{p} - i\int \Gamma^{\omega}_{\beta\delta,\alpha\delta}(P,Q)\,\boldsymbol{q}\{G^2(Q)\}_\omega \frac{\mathrm{d}^4Q}{(2\pi)^4}\right\}. \tag{19,15}$$

Wir wollen unten die erhaltenen Identitäten anwenden, insbesondere wenn die Werte der freien Variablen $P = (p_0, \boldsymbol{p})$ auf der FERMI-Fläche liegen: $P_F = (0, \boldsymbol{p}_F)$. Indem wir den Faktor $G^2(P)$ von den rechten Seiten der Identitäten auf die linken bringen, ersetzen wir dort die Ableitungen von $G(P)$ durch die Ableitungen von $G^{-1}(P)$. Dabei ist die Art und Weise des Grenzübergangs $K \to 0$ in $G(P)\,G(P+K)$ unwesentlich. Andererseits ist in der Nähe der FERMI-Fläche die GREENsche Funktion durch ihr Polglied bestimmt, so daß

$$G^{-1}(P) = \frac{1}{Z}\,[p_0 - v_F(p - p_F)]$$

ist. Danach gilt auf der FERMI-Fläche selbst

$$\frac{\partial G^{-1}}{\partial p_0} = \frac{1}{Z}, \quad \frac{\partial G^{-1}}{\partial \mu} = \frac{v_F}{Z}\,\frac{\mathrm{d}p_F}{\mathrm{d}\mu}.$$

Im Ergebnis nehmen zum Beispiel die Identitäten (19,9) und (19,13) auf der FERMI-Fläche die Form

$$i\int \Gamma^{\omega}_{\beta\delta,\alpha\delta}(P_F,Q)\,\{G^2(Q)\}_\omega\,\frac{\mathrm{d}^4Q}{(2\pi)^4} = \left(1 - \frac{1}{Z}\right)\delta_{\alpha\beta}, \tag{19,16}$$

$$i\int \Gamma^{k}_{\beta\delta,\alpha\delta}(P_F,Q)\,\{G^2(Q)\}_k\,\frac{\mathrm{d}^4Q}{(2\pi)^4} = \left(1 - \frac{v_F}{Z}\,\frac{\mathrm{d}p_F}{\mathrm{d}\mu}\right)\delta_{\alpha\beta} \tag{19,17}$$

an.

§ 20. Ableitung des Zusammenhangs zwischen Grenzimpuls und Dichte

Die in den vorhergehenden Paragraphen erhaltenen Beziehungen erlauben es, einen vollständigen Beweis für die Grundannahme der LANDAUschen Theorie der FERMI-Flüssigkeit zu geben, für die Annahme, daß der Zusammenhang zwischen dem Grenzimpuls p_F und der Flüssigkeitsdichte N/V durch die Formel (1,1) gegeben ist, durch die gleiche Formel wie für ein ideales Gas.

Die Idee des Beweises besteht darin, die Änderungen von N und p_F bei einer unendlich kleinen Änderung des chemischen Potentials μ unabhängig zu berechnen und sie anschließend zu vergleichen.

Gemäß (7,24) wird die Gesamtzahl der Teilchen (in dem gegebenen Volumen V) als Funktion des chemischen Potentials durch das Integral

$$N = -\,2iV\lim_{t\to -0}\int G(P)\,\mathrm{e}^{-ip_0t}\,\frac{\mathrm{d}^4P}{(2\pi)^4}, \quad P = (p_0, \boldsymbol{p}) \tag{20,1}$$

gegeben. Hieraus folgt die Ableitung

$$\frac{1}{V}\frac{\mathrm{d}N}{\mathrm{d}\mu} = -2i\int \frac{\partial G(P)}{\partial \mu}\frac{\mathrm{d}^4P}{(2\pi)^4}. \tag{20,2}$$

Wegen der Konvergenz dieses Integrals bei großen p_0 ($\partial G/\partial\mu \propto 1/p_0^2$ bei $|p_0| \to \infty$) braucht man den Faktor e^{-ip_0t} im Integranden gar nicht aufzuschreiben. Wenn wir hier $\partial G/\partial\mu$ aus der Identität (19,13) einsetzen (über $\alpha = \beta$ aufsummiert), finden wir

$$\frac{1}{V}\frac{\mathrm{d}N}{\mathrm{d}\mu} = 2i\int \{G^2(P)\}_k \frac{\mathrm{d}^4P}{(2\pi)^4} + \int \{G^2(P)\}_k\, \Gamma^k(P, Q)\, \{G^2(Q)\}_k \frac{\mathrm{d}^4P\,\mathrm{d}^4Q}{(2\pi)^8}.$$

Dabei ist der Kürze halber $\Gamma = \Gamma_{\alpha\gamma,\alpha\gamma}$ gesetzt. Das Ziel der weiteren Berechnungen besteht darin, die rechte Seite dieser Gleichung durch das Integral über die FERMI-Fläche allein auszudrücken.

Zunächst setzen wir an Stelle von Γ^k im zweiten Integral den Ausdruck aus (17,17) ein (wir ändern in ihm die Bezeichnung Q_F in S_F um):

$$\begin{aligned}\frac{1}{V}\frac{\mathrm{d}N}{\mathrm{d}\mu} &= 2i\int \{G^2(P)\}_k \frac{\mathrm{d}^4P}{(2\pi)^4} + \int \{G^2(P)\}_k\, \Gamma^\omega(P, Q)\, \{G^2(Q)\}_k \frac{\mathrm{d}^4P\,\mathrm{d}^4Q}{(2\pi)^8}\\ &- \frac{p_F^2Z^2}{v_F(2\pi)^3}\int \{G^2(P)\}_k\, \Gamma^\omega_{\alpha\zeta,\alpha\varkappa}(P, S_F)\, \Gamma^k_{\varkappa\gamma,\zeta\gamma}(S_F, Q)\, \{G^2(Q)\}_k \frac{\mathrm{d}^4P\,\mathrm{d}^4Q\,\mathrm{d}o_s}{(2\pi)^8}.\end{aligned} \tag{20,3}$$

Wir transformieren zunächst das letzte Glied. In seinem Integranden hängen von Q nur die beiden letzten Faktoren ab; ihr Integral über d^4Q ist (auf der FERMI-Fläche $S = S_F$) durch die Formel (19,17) bestimmt, so daß dieses Glied die Form

$$i\,\frac{p_F^2Z^2}{v_F(2\pi)^3}\int \{G^2(P)\}_k\, \Gamma^\omega(P, S_F)\, \frac{\mathrm{d}^4P\,\mathrm{d}o_s}{(2\pi)^4}\left(1 - \frac{v_F}{Z}\frac{\mathrm{d}p_F}{\mathrm{d}\mu}\right)$$

annimmt. Wir erinnern weiterhin daran, daß bei der Integration über d^4P die Grenzwerte $G(P)\,G(P + K)$ in der Bedeutung von (17,10) aufzufassen sind; deshalb ist $\{G^2(P)\}_\omega = \varphi(P)$ und

$$\{G^2(P)\}_k = \{G^2(P)\}_\omega - \frac{2\pi i Z^2}{v_F}\,\delta(p_0)\,\delta(p - p_F). \tag{20,4}$$

Nach dieser Substitution erhalten wir

$$i\,\frac{p_F^2Z^2}{v_F(2\pi)^3}\left(1 - \frac{v_F}{Z}\frac{\mathrm{d}p_F}{\mathrm{d}\mu}\right)\left\{\int G^2(P)\}_\omega\, \Gamma^\omega(P, S_F)\, \frac{\mathrm{d}^4P\,\mathrm{d}o_s}{(2\pi)^4} - 8\pi i\bar{F}\right\},$$

wobei gemäß (18,4) die Wechselwirkungsfunktion der Quasiteilchen eingeführt und $f_{\alpha\zeta,\alpha\zeta}$ gemäß (2,6—7) durch die Funktion $F(\vartheta)$ ausgedrückt wurde. Der Strich über F kennzeichnet die Integration über $\mathrm{d}o/4\pi$. Das verbleibende Integral über d^4P wird durch die Formel (19,16) gegeben, die Integration über $\mathrm{d}o_s$ gibt noch einen Faktor 4π. Insgesamt ist das dritte Glied in (20,3) gleich

$$-\frac{p_F^2Z^2}{v_F\pi^2}\left(\frac{v_F}{Z}\frac{\mathrm{d}p_F}{\mathrm{d}\mu} - 1\right)\left\{1 - \frac{1}{Z} + \bar{F}\right\}. \tag{20,5}$$

Auf analoge Weise wird auch das zweite Glied in (20,3) transformiert: die Größen $\{G^2(P)\}_k$ und $\{G^2(Q)\}_k$ werden nach (20,4) durch $\{G^2(P)\}_\omega$ und $\{G^2(Q)\}_\omega$ ausgedrückt, anschließend werden die Identitäten (19,9) und (19,16) benutzt. Im Ergebnis ist dieses Glied gleich

$$-2i\int\frac{\partial G}{\partial p_0}\frac{\mathrm{d}^4P}{(2\pi)^4}-2i\int\{G^2(P)\}_\omega\frac{\mathrm{d}^4P}{(2\pi)^4}+\frac{p_F^2Z^2}{v_F\pi^2}\left\{2\left(\frac{1}{Z}-1\right)-\overline{F}\right\}. \tag{20,6}$$

Das erste Glied verschwindet bei der Integration über $\mathrm{d}p_0$, weil $G\to 0$ bei $p_0\to\pm\infty$ ist.

Schließlich gibt das erste Glied in (20,3), nach Einsetzen von (20,4),

$$2i\int\{G^2(P)\}_\omega\frac{\mathrm{d}^4P}{(2\pi)^4}+\frac{p_F^2Z^2}{v_F\pi^2}. \tag{20,7}$$

Wenn wir nun alle Beiträge (20,5—7) addieren, finden wir:

$$\frac{1}{V}\frac{\mathrm{d}N}{\mathrm{d}\mu}=\frac{p_F^2}{\pi^2}\frac{\mathrm{d}p_F}{\mathrm{d}\mu}+\frac{p_F^2Z}{\pi^2v_F}\left\{1-\frac{\mathrm{d}p_F}{\mathrm{d}\mu}v_F(1+\overline{F})\right\}. \tag{20,8}$$

Wenn man andererseits in (2,14)

$$\delta n'=\frac{\partial n'}{\partial p_F}\delta p_F=\delta(p-p_F)\,\delta p_F$$

setzt, erhält man leicht

$$\frac{\mathrm{d}\mu}{\mathrm{d}p_F}=v_F(1+\overline{F}). \tag{20,9}$$

Wir betonen, daß bei der Ableitung von (2,15) noch nicht die konkrete Abhängigkeit des FERMI-Impulses p_F von N/V benutzt wurde, und deshalb sind wir berechtigt, hier diese Beziehung zur Auffindung dieser Abhängigkeit zu benutzen (die Gleichung (20,9) kann man natürlich auch mit Hilfe der Beziehungen für die Vertexfunktionen erhalten, die bei der Ableitung von (20,8) benutzt wurden).[1])

Unter Berücksichtigung dieser Gleichung sehen wir, daß die geschwungene Klammer in (20,8) verschwindet, und es ist also

$$\frac{\mathrm{d}}{\mathrm{d}\mu}\frac{N}{V}=\frac{p_F^2}{\pi^2}\frac{\mathrm{d}p_F}{\mathrm{d}\mu}=\frac{\mathrm{d}}{\mathrm{d}\mu}\left[\frac{8\pi p_F^3}{3(2\pi)^3}\right]. \tag{20,10}$$

Bei $N/V\to 0$ haben wir es mit einem Gas zu tun, so daß in diesem Falle die Abhängigkeit des FERMI-Impulses p_F von N/V mit der für ein Gas übereinstimmen muß. Durch diese Bedingung wird die Konstante bei der Integration (20,10) fixiert, und wir kommen schließlich zu der gesuchten Beziehung (1,1):

$$\frac{N}{V}=\frac{8\pi p_F^3}{3(2\pi)^3}.$$

§ 21. Die GREENsche Funktion eines fast idealen FERMI-Gases

Um die Anwendung der Diagrammtechnik zu illustrieren, wollen wir in diesem Paragraphen diese Technik auf die Berechnung der GREENschen Funktion eines fast idealen FERMI-Gases im Rahmen des Modells anwenden, das im § 6 mit Hilfe der üblichen Stö-

[1]) Die Formel (2,11) für die effektive Masse kann mit Hilfe der Beziehung (17,17) und der Identitäten (19,11) und (19,15) abgeleitet werden.

rungstheorie betrachtet wurde (W. M. GALITZKI, 1958). Wir erinnern daran, daß es sich um ein Gas mit Abstoßung zwischen den Teilchen handelt, wobei es die im § 6 beschriebene Methode erlaubt, auf diese Wechselwirkung die Störungstheorie anzuwenden — solange in das Endergebnis nur die Streuamplitude eingeht.

Wie im § 14 gezeigt wurde, führt die Aufgabe, die GREENsche Funktion zu finden, auf die Berechnung der Selbstenergiefunktion $\Sigma_{\alpha\beta}(P)$. In der ersten und zweiten Näherung der Störungstheorie ist sie durch die Menge der Diagramme (14,9) und (14,10) gegeben. Wir stellen sie hier in der folgenden Art und Weise dar:

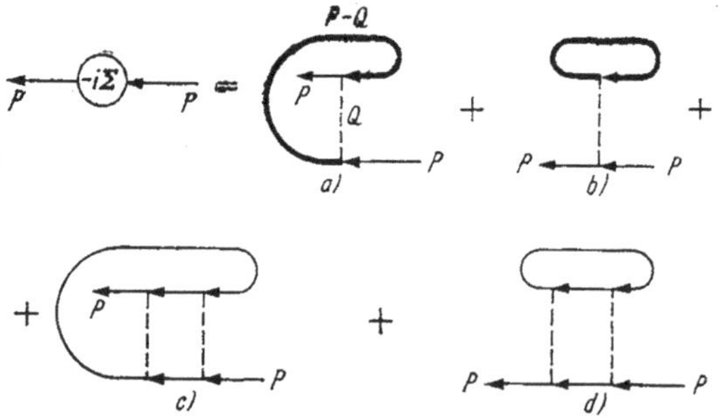

(21,1)

Die Diagramme (21,1a—b) umfassen die Diagramme der ersten Ordnung (14,10a) und (14,9a) und die Diagramme der zweiten Ordnung (14,10b—c) und (14,9b—c); die letzteren unterscheiden sich von den ersten nur durch Korrekturen zu der inneren ausgezogenen Linie; diese Linien sind in (21,1a—b) durch dicke Linien dargestellt, und ihnen müssen folglich nicht die GREENschen Funktionen des idealen Gases, $G^{(0)}$, sondern die Funktionen G entsprechen, die einschließlich der Glieder erster Ordnung korrigiert sind. Schließlich sind (21,1c—d) die Diagramme zweiter Ordnung (14,10d—e). Alle Diagramme sind so deformiert, daß der Charakter ihrer Struktur deutlich wird; es sind das die ersten Glieder der „Leiter-Reihe" von Diagrammen mit vier Enden, in denen ein Paar der äußeren Linien auf zwei unterschiedliche Arten miteinander „kurzgeschlossen" ist.

Wir beginnen mit der Berechnung des Diagramms (21,1a). Sein analytischer Ausdruck ist

$$[-i\Sigma(P)]_a = \int U(Q)\, G(P-Q)\, \frac{d^4Q}{(2\pi)^4}, \tag{21,2}$$

$$Q = (q_0, \boldsymbol{q}), \quad P = (\omega, \boldsymbol{p})$$

(der gemeinsame Faktor $\delta_{\alpha\beta}$ ist weggelassen). Zunächst integrieren wir über dq_0. Weil aber der Faktor $U(Q) \equiv U(\boldsymbol{q})$ von q_0 nicht abhängt und $G \propto 1/|q_0|$ bei $|q_0| \to \infty$ ist, muß man die Integrationsmethode vorher präzisieren. Dazu ist es notwendig, daß man zu dem Ursprung des Diagramms (21,1a) zurückgeht und beachtet, daß die ausgezogene Linie in ihm der Kontraktion eines Paares von ψ-Operatoren innerhalb des gleichen Operators $\hat{V}$ entspricht. Das bedeutet, daß $\hat{\Psi}$ und $\hat{\Psi}^+$ in dem gleichen Zeitpunkt zu nehmen sind, und bei der Kontraktion steht $\hat{\Psi}^+$ links von $\hat{\Psi}$. Mit anderen Worten, in der Koordinatendarstellung ist die entstehende G-Funktion bei $t = t_1 - t_2 \to -0$ zu nehmen. In der Impulsdarstellung bedeutet das, daß in dem Integranden in (21,2) ein Faktor

$\exp(-iq_0t)$ mit dem Grenzübergang $t \to -0$ zu ergänzen ist. Wenn wir nun die Formel (7,23) verwenden, erhalten wir

$$[-i\Sigma]_a = i \int U(\boldsymbol{q})\, N(\boldsymbol{p} - \boldsymbol{q}) \frac{d^3q}{(2\pi)^3}. \tag{21,3}$$

Dabei ist $N(\boldsymbol{p})$ die Verteilungsfunktion der Teilchen.

Die FOURIER-Komponente $U(\boldsymbol{q})$ hängt nur bei $q \gtrsim 1/r_0$ wesentlich von $\boldsymbol{q}$ ab, wobei r_0 die Reichweite des Feldes $U(r)$ ist. Diese Werte sind offenkundig (für ein verdünntes Gas) groß im Vergleich zu p_F. Wenn man sich auf die Werte $|p - p_F| \ll 1/r_0$ beschränkt, dann ist bei den genannten Werten von $\boldsymbol{q}$ bereits $N(\boldsymbol{p} - \boldsymbol{q}) \approx 0$. Deshalb kann man $U(\boldsymbol{q})$ in (21,3) durch $U(0)$ ersetzen und aus dem Integral herausziehen.[1]) Das verbleibende Integral ist gleich der halben (gegebener Wert der Spinprojektion!) Dichte des Gases $n(\mu)$, so daß $[\Sigma]_a = -n(\mu)\, U(0)/2$ gilt.

Das Diagramm (21,1b) mit einer in sich geschlossenen ausgezogenen Linie gibt $[\Sigma]_b = n(\mu)\, U(0)$. Der Beitrag von beiden Diagrammen zu Σ ist also

$$[\Sigma]_{a,b} = \frac{1}{2} n(\mu)\, U(0) = \frac{2\pi}{m} n(\mu)\, a. \tag{21,4}$$

Dabei ist a die gemäß (6,2) definierte Streulänge.

Der Ausdruck (21,4) enthält insbesondere den ganzen Effekt der ersten Ordnung. In dieser Näherung muß man $n(\mu)$ als Dichte des idealen Gasse $n^{(0)}(\mu)$ verstehen, so daß

$$\Sigma^{(1)} \equiv [\Sigma]^{(1)}_{a,b} = \frac{2\pi}{m} n^{(0)}(\mu)\, a \tag{21,5}$$

ist.

Für die weiteren Rechnungen führen wir als Zwischenbezeichnung die Funktion F ein, die durch die Leiterdiagramme definiert ist:

(21,6)

(wie immer gilt $P_1 + P_2 = P_3 + P_4$). In analytischer Form bedeutet das

$$iF_{\gamma\delta,\alpha\beta}(P_3, P_4; P_1, P_2) = i\, \delta_{\alpha\gamma}\delta_{\beta\delta}(F^{(1)} + F^{(2)}) \tag{21,7}$$

mit

$$iF^{(1)} = -iU(P_3 - P_1), \tag{21,8}$$

$$iF^{(2)} = \int G^{(0)}(P')\, U(P_1 - P')\, G^{(0)}(P_1 + P_2 - P')\, U(P' - P_3) \frac{d^4P'}{(2\pi)^4}. \tag{21,9}$$

Wenn wir die beiden Diagramme (21,1c–d) analytisch darstellen und sie durch $F^{(2)}$ ausdrücken, erhalten wir

$$[-i\Sigma(P)]_{c,d} = -\int G^{(0)}(Q)\, F^{(2)}(P, Q; Q, P) \frac{d^4Q}{(2\pi)^4} + 2 \int G^{(0)}(Q)\, F^{(2)}(P, Q; P, Q) \frac{d^4Q}{(2\pi)^4} \tag{21,10}$$

---

[1]) Der dadurch zugelassene Fehler hat, wie man leicht sehen kann, die relative Größenordnung $\sim(p_Fr_0)^2$ und wirkt sich deshalb auch nicht auf die Glieder der folgenden Ordnung in p_Fr_0 aus.

(dieselben Integrale ergeben mit $F^{(1)}$ an Stelle von $F^{(2)}$ den Ausdruck (21,5)). Der Unterschied in den Vorzeichen vor den beiden Integralen hängt damit zusammen, daß in dem Diagramm (21,1d) eine geschlossene Schleife vorkommt; die δ-Faktoren im ersten Diagramm ergeben $\delta_{\alpha\gamma}\delta_{\gamma\beta} = \delta_{\alpha\beta}$, und im zweiten $\delta_{\alpha\beta}\delta_{\gamma\gamma} = 2\delta_{\alpha\beta}$.

Wir gehen nun zur Berechnung von $F^{(2)}$ über. Weil $U(Q)$ von q_0 nicht abhängt, reduziert sich die Integration über dp_0' auf das Integral

$$\int_{-\infty}^{\infty} G^{(0)}(P')\, G^{(0)}(P_1 + P_2 - P')\frac{dp_0'}{2\pi}.$$

Nachdem wir hier $G^{(0)}$ aus (9,9) eingesetzt haben (und indem wir die Konvergenz des Integrals bei $|p_0'| \to \infty$ berücksichtigen), schließen wir den Integrationsweg durch einen unendlich großen Halbkreis in einer der Halbebenen der komplexen Variablen p_0'. Das Integral ist nur dann von Null verschieden, wenn die Pole der beiden Funktionen $G^{(0)}$ in verschiedenen Halbebenen liegen, d. h.

$$\operatorname{sign}(p' - p_F) = \operatorname{sign}(|\boldsymbol{p}_1 + \boldsymbol{p}_2 - \boldsymbol{p}'| - p_F). \qquad (21,11)$$

Insgesamt erhalten wir

$$F^{(2)}(P_3, P_4; P_1, P_2)$$
$$= -\int \frac{U(\boldsymbol{p}_1 - \boldsymbol{p}')\, U(\boldsymbol{p}' - \boldsymbol{p}_3)\operatorname{sign}(p' - p_F)}{\omega_1 + \omega_2 + 2\mu - \frac{1}{2m}[\boldsymbol{p}'^2 + (\boldsymbol{p}_1 + \boldsymbol{p}_2 - \boldsymbol{p}')^2] + i0 \cdot \operatorname{sign}(p' - p_F)} \frac{d^3p'}{(2\pi)^3} \qquad (21,12)$$

(dabei ist $\omega_1 \equiv p_{10}$, $\omega_2 \equiv p_{20}$). Um die Forderung (21,11) automatisch zu berücksichtigen, muß man in dem Zähler des Integranden die Substitution

$$\operatorname{sign}(p' - p_F) \to 1 - \theta(\boldsymbol{p}') - \theta(\boldsymbol{p}_1 + \boldsymbol{p}_2 - \boldsymbol{p}')$$

durchführen, wobei $\theta(\boldsymbol{p})$ die Stufenfunktion (1,10) ist.

Wir sahen im § 16, daß die Reihe der Leiterdiagramme (im Vakuum) die Amplitude der Streuung zweier Teilchen aneinander bestimmt. Deshalb enthält der Ausdruck (21,12) eine Korrektur zu den Gliedern erster Ordnung in der Streuamplitude. Diese Korrektur kann man berücksichtigen, wenn man in $F^{(1)}$ (21,8) wie folgt substituiert

$$U(\boldsymbol{p}_3 - \boldsymbol{p}_1) \to -\frac{4\pi}{m}\operatorname{Re} f(\boldsymbol{p}_3, \boldsymbol{p}_1)$$

(dabei ist f die einschließlich der zweiten Ordnung exakte Streuamplitude im Vakuum)[1]) und gleichzeitig von dem Ausdruck $F^{(2)}$ aus (21,12) den Realteil seines Wertes im Vakuum abzieht, d. h. bei $p_F = 0$, $\mu = 0$ und den Werten $\omega_1 = p_1^2/2m$, $\omega_2 = p_2^2/2m$, die den Energien von zwei sich stoßenden, wirklichen Teilchen entsprechen („physikalische" äußere Enden der Diagramme). Anschließend kann man bereits $-\operatorname{Re} f$ durch den Wert bei

---

[1]) Man darf f in diesem Paragraphen nicht mit der Wechselwirkungsfunktion der Quasiteilchen verwechseln!

verschwindender Energie ersetzen, d. h. durch die Streulänge a.[1]) Wir erhalten also

$$F^{(2)}(P_3, P_4; P_1, P_2)$$
$$= -\left(\frac{4\pi a}{m}\right)^2 \int \left\{ \frac{1 - \theta(\boldsymbol{p}') - \theta(\boldsymbol{p}_1 + \boldsymbol{p}_2 - \boldsymbol{p}')}{\omega_1 + \omega_2 + 2\mu - \frac{1}{2m}[p'^2 + (\boldsymbol{p}_1 + \boldsymbol{p}_2 - \boldsymbol{p}')^2] + i0 \cdot \operatorname{sign}(p' - p_F)} \right.$$
$$\left. - \mathrm{P} \frac{2m}{p_1^2 + p_2^2 - p'^2 - (\boldsymbol{p}_1 + \boldsymbol{p}_2 - \boldsymbol{p}')^2} \right\} \frac{d^3p'}{(2\pi)^3}. \tag{21,13}$$

Das Zeichen P im zweiten Glied bedeutet, daß das Integral im Sinn des Hauptwertes zu nehmen ist. Dieser erscheint im Ergebnis der Abtrennung des Realteils des Integrals mit Hilfe der Regel (8,11).

Weil der Ausdruck (21,13) in P_1 und P_2 symmetrisch ist, fallen beide Integrale in (21,10) zusammen, so daß

$$[-i\Sigma(P)]_{c,d} = \int G^{(0)}(Q)\, F^{(2)}(P, Q; P, Q) \frac{d^4Q}{(2\pi)^4}$$

ist. Wenn man hier das erste Glied aus (21,13) einsetzt, ist das Integral über dq_0 nur dann von Null verschieden, wenn

$$\operatorname{sign}(p' - p_F) = -\operatorname{sign}(q - p_F) \tag{21,14}$$

ist, so daß sich beide Pole des Integranden wieder in verschiedenen Halbebenen der Variablen q_0 befinden. Wenn man das zweite Glied aus (21,13) einsetzt, wird von q_0 nur der Faktor $G^{(0)}(Q)$ abhängen, die Integration über dq_0 wird mit Hilfe der Formel (7,23) durchgeführt und ergibt $N^{(0)}(\boldsymbol{q})$ — die Verteilungsfunktion der Teilchen in einem idealen Gas, d. h. die Stufenfunktion $\theta(\boldsymbol{q})$. Insgesamt erhalten wir (wenn wir die Beiträge von allen Diagrammen (21,1a—d) zusammennehmen)

$$\Sigma(\omega, \boldsymbol{p}) = \frac{2\pi}{m} n(\mu)\, a + \Sigma^{(2)}(\omega, \boldsymbol{p}) \tag{21,15}$$

mit

$$\Sigma^{(2)}(\omega, \boldsymbol{p})$$
$$= \left(\frac{4\pi a}{m}\right)^2 \int \left\{ \frac{[1 - \theta(\boldsymbol{p}') - \theta(\boldsymbol{p} + \boldsymbol{q} - \boldsymbol{p}')][\theta(\boldsymbol{q}) - \theta(\boldsymbol{p}')]}{\omega + \mu + \frac{1}{2m}[q^2 - p'^2 - (\boldsymbol{p} + \boldsymbol{q} - \boldsymbol{p}')^2] + i0 \cdot \operatorname{sign}(p' - p_F)} \right.$$
$$\left. - \mathrm{P} \frac{2m\theta(\boldsymbol{q})}{p^2 + q^2 - p'^2 + (\boldsymbol{p} + \boldsymbol{q} - \boldsymbol{p}')^2} \right\} \frac{d^3q\, d^3p'}{(2\pi)^6} \tag{21,16}$$

---

[1]) Diese Substitution konnte in (21,12) nicht durchgeführt werden, weil sie zu der Divergenz des Integrals bei großen $\boldsymbol{p}'$ geführt hätte. Nach der ausgeführten Subtraktion konvergiert das Integral (bei $p' \sim p_F$) mit dieser Substitution, deshalb darf man sie jetzt durchführen. Die Subtraktion des Realteils des Integrals allein (und die entsprechende Substitution von U durch $\operatorname{Re} f$) wurde mit dem Ziel ausgeführt, Schwierigkeiten im Zusammenhang mit dem Imaginärteil der Streuamplitude zu vermeiden. Bei kleinen Impulsen kann nämlich $\operatorname{Re} f$ nach geraden und $\operatorname{Im} f$ nach ungeraden Potenzen des Impulses entwickelt werden (s. III, § 132). Deshalb würde die Berücksichtigung der Impulsabhängigkeit von f in unserem Fall zu Korrekturen der relativen Größenordnung $(p_F a)^2$ führen, d. h. zu vernachlässigbaren Korrekturen. Die Substitution $U \to -4\pi f/m$ würde die Berücksichtigung des Imaginärteils von f erfordern, der zu Korrekturen der relativen Größenordnung $p_F a$ führt.

(der Faktor $\theta(\boldsymbol{q}) - \theta(\boldsymbol{p}')$ im Zähler des ersten Gliedes unter dem Integralzeichen wird unter der Bedingung (21,14) durch $-\text{sign}\,(q - p_F)$ ersetzt).

Wir bemerken zunächst, daß Σ einen Imaginärteil hat. Er kann von (21,16) mit Hilfe der Regel (8,11) abgetrennt werden und lautet

$$\operatorname{Im}\Sigma(\omega, \boldsymbol{p}) = -\left(\frac{4\pi a}{m}\right)^2 \pi \int \{\theta(\boldsymbol{q})\,[1 - \theta(\boldsymbol{p}')]\,[1 - \theta(\boldsymbol{p} + \boldsymbol{q} - \boldsymbol{p}')]$$
$$+ [1 - \theta(\boldsymbol{q})]\,\theta(\boldsymbol{p}')\,\theta(\boldsymbol{p} + \boldsymbol{q} - \boldsymbol{p}')\}$$
$$\times \delta\left[\omega + \mu + \frac{1}{2m}[q^2 - p'^2 - (\boldsymbol{p} + \boldsymbol{q} - \boldsymbol{p}')^2]\right] \frac{d^3q\, d^3p'}{(2\pi)^6} \tag{21,17}$$

(der Ausdruck in den geschwungenen Klammern wurde unter Berücksichtigung von $\theta^2(\boldsymbol{p}) \equiv \theta(\boldsymbol{p})$ umgeformt).

Das Spektrum der Quasiteilchenenergie wird nach (14,13) als

$$\varepsilon(\boldsymbol{p}) = \frac{p^2}{2m} + \frac{2\pi}{m} n(\mu)\, a + \Sigma^{(2)}\left(\frac{p^2}{2m} - \mu, \boldsymbol{p}\right) \tag{21,18}$$

berechnet (in $\Sigma^{(2)}$ kann man mit der erforderlichen Genauigkeit $\varepsilon \approx p^2/2m$ setzen). Daß Σ komplex ist, bedeutet, daß die Anregungen gedämpft sind ($\operatorname{Im}\varepsilon \neq 0$).

Das Auftreten dieser Dämpfung drückt die Instabilität der Quasiteilchen infolge der Möglichkeit realer Zerfallsprozesse aus. Ein Quasiteilchen kann einen Teil seiner Energie abgeben, auf deren Kosten ein Quasiteilchenpaar erzeugt wird (Teilchen und Loch). Wir betrachten zum Beispiel das erste Glied in den geschwungenen Klammern unter dem Integralzeichen in (21,17). Wegen der Eigenschaften der Stufenfunktion ist dieses Glied nur dann von Null verschieden, wenn

$$p' > p_F, \quad |\boldsymbol{q} + \boldsymbol{p} - \boldsymbol{p}'| > p_F, \quad q < p_F$$

ist. Diese Ungleichungen entsprechen einem Prozeß, in dem ein Quasiteilchen mit dem Anfangsimpuls $\boldsymbol{p}$ ($p > p_F$) in den Zustand $\boldsymbol{p}'$ ($p > p' > p_F$) übergeht, wobei der Impuls $\boldsymbol{p} - \boldsymbol{p}'$ einem Teilchen innerhalb der FERMI-Kugel (Impuls $q < p_F$) übergeben wird, welches in den Zustand mit dem Impuls $\boldsymbol{q} + \boldsymbol{p} - \boldsymbol{p}'$ außerhalb der FERMI-Kugel angeregt wird. Dieser Übergang ist äquivalent dazu, daß zwei neue Elementaranregungen mit den Impulsen $-\boldsymbol{q}$ (Loch) und $\boldsymbol{q} + \boldsymbol{p} - \boldsymbol{p}'$ auftreten. Der Energieerhaltungssatz wird bei diesem Prozeß durch die δ-Funktion in (21,17) ausgedrückt, in der $\omega + \mu$ die Rolle der Anfangsenergie des Quasiteilchens $\varepsilon(\boldsymbol{p})$ spielt:

$$\varepsilon(\boldsymbol{p}) = \varepsilon(\boldsymbol{p}') + [\varepsilon(\boldsymbol{q} + \boldsymbol{p} - \boldsymbol{p}') - \varepsilon(\boldsymbol{q})]$$

(hier genügt es, in der ersten Näherung $\varepsilon(\boldsymbol{p}) = p^2/2m$ zu setzen). In Übereinstimmung mit der angegebenen Bedeutung entspricht die durch diese Gleichung definierte Energie $\varepsilon(\boldsymbol{p})$ wirklich einem Quasiteilchen außerhalb der FERMI-Kugel ($\varepsilon > \mu$).

Auf analoge Weise entsteht das zweite Glied in den geschwungenen Klammern in (21,17) von Prozessen, bei denen ein Paar durch ein Loch erzeugt wird. Dieses Glied gibt die Dämpfung der Elementaranregungen mit $\varepsilon < \mu$. In der Sprache der Diagrammtechnik wird die Möglichkeit, ein Paar von Quasiteilchen zu erzeugen, durch die Möglichkeit ausgedrückt, ein Diagramm der G-Funktion dadurch in zwei Teile zu teilen, daß man drei ausgezogene Linien zerschneidet, von denen zwei in die eine Richtung und eine in die andere zeigen. In den Diagrammen (21,1c—d) sind das Querschnitte zwischen den zwei gestrichelten Linien.

Der Fall des schwach nichtidealen Gases ist (im Vergleich zu dem allgemeinen Fall einer beliebigen FERMI-Flüssigkeit) in der Hinsicht spezifisch, daß das Spektrum der Quasiteilchen im ganzen Wertebereich der Impulse einen Sinn hat, und nicht nur in der Nähe der FERMI-Fläche: die Dämpfung der Quasiteilchen (Im ε) ist schon wegen der Kleinheit des Parameters der „Gasartigkeit" ap_F relativ klein. Wir geben hier aber nur das Endergebnis für zwei Grenzfälle an.

In der Nähe der FERMI-Fläche ($|p - p_F| \ll p_F$) erhält man:

$$\mathrm{Re}\,\varepsilon = \mu + (p - p_F)\, p_F/m^*$$

mit μ aus (6,14) und m^* aus (6,17). Für die Dämpfung der Quasiteilchen erhält man

$$\mathrm{Im}\,\varepsilon = -\frac{1}{\pi m}(p_F a)^2 (p - p_F)^2 \,\mathrm{sign}\,(p - p_F). \tag{21,19}$$

Die Proportionalität dieses Ausdruckes zu dem Quadrat $(p - p_F)^2$ rührt offensichtlich von Folgendem her: ein Faktor $p - p_F$ entsteht als Breite des Gebietes im Impulsraum (schmale Kugelschale), in das der Impuls eines Quasiteilchens fällt, nachdem es ein Paar erzeugt hat, und ein weiterer Faktor entsteht als die Breite der Schicht, in der das Paar erzeugt wird. Wir bemerken übrigens, daß diese Überlegungen für eine beliebige FERMI-Flüssigkeit gültig sind, so daß in der Nähe der FERMI-Fläche immer $\mathrm{Im}\,\varepsilon \propto (p - p_F)^2$ ist.[1])

Bei großen Impulsen $p \gg p_F$ (aber mit $pa \ll 1$) haben wir

$$\varepsilon = \left(\frac{p^2}{2m} + \frac{2p_F^2}{3\pi m} p_F a\right) - i\,\frac{p_F p}{3\pi m}(p_F a)^2. \tag{21,20}$$

In beiden Fällen ist das Verhältnis $\mathrm{Im}\,\varepsilon/\mathrm{Re}\,\varepsilon$ klein. Der Maximalwert dieses Verhältnisses wird bei $p \sim p_F$ erreicht, aber auch hier ist es $\sim (p_F a)^2 \ll 1$.

Schließlich geben wir den Wert der Renormierungskonstanten der GREENschen Funktion eines schwach nichtidealen Gases an. Sie berechnet sich aus

$$\frac{1}{Z} = 1 - \left.\frac{\partial \Sigma(\omega, \mathbf{p})}{\partial \omega}\right|_{\omega=0,\, p=p_F}$$

und ist gleich

$$Z = 1 - \frac{8 \ln 2}{\pi^2}(p_F a)^2. \tag{21,21}$$

[1]) Bei von Null verschiedenen Temperaturen führt die Mittelung dieser Größe über die thermische Verteilung dazu, daß die Dämpfung proportional T^2 ist, darüber wurde schon im § 1 gesprochen.

III DIE SUPERFLUIDITÄT

§ 22. Elementaranregungen in einer Bose-Flüssigkeit

Wir wenden uns nun den Quantenflüssigkeiten mit einem Energiespektrum eines vollkommen anderen Typs zu, den man Bose-*Typ* nennt.[1])

Dieses Spektrum ist dadurch gekennzeichnet, daß die Elementaranregungen (die im Grundzustand der Flüssigkeit fehlen) einzeln entstehen oder verschwinden können. Der Drehimpuls eines jeden quantenmechanischen Systems (in dem gegebenen Fall der Flüssigkeit) kann sich aber nur um eine ganze Zahl ändern. Deshalb müssen die einzeln entstehenden Elementaranregungen einen ganzzahligen Drehimpuls haben, sie genügen folglich der Bose-Statistik. Ein Spektrum dieses Typs muß in jedem Falle eine Quantenflüssigkeit haben, die aus Teilchen mit ganzzahligem Spin besteht (so etwa das flüssige Isotop He^4).

Wir erinnern zum Vergleich daran, daß in einer Fermi-Flüssigkeit, wenn man sie mit Hilfe des Spektrums der Elementaranregungen beschreibt, diese Anregungen nur paarweise entstehen oder verschwinden können, wobei sie im Grundzustand ganz fehlen (s. Ende des § 1). Genau damit hängt zusammen, daß die Elementaranregungen bei diesem Spektrentyp einen halbzahligen Spin haben können.

In einer Bose-Flüssigkeit entsprechen die Elementaranregungen mit kleinen Impulsen p (großer Wellenlänge im Vergleich zu den zwischenatomaren Abständen) den gewöhnlichen hydrodynamischen Schallwellen, d. h., sie sind Phononen. Das bedeutet, daß die Energie dieser Quasiteilchen eine lineare Funktion ihrer Impulse ist:

$$\varepsilon = up. \tag{22,1}$$

Dabei ist u die Schallgeschwindigkeit in der Flüssigkeit. Die letztere ist durch die übliche Formel $u^2 = \partial P/\partial \varrho$ gegeben, wobei keine Notwendigkeit besteht zu konkretisieren, ob die Ableitung bei konstanter Temperatur T oder konstanter Entropie S zu nehmen ist, denn bei $T \to 0$ strebt auch $S \to 0$.[2])

Die Zahl der Elementaranregungen in einer Bose-Flüssigkeit strebt bei $T \to 0$ gegen Null, und man kann bei tiefen Temperaturen, wenn ihre Dichte hinreichend klein ist, die Quasiteilchen als unabhängig voneinander betrachten, d. h. sie bilden ein ideales Bose-Gas. Deshalb ist die Gleichgewichtsverteilung der Elementaranregungen in einer

---

[1]) Die Theorie dieser Quantenflüssigkeiten wurde von L. D. Landau in den Jahren 1940—1941 geschaffen, unmittelbar nach der Entdeckung der Superfluidität des flüssigen Heliums durch P. L. Kapitza. Durch diese Entdeckungen wurde der Grundstein für die ganze Entwicklung der modernen Physik der Quantenflüssigkeiten gelegt.

[2]) Der Begriff der Phononen wurde in V, §§ 71, 72 für die Elementaranregungen in Festkörpern eingeführt. Wir unterstreichen, daß der Impuls einer Elementaranregung in einem mikroskopisch homogenen System — der Flüssigkeit — ein echter Impuls ist und nicht, wie im periodischen Feld des Kristallgitters eines Festkörpers, ein Quasiimpuls.

BOSE-Flüssigkeit durch die Formel für die BOSE-Verteilung (mit verschwindendem chemischen Potential — vgl. Fußnote 2 auf Seite 7)

$$n(\mathbf{p}) = [e^{\varepsilon(p)/T} - 1]^{-1} \tag{22,2}$$

gegeben.

Wenn man die Abhängigkeit $\varepsilon(p)$ bei kleinen p kennt, kann man mit Hilfe dieser Verteilung die thermodynamischen Größen der Flüssigkeit bei hinreichend tiefen Temperaturen berechnen, bei denen praktisch alle in der Flüssigkeit vorkommenden Elementaranregungen geringe Energien haben, d. h. Phononen sind. Die entsprechenden Formeln kann man sofort hinschreiben, wenn man die Ausdrücke für die thermodynamischen Größen eines Festkörpers bei tiefen Temperaturen benutzt (s. V, § 64). Der Unterschied besteht allein darin, daß es an Stelle der drei möglichen Polarisationsrichtungen der Schallwellen in einem Festkörper (eine longitudinale und zwei transversale) in der Flüssigkeit nur eine gibt (die longitudinale); deshalb muß man alle Ausdrücke für die thermodynamischen Größen durch 3 dividieren. Für die freie Energie gilt zum Beispiel

$$F = F_0 - V\frac{\pi^2 T^4}{90(\hbar u)^3}. \tag{22,3}$$

Dabei ist F_0 die freie Energie am absoluten Nullpunkt. Die Energie der Flüssigkeit ist gleich

$$E = E_0 + V\frac{\pi^2 T^4}{30(\hbar u)^3} \tag{22,4}$$

und die Wärmekapazität

$$C = V\frac{2\pi^2 T^3}{15(\hbar u)^3}. \tag{22,5}$$

Sie ist proportional der dritten Potenz der Temperatur.

Das Phononen-Dispersionsgesetz (22,1) gilt nur solange, wie die Wellenlänge der Quasiteilchen $\hbar/p$ groß im Vergleich zu den zwischenatomaren Abständen ist. Mit zunehmendem Impuls wird die Kurve $\varepsilon = \varepsilon(p)$ natürlich von der linearen Abhängigkeit abweichen. Ihr weiterer Verlauf hängt von dem konkreten Gesetz für die Wechselwirkung zwischen den Molekülen der Flüssigkeit ab und kann deshalb in allgemeiner Form nicht angegeben werden.

Im flüssigen Helium hat das Dispersionsgesetz der Elementaranregungen die in Abb. 2 dargestellte Form: nach anfänglichem linearen Anwachsen erreicht die Funktion $\varepsilon(p)$ ein Maximum, danach nimmt sie wieder ab und geht bei einem bestimmten Impulswert p_0 durch ein Minimum.[1]) Im thermischen Gleichgewicht hat die Mehrzahl der Elementaranregungen in der Flüssigkeit Energiewerte in der Nähe der Minima der Funktion $\varepsilon(p)$, d. h. in dem Gebiet kleiner ε (das Gebiet in der Nähe von $\varepsilon = 0$) und in dem Gebiet in der Nähe von $\varepsilon(p_0)$. Deshalb sind gerade diese Gebiete besonders wichtig. In der Nähe

---

[1]) Diese Form des Spektrums wurde zuerst von L. D. LANDAU (1947) aus der Analyse von experimentellen Daten über die thermodynamischen Größen von flüssigem Helium heraus vorgeschlagen; im weiteren Verlauf wurde sie experimentell durch Neutronenstreuexperimente bestätigt.

Eine qualitative Theorie für ein Spektrum dieses Typs wurde von R. P. FEYNMAN (1954) gegeben; s. die Fußnote auf S. 370.

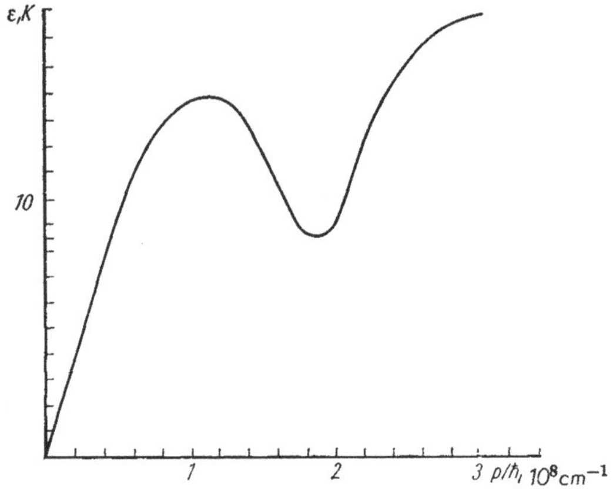

Abb. 2

des Punktes $p = p_0$ kann die Funktion $\varepsilon(p)$ nach Potenzen von $p - p_0$ entwickelt werden. Das lineare Glied fehlt in der Entwicklung, und wir finden einschließlich der Glieder zweiter Ordnung

$$\varepsilon = \Delta + \frac{(p - p_0)^2}{2m^*}. \tag{22,6}$$

Dabei sind $\Delta = \varepsilon(p_0)$ und m^* Konstanten. Quasiteilchen dieses Typs nennt man *Rotonen.* Wir betonen aber, daß diese spezielle Bezeichnung keinesfalls bedeutet, daß zwischen Phononen und Rotonen ein prinzipieller Unterschied besteht. Beide entsprechen nur unterschiedlichen Teilen ein und derselben Kurve, zwischen ihnen gibt es einen stetigen Übergang.

Die empirischen Parameter des Energiespektrums von flüssigem Helium (extrapoliert auf verschwindenden Druck, bei der Dichte $\varrho = 0{,}145\ \text{g/cm}^3$) sind:[1])

$$\begin{aligned} u &= 2{,}4 \cdot 10^4\ \text{cm/s}, \quad \Delta = 8{,}7\ \text{K}, \\ p_0/\hbar &= 1{,}9 \cdot 10^8\ \text{cm}^{-1}, \quad m^* = 0{,}16\, m\ (\text{He}^4). \end{aligned} \tag{22,7}$$

Weil die Energie eines Rotons immer die Größe Δ enthält, die groß im Vergleich zu T ist — bei hinreichend tiefen Temperaturen, so daß man von einem „Rotonengas" sprechen kann —, so kann man das letztere an Stelle der Bose-Verteilung mit Hilfe der Boltzmann-Verteilung beschreiben. Dementsprechend gehen wir bei der Berechnung des Rotonenanteils der thermodynamischen Größen des flüssigen Heliums von den Formeln für die freie Energie eines Boltzmann-Gases aus:

$$F = -NT \ln \frac{eV}{N} \int \mathrm{e}^{-\varepsilon/T}\, \mathrm{d}\tau, \quad \mathrm{d}\tau = \frac{\mathrm{d}^3 p}{(2\pi\hbar)^3}$$

(s. V, § 41). Dabei muß man unter N in dieser Formel die Anzahl der Rotonen in der Flüssigkeit verstehen. Diese Zahl selbst wird aber durch die Bedingung für das thermodynamische Gleichgewicht bestimmt, d. h. durch die Bedingung, daß die freie Energie ein

[1]) Wir geben noch den Wert des chemischen Potentials von flüssigem Helium bei $T = 0$ an: $\mu = -7{,}16$ K.

Minimum annehmen muß. Wenn wir $\partial F/\partial N$ gleich Null setzen, finden wir für die Anzahl der Rotonen

$$N_r = V \int e^{-\varepsilon/T}\, d\tau \tag{22,8}$$

(das entspricht natürlich der BOLTZMANN-Verteilung mit verschwindendem chemischen Potential). Der entsprechende Wert für die freie Energie ist

$$F_r = -VT \int e^{-\varepsilon/T}\, d\tau .$$

In diese Formeln muß man (22,6) einsetzen. Weil $p_0^2 \gg m^*T$ ist, kann man bei der Integration über dp den Faktor p^2 aus dem Integral herausziehen und ihn mit hinreichender Genauigkeit durch p_0^2 ersetzen. Bei der Integration des Exponentialausdruckes kann man das Integrationsgebiet von $-\infty$ bis $+\infty$ ausdehnen. Wir erhalten dadurch

$$N_r = \frac{2(m^*T)^{1/2}\, p_0^2 V}{(2\pi)^{3/2}\hbar^3}\, e^{-\Delta/T}, \quad F_r = -TN_r . \tag{22,9}$$

Hieraus folgt für den Beitrag der Rotonen zur Entropie und zur Wärmekapazität

$$S_r = N_r\left(\frac{3}{2} + \frac{\Delta}{T}\right), \quad C_r = N_r\left(\frac{3}{4} + \frac{\Delta}{T} + \frac{\Delta^2}{T^2}\right). \tag{22,10}$$

Wir sehen, daß die Temperaturabhängigkeit des Rotonenanteils der thermodynamischen Größen im wesentlichen eine exponentielle ist. Deshalb ist bei hinreichend tiefen Temperaturen (für flüssiges Helium zum Beispiel unterhalb von 0,8 K) der Rotonenanteil kleiner als der Phononenanteil, während bei höheren Temperaturen die Lage umgekehrt ist und der Rotonenanteil größer als der Phononenanteil ist.

§ 23. Die Superfluidität

Eine Quantenflüssigkeit mit einem Energiespektrum des beschriebenen Typs besitzt die bemerkenswerte Eigenschaft der sogenannten *Superfluidität* — die Eigenschaft, durch enge Kapillaren oder Spalte zu fließen, ohne irgendeine Zähigkeit zu zeigen. Beginnen wir mit der Betrachtung der Flüssigkeit am absoluten Nullpunkt, wenn sie sich in ihrem nicht angeregten Normalzustand befindet.

Wir betrachten die durch eine Kapillare mit der konstanten Geschwindigkeit $\boldsymbol{v}$ fließende Flüssigkeit. Eine vorhandene Zähigkeit würde dazu führen, daß wegen der Reibung an der Rohrwand und innerhalb der Flüssigkeit selbst die kinetische Energie der Flüssigkeit dissipieren würde und eine ständige Verlangsamung des Stromes stattfände.

Für uns ist es zweckmäßiger, die Strömung in dem Koordinatensystem zu betrachten, das sich mit der Flüssigkeit bewegt. In diesem System ruht das Helium, und die Wände der Kapillaren bewegen sich mit der Geschwindigkeit $-\boldsymbol{v}$. Wenn eine Zähigkeit vorhanden wäre, dann müßte das ruhende Helium beginnen, sich zu bewegen. Es ist physikalisch klar, daß ein Mitreißen der Flüssigkeit durch die Rohrwände nicht mit einem Male zu einer Bewegung der Flüssigkeit als Ganzes führen kann. Die Bewegung muß mit einer allmählichen Anregung innerer Bewegungen beginnen, d. h. mit dem Auftreten von Elementaranregungen in der Flüssigkeit.

Wir wollen annehmen, daß in der Flüssigkeit eine einzelne Elementaranregung mit dem Impuls $\boldsymbol{p}$ und der Energie $\varepsilon(p)$ vorhanden ist. Dann ist die Energie E_0 der Flüssigkeit (in dem Koordinatensystem, in dem sie anfangs ruhte) gleich der Energie dieser Anregung ε, und ihr Impuls $\boldsymbol{P}_0$ ist gleich dem Impuls $\boldsymbol{p}$. Wir gehen nun zu dem Koordinatensystem zurück, in dem die Kapillare ruht. Nach den aus der Mechanik bekannten Transformationsformeln für Energie und Impuls finden wir für die Energie E und den Impuls $\boldsymbol{P}$ der Flüssigkeit in diesem System

$$E = E_0 + \boldsymbol{P}_0\boldsymbol{v} + \frac{Mv^2}{2}, \quad \boldsymbol{P} = \boldsymbol{P}_0 + M\boldsymbol{v}. \tag{23,1}$$

Dabei ist M die Masse der Flüssigkeit. Wenn wir ε, $\boldsymbol{p}$ an Stelle von E_0, $\boldsymbol{P}_0$ einsetzen, haben wir

$$E = \varepsilon + \boldsymbol{p}\boldsymbol{v} + \frac{Mv^2}{2}. \tag{23,2}$$

Das Glied $Mv^2/2$ ist die anfängliche kinetische Energie der strömenden Flüssigkeit; der Ausdruck $\varepsilon + \boldsymbol{p}\boldsymbol{v}$ ist die Änderung der Energie, verursacht durch das Auftreten der Anregung. Diese Änderung muß negativ sein, weil die Energie der sich bewegenden Flüssigkeit abnehmen muß:

$$\varepsilon + \boldsymbol{p}\boldsymbol{v} < 0.$$

Bei gegebenem Wert von p hat die auf der linken Seite der Ungleichung stehende Größe den kleinsten Wert, wenn $\boldsymbol{p}$ und $\boldsymbol{v}$ antiparallel zueinander sind. Deshalb muß in jedem Falle $\varepsilon - pv < 0$ sein d. h.

$$v > \frac{\varepsilon}{p}. \tag{23,3}$$

Diese Ungleichung muß zumindest für einige Werte des Impulses p der Elementaranregung erfüllt sein. Deshalb erhalten wir die endgültige Bedingung für die Möglichkeit, daß in der sich in einer Kapillaren bewegenden Flüssigkeit Anregungen auftreten können, wenn wir das Minimum der Größe ε/p aufsuchen. Geometrisch ist das Verhältnis ε/p der Tangens des Neigungswinkels der Geraden, die (in der p—ε-Ebene) vom Koordinatenursprung zu irgendeinem Punkt der Kurve $\varepsilon = \varepsilon(p)$ gezogen wird. Sein Minimum wird offensichtlich durch den Punkt bestimmt, an den vom Ursprung aus die Tangente gelegt werden kann. Wenn dieser Minimalwert von Null verschieden ist, dann können bei nicht allzu großen Strömungsgeschwindigkeiten in der Flüssigkeit keine Anregungen auftreten. Das bedeutet, daß ihre Strömung nicht langsamer werden wird, d. h., die Flüssigkeit ist superfluid.

Die erhaltene Bedingung für das Auftreten der Superfluidität reduziert sich im wesentlichen auf die Forderung, daß die Kurve $\varepsilon = \varepsilon(p)$ die Abszisse im Koordinatenursprung nicht tangieren darf (abgesehen von der ziemlich unwahrscheinlichen Möglichkeit, daß sie diese Achse in ihrem weiteren Verlauf berührt). Deshalb führt im Grunde jedes Spektrum auf die Superfluidität, in dem die hinreichend kleinen Anregungen Phononen sind.

Wir betrachten nun die Flüssigkeit bei von Null verschiedenen Temperaturen (die aber in der Nähe von Null liegen sollen). In diesem Fall befindet sich die Flüssigkeit nicht im Grundzustand — sie enthält Anregungen. Die oben durchgeführten Überlegungen bleiben gültig, weil bei ihnen der Umstand nicht unmittelbar benutzt wurde, daß sich die Flüssigkeit anfangs im Grundzustand befand. Die Bewegung der Flüssigkeit relativ zu den Rohrwänden kann, wenn die angegebene Bedingung wie früher erfüllt ist, nicht dazu führen, daß neue Elementaranregungen auftreten. Man muß aber klären, wie sich die Anregungen auswirken, die schon in der Flüssigkeit vorhanden waren.

Dazu stellen wir uns vor, daß sich das „Gas der Quasiteilchen" als Ganzes relativ zur Flüssigkeit mit der Geschwindigkeit $\boldsymbol{v}$ translatorisch bewegt. Die Verteilungsfunktion für das sich als Ganzes bewegende Gas erhält man aus der Verteilungsfunktion $n(\varepsilon)$ des unbewegten Gases, wenn man die Energie eines Teilchens durch die Größe $\varepsilon - \boldsymbol{p}\boldsymbol{v}$ ersetzt, dabei ist $\boldsymbol{p}$ der Teilchenimpuls. Für ein gewöhnliches Gas ist dieser Umstand die unmittelbare Folge des GALILEIschen Relativitätsprinzips, den Beweis findet man einfach durch den Übergang von einem Koordinatensystem zu einem anderen. Im gegebenen Fall sind solche Überlegungen nicht unmittelbar anwendbar, weil sich das Gas der Quasiteilchen nicht im Vakuum, sondern „durch die Flüssigkeit" hindurch bewegt. Trotzdem bleibt die Behauptung gültig, wie aus den folgenden Betrachtungen zu entnehmen ist.

Das Gas der Anregungen möge sich relativ zu der Flüssigkeit mit der Geschwindigkeit $\boldsymbol{v}$ bewegen. Wir betrachten das Koordinatensystem, in dem das Gas als Ganzes ruht und dementsprechend die Flüssigkeit sich mit der Geschwindigkeit $-\boldsymbol{v}$ bewegt (System K). Nach der Transformationsformel (23,1) hängt die Energie E der Flüssigkeit im System K mit der Energie E_0 im System, in dem die Flüssigkeit ruht (System K_0), durch die Beziehung

$$E = E_0 - \boldsymbol{P}_0\boldsymbol{v} + \frac{Mv^2}{2}$$

zusammen. In der Flüssigkeit möge eine Elementaranregung mit der Energie $\varepsilon(p)$ (im System K_0) auftreten. Dann wird die zusätzliche Energie der Flüssigkeit im System K gleich $\varepsilon - \boldsymbol{p}\boldsymbol{v}$ sein, damit ist auch die gemachte Behauptung bewiesen.[1])

Der Gesamtimpuls des Gases der Quasiteilchen ist also (bezogen auf die Volumeneinheit) gleich

$$\boldsymbol{P} = \int \boldsymbol{p}\, n(\varepsilon - \boldsymbol{p}\boldsymbol{v})\, \mathrm{d}\tau .$$

Wir nehmen an, daß die Geschwindigkeit $\boldsymbol{v}$ klein ist und entwickeln den Integranden nach Potenzen von $\boldsymbol{p}\boldsymbol{v}$. Das Glied nullter Ordnung verschwindet (bei der Integration über die Richtungen des Vektors $\boldsymbol{p}$), und es bleibt

$$\boldsymbol{P} = -\int \boldsymbol{p}(\boldsymbol{p}\boldsymbol{v}) \frac{\mathrm{d}n(\varepsilon)}{\mathrm{d}\varepsilon}\, \mathrm{d}\tau ,$$

oder, nach der Mittelung über die Richtungen von $\boldsymbol{p}$,

$$\boldsymbol{P} = \frac{\boldsymbol{v}}{3}\int \left(-\frac{\mathrm{d}n}{\mathrm{d}\varepsilon}\right) p^2\, \mathrm{d}\tau . \tag{23,4}$$

Wir sehen zunächst, daß die Bewegung des Gases von Quasiteilchen von einem gewissen Massentransport begleitet ist: die effektive Masse der Volumeneinheit des Gases ist bestimmt durch den Proportionalitätskoeffizienten zwischen dem Impuls $\boldsymbol{P}$ und der

---

[1]) Für Quasiteilchen in einer BOSE-Flüssigkeit ist $n(\varepsilon)$ die Verteilung (22,2). Wir weisen darauf hin, daß die Bedingung für die Superfluidität ($v < \varepsilon/p$) genau mit der Bedingung zusammenfällt, die gewährleistet, daß der Ausdruck $n(\varepsilon - \boldsymbol{p}\boldsymbol{v})$ für alle Energien positiv und endlich ist.

Geschwindigkeit $\boldsymbol{v}$ in (23,4). Andererseits stört bei der Strömung der Flüssigkeit, sagen wir durch eine Kapillare, die Quasiteilchen nichts dabei, mit den Rohrwänden zusammenzustoßen und mit ihnen den Impuls auszutauschen. Dadurch wird das Gas der Anregungen abgebremst, wie das mit jedem gewöhnlichen Gas geschehen würde, welches sich durch eine Kapillare bewegt.

Wir kommen also zu folgendem grundlegenden Resultat. Bei von Null verschiedenen Temperaturen wird sich ein Teil der Flüssigkeitsmasse wie eine normale zähe Flüssigkeit verhalten, die bei der Bewegung an den Gefäßwänden „hängen bleibt"; der restliche Teil der Masse wird sich wie eine superfluide Flüssigkeit ohne Zähigkeit verhalten. Dabei ist es sehr wesentlich, daß es zwischen diesen beiden, sich „gegenseitig durchdringenden", bewegten Teilen der Flüssigkeitsmasse keine Reibung gibt, d. h. es findet keine Impulsübertragung von einem zu dem anderen statt. Denn die Existenz dieser gegenseitigen Bewegung eines Teils der Masse der Flüssigkeit relativ zu dem anderen erhielten wir bei der Betrachtung des statistischen Gleichgewichts in einem gleichförmig bewegten Gas von Anregungen. Wenn aber irgendeine relative Bewegung im Zustand des thermischen Gleichgewichts stattfinden kann, dann bedeutet das, daß sie ohne Reibung stattfindet.

Wir unterstreichen, daß die Betrachtung einer Flüssigkeit als eines „Gemisches" ihrer normalen und superfluiden „Teile" nicht mehr ist als eine Methode, die Erscheinungen, die in einer Quantenflüssigkeit auftreten, zweckmäßig zu beschreiben. Sie bedeutet keinesfalls die Möglichkeit, die Flüssigkeit wirklich in zwei Teile zu zerlegen. Sie ist, wie jede Beschreibung von Quantenerscheinungen mit Hilfe klassischer Begriffe, nicht vollkommen adäquat. Man muß in Wirklichkeit sagen, daß in einer BOSE-Flüssigkeit gleichzeitig zwei Bewegungen vorhanden sein können, von denen jeder eine eigene effektive Masse zugeschrieben werden kann (so, daß die Summe dieser Massen gleich der gesamten echten Masse der Flüssigkeit ist). Eine Bewegung ist „normal", d. h. sie besitzt die gleichen Eigenschaften wie die Bewegung einer gewöhnlichen zähen Flüssigkeit; die andere Bewegung ist „superfluid". Diese beiden Bewegungen finden ohne Impulsübertragung von einer zur anderen statt.

Im hydrodynamischen Sinne kann also die Dichte der BOSE-Flüssigkeit dargestellt werden als Summe $\varrho = \varrho_n + \varrho_s$ der normalen und superfluiden Teile, von denen jeder seine eigene hydrodynamische Geschwindigkeit $\boldsymbol{v}_n$ bzw. $\boldsymbol{v}_s$ hat. Eine wichtige Eigenschaft der superfluiden Bewegung ist, daß sie eine Potentialströmung ist:

$$\operatorname{rot} \boldsymbol{v}_s = 0. \tag{23,5}$$

Diese Eigenschaft ist der makroskopische Ausdruck der Tatsache, daß die Elementaranregungen mit großer Wellenlänge (d. h. mit kleinen Impulsen) Schallquanten — Phononen — sind. Deshalb kann die makroskopische Hydrodynamik der superfluiden Bewegung keine anderen Schwingungen als die Schallschwingungen erlauben[1]), das wird durch die Bedingung (23,5) gewährleistet (wir kommen auf ihre Begründung noch im § 26 zurück).[2])

Bei $T = 0$ gilt für die Dichte des normalen Teils $\varrho_n = 0$; die Flüssigkeit kann nur eine

[1]) Hier wird die Flüssigkeit als unendlich angenommen. Wenn eine freie Oberfläche vorhanden ist, sind auch Kapillarwellen an der Oberfläche möglich (das führt zu einer bestimmten Temperaturabhängigkeit der Oberflächenspannung — s. Aufgabe 1).

[2]) Eine ausführliche Darstellung der Hydrodynamik einer superfluiden Flüssigkeit wird in einem anderen Band dieser Lehrbuchreihe (Band VI) gegeben.

superfluide Bewegung ausführen. Bei von Null verschiedenen Temperaturen wird ϱ_n durch die Formel (23,4) gegeben:

$$\varrho_n = \frac{1}{3}\int\left(-\frac{\mathrm{d}n}{\mathrm{d}\varepsilon}\right)p^2\,\mathrm{d}\tau. \tag{23,6}$$

Zur Berechnung des Phononenbeitrags zu ϱ_n setzen wir in (23,6) $\varepsilon = up$:

$$(\varrho_n)_{\mathrm{ph}} = -\frac{1}{3u}\int\limits_0^\infty \frac{\mathrm{d}n}{\mathrm{d}p}p^2\,\frac{4\pi p^2\,\mathrm{d}p}{(2\pi\hbar)^3},$$

und nach einer partiellen Integration finden wir

$$(\varrho_n)_{\mathrm{ph}} = \frac{4}{3u}\int\limits_0^\infty np\,\frac{4\pi p^2\,\mathrm{d}p}{(2\pi\hbar)^3} = \frac{4}{3u^2}\int \varepsilon n\,\mathrm{d}\tau.$$

Das hier verbleibende Integral ist nichts anderes als die Energie der Volumeneinheit des Phononengases; wenn wir diese Größe aus (22,4) nehmen, erhalten wir schließlich:

$$(\varrho_n)_{\mathrm{ph}} = \frac{4E_{\mathrm{ph}}}{3u^2V} = \frac{2\pi^2T^4}{45\hbar^3u^5}. \tag{23,7}$$

Zur Berechnung des Rotonenbeitrages zu ϱ_n bemerken wir, daß, weil die Rotonen mit Hilfe der BOLTZMANN-Verteilung beschrieben werden können, für sie $\mathrm{d}n/\mathrm{d}\varepsilon = -n/T$ ist, und aus (23,6) finden wir

$$(\varrho_n)_r = \frac{1}{3T}\int p^2 n\,\mathrm{d}\tau = \frac{\overline{p^2}}{3T}\,\frac{N_r}{V}.$$

Wenn wir mit ausreichender Genauigkeit $\overline{p^2} = p_0^2$ setzen und N_r aus (22,9) nehmen, erhalten wir

$$(\varrho_n)_r = \frac{p_0^2N_r}{3TV} = \frac{2(m^*)^{1/2}\,p_0^4}{3(2\pi)^{3/2}\,T^{1/2}\hbar^3}\,\mathrm{e}^{-\Delta/T}. \tag{23,8}$$

Bei den tiefsten Temperaturen ist der Phononenbeitrag zu ϱ_n groß im Vergleich zum Rotonenbeitrag. Sie sind bei etwa 0,6 K vergleichbar, und bei höheren Temperaturen ist der Rotonenanteil der überwiegende.

Mit zunehmender Temperatur wird ein immer größerer Teil der Flüssigkeitsmasse normal. In dem Punkt, in welchem die Gleichheit $\varrho_n = \varrho$ erreicht wird, verschwindet die Eigenschaft der Superfluidität. Das ist der sogenannte *λ-Punkt* der Flüssigkeit, der ein Punkt eines Phasenübergangs zweiter Art ist.[1]) Was die quantitativen Formeln (23,7—8) angeht, so gelten sie natürlich nicht in der Nähe des λ-Punktes, wo die Konzentration der Quasiteilchen so groß wird, daß sogar ihr Begriff selbst bis zu einem gewissen Grade seinen Sinn verliert.

Wir wollen noch die Frage nach dem Verhalten von in flüssigem Helium gelösten Fremdatomen untersuchen; die Konzentration der Verunreinigungen wird als so klein vorausgsetzt, daß man annehmen kann, die Fremdatome stehen nicht miteinander in Wechselwirkung (L. D. LANDAU, I. JA. POMERANTSCHUK, 1948).

---

[1]) Flüssiges Helium bei Temperaturen unterhalb dieses Punktes nennt man Helium II. Die λ-Punkte bilden auf dem Phasendiagramm in der P—T-Ebene eine Linie. Diese Linie schneidet die Kurve für das Phasengleichgewicht der Flüssigkeit mit dem Dampf bei der Temperatur 2,19 K.

Die Existenz eines Fremdatoms in einer Flüssigkeit führt dazu, daß in dem Energiespektrum neue Zweige auftreten, die der Bewegung dieses Atoms durch die Flüssigkeit entsprechen. Wegen der starken Wechselwirkung des Verunreinigungsatoms mit den Flüssigkeitsatomen ist diese Bewegung in Wirklichkeit natürlich ein kollektiver Effekt, an dem auch Flüssigkeitsatome beteiligt sind. Dieser Bewegung kann man einen gewissen resultierenden Impuls $\mathbf{p}$ zuschreiben, der erhalten bleibt. In der Flüssigkeit treten also Quasiteilchen eines neuen Typs auf (ihre Anzahl ist gleich der Anzahl der Fremdatome), deren Energie $\varepsilon_{\text{verun}}(p)$ eine bestimmte Funktion des Impulses ist. Im thermischen Gleichgewicht wird die Energie dieser Quasiteilchen in der Nähe des niedrigsten Minimums der Funktion $\varepsilon_{\text{verun}}(p)$ konzentriert sein. Praktisch handelt es sich um Beimengungen des Isotops He^3, und die empirischen Daten zeigen, daß dieses Minimum bei $p = 0$ liegt. In seiner Nähe hat die Quasiteilchenenergie die Form

$$\varepsilon_{\text{verun}}(p) = \frac{p^2}{2m^*_{\text{verun}}} \tag{23,9}$$

mit der effektiven Masse $m^*_{\text{verun}} = 2{,}8 \cdot$ Masse des Atoms He^3.

Die Verunreinigungsquasiteilchen wechselwirken mit den Phononen und Rotonen, stoßen mit ihnen zusammen und gehen so in den normalen Anteil der Flüssigkeit ein. Weil die Konzentration dieser Quasiteilchen klein ist, ist ihre thermische Verteilung eine Boltzmann-Verteilung, und ihr Beitrag zu ϱ_n (gemäß (23,6) definiert) wird durch die Formel

$$(\varrho_n)_{\text{verun}} = \frac{N_{\text{verun}}}{V}\,\frac{\overline{p^2}}{3T} = \frac{N_{\text{verun}}}{V}\,m^*_{\text{verun}} \tag{23,10}$$

gegeben, dabei ist N_{verun}/V die Anzahl der Fremdatome pro Volumeneinheit.

Aufgaben

1. Es ist das Grenzgesetz für die Temperaturabhängigkeit des Koeffizienten der Oberflächenspannung α des flüssigen Heliums in der Nähe des absoluten Temperaturnullpunktes zu bestimmen (K. R. Atkins, 1953).

Lösung. Der Koeffizient α ist die freie Energie pro Flächeneinheit der Flüssigkeitsoberfläche (s. V, (154,6)). Diese Größe wird nach Formel V, (64,1) berechnet, in der sich die Frequenzen ω_α jetzt auf die Oberflächenschwingungen beziehen. Im zweidimensionalen Fall wird der Übergang von der Summation zur Integration (über die Wellenzahlvektoren der Schwingungen) dadurch ausgeführt, daß man den Faktor $d^2k/(2\pi)^2$ oder $2\pi k\, dk/(2\pi)^2$ einführt. Nach einer partiellen Integration finden wir:

$$\alpha = \alpha_0 + T\int \ln\left(1 - e^{-\hbar\omega/T}\right)\frac{k\,dk}{2\pi} = \alpha_0 - \frac{\hbar}{4\pi}\int\frac{k^2\,d\omega}{e^{\hbar\omega/T} - 1}$$

(α_0 ist die Oberflächenspannung bei $T = 0$). Bei hinreichend tiefen Temperaturen sind nur die Schwingungen mit kleinen Frequenzen, d.h. mit großen Wellenlängen, wesentlich. Solche Schwingungen sind die hydrodynamischen Kapillarwellen, für die $\omega^2 = \alpha k^3/\varrho \approx \alpha_0 k^3/\varrho$ (ϱ Flüssigkeitsdichte) ist. Deshalb gilt

$$\alpha = \alpha_0 - \frac{\hbar}{4\pi}\left(\frac{\varrho}{\alpha_0}\right)^{2/3}\int_0^\infty \frac{\omega^{4/3}\,d\omega}{e^{\hbar\omega/T} - 1}$$

(die schnelle Konvergenz des Integrals erlaubt es, die obere Grenze durch unendlich zu ersetzen). Die Berechnung des Integrals (s. Fußnote in V, § 58) führt auf das Ergebnis

$$\alpha = \alpha_0 - \frac{T^{7/3}\varrho^{2/3}}{4\pi\hbar^{4/3}\alpha_0^{2/3}} \Gamma\left(\frac{7}{3}\right) \zeta\left(\frac{7}{3}\right) = \alpha_0 - 0{,}13 \frac{T^{7/3}\varrho^{2/3}}{\hbar^{4/3}\alpha_0^{2/3}}.$$

Dieses Resultat bezieht sich auf flüssiges He^4 bei so tiefen Temperaturen, daß man die ganze Masse der Flüssigkeit als superfluid annehmen kann.[1]

2. Es ist das Dispersionsgesetz $\varepsilon_{\text{verun}}(\boldsymbol{p})$ für die Verunreinigungsatome in einer sich bewegenden superfluiden Flüssigkeit zu bestimmen, wenn dieses Gesetz $\varepsilon^{(0)}_{\text{verun}}(p)$ in der ruhenden Flüssigkeit bekannt ist (J. Bardeen, G. Baym, D. Pines, 1967).

Lösung. Nachdem man zu der ruhenden Flüssigkeit (bei $T = 0$) ein Verunreinigungsatom (mit der Masse m) mit dem Impuls $\boldsymbol{p}_0$ hinzugefügt hat, sind ihre Energie und ihr Impuls (in dem Koordinatensystem, in welchem die Flüssigkeit anfangs ruhte) gegeben durch $E_0 = \varepsilon^{(0)}_{\text{verun}}(p_0)$ und $\boldsymbol{P}_0 = \boldsymbol{p}_0$. In dem Koordinatensystem, in dem sich die Flüssigkeit mit der Geschwindigkeit $\boldsymbol{v}$ bewegt, haben wir nach (23,1):

$$E = \varepsilon^{(0)}_{\text{verun}}(p_0) + \boldsymbol{p}_0\boldsymbol{v} + \frac{1}{2}(M + m)\, v^2, \quad \boldsymbol{P} = \boldsymbol{p}_0 + (M + m)\,\boldsymbol{v}.$$

Hieraus entnimmt man, daß die Änderungen der Energie und des Impulses der sich bewegenden Flüssigkeit beim Hinzufügen des Fremdatoms gleich

$$\varepsilon_{\text{verun}} = \varepsilon^{(0)}_{\text{verun}}(p_0) + \boldsymbol{p}_0\boldsymbol{v} + \frac{mv^2}{2}, \quad \boldsymbol{p} = \boldsymbol{p}_0 + m\boldsymbol{v}$$

sind. Wenn wir $\varepsilon_{\text{verun}}$ durch $\boldsymbol{p}$ ausdrücken, finden wir:

$$\varepsilon_{\text{verun}}(\boldsymbol{p}) = \varepsilon^{(0)}_{\text{verun}}(\boldsymbol{p} - m\boldsymbol{v}) + \boldsymbol{p}\boldsymbol{v} - \frac{mv^2}{2}.$$

Bei kleinen Werten von v erhalten wir für das Spektrum $\varepsilon^{(0)}_{\text{verun}}(p)$ der Form (23,9) einschließlich Glieder erster Ordnung

$$\varepsilon_{\text{verun}}(\boldsymbol{p}) = \frac{p^2}{2m^*_{\text{verun}}} + \boldsymbol{v}\boldsymbol{p}\left(1 - \frac{m}{m^*_{\text{verun}}}\right).$$

§ 24. Phononen in einer Flüssigkeit

Beim Übergang vom klassischen Bild der Schallwellen zur quantentheoretischen Vorstellung von den Phononen werden die hydrodynamischen Größen (die Dichte, die Geschwindigkeit der Flüssigkeit, usw.) durch Operatoren ersetzt, die durch die Erzeugungs- und Vernichtungsoperatoren $\hat{c}_k^+$ und $\hat{c}_k$ der Phononen ausgedrückt werden. Wir wollen die Formeln ableiten, die diese Ausdrücke wiedergeben.

Zunächst erinnern wir daran, daß bei der klassischen Beschreibung einer Schallwelle die Dichte der Flüssigkeit kleine Schwingungen mit Frequenzen und Wellenzahlvektoren ausführt, welche über die Beziehung $\omega = uk$ miteinander verknüpft sind. Eine Größe der gleichen Größenordnung wie der veränderliche Teil der Dichte $\varrho' = \varrho - \varrho_0$ (ϱ_0 ist der Gleichgewichtswert der Dichte) ist die Geschwindigkeit $\boldsymbol{v}$ der Flüssigkeit. Die Bewegung

[1] In einer Fermi-Flüssigkeit (flüssiges He^3) existieren Kapillarwellen des betrachteten Typs (wie auch die Volumenwellen des gewöhnlichen Schalles) nicht, weil die Zähigkeit bei $T \to 0$ unbeschränkt anwächst.

der Flüssigkeit in der Welle hat Potentialcharakter, d. h., sie kann mit Hilfe des skalaren Geschwindigkeitspotentials φ beschrieben werden, das die Geschwindigkeit als

$$\boldsymbol{v} = \nabla\varphi \tag{24,1}$$

bestimmt. Geschwindigkeit und Dichte hängen durch die Kontinuitätsgleichung $\partial\varrho'/\partial t = -\operatorname{div}(\varrho\boldsymbol{v}) \approx -\varrho_0 \operatorname{div} \boldsymbol{v}$ zusammen bzw. durch

$$\frac{\partial\varrho'}{\partial t} = -\varrho_0 \Delta\varphi. \tag{24,2}$$

Die Energie der Flüssigkeit in der Schallwelle wird durch das Integral

$$E = \int \left(\frac{\varrho_0 v^2}{2} + \frac{u^2 \varrho'^2}{2\varrho_0} \right) \mathrm{d}^3x \tag{24,3}$$

gegeben. Das erste Glied im Integranden ist die Dichte der kinetischen und das zweite die Dichte der inneren Energie der Flüssigkeit; beide sind quadratisch in den kleinen Größen $\boldsymbol{v}$ und ϱ'.

Die nun folgende Quantisierungsprozedur könnte man völlig analog dazu durchführen, wie das für die Phononen in festen Kristallen getan wurde (s. V, § 72). Wir wählen hier aber einen anderen Weg, der einige lehrreiche methodische Momente aufweist. Zunächst betrachten wir die Operatoren für Dichte und Geschwindigkeit der Flüssigkeit, ausgedrückt durch mikroskopische Veränderliche — durch die Teilchenkoordinaten.

In der klassischen Theorie können die Dichte ϱ und die Dichte des Massenstromes $\boldsymbol{j}$ als die Summen

$$\varrho(\boldsymbol{r}) = \sum_a m_a \,\delta(\boldsymbol{r}_a - \boldsymbol{r}), \quad \boldsymbol{j}(\boldsymbol{r}) = \sum_a \boldsymbol{p}_a \,\delta(\boldsymbol{r}_a - \boldsymbol{r})$$

dargestellt werden, dabei wird über alle Teilchen summiert ($\boldsymbol{r}_a$ und $\boldsymbol{p}_a$ sind die Ortsvektoren bzw. die Impulse der Teilchen). Die Integrale dieser Funktionen über irgendein Volumen geben die Gesamtmasse und den Gesamtimpuls der Flüssigkeit in diesem Volumen. Beim Übergang zur Quantentheorie werden diese Funktionen durch die entsprechenden Operatoren ersetzt. Der Dichteoperator hat die Form

$$\hat{\varrho}(\boldsymbol{r}) = \sum_a m_a \,\delta(\boldsymbol{r}_a - \boldsymbol{r}) \tag{24,4}$$

und der Operator der Stromdichte

$$\hat{\boldsymbol{j}}(\boldsymbol{r}) = \frac{1}{2} \sum_a \{\hat{\boldsymbol{p}}_a \,\delta(\boldsymbol{r}_a - \boldsymbol{r}) + \delta(\boldsymbol{r}_a - \boldsymbol{r})\, \hat{\boldsymbol{p}}_a\}. \tag{24,5}$$

Dabei ist $\hat{\boldsymbol{p}}_a = -i\hbar \nabla_a$ der Impulsoperator eines Teilchens.[1])

Wir wollen die Vertauschungsregeln für die Operatoren $\hat{\boldsymbol{j}}(\boldsymbol{r})$ und $\hat{\varrho}(\boldsymbol{r}')$, genommen in den Punkten $\boldsymbol{r}$ und $\boldsymbol{r}'$, bestimmen. Dabei braucht man der Kürze halber nur ein Glied in den Summen (24,4—5) zu betrachten, weil Operatoren, die verschiedenen Teilchen ent-

[1]) Das System möge der Einfachheit halber aus insgesamt nur einem Teilchen bestehen. Die Mittelung des Operators $\hat{\varrho}(\boldsymbol{r}) = m\,\delta(\boldsymbol{r}_1 - \boldsymbol{r})$ über den Zustand mit der Wellenfunktion $\psi(\boldsymbol{r}_1)$ gibt $\int \psi^*(\boldsymbol{r}_1)\, \hat{\varrho}\psi(\boldsymbol{r}_1)\, \mathrm{d}^3x_1 = m\,|\psi(\boldsymbol{r})|^2$, wie es auch sein muß. Auf analoge Weise gibt die Mittelung des Operators $\hat{\boldsymbol{j}}(\boldsymbol{r})$ den richtigen Ausdruck für die Stromdichte

$$(\hbar/2i)\,\{\psi^*(\boldsymbol{r})\nabla\psi(\boldsymbol{r}) - \psi(\boldsymbol{r})\nabla\psi^*(\boldsymbol{r})\}.$$

sprechen, miteinander kommutieren. Wenn man den Kommutator explizit aufschreibt, werden die Operatoren der Form $\delta(\boldsymbol{r}_1 - \boldsymbol{r})\,\nabla_1\delta(\boldsymbol{r}_1 - \boldsymbol{r}')$ auf folgende Weise transformiert:

$$\delta(\boldsymbol{r}_1 - \boldsymbol{r})\,\nabla_1\delta(\boldsymbol{r}_1 - \boldsymbol{r}') = \delta(\boldsymbol{r}_1 - \boldsymbol{r})\,(\nabla\delta(\boldsymbol{r} - \boldsymbol{r}')) + \delta(\boldsymbol{r}_1 - \boldsymbol{r})\,\delta(\boldsymbol{r}_1 - \boldsymbol{r}')\,\nabla_1.$$

Dabei bedeutet im ersten Glied $(\nabla\delta(\boldsymbol{r} - \boldsymbol{r}'))$ einfach den Gradienten der δ-Funktion; weil in diesem Glied der Faktor $\delta(\boldsymbol{r}_1 - \boldsymbol{r})$ vorkommt, kann man in ihm $(\nabla\delta(\boldsymbol{r} - \boldsymbol{r}'))$ an Stelle von $(\nabla_1\delta(\boldsymbol{r}_1 - \boldsymbol{r}'))$ schreiben. Wir erhalten dann

$$\hat{\boldsymbol{j}}(\boldsymbol{r})\,\hat{\varrho}(\boldsymbol{r}') - \hat{\varrho}(\boldsymbol{r}')\,\hat{\boldsymbol{j}}(\boldsymbol{r}) = -i\hbar\hat{\varrho}(\nabla\delta(\boldsymbol{r} - \boldsymbol{r}')). \tag{24,6}$$

Nun führen wir an Stelle von $\hat{\boldsymbol{j}}$ den Operator für die Geschwindigkeit $\boldsymbol{v}$ der Flüssigkeit nach der Definition

$$\hat{\boldsymbol{j}} = \frac{1}{2}(\hat{\varrho}\hat{\boldsymbol{v}} + \hat{\boldsymbol{v}}\hat{\varrho})$$

ein. Die Vertauschungsregel für die Operatoren $\hat{\varrho}$ und $\hat{\boldsymbol{v}}$ ist durch die Forderung bestimmt, daß man für den Kommutator von $\hat{\varrho}$ und $\hat{\boldsymbol{j}}$ den Ausdruck (24,6) erhält. Es ist leicht nachzuprüfen, daß man zu diesem Zweck

$$\hat{\boldsymbol{v}}(\boldsymbol{r})\,\hat{\varrho}(\boldsymbol{r}') - \hat{\varrho}(\boldsymbol{r}')\,\hat{\boldsymbol{v}}(\boldsymbol{r}) = -i\hbar(\nabla\delta(\boldsymbol{r} - \boldsymbol{r}'))$$

setzen muß (dabei muß man die Vertauschbarkeit der Operatoren $\hat{\varrho}(\boldsymbol{r})$ und $\hat{\varrho}(\boldsymbol{r}')$ beachten). Wenn wir schließlich $\hat{\boldsymbol{v}}(\boldsymbol{r}) = \nabla\hat{\varphi}(\boldsymbol{r})$ setzen, erhalten wir die Vertauschungsregel für die Operatoren der Dichte und des Geschwindigkeitspotentials:

$$\hat{\varphi}(\boldsymbol{r})\,\hat{\varrho}'(\boldsymbol{r}') - \hat{\varrho}'(\boldsymbol{r}')\,\hat{\varphi}(\boldsymbol{r}) = -i\hbar\,\delta(\boldsymbol{r} - \boldsymbol{r}') \tag{24,7}$$

(an Stelle von $\hat{\varrho}$ kann man natürlich hier den Operator $\hat{\varrho}' = \hat{\varrho} - \varrho_0$ des veränderlichen Teils der Dichte schreiben). Die Regel (24,7) ist analog der Vertauschungsregel für die Koordinate und den Impuls eines Teilchens; in diesem Sinne spielen die Größen ϱ' und φ in dem gegebenen Fall die Rolle von kanonisch konjugierten, verallgemeinerten „Koordinaten" und „Impulsen".

Nachdem wir die Ausdrücke (24,4—5) benutzten, um die Regel (24,7) aufzustellen, schreiben wir jetzt die Operatoren $\hat{\varphi}$ und ϱ' in der Darstellung der zweiten Quantelung (d. h., wir drücken sie durch die Erzeugungs- und Vernichtungsoperatoren der Phononen aus) und fordern dabei, daß sie die Regel (24,7) erfüllen. Dazu schreiben wir

$$\hat{\varphi}(\boldsymbol{r}) = \frac{1}{\sqrt{V}}\sum_{\boldsymbol{k}}(A_{\boldsymbol{k}}\hat{c}_{\boldsymbol{k}}e^{i\boldsymbol{k}\boldsymbol{r}} + A_{\boldsymbol{k}}^*\hat{c}_{\boldsymbol{k}}^+e^{-i\boldsymbol{k}\boldsymbol{r}})$$

mit zunächst noch unbestimmten Koeffizienten $A_{\boldsymbol{k}}$. Summiert wird hier über alle Werte des Wellenzahlvektors für die Flüssigkeit in einem großen, aber endlichen Volumen V.[1]) Die Operatoren $\hat{c}_{\boldsymbol{k}}$, $\hat{c}_{\boldsymbol{k}}^+$ genügen den Bose-Vertauschungsregeln

$$\hat{c}_{\boldsymbol{k}}\hat{c}_{\boldsymbol{k}'}^+ - \hat{c}_{\boldsymbol{k}'}^+\hat{c}_{\boldsymbol{k}} = \delta_{\boldsymbol{k}\boldsymbol{k}'}. \tag{24,8}$$

---

[1]) Zum Unterschied von den ψ-Operatoren der Teilchen ist der Operator der reellen Größe φ hermitesch und enthält gleichzeitig Erzeugungs- und Vernichtungsoperatoren der Phononen. Wir erinnern daran, daß diese Eigenschaft (wie auch die gleiche Eigenschaft der Feldoperatoren in der Quantenelektrodynamik) damit zusammenhängt, daß die Zahl der „Teilchen" in dem Phononenfeld nicht erhalten bleibt.

Wir erinnern daran, daß die von Null verschiedenen Matrixelemente dieser Operatoren

$$\langle n_k - 1 | \hat{c}_k | n_k \rangle = \langle n_k | \hat{c}_k^+ | n_k - 1 \rangle = \sqrt{n_k} \qquad (24,9)$$

sind, dabei ist n_k die Besetzungszahl der Phononenzustände.

Für das Weitere werden wir aber nicht den SCHRÖDINGER-Operator $\hat{\varphi}(\boldsymbol{r})$, sondern den HEISENBERG-Operator $\hat{\varphi}(t, \boldsymbol{r})$ benötigen. Man erhält ihn dadurch aus $\hat{\varphi}(\boldsymbol{r})$, daß man den Faktor exp $(\pm i\omega t)$ mit den Frequenzen $\omega = uk$ in jedem Summenglied einführt:

$$\hat{\varphi}(t, \boldsymbol{r}) = \frac{1}{\sqrt{V}} \sum_{\boldsymbol{k}} (A_{\boldsymbol{k}} \hat{c}_{\boldsymbol{k}} \mathrm{e}^{i(\boldsymbol{kr} - kut)} + A_{\boldsymbol{k}}^* \hat{c}_{\boldsymbol{k}}^+ \mathrm{e}^{-i(\boldsymbol{kr} - kut)})$$

(vgl. das hierzu am Anfang des § 9 für die ψ-Operatoren Gesagte). Der Operator der Dichte $\hat{\varrho}'(t, \boldsymbol{r})$ muß mit dem Operator $\hat{\varphi}(t, \boldsymbol{r})$ durch die Beziehung (24,2) verknüpft sein, er wird deshalb durch die gleiche Summe mit dem Faktor $iA_{\boldsymbol{k}}\varrho_0 k/u$ an Stelle von $A_{\boldsymbol{k}}$ gegeben. Danach müssen die Faktoren $A_{\boldsymbol{k}}$ so definiert werden, daß die Vertauschungsregel (24,7) erfüllt ist. Man erhält insgesamt die folgenden Ausdrücke:

$$\begin{aligned} \hat{\varphi}(t, \boldsymbol{r}) &= \sum_{\boldsymbol{k}} \left(\frac{\hbar u}{2V\varrho_0 k}\right)^{1/2} (\hat{c}_{\boldsymbol{k}} \mathrm{e}^{i(\boldsymbol{kr} - ukt)} + \hat{c}_{\boldsymbol{k}}^+ \mathrm{e}^{-i(\boldsymbol{kr} - ukt)}), \\ \hat{\varrho}'(t, \boldsymbol{r}) &= \sum_{\boldsymbol{k}} i \left(\frac{\varrho_0 \hbar k}{2Vu}\right)^{1/2} (\hat{c}_{\boldsymbol{k}} \mathrm{e}^{i(\boldsymbol{kr} - ukt)} - \hat{c}_{\boldsymbol{k}}^+ \mathrm{e}^{-i(\boldsymbol{kr} - ukt)}). \end{aligned} \qquad (24,10)$$

Denn wenn wir diese Ausdrücke auf der linken Seite der Regel (24,7) einsetzen, erhalten wir unter Beachtung von (24,8) die geforderte δ-Funktion:

$$-i\hbar \frac{1}{V} \sum_{\boldsymbol{k}} (\hat{c}_{\boldsymbol{k}} \hat{c}_{\boldsymbol{k}}^+ - \hat{c}_{\boldsymbol{k}}^+ \hat{c}_{\boldsymbol{k}}) \mathrm{e}^{i\boldsymbol{k}(\boldsymbol{r} - \boldsymbol{r}')}$$

$$= -\frac{i\hbar}{V} \sum_{\boldsymbol{k}} \mathrm{e}^{i\boldsymbol{k}(\boldsymbol{r} - \boldsymbol{r}')} \rightarrow -\frac{i\hbar}{V} \int \mathrm{e}^{i\boldsymbol{k}(\boldsymbol{r} - \boldsymbol{r}')} \frac{V\,\mathrm{d}^3k}{(2\pi)^3} = -i\hbar\,\delta(\boldsymbol{r} - \boldsymbol{r}').$$

Man kann sich auch leicht davon überzeugen, daß der HAMILTON-Operator der Flüssigkeit, den man durch Substitution von $\hat{\boldsymbol{v}} = \nabla\hat{\varphi}$ und $\hat{\varrho}'$ an Stelle von $\boldsymbol{v}$ und ϱ' in das Integral (24,3) erhält, die Form

$$\hat{H} = \sum_{\boldsymbol{k}} u\hbar k \left(\hat{c}_{\boldsymbol{k}}^+ \hat{c}_{\boldsymbol{k}} + \frac{1}{2}\right)$$

hat, wie es auch sein muß. Seine Eigenwerte sind gleich $\sum u\hbar k(n_{\boldsymbol{k}} + 1/2)$ in Übereinstimmung mit dem Phononenbild, in dem die Phononen die Energie $\varepsilon = u\hbar k$ haben.

Der Ausdruck (24,3) für die Energie der Flüssigkeit in der Schallwelle ist das erste Glied (nach dem nullten) in der Entwicklung des exakten Ausdruckes

$$E = \int \left[\frac{\varrho v^2}{2} + \varrho e(\varrho)\right] \mathrm{d}^3x$$

(dabei ist $e(\varrho)$ die innere Energie der Masseneinheit der Flüssigkeit). Die Rolle des exakten HAMILTON-Operators der Flüssigkeit spielt dieses Integral, in dem $\boldsymbol{v}$ und ϱ durch die Operatoren $\hat{\boldsymbol{v}} = \nabla\hat{\varphi}$ und $\hat{\varrho} = \varrho_0 + \hat{\varrho}'$ mit $\hat{\varphi}$ und $\hat{\varrho}'$ aus (24,10) zu ersetzen sind:

$$\hat{H} = \int \left[\frac{\hat{\boldsymbol{v}}\hat{\varrho}\hat{\boldsymbol{v}}}{2} + \hat{\varrho}e(\hat{\varrho})\right] \mathrm{d}^3x \qquad (24,11)$$

(der Operator der kinetischen Energie ist in symmetrisierter Form $\hat{v}\hat{\varrho}\hat{v}/2$ geschrieben, damit er hermitesch ist). Dabei ist wesentlich, daß ϱ und φ kanonisch konjugierte „verallgemeinerte Koordinaten und Impulse" sind, durch die der HAMILTON-Operator ausgedrückt werden kann. Das entnimmt man daraus, daß die Vertauschungsregel (24,7), welche die Operatoren (24,10) befriedigen, exakt ist — bei ihrer Ableitung wurde nirgends benutzt, daß die Schwingungen klein sind.

Die Glieder höherer Ordnung (der dritten usw.) in der Entwicklung dieses HAMILTON-Operators drücken die Anharmonizität der Schallschwingungen aus, in der Sprechweise des Phononenbildes beschreiben sie die Wechselwirkung der Phononen. Diese Glieder haben Matrixelemente für Übergänge mit gleichzeitiger Änderung mehrerer Besetzungszahlen der Phononen und spielen dadurch die Rolle einer Störung, die verschiedene Streu- und Zerfallsprozesse der Phononen hervorruft. Dabei haben die Matrixelemente der Operatoren $\hat{c}_k$ und $\hat{c}_k^+$ natürlich die frühere Gestalt (24,9), weil (wie das in der Störungstheorie immer gemacht wird) die Darstellung benutzt wird, in der der ungestörte HAMILTON-Operator diagonal ist. Wir geben nun die Glieder dritter und vierter Ordnung an:

$$\hat{H}^{(3)} = \int \left[\frac{\hat{v}\hat{\varrho}'\hat{v}}{2} + \left(\frac{\mathrm{d}}{\mathrm{d}\varrho_0} \frac{u^2}{\varrho_0} \right) \frac{\hat{\varrho}'^3}{6} \right] \mathrm{d}^3x, \tag{24,12}$$

$$\hat{H}^{(4)} = \frac{1}{24} \left(\frac{\mathrm{d}^2}{\mathrm{d}\varrho_0^2} \frac{u^2}{\varrho_0} \right) \int \hat{\varrho}'^4 \, \mathrm{d}^3x. \tag{24,13}$$

§ 25. Das entartete, fast ideale BOSE-Gas

Die wesentlichen Eigenschaften des Energiespektrums vom BOSE-Typ werden an dem Modell eines schwach nichtidealen BOSE-Gases bei Temperaturen nahe Null besonders deutlich. Dieses Modell wird im vorliegenden Paragraphen analog dazu betrachtet, wie das im § 6 für das FERMI-Gas getan wurde.[1]) Alles das, was im § 6 im Zusammenhang mit der allgemeinen Charakteristik von Modellen entarteter, fast idealer Gase gesagt wurde, gilt auch für den hier betrachteten Fall. Die Bedingung dafür, daß das Gas schwach nichtideal ist (für den Gasparameter gilt $a(N/V)^{1/3} \ll 1$; a ist die Streulänge), kann insbesondere wie früher in Form der Bedingung formuliert werden, daß die Impulse der Teilchen klein sind: $pa/\hbar \ll 1$ (6,1).[2])

Der HAMILTON-Operator eines Systems von paarweise miteinander wechselwirkenden Bosonen (die wir als spinlos voraussetzen wollen) hat eine Form, die sich von (6,6) nur dadurch unterscheidet, daß die Spinindizes fehlen:

$$\hat{H} = \sum \frac{p^2}{2m} \hat{a}_p^+ \hat{a}_p + \frac{1}{2} \sum \langle \boldsymbol{p}_1' \boldsymbol{p}_2' | U | \boldsymbol{p}_1 \boldsymbol{p}_2 \rangle \, \hat{a}_{p_1'}^+ \hat{a}_{p_2'}^+ \hat{a}_{p_2} \hat{a}_{p_1} \tag{25,1}$$

---

[1]) Die unten dargestellte Methode stammt von N. N. BOGOLJUBOW (1947). Die Anwendung dieser Methode durch ihn auf das BOSE-Gas war das erste Beispiel für eine konsequente mikroskopische Ableitung des Energiespektrums von „Quantenflüssigkeiten".

[2]) Wir werden unten sehen, daß in einem entarteten BOSE-Gas die hauptsächliche Masse der Teilchen (außerhalb des „Kondensats") Impulse $p \sim \hbar \sqrt{aN/V}$ hat, für die die angegebene Ungleichung wirklich gilt.

(es wird über alle Impulse summiert, die als Indizes auftreten). Die Erzeugungs- und Vernichtungsoperatoren der Teilchen genügen nun den Vertauschungsregeln

$$\hat{a}_p \hat{a}_p^+ - \hat{a}_p^+ \hat{a}_p = 1 .$$

Wie im § 6 ersetzen wir, in Übereinstimmung mit der Annahme, daß die Impulse klein sein sollen, alle Matrixelemente in (25,1) durch ihre Werte bei verschwindenden Impulsen; dann ist

$$\hat{H} = \sum \frac{p^2}{2m} \hat{a}_p^+ \hat{a}_p + \frac{U_0}{2V} \sum \hat{a}_{p_1'}^+ \hat{a}_{p_2'}^+ \hat{a}_{p_2} \hat{a}_{p_1} . \tag{25,2}$$

Den Ausgangspunkt für die Anwendung der Störungstheorie auf diesen HAMILTON-Operator liefert die folgende Bemerkung. Im Grundzustand des idealen BOSE-Gases befinden sich alle Teilchen in einem *Kondensat* — in einem Zustand mit verschwindender Energie; die Besetzungszahl ist $N_{p=0} \equiv N_0 = N$, $N_p = 0$ mit $p \neq 0$ (s. V, § 62). In einem fast idealen Gas sind im Grundzustand und in den schwach angeregten Zuständen die Zahlen N_p von Null verschieden, aber sehr klein im Vergleich zu der makroskopisch großen Zahl N_0. Die Tatsache, daß die Größe $\hat{a}_0^+ \hat{a}_0 = N_0 \approx N$ sehr groß gegenüber eins ist, bedeutet, daß der Ausdruck

$$\hat{a}_0 \hat{a}_0^+ - \hat{a}_0^+ \hat{a}_0 = 1$$

klein im Vergleich zu den Größen $\hat{a}_0$ und $\hat{a}_0^+$ selbst ist, deshalb kann man die letzteren als gewöhnliche Zahlen (gleich $\sqrt{N_0}$) betrachten und ihre Nichtvertauschbarkeit vernachlässigen.

Die Anwendung der Störungstheorie bedeutet jetzt formal die Entwicklung der vierfachen Summe in (25,2) nach Potenzen der kleinen Größen $\hat{a}_p$, $\hat{a}_p^+$ ($p \neq 0$). Das nullte Glied der Entwicklung ist gleich

$$\hat{a}_0^+ \hat{a}_0^+ \hat{a}_0 \hat{a}_0 = a_0^4 . \tag{25,3}$$

Die Glieder erster Ordnung fehlen (wegen der Unmöglichkeit, bei ihnen den Impulserhaltungssatz zu erfüllen). Die Glieder zweiter Ordnung sind

$$a_0^2 \sum_{p \neq 0} (\hat{a}_p \hat{a}_{-p} + \hat{a}_p^+ \hat{a}_{-p}^+ + 4 \hat{a}_p^+ \hat{a}_p) . \tag{25,4}$$

Wenn man sich darauf beschränkt, nur die Glieder bis einschließlich der zweiten Ordnung zu berücksichtigen, kann man in (25,4) $a_0^2 = N_0$ durch die Gesamtzahl der Teilchen N ersetzen. In dem Glied (25,3) muß man die genauere Beziehung

$$a_0^2 + \sum_{p \neq 0} \hat{a}_p^+ \hat{a}_p = N$$

berücksichtigen. Insgesamt wird die Summe der Glieder (25,3—4) gleich

$$N^2 + N \sum_{p \neq 0} (\hat{a}_p \hat{a}_{-p} + \hat{a}_p^+ \hat{a}_{-p}^+ + 2 \hat{a}_p^+ \hat{a}_p) ,$$

und wenn wir das in (25,2) einsetzen, erhalten wir folgenden Ausdruck für den HAMILTON-Operator:

$$\hat{H} = \frac{N^2}{2V} U_0 + \sum_p \frac{p^2}{2m} \hat{a}_p^+ \hat{a}_p + \frac{N}{2V} U_0 \sum_{p \neq 0} (\hat{a}_p \hat{a}_{-p} + \hat{a}_p^+ \hat{a}_{-p}^+ + 2 \hat{a}_p^+ \hat{a}_p) . \tag{25,5}$$

Das erste Glied dieses Ausdruckes bestimmt in erster Näherung die Energie E_0 des Grundzustandes des Gases, und ihre Ableitung nach N ist das chemische Potential μ bei $T = 0$:

$$E_0 = \frac{N^2}{2V} U_0, \quad \mu = \frac{N}{V} U_0. \tag{25,6}$$

Die restlichen Glieder in (25,5) bestimmen die Korrektur zu E_0 und das Spektrum der schwach angeregten Zustände des Gases.

Das in (25,5) eingehende Integral U_0 muß noch durch eine reale physikalische Größe ausgedrückt werden — durch die Streulänge a. In den Gliedern zweiter Ordnung kann das direkt nach Formel (6,2) geschehen: $U_0 = 4\pi\hbar^2 a/m$. Im ersten Glied muß man die genauere Formel (6,5) verwenden, die die zweite BORNsche Näherung in der Streuamplitude berücksichtigt. Dabei handelt es sich um Stöße von zwei Teilchen des Kondensats, dementsprechend muß man in der Summe in (6,5) $\boldsymbol{p}_1 = \boldsymbol{p}_2 = 0$, $\boldsymbol{p}_1' = -\boldsymbol{p}_2' = \boldsymbol{p}$ setzen, so daß gilt:

$$U_0 = \frac{4\pi\hbar^2 a}{m}\left(1 + \frac{4\pi\hbar^2 a}{V} \sum_{\boldsymbol{p}\neq 0} \frac{1}{p^2}\right).$$

Wenn wir das in (25,5) einsetzen, erhalten wir für den HAMILTON-Operator

$$\hat{H} = \frac{2\pi\hbar^2 a}{m} \frac{N^2}{V}\left(1 + \frac{4\pi\hbar^2 a}{V} \sum_{\boldsymbol{p}\neq 0} \frac{1}{p^2}\right)$$
$$+ \frac{2\pi\hbar^2 a}{m} \frac{N}{V} \sum_{\boldsymbol{p}\neq 0} (\hat{a}_{\boldsymbol{p}}\hat{a}_{-\boldsymbol{p}} + \hat{a}_{\boldsymbol{p}}^+\hat{a}_{-\boldsymbol{p}}^+ + 2\hat{a}_{\boldsymbol{p}}^+\hat{a}_{\boldsymbol{p}}) + \sum_{\boldsymbol{p}} \frac{p^2}{2m} \hat{a}_{\boldsymbol{p}}^+\hat{a}_{\boldsymbol{p}}. \tag{25,7}$$

Um die Energieniveaus zu bestimmen, muß man den HAMILTON-Operator auf Diagonalform bringen, das kann durch eine lineare Transformation der Operatoren $\hat{a}_{\boldsymbol{p}}$, $\hat{a}_{\boldsymbol{p}}^+$ geschehen. Wir führen die neuen Operatoren $\hat{b}_{\boldsymbol{p}}$, $\hat{b}_{\boldsymbol{p}}^+$ nach der Definition

$$a_{\boldsymbol{p}} = u_p\hat{b}_{\boldsymbol{p}} + v_p\hat{b}_{-\boldsymbol{p}}^+, \quad \hat{a}_{\boldsymbol{p}}^+ = u_p\hat{b}_{\boldsymbol{p}}^+ + v_p\hat{b}_{-\boldsymbol{p}}$$

ein, wobei wir fordern, daß sie die folgenden Vertauschungsregeln erfüllen:

$$\hat{b}_{\boldsymbol{p}}\hat{b}_{\boldsymbol{p}'} - \hat{b}_{\boldsymbol{p}'}\hat{b}_{\boldsymbol{p}} = 0, \quad \hat{b}_{\boldsymbol{p}}\hat{b}_{\boldsymbol{p}'}^+ - \hat{b}_{\boldsymbol{p}'}^+\hat{b}_{\boldsymbol{p}} = \delta_{\boldsymbol{p}\boldsymbol{p}'}.$$

Das sind die gleichen Vertauschungsregeln wie für die Operatoren $\hat{a}_{\boldsymbol{p}}$, $\hat{a}_{\boldsymbol{p}}^+$. Es ist leicht zu sehen, daß dazu $u_p^2 - v_p^2 = 1$ gelten muß. Wir berücksichtigen das, indem wir die lineare Transformation als

$$\hat{a}_{\boldsymbol{p}} = \frac{\hat{b}_{\boldsymbol{p}} + L_p\hat{b}_{-\boldsymbol{p}}^+}{\sqrt{1 - L_p^2}}, \qquad \hat{a}_{\boldsymbol{p}}^+ = \frac{\hat{b}_{\boldsymbol{p}}^+ + L_p\hat{b}_{-\boldsymbol{p}}}{\sqrt{1 - L_p^2}} \tag{25,8}$$

schreiben. Die Größe L_p muß man so definieren, daß in dem HAMILTON-Operator die nichtdiagonalen Glieder ($\hat{b}_{\boldsymbol{p}}\hat{b}_{-\boldsymbol{p}}$, $\hat{b}_{\boldsymbol{p}}^+\hat{b}_{-\boldsymbol{p}}^+$) herausfallen. Eine einfache Rechnung ergibt

$$L_p = \frac{1}{mu^2}\left\{\varepsilon(p) - \frac{p^2}{2m} - mu^2\right\}. \tag{25,9}$$

Dabei sind die Bezeichnungen

$$\varepsilon(p) = \left[u^2p^2 + \left(\frac{p^2}{2m}\right)^2\right]^{1/2}, \tag{25,10}$$

$$u = \left(\frac{4\pi\hbar^2 aN}{m^2 V}\right)^{1/2} \tag{25,11}$$

eingeführt. Der HAMILTON-Operator nimmt dann die Form

$$\hat{H} = E_0 + \sum_{p\neq 0} \varepsilon(p)\, \hat{b}_p^+ \hat{b}_p \tag{25,12}$$

an, wobei

$$E_0 = \frac{N}{2} mu^2 + \frac{1}{2} \sum_{p\neq 0} \left\{\varepsilon(p) - \frac{p^2}{2m} - mu^2 + \frac{m^3u^4}{p^2}\right\} \tag{25,13}$$

ist.

Die Gestalt des HAMILTON-Operators (25,12) und die BOSEschen Vertauschungsrelationen für die Operatoren $\hat{b}_p$, $\hat{b}_p^+$ erlauben den Schluß, daß $\hat{b}_p^+$ und $\hat{b}_p$ die Erzeugungs- und Vernichtungsoperatoren von Quasiteilchen mit der Energie $\varepsilon(p)$ sind, die der BOSE-Statistik genügen. Die Eigenwerte des diagonalen Operators $\hat{b}_p^+\hat{b}_p$ sind die Zahlen n_p der Quasiteilchen mit dem Impuls $\boldsymbol{p}$, und die Formel (25,10) bestimmt die Abhängigkeit ihrer Energie vom Impuls (die Besetzungszahlen der Quasiteilchen bezeichnen wir wieder mit n_p, zum Unterschied von den Besetzungszahlen N_p der echten Gasteilchen). Dadurch ist das Energiespektrum der schwach angeregten Zustände des betrachteten Gases völlig bestimmt.

Die Größe E_0 ist die Energie des Grundzustandes des Gases. Wenn wir die Summation über die diskreten Werte $\boldsymbol{p}$ (im Volumen V) durch eine Integration über $V\, d^3p/(2\pi\hbar)^3$ ersetzen und den Ausdruck berechnen, erhalten wir

$$E_0 = \frac{2\pi\hbar^2 aN^2}{mV}\left[1 + \frac{128}{15}\sqrt{\frac{a^3N}{\pi V}}\right] \tag{25,14}$$

(T. D. LEE, C. N. YANG, 1957). Für das chemische Potential des Gases (bei $T = 0$) finden wir dementsprechend

$$\mu = \frac{\partial E_0}{\partial N} = \frac{4\pi\hbar^2 aN}{mV}\left[1 + \frac{32}{3}\sqrt{\frac{a^3N}{\pi V}}\right]. \tag{25,15}$$

Diese Formeln stellen die ersten beiden Glieder einer Entwicklung nach Potenzen von $(a^3N/V)^{1/2}$ dar. Aber schon das nächste Glied kann auf die angegebene Art nicht berechnet werden. Es muß das Volumen als V^{-2} enthalten, und eine Größe dieser Ordnung hängt nicht nur von den zweifachen, sondern auch schon von den dreifachen Stößen ab.

Bei großen Impulswerten ($p \gg mu$) strebt die Energie der Quasiteilchen (25,10) gegen $p^2/2m$, d. h. gegen die kinetische Energie eines einzelnen Gasteilchens.

Bei kleinen Impulsen ($p \ll mu$) haben wir $\varepsilon \approx up$. Es ist leicht zu sehen, daß der Koeffizient u mit der Schallgeschwindigkeit im Gas zusammenfällt, so daß dieser Ausdruck Phononen entspricht, in Übereinstimmung mit den allgemeinen Behauptungen des § 22. Bei $T = 0$ fällt die freie Energie mit der Energie E zusammen, und wir finden, wenn wir das Hauptglied in der Entwicklung für die Energie nehmen, für den Druck

$$P = -\frac{\partial E}{\partial V} = \frac{2\pi\hbar^2 aN^2}{mV^2}.$$

Die Schallgeschwindigkeit erhält man als $u = \sqrt{\partial P/\partial \varrho}$ (dabei ist $\varrho = mN/V$ die Gasdichte), sie stimmt mit (25,11) überein.

Wir bemerken, daß in dem betrachteten Modell des Bose-Gases die Streulänge a unbedingt positiv sein muß (abstoßende Wechselwirkung zwischen den Teilchen). Das sieht man formal daran, daß in den erhaltenen Formeln für die Energie bei $a < 0$ imaginäre Glieder auftreten würden. Die thermodynamische Bedeutung der Bedingung $a > 0$ besteht darin, daß sie dazu notwendig ist, in dem gegebenen Modell des Bose-Gases die Ungleichung $(\partial P/\partial V)_T < 0$ zu erfüllen.

Die statistische Verteilung der Elementaranregungen (die Mittelwerte $\bar{n}_p$ ihrer Besetzungszahlen) bei von Null verschiedenen Temperaturen wird einfach durch die Formel für die Bose-Verteilung (22,2) gegeben. Die Verteilung $\bar{N}_p$ der echten Gasteilchen bezüglich der Impulse kann man berechnen, wenn man den Operator $\hat{a}_p^+\hat{a}_p$ mittelt. Wenn wir (25,8) benutzen und berücksichtigen, daß die Produkte $\hat{b}_{-p}\hat{b}_p$ und $\hat{b}_p^+\hat{b}_{-p}^+$ keine diagonalen Matrixelemente haben, erhalten wir

$$\bar{N}_p = \frac{\bar{n}_p + L_p^2(\bar{n}_p + 1)}{1 - L_p^2}. \tag{25,16}$$

Dieser Ausdruck ist natürlich nur bei $p \neq 0$ gültig. Die Anzahl von Teilchen mit Nullimpuls ist gleich

$$\bar{N}_0 = N - \sum_{p\neq 0} \bar{N}_p = N - \frac{V}{(2\pi\hbar)^3}\int \bar{N}_p \, d^3p. \tag{25,17}$$

Am absoluten Nullpunkt sind insbesondere alle $n_p = 0$, und mit Hilfe von (25,9) erhalten wir aus (25,16) die Verteilungsfunktion in der Gestalt[1])

$$N_p = \frac{m^2u^4}{2\varepsilon(p)\,\{\varepsilon(p) + p^2/2m + mu^2\}} \tag{25,18}$$

(bei $T = 0$ fallen die Mittelwerte von N_p mit den exakten Werten zusammen; deshalb haben wir den Strich über den Buchstaben weggelassen). Daß das Gas nicht ideal ist, führt natürlich dazu, daß Teilchen mit von Null verschiedenem Impuls auch am absoluten Nullpunkt auftreten; die Integration in (25,17) mit N_p aus (25,18) kann elementar ausgeführt werden, sie ergibt

$$N_0 = N\left[1 - \frac{8}{3}\sqrt{\frac{Na^3}{\pi V}}\right]. \tag{25,19}$$

Schließlich machen wir noch folgende Bemerkung bezüglich des hier erhaltenen Spektrums. Bei kleinen p ist die Ableitung $d^2\varepsilon/dp^2 > 0$, d. h., die Kurve $\varepsilon(p)$ biegt sich von der Anfangstangenten $\varepsilon = up$ nach oben. In solch einem Fall (s. unten § 34) entsteht eine Instabilität des Spektrums, die damit zusammenhängt, daß ein spontaner Zerfall der Quasiteilchen (der Phononen) möglich ist. Die entsprechende Breite der Niveaus ist aber gering (proportional zu p^5 bei kleinen p), die in den betrachteten Näherungen erhaltenen Ergebnisse werden davon nicht betroffen.

---

[1]) Wir bemerken, daß das Maximum für die Anzahl von Teilchen mit gegebenem Impuls ($\sim p^2N_p$) bei $p/\hbar \sim \sqrt{aN/V}$ liegt, wo der Übergang von dem einen Grenzausdruck für $\varepsilon(p)$ in den anderen stattfindet. Dieser Umstand wurde schon in der Fußnote 2 auf S. 99 erwähnt.

§ 26. Die Wellenfunktion des Kondensats

Wie schon im § 23 erwähnt wurde, geschieht das Auftreten oder Verschwinden der Superfluidität im flüssigen Helium durch einen Phasenübergang zweiter Art. Solch ein Übergang hängt immer mit irgendwelchen qualitativen Veränderungen der Eigenschaften des Körpers zusammen. Beim λ-Punkt des flüssigen Heliums kann diese Veränderung makroskopisch als das Auftreten oder Verschwinden der superfluiden Komponente der Flüssigkeit beschrieben werden. Von einem tieferen, mikroskopischen Standpunkt aus handelt es sich um bestimmte Eigenschaften der Impulsverteilung der (echten) Flüssigkeitsteilchen. In einer superfluiden Flüssigkeit hat, im Unterschied zu einer nicht superfluiden, ein endlicher Anteil der Teilchen (d. h. eine makroskopisch große Anzahl) einen streng verschwindenden Impuls; diese Teilchen bilden das Bose-Einstein-*Kondensat* (oder einfach das *Kondensat*) im Impulsraum. Wir erinnern daran, daß in einem idealen Bose-Gas bei $T = 0$ alle seine Teilchen in das Kondensat übergehen (s. V, § 62), in einem fast idealen Gas gehen nur fast alle Teilchen in das Kondensat über. Im allgemeinen Fall einer Bose-Flüssigkeit mit starker Wechselwirkung zwischen den Teilchen ist der relative Anteil von Teilchen im Kondensat bei $T = 0$ keinesfalls in der Nähe von eins.

Wir wollen zeigen, auf welche Weise die Eigenschaft der Bose-Einstein-Kondensation mit Hilfe der ψ-Operatoren formuliert werden kann.

Für ein ideales Bose-Gas — ein System von wechselwirkungsfreien Teilchen — schreibt man einen Heisenbergschen ψ-Operator explizit als[1])

$$\hat{\Psi}(t, \boldsymbol{r}) = \frac{1}{\sqrt{V}} \sum_{\boldsymbol{p}} \hat{a}_{\boldsymbol{p}} \exp\left\{\frac{i}{\hbar}\boldsymbol{p}\boldsymbol{r} - \frac{i}{\hbar}\frac{p^2}{2m}t\right\}. \tag{26,1}$$

Wie im § 25 erklärt wurde, kann man die Nichtvertauschbarkeit der Operatoren $\hat{a}_0$ und $\hat{a}_0^+$ vernachlässigen, d. h., man kann sie als klassische Größen betrachten. Mit anderen Worten, ein Teil des ψ-Operators (26,1) ist eine gewöhnliche Zahl, wir wollen ihn mit Ξ bezeichnen:

$$\hat{\Xi} = \frac{\hat{a}_0}{\sqrt{V}}. \tag{26,2}$$

Um diese Eigenschaft der ψ-Operatoren in dem allgemeinen Fall einer beliebigen Bose-Flüssigkeit zu formulieren, bemerken wir, daß, weil sich in dem Kondensat sowieso eine makroskopisch große Zahl von Teilchen befindet, die Änderung dieser Zahl um 1 die Zustände des Systems nicht wesentlich ändert; man kann sagen, daß das Hinzufügen (oder Entfernen) eines Teilchens zum (aus dem) Kondensat aus irgendeinem Zustand des Systems von N Teilchen „denselben" Zustand des Systems mit $N \pm 1$ Teilchen ergibt.[2]) Insbesondere bleibt der Grundzustand ein Grundzustand. Wenn wir mit $\hat{\Xi}$, $\hat{\Xi}^+$ den Teil der ψ-Operatoren bezeichnen, der die Zahl der Teilchen in dem Kondensat um 1 ändert, haben wir gemäß der Definition:

$$\hat{\Xi}\,|m, N+1\rangle = \Xi\,|m, N\rangle, \qquad \hat{\Xi}^+\,|m, N\rangle = \Xi^*\,|m, N+1\rangle,$$

---

[1]) Vgl. (9.3). Wir setzen die Teilchen als spinlos voraus, deshalb fehlt der Spinindex. In (26,1) ist auch berücksichtigt, daß für ein ideales Bose-Gas bei $T = 0$ das chemische Potential $\mu = 0$ ist, deshalb ist das Glied $-\mu t/\hbar$ in den Exponenten weggelassen.

[2]) Das Hinzufügen oder Entfernen eines Teilchens hat man sich als unendlich langsam durchgeführt vorzustellen. Damit ist die Anregung des Systems durch ein veränderliches Feld ausgeschlossen.

dabei kennzeichnen die Symbole $|m, N\rangle$ und $|m, N+1\rangle$ zwei „gleiche" Zustände, die sich nur durch die Zahl der Teilchen in dem System unterscheiden, Ξ ist irgendeine komplexe Zahl. Diese Behauptungen gelten streng im Grenzfall $N \to \infty$. Deshalb muß man die Definition der Größe Ξ in der Form

$$\lim_{N\to\infty} \langle m, N\,|\hat{\Xi}|\,m, N+1\rangle = \Xi,$$
$$\lim_{N\to\infty} \langle m, N+1\,|\hat{\Xi}^+|\,m, N\rangle = \Xi^* \tag{26,3}$$

schreiben. Der Grenzübergang wird bei gegebener endlicher Flüssigkeitsdichte N/V durchgeführt.

Wenn man die ψ-Operatoren in der Form

$$\hat{\Psi} = \hat{\Xi} + \hat{\Psi}', \quad \hat{\Psi}^+ = \hat{\Xi}^+ + \hat{\Psi}'^+ \tag{26,4}$$

darstellt, dann führt ihr restlicher Teil (der ψ-Operator des nicht kondensierten Anteils[1])) den Zustand $|m, N\rangle$ in einen dazu orthogonalen Zustand über, d. h. für die Matrixelemente gilt[2])

$$\lim_{N\to\infty} \langle m, N\,|\,\hat{\Psi}'\,|m, N+1\rangle = 0, \quad \lim_{N\to\infty} \langle m, N+1\,|\,\hat{\Psi}'^+\,|m, N\rangle = 0. \tag{26,5}$$

Im Grenzfall $N \to \infty$ verschwindet der Unterschied zwischen den Zuständen $|m, N\rangle$ und $|m, N+1\rangle$ vollkommen, und in diesem Sinne wird die Größe Ξ zu dem Mittelwert des Operators $\hat{\Psi}$ in diesem Zustand. Wir betonen, daß für ein System mit Kondensat charakteristisch ist, daß dieser Grenzwert endlich bleibt.

Durch die Gleichungen (26,3) sind die „Operator"-Eigenschaften von $\hat{\Xi}$, $\hat{\Xi}^+$ ausgeschöpft, und man kann annehmen, daß sie mit $\hat{\Psi}'$, $\hat{\Psi}'^+$ vertauschbar sind. Die Operatoren $\hat{\Xi}$, $\hat{\Xi}^+$ werden insbesondere durch Ξ, Ξ^* ersetzt (d. h., sie verhalten sich wie klassische Größen), wenn man über den Grundzustand mittelt. Wir betonen erneut, daß diese Näherung mit der Vernachlässigung von Größen der relativen Ordnung $1/N$ (wegen der makroskopischen Zahl von Teilchen im Kondensat) zusammenhängt.[3])

Wenn die Zeitabhängigkeit der Wellenfunktionen durch den Hamilton-Operator $\hat{H}' = \hat{H} - \mu\hat{N}$ bestimmt ist, dann hängt die Größe Ξ von der Zeit nicht ab. Denn das Matrixelement $\langle m, N\,|\Xi|\,m, N+1\rangle$ ist proportional zu

$$\exp\left\{-\frac{it}{\hbar}[E(N+1) - E(N) - (N+1)\,\mu + N\mu]\right\}.$$

---

[1]) Im Original wird zur Bezeichnung dieses Operators und analog gebildeter Größen das Eigenschaftswort „nadkondensatni" eingeführt und durchweg verwendet. Da dieser Terminus nicht gut wörtlich übersetzbar ist, benutzen wir hier und im weiteren die Bezeichnung (Größe) „des nicht kondensierten Anteils". — Anm. d. Herausg.

[2]) Um Irrtümer auszuschließen, erinnern wir noch einmal daran, daß sich diese Gleichung nur auf Übergänge zwischen „gleichartigen" Zuständen bezieht.

[3]) Innerhalb dieser Genauigkeit kann man insbesondere annehmen, daß sich die Matrixelemente der Operatoren Ψ' für Übergänge zwischen verschiedenen Zuständen nicht ändern, wenn man die Zustände vor und nach dem Übergang um die gleiche (kleine) Anzahl von Teilchen im System ändert.

Der Exponent verschwindet aber, weil $E(N+1) - E(N) = \mu$ (mit der Genauigkeit $\sim 1/N$) ist.

In einer homogenen, ruhenden Flüssigkeit hängt Ξ auch nicht von den Koordinaten ab, diese Größe ist einfach (bei der entsprechenden Wahl der Phase dieser komplexen Größe) gleich

$$\Xi = \sqrt{n_0}. \tag{26,6}$$

Dabei ist n_0 die Anzahl der Kondensatteilchen pro Volumeneinheit der Flüssigkeit. Denn $\hat{\Xi}^+\hat{\Xi}$ ist der Operator für die Teilchenzahldichte in dem Kondensat, und der Mittelwert dieses Operators ist gerade n_0.

Die Existenz des Kondensats führt zu einem qualitativen Unterschied in den Eigenschaften der Dichtematrix für die Teilchen einer BOSE-Flüssigkeit im Vergleich zu der Dichtematrix in einer gewöhnlichen Flüssigkeit. In einem beliebigen Zustand einer homogenen BOSE-Flüssigkeit ist die Dichtematrix durch den Ausdruck

$$N\varrho(\boldsymbol{r}_1, \boldsymbol{r}_2) = \langle m, N \mid \hat{\Psi}^+(t, \boldsymbol{r}_2)\, \hat{\Psi}(t, \boldsymbol{r}_1) \mid m, N\rangle \tag{26,7}$$

definiert, wobei diese Funktion nur von der Differenz $\boldsymbol{r} = \boldsymbol{r}_1 - \boldsymbol{r}_2$ abhängt (vgl. (7,13)). Wenn wir hier die ψ-Operatoren in der Form (26,4) einsetzen und die Eigenschaften (26,3) und (26,5) berücksichtigen, erhalten wir

$$N\varrho(\boldsymbol{r}_1, \boldsymbol{r}_2) = n_0 + N\varrho'(\boldsymbol{r}_1, \boldsymbol{r}_2). \tag{26,8}$$

Die Dichtematrix ϱ' des nicht kondensierten Anteils strebt bei $|\boldsymbol{r}_1 - \boldsymbol{r}_2| \to \infty$ gegen Null; die Dichtematrix ϱ strebt dabei gegen den endlichen Grenzwert n_0/N. Dadurch wird ausgedrückt, daß in einer superfluiden Flüssigkeit eine „Fernordnung" vorhanden ist, die in gewöhnlichen Flüssigkeiten fehlt, wo immer $\varrho \to 0$ bei $|\boldsymbol{r}_1 - \boldsymbol{r}_2| \to \infty$ gilt. Das ist genau die Symmetrieeigenschaft, die die superfluide Phase einer Flüssigkeit von ihrer nichtsuperfluiden unterscheidet (W. L. GINSBURG, L. D. LANDAU, 1950).

Die FOURIER-Komponente der Dichtematrix bestimmt die Impulsverteilung der Flüssigkeitsteilchen gemäß der Formel

$$N(\boldsymbol{p}) = N \int \varrho(\boldsymbol{r})\, \mathrm{e}^{-i\boldsymbol{p}\boldsymbol{r}}\, \mathrm{d}^3x \tag{26,9}$$

(vgl. (7,20)). Wenn wir hier ϱ in der Form (26,8) einsetzen, erhalten wir

$$N(\boldsymbol{p}) = (2\pi)^3\, n_0\, \delta(\boldsymbol{p}) + N \int \varrho'(\boldsymbol{r})\, \mathrm{e}^{-i\boldsymbol{p}\boldsymbol{r}}\, \mathrm{d}^3x. \tag{26,10}$$

Das Glied mit der δ-Funktion entspricht der endlichen Wahrscheinlichkeit dafür, daß ein Teilchen einen streng verschwindenden Impuls hat.

Wenn in der Flüssigkeit eine superfluide Bewegung stattfindet oder wenn sie sich unter inhomogenen und instationären äußeren Bedingungen befindet (die sich aber nur in großen Abständen im Vergleich zu den zwischenatomaren wesentlich ändern), dann wird die BOSE-EINSTEIN-Kondensation wie früher stattfinden, man kann aber nicht mehr behaupten, daß sie im Zustand mit $\boldsymbol{p} = 0$ stattfinden wird. Die Größe Ξ, die wie vorher gemäß (26,3) definiert ist, wird jetzt zu einer Funktion der Koordinaten und der Zeit, sie hat die Bedeutung einer Wellenfunktion eines Teilchens in dem Kondensatzustand. Sie ist normiert durch die Bedingung $|\Xi|^2 = n_0$ und kann deshalb in der Form

$$\Xi(t, \boldsymbol{r}) = \sqrt{n_0(t, \boldsymbol{r})}\, \mathrm{e}^{i\Phi(t,\boldsymbol{r})} \tag{26,11}$$

dargestellt werden.

Weil sich im Kondensatzustand eine makroskopisch große Anzahl von Teilchen befinden kann, wird die Wellenfunktion dieses Zustandes zu einer makroskopischen, klassischen Größe.[1]) In einer superfluiden Flüssigkeit tritt also eine neue charakteristische Größe der makroskopischen Zustände — insbesondere der thermodynamischen Gleichgewichtszustände — auf.

Die mit Hilfe der Wellenfunktion (26,11) berechnete Stromdichte ist

$$j_{\text{kond}} = \frac{i\hbar}{2m}(\Xi \nabla \Xi^* - \Xi^* \nabla \Xi) = \frac{\hbar}{m} n_0 \nabla \Phi.$$

Dabei ist m die Masse eines Flüssigkeitsteilchens. Ihrer Bedeutung nach ist das gerade die Dichte des makroskopischen Stroms von Kondensatteilchen, und man kann sie in der Form $n_0 \boldsymbol{v}_s$ darstellen, wobei $\boldsymbol{v}_s$ die makroskopische Geschwindigkeit dieser Bewegung ist. Durch den Vergleich beider Ausdrücke finden wir

$$\boldsymbol{v}_s = \frac{\hbar}{m} \nabla \Phi. \tag{26,12}$$

Weil diese Bewegung im thermodynamischen Gleichgewichtszustand (charakterisiert durch die Größe Ξ) ablaufen kann, so ist sie ohne Dissipation, daher bestimmt (26,12) die Geschwindigkeit der superfluiden Bewegung. Wir kommen also wieder zu der schon im § 23 erwähnten Eigenschaft der superfluiden Bewegung — sie hat ein Potential. Dabei zeigt es sich, daß dieses Geschwindigkeitspotential (bis auf einen konstanten Faktor) mit der Phase der Kondensat-Wellenfunktion zusammenfällt:

$$\varphi = \frac{\hbar}{m} \Phi. \tag{26,13}$$

Um Mißverständnisse zu vermeiden, betonen wir aber, daß, obwohl die Geschwindigkeit des Kondensats mit der Geschwindigkeit der superfluiden Komponente der Flüssigkeit übereinstimmt (und obwohl das Kondensat und die superfluide Komponente gleichzeitig in dem λ-Punkt auftreten), die Dichte des Kondensats mn_0 und die Dichte der superfluiden Komponente ϱ_s keinesfalls miteinander übereinstimmen. Davon abgesehen, daß die Identität dieser beiden Größen auf keinerlei Art und Weise begründet werden könnte, wird die Tatsache, daß sie nicht richtig sein kann, auch daraus klar, daß am absoluten Nullpunkt die gesamte Masse der Flüssigkeit superfluid ist, während sich ihre Teilchen keinesfalls alle im Kondensat befinden können.[2])

§ 27. Die Temperaturabhängigkeit der Kondensatdichte

Die Teilchenzahldichte im Kondensat ist bei $T = 0$ maximal, mit zunehmender Temperatur nimmt sie ab. Das Grenzgesetz für die Temperaturabhängigkeit dieser Dichte bei $T \to 0$ kann gefunden werden, wenn die Fluktuationen einer makroskopischen

---

[1]) Analog dazu, wie die Feldstärke elektromagnetischer Wellen bei großer Photonenbesetzungszahl eine klassische Größe wird (vgl. IV, § 5).

[2]) Praktisch bildet die Dichte des Kondensats im flüssigen Helium offensichtlich nur einen kleinen Teil der Gesamtdichte der Flüssigkeit.

Größe — der Kondensatwellenfunktion Ξ — betrachtet werden (R. A. FERRELL, N. MENYHARD, H. SCHMIDT, F. SCHWABL, P. SZÉPFALUSY, 1968).

Wir erinnern zunächst daran, daß Ξ eine klassische Größe ist, der im quantenmechanischen Formalismus der Operator $\hat{\Psi}$ entspricht. Deshalb müßte man im Prinzip bei der Berechnung der Fluktuationen diesen Operator benutzen. Andererseits spielen in der Nähe des absoluten Nullpunktes im Spektrum der Fluktuationen einer makroskopischen Größe die langwelligen Schwingungen die entscheidende Rolle. Diese Schwingungen sind in einer Flüssigkeit gerade die Schallwellen, die durch die makroskopischen Gleichungen der Hydrodynamik beschrieben werden, dadurch bietet sich die Möglichkeit, mittels der unabhängigen Quantisierung der Größe Ξ einen ihr entsprechenden Operator zu konstruieren.

Im gegebenen Fall fluktuiert in der Größe $\Xi = \sqrt{n_0} \exp(i\Phi)$ in der langwelligen Grenze am stärksten die Phase Φ, die mit dem Potential der superfluiden Geschwindigkeit direkt durch die Formel (26,13) zusammenhängt. Wir erinnern daran, daß beide Größen φ und Φ nicht eindeutig sind, man kann zu ihnen eine beliebige Konstante addieren. Die eindeutige Größe $\sqrt{n_0}$ kann deshalb nur durch Ableitungen von Φ ausgedrückt werden, die FOURIER-Komponenten ihrer Fluktuationen werden daher zusätzliche Potenzen des Wellenzahlvektors $\boldsymbol{k}$ enthalten, d.h. sie werden bei kleinen $\boldsymbol{k}$ klein sein.

Der Zusammenhang der Phase Φ mit dem Potential φ erlaubt es, sie unmittelbar mit Größen zu verknüpfen, die die Verteilung der Phononen in der Flüssigkeit charakterisieren. Dazu betrachten wir φ, und damit auch Φ, als einen Operator der zweiten Quantelung, indem wir ihn nach (24,10) durch Erzeugungs- und Vernichtungsoperatoren der Phononen ausdrücken:

$$\hat{\Phi} = \sum_{\boldsymbol{p}} \left(\frac{mu}{2Vnp}\right)^{1/2} (\hat{c}_{\boldsymbol{p}} e^{i\boldsymbol{pr}/\hbar} + \hat{c}_{\boldsymbol{p}}^{+} e^{-i\boldsymbol{pr}/\hbar}) \tag{27,1}$$

(die ungestörte Flüssigkeitsdichte schreiben wir in der Form $\varrho = nm$, dabei ist n die Teilchenzahldichte; den Index 0 lassen wir weg). Nach dem oben Gesagten bedeutet das, daß der Operator der makroskopischen Größe Ξ, d.h. der langwellige Teil des Operators $\hat{\Psi}$, in der Form

$$\hat{\Psi} = \sqrt{n_0} \exp(i\hat{\Phi}) \tag{27,2}$$

dargestellt werden kann, wobei n_0 die Teilchendichte des Kondensats ist.

Wir benutzen zunächst diese Formel für die Berechnung der Impulsverteilung der Teilchen des nicht kondensierten Anteils der BOSE-Flüssigkeit (bei kleinen Impulsen). In der Einteilchen-Dichtematrix $\varrho(\boldsymbol{r}_1, \boldsymbol{r}_2)$ kann man bei großen Abständen $|\boldsymbol{r}_1 - \boldsymbol{r}_2|$ den langwelligen Ausdruck (27,2) des ψ-Operators benutzen:

$$N\varrho(\boldsymbol{r}_1, \boldsymbol{r}_2) = \langle \hat{\Psi}^{+}(\boldsymbol{r}_2) \hat{\Psi}(\boldsymbol{r}_1) \rangle \approx n_0 \langle e^{-i\hat{\Phi}^{+}(\boldsymbol{r}_2)} e^{i\hat{\Phi}(\boldsymbol{r}_1)} \rangle, \tag{27,3}$$

wobei der Mittelwert über den Zustand der Flüssigkeit bei der gegebenen Temperatur genommen wird. Weil die Fluktuationen klein sind, kann man diesen Ausdruck nach Potenzen von $\hat{\Phi}$ entwickeln, wobei man nur die ersten nichtverschwindenden (quadratischen) Glieder mitzunehmen braucht. Wenn wir berücksichtigen, daß $\hat{\Phi}^{+} = \hat{\Phi}$ ist, erhalten wir

$$N\varrho(\boldsymbol{r}_1, \boldsymbol{r}_2) = n_0 - n_0 \langle \hat{\Phi}^2(\boldsymbol{r}) \rangle + n_0 \langle \hat{\Phi}(\boldsymbol{r}_2) \hat{\Phi}(\boldsymbol{r}_1) \rangle. \tag{27,4}$$

Das dritte Glied strebt bei $|\boldsymbol{r}_2 - \boldsymbol{r}_1| \to \infty$ gegen Null und gibt den gesuchten Beitrag vom nicht kondensierten Anteil zur Dichtematrix (das zweite Glied hängt in einer homogenen Flüssigkeit gar nicht von $\boldsymbol{r}$ ab und gibt die Korrektur zur Kondensatdichte, die unten auf einem etwas anderen Weg berechnet wird). Wenn wir (27,1) benutzen, bringen wir den Beitrag vom nicht kondensierten Anteil auf die Form:

$$N\varrho'(\boldsymbol{r}_1, \boldsymbol{r}_2) = \frac{n_0 mu}{2Vn} \sum_{\boldsymbol{p}} \frac{1}{p} \{\langle \hat{c}_{\boldsymbol{p}}^+ \hat{c}_{\boldsymbol{p}} \rangle \,\mathrm{e}^{-i\boldsymbol{p}(\boldsymbol{r}_1 - \boldsymbol{r}_2)/\hbar} + \langle \hat{c}_{\boldsymbol{p}} \hat{c}_{\boldsymbol{p}}^+ \rangle \,\mathrm{e}^{i\boldsymbol{p}(\boldsymbol{r}_1 - \boldsymbol{r}_2)/\hbar}\}$$

$$= \frac{n_0 mu}{Vn} \sum_{\boldsymbol{p}} \frac{1}{p} \left(n_{\boldsymbol{p}} + \frac{1}{2}\right) \mathrm{e}^{i\boldsymbol{p}(\boldsymbol{r}_1 - \boldsymbol{r}_2)/\hbar}.$$

Dabei ist

$$n_{\boldsymbol{p}} = [\mathrm{e}^{pu/T} - 1]^{-1}.$$

Wenn wir von der Summation zur Integration übergehen, finden wir

$$N\varrho'(\boldsymbol{r}_1, \boldsymbol{r}_2) = \frac{n_0 mu}{n} \int \frac{n_{\boldsymbol{p}} + 1/2}{p} \,\mathrm{e}^{i\boldsymbol{p}(\boldsymbol{r}_1 - \boldsymbol{r}_2)/\hbar} \frac{\mathrm{d}^3 p}{(2\pi\hbar)^3}. \qquad (27,5)$$

Dieser Ausdruck ist selbstverständlich nur für den Beitrag von kleinen p gültig ($\hbar/p$ ist groß im Vergleich zu den zwischenatomaren Abständen). Der Integrand in (27,5) bestimmt direkt die Impulsverteilung der Teilchen:

$$N(\boldsymbol{p}) = \frac{n_0 mu}{np} \left(n_{\boldsymbol{p}} + \frac{1}{2}\right). \qquad (27,6)$$

Bei $T = 0$ ergibt diese Formel

$$N(\boldsymbol{p}) = \frac{n_0 mu}{2np} \qquad (27,7)$$

(J. Gavoret, P. Nozières, 1964), und bei $T \neq 0$, $up \ll T$ gilt

$$N(\boldsymbol{p}) = \frac{n_0 mT}{np^2} \qquad (27,8)$$

(P. C. Hohenberg, P. C. Martin, 1965).

Nun kann man die Temperaturabhängigkeit der Kondensatdichte bestimmen. Nach der Definition haben wir

$$n_0(T) = n - \int N(\boldsymbol{p}) \frac{\mathrm{d}^3 p}{(2\pi\hbar)^3}. \qquad (27,9)$$

Wenn man in diese Formel (27,6) einsetzt, divergiert das Integral wegen der Nullpunktsschwingungen. Dieser Umstand hängt damit zusammen, daß (27,6) bei großen p nicht angewendet werden darf, auf diesem Wege kann also die Kondensatdichte bei $T = 0$ nicht berechnet werden, diese Dichte muß man hier als vorgegebene Größe betrachten. Um die gesuchte Temperaturabhängigkeit zu bestimmen, muß man von $n_0(T)$ den Wert bei $T = 0$ abziehen, danach wird das Integral nicht mehr divergieren. Im Ergebnis erhalten wir

$$\frac{n_0(T) - n_0(0)}{n_0(0)} = -\frac{mu}{n} \int \frac{n_{\boldsymbol{p}}}{p} \frac{\mathrm{d}^3 p}{(2\pi\hbar)^3}$$

$$= -\frac{mT^2}{2\pi^2 nu\hbar^3} \int_0^\infty \frac{x\,\mathrm{d}x}{\mathrm{e}^x - 1} = -\frac{mT^2}{12nu\hbar^3}. \qquad (27,10)$$

Bei der Berechnung haben wir die Temperaturabhängigkeit der Gesamtdichte der Flüssigkeit vernachlässigt. Diese Vernachlässigung ist gerechtfertigt, weil die Temperaturausdehnung der Flüssigkeit (die mit der Anregung von Phononen zusammenhängt) einer höheren Potenz der Temperatur — T^4 — proportional ist (vgl. V, § 67).[1])

Schließlich wollen wir noch einige Bemerkungen bezüglich der methodisch interessanten Frage nach einer zweidimensionalen Bose-Flüssigkeit anschließen. In diesem Falle divergiert der temperaturabhängige Teil des Integrals (27,9) in dem Gebiet kleiner p logarithmisch, in dem die Formel für $N(p)$ gültig sein müßte. Das bedeutet, daß in dem zweidimensionalen Fall die Grundannahme, die Existenz eines Kondensats bei von Null verschiedenen Temperaturen, nicht richtig ist; das Kondensat kann in diesem Falle nur bei $T = 0$ existieren.[2]) Die Verhältnisse sind hier analog zu der Situation bei den zweidimensionalen Kristallen (s. V, § 137). Ähnlich dazu, wie in den letzteren die Fluktuationen der Atomauslenkungen das Kristallgitter aufweichen, vernichten hier die Fluktuationen der Phase das Kondensat. Eine formale Analogie zwischen den zwei Systemen besteht darin, daß in beiden Fällen die Energie von Größen abhängt, die in sie nur unter dem Differentialzeichen eingehen. In dem ersten Fall sind das die Verschiebungsvektoren der Atome, die in die Energie nicht selbst eingehen können, weil die letztere invariant gegenüber einer Verschiebung des ganzen Systems sein muß. In dem zweiten Fall ist es die Phase der Kondensat-Wellenfunktion, die in die Energie nicht selbst eingehen kann, weil sie nicht eindeutig ist. Diese Tatsache, daß die Energie nur von den Gradienten dieser Größen abhängt, führt letzten Endes auch zu der Divergenz der Fluktuationen.

Wir sahen weiterhin in V, § 138, daß eine schwache (logarithmische) Divergenz der Fluktuationen in einem zweidimensionalen Kristall zu einer langsamen (potenzförmigen) Abnahme der Korrelationsfunktion im System führt. Analog dazu nimmt in einem zweidimensionalen Bose-System die Dichtematrix (27,3) bei $|\mathbf{r}_1 - \mathbf{r}_2| \to \infty$ zwar ab (sie strebt nicht gegen einen konstanten Grenzwert wie bei der Existenz eines Kondensats), aber nur nach einem Potenzgesetz.[3]) Wir merken an, daß sich dadurch ein solches System qualitativ von einer gewöhnlichen Flüssigkeit unterscheidet, so daß auch in dem zweidimensionalen Fall ein Phasenübergang zweiter Art zwischen einer gewöhnlichen Flüssigkeit mit exponentiellem Abfall von $\varrho(\mathbf{r}_1, \mathbf{r}_2)$ und einer Flüssigkeit mit einem Potenz-Gesetz für die Abnahme möglich ist.

§ 28. Das Verhalten der superfluiden Dichte in der Nähe des λ-Punktes

Wie schon im § 23 bemerkt wurde, nimmt mit zunehmender Temperatur der Teil der superfluiden Dichte (ϱ_s/ϱ) der Bose-Flüssigkeit ab und verschwindet im Punkt des Phasenübergangs zweiter Art — im sogenannten λ-Punkt der Flüssigkeit. Die Temperatur T_λ dieses Punktes ist eine Funktion des Druckes P; durch die Gleichung $T = T_\lambda(P)$ ist die Linie der λ-Punkte im Phasendiagramm in der P—T-Ebene gegeben.

---

[1]) Die erhaltenen Formeln, die für eine beliebige Bose-Flüssigkeit gelten, stimmen natürlich mit den im § 25 erhaltenen Formeln für ein schwach nichtideales Bose-Gas überein. Beim Vergleich muß man berücksichtigen, daß für dieses Gas $n_0 \approx n$ ist und die Bedingung, daß p klein sein soll, die Gestalt $p \ll mu \sim \hbar(an)^{1/2}$ hat.

[2]) Diese Behauptungen beziehen sich auch auf ein zweidimensionales ideales Bose-Gas.

[3]) Ausführlicheres s. J. W. Kane, L. Kadanoff, Phys. Rev. **155**, 80 (1967).

In der allgemeinen Theorie der Phasenübergänge zweiter Art wird eine Zustandsänderung eines Körpers durch das Verhalten des Ordnungsparameters beschrieben, der die Symmetrieeigenschaften charakterisiert. Für den λ-Übergang der BOSE-Flüssigkeit spielt die Wellenfunktion Ξ des Kondensats die Rolle dieses Parameters, die, wie im § 26 erklärt wurde, die „Fernordnung" in der Flüssigkeit beschreibt. Daß Ξ komplex ist, bedeutet, daß der Ordnungsparameter zwei Komponenten hat, wobei der effektive HAMILTON-Operator des Systems (s. V, § 147) nur von $|\Xi|^2$ abhängt, d. h. invariant gegenüber der Transformation $\Xi \to e^{i\alpha}\Xi$ mit beliebigem reellen α ist.

Die empirischen Daten über den λ-Übergang im flüssigen Helium zeugen offensichtlich davon, daß für ihn die LANDAUsche Theorie der Phasenübergänge nicht angewendet werden kann: das Kriterium V, (146,15) ist in der Umgebung des λ-Punktes nirgends erfüllt (d. h. nirgends im Gebiet $|T - T_\lambda| \ll T_\lambda$). Deshalb muß man zur Beschreibung dieses Überganges die Fluktuationstheorie der Phasenübergänge zweiter Art benutzen, die uns die Möglichkeit gibt, die Temperaturabhängigkeiten verschiedener Größen miteinander zu verknüpfen.

Die Temperaturabhängigkeit des Ordnungsparameters (und damit auch der Kondensatdichte n_0) bei $T \to T_\lambda$ wird durch den kritischen Exponenten β gegeben (s. V, § 148):

$$|\Xi| = \sqrt{n_0} \propto (T_\lambda - T)^\beta. \tag{28,1}$$

Interessanter ist aber die Frage nach dem Verhalten der superfluiden Dichte ϱ_s. Um dieses Verhalten zu bestimmen, betrachten wir eine Flüssigkeit, in der sich die Phase Φ der Kondensat-Wellenfunktion räumlich langsam ändert. Das bedeutet, daß es in der Flüssigkeit eine makroskopische superfluide Bewegung mit der Geschwindigkeit (26,12) und dementsprechend mit der kinetischen Energie (pro Volumeneinheit der Flüssigkeit)

$$\frac{\varrho_s v_s^2}{2} = \varrho_s \frac{\hbar^2}{2m^2} (\nabla\Phi)^2 \tag{28,2}$$

gibt.

Dieser Ausdruck kann auch auf die langwelligen Fluktuationen des Ordnungsparameters angewendet werden. Nach der Hypothese der Skaleninvarianz ist der einzige Längenparameter, der das Fluktuationsbild in der Umgebung des Übergangspunktes bestimmt, der Korrelationsradius r_c der Fluktuationen. Durch ihn ist folglich die Größenordnung der Abstände bestimmt, bei denen die Fluktuationsänderung der Phase Φ von der Größenordnung Eins ist; deshalb ändert sich der Mittelwert des Quadrates der Geschwindigkeitsfluktuation mit der Temperatur nach dem Gesetz

$$\overline{v_s^2} \propto r_c^{-2} \propto (T_\lambda - T)^{2\nu}, \tag{28,3}$$

wobei ν der kritische Index des Korrelationsradius ist. Weil andererseits gerade mit den langwelligen Fluktuationen die Singularität der thermodynamischen Größen in dem Übergangspunkt zusammenhängt, ist es natürlich anzunehmen, daß in der Umgebung dieses Punktes sich Fluktuationen der kinetischen Energie (28,2) mit der Temperatur nach dem gleichen Gesetz ändern wie der singuläre Teil des thermodynamischen Potentials der Flüssigkeit, d. h. wie $(T_\lambda - T)^{2-\alpha}$ (dabei ist α der kritische Index der Wärmekapazität C_p). Wir finden also, daß

$$\varrho_s \overline{v_s^2} \propto \varrho_s (T_\lambda - T)^{2\nu} \propto (T_\lambda - T)^{2-\alpha}$$

gilt, daraus folgt $\varrho_s \propto (T_\lambda - T)^{2-\alpha-2\nu}$. Wenn wir schließlich die Beziehung $3\nu = 2 - \alpha$ berücksichtigen (die aus der Hypothese der Skaleninvarianz folgt — s. V, § 149), erhalten wir:

$$\varrho_s \propto (T_\lambda - T)^{(2-\alpha)/3}. \tag{28,4}$$

Damit ist der Zusammenhang zwischen den Temperaturabhängigkeiten von ϱ_s und der Wärmekapazität in der Nähe des λ-Punktes hergestellt (B. D. JOSEPHSON, 1966).[1]

§ 29. Quantisierte Wirbelfäden

Eine in einem sich um seine Achse drehenden, zylindrischen Gefäß eingeschlossene, gewöhnliche Flüssigkeit wird von der Reibung an den Gefäßwänden mitgerissen, und schließlich mit dem Gefäß zusammen als Ganzes rotieren. In einer superfluiden Flüssigkeit wird nur der normale Teil zur Rotation angeregt; die superfluide Komponente bleibt in Ruhe — in Übereinstimmung damit, daß diese Komponente als Ganzes überhaupt nicht rotieren kann, weil dabei der Potentialcharakter der superfluiden Bewegung verletzt würde.[2]

Bei hinreichend hohen Rotationsgeschwindigkeiten wird aber dieser Zustand thermodynamisch ungünstig. Die Bedingung für das thermodynamische Gleichgewicht besteht darin, daß die Größe

$$E_{\text{rot}} = E - \boldsymbol{M\Omega}, \tag{29,1}$$

die die Energie bezüglich des rotierenden Koordinatensystems darstellt, ein Minimum annehmen muß; E und $\boldsymbol{M}$ sind Energie und Drehmoment des Systems bezüglich des ruhenden Koordinatensystems (s. V, § 26). Das Glied $-\boldsymbol{M\Omega}$ in diesem Ausdruck führt (bei hinreichend hohem $\boldsymbol{\Omega}$) dazu, daß der Zustand mit $\boldsymbol{M\Omega} > 0$ günstiger als der Zustand mit $\boldsymbol{M} = 0$ wird.

Mit zunehmender Rotationsgeschwindigkeit des Gefäßes muß schließlich eine superfluide Bewegung entstehen. Der scheinbare Widerspruch zwischen dieser Behauptung und der Bedingung, daß die superfluide Bewegung Potentialcharakter haben muß, wird dadurch beseitigt, daß man annimmt, der Potentialcharakter werde lediglich in gewissen besonderen Linien in der Flüssigkeit verletzt — in den *Wirbelfäden.*[3] Um diese Linien führt die Flüssigkeit eine Bewegung aus, die man *Potentialrotation* nennen kann, so daß in dem ganzen Volumen außerhalb der Linien $\operatorname{rot} \boldsymbol{v}_s = 0$ gilt.

Die Wirbelfäden in der Flüssigkeit haben eine Dicke von atomaren Dimensionen, vom makroskopischen Standpunkt aus sind sie als unendlich dünn zu betrachten.[4] Ihre Existenz widerspricht nicht dem Ausdruck für die Geschwindigkeit in der Form (26,12), weil dieser Ausdruck eine hinreichend langsame Änderung von $\boldsymbol{v}_s$ im Raum

---

[1] Die Indizes α und ζ sind für flüssiges Helium tatsächlich sehr klein; deshalb gilt in guter Näherung $\beta \approx 1/3$, so daß $\varrho_s \propto n_0 \propto (T_\lambda - T)^{2/3}$ ist.

[2] Bei einer Rotation der Flüssigkeit als Ganzes ist die Geschwindigkeit $\boldsymbol{v} = \boldsymbol{\Omega} \times \boldsymbol{r}$, wobei $\boldsymbol{\Omega}$ die Winkelgeschwindigkeit der Rotation ist und der Ortsvektor $\boldsymbol{r}$ von irgendeinem Punkt der Achse aus gerechnet wird. Dabei ist $\operatorname{rot} \boldsymbol{v} = 2\boldsymbol{\Omega} \neq 0$.

[3] Diese Annahme wurde von L. ONSAGER (1949) ausgesprochen und später von R. P. FEYNMAN (1955) weiterentwickelt.

[4] Diese Behauptung bezieht sich aber nicht auf die unmittelbare Nachbarschaft des λ-Punktes; hier ist die Dicke der Wirbelfäden von der Größenordnung des Korrelationsradius der Fluktuationen.

voraussetzt, während sich $\boldsymbol{v}_s$ in der Nähe der Wirbelfäden beliebig schnell ändert (s. unten Formel (29,3)). Sie widerspricht auch nicht der im § 23 gegebenen Begründung für den Potentialcharakter der superfluiden Bewegung mit Hilfe der Eigenschaften des Energiespektrums einer BOSE-Flüssigkeit, weil mit einem Wirbelfaden eine bestimmte, makroskopisch große Energie verknüpft ist (s. unten (29,8)) und der Zustand der Flüssigkeit mit einem Faden nicht als schwach angeregt betrachtet werden kann.

Wir betrachten zunächst die Wirbelfäden vom rein kinematischen Standpunkt aus — als singuläre Linien in der Geschwindigkeitsverteilung bei einer Potentialbewegung der Flüssigkeit. Jeder Wirbelfaden wird durch einen bestimmten Wert (wir bezeichnen ihn mit $2\pi\varkappa$) der Geschwindigkeitszirkulation auf einem geschlossenen Weg charakterisiert, der den Faden umschließt:

$$\oint \boldsymbol{v}_s \, d\boldsymbol{l} = 2\pi\varkappa. \tag{29,2}$$

Dieser Wert hängt nicht von der Wahl des Integrationsweges ab. Denn wenn C_1 und C_2 zwei den Wirbelfaden umschließende Wege sind, dann ist die Differenz der Geschwindigkeitszirkulationen nach dem STOKESschen Satz gleich dem Fluß des Vektors rot $\boldsymbol{v}_s$ durch die Fläche zwischen C_1 und C_2; weil diese Fläche den Wirbelfaden aber nirgends schneidet, ist in allen Punkten rot $\boldsymbol{v}_s = 0$, so daß das Integral verschwindet. Hieraus folgt, daß der Wirbelfaden nicht unterbrochen werden kann: er ist entweder geschlossen oder endet an der Flüssigkeitsgrenze (in einer unendlich ausgedehnten Flüssigkeit geht er mit seinen beiden Enden bis ins Unendliche). Denn wenn der Wirbelfaden ein freies Ende hätte, dann würde das bedeuten, daß man über den Weg C eine Fläche ziehen könnte, die den Faden nirgends schneidet, damit würde das Integral auf der linken Seite von (29,2) verschwinden.

Die Bedingung (29,2) erlaubt es, die Geschwindigkeitsverteilung in der sich um den Wirbelfaden bewegenden Flüssigkeit zu bestimmen. In dem einfachsten Fall eines geradlinigen Fadens in einer unendlich ausgedehnten Flüssigkeit sind die Stromlinien Kreise, deren Ebenen senkrecht zu dem Faden liegen, ihr Mittelpunkt liegt im Faden. Die Geschwindigkeitszirkulation längs solch einer Linie ist gleich $2\pi r v_s$, so daß

$$v_s = \frac{\varkappa}{r} \tag{29,3}$$

ist, dabei ist r der Abstand zum Faden. Wir bemerken, daß bei einer Potentialrotation die Geschwindigkeit mit wachsendem Abstand von der Rotationsachse (dem Wirbelfaden) abnimmt — im Gegensatz zur Drehung der Flüssigkeit als Ganzes, wo die Geschwindigkeit proportional zu r anwächst.

Für einen Wirbelfaden beliebiger Form wird die Geschwindigkeitsverteilung durch die Formel

$$\boldsymbol{v}_s = \frac{\varkappa}{2} \int \frac{d\boldsymbol{l} \times \boldsymbol{R}}{R^3} \tag{29,4}$$

gegeben, dabei wird längs des Fadens integriert, $\boldsymbol{R}$ ist der Ortsvektor, der von $d\boldsymbol{l}$ zu dem Beobachtungspunkt der Geschwindigkeit gezogen wird.[1]) Bei Abständen vom Fa-

[1]) Diesen Ausdruck kann man direkt in Analogie zu der bekannten BIOT-SAVARTschen Formel für ein Magnetfeld linearer Ströme aufschreiben. Die formale Übereinstimmung beider Aufgaben wird aus dem Vergleich der Zirkulation der Geschwindigkeit (29,2) mit der Zirkulation des Magnetfeldes $\boldsymbol{H}$ um einen linearen Strom J deutlich: $\oint \boldsymbol{H} \, d\boldsymbol{l} = 4\pi J/c$. Man erhält die eine Aufgabe aus der anderen, wenn man die Bezeichnungen wie folgt substituiert: $\boldsymbol{H} \to \boldsymbol{v}_s$, $J/c \to \varkappa/2$.

den, die klein im Vergleich zu seinem Krümmungsradius sind, reduziert sich die Formel (29,4) natürlich näherungsweise auf (29,3).

Wie schon bemerkt wurde, sind die Formeln (29,2—4) allein eine Folge des Potentialcharakters der Flüssigkeitsbewegung. Die Quantennatur der Wirbelfäden in einer superfluiden Flüssigkeit zeigt sich darin, daß die Konstante $\varkappa$ nur Werte aus einer bestimmten diskreten Reihe annehmen kann. Denn wenn wir den Ausdruck (26,12) benutzen, der die Geschwindigkeit $\boldsymbol{v}_s$ durch die Phase Φ der Kondensat-Wellenfunktion ausdrückt, finden wir für die Zirkulation

$$\oint \boldsymbol{v}_s \, \mathrm{d}\boldsymbol{l} = \frac{\hbar}{m} \Delta\Phi. \tag{29,5}$$

Dabei ist $\Delta\Phi$ die Änderung der Phase bei einem Umlauf um den Integationsweg. Weil aber die Wellenfunktion eindeutig ist, kann die Änderung ihrer Phase bei der Rückkehr in den Ausgangspunkt nur ein ganzzahliges Vielfaches von 2π sein. Daraus folgt

$$\varkappa = n\hbar/m, \tag{29,6}$$

wobei n eine ganze Zahl ist. Wir werden unten sehen, daß nur die Wirbelfäden mit dem kleinstmöglichen Wert der Zirkulation ($n = 1$) thermodynamisch stabil sind. Deshalb werden wir im weiteren

$$\varkappa = \hbar/m \tag{29,7}$$

setzen.

Wir wollen jetzt die kritische Drehgeschwindigkeit eines zylindrischen Gefäßes bestimmen, bei der erstmals ein Wirbelfaden auftritt. Aus Symmetriebetrachtungen ist klar, daß dieser Faden sich nur längs der Achse erstrecken kann. Die Änderung der Flüssigkeitsenergie infolge des Auftretens des Wirbelfadens ist

$$\Delta E = \int \frac{\varrho_s v_s^2}{2} \, \mathrm{d}V = \frac{\varrho_s}{2} L \int v_s^2 \cdot 2\pi r \, \mathrm{d}r = L\varrho_s \pi \varkappa^2 \int \frac{\mathrm{d}r}{r}$$

(L ist die Gefäßlänge). Die Integration über dr muß zwischen dem Gefäßradius R und irgendeinem Wert $r \sim a$ von der Größenordnung atomarer Abstände ausgeführt werden, bei diesem Wert a verliert die makroskopische Betrachtungsweise ihren Sinn. Wegen der logarithmischen Divergenz des Integrals ist sein Wert gegenüber der exakten Wahl von a wenig empfindlich. Es ist also

$$\Delta E = L\pi\varrho_s \frac{\hbar^2}{m^2} \ln \frac{R}{a} \tag{29,8}$$

(dieser Ausdruck hat, wie man sagt, logarithmische Genauigkeit, d. h., es wird nicht nur das Verhältnis R/a als groß angenommen, sondern auch sein Logarithmus).[1] Das Drehmoment der rotierenden Flüssigkeit ist

$$M = \int \varrho_s v_s r \, \mathrm{d}V = \varrho_s \varkappa \int \mathrm{d}V = L\pi R^2 \frac{\hbar}{m} \varrho_s. \tag{29,9}$$

---

[1]) Die Bewegung um einen Wirbelfaden wird im allgemeinen von einer Änderung der Flüssigkeitsdichte begleitet. Die Vernachlässigung dieser Änderung wird bei der durchgeführten Berechnung dadurch gerechtfertigt, daß der Hauptbeitrag zur Energie (29,8) bei großen Abständen r entsteht (wegen der logarithmischen Divergenz des Integrals), bei denen die Dichteänderung klein ist. Aus demselben Grunde kann man auch den Beitrag von der Änderung der inneren Energie der Flüssigkeit zu ΔE vernachlässigen.

Die Entstehung eines Wirbelfadens ist thermodynamisch günstig, wenn $\Delta E_{\text{rot}} = \Delta E - M\Omega < 0$, d. h. wenn

$$\Omega > \Omega_{\text{kr}} = \frac{\hbar}{mR^2} \ln \frac{R}{a} \tag{29,10}$$

ist.

Die dargestellten Betrachtungen erlauben es auch, die Ursache dafür zu verstehen, daß Wirbelfäden mit $n > 1$ in (29,6) thermodynamisch instabil sind. Denn wenn man den Wert $n = 1$ durch $n > 1$ ersetzt, nimmt die Energie ΔE um den Faktor n^2 zu, das Drehmoment um den Faktor n; dabei vergrößert sich notwendig ΔE_{rot}.

Wenn die Drehgeschwindigkeit des zylindrischen Gefäßes weiter zunimmt (über den kritischen Wert (29,10) hinaus), entstehen neue Wirbelfäden, und bei $\Omega \gg \Omega_{\text{kr}}$ wird die Anzahl dieser Fäden sehr groß. Ihre Verteilung über den Gefäßquerschnitt strebt dabei gegen eine gleichförmige Verteilung, und im Grenzfall imitiert ihre Gesamtheit die Rotation des superfluiden Teils der Flüssigkeit als Ganzes.[1]) Die Anzahl der Wirbelfäden bei gegebenem (großen) Ω kann man leicht bestimmen, wenn man fordert, daß die Geschwindigkeitszirkulation über einen eine größere Zahl von Fäden umschließenden Weg den Wert annimmt, der der Rotation der Flüssigkeit als Ganzes entspricht. Wenn solch ein Weg die Flächeneinheit umfaßt (in der zur Rotationsachse senkrechten Ebene), dann ist

$$\oint \boldsymbol{v}_s \, d\boldsymbol{l} = \nu \cdot 2\pi\varkappa = 2\pi\nu \frac{\hbar}{m},$$

wobei ν die Dichte der Wirbelfädenverteilung über den Gefäßquerschnitt ist. Andererseits ist bei der Rotation der ganzen Flüssigkeit $\operatorname{rot} \boldsymbol{v}_s = 2\boldsymbol{\Omega}$, und die Zirkulation ist gleich $2\boldsymbol{\Omega}$. Wenn wir beide Werte einander gleichsetzen, finden wir

$$\nu = m\Omega/\pi\hbar. \tag{29,11}$$

Das Auftreten der Wirbelfäden zerstört in gewissem Sinne die Superfluidität der Flüssigkeit. Die Elementaranregungen, die die normale Komponente der Flüssigkeit bilden, werden jetzt an den Fäden gestreut und geben ihnen (und dadurch der superfluiden Komponente der Flüssigkeit) einen Teil ihres Impulses ab. Das bedeutet mit anderen Worten, daß *Reibungskräfte* zwischen den beiden Flüssigkeitskomponenten auftreten.

Die Wirbelfäden bewegen sich im allgemeinen mit dem strömenden Teil der Flüssigkeit im Raum fort. Bei $T = 0$, wenn die Flüssigkeit vollständig superfluid ist, bewegt sich jedes Element $d\boldsymbol{l}$ eines Fadens mit der Geschwindigkeit $\boldsymbol{v}_s$, die die Flüssigkeit gerade in diesem Punkt hat. Bei von Null verschiedenen Temperaturen führt die von dem Wirbelfaden verursachte Reibungskraft dazu, daß die Geschwindigkeit für die Verschiebung von der der superfluiden Komponente abweicht.

Die bei einer Drehung entstehenden Wirbelfäden haben eine geradlinige Form. Die Strömung der Flüssigkeit durch Kapillaren, Spalten und dgl. mehr kann von der Bildung geschlossener Wirbelfäden begleitet sein — von *Wirbelringen*. Das führt zur Zer-

---

[1]) Davon kann man sich leicht überzeugen, wenn man beachtet, daß die Zahl der Fäden proportional zu Ω wächst (s. unten (29,11)). Das zweite Glied in $\Delta E_{\text{rot}} = \Delta E - M\Omega$ wächst dann wie Ω^2 und das erste nur wie Ω, so daß man es bei $\Omega \gg \Omega_{\text{kr}}$ vernachlässigen kann. Die Bestimmung des Minimums von ΔE_{rot} führt also auf die Bestimmung des Maximums von M, das gerade bei einer Rotation der Flüssigkeit als Ganzes erreicht wird.

störung der Superfluidität bei Strömungen mit Geschwindigkeiten, die eine bestimmte kritische Größe überschreiten. Die tatsächlichen Werte dieser ***kritischen Geschwindigkeiten*** hängen von den konkreten Strömungsbedingungen ab; sie sind wesentlich kleiner als der Wert, bei dem die Bedingung (23,3) verletzt ist.

Im Gegensatz zu den geradlinigen Wirbelfäden, die in einer (in großem Abstand) ruhenden Flüssigkeit auf der Stelle stehen können, bewegen sich Wirbelringe relativ zur Flüssigkeit. Die Verschiebungsgeschwindigkeit jedes Längenelementes eines Wirbelfadens hat den Wert $\boldsymbol{v}_s$, der (gemäß Formel (29,4)) in dem entsprechenden Punkt von allen übrigen Teilen des Fadens verursacht wird; für gekrümmte Fäden ist dieser Wert im allgemeinen von Null verschieden. Wirbelringe haben deshalb als Ganzes nicht nur bestimmte Energien, sondern auch bestimmte Impulse und sind deshalb in diesem Sinne ein besonderer Typ von Elementaranregungen.

Aufgaben

1. Es sind die Bewegungsgeschwindigkeit und der Impuls eines kreisförmigen Wirbelringes zu bestimmen.

Lösung. Jedes Ringelement bewegt sich mit der Geschwindigkeit $\boldsymbol{v}_s$ in dem gegebenen Punkt, und wegen der Symmetrie des Kreisringes ist diese Geschwindigkeit in allen seinen Punkten gleich. Deshalb genügt es, die Geschwindigkeit $\boldsymbol{v}_s$ zu bestimmen, die im Punkt P von allen übrigen Punkten hervorgerufen wird. Die Elemente $\mathrm{d}\boldsymbol{l}$ des Ringes und die Ortsvektoren $\boldsymbol{R}$ von $\mathrm{d}\boldsymbol{l}$ zum Punkt P liegen in der Ringebene; deshalb steht der durch die Formel (29,4) bestimmte Geschwindigkeitsvektor im Punkt P senkrecht auf der Ringebene (als Folge davon verschiebt sich der Ring ohne Änderung seiner Form und seiner Dimensionen).

Wir definieren die Lage des Elementes $\mathrm{d}\boldsymbol{l}$ mit Hilfe des Winkels ϑ (Abb. 3). Dann ist

$$\mathrm{d}l = R_0\,\mathrm{d}\vartheta, \quad R = 2R_0 \sin\frac{\vartheta}{2}, \quad |\mathrm{d}\boldsymbol{l} \times \boldsymbol{R}| = R \sin\frac{\vartheta}{2}\,\mathrm{d}l$$

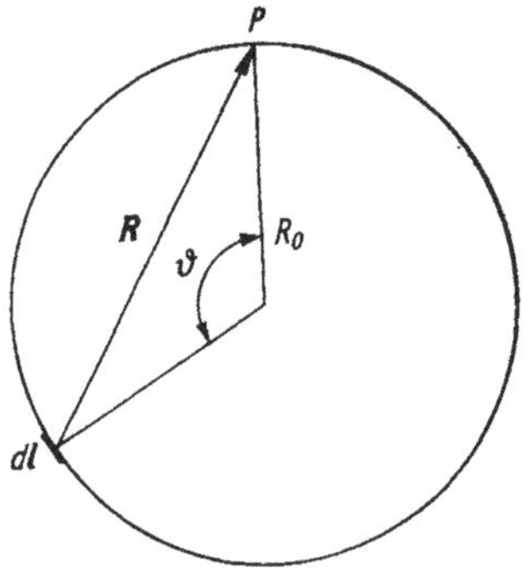

Abb. 3

(wobei R_0 der Radius des Ringes ist), und aus (29,4) finden wir für die Geschwindigkeit v des Ringes den Ausdruck

$$v = \frac{\varkappa}{8R_0}\, 2 \int\limits_0^{\pi} \frac{\mathrm{d}\vartheta}{\sin(\vartheta/2)}.$$

Dieses Integral divergiert aber logarithmisch an der unteren Grenze und muß beim Wert $\vartheta \sim a/R_0$ abgeschnitten werden, der atomaren Abständen ($\sim a$) des Elementes $\mathrm{d}\boldsymbol{l}$ vom Punkt P entspricht. Mit logarithmischer Genauigkeit ist dieses Integral durch den Wertebereich $a/R_0 \ll \vartheta \ll \pi$ bestimmt, es ist gleich

$$\int\limits_{\sim a/R_0}^{\sim 1} \frac{2\,\mathrm{d}\vartheta}{\vartheta} = 2 \ln \frac{R_0}{a},$$

so daß

$$v = \frac{\varkappa}{2R_0} \ln \frac{R_0}{a} = \frac{\hbar}{2mR_0} \ln \frac{R_0}{a} \tag{1}$$

ist.

Mit derselben logarithmischen Genauigkeit ist die Energie des Wirbelringes

$$\varepsilon = 2\pi^2 R_0 \varrho_s \frac{\hbar^2}{m^2} \ln \frac{R_0}{a} \tag{2}$$

(Formel (29,8) mit der Substitution $R \to R_0$, $L \to 2\pi R_0$). Die Energie ε hängt mit der Geschwindigkeit v über die Beziehung $\mathrm{d}\varepsilon/\mathrm{d}p = v$ zusammen, dabei ist p der Impuls des Ringes. Hieraus folgt

$$\mathrm{d}p = \frac{\mathrm{d}\varepsilon}{v} = 4\pi^2 \varrho_s \frac{\hbar}{m} R_0\,\mathrm{d}R_0$$

(mit logarithmischer Genauigkeit, bei der Differentiation muß man den großen Logarithmus als konstant betrachten). Danach ist

$$p = 2\pi^2 \varrho_s \frac{\hbar}{m} R_0^2. \tag{3}$$

Die Formeln (2) und (3) bestimmen in Parameterform (Parameter R_0) die Abhängigkeit $\varepsilon(p)$ für die Wirbelringe.

Wir bemerken, daß wegen des logarithmischen Charakters der Integration, die zu der Formel (1) führt, diese Formel (mit einer gewissen Änderung der Bezeichnungen in ihr) auch für Verschiebungsgeschwindigkeiten $\boldsymbol{v}$ eines jeden gegebenen Elementes eines gekrümmten Wirbelfadens beliebiger Form gültig bleibt:

$$\boldsymbol{v} = \frac{\varkappa}{2R_0} \boldsymbol{b} \ln \frac{\lambda}{a}. \tag{4}$$

Hier ist $\boldsymbol{b}$ ein Einheitsvektor, der senkrecht auf der Schmiegeebene im gegebenen Punkt des Fadens steht (Binormalenvektor); R_0 ist der Krümmungsradius des Fadens in diesem Punkt; λ ist der charakteristische Abstand, auf dem sich die Krümmung des Fadens ändert.

2. Es ist das Dispersionsgesetz für die kleinen Schwingungen eines geradlinigen Wirbelfadens zu bestimmen (W. Thomson, 1880).

Lösung. Wir wählen die Fadenlinie als z-Achse, und der Vektor $\boldsymbol{r} = (x, y)$ möge die Abweichung der Fadenpunkte bei den Schwingungen angeben; er ist eine Funktion von z und von der Zeit t gemäß der Form $\exp i(kz - \omega t)$. Die Geschwindigkeit der Fadenpunkte wird durch die Formel (4) gegeben, in der man unter λ in dem gegebenen Fall die Wellenlänge der Schwingungen zu verstehen hat ($\lambda \sim 1/k$):

$$\boldsymbol{v} = \frac{\mathrm{d}\boldsymbol{r}}{\mathrm{d}t} = -i\omega \boldsymbol{r} = \frac{\varkappa}{2} \ln \frac{1}{ak} \frac{\boldsymbol{b}}{R_0}.$$

Der Binormalenvektor ist $\boldsymbol{b} = \boldsymbol{t} \times \boldsymbol{n}$, dabei sind $\boldsymbol{t}$ und $\boldsymbol{n}$ die Einheitsvektoren von Tangente und Hauptnormale zu der Kurve. Nach einer bekannten Formel aus der Differentialgeometrie ist $\mathrm{d}^2\boldsymbol{r}/\mathrm{d}l^2 = \boldsymbol{n}/R_0$, dabei ist l die Bogenlänge. Bei kleinen Schwingungen ist der Faden schwach gebogen, so daß man $l \approx z$ und $\boldsymbol{t} = \boldsymbol{n}_z$ (Einheitsvektor längs der z-Achse) setzen kann; dann ist

$$\frac{\boldsymbol{b}}{R_0} \approx \boldsymbol{n}_z \times \frac{\mathrm{d}^2\boldsymbol{r}}{\mathrm{d}z^2} = -k^2 \boldsymbol{n}_z \times \boldsymbol{r}.$$

Wir finden also die Bewegungsgleichung des Fadens

$$-i\omega r = -\frac{\varkappa k^2}{2} n_z \times r \ln \frac{1}{ak}.$$

In Komponentenform liefert sie ein System von zwei linearen, homogenen Gleichungen für x und y. Wenn wir die Determinante dieses Systems gleich Null setzen, erhalten wir die gesuchte Verknüpfung von ω und k:

$$\omega = \frac{\varkappa k^2}{2} \ln \frac{1}{ak}.$$

§ 30. Ein Wirbelfaden in einem fast idealen Bose-Gas

Wie schon erwähnt wurde, hat die eigentliche Dicke eines Wirbelfadens in einer Flüssigkeit atomare Dimensionen. Eine Ausnahme ist in dieser Hinsicht aber der Fall des fast idealen Bose-Gases. Hier hat der „Kern" eines Wirbelfadens, in dem die Eigenschaften des Mediums wesentlich geändert sind, eine (wie wir sehen werden) makroskopische Dicke, und seine Struktur kann auf makroskopische Art und Weise beschrieben werden (W. L. Ginsburg, L. P. Pitajewski, 1958; L. P. Pitajewski, 1961; E. P. Gross, 1961).

Wir betrachten ein schwach nichtideales Gas am absoluten Temperaturnullpunkt. In einem solchen Gas befinden sich fast alle Teilchen im Kondensatzustand. Mit Hilfe der ψ-Operatoren ausgedrückt bedeutet das, daß der Operator des nicht kondensierten Anteils ($\hat{\Psi}'$) klein im Vergleich zu seinem Mittelwert ist, d. h. klein im Vergleich zu der Kondensat-Wellenfunktion Ξ. Wenn man diesen Teil ganz vernachlässigt, dann wird die Funktion Ξ der „Schrödinger-Gleichung" (7,8) genügen, die auch für den Gesamtoperator gilt. Unter alleiniger Berücksichtigung der Paarwechselwirkung hat sie (für spinlose Teilchen) die Form

$$i\hbar \frac{\partial}{\partial t} \Xi(t, r) = -\left(\frac{\hbar^2}{2m}\Delta + \mu\right) \Xi(t, r) + \Xi(t, r) \int |\Xi(t, r')|^2 U(r - r') \, d^3x'. \tag{30,1}$$

Wenn wir annehmen, daß sich die Funktion $\Xi(t, r')$ auf atomaren Abständen nur langsam ändert, dann können wir sie aus dem Integral herausziehen (indem wir sie durch $\Xi(t, r)$ ersetzen), und das Integral reduziert sich dann auf $\int U(r) \, d^3x = U_0$. Wenn wir hier den Wert $\mu = nU_0$ einsetzen (s. (25,6), n ist die ungestörte Teilchenzahldichte in dem Gas), erhalten wir die Gleichung

$$i\hbar \frac{\partial \Xi}{\partial t} = -\frac{\hbar^2}{2m}\Delta \Xi + U_0\{\Xi |\Xi|^2 - n \Xi\}. \tag{30,2}$$

In einem stationären Zustand hängt Ξ von der Zeit nicht ab.[1]) Einem geradlinigen Wirbelfaden entspricht eine Lösung der Form

$$\Xi = \sqrt{n} e^{i\varphi} f\left(\frac{r}{r_0}\right), \quad r_0 = \frac{\hbar}{\sqrt{2mU_0 n}}, \tag{30,3}$$

---

[1]) Wir erinnern daran, daß die Gleichung (30,1) schon dem Hamilton-Operator $\hat{H}' = \hat{H} - \mu \hat{N}$ entspricht!

wobei r und φ der Abstand von der Wirbelachse und der Polarwinkel um sie sind. Die Phase dieser Funktion entspricht der Zirkulation (29,7). Das Quadrat $|\Xi|^2$ ist die Teilchenzahldichte im Kondensat; in der betrachteten Näherung fällt sie mit der gesamten Gasdichte zusammen. Bei $r \to \infty$ muß die letztere gegen den vorgegebenen Wert n streben, die Funktion f dementsprechend gegen 1.

Wenn wir die dimensionslose Variable $\xi = r/r_0$ einführen, erhalten wir für die Funktion (ξ) die Gleichung

$$\frac{1}{\xi}\frac{d}{d\xi}\left(\xi\frac{df}{d\xi}\right) - \frac{f}{\xi^2} + f - f^3 = 0. \tag{30,4}$$

In Abb. 4 ist die Lösung dargestellt, die man aus (30,4) durch numerische Integration erhält. Bei $\xi \to 0$ geht sie proportional zu ξ gegen Null, und bei $\xi \to \infty$ strebt sie nach dem Gesetz $f = 1 - 1/2\xi^2$ gegen 1.

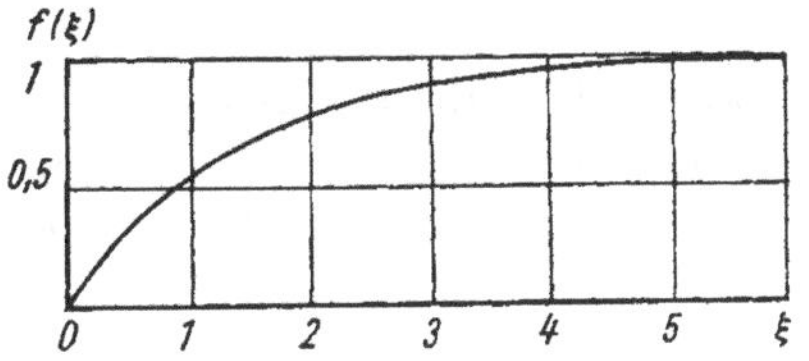

Abb. 4

Der Parameter r_0 bestimmt die Größenordnung des „Kernradius" des Wirbels. Wenn wir an Stelle von U_0 die Streulänge gemäß $U_0 = 4\pi\hbar^2 a/m$ (6,2) einführen, finden wir

$$r_0 \sim n^{-1/3}\eta^{-1/2} \gg n^{-1/3}$$

mit $\eta = an^{1/3}$ als dem Gasparameter. Dieser Radius ist also wirklich groß im Vergleich zu den zwischenatomaren Abständen, wenn der Gasparameter hinreichend klein ist.

Aufgabe

Es ist das Spektrum der Elementaranregungen in einem fast idealen Bose-Gas zu bestimmen, indem man es als Dispersionsgesetz von kleinen Schwingungen der Kondensat-Wellenfunktion betrachtet.

Lösung. Wir betrachten kleine Schwingungen von Ξ um den konstanten Mittelwert $\sqrt{n}$:

$$\Xi = \sqrt{n} + A e^{i(\boldsymbol{kr} - \omega t)} + B^* e^{-i(\boldsymbol{kr} - \omega t)},$$

wobei A, B^* kleine komplexe Amplituden sind. Wenn wir diesen Ausdruck in Gleichung (30,2) einsetzen, sie linearisieren und die Glieder mit unterschiedlichen Exponentialfaktoren abtrennen, erhalten wir das System von zwei Gleichungen

$$\hbar\omega A = \frac{p^2}{2m} A + nU_0(A + B),$$

$$-\hbar\omega B = \frac{p^2}{2m} B + nU_0(A + B)$$

($p = \hbar k$). Hieraus finden wir, wenn wir die Determinante des Systems gleich Null setzen,

$$(\hbar\omega)^2 = \left(\frac{p^2}{2m}\right)^2 + \frac{p^2}{m} n U_0,$$

was mit (25,10) zusammenfällt.

§ 31. GREENsche Funktionen einer BOSE-Flüssigkeit[1]

Der mathematische Apparat der GREENschen Funktionen einer BOSE-Flüssigkeit ist in vielem ähnlich aufgebaut wie der analoge Apparat für ein FERMI-System. Wir wollen hier nicht alle Betrachtungen wiederholen und zunächst die grundlegenden Definitionen und Formeln angeben, wobei wir die Unterschiede hervorheben werden, die sowohl mit der anderen Statistik als auch mit der Existenz des Kondensats zusammenhängen.[2] Wie in den vorherigen Paragraphen dieses Kapitels werden wir die Teilchen als spinlos voraussetzen.

Bei der Definition der GREENschen Funktion einer BOSE-Flüssigkeit muß man von den HEISENBERGschen ψ-Operatoren den Kondensatteil abtrennen, indem man sie in der Form (26,4) darstellt. Die GREENsche Funktion wird mit Hilfe der Operatoren des nicht kondensierten Anteils gemäß

$$G(X_1, X_2) = -i\langle T\hat{\Psi}'(X_1)\,\hat{\Psi}'^{+}(X_2)\rangle \tag{31,1}$$

definiert. Dabei bedeuten die Klammern $\langle\ldots\rangle$ wieder die Mittelung über den Grundzustand des Systems, T ist das Zeichen für das chronologische Produkt. Dabei wird aber, im Unterschied zum Fermionenfall, eine Vertauschung von ψ-Operatoren in die notwendige Anordnung nicht mit einer Vorzeichenänderung des Produktes gekoppelt sein, so daß

$$iG(X_1, X_2) = \begin{cases} \langle\hat{\Psi}'(X_1)\,\hat{\Psi}'^{+}(X_2)\rangle, & t_1 > t_2, \\ \langle\hat{\Psi}'^{+}(X_2)\,\hat{\Psi}'(X_1)\rangle, & t_1 < t_2 \end{cases} \tag{31,2}$$

ist (im Unterschied zu (7,10)). Ein Mittelwert wie (31,1), aber mit den vollen ψ-Operatoren an Stelle derjenigen des nicht kondensierten Anteils, würde

$$-i\langle T\hat{\Psi}(X_1)\,\hat{\Psi}^{+}(X_2)\rangle = -in_0 + G(X_1, X_2) \tag{31,3}$$

ergeben, dabei ist n_0 die Teilchenzahldichte für das Kondensat.[3] In einer homogenen Flüssigkeit hängt die Funktion G natürlich nur von der Differenz $X = X_1 - X_2$ ab.

Die Dichtematrix des nicht kondensierten Anteils ϱ' wird durch die GREENsche Funktion gemäß

$$N\varrho'(\mathbf{r}_1, \mathbf{r}_2) = iG(t_1, \mathbf{r}_1; t_1 + 0, \mathbf{r}_2) = iG(t = -0, \mathbf{r}) \tag{31,4}$$

---

[1]) In den §§ 31—33, 35 wird das System von Einheiten benutzt, in dem $\hbar = 1$ ist.

[2]) Die Anwendung der mathematischen Technik der GREENschen Funktionen auf BOSE-Systeme mit Kondensat stammt von S. T. BELJAJEW (1958).

[3]) Wie für FERMI-Systeme werden wir die Zustände des BOSE-Systems bei gegebenem Wert des chemischen Potentials μ betrachten (und nicht bei vorgegebener Teilchenzahl N). Dementsprechend spielt die Rolle des HAMILTON-Operators die Differenz $\hat{H}' = \hat{H} - \mu\hat{N}$ (7,1). Dabei hängt der Kondensatteil des ψ-Operators nicht von der Zeit ab.

ausgedrückt (wir weisen auf das andere Vorzeichen im Vergleich zu (7,18) hin). Bei $\boldsymbol{r}_1 = \boldsymbol{r}_2$ erhält man hieraus insbesondere die Gesamtdichte der Teilchen des nicht kondensierten Anteils:

$$\frac{N}{V} - n_0 = iG(t = -0, \boldsymbol{r} = 0) \tag{31,5}$$

(vgl. (7,19)).

Der Übergang zu der Impulsdarstellung wird durch die Formeln (7,21—22) gegeben. Die Normierung der Funktion $G(\omega, \boldsymbol{p})$ ergibt sich nach der Formel

$$\frac{N}{V} = n_0 + i \lim_{t \to -0} \int G(\omega, \boldsymbol{p})\, \mathrm{e}^{-i\omega t} \frac{\mathrm{d}\omega\, \mathrm{d}^3p}{(2\pi)^4} \tag{31,6}$$

(vgl. (7,24)).

Für die GREENsche Funktion eines BOSE-Systems in der Impulsdarstellung kann man eine Entwicklung erhalten, die der im § 8 für ein FERMI-System erhaltenen analog ist. Völlig analoge Berechnungen führen zunächst auf die Formel

$$G(\omega, \boldsymbol{p}) = (2\pi)^3 \sum_m \left\{ \frac{A_m\, \delta(\boldsymbol{p} - \boldsymbol{P}_m)}{\omega + E_0(N) - E_m(N+1) + \mu + i0} - \frac{B_m\, \delta(\boldsymbol{p} + \boldsymbol{P}_m)}{\omega - E_0(N) + E_m(N-1) + \mu - i0} \right\} \tag{31,7}$$

mit

$$A_m = |\langle 0\, |\hat{\psi}'(0)|\, m\rangle|^2, \quad B_m = |\langle m\, |\hat{\psi}'(0)|\, 0\rangle|^2$$

($\hat{\psi}'(\boldsymbol{r})$ ist der SCHRÖDINGERsche Operator des nicht kondensierten Anteils).[1] Um diese Entwicklung auf die endgültige Form zu bringen, bemerken wir, daß die Anregungsenergie $\varepsilon_m(N)$ in einem BOSE-System als die (immer positive) Differenz zwischen den Energien der angeregten Zustände des Systems und der Energie seines Grundzustandes bei ungeänderter Teilchenzahl N definiert ist. Wenn wir berücksichtigen, daß $E_0(N) + \mu \approx E_0(N+1)$ ist, finden wir deshalb

$$E_m(N+1) - E_0(N) - \mu \approx E_m(N+1) - E_0(N+1) = \varepsilon_m(N+1) > 0,$$
$$E_m(N-1) - E_0(N) + \mu \approx E_m(N-1) - E_0(N-1) = \varepsilon_m(N-1) > 0.$$

Das Hinzufügen oder Entfernen eines Teilchens ändert aber die Eigenschaften des Systems nur in den Gliedern der relativen Größenordnung $\sim 1/N$; für ein makroskopisches System sind diese Glieder vernachlässigbar klein, so daß man annehmen kann, daß die Anregungsenergien $\varepsilon_m(N \pm 1)$ beide gleich $\varepsilon_m(N)$ sind. Wir erhalten also schließlich:

$$G(\omega, \boldsymbol{p}) = (2\pi)^3 \sum_m \left\{ \frac{A_m\, \delta(\boldsymbol{p} - \boldsymbol{P}_m)}{\omega - \varepsilon_m + i0} - \frac{B_m\, \delta(\boldsymbol{p} + \boldsymbol{P}_m)}{\omega + \varepsilon_m - i0} \right\}. \tag{31,8}$$

Auf die gleiche Art, wie (8,14) erhalten wurde, kann man hieraus leicht finden, daß für ein BOSE-System der Imaginärteil der GREENschen Funktion immer negativ ist:

$$\operatorname{Im} G(\omega, \boldsymbol{p}) < 0. \tag{31,9}$$

---

[1]) Die Formel (31,7) entspricht der Formel (8,7). Der Faktor 1/2 fehlt jetzt, weil die Teilchen keinen Spin haben. Wir weisen auf das andere Vorzeichen vor dem zweiten Glied in (31,7) im Vergleich (8,7) hin.

Die asymptotische Gestalt der GREENschen Funktion bei $\omega \to \infty$ bleibt die gleiche wie auch in dem Fall eines FERMI-Systems:

$$G(\omega, \boldsymbol{p}) \to 1/\omega \quad \text{bei} \quad |\omega| \to \infty \tag{31,10}$$

(vgl. (8,15)). Bei ihrer Ableitung muß man die Vertauschungsregel

$$\hat{\Psi}(t, \boldsymbol{r}_1)\, \hat{\Psi}^+(t, \boldsymbol{r}_2) - \hat{\Psi}^+(t, \boldsymbol{r}_2)\, \hat{\Psi}(t, \boldsymbol{r}_1) = \delta(\boldsymbol{r}_1 - \boldsymbol{r}_2)$$

berücksichtigen, in der jetzt an Stelle des Antikommutators der Kommutator der Operatoren $\hat{\Psi}$ und $\hat{\Psi}^+$ steht.[1])

Die gleichen Überlegungen wie im § 8 führen weiterhin zu dem grundlegenden Ergebnis, daß die Pole der GREENschen Funktion das Spektrum der Elementaranregungen bestimmen:

$$G^{-1}(\varepsilon, \boldsymbol{p}) = 0, \tag{31,11}$$

wobei man nur die positiven Wurzeln dieser Gleichung zu nehmen hat; im Unterschied zu (8,16) braucht man hier μ von ε nicht abzuziehen.

In der Nähe ihres Poles hat die GREENsche Funktion die Gestalt

$$G(\omega, \boldsymbol{p}) \approx \frac{Z_\pm}{\omega \mp \varepsilon(\boldsymbol{p})}, \quad Z_+ > 0, \quad Z_- < 0; \tag{31,12}$$

das Vorzeichen des Residuums im Pol stimmt mit dem Vorzeichen von ω überein, was daraus folgt, daß die Koeffizienten A_m, B_m in (31,8) positiv sind (die Größe des Residuums ist durch keinerlei Bedingungen der Art wie etwa (10,4) bei FERMI-Systemen beschränkt). Wenn man den Ausdruck (31,12) benutzt, kann man sich leicht überzeugen (analog dazu, wie das im § 8 getan wurde), daß die Ungleichung (31,9) automatisch einen positiven Koeffizienten für die Dämpfung der Quasiteilchen liefert, d. h. es wird das notwendige Vorzeichen $-\mathrm{Im}\,\varepsilon > 0$ bei der Verschiebung von ε ins Komplexe geliefert.

Die Möglichkeit, daß Teilchen aus den Zuständen über dem Kondensat in das Kondensat übergehen und umgekehrt, führt dazu, daß im mathematischen Apparat der GREENschen Funktionen für ein BOSE-System neben der Funktion (31,1) automatisch auch die Funktionen

$$iF(X_1, X_2) = \langle N - 2\,|T\hat{\Psi}'(X_1)\,\hat{\Psi}'(X_2)|\,N\rangle, \tag{31,13}$$

$$\begin{aligned} iF^+(X_1, X_2) &= \langle N\,|T\hat{\Psi}'^+(X_1)\,\hat{\Psi}'^+(X_2)|\,N - 2\rangle \\ &= \langle N + 2\,|T\Psi'^+(X_1)\hat{\Psi}'^+(X_2)|\,N\rangle \end{aligned} \tag{31,14}$$

auftreten (wie wir im § 33 sehen werden), dabei wird das Matrixelement für Übergänge mit einer Änderung der Gesamtteilchenzahl im System gebildet. Das Symbol $|N\rangle$ kennzeichnet den Grundzustand des Systems mit N Teilchen (die letzte Gleichung in (31,14) gilt nur bis auf Größen $\sim 1/N$ – vgl. die Fußnote 3 auf S.105). Die so definierten Funktionen F und F^+ nennt man *anomale* GREEN*sche Funktionen.* Wir zeigen, daß in einer homogenen und ruhenden Flüssigkeit die Funktionen F und F^+ zusammenfallen.

Wie die Funktion G hängen auch die Funktionen F und F^+ für eine homogene Flüs-

---

[1]) Die Tatsache, daß in der Definition von G der Kondensatteil der ψ-Operatoren abgetrennt ist, ist hier unwesentlich: das konstante Glied $-in_0$ in (31,3) entspricht in der Impulsdarstellung der δ-Funktion $\delta(\omega)\,\delta(\boldsymbol{p})$, die sich auf (31,10) nicht auswirkt.

sigkeit nur von der Differenz $X = X_1 - X_2$ ab.[1]) Weil die Vertauschung von X_1 und X_2 nur die Anordnung der Operatoren im Produkt ändert, die sowieso durch die Chronologisierung festgelegt ist, so gilt

$$F(X) = F(-X). \tag{31,15}$$

Hieraus folgt natürlich, daß F auch in der Impulsdarstellung eine gerade Funktion ihres Argumentes ist:

$$F(P) = F(-P). \tag{31,16}$$

Eine bestimmte Beziehung zwischen F und F^+ entsteht weiterhin als Resultat der folgenden Eigenschaft des HEISENBERGschen ψ-Operators für ein ruhendes System:[2])

$$\hat{\Psi}^+(t, \boldsymbol{r}) = \tilde{\hat{\Psi}}(-t, -\boldsymbol{r}). \tag{31,17}$$

Wenn wir z.B. $t_2 > t_1$ setzen, finden wir:

$$\begin{aligned} iF^+(X_1, X_2) &= \langle N + 2 \,|\hat{\Psi}'^+(X_2)\, \hat{\Psi}'^+(X_1)|\, N\rangle \\ &= \langle N \,|\tilde{\hat{\Psi}}'^+(X_1)\, \tilde{\hat{\Psi}}'^+(X_2)|\, N + 2\rangle \\ &= \langle N \,|\hat{\Psi}'(-X_1)\, \hat{\Psi}'(-X_2)|\, N + 2\rangle = iF(-X_1, -X_2), \end{aligned}$$

oder $F^+(X) = F(-X)$. Unter Berücksichtigung von (31,15) folgt hieraus die gesuchte Gleichung

$$F^+(X) = F(X). \tag{31,18}$$

---

[1]) Die Unabhängigkeit der Funktion F von der Summe der Zeiten $t_1 + t_2$ hängt damit zusammen, daß in die Definition des HAMILTON-Operators $\hat{H}' = \hat{H} - \mu\hat{N}$ das Glied $-\mu\hat{N}$ einbezogen wurde. Dadurch ist aus der Differenz der Energieeigenwerte der Systeme mit unterschiedlicher Teilchenzahl das Glied

$$E(N + 2) - E(N) \approx 2\partial E/\partial N = 2\mu$$

eliminiert und aus den Matrixelementen des Operators $\hat{\Psi}'_1\hat{\Psi}'_2$ dementsprechend der Faktor $\exp\,[-i\mu(t_1 + t_2)]$.

[2]) Davon kann man sich auf die folgende Art überzeugen. Alle von Null verschiedenen Matrixelemente der Operatoren $\hat{a}_{\boldsymbol{p}}$, $\hat{a}_{\boldsymbol{p}}^+$ können als reelle Größen definiert werden (s. III, (64,7–8)); in diesem Sinne sind die Operatoren reell, d.h. $\hat{a}_{\boldsymbol{p}}^+ \equiv \tilde{\hat{a}}_{\boldsymbol{p}}^* = \tilde{\hat{a}}_{\boldsymbol{p}}$. Deshalb besitzt der SCHRÖDINGERsche ψ-Operator

$$\hat{\psi}(\boldsymbol{r}) = V^{-1/2} \sum_{\boldsymbol{p}} \hat{a}_{\boldsymbol{p}} e^{i\boldsymbol{pr}}$$

die Eigenschaft $\hat{\psi}^+(\boldsymbol{r}) = \tilde{\hat{\psi}}(-\boldsymbol{r})$. Hieraus folgt seinerseits die Gleichung (31,17) für den HEISENBERG-Operator

$$\hat{\Psi}(t, \boldsymbol{r}) = \exp\,(i\hat{H}t)\, \hat{\psi}(\boldsymbol{r}) \exp\,(-i\hat{H}t),$$

wovon man sich leicht überzeugen kann, wenn man beachtet, daß (für ein System ohne Spinwechselwirkung) der HAMILTON-Operator $\hat{H}$ reell ($\hat{H}^+ = \tilde{\hat{H}}$) und inversionssymmetrisch ist. Wir betonen aber, daß der HAMILTON-Operator nur unter der Voraussetzung reell ist, daß in der Flüssigkeit keine makroskopische superfluide Bewegung vorhanden ist. Für ein BOSE-System mit Kondensat hängt der HAMILTON-Operator von einem makroskopischen Parameter ab — von der Kondensat-Wellenfunktion Ξ. In einer sich bewegenden Flüssigkeit ist dieser Parameter komplex, mit ihm wird auch der HAMILTON-Operator komplex (er bleibt aber natürlich hermitesch).

Wenn man die Funktion $F(X)$ durch die Matrixelemente der ψ-Operatoren ausdrückt, kann man für $F(\omega, \boldsymbol{p})$ eine Entwicklung erhalten, die der Entwicklung (31,8) analog ist, und damit auch die Frage nach den Polen dieser Funktion klären; wir werden uns hier damit nicht mehr beschäftigen. Wir geben nur an, daß die Pole der Funktion $F(\omega, \boldsymbol{p})$ mit den Polen der Funktion $G(\omega, \boldsymbol{p})$ übereinstimmen.

Zum Schluß dieses Paragraphen berechnen wir die Greensche Funktion des idealen Bose-Gases $G^{(0)}$. Wir bemerken zunächst, daß sich im Grundzustand dieses Gases alle Teilchen im Kondensat befinden, und daher der Vernichtungsoperator $\hat{\Psi}'$ für den nicht kondensierten Anteil bei der Anwendung auf die Wellenfunktion des Grundzustandes Null ergibt. Deshalb ist die Funktion $G^{(0)}(t, \boldsymbol{r})$ nur bei $t = t_1 - t_2 > 0$ von Null verschieden (wenn nach (31,2) zuerst der Erzeugungsoperator $\hat{\Psi}'^+$ angewendet wird.)

Obwohl für ein ideales Gas das chemische Potential $\mu = 0$ ist, werden wir das hier nicht voraussetzen und μ als unbestimmten freien Parameter betrachten; das ist für die weitere Anwendung der Funktion $G^{(0)}$ in der Diagrammtechnik für eine beliebige Flüssigkeit notwendig, wo μ als solcher Parameter erscheint. Dementsprechend werden wir den Operator $\hat{\Psi}'_0(t, \boldsymbol{r})$ in der Form

$$\hat{\Psi}'_0(t, \boldsymbol{r}) = \frac{1}{\sqrt{V}} \sum_{\boldsymbol{p} \neq 0} \hat{a}_{\boldsymbol{p}} \exp\left[i\left(\boldsymbol{p}\boldsymbol{r} - \frac{p^2}{2m} t + \mu t\right)\right] \tag{31,19}$$

schreiben (die sich von (26,1) durch das Glied $i\mu t$ im Exponenten unterscheidet). Wenn wir diesen Ausdruck in die Definition von $G^{(0)}$ nach (31,2) einsetzen, bemerken wir, daß bei der Mittelung (d. h., wenn die diagonalen Matrixelemente genommen werden) ein von Null verschiedenes Resultat nur die Produkte $\hat{a}_{\boldsymbol{p}}\hat{a}_{\boldsymbol{p}}^+$ und $\hat{a}_{\boldsymbol{p}}^+\hat{a}_{\boldsymbol{p}}$ geben können; weil aber in dem Grundzustand des Gases die Besetzungszahlen aller Zustände von Teilchen mit $\boldsymbol{p} \neq 0$ verschwinden, gilt

$$\langle \hat{a}_{\boldsymbol{p}}^+\hat{a}_{\boldsymbol{p}} \rangle = 0, \quad \langle \hat{a}_{\boldsymbol{p}}\hat{a}_{\boldsymbol{p}}^+ \rangle = 1 .$$

Wenn wir nun auf die übliche Weise von der Summation über $\boldsymbol{p}$ zu der Integration übergehen, erhalten wir

$$G^{(0)}(t, \boldsymbol{r}) = \begin{cases} -i \int \exp\left[-i\dfrac{p^2}{2m} t + i\mu t + i\boldsymbol{p}\boldsymbol{r}\right] \dfrac{d^3p}{(2\pi)^3} \text{ bei } t > 0, \\ 0 \quad \text{bei} \quad t < 0. \end{cases} \tag{31,20}$$

Hieraus finden wir für die Greensche Funktion in der Impulsdarstellung

$$G^{(0)}(\omega, \boldsymbol{p}) = -i \int_0^\infty \exp\left(-i\frac{p^2}{2m} t + i\mu t + i\omega t\right) dt .$$

Die Integration wird mit Hilfe der Formel

$$\int_0^\infty e^{i\alpha t}\, dt = \frac{i}{\alpha + i0} \tag{31,21}$$

ausgeführt (im Integranden wird ein Faktor $e^{-\lambda t}$ mit $\lambda > 0$ eingeführt, anschließend gehen wir zum Grenzwert $\lambda \to 0$ über). Wir erhalten schließlich:

$$G^{(0)}(\omega, \boldsymbol{p}) = \left[\omega - \frac{p^2}{2m} + \mu + i0\right]^{-1} . \tag{31,22}$$

Was die Funktion F angeht, so ist für ein ideales Gas $F^{(0)}(X) = 0$, wie das aus der Definition (31,13) ersichtlich ist, in der beide Operatoren Vernichtungsoperatoren des nicht kondensierten Anteils sind. Deshalb ist in der Impulsdarstellung

$$F^{(0)}(\omega, \boldsymbol{p}) = 0. \tag{31,23}$$

Durch diese Gleichung wird die Tatsache ausgedrückt, daß Teilchen über dem Kondensat (bei $T = 0$) nur infolge einer Wechselwirkung auftreten können.

Aufgabe

Es ist die GREENsche Funktion eines Phononenfeldes zu bestimmen, die als

$$D(X_1, X_2) \equiv D(X_1 - X_2) = -i\langle T\hat{\varrho}'(X_1)\,\hat{\varrho}'(X_2)\rangle \tag{1}$$

definiert ist, dabei kennzeichnen die Winkelklammern die Mittelung über den Grundzustand des Feldes, $\hat{\varrho}'$ ist der Dichteoperator aus (24,10), und das chronologische Produkt wird nach der Regel (31,2) zerlegt.

Lösung. Wenn wir (24,10) in die Definition (1) einsetzen, bemerken wir, daß, weil in dem Grundzustand alle Besetzungszahlen der Phononenzustände gleich Null sind, nur die Mittelwerte $\langle \hat{c}_{\boldsymbol{k}}\hat{c}_{\boldsymbol{k}}^{+}\rangle = 1$ von Null verschieden sind. Wenn wir von der Summation zur Integration über $\boldsymbol{k}$ übergehen, erhalten wir

$$D(t, \boldsymbol{r}) = \int \frac{\varrho k}{2iu}\, e^{i(\boldsymbol{kr} \mp ukt)}\, \frac{d^3k}{(2\pi)^3},$$

dabei beziehen sich die Zeichen $-$ und $+$ im Exponenten auf $t>0$ bzw. $t<0$ (im Integral ist für $t < 0$ eine Umbenennung der Integrationsvariablen $\boldsymbol{k} \to -\boldsymbol{k}$ durchgeführt). Der Integrand (ohne den Faktor $e^{i\boldsymbol{kr}}$) ist die FOURIER-Komponente der Entwicklung der Funktion $D(t, \boldsymbol{r})$ bezüglich der Koordinaten. Wenn wir auch bezüglich der Zeit entwickeln, erhalten wir die GREENsche Funktion in der Impulsdarstellung

$$D(\omega, \boldsymbol{k}) = \frac{\varrho k}{2iu}\left\{\int_0^{\infty} e^{i(\omega - uk)t}\, dt + \int_{-\infty}^{0} e^{i(\omega + uk)t}\, dt\right\}.$$

Die Integration wird hier mit Hilfe der Formel (31,21) ausgeführt:

$$D(\omega, \boldsymbol{k}) = \frac{\varrho k}{2u}\left[\frac{1}{\omega - uk + i0} - \frac{1}{\omega + uk - i0}\right] = \frac{\varrho k^2}{\omega^2 - u^2k^2 + i0}.$$

§ 32. Die Diagrammtechnik für eine BOSE-Flüssigkeit

Die nachfolgende Entwicklung der Diagrammtechnik für die Berechnung der GREENschen Funktionen eines BOSE-Systems wird ähnlich dazu durchgeführt, wie das in den §§ 12–13 für die FERMI-Systeme getan wurde. Wie dort wollen wir die Regeln dieser Technik für Systeme mit einer Paarwechselwirkung zwischen den Teilchen, die durch den Operator

$$\hat{V}(t) = \frac{1}{2}\int \hat{\Psi}^{+}(t, \boldsymbol{r}_1)\,\hat{\Psi}^{+}(t, \boldsymbol{r}_2)\,U(\boldsymbol{r}_1 - \boldsymbol{r}_2)\,\hat{\Psi}(t, \boldsymbol{r}_2)\,\hat{\Psi}(t, \boldsymbol{r}_1)\,d^3x_1\,d^3x_2 \tag{32,1}$$

beschrieben wird, formulieren.

Die Spezifik der BOSE-Flüssigkeiten mit einem Kondensat besteht vor allem darin, daß alle HEISENBERGschen ψ-Operatoren in der Form $\hat{\Psi} = \hat{\Psi}' + \Xi$ dargestellt werden müssen, dabei ist $\hat{\Psi}'$ der Operator des nicht kondensierten Anteils, Ξ ist die Kondensat-Wellenfunktion, die (für eine ruhende Flüssigkeit) einfach durch die reelle Zahl $\sqrt{n_0}$ dargestellt wird.[1]) Nach dieser Substitution zerfällt der Operator (32,1) in eine Reihe von Gliedern, die von null bis vier Operatoren $\hat{\Psi}'$ enthalten (zusammen mit der entsprechenden zusätzlichen Zahl von Faktoren $\sqrt{n_0}$).

Alles im § 12 über den Übergang zur Wechselwirkungsdarstellung Gesagte bleibt vollständig in Kraft, und die weitere Zerlegung der erhaltenen Ausdrücke geschieht mit Hilfe des WICK-Theorems (§ 13) (mit dem einzigen Unterschied, daß eine Vertauschung der ψ-Operatoren im gemittelten Produkt nun keine Vorzeichenänderung erfordert). Die Vielfalt der Glieder, in die der Operator (32,1) zerfällt, führt aber dazu, daß neue Elemente in den FEYNMAN-Diagrammen auftreten. Wir wollen diese Elemente sofort in der Impulsdarstellung beschreiben.

In jedem Eckpunkt eines Diagramms treffen wie früher drei Linien zusammen: eine gestrichelte Linie (ihr entspricht der Faktor $-iU(Q)$ mit dem Viererimpuls $Q = (q_0, \boldsymbol{q})$) und zwei Teilchenlinien — eine einlaufende und eine auslaufende. Dabei muß man aber jetzt zwischen Kondensatteilchen und Teilchen des nicht kondensierten Anteils unterscheiden. Die ausgezogenen Linien werden den Teilchen des nicht kondensierten Anteils entsprechen, diesen Linien (mit dem Viererimpuls $P = (\omega, \boldsymbol{p})$) entspricht wie früher ein Faktor $iG^{(0)}(P)$. Die Linien der Kondensatteilchen werden wir jetzt wellenförmig zeichnen; diesen Linien ist der Viererimpuls $P = 0$ zuzuschreiben, ihnen entspricht der Faktor $\sqrt{n_0}$.[2]) Es entstehen also Eckpunkte der vier folgenden Arten:

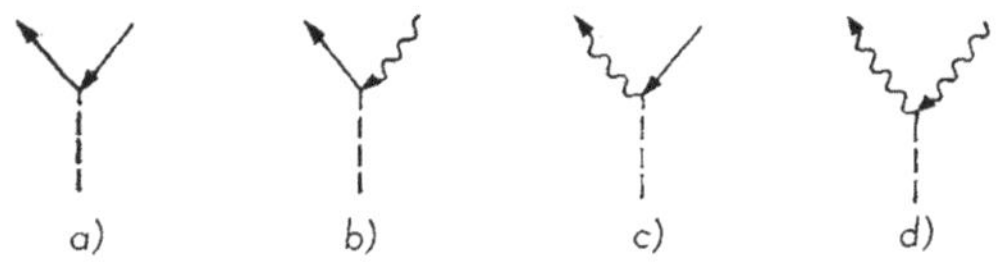

(32,2)

(Eckpunkte mit einer oder mit zwei Wellenlinien nennt man *unvollständig*). In jedem Eckpunkt muß der „Impulserhaltungssatz des Viererimpulses" erfüllt sein; deshalb fällt in den Eckpunkten b und c der Viererimpuls der gestrichelten Linie mit dem der ausgezogenen Linie zusammen, in dem Eckpunkt d ist er gleich Null. Die Wellenlinien sind immer äußere Linien des Diagramms, d. h. nur eines ihrer Enden ist angebunden, das zweite Ende bleibt frei.

Jedes Diagramm, das in die Definition der GREENschen Funktion $G(P)$ eingeht, hat zwei ausgezogene äußere Linien mit den Viererimpulsen P (eine ein- und eine auslaufende) und kann außerdem eine (gerade) Anzahl von wellenförmigen äußeren Linien haben. Die Gesamtzahl der einlaufenden und auslaufenden äußeren Linien ist in jedem Diagramm gleich (dadurch wird die Erhaltung der Gesamtteilchenzahl im System ausgedrückt — der Kondensatteilchen zusammen mit den Teilchen des nicht kondensierten

---

[1]) Wir betonen, daß, weil diese Größe bei der Aufteilung des exakten (HEISENBERGschen) ψ-Operators in Teile entsteht, n_0 der exakte Wert der Kondensatdichte in der Flüssigkeit (bei $T = 0$) ist.

[2]) Genauer gesagt muß der in den Eckpunkt einlaufenden Wellenlinie der Faktor Ξ und der auslaufenden Linie der Faktor Ξ^* zugeordnet werden; weil Ξ reell ist, sind diese Faktoren aber gleich.

Anteils). Wie auch für ein FERMI-System (und auch aus dem gleichen Grund — s. § 13) sind nur Diagramme erlaubt, die nicht in zwei (oder mehr) nicht miteinander verbundene Teile zerfallen. Im Unterschied zum Fall der FERMI-Systeme ändert sich aber die Regel, die das Vorzeichen festlegt, mit dem die Diagramme in iG eingehen; alle Diagramme gehen mit den gleichen Vorzeichen ein (d.h. die auf S. 53 angegebene Regel 3 ist wegzulassen).

Jede gestrichelte Linie in einem Diagramm hat an ihren Enden einen vollständigen oder einen unvollständigen Eckpunkt. Das können aber nicht zwei Eckpunkte des Typs (32,3d) sein: da dieser Typ gar keine ausgezogene Linie enthält, kann solch eine Figur überhaupt nicht mit einem Diagramm für die GREENsche Funktion verknüpft werden. Das können auch nicht Eckpunkte der Typen (32,2d) und (32,2c) (oder (32,2d) und (32,2b)) sein: wenn drei wellenförmige Endlinien vorhanden wären, dann würde die Erhaltung des Viererimpulses in den Eckpunkten einer solchen Figur dazu führen, daß auch der Viererimpuls der vierten Endlinie verschwindet, d.h. wir kämen zu einer Figur mit allen vier (wellenförmigen) Kondensat-Endlinien.

Eine große Anzahl von Diagrammen jeder Ordnung der Störungstheorie, die nach den angegebenen Regeln konstruiert wurden, verschwindet aber identisch. Der Grund dafür ist, daß im Grundzustand eines idealen BOSE-Gases Teilchen über dem Kondensat fehlen. Das wird besonders deutlich, wenn man den Ursprung der Diagramme in der Koordinatendarstellung verfolgt: es sind alle Kontraktionen der Form $\langle \hat{\Psi}'^{+}\hat{\Psi}' \rangle$ gleich Null, in denen der Vernichtungsoperator des nicht kondensierten Anteils rechts steht und zuerst auf den Grundzustand wirkt; es bleiben nur die Kontraktionen der Form $\langle \hat{\Psi}'\hat{\Psi}'^{+} \rangle$.[1]

So verschwinden die Diagramme mit einer „in sich geschlossenen" durchgezogenen Linie: diese Linie entsteht aus der Kontraktion $\langle \hat{\Psi}'^{+}(t, \boldsymbol{r})\, \hat{\Psi}'(t, \boldsymbol{r}) \rangle$, die die Teilchendichte des nicht kondensierten Anteils darstellt. Weiterhin sind die Diagramme gleich Null, die eine durch eine gestrichelte Linie geschlossene ausgezogene Linie enthalten:

Solch eine Linie entsteht aus der Kontraktion $\langle \hat{\Psi}'^{+}(t, \boldsymbol{r}_2)\, \hat{\Psi}'(t, \boldsymbol{r}_1) \rangle$ von zwei ψ-Operatoren innerhalb ein und desselben Wechselwirkungsoperators $\hat{V}(t)$, in welchem $\hat{\Psi}'^{+}$ links von $\hat{\Psi}'$ steht.

Schließlich sind alle Diagramme gleich Null, in denen man einen geschlossenen Weg durch irgendeine Folge von ausgezogenen und gestrichelten Linien so legen kann, daß die Richtungen der ausgezogenen Linien längs des ganzen Weges gleich sind. Wir zeichnen solch einen Weg und geben an den Endpunkten der Linien die Zeitargumente der ψ-Operatoren an:

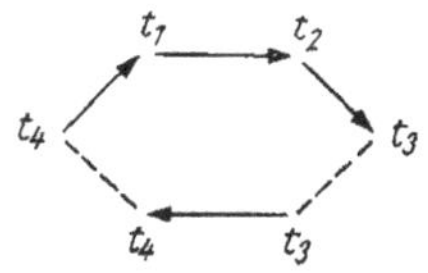

[1] Aus einem analogen Grund verschwanden einige Diagramme für die Streuung von zwei Teilchen im Vakuum — vgl. § 16.

Die Argumente an den Enden jeder gestrichelten Linie sind gleich.[1]) Die Argumente der Funktionen $G^{(0)}$, die den ausgezogenen Linien entsprechen, sind gleich den Differenzen $t_2 - t_1$, $t_3 - t_2$, $t_4 - t_3$, $t_1 - t_4$; für einen beliebigen geschlossenen Weg ist ihre Summe gleich Null, so daß mindestens eine von ihnen negativ ist, die entsprechende GREENsche Funktion $G^{(0)}$ verschwindet dann.

Die beschriebenen Regeln beziehen sich auch auf Diagramme, die die anomale GREENsche Funktion bestimmen, mit dem einzigen Unterschied, daß beide ausgezogenen äußeren Linien einlaufende (für die Funktion F^+) bzw. auslaufende (für die Funktion F) sein müssen. Dementsprechend werden in diesen Diagrammen auch die Anzahlen der einlaufenden und der auslaufenden Wellenlinien verschieden — so, daß die Gesamtzahl aller auslaufenden Linien gleich der Gesamtzahl der einlaufenden bleibt. Einer der äußeren ausgezogenen Linien wird der Viererimpuls P zugeordnet, der anderen der Viererimpuls $-P$ (dabei ist P das Argument der gesuchten Funktion $F(P)$ oder $F^+(P)$).[2]) Die Summe der Viererimpulse dieser beiden Linien muß wegen des „Erhaltungssatzes für den Viererimpuls", der auf das ganze Diagramm angewendet wird, gleich Null sein.

Die nach der Diagrammtechnik berechneten GREENschen Funktionen enthalten zwei Parameter — das chemische Potential μ und die Kondensatdichte n_0; diese Parameter müssen noch mit der Dichte $n = N/V$ der Flüssigkeit verknüpft werden. Eine Beziehung zwischen diesen drei Größen wird durch die Formel (31,6) gegeben, die unmittelbar aus der Definition der GREENschen Funktion folgt. Als zweite Bedingung kann man die unten abgeleitete Gleichung (33,11) nehmen, die die Größe μ direkt mit den Begriffen der Diagrammtechnik ausdrückt.

§ 33. Die Selbstenergie-Funktionen

Wir wollen die Struktur der Diagramme für die GREENschen Funktionen ausführlicher untersuchen und führen in die Betrachtungen den Begriff der *Selbstenergie-Funktion* analog dazu ein, wie das im § 14 für die FERMI-Systeme getan wurde: durch die Betrachtung der Gesamtheit aller Diagramme (mit zwei äußeren ausgezogenen Linien), die nicht in zwei Teile zerschnitten werden können, wenn man nur eine ausgezogene Linie durchschneidet. Im Unterschied zum § 14 entstehen nun aber verschiedene Möglichkeiten in bezug auf die Richtung der äußeren Linien der Diagramme: neben Diagrammen mit einer einlaufenden und einer auslaufenden Linie gibt es auch Diagramme mit zwei einlaufenden oder mit zwei auslaufenden Linien. Dementsprechend entstehen Selbstenergie-Teile dreier verschiedener Arten:

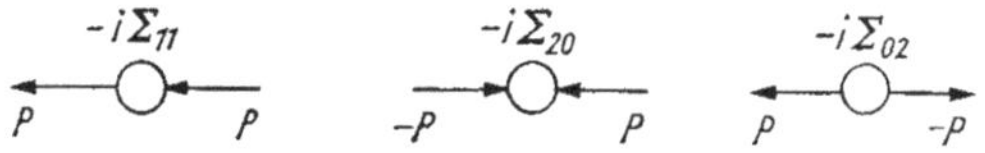

(33,1)

(In diesen Bezeichnungen gibt der erste Index bei Σ die Anzahl der einlaufenden und der zweite Index die Anzahl der auslaufenden ausgezogenen Linien an.) Neben den aus-

[1]) Wir erinnern daran, daß in der Raum-Zeit-Darstellung der Diagramme einer gestrichelten Linie zwischen den Punkten 1 und 2 der Faktor $iU(X_1 - X_2)$ zuzuordnen ist, der die δ-Funktion $\delta(t_1 - t_2)$ enthält.

[2]) Wir erinnern daran (s. (31,16)), daß F eine gerade Funktion ihres Argumentes ist. Deshalb ist die Wahl des Vorzeichens von P unwesentlich.

gezogenen äußeren Linien haben die Selbstenergie-Diagramme im allgemeinen auch wellenförmige freie (Kondensat-) Endlinien. Diese Endlinien werden in die Definition der Selbstenergie-Funktion mit aufgenommen, die wir hier durch einen Kreis darstellen wollen. Wir werden unten sehen, daß die Funktionen $\Sigma_{02}(P)$ und $\Sigma_{20}(P)$ praktisch zusammenfallen:

$$\Sigma_{02}(P) = \Sigma_{20}(P). \tag{33,2}$$

Wir wollen auch gleich anmerken, daß, weil P und $-P$ in die Definition dieser Funktionen symmetrisch eingehen, sie bezüglich ihrer Argumente gerade sind:

$$\Sigma_{02}(P) = \Sigma_{02}(-P). \tag{33,3}$$

Wir geben zur Illustration alle von Null verschiedenen Diagramme der Funktionen Σ_{11} und Σ_{02} in den ersten beiden Ordnungen der Störungstheorie an:

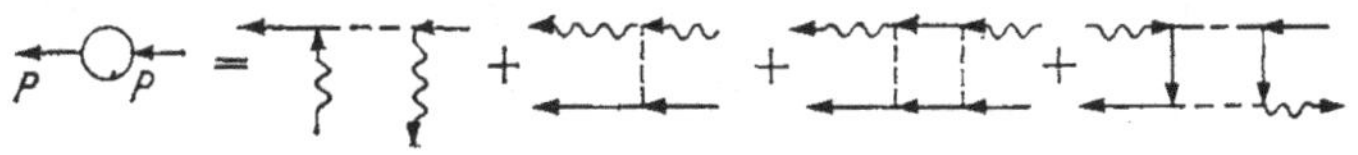

(33,4)

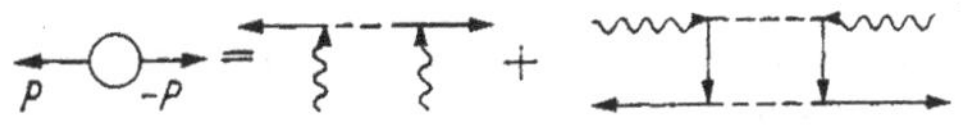

(33,5)

Nun wollen wir die Gleichungen aufstellen, die die exakten Funktionen G und F durch die Selbstenergie-Funktionen ausdrücken.

In der Sprechweise der Störungstheorie wird die Differenz $G(P) - G^{(0)}(P)$ durch eine Summe einer unendlichen Anzahl von Diagrammen ausgedrückt — Ketten der Form

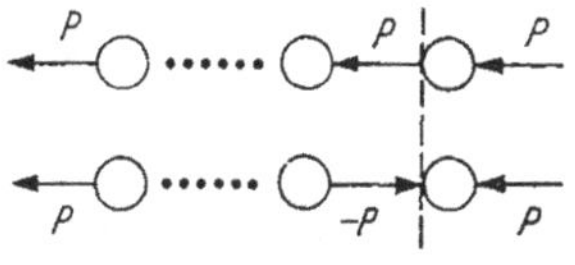

die aus einer unterschiedlichen Anzahl von Kreisen bestehen, welche auf alle möglichen Arten durch Pfeile von der gleichen oder entgegengesetzten (im Vergleich zu den beiden äußersten) Richtung verbunden sind. Auf analoge Weise wird die Funktion F (die Funktion $F^{(0)} \equiv 0$) durch eine Summe von Ketten dargestellt, in denen die beiden äußersten Pfeile entgegengesetzte Richtungen haben:

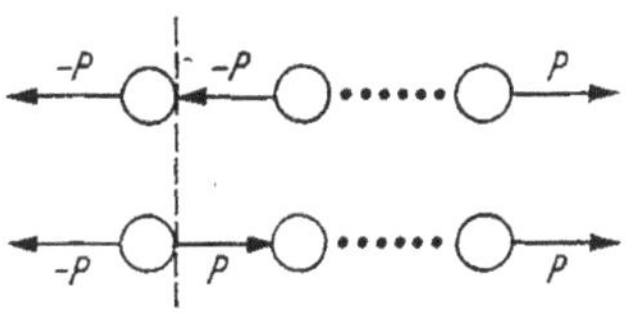

Wenn man in allen diesen Ketten das äußerste Glied (einen Kreis zusammen mit einem Pfeil) abschneidet, wie das durch die gestrichelten vertikalen Linien angedeutet ist, dann wird die Gesamtheit der verbleibenden Diagramme mit den gleichen Richtungen der äußersten Pfeile wieder mit der exakten Funktion G übereinstimmen und die der Diagramme mit entgegengesetzten Richtungen der äußeren Pfeile mit der exakten Funktion F.

Wir wollen die graphische Bezeichnung dieser Funktionen einführen, dicke Linien mit Pfeilen in einer oder zwei Richtungen:

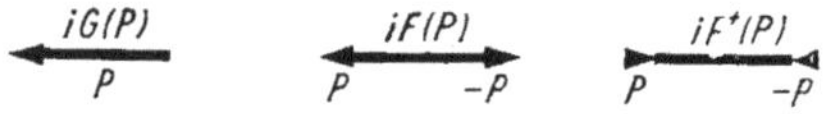

(33,6)

Dann schreibt sich die oben ausgesprochene Behauptung in der Form graphischer Gleichungen, die aus Skelettdiagrammen bestehen:

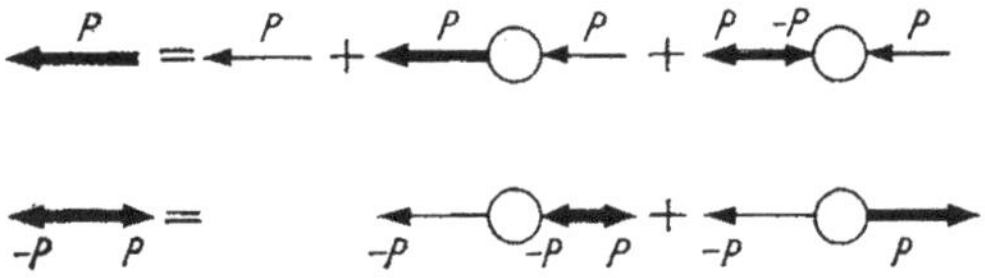

(33,7)

(vgl. die analoge Gleichung (14,4)). In analytischer Form ergeben diese Gleichungen:[1])

$$
\begin{aligned}
G(P) &= [1 + \Sigma_{11}(P)\, G(P) + \Sigma_{20}(P)\, F(P)]\, G^{(0)}(P), \\
F(P) &= G^{(0)}(-P)\, [\Sigma_{11}(-P)\, F(P) + \Sigma_{02}(P)\, G(P)].
\end{aligned}
\tag{33,8}
$$

Wenn wir diese Gleichungen bezüglich G und F auflösen und den Ausdruck (31,22) für $G^{(0)}$ einsetzen, erhalten wir die gesuchten Formeln:

$$
G(P) = \frac{1}{D}\left[\omega + \frac{p^2}{2m} - \mu + \Sigma_{11}(-P)\right], \quad F(P) = -\frac{1}{D}\Sigma_{02}(P) \tag{33,9}
$$

mit

$$
\begin{aligned}
D = {} & [\Sigma_{02}(P)]^2 \\
& - \left[\Sigma_{11}(P) - \omega - i0 + \frac{p^2}{2m} - \mu\right]\left[\Sigma_{11}(-P) + \omega - i0 + \frac{p^2}{2m} - \mu\right].
\end{aligned}
\tag{33,10}
$$

Wir betonen, daß diese Beziehungen nicht von der inneren Struktur der Selbstenergie-Funktionen abhängen, und deshalb hängen sie auch nicht von der getroffenen Annahme ab, daß zwischen den Teilchen eine Paarwechselwirkung herrscht, sie sind also für eine beliebige Bose-Flüssigkeit gültig.

Die Energie der Elementaranregungen in der Flüssigkeit in Abhängigkeit vom Impuls $\boldsymbol{p}$ wird durch die Pole der Funktionen G und F bezüglich der Variablen ω bestimmt. Bei kleinen $\boldsymbol{p}$ sind diese Anregungen Phononen, und ihre Energie strebt zusammen mit $\boldsymbol{p}$ gegen Null. Deshalb muß die Funktion (33,10) bei $\boldsymbol{p} = 0$, $\omega = 0$ verschwinden. Hieraus finden wir die Gleichung

$$
[\Sigma_{11}(0) - \mu]^2 = \Sigma_{02}^2(0).
$$

Als Gleichung in bezug auf μ hat sie zwei Wurzeln, von denen die folgende gewählt werden muß:

$$
\mu = \Sigma_{11}(0) - \Sigma_{02}(0). \tag{33,11}
$$

---

[1]) Ein analoges System von Gleichungen könnte man auch für G und F^+ aufschreiben, wobei es sich von (33,8) nur dadurch unterscheiden würde, daß Σ_{02} und Σ_{20} vertauscht wären. Weil $F = F^+$ ist, folgt hieraus die Gleichung (33,2).

Denn im langwelligen Grenzfall wird ein ψ-Operator durch den Ausdruck (27,2) und der Operator des nichtkondensierten Anteils durch $\hat{\Psi}' = \hat{\Psi} - \sqrt{n_0} \approx i\sqrt{n_0}\hat{\Phi}$ gegeben, so daß $\hat{\Psi}'^+ = -\hat{\Psi}'$ und daher $F \approx -G$ ist; die letzte Gleichung wird gerade bei der Wahl (33,11) erfüllt, wenn sich die Zähler in (33,9) (im Grenzfall $P \to 0$) nur durch das Vorzeichen unterscheiden. Die Gleichung (33,11) ist gerade die zweite Beziehung (s. Ende des § 32), die zusammen mit der Beziehung (31,6) die Möglichkeit gibt, die Parameter μ und n_0 durch die Flüssigkeitsdichte n auszudrücken.

Die folgende Entwicklung des Ausdruckes (33,10) in eine Reihe nach ω und $\boldsymbol{p}$ bestimmt die Form der GREENschen Funktion im Gebiet kleiner Werte ihrer Argumente. Dabei muß man berücksichtigen, daß die skalaren Funktionen Σ_{11} und Σ_{02} nach Potenzen von $\boldsymbol{p}^2$ entwickelt werden und die Entwicklung der bezüglich ihrer Argumente geraden Funktion Σ_{02} nur gerade Potenzen der Variablen ω enthält. Wenn wir (33,10) in der Form

$$D = \left\{\omega - \frac{1}{2}[\Sigma_{11}(P) - \Sigma_{11}(-P)]\right\}^2$$

$$- \left\{\frac{p^2}{2m} - \mu + \frac{1}{2}[\Sigma_{11}(P) + \Sigma_{11}(-P)]\right\}^2 + \Sigma_{02}^2(P)$$

darstellen, können wir sofort schließen, daß die ersten nichtverschwindenden Glieder der Entwicklung die Form $D = \text{const} \cdot (\omega^2 - u^2p^2 + i0)$ haben, dabei ist u eine Konstante, offensichtlich die Schallgeschwindigkeit der Flüssigkeit. Wenn wir beachten, daß sich die Zähler in (33,9) wegen (33,11) bei $\omega, \boldsymbol{p} \to 0$ nur durch das Vorzeichen unterscheiden, finden wir

$$G = -F = \frac{\text{const}}{\omega^2 - u^2p^2 + i0}$$

(die Umgehungsregel ergibt sich durch Vergleich mit (31,8)).

Den Wert der Konstanten im Zähler kann man bestimmen, wenn man mit dieser GREENschen Funktion die Impulsverteilung $N(\boldsymbol{p})$ der Teilchen (bei kleinen $\boldsymbol{p}$) berechnet und sie mit der schon bekannten Verteilung (27,7) vergleicht. Das Integral

$$N(\boldsymbol{p}) = i \lim_{t \to -0} \int_{-\infty}^{\infty} G(\omega, \boldsymbol{p})\, \mathrm{e}^{-i\omega t} \frac{\mathrm{d}\omega}{2\pi}$$

(vgl. (7,23)) wird dadurch berechnet, daß man den Integrationsweg durch einen unendlich großen Halbkreis in der oberen Halbebene schließt (vgl. Bemerkung am Endes des § 7) und dementsprechend das Residuum im Pol $\omega = -up + i0$ bestimmt. Wir erhalten dann $N(\boldsymbol{p}) = \text{const}/2up$, und der Vergleich mit (27,7) ergibt $\text{const} = n_0 mu^2/n$. Wir finden also endgültig folgenden Ausdruck für die GREENsche Funktion bei kleinen ω und $\boldsymbol{p}$:

$$G = -F = \frac{n_0 mu^2}{n(\omega^2 - u^2p^2 + i0)}. \tag{33,12}$$

Wir bemerken, daß diese Funktion (bis auf die Normierungskonstante) mit der GREENschen Funktion des Phononenfeldes übereinstimmt (s. Aufgabe in § 31) — ein vollkommen natürliches Resultat, weil in dem Gebiet kleiner ω, $\boldsymbol{p}$ alle Elementaranregungen in einer BOSE-Flüssigkeit Phononen sind.

Schließlich wollen wir die abgeleiteten Formeln illustrieren, indem wir sie auf das im

§ 25 betrachtete Modell eines fast idealen BOSE-Gases mit Paarwechselwirkung zwischen den Teilchen anwenden. In der ersten Näherung der Störungstheorie sind Σ_{11} und Σ_{02} durch die ersten beiden Diagramme (33,4) und das erste Diagramm (33,5) bestimmt. Wenn wir diese in analytischer Form aufschreiben, erhalten wir

$$\Sigma_{11} = n_0[U_0 + U(\mathbf{p})], \quad \Sigma_{02} = n_0 U(\mathbf{p}).$$

Mit der gleichen Genauigkeit kann man in diesen Formeln die Kondensatdichte n_0 durch die vollständige Gasdichte n ersetzen. Wie im § 25 gezeigt wurde, können in diesem Modell die Impulse der Gasteilchen als klein angenommen werden, dementsprechend kann man die FOURIER-Komponente $U(\mathbf{p})$ durch ihren Wert U_0 bei $\mathbf{p} = 0$ ersetzen. Dann ist

$$\Sigma_{11} = 2nU_0, \quad \Sigma_{02} = nU_0. \tag{33,13}$$

Die Substitution dieser Ausdrücke in (33,11) ergibt $\mu = nU_0$ — in Übereinstimmung mit (25,6). Wenn man das in (33,9—10) einsetzt, erhält man folgende Formeln für die GREENschen Funktionen

$$G(\omega, \mathbf{p}) = \frac{\omega + p^2/2m + nU_0}{\omega^2 - \varepsilon^2(p) + i0},$$
$$F(\omega, \mathbf{p}) = \frac{-nU_0}{\omega^2 - \varepsilon^2(p) + i0} \tag{33,14}$$

mit

$$\varepsilon(p) = \left[\left(\frac{p^2}{2m}\right)^2 + \frac{p^2}{m} nU_0\right]^{1/2}.$$

Aus der Form der Nenner in diesen Funktionen ist ersichtlich, daß $\varepsilon(p)$ die Energie der Elementaranregungen ist — in Übereinstimmung mit dem früher auf andere Art und Weise erhaltenen Ergebnis (25,10—11).

§ 34. Der Zerfall von Quasiteilchen

Die endliche Lebensdauer (Dämpfung) eines Quasiteilchens in einer Quantenflüssigkeit kann sowohl mit den Zusammenstößen mit anderen Quasiteilchen als auch mit seinem spontanen Zerfall in zwei (oder mehr) neue Quasiteilchen zusammenhängen. Bei Temperaturen $T \to 0$ verschwindet die erste Quelle für die Dämpfung (weil die Stoßwahrscheinlichkeit zusammen mit der Dichte der Quasiteilchenzahlen gegen Null strebt), und dann kommt die Dämpfung allein vom Zerfall der Quasiteilchen.

Wir betrachten den Zerfall eines Quasiteilchens (mit dem Impuls $\mathbf{p}$) in zwei neue. Wenn $\mathbf{q}$ der Impuls eines der entstehenden Quasiteilchen ist, dann ist der Impuls des anderen $\mathbf{p} - \mathbf{q}$, und der Energieerhaltungssatz liefert die Bedingung

$$\varepsilon(p) = \varepsilon(q) + \varepsilon(|\mathbf{p} - \mathbf{q}|). \tag{34,1}$$

Es kann sich herausstellen, daß in einem gewissen Gebiet von $\mathbf{p}$-Werten diese Gleichung bei keinem $\mathbf{q}$ erfüllt werden kann; dann werden die Quasiteilchen in diesem Gebiet überhaupt nicht gedämpft sein (natürlich nur, wenn auch ein Zerfall in eine größere Zahl von Quasiteilchen nicht möglich ist). Wenn sich p ändert, dann setzt die Dämpfung bei dem Wert $p = p_c$ (Schwelle des Zerfalls) ein, bei dem zuerst Wurzeln der Gleichung (34,1) auftreten.

Wir bemerken zunächst, daß im Punkt $p = p_c$ die rechte Seite der Gleichung (34,1) als Funktion von $\boldsymbol{q}$ einen Extremwert hat. Es möge der Extremwert der Summe $\varepsilon(q) + \varepsilon(|\boldsymbol{p} - \boldsymbol{q}|)$ bei gegebenem p gleich $E(p)$ sein (um konkret zu sein, werden wir annehmen, daß es ein Minimum ist). Dann ist in der Gleichung

$$\varepsilon(p) - E(p) = \varepsilon(q) + \varepsilon(|\boldsymbol{p} - \boldsymbol{q}|) - E(p)$$

die rechte Seite nicht negativ. Deshalb hat die Gleichung keine Lösung bei den p-Werten, für die $\varepsilon(p) - E(p) < 0$ ist; die Wurzel erscheint erst in dem Punkt $p = p_c$, in dem $\varepsilon(p_c) = E(p_c)$ ist.

Wenn wir die Gleichung (34,1) in der symmetrischen Form

$$\varepsilon(p) = \varepsilon(q_1) + \varepsilon(q_2), \quad \boldsymbol{q}_1 + \boldsymbol{q}_2 = \boldsymbol{p}$$

darstellen, finden wir, daß man die Bedingung, unter der die rechte Seite einen Extremwert annimmt, als $\partial\varepsilon/\partial\boldsymbol{q}_1 = \partial\varepsilon/\partial\boldsymbol{q}_2$ oder

$$\boldsymbol{v}_1 = \boldsymbol{v}_2 \tag{34,2}$$

schreiben kann, d. h., in dem Schwellenpunkt haben die zwei beim Zerfall entstehenden Quasiteilchen die gleiche Geschwindigkeit. Hier kann man mehrere Fälle unterscheiden (L. P. Pitajewski, 1959).

a) Die Geschwindigkeit des Quasiteilchens in der Bose-Flüssigkeit ist gleich Null beim Impuls $p = p_0$, der dem Rotonenminimum auf der Kurve in Abb. 2 entspricht. Wenn nun $\boldsymbol{v}_1 = \boldsymbol{v}_2 = 0$ ist, dann bedeutet das folglich, daß in dem Schwellenpunkt das Quasiteilchen in zwei Rotonen mit den Impulsen p_0 und den Energien Δ zerfällt. Dementsprechend ist die Energie des zerfallenden Quasiteilchens $\varepsilon(p_c) = 2\Delta$, und sein Impuls p_c hängt mit p_0 durch die Bedingung $\boldsymbol{p}_c = \boldsymbol{p}_{01} + \boldsymbol{p}_{02}$ zusammen, d.h. durch $2p_0 \cos\theta = p_c$, dabei ist 2θ der Winkel, unter dem die zwei Rotonen auseinanderfliegen. Hieraus folgt, daß in jedem Falle

$$p_c < 2p_0 \tag{34,3}$$

sein muß.

b) Wenn die Geschwindigkeiten $\boldsymbol{v}_1 = \boldsymbol{v}_2 \neq 0$ sind, wobei die ihnen entsprechenden Impulse $\boldsymbol{q}_1$ und $\boldsymbol{q}_2$ endlich sind, dann bedeutet das, daß der Zerfall in dem Schwellenpunkt in zwei Quasiteilchen mit kollinearen (parallelen oder antiparallelen) Impulsen stattfindet.[1])

c) Wenn die Geschwindigkeiten $\boldsymbol{v}_1$ und $\boldsymbol{v}_2$ von Null verschieden sind, aber einer der Impulse (sagen wir $\boldsymbol{q}_1$) in der Nähe der Schwelle gegen Null strebt, dann ist das ihm entsprechende Quasiteilchen ein Phonon, und die Geschwindigkeit ist $v_1 = u$. In diesem Falle haben wir es mit einer Schwelle zu tun, hinter der die Erzeugung eines Phonons durch ein Quasiteilchen möglich wird. In dem Schwellenpunkt selbst ist die Energie des Phonons gleich Null, und die Geschwindigkeit des Quasiteilchens erreicht gerade die Schallgeschwindigkeit (die Geschwindigkeiten fallen zusammen, $v_1 = v_2 = u$).

d) Es gibt schließlich noch einen besonderen Fall, den Zerfall eines Phonons in zwei Phononen, dabei ist der Anfangspunkt des Spektrums $p = 0$ die Schwelle. Dieser Zerfall ist aber nur möglich, wenn die Krümmung des Anfangsteils (des Phononenteils) des

---

[1]) Wegen der Isotropie der Flüssigkeit sind die Richtungen des Impulses eines Quasiteilchens $\boldsymbol{p}$ und seiner Geschwindigkeit $\boldsymbol{v} = \partial\varepsilon/\partial\boldsymbol{p}$ kollinear, sie können aber sowohl gleich als auch entgegengesetzt gerichtet sein.

Spektrums ein bestimmtes Vorzeichen hat: es muß $d^2\varepsilon(p)/dp^2 > 0$ sein, d. h. die Kurve $\varepsilon(p)$ muß sich von der Anfangstangente $\varepsilon = up$ nach oben biegen. Davon kann man sich leicht überzeugen, wenn man diesen Teil des Spektrums in der Form

$$\varepsilon(p) \approx up + \alpha p^3 \tag{34,4}$$

darstellt und neben dem linearen Glied auch das folgende Glied der Entwicklung nach Potenzen des kleinen Impulses berücksichtigt.[1]) Die Gleichung für die Energieerhaltung (34,1) ergibt dann

$$u(p - q - |\boldsymbol{p} - \boldsymbol{q}|) = -\alpha(p^3 - q^3 - |\boldsymbol{p} - \boldsymbol{q}|^3).$$

In der Nähe der Schwelle wird das Phonon in dem kleinen Winkel θ zur Richtung des Anfangsimpulses $\boldsymbol{p}$ des Quasiteilchens ausgesendet; auf der linken Seite der Gleichung haben wir

$$p - q - |\boldsymbol{p} - \boldsymbol{q}| \approx -\frac{pq}{p - q}(1 - \cos\theta), \tag{34,5}$$

und auf der rechten Seite genügt es, $|\boldsymbol{p} - \boldsymbol{q}| \approx p - q$ zu setzen. Dann finden wir

$$1 - \cos\theta = 3\alpha(p - q)^2. \tag{34,6}$$

Hieraus sieht man, daß $\alpha > 0$ sein muß.

Wir werden unten (§ 35) sehen, daß in den Fällen a) und b) die Funktion $\varepsilon(p)$ über die Schwelle hinaus nicht fortgesetzt werden kann, der Schwellenpunkt ist also der Endpunkt des Spektrums. In den Fällen c) und d) führt der Zerfall des Quasiteilchens unter Aussendung eines langwelligen Phonons dazu, daß eine schwache Dämpfung auftritt, die mit Hilfe der Störungstheorie bestimmt werden kann.[2])

Wir wollen die Dämpfung des Phonons berechnen, die mit seinem Zerfall in zwei Phononen zusammenhängt (Fall d)). Die Matrixelemente dieses Prozesses treten in den Gliedern dritter Ordnung im Hamilton-Operator auf, die durch den Ausdruck (24,12) gegeben werden. Für den Übergang aus dem Anfangszustand (i) mit einem Phonon $\boldsymbol{p}$ in den Endzustand (f) mit den Phononen $\boldsymbol{q}_1$ und $\boldsymbol{q}_2$ ist das Matrixelement der Störung gleich

$$V_{fi} = -i\delta(\boldsymbol{p} - \boldsymbol{q}_1 - \boldsymbol{q}_2)\frac{3!\,(2\pi\hbar)^3}{2(2V)^{3/2}}\left(\frac{u}{\varrho}pq_1q_2\right)^{1/2}\left\{1 + \frac{\varrho^2}{3u^2}\frac{d}{d\varrho}\frac{u^2}{\varrho}\right\} \tag{34,7}$$

(den Index 0 an der ungestörten Dichte ϱ_0 lassen wir weg). Wir weisen auf den Faktor

---

[1]) Die Dispersionsgleichung der Schallschwingungen bestimmt das Frequenzquadrat ω^2 als Funktion des Wellenzahlvektors. Dementsprechend wird das Quadrat der Energie eines Phonons $\varepsilon^2(p)$ regulär nach Potenzen des Impulses $\boldsymbol{p}$ entwickelt; die Entwicklung beginnt mit dem Glied $\sim\boldsymbol{p}^2$, und wegen der Isotropie der Flüssigkeit folgen weitere Potenzen von $\boldsymbol{p}^2$. Die Entwicklung der Funktion $\varepsilon(p)$ selbst enthält folglich ungerade Potenzen von p.

[2]) Welcher der gerade aufgezählten Fälle praktisch verwirklicht sein kann, hängt vom konkreten Verlauf der Kurve für das Quasiteilchenspektrum $\varepsilon(p)$ ab. Die empirischen Daten für flüssiges Helium (He^4) sprechen dafür, daß (bei Drücken <15 atm) ein kleiner Anfangsteil des Phononenspektrums existiert, in dem es eine Instabilität des Typs d) gibt. Das Spektrum im flüssigen Helium endet in einem Punkt des Typs a).

$(pq_1q_2)^{1/2}$ hin; seine Kleinheit (es handelt sich um den Zerfall eines langwelligen Phonons) ermöglicht die Anwendbarkeit der Störungstheorie.[1])

Die differentielle Zerfallswahrscheinlichkeit (pro 1 s) wird durch die Formel

$$\mathrm{d}w = \frac{2\pi}{\hbar} |V_{fi}|^2 \delta(E_f - E_i) \frac{V^2 \,\mathrm{d}^3q_1 \,\mathrm{d}^3q_2}{(2\pi\hbar)^6}$$

gegeben (s. III, (43,1)). Wenn man hier (34,7) einsetzt, entsteht ein Quadrat der δ-Funktion; das muß man als

$$[\delta(\boldsymbol{p} - \boldsymbol{q}_1 - \boldsymbol{q}_2)]^2 = \frac{V}{(2\pi\hbar)^3} \delta(\boldsymbol{p} - \boldsymbol{q}_1 - \boldsymbol{q}_2) \tag{34,8}$$

verstehen.[2]) Die restliche δ-Funktion wird durch die Integration über d^3q_2 beseitigt; wenn wir noch $E_i = up$, $E_f = u(q_1 + q_2)$ setzen, erhalten wir

$$w = \frac{1}{2} \left\{1 + \frac{\varrho^2}{3u^2} \frac{\mathrm{d}}{\mathrm{d}\varrho} \frac{u^2}{\varrho}\right\}^2 \frac{9\pi}{4\hbar\varrho} \int pq_1(p - q_1)\, \delta(p - q_1 - |\boldsymbol{p} - \boldsymbol{q}_1|) \frac{\mathrm{d}^3q_1}{(2\pi\hbar)^3}$$

(bei der unabhängigen Integration über d^3q_1 und d^3q_2 muß das Ergebnis durch 2 dividiert werden, wegen der Identität der beiden Phononen). Wenn wir schließlich das Argument der δ-Funktion in der Form (34,5) ausdrücken und über $\mathrm{d}^3q_1 = 2\pi q_1^2 \,\mathrm{d}q_1 \,\mathrm{d}\cos\theta$ integrieren (über das Gebiet $q_1 \leq p$), erhalten wir die totale Zerfallswahrscheinlichkeit:

$$w = \frac{3p^5}{320\pi\varrho\hbar^4} \left\{1 + \frac{\varrho^2}{3u^2} \frac{\mathrm{d}}{\mathrm{d}\varrho} \frac{u^2}{\varrho}\right\}^2. \tag{34,9}$$

Der Koeffizient für die Dämpfung des Phonons ist $\gamma \equiv -\mathrm{Im}\,\varepsilon = \hbar w/2$. Für ein fast ideales Gas ist nach (25,11) die Größe $u^2/\varrho \approx 4\pi\hbar^2 a/m^3$ insbesondere unabhängig von der Dichte. In diesem Falle ist

$$\gamma = \frac{3p^5}{640\pi\hbar^3\varrho} \tag{34,10}$$

(S. T. Beljajew, 1958).

Für den Prozeß der Aussendung eines Phonons durch ein Quasiteilchen in der Nähe der Schwelle (Typ c) wird die Form des Störoperators dadurch festgelegt, daß man die Änderung der Quasiteilchenenergie in einer Schallwelle betrachtet. Diese Änderung setzt sich aus zwei Teilen zusammen:

$$\delta\varepsilon(\boldsymbol{p}) = \frac{\partial\varepsilon}{\partial\varrho} \varrho' + \boldsymbol{v}\boldsymbol{p}.$$

Das erste Glied hängt mit der Änderung der Flüssigkeitsdichte zusammen, von der die Quasiteilchenenergie als von einem Parameter abhängt. Das zweite Glied (in dem $\boldsymbol{v}$ die

---

[1]) Bei der Berechnung des Matrixelementes (34,7) muß man berücksichtigen, daß jeder Phononenoperator $\hat{c}_{\boldsymbol{p}}$ und $\hat{c}_{\boldsymbol{p}}^+$ von jedem der drei Faktoren $\hat{\varrho}'$ oder $\hat{\boldsymbol{v}}$ genommen werden kann; daraus ergibt sich der Faktor 3!. Die δ-Funktion in (34,7) entsteht von der Integration des Faktors $\exp[i(\boldsymbol{p} - \boldsymbol{q}_1 - \boldsymbol{q}_2)\, \boldsymbol{r}/\hbar]$. Schließlich ist berücksichtigt worden, daß die Richtungen von $\boldsymbol{p}$, $\boldsymbol{q}_1$ und $\boldsymbol{q}_2$ fast zusammenfallen.

[2]) Die δ-Funktion $\delta(\boldsymbol{k})$ entsteht von dem Integral $\int e^{i\boldsymbol{k}\boldsymbol{r}}\, \mathrm{d}^3x/(2\pi)^3$. Wenn man ein zweites solches Integral bei $\boldsymbol{k} = 0$ wegen der schon vorhandenen δ-Funktion berechnet, wobei über das endliche Volumen V integriert wird, erhält man $V/(2\pi)^3$; das ist durch die Formel (34,8) ausgedrückt.

Geschwindigkeit der Flüssigkeit in der Schallwelle ist) ist die Änderung der Quasiteilchenenergie dank der makroskopischen Bewegung der Flüssigkeit. Weil die Wellenlänge des ausgesendeten Phonons (in der Nähe der Schwelle) groß im Vergleich zu der Wellenlänge des Quasiteilchens ist, kann man annehmen, daß sich das letztere in einem homogenen Flüssigkeitsstrom befindet, dann ist die Änderung seiner Energie so definiert, wie das zu Beginn des § 23 erklärt wurde. Den Störoperator erhält man aus $\delta\varepsilon$, indem man $\boldsymbol{v} = \nabla\varphi$ und ϱ' durch die Operatoren (24,10) der zweiten Quantisierung ersetzt und $\boldsymbol{p}$ durch den Impulsoperator des Quasiteilchens $\hat{\boldsymbol{p}} = -i\hbar\nabla$:

$$\hat{V} = \frac{\partial\varepsilon}{\partial\varrho}\hat{\varrho}' + \frac{1}{2}(\hat{\boldsymbol{v}}\hat{\boldsymbol{p}} + \hat{\boldsymbol{p}}\hat{\boldsymbol{v}}) \tag{34,11}$$

(in dem zweiten Glied ist das Produkt symmetrisiert worden, um ihm eine hermitesche Form zu geben). Die Berechnung der Wahrscheinlichkeit für die Aussendung eines Phonons wird analog dazu ausgeführt, wie das oben für den Phononenzerfall getan wurde (s. Aufgabe).

Aufgabe

Es ist die Wahrscheinlichkeit für die Aussendung eines Phonons durch ein Quasiteilchen mit dem Impuls p in der Nähe des Schwellenwertes p_c zu bestimmen, bei dem die Geschwindigkeit des Quasiteilchens die Schallgeschwindigkeit erreicht.

Lösung. Das Matrixelement des Operators (34,11) wird für die Erzeugung eines Phonons (mit dem Impuls $\boldsymbol{q}$) mit gleichzeitigem Übergang des Quasiteilchens aus dem Zustand (ebene Welle) mit dem Impuls $\boldsymbol{p}$ in den Zustand mit dem Impuls $\boldsymbol{p}'$ genommen. In der Nähe der Schwelle ist der Phononenimpuls $q \ll p_c$, und die Richtung von $\boldsymbol{q}$ fällt fast mit der Richtung von $\boldsymbol{p}$ zusammen.[1] Wenn wir das berücksichtigen, finden wir

$$V_{fi} = -i(2\pi\hbar)^3\,\delta(\boldsymbol{p} - \boldsymbol{q}_1 - \boldsymbol{q}_2)\,\frac{A}{V^{3/2}}\left(\frac{qu}{2\varrho}\right)^{1/2},$$

mit

$$A = p_c + \frac{\varrho}{u}\,\frac{\partial\varepsilon}{\partial\varrho}\bigg|_{p=p_c}.$$

Hieraus folgt für die differentielle Wahrscheinlichkeit, daß ein Phonon ausgesendet wird:

$$\mathrm{d}w = \frac{\pi q u}{\hbar\varrho}A^2\,\delta[\varepsilon(p) - \varepsilon(|\boldsymbol{p} - \boldsymbol{q}|) - uq]\,\frac{\mathrm{d}^3q}{(2\pi\hbar)^3}$$

(die δ-Funktion der Impulse ist schon durch die Integration über d^3p' beseitigt worden). Wenn wir

[1] Um konkret zu sein, betrachten wir den Fall, bei dem gerade in dieser Richtung (und nicht in der entgegengesetzten) ein Phonon ausgesendet wird. Dazu muß die Funktion $\varepsilon(p)$ in der Nähe der Schwelle die Form

$$\varepsilon(p) \approx \varepsilon(p_c) + (p - p_c)\,u + \alpha(p - p_c)^2$$

(mit dem positiven Vorzeichen im linearen Glied) haben. Mit Hilfe des Energieerhaltungssatzes kann man sich leicht davon überzeugen, daß die Aussendung eines Phonons dabei möglich ist, wenn $\alpha > 0$ ist, und wenn sie bei $p > p_c$ geschieht; der Impuls des ausgesendeten Phonons durchläuft die Werte im Intervall $0 \leq q \leq 2(p - p_c)$.

das Argument der δ-Funktion in der genäherten Form $-uq(1 - \cos\theta)$ schreiben und über d^3q integrieren, erhalten wir:

$$w = \frac{2A^2(p - p_c)^3}{3\pi\varrho\hbar^4}.$$

§ 35. Die Eigenschaften des Spektrums in der Nähe seines Endpunktes

In diesem Paragraphen betrachten wir die Eigenschaften des Spektrums einer Bose-Flüssigkeit in der Nähe der Schwellen für den Zerfall der Elementaranregungen in zwei Quasiteilchen, von denen keins ein Phonon ist (Fälle a) und b) aus § 34).[1]) Im Gegensatz zu den Zerfällen mit einer Phononenerzeugung kann man auf diese Fälle die Störungstheorie nicht anwenden, um sie zu untersuchen, muß man den Charakter der Singularitäten klären, die die Greenschen Funktionen der Flüssigkeit in den Schwellenpunkten haben. Andererseits erlaubt es die Tatsache, daß wir uns nur für diese Singularitäten interessieren, die Rechnungen wesentlich zu schematisieren und dadurch zu vereinfachen. Man braucht insbesondere keinen Unterschied zwischen den Funktionen G und F zu machen (weil ihre analytischen Eigenschaften gleich sind), und man kann so vorgehen, als ob nur ein Typ von Greenschen Funktionen existieren würde; die Berücksichtigung des Unterschiedes zwischen G und F würde nur dazu führen, daß in den Gleichungen mehrere analoge (bezüglich ihrer analytischen Eigenschaften) Glieder auftreten, würde sich aber auf die Ergebnisse nicht auswirken.

Die Tatsache, daß die uns interessierende Singularität der Greenschen Funktion mit dem Zerfall eines Quasiteilchens in zwei andere zusammenhängt, bedeutet in dem Sprachgebrauch der Diagrammtechnik, daß sie von Diagrammen der Form

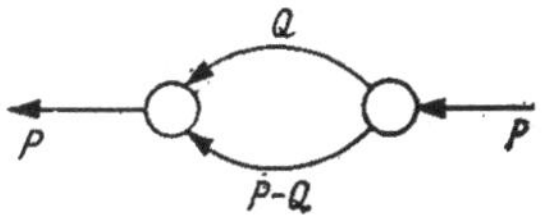

(35,1)

her kommt, die zerlegt werden können, wenn man zwei ausgezogene Linien zerschneidet, d. h., sie enthalten Zwischenzustände mit zwei Teilchen. In diesen Diagrammen wird über den Viererimpuls $Q = (q_0, \mathbf{q})$ der Zwischenzustände integriert, wobei das Gebiet der Werte Q und $P - Q$, mit denen die Zerfallsteilchen (die Zerfallsprodukte) in der Nähe der Schwelle erzeugt werden, die dominierende Rolle (für das Entstehen der Singularität) spielt. Für die unten dargestellte Theorie ist die Behauptung entscheidend, daß dieses Gebiet des Viererimpulses kein singuläres Gebiet für die Greensche Funktion $G(Q)$ ist: sie hat in ihm ein gewöhnliches Polglied

$$G(Q) \equiv G(q_0, \mathbf{q}) \propto [q_0 - \varepsilon(q) + i0]^{-1}, \tag{35,2}$$

wobei die Funktion $\varepsilon(q)$ — die Energie der Zerfalls-Quasiteilchen — keine Singularität hat. Die physikalische Spezifik dieses Gebietes besteht nur darin, daß in ihm ein Quasiteilchen mit einem anderen Quasiteilchen „verschmelzen“ könnte; dieser Prozeß ist aber bei verschwindenden Temperaturen unmöglich, weil reale Anregungen fehlen. Ein singuläres Gebiet für die Greensche Funktion ist nur das Gebiet von P-Werten

[1]) Der Inhalt dieses Paragraphen stammt von L. P. Pitajewski (1959).

(äußere Linien der Diagramme (35,1)) in der Nähe der Zerfallsschwelle des Quasiteilchens.

Den beiden verbindenden Linien in dem Diagramm (35,1) entsprechen die Faktoren $G(Q)\,G(P-Q)$, über Q wird integriert. Weil dabei nur das Gebiet kleiner Q wesentlich ist, kann man bei der Integration die restlichen Faktoren in dem Diagramm als konstant annehmen, man kann sie durch ihren Wert bei dem Schwellenimpuls $Q = Q_c$ ersetzen.[1]) In dem Diagramm entsteht also ein Faktor, der durch das Integral

$$\Pi(P) = \frac{i}{(2\pi)^4}\int \frac{d^4Q}{[q_0 - \varepsilon(q) + i0]\,[\omega - q_0 - \varepsilon(|\boldsymbol{p} - \boldsymbol{q}|) + i0]}$$

ausgedrückt wird, dabei ist $P = (\omega, \boldsymbol{p})$. Die Integration über dq_0 wird so ausgeführt, daß der Integrationsweg durch einen unendlich großen Halbkreis in einer der Halbebenen der komplexen Variablen q_0 geschlossen wird, man erhält

$$\Pi(P) = \frac{1}{(2\pi)^3}\int \frac{d^3q}{\omega - \varepsilon(q) - \varepsilon(|\boldsymbol{p} - \boldsymbol{q}|) + i0}. \tag{35,3}$$

Wir kehren zur Untersuchung dieses Integrals unten zurück, jetzt müssen wir die gesuchte exakte Funktion $G(P)$ durch dieses Integral ausdrücken, dazu summieren wir alle Diagramme der Form (35,1) auf.

Für die Funktion $G(P)$ kann man die Dyson-Gleichung in Diagrammform aufschreiben:

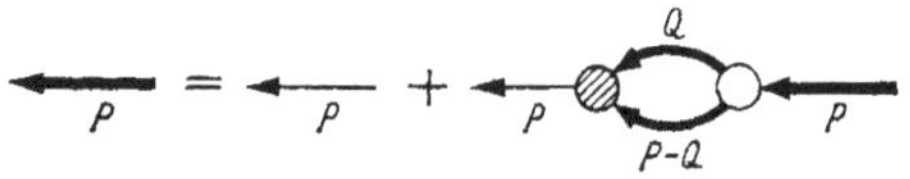

(35,4)

Hier stellen die dicken Linien die exakte Funktion iG dar, die dünnen sind der „nichtsinguläre" Teil dieser Funktion, der durch die Gesamtheit der „nicht durch zwei Linien teilbaren" Diagramme bestimmt ist. Das zweite Glied auf der rechten Seite von (35,4) stellt die Gesamtheit der Diagramme von der Form (35,1) dar. Dabei ist der nichtschraffierte Kreis die exakte „Dreienden"-Vertexfunktion (wir bezeichnen sie mit $\Gamma(Q, P-Q, P)$), der schraffierte Kreis ist ihr nichtsingulärer Teil, aus dem die Diagramme ausgeschlossen sind, die in bezug auf zwei ausgezogene Linien zerschnitten werden können.[2]) Wie oben erklärt wurde, führt die Integration über d^4Q dazu, daß der Faktor $\Pi(P)$ auftritt, wobei die restlichen Faktoren in dem Diagramm durch ihren Wert bei $Q = Q_c$ ersetzt werden. Die Gleichung (35,4) bedeutet also

$$G(P) = a(P) + b(P)\,G(P)\,\Gamma_c(P)\,\Pi(P), \tag{35,5}$$

dabei ist $\Gamma_c(P) = \Gamma(Q_c, P - Q_c, P)$, und $a(P)$ und $b(P)$ sind gewisse reguläre (in der Nähe der Schwelle $P = P_c$) Funktionen.

---

[1]) Diese Behauptung muß man konkretisieren. Es handelt sich darum, daß die Faktoren $G(Q)\,G(P-Q)$ nicht von dem Winkel φ abhängen, der die Lage der $\boldsymbol{p}-\boldsymbol{q}$-Ebene bestimmt. Deshalb führt die Integration über $d\varphi$ auf die Mittelung des restlichen Teils des Integranden über φ, danach kann man d^4Q als $2\pi q^2\,dq_0\,dq\,d\cos\theta$ verstehen. Bei dieser Integration über d^4Q ist gerade ein kleines Gebiet wesentlich. Diese Bemerkung bezieht sich auch auf andere analoge Punkte in den weiteren Rechnungen unten.

[2]) Die Situation ist hier analog der Dyson-Gleichung in der Quantenelektrodynamik (s. IV, § 104); hier wie dort erhält man die gesamte geforderte Menge von Diagrammen dadurch, daß man die Korrekturen nur zu einer der Vertexfunktionen einführt.

In (35,5) treten zwei singuläre Funktionen auf — G und Γ_c, und wenn man sie durch Π ausdrücken will, braucht man noch eine Gleichung. Wir erhalten sie, wenn wir beachten, daß die exakte Vertexfunktion Γ eine Reihe vom „Leiter"-Typ ist

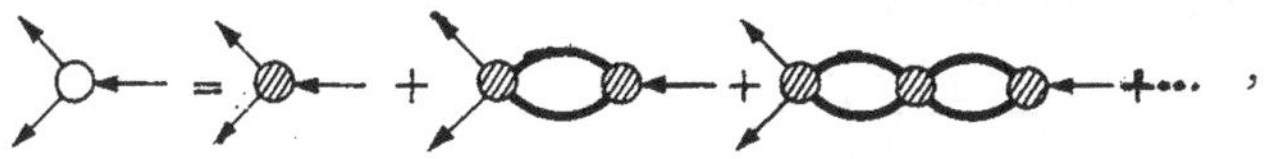

die analog zu der Reihe (17,3) für die Vertexfunktion mit vier Enden ist. Wenn man sie aufsummiert, erhält man die Gleichung

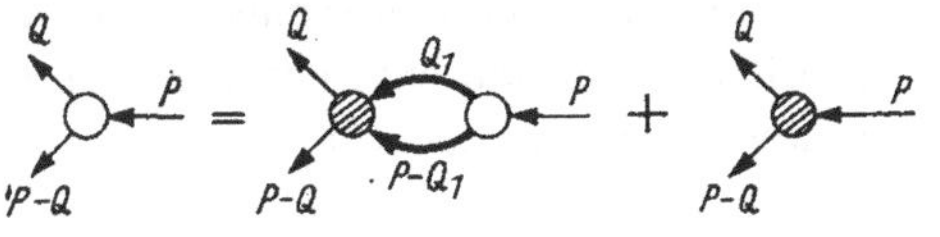

(vgl. (17,4)); bei $Q \approx Q_c$ gibt sie in analytischer Form

$$\Gamma_c(P) = c(P) + d(P)\,\Pi(P)\,\Gamma_c(P),$$

dabei sind $c(P)$, $d(P)$ reguläre Funktionen. Wenn wir jetzt Γ_c aus den beiden erhaltenen Gleichungen eliminieren, finden wir den gesuchten Ausdruck für die GREENsche Funktion, dargestellt mit Hilfe von Π:

$$G^{-1}(P) = \frac{A(P)\,\Pi(P)}{1 + B(P)\,\Pi(P)} + C(P), \tag{35,6}$$

dabei sind A, B, C wieder reguläre (in der Nähe von $P = P_c$) Funktionen.

Die weiteren Rechnungen sind für die verschiedenen Zerfallstypen der Quasiteilchen unterschiedlich.

a) *Schwelle des Zerfalls in zwei Rotonen*

In diesem Fall wird die Energie $\varepsilon(q)$ der Zerfallsteilchen in der Nähe der Schwelle durch die Formel (22,6) gegeben, und das Integral (35,3) nimmt die Form

$$\Pi(\omega, q) = \int \left\{\omega - 2\Delta - \frac{1}{2m^*}\left[(q - p_0)^2 + (|\boldsymbol{p} - \boldsymbol{q}| - p_0)^2\right]\right\}^{-1} \frac{d^3q}{(2\pi)^3} \tag{35,7}$$

an. Zur Integration führen wir die neuen Variablen q_z', q_ϱ' nach der Definition

$$q_x = (p_0 \sin\theta + q_\varrho')\cos\varphi, \quad q_y = (p_0 \sin\theta + q_\varrho')\sin\varphi,$$
$$q_z = p_0 \cos\theta + q_z'$$

ein, wobei die z-Achse längs $\boldsymbol{p}$ gerichtet ist, der Winkel θ ist durch die Gleichung $2p_0 \cos\theta = p$ bestimmt. In der Nähe der Schwelle sind q_z', q_ϱ' klein, und wir haben mit der notwendigen Genauigkeit

$$q \approx p_0 + q_\varrho' \sin\theta + q_z' \cos\theta, \quad |\boldsymbol{p} - \boldsymbol{q}| \approx p_0 + q_\varrho' \sin\theta - q_z' \cos\theta,$$
$$d^3q \approx p_0 \sin\theta\, dq_\varrho'\, dq_z'\, d\varphi.$$

Der Ausdruck in den geschwungenen Klammern in (35,7) nimmt die Form

$$\left\{\omega - 2\Delta - \frac{1}{m^*}(q_\varrho'^2 \sin^2\theta + q_z'^2 \cos^2\theta)\right\}$$

an, und nach der erneuten Substitution der Variablen

$$q'_\varrho \sin\theta = \sqrt{m^*}\,\varrho\cos\psi, \quad q'_z\cos\theta = \sqrt{m^*}\,\varrho\sin\psi$$

finden wir nach Integration über ψ

$$\Pi(\omega, \boldsymbol{p}) = -\frac{m^* p_0}{2\pi\cos\theta}\int\frac{\varrho\, d\varrho}{-\omega + 2\Delta + \varrho^2}.$$

Daß dieses Integral bei großen ϱ divergiert, hängt nur mit den getroffenen Vernachlässigungen zusammen und ist unwesentlich; ein Abschneiden des Integrals bei einem gewissen Wert $\varrho^2 \gg |2\Delta - \omega|$ wird nur einen Beitrag zum regulären Teil von Π geben. Der uns interessierende singuläre Teil dieser Funktion entsteht von dem Gebiet in der Nähe der unteren Integrationsgrenze, und für ihn finden wir

$$\Pi \propto \ln\frac{1}{2\Delta - \omega}. \tag{35,8}$$

Bei kleinen Werten von $2\Delta - \omega$ ist dieser Logarithmus groß; wenn wir (35,8) in (35,6) einsetzen und nach reziproken Potenzen des Logarithmus entwickeln, erhalten wir

$$G^{-1}(\omega, p) = b + c\ln^{-1}\frac{a}{2\Delta - \omega},$$

dabei sind a, b, c neue reguläre Funktionen von ω und $\boldsymbol{p}$. Im Schwellenpunkt ($p = p_c$) ist die Energie des zerfallenden Quasiteilchens gleich 2Δ. Weil die Energien der Quasiteilchen durch die Nullstellen der Funktion G^{-1} bestimmt sind, so bedeutet das, daß $G^{-1}(2\Delta, p_c) = 0$ ist, und dazu muß auch $b(2\Delta, p_c) = 0$ sein. Aber die reguläre Funktion $b(\omega, p)$ wird nach ganzen Potenzen der Differenzen $p - p_c$ und $\omega - 2\Delta$ entwickelt; wenn wir auch die regulären Funktionen $a(\omega, p)$ und $c(\omega, p)$ durch ihre Werte an der Schwelle ersetzen, erhalten wir folgenden Ausdruck für die GREENsche Funktion in dem Gebiet in der Nähe der Schwelle:

$$G^{-1}(\omega, \boldsymbol{p}) = \beta\left[p - p_c + \alpha\ln^{-1}\frac{a}{2\Delta - \omega}\right], \tag{35,9}$$

dabei sind a, α, β Konstanten.

Wenn wir diesen Ausdruck gleich Null setzen, erhalten wir das Spektrum $\varepsilon(p)$ in der Nähe der Schwelle. Wenn das Gebiet, in dem ein Zerfall unmöglich ist, bei $p < p_c$, $\varepsilon < 2\Delta$ liegt, dann müssen die Konstanten α und a positiv sein, und die Gleichung $G^{-1} = 0$ hat hier die ungedämpfte Lösung

$$\varepsilon = 2\Delta - a\exp\left(-\frac{\alpha}{p_c - p}\right). \tag{35,10}$$

Wir sehen, daß die Kurve des Spektrums sich dem Schwellenpunkt mit einer horizontalen Tangente unendlicher Ordnung nähert. In dem Gebiet $p > p_c$ hat die Gleichung $G^{-1} = 0$ keine Lösungen mit $\varepsilon \approx 2\Delta$ bei $p \approx p_c$, weder reelle noch komplexe. Das bedeutet, daß das Spektrum über den Schwellenpunkt überhaupt nicht fortgesetzt werden kann, sondern es endet in ihm.[1])

[1]) Wie schon in der Fußnote 2 auf S. 134 angegeben wurde, endet das Spektrum im flüssigen Helium gerade in einem Punkt dieses Typs (die Kurve in Abb. 2 nähert sich der Geraden $\varepsilon = 2\Delta$ mit einer horizontalen Tangenten).

b) *Schwelle des Zerfalls in zwei Quasiteilchen mit parallelen Impulsen*

Weil in dem Schwellenpunkt, bei $p = p_c$, der Ausdruck $\varepsilon(q) + \varepsilon(|\mathbf{p} - \mathbf{q}|)$ als Funktion von $\mathbf{q}$ ein Minimum haben muß, so hat er in der Nähe der Schwelle die Form

$$\varepsilon(q) + \varepsilon(|\mathbf{p} - \mathbf{q}|) = \varepsilon_c + v_c(p - p_c) + \alpha(\mathbf{q} - \mathbf{q}_0)^2 + \beta(\mathbf{q} - \mathbf{q}_0, \mathbf{p}_c)^2, \tag{35,11}$$

dabei sind α, β Konstanten; v_c ist die Geschwindigkeit jedes in dem Schwellenpunkt entstehenden Quasiteilchens, und $\mathbf{q}_0$ ist der Impuls eines dieser Zerfallsteilchen. Wenn wir (35,11) in (35,3) einsetzen und neue Integrationsvariable gemäß

$$\boldsymbol{\varrho} = \mathbf{q} - \mathbf{q}_0, \quad \boldsymbol{\varrho}\mathbf{p}_c = \varrho p_c \cos\psi$$

einführen, erhalten wir

$$\Pi(\omega, \mathbf{p}) = \frac{1}{(2\pi)^2} \int \frac{\varrho^2 \, d\varrho \, d\cos\psi}{\varepsilon - \varepsilon_c - v_c(p - p_c) - \alpha\varrho^2 - \beta\varrho^2 p_c^2 \cos^2\psi}.$$

Dieses Integral hat im Schwellenpunkt eine wurzelförmige Singularität:

$$\Pi \propto [v_c(p - p_c) - (\varepsilon - \varepsilon_c)]^{1/2}. \tag{35,12}$$

Wenn wir diesen Ausdruck in (35,6) einsetzen, finden wir die Greensche Funktion in dem Gebiet in der Nähe der Schwelle:

$$G^{-1}(\omega, \mathbf{p}) = A(\omega, \mathbf{p}) + B(\omega, \mathbf{p}) \, [v_c(p - p_c) - (\omega - \varepsilon_c)]^{1/2}.$$

Weil $G^{-1}(\varepsilon_c, \mathbf{p}_c) = 0$ ist und A und B reguläre Funktionen sind, finden wir schließlich, nachdem wir die letzteren nach Potenzen von $p - p_c$ und $\omega - \varepsilon_c$ entwickelt haben,

$$G^{-1} \propto [v_c(p - p_c) - (\omega - \varepsilon_c)]^{1/2} + [a(p - p_c) + b(\omega - \varepsilon_c)], \tag{35,13}$$

dabei sind a, b Konstanten.

Die Form des Spektrums ist durch die Gleichung $G^{-1}(\varepsilon, \mathbf{p}) = 0$ bestimmt. Wir suchen ihre Lösung in der Form $\varepsilon - \varepsilon_c = v_c(p - p_c) + \text{const}\,(p - p_c)^2$; damit sie bei $p < p_c$ existiert, muß $a + bv_c > 0$ sein, und dann ist

$$\varepsilon = \varepsilon_c + v_c(p - p_c) - (a + bv_c)^2 \, (p - p_c)^2. \tag{35,14}$$

Unter dieser Bedingung hat die Gleichung $G^{-1} = 0$ in dem Gebiet $p > p_c$ keine Lösungen mit $\varepsilon \approx \varepsilon_c$ bei $p \approx p_c$. Auch in diesem Fall bricht also das Spektrum im Schwellenpunkt ab.

IV GREENSCHE FUNKTIONEN BEI ENDLICHEN TEMPERATUREN

§ 36. GREENsche Funktionen bei endlichen Temperaturen[1])

Die Definition der GREENschen Funktion eines makroskopischen Systems bei von Null verschiedenen Temperaturen unterscheidet sich von ihrer Definition bei der Temperatur Null nur dadurch, daß die Mittelung über den Grundzustand des abgeschlossenen Systems durch die Mittelung über die GIBBSsche Verteilung ersetzt wird: das Symbol $\langle\ldots\rangle$ wird jetzt

$$\langle\ldots\rangle = \sum_n w_n \langle n|\ldots|n\rangle, \quad w_n = \exp\left(\frac{\Omega - E_n'}{T}\right) \tag{36,1}$$

bedeuten, dabei wird über alle Zustände des Systems summiert (die sich sowohl durch die Energie E_n als auch durch die Teilchenzahl N_n unterscheiden), $E_n' = E_n - \mu N_n$, und $\langle n|\ldots|n\rangle$ ist das diagonale Matrixelement für den n-ten Zustand. Die so definierten Mittelwerte sind Funktionen der thermodynamischen Variablen T, μ, V.

Bei der Untersuchung der analytischen Eigenschaften der GREENschen Funktionen bei endlichen Temperaturen (L. D. LANDAU, 1958) ist es zweckmäßig, die sogenannten retardierten und avancierten GREENschen Funktionen zu benutzen, deren analytische Eigenschaften einfacher sind. Um konkret zu sein, werden wir zuerst über die FERMI-Systeme sprechen.

Die *retardierte GREENsche Funktion* ist definiert als

$$iG^R_{\alpha\beta}(X_1, X_2) = \begin{cases} \langle \hat{\Psi}_\alpha(X_1)\,\hat{\Psi}^+_\beta(X_2) + \hat{\Psi}^+_\beta(X_2)\,\hat{\Psi}_\alpha(X_1)\rangle, & t_1 > t_2, \\ 0, & t_1 < t_2. \end{cases} \tag{36,2}$$

Für ein mikroskopisch homogenes, nicht ferromagnetisches System, auf das kein äußeres Feld einwirkt, ist diese Funktion (wie auch die gewöhnliche $G_{\alpha\beta}$) eine skalare Funktion, die nur von der Differenz $X = X_1 - X_2$ abhängt:

$$G^R_{\alpha\beta}(X_1, X_2) = \delta_{\alpha\beta} G^R(X), \quad G^R = \frac{1}{2} G^R_{\alpha\alpha}. \tag{36,3}$$

Der Übergang zu der Impulsdarstellung geschieht auf die übliche Art und Weise. Weil aber $G^R(t, \boldsymbol{r}) = 0$ bei $t < 0$ ist, so wird in der Definition

$$G^R(\omega, \boldsymbol{p}) = \int\int_0^\infty e^{i(\omega t - \boldsymbol{pr})}\, G^R(t, \boldsymbol{r})\, dt\, d^3x \tag{36,4}$$

praktisch nur über t von 0 bis ∞ integriert. Die Verschiebung der Variablen ω in die obere Halbebene verbessert nur die Konvergenz dieses Integrals. Deshalb definiert das Integral (36,4) in der oberen ω-Halbebene eine analytische Funktion, die keine Singu-

[1]) In den Paragraphen 36—38 wird das Einheitensystem mit $\hbar = 1$ benutzt.

laritäten hat.[1]) In der unteren Halbebene, wo die Funktion G^R durch die analytische Fortsetzung definiert wird, hat sie Pole (s. unten).

Wir werden für die Funktion G^R eine Entwicklung erhalten, die der im § 8 abgeleiteten Entwicklung (8,7) für die GREENsche Funktion G bei $T = 0$ ähnlich ist.

Wenn wir das Matrixelement $\langle n |\ldots| n\rangle$ des Produktes von ψ-Operatoren nach den Regeln der Matrizenmultiplikation zerlegen und die Matrixelemente in der Form (8,4) darstellen, erhalten wir

$$iG^R(t, \boldsymbol{r}) =$$
$$= \frac{1}{2} \sum_{n,m} w_n \{ e^{-i(\omega_{mn}t - \boldsymbol{k}_{mn}\boldsymbol{r})} \langle n | \hat{\psi}_\alpha(0) | m\rangle \langle m | \hat{\psi}_\alpha^+(0) | n\rangle$$
$$+ e^{i(\omega_{mn}t - \boldsymbol{k}_{mn}\boldsymbol{r})} \langle n | \hat{\psi}_\alpha^+(0) | m\rangle \langle m | \hat{\psi}_\alpha(0) | n\rangle \}.$$

Für die beiden Glieder in den geschwungenen Klammern hat die Summation über n und m eine etwas unterschiedliche Bedeutung: im ersten Glied hängen die Teilchenzahlen für die Zustände n und m durch die Beziehung $N_m = N_n + 1$ zusammen, im zweiten Glied durch $N_m = N_n - 1$. Um diesen Unterschied zu beseitigen, vertauschen wir in der zweiten Summe die Indizes m und n. Wenn wir noch beachten, daß

$$\langle n | \hat{\psi}_\alpha(0) | m\rangle \langle m | \hat{\psi}_\alpha^+(0) | n\rangle = |\langle n | \hat{\psi}_\alpha(0) | m\rangle|^2 \equiv A_{mn}$$

ist, können wir den ganzen Ausdruck auf die Form

$$iG^R(t, \boldsymbol{r}) = \frac{1}{2} \sum_{n,m} w_n e^{-i(\omega_{mn}t - \boldsymbol{k}_{mn}\boldsymbol{r})} A_{mn} (1 + e^{-\omega_{mn}/T}), \quad t > 0 \tag{36,5}$$

bringen.

Schließlich setzen wir bei der Berechnung des Integrals (36,4) $\omega \to \omega + i0$ (wie auch im § 8) und erhalten dann:

$$G^R(\omega, \boldsymbol{p}) = \frac{(2\pi)^3}{2} \sum_{m,n} w_n \frac{A_{mn}\, \delta(\boldsymbol{p} - \boldsymbol{k}_{mn})}{\omega - \omega_{mn} + i0} (1 + e^{-\omega_{mn}/T}). \tag{36,6}$$

Wir weisen darauf hin, daß alle Pole dieses Ausdruckes (in Übereinstimmung mit dem oben Gesagten) unterhalb der reellen Achse in der unteren ω-Halbebene gelegen sind.

Die letzte Eigenschaft reicht aus, um eine bestimmte Verbindung zwischen dem Real- und dem Imaginärteil der Funktion herzustellen — die sogenannte KRAMERS-KRONIG-*Beziehung* oder *Dispersionsbeziehung*:

$$\operatorname{Re} G^R(\omega, \boldsymbol{p}) = \frac{1}{\pi} \fint_{-\infty}^{\infty} \frac{\operatorname{Im} G^R(u, \boldsymbol{p})}{u - \omega} du \tag{36,7}$$

(s. die Ableitung dieser Beziehung für $\alpha(\omega)$ in V, § 123). Von ihrer Richtigkeit kann man sich auch unmittelbar überzeugen, wenn man in (36,6) den Real- und den Imaginärteil

[1]) Vgl. die analogen Betrachtungen für die Funktion $\alpha(\omega)$ in V, § 123. Die Ähnlichkeit der analytischen Eigenschaften der Funktionen G^R und α ist natürlich nicht zufällig: nach V, (126,8) wird die letztere auf analoge Weise durch einen bestimmten Kommutator von Operatoren ausgedrückt.

mit Hilfe der Formel (8,11) trennt. Wir bemerken auch, daß man unter Berücksichtigung dieser Formel die Beziehung (36,7) in der Form

$$G^R(\omega, \boldsymbol{p}) = \frac{1}{\pi} \int_{-\infty}^{\infty} \frac{\varrho(u, \boldsymbol{p})}{u - \omega - i0}\, du \tag{36,8}$$

schreiben kann, dabei ist

$$\varrho(u, \boldsymbol{p}) = -4\pi^4 \sum_{m,n} \omega_n A_{mn} \delta(u - \omega_{mn})\, \delta(\boldsymbol{p} - \boldsymbol{k}_{mn})\, (1 + e^{-\omega_{mn}/T}).$$

Bei reellen ω gilt: $\varrho = \operatorname{Im} G^R$.

Die Darstellung (36,8) erhält beim Übergang zur „makroskopischen Grenze" $V \to \infty$ (bei gegebenem Verhältnis N/V) einen tieferen Sinn. In diesem Grenzfall verschmelzen die Pole ω_{mn}, und die Funktion $\varrho(u)$ wird bei allen u von Null verschieden sein (sie ist nicht einfach die Summe der δ-Funktionen in diskreten Punkten). Dabei definiert die Formel (36,8) unmittelbar $G^R(\omega)$ in der oberen Halbebene der Variablen ω und auf der reellen Achse. Um die Funktion $G^R(\omega)$ in der unteren ω-Halbebene zu definieren, muß man das Integral analytisch fortsetzen, zu diesem Zweck wird der Integrationsweg so deformiert, daß er dem Punkt $u = \omega$ nach unten ausweicht. Dabei kann $G^R(\omega)$ in der unteren Halbebene Singularitäten haben (in einem endlichen Abstand von der reellen Achse), wenn der Integrationsweg zwischen dem Pol $u = \omega$ und einer Singularität des Zählers „eingeklemmt" wird.

Die *avancierte* GREEN*sche Funktion* wird auf analoge Weise nach der Definition

$$iG^A_{\alpha\beta}(X_1, X_2) = \begin{cases} 0 & , \quad t_1 > t_2, \\ -\langle \hat{\Psi}_\alpha(X_1)\, \hat{\Psi}^+_\beta(X_2) + \hat{\Psi}^+_\beta(X_2)\, \hat{\Psi}_\alpha(X_1) \rangle, & t_1 < t_2 \end{cases} \tag{36,9}$$

eingeführt. Die Funktion $G^A(\omega, \boldsymbol{p})$ in der Impulsdarstellung ist eine analytische Funktion der Variablen ω, die in der unteren Halbebene keine Singularitäten hat. Ihre Entwicklung unterscheidet sich von (36,6) durch eine Änderung des Vorzeichens vor $i0$ in den Nennern. Das bedeutet, daß auf der reellen Achse $G^A(\omega) = G^{R*}(\omega)$ ist, und in der ganzen ω-Ebene gilt:

$$G^A(\omega^*) = G^{R*}(\omega). \tag{36,10}$$

Bei $\omega \to \infty$ streben die Funktionen G^R und G^A nach dem gleichen Gesetz wie auch die Funktion G gegen Null:

$$G^R, G^A \to 1/\omega \quad \text{bei} \quad |\omega| \to \infty. \tag{36,11}$$

Wir erinnern daran (s. Ableitung von (8,15)), daß der Koeffizient (Eins) in diesem asymptotischen Ausdruck durch die Größe des Sprunges dieser Funktion bei $t_2 = t_1$ bestimmt ist; dieser Sprung hängt nicht von der Temperatur ab und ist für alle drei Funktionen G^R, G^A, G gleich, wie das aus ihren Definitionen folgt.

Um den Zusammenhang zwischen den so eingeführten Funktionen G^R, G^A und der gewöhnlichen GREENschen Funktion

$$iG_{\alpha\beta}(X_1, X_2) = \langle T\hat{\Psi}_\alpha(X_1)\, \hat{\Psi}^+_\beta(X_2) \rangle \tag{36,12}$$

herzustellen, wollen wir für die letztere eine zu (36,5) analoge Entwicklung erhalten.

Die Berechnungen, die völlig analog zu den oben durchgeführten sind, führen auf das Ergebnis:[1])

$$G(\omega, \boldsymbol{p}) = -\frac{(2\pi)^3}{2} \sum_{m,n} w_n A_{mn}\, \delta(\boldsymbol{p} - \boldsymbol{k}_{mn})$$

$$\times \left\{\frac{1}{\omega_{mn} - \omega}(1 + \mathrm{e}^{-\omega_{mn}/T}) + i\pi\, \delta(\omega - \omega_{mn})\, (1 - \mathrm{e}^{-\omega_{mn}/T})\right\}. \qquad (36,13)$$

Wenn wir (36,13) und (36,6) vergleichen, finden wir:

$$\left.\begin{matrix} G^R(\omega, \boldsymbol{p}) \\ G^A(\omega, \boldsymbol{p}) \end{matrix}\right\} = \operatorname{Re} G(\omega, \boldsymbol{p}) \pm i \coth \frac{\omega}{2T} \operatorname{Im} G(\omega, \boldsymbol{p}). \qquad (36,14)$$

Dabei ist, wie aus dem Ausdruck (36,13) deutlich wird:

$$\operatorname{sign} \operatorname{Im} G(\omega, \boldsymbol{p}) = -\operatorname{sign} \omega. \qquad (36,15)$$

Wir weisen darauf hin, daß die Funktion G, zum Unterschied von G^R und G^A, keine analytische Funktion von ω ist.

Bei $T \to 0$ haben wir $\operatorname{cth}(\omega/2T) \to \operatorname{sign} \omega$, und aus (36,14) folgt, daß auf der reellen Achse

$$G = \begin{cases} G^R, & \omega > 0, \\ G^A, & \omega < 0 \end{cases} \qquad (36,16)$$

ist. Die Funktion $G(\omega)$ bei $T = 0$ ist also auf den beiden reellen Halbachsen der Variablen ω der Grenzwert (bei $|\operatorname{Im} \omega| \to 0$) von zwei unterschiedlichen analytischen Funktionen: $G^R(\omega)$ auf der rechten und $G^A(\omega)$ auf der linken Halbachse.

Die Ausdrücke für die Funktionen G^R, G^A kann man für ein ideales FERMI-Gas leicht aufschreiben. Dazu genügt es zu bemerken, daß sie die Gleichung (9,6) befriedigen, bei deren Ableitung nur der Wert des Sprunges der Funktion bei $t_1 = t_2$ benutzt wurde. Die Umgehung des Pols ergibt sich daraus, daß er für $G^{(0)R}$ unter die reelle Achse und für $G^{(0)A}$ über diese gelangen muß. Hieraus folgt der Ausdruck

$$G^{(0)R,A}(\omega, \boldsymbol{p}) = \left[\omega - \frac{p^2}{2m} + \mu \pm i0\right]^{-1}, \qquad (36,17)$$

der sowohl bei verschwindenden Temperaturen als auch bei endlichen Temperaturen richtig ist. Für die Funktion $G^{(0)}$ finden wir nach (36,14):

$$G^{(0)}(\omega, \boldsymbol{p}) = \mathrm{P}\, \frac{1}{\omega - p^2/2m + \mu} - i\pi \tanh \frac{\omega}{2T} \cdot \delta\left(\omega - \frac{p^2}{2m} + \mu\right). \qquad (36,18)$$

Bei $T \to 0$ kehren wir zu der Formel (9,7) zurück, die sich von (36,17) nur dadurch unterscheidet, daß $\pm i0$ durch $i0 \operatorname{sign} \omega$ ersetzt ist.

---

[1]) Beim Übergang zur Impulsdarstellung zerlegt man das Integral über t in die beiden Teile von $-\infty$ bis 0 und von 0 bis ∞, wobei man in einem von ihnen die Summationsindizes m, n umbenennt.

Wir wollen die analogen Formeln für ein BOSE-System angeben. Die retardierten und avancierten GREENschen Funktionen sind definiert als:

$$iG^R(X_1, X_2) = \begin{cases} \langle \hat{\Psi}(X_1)\,\hat{\Psi}^+(X_2) - \hat{\Psi}^+(X_2)\,\hat{\Psi}(X_1)\rangle, & t_1 > t_2, \\ 0 & , \; t_1 < t_2, \end{cases}$$
$$iG^A(X_1, X_2) = \begin{cases} 0 & , \; t_1 > t_2, \\ -\langle \hat{\Psi}(X_1)\,\hat{\Psi}^+(X_2) - \hat{\Psi}^+(X_2)\,\hat{\Psi}(X_1)\rangle, & t_1 < t_2. \end{cases} \qquad (36{,}19)$$

Wenn es sich um Temperaturen oberhalb des λ-Punktes handelt, dann treten in diesen Definitionen die vollen ψ-Operatoren auf; bei Temperaturen unterhalb des λ-Punktes bezieht sich die Definition auf die Operatoren des nicht kondensierten Anteils. An Stelle von (36,6) haben wir jetzt

$$G^R(\omega, \boldsymbol{p}) = (2\pi)^3 \sum_{m,n} w_n \frac{A_{mn}\,\delta(\boldsymbol{p} - \boldsymbol{k}_{mn})}{\omega - \omega_{mn} + i0} (1 - e^{-\omega_{mn}/T}). \qquad (36{,}20)$$

Der Zusammenhang dieser Funktion mit G wird durch die Formel

$$G^R(\omega, \boldsymbol{p}) = \operatorname{Re} G(\omega, \boldsymbol{p}) + i \operatorname{th} \frac{\omega}{2T} \cdot \operatorname{Im} G(\omega, \boldsymbol{p}) \qquad (36{,}21)$$

gegeben, wobei auf der reellen Achse

$$\operatorname{Im} G(\omega, \boldsymbol{p}) < 0 \qquad (36{,}22)$$

ist (die Funktion G ist nach (31,1) definiert mit der Mittelung über die GIBBSsche Verteilung an Stelle der Mittelung über den Grundzustand). Für ein ideales BOSE-Gas wird die Funktion G^R durch die Formel (36,17) gegeben und die Funktion G durch:

$$G^{(0)}(\omega, \boldsymbol{p}) = \mathrm{P}\,\frac{1}{\omega - p^2/2m + \mu} - i\pi \coth \frac{\omega}{2T} \cdot \delta\left(\omega - \frac{p^2}{2m} + \mu\right). \qquad (36{,}23)$$

Der physikalische Sinn der GREENschen Funktionen bei von Null verschiedenen Temperaturen stimmt im wesentlichen mit ihrem Sinn bei $T = 0$ überein. Es bleiben natürlich die Formeln gültig, die die GREENsche Funktion G mit der Impulsverteilung der Teilchen (7,23) und mit der Dichtematrix (7,18), (31,4) überhaupt verbinden.

Es bleiben auch die Grundaussagen gültig, daß die Pole der GREENschen Funktionen mit der Energie der Elementaranregungen zusammenfallen (weil aber die Funktion G selbst nicht analytisch ist, ist es hier zweckmäßiger, von den Polen der analytischen Funktion G^R zu sprechen, die sie in der unteren ω-Halbebene hat bzw. von den Polen der Funktion G^A in der oberen Halbebene). Diese Behauptung folgt (wie auch im § 8) aus der Entwicklung (36,6). Obwohl in den verschiedenen Gliedern dieser Entwicklung jetzt Frequenzen für die Übergänge ω_{mn} zwischen zwei beliebigen Zuständen des Systems auftreten, bleiben aber (nach dem Übergang zum makroskopischen Grenzwert) wie früher nur die Pole übrig, die Übergängen aus dem Grundzustand in Zustände mit einer Elementaranregung entsprechen. Übergänge zwischen zwei angeregten Zuständen führen nicht zur Entstehung eines Poles in der makroskopischen GREENschen Einteilchenfunktion aus dem gleichen Grund, aus dem die Übergänge aus dem Grundzustand in Zustände mit mehr als einem Quasiteilchen nicht zur Entstehung eines Poles führen (s. § 8): die Differenz der Energien dieser Zustände ist durch die Differenz ihrer Impulse nicht eindeutig bestimmt.

Wir betonen aber, daß bei von Null verschiedenen Temperaturen die Lebensdauer der Quasiteilchen nicht nur mit ihrer eigenen Instabilität, sondern auch mit ihren gegenseitigen Zusammenstößen zusammenhängt. Die Dämpfung von diesen beiden Quellen muß schwach sein, damit der Begriff der Quasiteilchen seinen Sinn behält.

§ 37. Temperaturabhängige GREENsche Funktionen

Um eine Diagrammtechnik zur Berechnung der GREENschen Funktion bei endlichen Temperaturen zu entwickeln, müßte man von der HEISENBERG-Darstellung der ψ-Operatoren zur Wechselwirkungsdarstellung übergehen, wie das im § 12 getan wurde. Dabei kämen wir wieder zu einem Ausdruck, der sich von (12,12) nur dadurch unterscheidet, daß nicht über den Grundzustand gemittelt wird. Dieser Unterschied ist aber sehr wesentlich: die Mittelung des Operators $\hat{S}^{-1}$ kann nicht mehr von der Mittelung der restlichen Faktoren abgetrennt werden, wie das bei dem Übergang von (12,12) zu (12,14) getan wurde. Das liegt daran, daß ein Zustand, der nicht Grundzustand ist, unter dem Einfluß des Operators $\hat{S}^{-1}$ nicht in sich übergeht, sondern in irgendeine Superposition von angeregten Zuständen mit gleicher Energie (diese Superposition enthält die Ergebnisse aller möglichen Streuprozesse der Quasiteilchen untereinander). Dieser Umstand führt zu einer wesentlichen Komplikation der Diagrammtechnik — es entstehen neue Glieder von Kontraktionen, an denen auch ψ-Operatoren aus $\hat{S}^{-1}$ beteiligt sind.

Man kann aber die Definition der GREENschen Funktion so abändern, daß ähnliche Komplikationen nicht entstehen. Der auf dieser Definition beruhende mathematische Apparat, der von T. MATSUBARA (1955) entwickelt wurde, ist insbesondere für die Berechnung der thermodynamischen Größen eines makroskopischen Systems geeignet.

Wir führen die sogenannten MATSUBARAschen ψ-Operatoren nach der Definition[1])

$$\begin{aligned}\hat{\Psi}^M_\alpha(\tau, \boldsymbol{r}) &= e^{\tau\hat{H}'}\hat{\psi}_\alpha(\boldsymbol{r})\, e^{-\tau\hat{H}'},\\ \hat{\bar{\Psi}}^M_\alpha(\tau, \boldsymbol{r}) &= e^{\tau\hat{H}'}\hat{\psi}^+_\alpha(\boldsymbol{r})\, e^{-\tau\hat{H}'}\end{aligned} \tag{37,1}$$

ein, dabei ist τ eine reelle Hilfsvariable; diese Operatoren unterscheiden sich in formaler Hinsicht von den HEISENBERG-Operatoren dadurch, daß in den letzteren die reelle Größe t durch die imaginäre Größe $-i\tau$ ersetzt wird.[2]) Mit dieser Substitution ($\hat{\Psi} \to \hat{\Psi}^M$, $\hat{\Psi}^+ \to \hat{\bar{\Psi}}^M$, $i\,\partial/\partial t \to -\partial/\partial\tau$) erhält man zum Beispiel aus (7,8) die Gleichung, der die Operatoren (37,1) genügen. Mit Hilfe dieser Operatoren wird die neue GREENsche Funktion $\mathcal{G}$ analog dazu definiert, wie die übliche GREENsche Funktion G durch die HEISENBERG-Operatoren definiert wird:

$$\mathcal{G}_{\alpha\beta}(\tau_1, \boldsymbol{r}_1; \tau_2, \boldsymbol{r}_2) = -\langle T_\tau \hat{\Psi}^M_\alpha(\tau_1, \boldsymbol{r}_1)\, \hat{\bar{\Psi}}^M_\beta(\tau_2, \boldsymbol{r}_2)\rangle . \tag{37,2}$$

---

[1]) In diesem Paragraphen werden wir die Formeln gleichzeitig für FERMI-Systeme und BOSE-Systeme (oberhalb des λ-Punktes) aufschreiben. Bei unterschiedlichen Vorzeichen werden die oberen Vorzeichen den FERMI-Systemen und die unteren den BOSE-Systemen entsprechen. Außerdem muß man bei den BOSE-Systemen die Spinindizes weglassen.

[2]) Wir betonen, daß wegen dieses Unterschiedes der Operator $\hat{\bar{\Psi}}^M$ keinesfalls mit $\hat{\Psi}^{M+}$ übereinstimmt.

Dabei kennzeichnet das Symbol T_τ die „τ-Chronologisierung" — die Anordnung der Operatoren in der Ordnung wachsender τ von rechts nach links (mit einer Änderung des Vorzeichens bei einer Vertauschung von Operatoren bei FERMI-Systemen); die Klammern $\langle\ldots\rangle$ bedeuten die Mittelung über die GIBBSsche Verteilung. Die letztere kann man in expliziter Form aufschreiben, wenn man die Definition (37,2) als

$$\mathcal{G}_{\alpha\beta} = -\mathrm{Sp}\,\{\hat{w}T_\tau \hat{\Psi}^M_\alpha(\tau_1, \boldsymbol{r}_1)\,\hat{\bar{\Psi}}^M_\beta(\tau_2, \boldsymbol{r}_2)\}, \quad \hat{w} = \exp\left(\frac{\Omega - \hat{H}'}{T}\right) \tag{37,3}$$

darstellt. Dabei kennzeichnet Sp die Summe aller diagonalen Matrixelemente. Die so definierte GREENsche Funktion nennt man *temperaturabhängige* GREENsche Funktion zum Unterschied von der „gewöhnlichen" Funktion G (die man in diesem Zusammenhang *zeitabhängige* GREENsche Funktion nennt).

Für ein nicht ferromagnetisches System ohne äußeres Feld reduziert sich die Funktion $\mathcal{G}_{\alpha\beta}$, wie $G_{\alpha\beta}$ auch, auf eine skalare Größe: $\mathcal{G}_{\alpha\beta} = \mathcal{G}\delta_{\alpha\beta}$. Für ein räumlich homogenes System reduziert sich ihre Abhängigkeit von $\boldsymbol{r}_1$ und $\boldsymbol{r}_2$ auf die Abhängigkeit von der Differenz $\boldsymbol{r} = \boldsymbol{r}_1 - \boldsymbol{r}_2$.

Es ist leicht zu sehen, daß nach der Definition (37,3) die Funktion $\mathcal{G}$ nur von der Differenz $\tau = \tau_1 - \tau_2$ abhängt. Es sei zum Beispiel $\tau_1 < \tau_2$; dann haben wir:[1])

$$\mathcal{G} = \pm\frac{1}{(2)}\,e^{\Omega/T}\,\mathrm{Sp}\,\{e^{-\hat{H}'/T}e^{\tau_2\hat{H}'}\hat{\psi}^+_\alpha(\boldsymbol{r}_2)\,e^{(-\tau_2+\tau_1)\hat{H}'}\hat{\psi}_\alpha(\boldsymbol{r}_1)\,e^{-\tau_1\hat{H}'}\}$$

oder, wenn wir unter dem Zeichen Sp die Faktoren zyklisch vertauschen:

$$\mathcal{G} = \pm\frac{1}{(2)}\,e^{\Omega/T}\,\mathrm{Sp}\,\{e^{-(1/T+\tau)\hat{H}'}\hat{\psi}^+_\alpha(\boldsymbol{r}_2)\,e^{\tau\hat{H}'}\hat{\psi}_\alpha(\boldsymbol{r}_1)\}, \quad \tau < 0, \tag{37,4}$$

hieraus wird die getroffene Behauptung ersichtlich.

Die Variable τ wird praktisch nur die Werte in einem endlichen Intervall durchlaufen:

$$-1/T \le \tau \le 1/T. \tag{37,5}$$

Dabei hängen die Werte der Funktion $\mathcal{G}(\tau)$ bei $\tau < 0$ und bei $\tau > 0$ durch eine einfache Beziehung zusammen. Bei $\tau = \tau_1 - \tau_2 > 0$ finden wir, analog zu der Ableitung von (37,4)

$$\begin{aligned}\mathcal{G} &= -\frac{1}{(2)}\,e^{\Omega/T}\,\mathrm{Sp}\,\{e^{-(1/T-\tau)\hat{H}'}\hat{\psi}_\alpha(\boldsymbol{r}_1)\,e^{-\tau\hat{H}'}\hat{\psi}^+_\alpha(\boldsymbol{r}_2)\}\\ &= -\frac{1}{(2)}\,e^{\Omega/T}\,\mathrm{Sp}\,\{e^{-\tau\hat{H}'}\hat{\psi}^+_\alpha(\boldsymbol{r}_2)\,e^{-(1/T-\tau)\hat{H}'}\hat{\psi}_\alpha(\boldsymbol{r}_1)\}, \quad \tau > 0,\end{aligned}$$

und wenn wir diesen Ausdruck mit (37,4) vergleichen, erhalten wir

$$\mathcal{G}(\tau) = \mp\,\mathcal{G}\left(\tau + \frac{1}{T}\right), \quad \tau < 0 \tag{37,6}$$

(wegen (37,5) ist das Argument der Funktion rechts bei $\tau < 0$ positiv).

---

[1]) Der in Klammern eingeschlossene Faktor 2 bezieht sich auf FERMI-Systeme, für BOSE-Systeme muß er durch 1 ersetzt werden.

Wir entwickeln jetzt die Funktion $\mathcal{G}(\tau, \boldsymbol{r})$ in ein FOURIER-Integral bezüglich der Koordinaten und in eine FOURIER-Reihe in bezug auf τ (in dem Intervall (37,5)):[1])

$$\mathcal{G}(\tau, \boldsymbol{r}) = T \sum_{s=-\infty}^{\infty} \int e^{i(\boldsymbol{pr}-\zeta_s\tau)} \mathcal{G}(\zeta_s, \boldsymbol{p}) \frac{d^3p}{(2\pi)^3}, \tag{37,7}$$

wobei für FERMI-Systeme

$$\zeta_s = (2s+1)\,\pi T \tag{37,8a}$$

und für BOSE-Systeme

$$\zeta_s = 2s\pi T \tag{37,8b}$$

ist ($s = 0, \pm 1, \pm 2, \ldots$); dabei ist automatisch die Bedingung (37,6) erfüllt. Die in bezug auf (37,7) umgekehrte Transformation hat die Gestalt

$$\mathcal{G}(\zeta_s, \boldsymbol{p}) = \int_0^{1/T} \int e^{-i(\boldsymbol{pr}-\zeta_s\tau)} \mathcal{G}(\tau, \boldsymbol{r})\, d^3x\, d\tau \tag{37,9}$$

(das Integral über das Gebiet $-1/T \leq \tau \leq 1/T$ wird in ein Integral von 0 bis $1/T$ unter Berücksichtigung von (37,6) und (37,8) transformiert).

Rechnungen, die den im § 36 durchgeführten analog sind, gestatten es, $\mathcal{G}(\zeta_s, \boldsymbol{p})$ durch die Matrixelemente der SCHRÖDINGERschen ψ-Operatoren auszudrücken. Sie führen auf das Ergebnis

$$\mathcal{G}(\zeta_s, \boldsymbol{p}) = \frac{(2\pi)^3}{(2)} \sum_{m,n} w_n \frac{A_{mn}\,\delta(\boldsymbol{p} - \boldsymbol{k}_{mn})}{i\zeta_s - \omega_{mn}} (1 \pm e^{-\omega_{mn}/T}). \tag{37,10}$$

Hieran sieht man vor allem, daß

$$\mathcal{G}(-\zeta_s, \boldsymbol{p}) = \mathcal{G}^*(\zeta_s, \boldsymbol{p}) \tag{37,11}$$

ist. Wenn wir weiterhin (37,10) mit den Entwicklungen (36,6) und (36,20) für G^R vergleichen, finden wir

$$\mathcal{G}(\zeta_s, \boldsymbol{p}) = G^R(i\zeta_s, \boldsymbol{p}), \quad \zeta_s > 0. \tag{37,12a}$$

Die Bedingung $\zeta_s > 0$ hängt damit zusammen, daß die Ausdrücke (36,6) und (36,20) nur in der oberen ω-Halbebene unmittelbar richtig sind, wie das auf S. 143 erklärt wurde. Analog erhalten wir

$$\mathcal{G}(\zeta_s, \boldsymbol{p}) = G^A(i\zeta_s, \boldsymbol{p}), \quad \zeta_s < 0. \tag{37,12b}$$

In den FOURIER-Komponenten fällt also die temperaturabhängige GREENsche Funktion mit der retardierten oder avancierten GREENschen Funktion, genommen in diskreten Punkten der imaginären ω-Achse, zusammen. Dieses Resultat erlaubt es insbesondere, sofort einen Ausdruck für die temperaturabhängige GREENsche Funktion eines idealen Gases aufzuschreiben: durch die Substitution $\omega \to i\zeta_s$ finden wir aus (36,17):

$$\mathcal{G}^{(0)}(\zeta_s, \boldsymbol{p}) = \left[i\zeta_s - \frac{p^2}{2m} + \mu\right]^{-1}. \tag{37,13}$$

---

[1]) Die Einführung dieser Methode stammt von A. A. ABRIKOSOW, L. P. GORKOW, I. E. DSJALOSCHINSKI (1959) und E. S. FRADKIN (1959).

Im folgenden Paragraphen wird die Diagrammtechnik zur Berechnung der Funktion $\mathscr{G}(\zeta_s, \boldsymbol{p})$ dargestellt. Um die Funktion $G^R(\omega, \boldsymbol{p})$ (und dadurch insbesondere auch das Energiespektrum des Systems) zu bestimmen, muß man eine analytische Funktion konstruieren, die in den Punkten $\omega = i\zeta_s$ mit $\mathscr{G}(\zeta_s, \boldsymbol{p})$ übereinstimmt und in der oberen ω-Halbebene keine Singularitäten hat. Diese Prozedur ist eindeutig, wenn man die Forderung $G^R(\omega, \boldsymbol{p}) \to 0$ bei $|\omega| \to \infty$ (s. (36,11)) hinzunimmt. In konkreten Fällen ist diese analytische Fortsetzung aber mit bestimmten Schwierigkeiten verknüpft. Zur Berechnung der thermodynamischen Größen braucht man sie jedoch nicht auszuführen.

So kann man zur Berechnung des Potentials Ω von dem Ausdruck der über die GIBBSsche Verteilung gemittelten Dichtematrix

$$N\varrho_{\alpha\beta}(\boldsymbol{r}_1, \boldsymbol{r}_2) = \pm \mathscr{G}_{\alpha\beta}(\tau_1, \boldsymbol{r}_2; \tau_1 + 0, \boldsymbol{r}_2) \tag{37,14}$$

ausgehen (das ist aus der Definition (37,2) ersichtlich; vgl. (7,17)). Wenn wir $\boldsymbol{r}_2 = \boldsymbol{r}_1$ setzen (und über $\alpha = \beta$ summieren), erhalten wir für die Dichte des Systems:

$$\frac{N}{V} = \pm T \sum_{s=-\infty}^{\infty} \int \mathscr{G}(\zeta_s, \boldsymbol{p})\, \mathrm{e}^{-i\zeta_s \tau} \frac{\mathrm{d}^3 p}{(2\pi)^3}\bigg|_{\tau \to -0}. \tag{37,15}$$

Dieser Ausdruck definiert N als Funktion von μ, T, V, anschließend kann $\Omega(\mu, T, V)$ durch Integration der Gleichung $N = -\partial\Omega/\partial\mu$ berechnet werden.

§ 38. Die Diagrammtechnik für temperaturabhängige GREENsche Funktionen

Die Diagrammtechnik zur Berechnung der temperaturabhängigen GREENschen Funktion $\mathscr{G}$ wird analog dazu aufgebaut, wie das in den §§ 12, 13 für die zeitabhängige Funktion G getan wurde. Die Tatsache, daß die Definition der MATSUBARAschen ψ-Operatoren (37,1) sich von der Definition der HEISENBERGschen Operatoren nur durch die formale Substitution $it \to \tau$ unterscheidet, erlaubt es, oft die direkte Analogie zu benutzen.

Zunächst führen wir die MATSUBARA-Operatoren in der „Wechselwirkungsdarstellung" ein, die sich von (37,1) dadurch unterscheiden, daß der exakte HAMILTON-Operator $\hat{H}'$ durch den HAMILTON-Operator $\hat{H}_0'$ der freien Teilchen ersetzt ist:

$$\hat{\Psi}^M_{0\alpha}(\tau, \boldsymbol{r}) = \exp(\tau \hat{H}_0')\, \hat{\psi}_\alpha(\boldsymbol{r}) \exp(-\tau \hat{H}_0'). \tag{38,1}$$

Der Zusammenhang zwischen den Operatoren $\hat{\Psi}^M_{0\alpha}$ und $\hat{\Psi}^M_\alpha$ wird durch die MATSUBARAsche S-Matrix gegeben, die analog zu (12,8) definiert ist:

$$\hat{\sigma}(\tau_2, \tau_1) = T_\tau \exp\left\{-\int_{\tau_1}^{\tau_2} \hat{V}_0(\tau)\, \mathrm{d}\tau\right\}, \tag{38,2}$$

dabei ist

$$\hat{V}_0(\tau) = \exp(\tau \hat{H}_0')\, \hat{V} \exp(-\tau \hat{H}_0') \tag{38,3}$$

der Wechselwirkungsoperator in dieser Darstellung. Während aber im § 12 der Zusammenhang zwischen $\hat{\Psi}$ und $\hat{\Psi}_0$ durch die Anfangsbedingung festgelegt wurde, daß die Wechselwirkung bei $t = -\infty$ „eingeschaltet" wird, muß jetzt die „Anfangsbedingung" gestellt werden, daß $\hat{\Psi}^M$ und $\hat{\Psi}^M_0$ bei $\tau = 0$ zusammenfallen. Dementsprechend schreiben wir an Stelle von (12,11)

$$\hat{\Psi}^M_\alpha(\tau) = \hat{\sigma}^{-1}(\tau, 0)\, \hat{\Psi}^M_{0\alpha}(\tau)\, \hat{\sigma}(\tau, 0). \tag{38,4}$$

Wir setzen diesen Ausdruck in die Definition der GREENschen Funktion (37,3) ein; wenn wir, um konkret zu sein, $\tau_1 > \tau_2$ setzen, erhalten wir:

$$\mathcal{G}_{\alpha\beta}(\tau_1, \tau_2) =$$
$$-\mathrm{Sp}\,\{\hat{w}\hat{\sigma}^{-1}(\tau_1, 0)\,\hat{\Psi}^M_{0\alpha}(\tau_1)\,\hat{\sigma}(\tau_1, 0)\,\hat{\sigma}^{-1}(\tau_2, 0)\,\hat{\bar{\Psi}}^M_{0\beta}(\tau_2)\,\hat{\sigma}(\tau_2, 0)\}$$

(die Argumente $\boldsymbol{r}_1$, $\boldsymbol{r}_2$ schreiben wir der Kürze halber nicht auf). Beachten wir für $\tau_1 > \tau_2 > \tau_3$

$$\hat{\sigma}(\tau_1, \tau_3) = \hat{\sigma}(\tau_1, \tau_2)\,\hat{\sigma}(\tau_2, \tau_3),$$
$$\hat{\sigma}(\tau_2, \tau_1)\,\hat{\sigma}^{-1}(\tau_3, \tau_1) = \hat{\sigma}(\tau_2, \tau_3),$$

so können wir $\mathcal{G}$ in der Form

$$\mathcal{G}_{\alpha\beta}(\tau_1, \tau_2) =$$
$$-\mathrm{Sp}\left\{\hat{w}\hat{\sigma}^{-1}\left(\frac{1}{T}, 0\right)\left[\hat{\sigma}\left(\frac{1}{T}, \tau_1\right)\hat{\Psi}^M_{0\alpha}(\tau_1)\,\hat{\sigma}(\tau_1, \tau_2)\hat{\bar{\Psi}}^M_{0\beta}(\tau_2)\,\hat{\sigma}(\tau_2, 0)\right]\right\}$$

schreiben. Die Faktoren in den eckigen Klammern sind schon in der Anordnung wachsender Zeiten von rechts nach links geschrieben. Deshalb gilt

$$\mathcal{G}_{\alpha\beta}(\tau_1, \tau_2) = -\mathrm{Sp}\,\{\hat{w}\hat{\sigma}^{-1}[T_\tau \hat{\Psi}^M_{0\alpha}(\tau_1)\,\hat{\bar{\Psi}}^M_{0\beta}(\tau_2)\,\hat{\sigma}]\} \tag{38,5}$$

mit

$$\hat{\sigma} \equiv \hat{\sigma}\left(\frac{1}{T}, 0\right).$$

Man prüft leicht nach, daß dieser Ausdruck in derselben Form auch bei $\tau_1 < \tau_2$ gültig bleibt.

Zum Unterschied von (12,12) ist in (38,5) ein zusätzlicher (GIBBSscher) Faktor enthalten, und außerdem wird noch über die Zustände des Systems wechselwirkender Teilchen gemittelt. Wir zeigen, daß sich diese beiden Unterschiede „gegenseitig wegheben", dadurch bleibt die vollständige Analogie mit (12,14) erhalten. Zum Beweis benutzen wir die Formel

$$\mathrm{e}^{-\tau\hat{H}'} = \mathrm{e}^{-\tau\hat{H}_0'}\hat{\sigma}(\tau, 0), \tag{38,6}$$

die man erhält, wenn man (38,1) in (38,4) einsetzt und anschließend den so erhaltenen Ausdruck mit der Definition (37,1) für den Operator $\hat{\Psi}^M$ vergleicht. Dadurch können wir in (38,5)

$$\mathrm{e}^{-\hat{H}'/T}\hat{\sigma}^{-1}\left(\frac{1}{T}, 0\right) = \mathrm{e}^{-\hat{H}_0'/T}$$

setzen. Den Faktor $\mathrm{e}^{\Omega/T}$ ziehen wir unter dem Symbol Sp hervor, übertragen ihn von dem Zähler in den Nenner und schreiben

$$\mathrm{e}^{-\Omega/T} = \mathrm{Sp}\,\mathrm{e}^{-\hat{H}'/T} = \mathrm{Sp}\,\mathrm{e}^{-\hat{H}_0'/T}\,\hat{\sigma}\left(\frac{1}{T}, 0\right).$$

Schließlich multiplizieren wir Zähler und Nenner mit $\exp(\Omega_0/T)$ (dabei ist Ω_0 das thermodynamische Potential des idealen Gases bei den gleichen Werten von μ, T, V) und erhalten:

$$\mathcal{G}_{\alpha\beta}(\tau_1, \tau_2) = -\frac{1}{\langle\hat{\sigma}\rangle_0}\langle T_\tau \hat{\Psi}^M_{0\alpha}(\tau_1)\,\hat{\bar{\Psi}}^M_{0\beta}(\tau_2)\,\hat{\sigma}\rangle_0, \tag{38,7}$$

dabei wird über die Zustände des Systems wechselwirkungsfreier Teilchen gemittelt:

$$\langle \ldots \rangle_0 = \mathrm{Sp}\,\{\hat{w}_0 \ldots\}.$$

Die Analogie dieses Resultats mit (12,14) ist augenscheinlich.

Für den Übergang zu den Diagrammen der Störungstheorie entwickeln wir, wie im § 13, den Ausdruck (38,7) nach Potenzen des Wechselwirkungsoperators $\hat{V}_0(\tau)$. Für ein System mit Paarwechselwirkung zwischen den Teilchen unterscheidet sich dieser Operator von (13,2) nur dadurch, daß die HEISENBERGschen Operatoren $\hat{\Psi}_0$, $\hat{\Psi}_0^+$ durch die MATSUBARAschen Operatoren $\hat{\Psi}^M$, $\hat{\bar{\Psi}}^M$ ersetzt werden. Die Mittelwerte der Produkte von ψ-Operatoren werden wieder nach dem WICK-Theorem zerlegt (d. h. indem man alle möglichen paarweisen Kontraktionen von Operatoren bildet); daß dieses Theorem auf den makroskopischen Grenzfall angewendet werden darf, wird im vorliegenden Fall durch die gleichen Überlegungen wie im § 13 bewiesen.

Die so entstehenden Regeln für die Diagrammtechnik sind den Regeln völlig äquivalent, die im § 13 für die Technik bei $T = 0$ erhalten wurden. Die graphische Darstellung der Diagramme bleibt exakt die gleiche. Es ändern sich lediglich etwas die Regeln, nach denen die Diagramme analytisch zu lesen sind.

In der Koordinatendarstellung entspricht jeder ausgezogenen Linie, die von dem Punkt 2 zu dem Punkt 1 geht, der Faktor $-\mathcal{G}^{(0)}_{\alpha\beta}(\tau_1, \boldsymbol{r}_1; \tau_2, \boldsymbol{r}_2)$ (mit dem Vorzeichen $-$). Jeder gestrichelten Linie, die die Punkte 1 und 2 verbindet, entspricht der Faktor $-U(\boldsymbol{r}_1 - \boldsymbol{r}_2)\,\delta(\tau_1 - \tau_2)$. Über alle Variablen τ, $\boldsymbol{r}$ der inneren Punkte eines Diagramms wird über d^3x innerhalb des ganzen Raumes und über $\mathrm{d}\tau$ in den Grenzen von 0 bis $1/T$ integriert.

Für den Übergang zur Impulsdarstellung muß man alle Funktionen $\mathcal{G}^{(0)}$ in der Form (37,7) entwickeln. Nach der Integration über alle inneren Variablen $\boldsymbol{r}$ in allen Eckpunkten eines Diagramms entsteht eine δ-Funktion, die den Impulserhaltungssatz ausdrückt ($\Sigma \boldsymbol{p} = 0$). Außerdem entsteht in jedem Eckpunkt ein Integral der Form

$$T \int_0^{1/T} \exp\{-i\tau(\zeta_{s_1} + \zeta_{s_2} + \zeta_{s_3})\}\,\mathrm{d}\tau.$$

Dieses Integral ist (unter Berücksichtigung von (37,8)) nur dann von Null verschieden, wenn $\Sigma\zeta_s = 0$ ist, und in diesem Falle gleich 1. In jedem Eckpunkt ist also auch ein Erhaltungssatz für die diskreten Frequenzen erfüllt. Jeder ausgezogenen Linie entspricht jetzt ein Faktor $-\mathcal{G}^{(0)}_{\alpha\beta}(\zeta_s, \boldsymbol{p})$ (einer in sich geschlossenen ausgezogenen Linie entspricht wieder der Faktor $n^{(0)}(\mu, T)$ — die Dichte des idealen Gases bei gegebenen μ, T). Jeder gestrichelten Linie entspricht ein Faktor $-U(\boldsymbol{q})$. Über alle Impulse und Frequenzen, die (nach Beachtung der Erhaltungssätze in allen Eckpunkten) unbestimmt bleiben, wird gemäß

$$T \sum_{s=-\infty}^{\infty} \int \frac{\mathrm{d}^3p}{(2\pi)^3} \cdots$$

integriert und summiert. Der Koeffizient, mit dem ein Diagramm in $-\mathcal{G}_{\alpha\beta}$ eingeht, ist im Fall eines FERMI-Systems gleich $(-1)^L$, dabei ist L die Zahl der geschlossenen Züge von ausgezogenen Linien in dem Diagramm. Im Fall eines BOSE-Systems ist dieser Koeffizient gleich 1.

Es versteht sich, daß man auch bei dieser Technik (wie bei der Technik für $T = 0$) teilweise aufsummieren und verschiedene Diagramm„blöcke“ einführen kann. Man kann insbesondere die Vertexfunktion definieren, die durch die GREENsche Zweiteilchenfunktion ausgedrückt wird. Diese Vertexfunktion hängt mit der Funktion $\mathcal{G}$ durch eine zu (15,14) analoge DYSON-Gleichung zusammen. Wir werden diese Formeln hier nicht aufschreiben, ihre Ableitung ist der für die Technik bei $T = 0$ völlig äquivalent.

Beim Übergang zum Fall $T = 0$ werden die Summen über s in den MATSUBARA-Diagrammen in Integrale über ζ umgewandelt, und die MATSUBARA-Technik geht in eine Technik über, die stark an die im Kapitel II dargestellte übliche Technik erinnert. Der Unterschied besteht aber darin, daß bei reellen ζ die MATSUBARA-Funktionen mit den Werten von G^R und G^A auf den entsprechenden Halbachsen der imaginären Achse übereinstimmen (s. (37,12a, b)). Für den Übergang zur üblichen Technik bei $T = 0$ muß man noch den Integrationsweg so drehen, daß er mit der reellen ω-Achse zusammenfällt.

V DIE SUPRALEITFÄHIGKEIT

§ 39. Das superfluide FERMI-Gas. Das Energiespektrum

Die ganze im Kapitel I dargestellte LANDAUsche Theorie bezieht sich nur auf eine Kategorie der FERMI-Flüssigkeiten — auf Flüssigkeiten mit einem Energiespektrum, das nicht zur Superfluidität führt. Dieser Typ von Spektren ist nicht die einzige Möglichkeit für eine Quanten-FERMI-Flüssigkeit, und wir gehen nun dazu über, FERMI-Systeme mit Spektren eines anderen Typs zu untersuchen. Den Ursprung dieses Spektrentyps und seine grundlegenden Eigenschaften kann man auf anschauliche Weise an einem einfachen Modell erklären, welches eine vollständige theoretische Untersuchung erlaubt — an dem entarteten, fast idealen FERMI-Gas mit Anziehung zwischen den Teilchen.[1])

Das schwach nichtideale FERMI-Gas mit Abstoßung zwischen den Teilchen wurde im § 6 betrachtet. Auf den ersten Blick sind die dort durchgeführten Berechnungen im gleichen Maße sowohl für den Fall der Abstoßung als auch für den Fall der Anziehung zwischen den Teilchen gültig, d. h. sowohl bei positiver als auch bei negativer Streulänge a. In Wirklichkeit ist aber im Fall der Anziehung ($a < 0$) der so gefundene Grundzustand des Systems instabil in bezug auf eine bestimmte Umordnung, die seinen Charakter ändert und seine Energie herabsetzt.

Die physikalische Natur dieser Instabilität besteht darin, daß die Teilchen nach einer „Paarung" streben: nach der Bildung gebundener Zustände von Teilchenpaaren, die sich (im $\boldsymbol{p}$-Raum) in der Nähe der FERMI-Fläche befinden und betragsmäßig gleiche, entgegengesetzt gerichtete Impulse sowie antiparallele Spins besitzen — das ist der sogenannte COOPER-*Effekt* (L. N. COOPER, 1957). Es ist bemerkenswert, daß dieser Effekt in einem FERMI-Gas schon bei einer beliebig schwachen Anziehung zwischen den Teilchen entsteht.

Gerade wegen dieses Effektes kann das in dem Problem des FERMI-Gases mit Abstoßung benutzte System von Operatoren $\hat{a}_{\boldsymbol{p}\alpha}$, $\hat{a}^+_{\boldsymbol{p}\alpha}$, die den freien Zuständen der einzelnen Gasteilchen entsprechen, jetzt nicht als richtige Ausgangsnäherung für die Störungstheorie benutzt werden.[2]) An ihrer Stelle muß man von vornherein neue Operatoren einführen, die wir in der Form der Linearkombinationen

$$\begin{aligned} \hat{b}_{\boldsymbol{p}-} &= u_p \hat{a}_{\boldsymbol{p}-} + v_p \hat{a}^+_{-\boldsymbol{p},+}, \\ \hat{b}_{\boldsymbol{p}+} &= u_p \hat{a}_{\boldsymbol{p}+} - v_p \hat{a}^+_{-\boldsymbol{p},-} \end{aligned} \tag{39,1}$$

---

[1]) Dieses Problem liegt der Theorie der Supraleitfähigkeit zugrunde, die von J. BARDEEN, L. N. COOPER und J. R. SCHRIEFFER (1957) entwickelt wurde. Die unten dargelegte Methode zur Lösung des Problems stammt von N. N. BOGOLJUBOW (1958).

[2]) Den Hinweis auf die Nichtanwendbarkeit der Störungstheorie (in der im § 6 benutzten Form) auf Teilchenpaare mit Spinprojektionen $\pm 1/2$ und mit Impulsen $\boldsymbol{p}_2 \approx -\boldsymbol{p}_1$ gibt schon die Singularität bei $\theta = \pi$, die der mit Hilfe dieser Theorie erhaltene Ausdruck für die Wechselwirkungsfunktion der Quasiteilchen (6,16) besitzt; diese Singularität existiert nur bei antiparallelen Spins, dem entspricht der Eigenwert (-3) des Operators $\boldsymbol{\sigma}_1\boldsymbol{\sigma}_2$.

suchen wollen. Diese Kombinationen verknüpfen Operatoren von Teilchen mit entgegengesetzten Impulsen und Spins (die Indizes + und − beziehen sich auf die zwei Werte der Spinprojektion); wegen der Isotropie des Gases können die Koeffizienten u_p, v_p nur von dem Betrag des Impulses p abhängen. Damit diese neuen Operatoren der Erzeugung und Vernichtung von Quasiteilchen entsprechen, müssen sie den gleichen FERMI-Vertauschungsregeln wie die alten Operatoren genügen:

$$\hat{b}_{p\alpha}\hat{b}^+_{p\alpha} + \hat{b}^+_{p\alpha}\hat{b}_{p\alpha} = 1, \tag{39,2}$$

und alle anderen Paare von Operatoren sind antikommutativ (der Index α numeriert die beiden Werte der Spinprojektion). Dazu müssen die Transformationskoeffizienten der Bedingung

$$u_p^2 + v_p^2 = 1 \tag{39,3}$$

genügen (u_p; v_p können durch eine entsprechende Wahl des Phasenfaktors reell gemacht werden). Dabei hat die Umkehrtransformation (in bezug auf (39,1)) die Form

$$\begin{aligned} \hat{a}_{p+} &= u_p\hat{b}_{p+} + v_p\hat{b}^+_{-p,-}, \\ \hat{a}_{p-} &= u_p\hat{b}_{p-} - v_p\hat{b}^+_{-p,+}. \end{aligned} \tag{39,4}$$

Aus den gleichen Gründen (entscheidende Rolle der Wechselwirkung zwischen Paaren von Teilchen mit antiparallelen Impulsen und Spins) behalten wir im HAMILTON-Operator (6,7) in der zweiten Summe nur die Glieder bei, in denen $p_1 = -p_2 \equiv p$, $p_1' = -p_2' \equiv p'$ ist:

$$\hat{H} = \sum_{p\alpha} \frac{p^2}{2m}\hat{a}^+_{p\alpha}\hat{a}_{p\alpha} - \frac{g}{V}\sum_{pp'} \hat{a}^+_{p'+}\hat{a}^+_{-p',-}\hat{a}_{-p,-}\hat{a}_{p+}. \tag{39,5}$$

Dabei ist wieder die „Kopplungskonstante" $g = 4\pi\hbar^2|a|/m$ eingeführt (die Streulänge ist negativ, $a < 0$).

In den weiteren Rechnungen wird man zweckmäßig die schon im § 7 beschriebene Methode benutzen, die es erlaubt, sich von der Notwendigkeit der expliziten Konstanthaltung der Teilchenzahl zu befreien: als neuer HAMILTON-Operator wird die Differenz $\hat{H}' = \hat{H} - \mu\hat{N}$ eingeführt, dabei ist

$$\hat{N} = \sum_{p\alpha} \hat{a}^+_{p\alpha}\hat{a}_{p\alpha}$$

der Operator der Teilchenzahl; das chemische Potential ist dann im Prinzip durch die Bedingung bestimmt, daß der Mittelwert $\overline{N}$ gleich der vorgegebenen Teilchenzahl im System ist.

Wir führen auch die Bezeichnung

$$\eta_p = \frac{p^2}{2m} - \mu \tag{39,6}$$

ein. Wegen $\mu \approx p_F^2/2m$ gilt in der Nähe der FERMI-Fläche

$$\eta_p = v_F(p - p_F) \tag{39,7}$$

mit $v_F = p_F/m$. Wir ziehen $\mu\hat{N}$ von dem Ausdruck (39,5) ab und schreiben den Ausgangs-HAMILTON-Operator in der Form

$$\hat{H}' = \sum_{p\alpha} \eta_p\hat{a}^+_{p\alpha}\hat{a}_{p\alpha} - \frac{g}{V}\sum_{pp'} \hat{a}^+_{p'+}\hat{a}^+_{-p',-}\hat{a}_{-p,-}\hat{a}_{p+}. \tag{39,8}$$

In diesem HAMILTON-Operator führen wir die Transformation (39,4) aus. Wenn wir die Beziehungen (39,2–3) und die Möglichkeit benutzen, den Summationsindex $\boldsymbol{p}$ durch $-\boldsymbol{p}$ zu ersetzen, erhalten wir

$$\hat{H}' = 2\sum_{p}\eta_p v_p^2 + \sum_{p}\eta_p(u_p^2 - v_p^2)\,(\hat{b}_{p+}^{+}\hat{b}_{p+} + \hat{b}_{p-}^{+}\hat{b}_{p-})$$

$$+ 2\sum_{p}\eta_p u_p v_p(\hat{b}_{p+}^{+}\hat{b}_{-p,-}^{+} + \hat{b}_{-p,-}\hat{b}_{p+}) - \frac{g}{V}\sum_{pp'}\hat{B}_{p'}^{+}\hat{B}_{p}, \tag{39,9}$$

$$\hat{B}_p = u_p^2\hat{b}_{-p,-}\hat{b}_{p+} - v_p^2\hat{b}_{p+}^{+}\hat{b}_{-p,-}^{+} + v_p u_p(\hat{b}_{-p,-}\hat{b}_{-p,-}^{+} - \hat{b}_{p+}^{+}\hat{b}_{p+}).$$

Die Koeffizienten u_p, v_p bestimmen wir jetzt mit Hilfe der Bedingung, daß die Energie E des Systems bei gegebener Entropie minimal sein soll. Die letztere ist durch den kombinatorischen Ausdruck

$$S = -\sum_{p\alpha}[n_{p\alpha}\ln n_{p\alpha} + (1 - n_{p\alpha})\ln(1 - n_{p\alpha})]$$

definiert. Deshalb ist die angegebene Bedingung äquivalent zu der, daß die Energie bei gegebenen Besetzungszahlen der Quasiteilchen $n_{p\alpha}$ ein Minimum annehmen soll.

In dem HAMILTON-Operator (39,9) haben die diagonalen Matrixelemente nur Glieder, die die Produkte

$$\hat{b}_{p\alpha}^{+}\hat{b}_{p\alpha} = n_{p\alpha}, \quad \hat{b}_{p\alpha}\hat{b}_{p\alpha}^{+} = 1 - n_{p\alpha}$$

enthalten. Deshalb finden wir

$$E = 2\sum_{p}\eta_p v_p^2 + \sum_{p}\eta_p(u_p^2 - v_p^2)\,(n_{p+} + n_{p-})$$

$$- \frac{g}{V}\left[\sum_{p}u_p v_p(1 - n_{p+} - n_{p-})\right]^2. \tag{39,10}$$

Wenn wir diesen Ausdruck nach den Parametern u_p variieren (und dabei den Zusammenhang (39,3) beachten), erhalten wir als Bedingung für das Minimum

$$\frac{\delta E}{\delta u_p} = -\frac{2}{v_p}(1 - n_{p+} - n_{p-})$$

$$\left[2\eta_p u_p v_p - \frac{g}{V}(u_p^2 - v_p^2)\sum_{p'}u_{p'}v_{p'}(1 - n_{p'+} - n_{p'-})\right] = 0.$$

Hieraus finden wir die Gleichung

$$2\eta_p u_p v_p = \Delta(u_p^2 - v_p^2). \tag{39,11}$$

Dabei bezeichnet Δ die Summe

$$\Delta = \frac{g}{V}\sum_{p}u_p v_p(1 - n_{p+} - n_{p-}). \tag{39,12}$$

Mit (39,11) und (39,3) drücken wir u_p, v_p durch η_p und Δ aus:

$$\left.\begin{matrix} u_p^2 \\ v_p^2 \end{matrix}\right\} = \frac{1}{2}\left(1 \pm \frac{\eta_p}{\sqrt{\Delta^2 + \eta_p^2}}\right). \tag{39,13}$$

Wenn wir diese Werte in (39,12) einsetzen, erhalten wir eine Gleichung, die Δ bestimmt:

$$\frac{g}{2V}\sum_{p}\frac{1-n_{p+}-n_{p-}}{\sqrt{\Delta^2+\eta_p^2}}=1.$$

Im Gleichgewicht hängen die Besetzungszahlen der Quasiteilchen von der Spinrichtung nicht ab, sie sind durch die Formel für die FERMI-Verteilung gegeben (mit verschwindendem chemischen Potential — vgl. Fußnote 2 auf S. 7):

$$n_{p+}=n_{p-}\equiv n_p=[e^{\varepsilon/T}+1]^{-1}. \tag{39,14}$$

Wir gehen von der Summation zur Integration über den $\boldsymbol{p}$-Raum über und schreiben diese Gleichung als

$$\frac{g}{2}\int\frac{1-2n_p}{\sqrt{\Delta^2+\eta_p^2}}\frac{d^3p}{(2\pi\hbar)^3}=1. \tag{39,15}$$

Wir wenden uns nun der Untersuchung der erhaltenen Beziehungen zu. Wir sehen, daß die Größe Δ in der Theorie der Spektren des betrachteten Typs eine wesentliche Rolle spielt. Zunächst berechnen wir den Wert dieser Größe bei $T=0$ (wir bezeichnen ihn mit Δ_0).

Bei $T=0$ fehlen die Quasiteilchen, so daß $n_p=0$ ist, und die Gleichung (39,15) nimmt die Form

$$\frac{g}{2(2\pi\hbar)^3}\int\frac{4\pi p^2\,dp}{\sqrt{\Delta_0^2+\eta_p^2}}=1 \tag{39,16}$$

an. Wir bemerken sofort, daß diese Gleichung offensichtlich bei $g<0$, d.h. im Fall der Abstoßung, keine Lösung (für Δ_0) haben könnte (die Vorzeichen der beiden Seiten der Gleichung wären unterschiedlich).

Den wesentlichen Beitrag zum Integral in (39,16) liefert das Gebiet der Impulse, in dem $\Delta_0 \ll v_F\,|p_F-p| \ll v_F p_F \sim \mu$ ist, und das Integral hat logarithmischen Charakter (daß Δ_0 klein gegenüber μ ist, wird durch das Resultat bestätigt). Wir schneiden das logarithmische Integral bei irgendeinem $\eta=\tilde{\varepsilon}\sim\mu$ ab und erhalten:[1]

$$\int\frac{p^2\,dp}{[\Delta_0^2+v_F^2(p_F-p)^2]^{1/2}}\approx\frac{p_F^2}{v_F}\int\frac{d\eta}{(\Delta_0^2+\eta^2)^{1/2}}\approx\frac{2p_F^2}{v_F}\ln\frac{\tilde{\varepsilon}}{\Delta_0}.$$

Damit finden wir

$$\frac{gmp_F}{2\pi^2\hbar^3}\ln\frac{\tilde{\varepsilon}}{\Delta_0}=1 \tag{39,17}$$

und hieraus

$$\Delta_0=\tilde{\varepsilon}\exp\left(-\frac{2\pi^2\hbar^3}{gmp_F}\right)=\tilde{\varepsilon}\exp\left(-\frac{\pi\hbar}{2p_F\,|a|}\right). \tag{39,18}$$

---

[1]) Bei $p \gg p_F$ gilt $\eta_p \propto p^2$, und das Integral (39,16) divergiert in der aufgeschriebenen Form wie p. Diese Divergenz ist aber fiktiv und wird durch eine Renormierung des Zusammenhangs zwischen der Konstanten g (d.h. der Streulänge a) und dem Wechselwirkungspotential beseitigt, analog dazu, wie das im § 6 und im § 25 getan wurde. Eine konsequente Durchführung dieser ziemlich komplizierten Rechnung gibt die Möglichkeit, auch den Proportionalitätskoeffizienten zwischen dem Abschneideparameter $\tilde{\varepsilon}$ und dem chemischen Potential μ zu bestimmen: $\tilde{\varepsilon}=(2/e)^{7/3}\,\mu=0{,}49\mu$ (s. L. P. GORKOW, T. K. MELIK-BARCHUDAROW, Ž. eksper. teoret. fiz. **40**, 1452 (1961)).

Dieser Ausdruck kann auch in der Form

$$\Delta_0 = \tilde{\varepsilon} \exp(-2/g\nu_F) \tag{39,19}$$

geschrieben werden, dabei ist $\nu_F = mp_F/\pi^2\hbar^3$ die Zustandsdichte der Teilchen auf der FERMI-Fläche ($\nu\, d\varepsilon$ ist die Zahl der Zustände in dem Energieintervall $d\varepsilon$).

Das Hauptinteresse gilt der Form des Energiespektrums des Systems — der Energie der Elementaranregungen $\varepsilon_{p+} = \varepsilon_{p-} \equiv \varepsilon(p)$. Wir finden sie aus der Energieänderung des ganzen Systems bei einer Änderung der Besetzungszahlen der Quasiteilchen, d. h. wenn man E aus (39,10) nach $n_{p\alpha}$ variiert. Weil die Werte u_p, v_p schon aus der Bedingung für das Verschwinden der Ableitung von E nach ihnen gewählt wurden, kann man die Variation von E nach $n_{p\alpha}$ bei konstanten u_p, v_p ausführen. Es ist also

$$\varepsilon = \left(\frac{\delta E}{\delta n_{p\alpha}}\right)_{u_p v_p}.$$

Die Berechnung der Ableitung unter Benutzung von (39,11—13) führt auf das einfache Ergebnis

$$\varepsilon(p) = \sqrt{\Delta^2 + \eta_p^2}. \tag{39,20}$$

Wir sehen, daß die Quasiteilchenenergie nicht kleiner als Δ sein kann, dieser Wert wird bei $p = p_F$ erreicht. Mit anderen Worten ausgedrückt, die angeregten Zustände des Systems sind vom Grundzustand durch eine Energielücke getrennt. Da die Quasiteilchen halbzahligen Spin haben, müssen sie paarweise auftreten. In diesem Sinne kann man sagen, daß der Betrag der Lücke gleich 2Δ ist. Wir weisen darauf hin, daß diese Größe exponentiell klein ist: weil $p_F|a|/\hbar \ll 1$ ist, so ist Δ_0 exponentiell klein gegenüber μ. Wir bemerken auch, daß der Ausdruck (39,18) nicht nach Potenzen des kleinen Parameters — der Kopplungskonstanten g — entwickelt werden kann; die letztere geht in den Nenner des Exponenten ein, so daß der Wert $g = 0$ ein wesentlich singulärer Punkt der Funktion $\Delta_0(g)$ ist.

Das Spektrum (39,20) genügt der im § 23 aufgestellten Bedingung für die Superfluidität: der minimale Wert von ε/p ist von Null verschieden. Deshalb muß ein FERMI-Gas mit Anziehung zwischen den Teilchen die Eigenschaft der Superfluidität besitzen.

In Abb. 5 sind die Dispersionsgesetze der Quasiteilchen in einem superfluiden (obere Kurve) und in einem normalen FERMI-System verglichen. In dem letzteren wird dieses Gesetz (in Übereinstimmung mit der Behandlung am Ende des § 1) durch die beiden Geraden $\varepsilon = v_F\,|p - p_F|$ dargestellt.

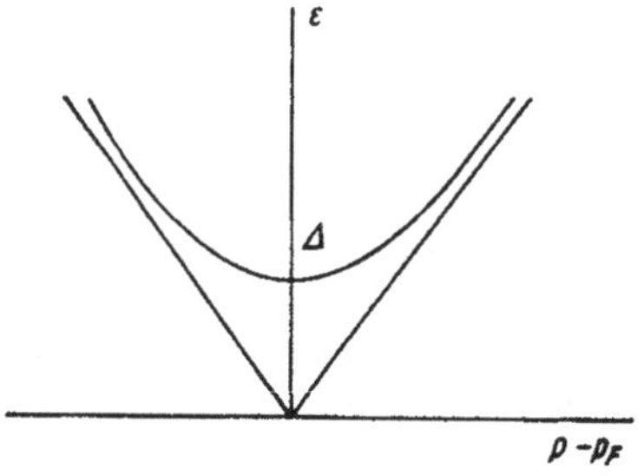

Abb. 5

Die Größe der Lücke Δ hängt von der Temperatur ab, d. h. die Form des Spektrums selbst hängt von der statistischen Verteilung der Quasiteilchen ab — die Situation ist analog zu dem was für eine FERMI-Flüssigkeit des Normaltyps gilt. Weil mit steigender Temperatur die Besetzungszahlen der Quasiteilchen zunehmen (sie streben gegen 1), so sieht man schon an der Gleichung (39,15), daß Δ dabei abnimmt und bei irgendeiner endlichen Temperatur T_c verschwindet: das System geht aus dem superfluiden Zustand in den Normalzustand über. Das ist ein Punkt für einen Phasenübergang zweiter Art (ähnlich dem λ-Übergang in der superfluiden BOSE-Flüssigkeit).

Die Existenz der Energielücke im Spektrum eines entarteten FERMI-Gases ist auch ein Ausdruck des „Paarungs"-Effektes, von dem zu Beginn des Paragraphen gesprochen wurde. Die Größe 2Δ kann man als Bindungsenergie eines COOPER-Paares betrachten, die man bei seiner Trennung aufwenden muß.

Der HAMILTON-Operator (39,5) berücksichtigt (wie schon im § 6 bemerkt wurde) die Wechselwirkung allein zwischen Teilchenpaaren, die sich in einem Singulett-s-Zustand befinden: der Bahndrehimpuls bezüglich der Relativbewegung der Teilchen ist Null, und ihre Spins sind antiparallel. Indem die Paare einen verschwindenden Gesamtspin haben, verhalten sie sich wie BOSE-Gebilde und können sich in endlicher Anzahl in dem Niveau mit der geringsten Energie (ihrer resultierenden Bewegung) ansammeln — im Niveau mit verschwindendem Gesamtimpuls. In dieser anschaulichen Deutung ist diese Erscheinung völlig analog der Ansammlung von Teilchen im Zustand mit verschwindender Energie (der BOSE-EINSTEIN-Kondensation) in einem BOSE-Gas; im gegebenen Fall ist das Kondensat die Gesamtheit der gepaarten Teilchen.

Der Vorstellung von den gebundenen Paaren sollte man aber keinen allzu buchstäblichen Sinn geben. Man muß exakter von der Korrelation zwischen den Zuständen eines Teilchenpaares im $\boldsymbol{p}$-Raum sprechen, die zu einer endlichen Wahrscheinlichkeit dafür führt, daß die Summe der Teilchenimpulse gleich Null ist. Die Streuung δp der Impulswerte im Korrelationsgebiet entspricht einer Energie von der Größenordnung Δ, d. h. $\delta p \sim \Delta/v_F$. Die entsprechende Länge $\xi \sim \hbar/\delta p \sim \hbar v_F/\Delta$ bestimmt die Größenordnung der Abstände zwischen den Teilchen mit korrelierten Impulsen. Bei $T = 0$ ist diese Länge (man nennt sie *Kohärenzlänge*) gleich

$$\xi_0 \sim \frac{\hbar v_F}{\Delta_0} \sim \frac{\hbar}{p_F} \exp\left(\frac{\pi\hbar}{2p_F|a|}\right). \tag{39,21}$$

Weil in einem entarteten FERMI-Gas $\hbar/p_F$ der Größenordnung nach mit den zwischenatomaren Abständen übereinstimmt, so sehen wir, daß ξ_0 sehr groß im Vergleich zu den letzteren ist. Dieser Umstand demonstriert besonders anschaulich, daß der Begriff der gebundenen Paare nur bedingt richtig ist.

Der Ursprung des COOPER-Effektes hängt eng mit der Existenz der FERMI-Fläche zusammen, die (im $\boldsymbol{p}$-Raum) das endliche Gebiet der (bei $T = 0$) besetzten Zustände eingrenzt; ein wichtiger Umstand besteht darin, daß die Zustandsdichte auf der FERMI-Fläche von Null verschieden ist. Dieser Zusammenhang zeigt sich in der Formel (39,19) für die Lücke Δ_0, die bei $v_F \to 0$ gegen Null geht.

§ 40. Das superfluide FERMI-Gas. Thermodynamische Eigenschaften

Die Untersuchung der thermodynamischen Eigenschaften des superfluiden FERMI-Gases beginnen wir mit der Berechnung der Temperaturabhängigkeit der Energielücke.

Wenn wir die Gleichung (39,15) in der Form

$$-1 + \frac{g}{2}\int \frac{d^3p}{\varepsilon(2\pi\hbar)^3} = g\int \frac{n_p\, d^3p}{\varepsilon(2\pi\hbar)^3}$$

schreiben, bemerken wir, daß das Integral auf der linken Seite sich von dem Integral bei $T = 0$ nur dadurch unterscheidet, daß Δ_0 durch Δ ersetzt ist. Bei Berücksichtigung von (39,17) sehen wir daher, daß die linke Seite gleich $(gp_F m/2\pi^2\hbar^3)\ln(\Delta_0/\Delta)$ ist. Auf der rechten Seite setzen wir n_p aus (39,14) ein und gehen zur Integration über $dp = d\eta/v_F$ über:

$$\ln\frac{\Delta_0}{\Delta} = \int_{-\infty}^{\infty} \frac{d\eta}{\varepsilon(e^{\varepsilon/T}+1)} \equiv 2I\left(\frac{\Delta}{T}\right) \tag{40,1}$$

mit

$$I(u) = \int_0^{\infty} \frac{dx}{\sqrt{x^2+u^2}\,(\exp\sqrt{x^2+u^2}+1)}$$

(wegen der schnellen Konvergenz des Integrales können die Integrationsgrenzen auf $\pm\infty$ ausgedehnt werden).

Im Gebiet tiefer Temperaturen ($T \ll \Delta_0$) ist das Integral leicht zu berechnen, und man erhält:[1])

$$\Delta = \Delta_0\left[1 - \sqrt{\frac{2\pi T}{\Delta_0}}\, e^{-\Delta_0/T}\right]. \tag{40,2}$$

Im Gebiet nahe des Übergangspunktes ist Δ klein, und die ersten Glieder der Entwicklung des Integrales $I(\Delta/T)$ geben:[2])

$$\ln\frac{\Delta_0}{\Delta} = \ln\frac{\pi T}{\gamma\Delta} + \frac{7\zeta(3)}{8\pi^2}\frac{\Delta^2}{T^2}. \tag{40,3}$$

---

[1]) Bei großen u ist das erste Glied der Entwicklung von $I(u)$ nach $1/u$ gleich

$$I(u) \approx \int_0^{\infty} \frac{dx}{u}\exp\left[-u\left(1+\frac{x^2}{2u^2}\right)\right] = \left(\frac{\pi}{2u}\right)^{1/2} e^{-u}.$$

[2]) Zur Entwicklung des Integrales $I(u)$ bei $u \to 0$ fügen wir das Integral

$$I_1 = \frac{1}{2}\int_0^{\infty}\left(\frac{1}{\sqrt{x^2+u^2}} - \frac{1}{x}\tanh\frac{x}{2}\right)dx$$

hinzu und ziehen es wieder ab. Dann ist $I = I_1 + I_2$ mit

$$I_2 = \frac{1}{2}\int_0^{\infty}\left(\frac{1}{x}\tanh\frac{x}{2} - \frac{1}{\sqrt{x^2+u^2}}\tanh\frac{\sqrt{x^2+u^2}}{2}\right)dx.$$

In I_1 ist das erste Glied im Integranden elementar integrierbar, das zweite Glied integrieren wir partiell und finden

$$2I_1 = -\ln\frac{u}{2} + \frac{1}{2}\int_0^{\infty}\frac{\ln x}{\cosh^2(x/2)}dx.$$

(Fortsetzung s. S. 161)

Hieraus sieht man vor allem, daß Δ bei der Temperatur

$$T_c = \gamma\, \Delta_0/\pi = 0{,}57\Delta_0 \tag{40,4}$$

verschwindet, die klein gegenüber der Entartungstemperatur $T_0 \sim \mu$ ist. In der ersten Ordnung in bezug auf $T_c - T$ erhalten wir

$$\Delta = T_c \left[\frac{8\pi^2}{7\zeta(3)}\left(1 - \frac{T}{T_c}\right)\right]^{1/2} = 3{,}06 T_c \sqrt{1 - \frac{T}{T_c}}. \tag{40,5}$$

Nun müssen wir die thermodynamischen Größen des Gases berechnen. Betrachten wir zuerst das Gebiet tiefer Temperaturen.

Zur Berechnung der Wärmekapazität in diesem Gebiet ist es am einfachsten, von der Formel

$$\delta E = \sum_p \varepsilon(\delta n_{p+} + \delta n_{p-}) = 2 \sum_p \varepsilon\, \delta n_p$$

für die Änderung der Gesamtenergie bei einer Variation der Besetzungszahlen der Quasiteilchen auszugehen. Wenn wir durch δT teilen und von der Summation zur Integration übergehen, erhalten wir die Wärmekapazität

$$C = V \frac{m p_F}{\pi^2 \hbar^3} \int_{-\infty}^{\infty} \varepsilon \frac{\partial n}{\partial T}\, \mathrm{d}\eta.$$

Bei $T \ll \Delta$ ist die Verteilungsfunktion der Quasiteilchen $n \approx \exp(-\varepsilon/T)$, und ihre Energie ist $\varepsilon \approx \Delta_0 + \eta^2/2\Delta_0$; eine einfache Integration führt auf das Ergebnis

$$C = V \frac{\sqrt{2}\, m p_F \Delta_0^{5/2}}{\pi^{3/2} \hbar^3 T^{3/2}}\, \mathrm{e}^{-\Delta_0/T}. \tag{40,6}$$

Bei $T \to 0$ fällt also die Wärmekapazität nach einem Exponentialgesetz ab — eine direkte Folge der Existenz der Lücke im Energiespektrum.

Für die weiteren Rechnungen ist es zweckmäßig, vom thermodynamischen Potential Ω auszugehen, weil die ganze Betrachtung von uns bei gegebenem chemischen Potential

---

Das hier stehende Integral ist gleich $2 \ln(\pi/2\gamma)$ (dabei ist $\ln \gamma = C = 0{,}577$ die EULERsche Konstante), so daß $2I_1 = \ln(\pi/\gamma u)$ ist.

Das Integral I_2 verschwindet bei $u = 0$. Das erste Glied seiner Entwicklung nach u^2 ist

$$I_2 = -\frac{u^2}{4} \int_0^{\infty} \frac{\mathrm{d}x}{x}\left(\frac{1}{x} \tanh\frac{x}{2}\right)'.$$

Wenn wir hier die Entwicklung

$$\tanh\frac{x}{2} = 4x \sum_{n=0}^{\infty} [\pi^2 (2n+1)^2 + x^2]^{-1}$$

(ihre Ableitung s. Fußnote auf S. 172) einsetzen, erhalten wir

$$2I_2 = 4u^2 \sum_{n=0}^{\infty} \int_0^{\infty} \frac{\mathrm{d}x}{[(2n+1)^2 \pi^2 + x^2]^2} = \frac{u^2}{\pi^2} \sum_{n=0}^{\infty} (2n+1)^{-3} = u^2 \frac{7\zeta(3)}{8\pi^2}.$$

des Systems durchgeführt wird (und nicht bei gegebener Teilchenzahl)[1]). Wir benutzen die Formel

$$\left(\frac{\partial \Omega}{\partial \lambda}\right)_{T,V,\mu} = \left\langle\frac{\partial \hat{H}}{\partial \lambda}\right\rangle, \tag{40,7}$$

wobei λ irgendein Parameter ist, der das System charakterisiert (s. V, (11,4), (15,11)); im gegebenen Fall wählen wir die Kopplungskonstante g, die im zweiten Glied des HAMILTON-Operators (39,8) auftritt, als solch einen Parameter. Der Mittelwert dieses Gliedes wird durch den letzten Summanden in der Formel (39,10) gegeben, der nach (39,12) gleich $-V\Delta^2/g \propto g$ ist. Deshalb haben wir

$$\frac{\partial \Omega}{\partial g} = -\frac{V\Delta^2}{g^2}.$$

Bei $g \to 0$ strebt die Energielücke Δ gegen Null. Wenn wir diese Gleichung über dg in den Grenzen von 0 bis g integrieren, finden wir deshalb die Differenz zwischen dem thermodynamischen Potential Ω im superfluiden Zustand und dem Wert, den es im Normalzustand ($\Delta = 0$) bei der gleichen Temperatur haben würde:[2])

$$\Omega_s - \Omega_n = -V\int_0^g \frac{\Delta^2}{g^2}\,\mathrm{d}g. \tag{40,8}$$

Nach dem allgemeinen Theorem der kleinen Zusatzglieder (s. V, (24,16)) ist die Korrektur (40,8), ausgedrückt in den entsprechenden Variablen, für alle thermodynamischen Potentiale gleich.

Am absoluten Nullpunkt ist $\Delta = \Delta_0$, und nach (39,18) finden wir

$$\frac{\mathrm{d}\Delta_0}{\mathrm{d}g} = \frac{2\pi^2\hbar^3\,\Delta_0}{m p_F g^2}.$$

Wenn wir in (40,8) von der Integration über dg zur Integration über dΔ_0 übergehen, finden wir folgenden Ausdruck für die Differenz der Energien der Grundniveaus des superfluiden und des normalen Systems:

$$E_s - E_n = -V\frac{m p_F}{4\pi^2\hbar^3}\Delta_0^2. \tag{40,9}$$

Das negative Vorzeichen dieser Differenz kennzeichnet die zu Beginn des Paragraphen erwähnte Instabilität des „normalen" Grundzustandes im Fall der Anziehung zwischen

[1]) Man darf das chemische Potential des Gases als solches nicht mit dem (verschwindenden) chemischen Potential des Gases der Quasiteilchen verwechseln!

[2]) Hier ist es notwendig, eine Bemerkung zu machen, die mit den von uns zu Beginn des Paragraphen getroffenen Vernachlässigungen zusammenhängt. Bei $g = 0$ verbleibt im HAMILTON-Operator (39,8) überhaupt keine Wechselwirkung zwischen den Teilchen, und man könnte denken, daß wir zu einem idealen FERMI-Gas kämen und nicht zu einem „normalen" nichtidealen Gas. In Wirklichkeit wurden aber im HAMILTON-Operator (39,8) schon Vernachlässigungen gemacht, nach denen von der Berechnung der absoluten Größe der Energie nicht mehr die Rede sein kann. Es wurden Wechselwirkungsglieder weggelassen (unwesentliche für die Bestimmung der Form des Spektrums und der Differenz $\Omega_s - \Omega_n$), die einen im Vergleich zu der exponentiell kleinen Größe (40,8) großen Beitrag zur Energie geben (das ist gerade der Beitrag proportional zu Ng, der durch die Formel (6,13) gegeben ist).

den Gasteilchen. Die auf ein Teilchen bezogene Differenz (40,9) ist eine Größe von der Ordnung $\sim\Delta^2/\mu$.

Wir gehen nun zum umgekehrten Fall $T \to T_c$ über. Durch Differentiation der Gleichung (40,3) nach g finden wir

$$\frac{7\zeta(3)}{4\pi^2 T^2}\Delta\,\mathrm{d}\Delta = \frac{\mathrm{d}\Delta_0}{\Delta_0} = \frac{2\pi^2\hbar^3}{mp_F}\frac{\mathrm{d}g}{g^2}.$$

Wir setzen hieraus $\mathrm{d}g/g^2$ in die Formel (40,8) ein, die wir als Differenz der freien Energien auffassen:

$$F_s - F_n = -V\frac{7\zeta(3)\,mp_F}{8\pi^4\hbar^3 T^2}\int_0^{\Delta}\Delta^3\,\mathrm{d}\Delta.$$

Schließlich finden wir unter Beachtung von (40,5)

$$F_s - F_n = -V\frac{2mp_F T_c^2}{7\zeta(3)\,\hbar^3}\left(1-\frac{T}{T_c}\right)^2. \tag{40,10}$$

Hieraus folgt für die Entropiedifferenz

$$S_s - S_n = -V\frac{4mp_F T_c}{7\zeta(3)\,\hbar^3}\left(1-\frac{T}{T_c}\right).$$

Die Differenz der Wärmekapazitäten strebt bei $T \to T_c$ gegen einen endlichen Wert

$$C_s - C_n = V\frac{4mp_F T_c}{7\zeta(3)\,\hbar^3}, \tag{40,11}$$

d.h. im Übergangspunkt erleidet die Wärmekapazität einen Sprung, wobei $C_s > C_n$ ist. Die Wärmekapazität des Normalzustandes wird (in der ersten Näherung) durch die Formel für das ideale Gas (s. V, (58,6)) gegeben; durch p_F ausgedrückt, hat sie die Form $C_n = Vmp_F T/3\hbar^3$. Deshalb ist das Verhältnis der Wärmekapazitäten im Übergangspunkt gleich

$$\frac{C_s(T_c)}{C_n(T_c)} = \frac{12}{7\zeta(3)} + 1 = 2{,}43. \tag{40,12}$$

Bezüglich der Superfluidität wird das Gas dadurch charakterisiert, daß seine Dichte ϱ in einen normalen und einen superfluiden Teil aufgetrennt wird. Gemäß (23,6) ist der normale Teil der Dichte

$$\varrho_n = -\frac{8\pi}{3(2\pi\hbar)^3}\int p^4\frac{\mathrm{d}n}{\mathrm{d}\varepsilon}\,\mathrm{d}p \approx -\frac{p_F^4}{3\pi^2\hbar^3 v_F}\int_{-\infty}^{\infty}\frac{\mathrm{d}n}{\mathrm{d}\varepsilon}\,\mathrm{d}\eta.$$

Die Gesamtdichte des Gases hängt mit p_F über

$$\varrho = \frac{mN}{V} = \frac{8\pi p_F^3 m}{3(2\pi\hbar)^3}$$

zusammen. Deshalb ist

$$\frac{\varrho_n}{\varrho} = -2\int_0^{\infty}\frac{\mathrm{d}n}{\mathrm{d}\varepsilon}\,\mathrm{d}\eta. \tag{40,13}$$

Dieses Integral braucht nicht extra berechnet zu werden, weil es auf die schon bekannte Funktion $\Delta(T)$ zurückgeführt werden kann. Wenn man die Gleichung (40,1) nach T differenziert und das dabei entstehende Integral mit (40,13) vergleicht, kann man sich davon überzeugen, daß

$$\frac{\varrho}{\varrho_n} = 1 - \frac{\Delta}{T\Delta'} \tag{40,14}$$

ist. Wenn wir hier die Grenzformeln (40,2), (40,5) einsetzen, erhalten wir

$$T \to 0: \frac{\varrho_n}{\varrho} = \left(\frac{2\pi\Delta_0}{T}\right)^{1/2} e^{-\Delta_0/T}, \tag{40,15}$$

$$T \to T_c: \frac{\varrho_s}{\varrho} = 2\left(1 - \frac{T}{T_c}\right). \tag{40,16}$$

Schließlich muß man noch zwei Bemerkungen bezüglich des Temperaturgebietes machen, in dem die erhaltenen Formeln richtig sind.

Wenn man sich dem Übergangspunkt T_c nähert, werden die Wechselwirkungsprozesse der Quasiteilchen (die in der dargestellten Theorie nicht berücksichtigt wurden) wesentlich; gerade diese Prozesse sind im gegebenen Fall verantwortlich für die Entstehung der Singularitäten der thermodynamischen Größen, die für einen Phasenübergang zweiter Art charakteristisch sind. In hinreichender Nähe dieses Übergangspunktes müssen die oben erhaltenen Formeln schließlich ungültig werden. Wegen der Existenz des kleinen Parameters (der Kopplungskonstanten g) im betrachteten Modell tritt das aber erst bei außerordentlich kleinen Werten $T_c - T$ auf; wir werden im § 45 zu einer eingehenderen Diskussion dieser Frage zurückkommen.

Wie in einer superfluiden Bose-Flüssigkeit kann sich in dem betrachteten Fermi-Gas (im Gegensatz zu dem Fermi-Gas mit Abstoßung — vgl. § 4) Schall ausbreiten (mit der Geschwindigkeit $u \sim p_F/m$, die auf die übliche Weise durch die Kompressibilität des Mediums bestimmt ist). Das bedeutet, daß es neben dem hier betrachteten Anregungsspektrum vom Fermi-Typ im Spektrum des Gases auch einen Boseschen Phononenzweig von Anregungen gibt. Die durch die Phononen bedingte Wärmekapazität ist proportional zu T^3 mit einem kleinen Koeffizienten, aber bei $T \to 0$ muß sie schließlich doch gegenüber der exponentiell abnehmenden Wärmekapazität (40,6) überwiegen.

§ 41. Greensche Funktionen des superfluiden Fermi-Gases

Wir gehen nun dazu über, die mathematische Technik der Greenschen Funktionen für die Anwendung auf superfluide Fermi-Systeme aufzubauen.[1])

Im § 26 sahen wir, daß in der Sprechweise der ψ-Operatoren die Bose-Einstein-Kondensation in einem Bose-System durch die Existenz von Null verschiedener Grenzwerte (wenn die Teilchenzahl $N \to \infty$ geht) für die Matrixelemente ausgedrückt wird, die Zustände mit nur um 1 verschiedenen Teilchenzahlen N verknüpfen. Der physikalische Sinn dieser Behauptung besteht darin, daß das Hinzufügen oder Entfernen eines

[1]) Die in diesem Paragraphen dargestellte Technik stammt von L. P. Gorkow (1958).

Kondensatteilchens den Zustand des makroskopischen Systems nicht ändert.

Im Falle eines superfluiden FERMI-Systems gilt das gleiche für das Kondensat der COOPER-Paare: der Zustand des Systems darf sich nicht ändern, wenn man die Zahl der Paare im Kondensat um 1 ändert. Mathematisch drückt sich das darin aus, daß es von Null verschiedene Grenzwerte ($N \to \infty$) der Matrixelemente des Produkts $\hat{\Psi}_\beta(X_2)\,\hat{\Psi}_\alpha(X_1)$ des Operators für die Vernichtung von zwei Teilchen, und des zu ihm hermitesch konjugierten Erzeugungsoperators für ein Teilchenpaar $\hat{\Psi}^+_\alpha(X_1)\,\hat{\Psi}^+_\beta(X_2)$ gibt. Diese Matrixelemente verknüpfen „gleiche" Zustände des Systems miteinander, die sich nur durch das Entfernen oder Hinzufügen eines Teilchenpaares unterscheiden:

$$\lim_{N\to\infty} \langle m, N \,|\hat{\Psi}_\beta(X_2)\,\hat{\Psi}_\alpha(X_1)|\, m, N+2\rangle$$
$$= \lim_{N\to\infty} \langle m, N+2 \,|\hat{\Psi}^+_\alpha(X_1)\,\hat{\Psi}^+_\beta(X_2)|\, m, N\rangle^* \neq 0. \tag{41,1}$$

Im weiteren werden wir, wie auch im § 31, das Zeichen für den Grenzwert weglassen, der Kürze halber werden wir auch den diagonalen Index m des Matrixelementes weglassen, der die „gleichen" Zustände des Systems mit unterschiedlichen Teilchenzahlen numeriert.

Wie im Fall der BOSE-Systeme (§ 31) treten im mathematischen Apparat der GREENschen Funktionen für superfluide FERMI-Systeme mehrere verschiedene Funktionen auf. Neben der gewöhnlichen GREENschen Funktion

$$iG_{\alpha\beta}(X_1, X_2) = \langle N\,|T\hat{\Psi}_\alpha(X_1)\,\hat{\Psi}^+_\beta(X_2)|\,N\rangle \tag{41,2}$$

muß man auch „anomale" Funktionen gemäß den Definitionen

$$iF_{\alpha\beta}(X_1, X_2) = \langle N\,|T\hat{\Psi}_\alpha(X_1)\,\hat{\Psi}_\beta(X_2)|\,N+2\rangle, \tag{41,3}$$
$$iF^+_{\alpha\beta}(X_1, X_2) = \langle N+2\,|T\hat{\Psi}^+_\alpha(X_1)\,\hat{\Psi}^+_\beta(X_2)|\,N\rangle$$

einführen. Weil jede der Funktionen $F_{\alpha\beta}$ und $F^+_{\alpha\beta}$ aus zwei gleichen Operatoren aufgebaut ist, so ist

$$F_{\alpha\beta}(X_1, X_2) = -F_{\beta\alpha}(X_2, X_1), \quad F^+_{\alpha\beta}(X_1, X_2) = -F^+_{\beta\alpha}(X_2, X_1). \tag{41,4}$$

Wir erinnern daran, daß gemäß den grundlegenden Prinzipien der Statistik das Ergebnis der statistischen Mittelung nicht davon abhängt, ob diese über die exakte Wellenfunktion des stationären Zustandes eines abgeschlossenen Systems oder mit Hilfe der GIBBSschen Verteilung durchgeführt wird. Der Unterschied besteht lediglich darin, daß im ersten Fall das Ergebnis der Mittelung durch die Energie E und die Teilchenzahl N ausgedrückt wird und im zweiten durch T und μ. Für die weiter unten im vorliegenden Paragraphen folgenden Überlegungen ist die erste Möglichkeit bequemer.

In dem im § 39 betrachteten Modell des FERMI-Gases befinden sich die gebundenen Paare in einem Singulettzustand. Die Spinabhängigkeit der Matrixelemente der Erzeugungs- und Vernichtungsoperatoren eines solchen Paares reduziert sich auf den antisymmetrischen Einheitsspinor

$$g_{\alpha\beta} = \begin{pmatrix} 0 & 1 \\ -1 & 0 \end{pmatrix}. \tag{41,5}$$

Wir schreiben dann die Funktionen (41,3) in der Form[1])

$$F_{\alpha\beta} = g_{\alpha\beta} F(X_1, X_2), \quad F^+_{\alpha\beta} = g_{\alpha\beta} F^+(X_1, X_2); \tag{41,6}$$

wegen (41,4) sind dabei F und F^+ symmetrisch in X_1 und X_2. Die Spinabhängigkeit der GREENschen Funktion $G_{\alpha\beta}$ für ein nichtferromagnetisches System reduziert sich auf $G_{\alpha\beta} = \delta_{\alpha\beta} G$. In einem homogenen, makroskopisch ruhenden System hängen die GREENschen Funktionen G, F, F^+ nur von den Differenzen der Koordinaten und der Differenz der Zeitpunkte ab (s. Fußnote 1 auf S. 123).

Analog dazu, wie die im § 26 eingeführte Funktion $\Xi(X)$ die Bedeutung der Wellenfunktion von Teilchen im Kondensat hatte, kann man die Funktion $iF(t, \boldsymbol{r}_1; t, \boldsymbol{r}_2)$ als Wellenfunktion der Teilchen betrachten, die in COOPER-Paaren im Kondensat gebunden sind. Dann wird die Funktion

$$\Xi(X) = iF(X, X) \tag{41,7}$$

die Wellenfunktion für die Bewegung dieser Paare als Ganzes sein. Aus den Definitionen (41,3), (41,5) kann man leicht sehen, daß dabei $F^+(X, X) = i\Xi^*(X)$ ist. In einem stationären, makroskopisch ruhenden System reduziert sich die Funktion $\Xi(X)$ auf eine Konstante. Durch eine passende Wahl der Phasen der ψ-Operatoren kann man diese Konstante reell machen.

Wir berechnen jetzt die so definierten GREENschen Funktionen für das Modell eines FERMI-Gases mit schwacher Anziehung zwischen den Teilchen.

Die HEISENBERGschen ψ-Operatoren genügen der Gleichung (7,8). Weil die Reichweite der Kräfte zwischen den Teilchen in dem betrachteten Gas klein ist, kann man im Integralglied dieser Gleichung den Wert der Faktoren $\hat{\Psi}(t, \boldsymbol{r}')$ im Punkt $\boldsymbol{r}' = \boldsymbol{r}$ nehmen und sie unter dem Integralzeichen hervorziehen; dann nimmt die Gleichung die Form

$$i\,\frac{\partial \hat{\Psi}_\alpha}{\partial t} = -\left(\frac{\nabla^2}{2m} + \mu\right)\hat{\Psi}_\alpha - g\hat{\Psi}^+_\gamma \hat{\Psi}_\gamma \hat{\Psi}_\alpha \tag{41,8}$$

an.[2]) Wenn wir in dieser Gleichung von allen Gliedern das hermitesch Konjugierte nehmen, erhalten wir eine analoge Gleichung für den Operator $\hat{\Psi}^+$:

$$i\,\frac{\partial \hat{\Psi}^+_\alpha}{\partial t} = \left(\frac{\nabla^2}{2m} + \mu\right)\hat{\Psi}^+_\alpha + g\hat{\Psi}^+_\alpha \hat{\Psi}^+_\gamma \hat{\Psi}_\gamma. \tag{41,9}$$

Wir setzen den Ausdruck (41,8) in die Ableitung $\partial G_{\alpha\beta}/\partial t$ (9,5) ein und erhalten die Gleichung

$$\left(i\,\frac{\partial}{\partial t} + \frac{\nabla^2}{2m} + \mu\right) G_{\alpha\beta}(X - X')$$
$$- ig \langle N \,|T\hat{\Psi}^+_\gamma(X)\,\hat{\Psi}_\gamma(X)\,\hat{\Psi}_\alpha(X)\,\hat{\Psi}^+_\beta(X')\,|\,N\rangle = \delta_{\alpha\beta}\delta^{(4)}(X - X') \tag{41,10}$$

---

[1]) Vgl. Fußnote auf S. 32. Während $G_{\alpha\beta}$ nach seiner Spinstruktur ein gemischter Spinor zweiten Ranges ist, sind die Funktionen $F_{\alpha\beta}$ und $F^+_{\alpha\beta}$ kontra- bzw. kovariante Spinoren.

[2]) Wir benutzen, wie im § 39, die Bezeichnung g für die Kopplungskonstante, die mit der Konstanten $-U_0 = -\int U\,\mathrm{d}^3x$ übereinstimmt. Den LAPLACE-Operator schreiben wir als ∇^2, um Verwechslungen mit der Energielücke Δ zu vermeiden.

In diesem und dem nächsten Paragraphen setzen wir $\hbar = 1$.

(vgl. (15,12)). Das hier auftretende diagonale Matrixelement des Produktes von vier ψ-Operatoren kann nach dem Multiplikationsgesetz für Matrizen als Summe von Produkten der Matrixelemente von zwei Operatorpaaren geschrieben werden. Von allen diesen Produkten lassen wir nur das stehen, welches die Matrixelemente für die Übergänge mit einer Änderung der Teilchenzahl $N \leftrightarrow N + 2$ enthält, alle übrigen Glieder lassen wir weg:

$$\begin{aligned}&\langle N \,|T\hat{\Psi}_\gamma^+\hat{\Psi}_\gamma\hat{\Psi}_\alpha\hat{\Psi}_\beta^{+\prime}\,|\, N\rangle \\ &\quad\to \langle N\,|T\hat{\Psi}_\gamma\hat{\Psi}_\alpha|\,N+2\rangle\,\langle N+2\,|T\hat{\Psi}_\gamma^+\hat{\Psi}_\beta^{+\prime}\,|\,N\rangle \\ &\quad= -F_{\gamma\alpha}(X,X)\,F_{\gamma\beta}^+(X,X') = -\delta_{\alpha\beta}F(0)\,F^+(X-X')\end{aligned} \tag{41,11}$$

(in der letzten Umformung wurden die Ausdrücke (41,6) benutzt). Physikalisch entspricht dieses Glied der Paarung von Teilchen, und der Größenordnung nach fällt es mit der Kondensatdichte zusammen.

Wir betonen aber den prinzipiellen Unterschied zu den Vernachlässigungen, die beim schwach nichtidealen BOSE-Gas gemacht wurden. In dem letzteren befinden sich fast alle Teilchen bei $T = 0$ im Kondensat, und die Zahl der Teilchen im nichtkondensierten Anteil, die auf Grund der schwachen Wechselwirkung der Teilchen auftreten, ist relativ klein. Im vorliegenden Fall erscheint aber das Kondensat selbst als Resultat der schwachen Wechselwirkung, es schließt in sich daher nur einen kleinen Teil der Teilchen ein. Mit anderen Worten ausgedrückt, die bei der Substitution (41,11) weggelassenen Glieder sind nicht klein, sondern groß gegenüber den verbleibenden. Die letzteren führen aber zu einem qualitativ neuen Effekt — zu einer Änderung des Charakters des Spektrums —, während die ersten nur zur Berechnung der uns hier nicht interessierenden Korrekturen zum Grundniveau des Systems benötigt würden (vgl. in diesem Zusammenhang die Fußnote 2 auf S. 162).

Nach der Substitution (41,11) nimmt die Gleichung (41,10) die Form

$$\left(i\frac{\partial}{\partial t} + \frac{\nabla^2}{2m} + \mu\right)G(X) + g\Xi F^+(X) = \delta^{(4)}(X) \tag{41,12}$$

an (das Argument $X - X'$ ist durch X ersetzt, und die Konstante $iF(0)$ ist mit Ξ bezeichnet — in Übereinstimmung mit der Definition (41,7)). Hier gehen zwei unbekannte Funktionen $G(X)$ und $F^+(X)$ ein, deshalb braucht man zu ihrer Berechnung noch eine Gleichung.

Man kann sie erhalten, wenn man die Ableitung

$$i\,\frac{\partial F_{\alpha\beta}^+(X-X')}{\partial t} = \left\langle N+2\,\middle|\,T\frac{\partial\hat{\Psi}_\alpha^+(X)}{\partial t}\,\hat{\Psi}_\beta^+(X')\,\middle|\,N\right\rangle;$$

berechnet; das Glied mit der δ-Funktion (analog dem zweiten Glied in (9,5)) entsteht hier nicht, weil die Funktion $F_{\alpha\beta}^+(X - X')$ (im Gegensatz zu der Funktion $G_{\alpha\beta}(X - X')$) bei $t = t'$ stetig ist.[1]) Wenn wir hier (41,9) einsetzen und erneut, analog zu (41,11), das Kondensatglied abtrennen, erhalten wir die Gleichung

$$\left(i\frac{\partial}{\partial t} - \frac{\nabla^2}{2m} - \mu\right)F^+(X) + g\Xi^*G(X) = 0. \tag{41,13}$$

[1]) Davon kann man sich leicht überzeugen, wenn man den Sprung der Funktion $F_{\alpha\beta}^+$ analog dazu berechnet, wie das im § 9 für $G_{\alpha\beta}$ getan wurde und beachtet, daß die Operatoren $\hat{\Psi}_\alpha^+(t, \mathbf{r})$ und $\hat{\Psi}_\beta^+(t, \mathbf{r}')$ antikommutativ sind.

In sie gehen die beiden Funktionen G und F^+ ein, die auch in (41,12) auftreten; deshalb reichen die beiden Gleichungen aus, um diese Funktionen zu berechnen (für die Berechnung von F müßte man noch eine Gleichung auf analoge Weise ableiten).

Wir gehen in diesen Gleichungen zur Impulsdarstellung über und führen auf die übliche Weise die Fourier-Komponenten $G(P)$ und $F^+(P)$ ein:

$$(\omega - \eta_p)\, G(P) + g\Xi F^+(P) = 1, \qquad (41,14)$$
$$(\omega + \eta_p)\, F^+(P) + g\Xi^* G(P) = 0.$$

Dabei ist $P = (\omega, \boldsymbol{p})$ und $\eta_p = p^2/2m - \mu$. Wir bemerken, daß, weil die Funktion $F^+(X)$ gerade ist, auch ihre Fourier-Komponente gerade ist: $F^+(P) = F^+(-P)$.

Wenn wir aus den beiden Gleichungen F^+ eliminieren, finden wir für G die Gleichung

$$(\omega^2 - \eta_p^2 - \Delta^2)\, G(P) = \omega + \eta_p. \qquad (41,15)$$

Dabei wurde die Bezeichnung

$$\Delta = g\, |\Xi| \qquad (41,16)$$

eingeführt.

Die formale Lösung der Gleichung (41,15) ist

$$G(P) = \frac{\omega + \eta_p}{\omega^2 - \varepsilon^2(p)} = \frac{u_p^2}{\omega - \varepsilon(p)} + \frac{v_p^2}{\omega + \varepsilon(p)}, \qquad (41,17)$$

wobei $\varepsilon(p) = \sqrt{\Delta^2 + \eta_p^2}$ ist und u_p und v_p durch die Formeln (39,13) gegeben sind. Schon hieraus sieht man, daß das Spektrum der Elementaranregungen, welches durch den positiven Pol der Greenschen Funktion bestimmt ist, durch die Funktion $\varepsilon(p)$ gegeben wird — wir kommen erneut zu dem Ergebnis (39,20). Wir sehen auch, daß die Energielücke Δ und der Betrag der Kondensatwellenfunktion für die Bewegung des ganzen Paares zueinander proportionale Größen sind.

Der Ausdruck (41,17) für $G(P)$ ist aber noch nicht vollständig: es ist noch nicht festgelegt, wie in ihm die Pole umlaufen werden müssen. Es bleibt also mit anderen Worten noch der Imaginärteil der Funktion G unbestimmt; dieser Teil enthält die δ-Funktion $\delta(\omega \pm \varepsilon)$ und fällt daher bei der Multiplikation mit $\omega^2 - \varepsilon^2$ in der Gleichung (41,15) heraus.

Bei $T = 0$ wird die Regel für den Polumlauf durch direkten Vergleich des Ausdruckes (41,17) mit der Entwicklung (8,7) festgelegt: in den Gliedern mit positiven und negativen Polen muß die Variable durch $\omega + i0$ bzw. $\omega - i0$ ersetzt werden; dann nimmt (41,17) die Form

$$G(\omega, \boldsymbol{p}) = \frac{u_p^2}{\omega - \varepsilon(p) + i0} + \frac{v_p^2}{\omega + \varepsilon(p) - i0} = \frac{\omega + \eta_p}{(\omega - \varepsilon + i0)\,(\omega + \varepsilon - i0)} \qquad (41,18)$$

an.

Wenn wir jetzt F^+ aus der zweiten Gleichung (41,14) entnehmen, finden wir

$$F^+(\omega, \boldsymbol{p}) = \frac{-g\Xi^*}{(\omega - \varepsilon + i0)\,(\omega + \varepsilon - i0)}. \qquad (41,19)$$

Andererseits haben wir gemäß Definition

$$i\Xi^* \equiv F^+(X = 0) = \int \int_{-\infty}^{\infty} F^+(P) \frac{d\omega\, d^3p}{(2\pi)^4}. \qquad (41,20)$$

Wir setzen hier (41,19) ein; die Integration über $d\omega$ wird so ausgeführt, daß der Integrationsweg durch einen unendlich großen Halbkreis in der oberen Halbebene geschlossen wird, das Integral wird dann durch das Residuum im Pol $\omega = \varepsilon$ ausgedrückt. Wenn wir durch Ξ^* kürzen, erhalten wir die Gleichung (39,16), die Δ_0 bestimmt.

Bei $T \neq 0$ ist das Auffinden des Imaginärteils der GREENschen Funktionen etwas komplizierter. Um die Funktion $G(\omega, \boldsymbol{p})$ mit den richtigen analytischen Eigenschaften bezüglich der Variablen ω zu konstruieren, schreiben wir zunächst die retardierte Funktion $G^R(\omega, \boldsymbol{p})$ auf; sie muß in der oberen Halbebene analytisch sein, deshalb erhält man sie, indem man in (41,17) die Substitution $\omega \to \omega + i0$ ausführt. Der Imaginärteil dieser Funktion ist

$$\operatorname{Im} G^R = -\pi[u_p^2\,\delta(\omega - \varepsilon) + v_p^2\,\delta(\omega + \varepsilon)].$$

Den Imaginärteil der gesuchten Funktion G findet man hieraus mit Hilfe der Formel (36,14), nach der

$$\begin{aligned}\operatorname{Im} G(\omega, \boldsymbol{p}) &= \tanh\frac{\omega}{2T}\operatorname{Im} G^R(\omega, \boldsymbol{p})\\ &= -(1 - 2n_{\boldsymbol{p}})\,\pi[u_p^2\delta\,(\omega - \varepsilon) - v_p^2\,\delta(\omega + \varepsilon)]\end{aligned}$$

ist, dabei ist $n_{\boldsymbol{p}}$ die FERMIsche Verteilungsfunktion (39,14) (durch Einsetzen dieser Formel wird gerade der Übergang von der Mittelung über einen bestimmten stationären Zustand zur Mittelung über die GIBBSsche Verteilung bewerkstelligt). Die Funktion G mit diesem Imaginärteil kann man in der Form

$$G(\omega, \boldsymbol{p}) = \frac{u_p^2}{\omega - \varepsilon + i0} + \frac{v_p^2}{\omega + \varepsilon - i0} + 2\pi i n_{\boldsymbol{p}}[u_p^2\,\delta(\omega - \varepsilon) - v_p^2\,\delta(\omega + \varepsilon)] \tag{41,21}$$

schreiben. Für die Funktion $F^+(\omega, \boldsymbol{p})$ finden wir jetzt

$$F^+(\omega, \boldsymbol{p}) = F^+(\omega, \boldsymbol{p})\big|_{T=0} - \frac{i\pi g\Xi n_{\boldsymbol{p}}}{\varepsilon}[\delta(\omega - \varepsilon) + \delta(\omega + \varepsilon)], \tag{41,22}$$

dabei ist das erste Glied die Funktion (41,19), bezogen auf $T = 0$. Wenn wir diesen Ausdruck in (41,20) einsetzen und integrieren, kehren wir zu der Gleichung (39,15) zurück, die $\Delta(T)$ bestimmt.

Die Gleichungen (41,14) kann man in Diagrammform darstellen, analog dazu, wie die Gleichungen (33,7) für ein superfluides BOSE-System dargestellt wurden. Dabei werden die Funktionen G, F, F^+ durch die graphischen Elemente (33,6) dargestellt — mit Pfeilen in eine oder in zwei Richtungen. Die beiden Gleichungen (41,14) werden in der Form

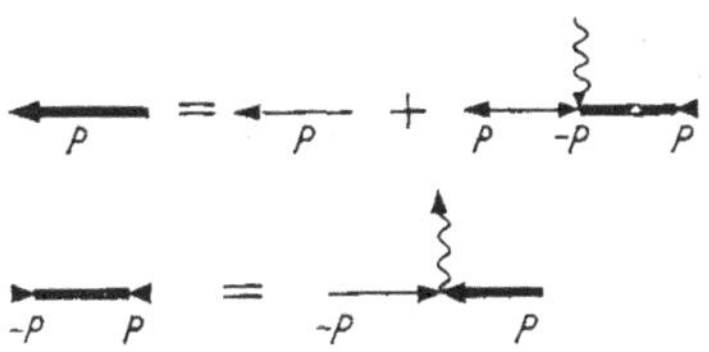

(41,23)

geschrieben. Der dünne Pfeil entspricht dem Faktor $iG^{(0)}(P)$, dabei ist $G^{(0)}(P)$ die GREENsche Funktion des idealen FERMI-Gases. Den ein- und auslaufenden Wellenlinien in einem Eckpunkt entsprechen die Faktoren $ig\Xi$ bzw. $-ig\Xi^*$. Wenn wir (41,23) mit (33,7) vergleichen, sehen wir, daß die letzten Faktoren den Selbstenergiefunktionen $i\Sigma_{02}$ und $i\Sigma_{20}$ entsprechen, d. h. sie sind die ersten Näherungen für diese Größen. Wir bemerken, daß die Besonderheiten der Diagrammtechnik für superfluide FERMI-Systeme sich auf diese neuen Elemente beschränken — auf Pfeile mit zwei Richtungen und auf Wellenlinien; im Unterschied zu den BOSE-Systemen entstehen hier keine Eckpunkte dreier Liniensorten. Deshalb ist die Diagrammtechnik hier wesentlich einfacher und der „gewöhnlichen" verwandter, als die für die superfluiden BOSE-Systeme.

§ 42. Temperaturabhängige GREENsche Funktionen des superfluiden FERMI-Gases

Im § 41 wurde das Energiespektrum eines superfluiden FERMI-Gases durch Verwendung der gewöhnlichen, „zeitabhängigen" GREENschen Funktionen bestimmt. Zur Lösung komplizierterer Aufgaben (und vor allem zur Untersuchung der Eigenschaften eines Systems in äußeren Feldern) ist aber der mathematische Apparat der temperaturabhängigen GREENschen Funktionen besser geeignet (A. A. ABRIKOSOV, L. P. GORKOW, 1958).

Die temperaturabhängige GREENsche Funktion $\mathscr{G}_{\alpha\beta}$ wird durch die gleiche Formel (37,3) definiert wie auch für ein normales FERMI-Gas. Die temperaturabhängigen Funktionen $\mathscr{F}_{\alpha\beta}$ und $\overline{\mathscr{F}}_{\alpha\beta}$ (die den zeitabhängigen Funktionen $F_{\alpha\beta}$ und $F^+_{\alpha\beta}$ entsprechen) definieren wir durch die analogen Formeln

$$\begin{aligned} \mathscr{F}_{\alpha\beta}(\tau_1, \boldsymbol{r}_1; \tau_2, \boldsymbol{r}_2) &= \sum_m \langle m, N \,|\, \hat{w} T_\tau \hat{\Psi}^M_{\alpha 1} \hat{\Psi}^M_{\beta 2} \,|\, m, N+2\rangle, \\ \overline{\mathscr{F}}_{\alpha\beta}(\tau_1, \boldsymbol{r}_1; \tau_2, \boldsymbol{r}_2) &= \sum_m \langle m, N+2 \,|\, \hat{w} T_\tau \hat{\overline{\Psi}}{}^M_{\alpha 1} \hat{\overline{\Psi}}{}^M_{\beta 2} \,|\, m, N\rangle. \end{aligned} \tag{42,1}$$

Die Spinabhängigkeit dieser Funktionen wird (analog zu (41,6)) in Form der Faktoren $g_{\alpha\beta}$ abgetrennt:[1])

$$\mathscr{F}_{\alpha\beta} = g_{\alpha\beta}\mathscr{F}, \quad \overline{\mathscr{F}}_{\alpha\beta} = -g_{\alpha\beta}\overline{\mathscr{F}}. \tag{42,2}$$

Die Funktionen $\mathscr{F}$ und $\overline{\mathscr{F}}$ hängen, wie auch $\mathscr{G}$, nur von der Differenz $\tau = \tau_1 - \tau_2$ ab und befriedigen die Beziehungen (37,6) (mit dem oberen Vorzeichen):

$$\mathscr{F}(\tau) = -\mathscr{F}\left(\tau + \frac{1}{T}\right), \quad \overline{\mathscr{F}}(\tau) = -\overline{\mathscr{F}}\left(\tau + \frac{1}{T}\right). \tag{42,3}$$

Die FOURIER-Reihen bezüglich τ für diese Funktionen enthalten folglich nur ungerade „Frequenzen" (37,8a): $\zeta_s = (2s+1)\pi T$.

Die MATSUBARAschen ψ-Operatoren stimmen bei $\tau = 0$ mit den HEISENBERGschen bei $t = 0$ überein:

$$\hat{\Psi}^M(\tau = 0, \boldsymbol{r}) = \hat{\Psi}(t = 0, \boldsymbol{r}).$$

---

[1]) Die unterschiedlichen Vorzeichen in den Definitionen von $\mathscr{F}$ und $\overline{\mathscr{F}}$ (im Gegensatz zu den gleichen Vorzeichen in (41,5)) sind im Zusammenhang damit zweckmäßig, daß in den Definitionen (42,1) der Faktor i fehlt (der in (41,3) vorhanden war).

Wenn wir die Definitionen der Funktionen $\mathscr{F}$, $\overline{\mathscr{F}}$ mit den Definitionen von F, F^+ vergleichen, finden wir deshalb, daß

$$\mathscr{F}(0, \boldsymbol{r}; 0, \boldsymbol{r}) = \Xi(\boldsymbol{r}), \quad \overline{\mathscr{F}}(0, \boldsymbol{r}; 0, \boldsymbol{r}) = \Xi^*(\boldsymbol{r}) \tag{42,4}$$

ist, dabei hat man unter Ξ die Kondensatwellenfunktion zu verstehen, die nach GIBBS gemittelt wurde, d. h. sie wird durch die Temperatur des Systems ausgedrückt.

Wir zeigen, auf welche Weise man mit Hilfe der temperaturabhängigen GREENschen Funktionen erneut das Energiespektrum eines superfluiden FERMI-Gases bei von Null verschiedenen Temperaturen erhalten kann.

Die Gleichungen für die temperaturabhängigen Funktionen $\mathscr{G}$, $\mathscr{F}$, $\overline{\mathscr{F}}$ werden genau in Analogie zu der Ableitung der Gleichungen (41,12—13) abgeleitet, wobei an Stelle von t nach der Größe τ differenziert wird und an Stelle der Gleichungen (41,8—9) Gleichungen benutzt werden, die sich daraus durch die Substitution $it \to \tau$ ergeben. Wie in (41,11) werden von dem Mittelwert von vier MATSUBARAschen ψ-Operatoren die Glieder abgetrennt, die Matrixelemente für Übergänge mit einer Teilchenzahländerung von 2 enthalten. Insgesamt erhalten wir die Gleichungen

$$\left(-\frac{\partial}{\partial\tau} + \frac{\nabla^2}{2m} + \mu\right)\mathscr{G}(\tau, \boldsymbol{r}; \tau', \boldsymbol{r}') + g\Xi\overline{\mathscr{F}}(\tau, \boldsymbol{r}; \tau', \boldsymbol{r}') = \delta(\tau-\tau')\,\delta(\boldsymbol{r} - \boldsymbol{r}'),$$

$$\left(\frac{\partial}{\partial\tau} + \frac{\nabla^2}{2m} + \mu\right)\overline{\mathscr{F}}(\tau, \boldsymbol{r}; \tau', \boldsymbol{r}') - g\Xi^*\mathscr{G}(\tau, \boldsymbol{r}; \tau', \boldsymbol{r}') = 0. \tag{42,5}$$

Nach dem Übergang zu den FOURIER-Komponenten nehmen diese Gleichungen die Form

$$(i\zeta_s - \eta_p)\,\mathscr{G}(\zeta_s, \boldsymbol{p}) + g\Xi\overline{\mathscr{F}}(\zeta_s, \boldsymbol{p}) = 1,$$

$$-(i\zeta_s + \eta_p)\,\overline{\mathscr{F}}(\zeta_s, \boldsymbol{p}) - g\Xi^*\mathscr{G}(\zeta_s, \boldsymbol{p}) = 0 \tag{42,6}$$

an. Ihre Lösung lautet

$$\mathscr{G}(\zeta_s, \boldsymbol{p}) = -\frac{i\zeta_s + \eta_p}{\zeta_s^2 + \varepsilon^2}, \tag{42,7}$$

$$\overline{\mathscr{F}}(\zeta_s, \boldsymbol{p}) = \frac{g\Xi^*}{\zeta_s^2 + \varepsilon^2} = F^+(i\zeta_s, \boldsymbol{p}). \tag{42,8}$$

Dabei ist wieder $\varepsilon^2 = \Delta^2 + \eta_p^2$, $\Delta = g\,|\,\Xi\,|$ (wobei diese Lösung eindeutig bestimmt ist und keinerlei δ-Funktionen enthält — was bei den Funktionen G und F^+ der Fall war.

Die Bedingung, die die Energielücke im Spektrum bestimmt, erhält man jetzt aus der Gleichung

$$\Xi^* = \overline{\mathscr{F}}(\tau = 0, \boldsymbol{r} = 0) = T\sum_{s=-\infty}^{\infty}\int\overline{\mathscr{F}}(\zeta_s, \boldsymbol{p})\,\frac{d^3p}{(2\pi)^3},$$

oder, nach der Substitution (42,8),

$$\frac{gT}{(2\pi)^3}\sum_{s=-\infty}^{\infty}\int\frac{d^3p}{\zeta_s^2 + \varepsilon^2(p)} = 1. \tag{42,9}$$

Die Summation über s wird mit Hilfe der Formel[1])

$$\sum_{s=-\infty}^{\infty} [(2s+1)^2 \pi^2 + a^2]^{-1} = \frac{1}{2a} \tanh \frac{a}{2} \tag{42,10}$$

ausgeführt und führt auf die Gleichung

$$\frac{g}{2} \int \frac{1}{\varepsilon} \tanh \frac{\varepsilon}{2T} \frac{d^3p}{(2\pi)^3} = 1 , \tag{42,11}$$

die mit (39,15) übereinstimmt.

§ 43. Die Supraleitfähigkeit der Metalle

Die Supraleitfähigkeit von Metallen ist die Superfluidität der FERMI-Flüssigkeit der Elektronen in ihnen, analog zu der Superfluidität des in den vorhergehenden Paragraphen behandelten entarteten FERMI-Gases. Es versteht sich, daß die Elektronenflüssigkeit und das FERMI-Gas in vielerlei Hinsicht stark unterschiedliche physikalische Systeme sind. Gleichzeitig bleiben aber die grundlegenden physikalischen Momente in bezug auf die Eigenschaften des Energiespektrums in beiden Fällen die gleichen. Wir wollen auf qualitative Weise diskutieren, welche Züge des oben betrachteten Modells, und in welchem Maße, auf die Elektronen in Metallen übertragen werden können.

Eine wichtige Besonderheit eines Metalles ist die Anisotropie des Energiespektrums seiner Elektronen, im Gegensatz zu der Isotropie des Spektrums bei dem betrachteten FERMI-Gas. Dieser Umstand stört aber die Entstehung des COOPER-Phänomens nicht, für welches nur die Existenz einer scharfen FERMI-Fläche (egal wie ihre Form ist) und die Endlichkeit der Zustandsdichte auf ihr wesentlich sind. Es ist auch notwendig, daß die Elektronen mit entgegengesetzten Impulsen und Spins die gleiche Energie haben, d. h. sich beide auf der FERMI-Fläche befinden. Diese Forderung ist automatisch durch die Symmetrie gegenüber der Zeitumkehr gewährleistet. Man kann sagen, daß nur Elektronen in Zuständen gepaart werden, die man durch Zeitumkehr auseinander erhält.

Es folgt weiterhin die Frage nach dem Vorzeichen der Wechselwirkung der Elektronen in einem Metall. In einem sehr vereinfachten Sinne kann man sagen, daß sich diese Wechselwirkung aus der COULOMBschen Abstoßung, auf zwischenatomaren Abständen abgeschirmt, und aus der Wechselwirkung über das Gitter zusammensetzt. Die letztere wird als Resultat eines Austausches virtueller Phononen beschrieben und hat anziehenden Charakter (§ 64). In dem Fall, in dem die letzte Wechselwirkung überwiegt, wird das Metall bei hinreichend tiefen Temperaturen zu einem Supraleiter.

Es ist wesentlich, daß an der Wechselwirkung durch den Phononenaustausch nur Elektronen beteiligt sind, die sich in einer relativ schmalen Schicht des $\boldsymbol{p}$-Raumes in

---

[1]) Diese Formel kann man erhalten, wenn man

$$\frac{1}{(2s+1)^2 \pi^2 + a^2} = \frac{1}{2a} \left[\frac{1}{a + i\pi(2s+1)} + \frac{1}{a - i\pi(2s+1)} \right]$$

$$= \frac{1}{2a} \int_0^\infty e^{-ax} \left[e^{-i\pi(2s+1)x} + e^{i\pi(2s+1)x} \right] dx$$

schreibt und unter dem Integralzeichen die geometrische Reihe summiert.

der Nähe der FERMI-Fläche befinden. Die Dicke dieser Schicht ist $\sim \hbar\omega_D$, sie ist klein im Vergleich zum chemischen Potential der Elektronen μ (ω_D ist die DEBYE-Frequenz des Kristalls). Wenn man deshalb für die Beschreibung der Supraleitfähigkeit das Modell des schwach nichtidealen FERMI-Gases verwendet, dann muß man unter dem Abschneideparameter $\tilde{\varepsilon}$ in (39,19) die Größe

$$\tilde{\varepsilon} \sim \hbar\omega_D \tag{43,1}$$

verstehen (an Stelle von $\tilde{\varepsilon} \sim \mu$).[1]

Was die Annahme über die relative Schwäche der Wechselwirkung betrifft, so ist für alle Supraleiter

$$T_c \ll \hbar\omega_D \ll \mu \tag{43,2}$$

der Fall. Die im § 39 getroffene Annahme enthält aber etwas mehr: sie enthält, daß die Kopplungskonstante g klein ist, und das führt zu einem großen Wert des dimensionslosen Exponenten in (39,19). Im vorliegenden Fall wird diese Forderung durch die Bedingung

$$\ln (\hbar\omega_D/T_c) \gg 1 \tag{43,3}$$

ausgedrückt — es muß nicht nur das Verhältnis $\hbar\omega_D/T_c$, sondern auch sein Logarithmus groß sein. Diese Bedingung ist in Wirklichkeit wesentlich schlechter erfüllt.[2]

Unter Berücksichtigung aller wirklichen Unterschiede zwischen der Elektronenflüssigkeit in einem Metall und dem Modell des schwach nichtidealen Gases wird die Theorie der Supraleitfähigkeit sehr kompliziert. Gleichzeitig zeigt es sich aber, daß schon eine auf dem angegebenen Modell basierende, einfache Theorie in vieler Hinsicht die Eigenschaften eines Supraleiters gut beschreibt, nicht nur qualitativ, sondern auch quantitativ. Wie schon erwähnt, wurde diese Theorie von BARDEEN, COOPER und SCHRIEFFER geschaffen; in diesem Zusammenhang nennt man das Modell eines FERMI-Gases mit schwacher Anziehung zwischen den Teilchen auch *BCS-Modell.*

§ 44. Der supraleitende Strom

Den zwei Bewegungsarten in einer elektrisch neutralen, superfluiden Flüssigkeit (flüssiges Helium) entsprechen im Falle eines supraleitenden Metalles zwei Arten von elektrischen Strömen, die in ihm gleichzeitig fließen können. Der *supraleitende Strom* transportiert keine Wärme, ist mit keiner Energiedissipation verbunden und kann in einem System im thermodynamischen Gleichgewicht fließen; der *normale* Strom ist mit der Abgabe von JOULEscher Wärme verbunden. Wir werden die Dichten des supraleitenden und des normalen Stromes mit $\boldsymbol{j}_s$ bzw. $\boldsymbol{j}_n$ bezeichnen; die Gesamtstromdichte ist $\boldsymbol{j} = \boldsymbol{j}_s + \boldsymbol{j}_n$.

Eine Reihe von wichtigen Schlüssen über die Eigenschaften des supraleitenden Stromes kann man unabhängig von irgendwelchen speziellen Modellen allein aus der Tatsache ziehen, daß eine neue makroskopische Größe auftritt — die Kondensatwellenfunktion $\Xi(t, \boldsymbol{r})$.

---

[1]) Damit entfällt übrigens auch die Frage nach der Divergenz des Integrals (39,16) bei großen Impulsen (s. Fußnote auf S. 157).

[2]) Das Verhältnis $\hbar\omega_D/T_c$ ändert sich in den Grenzen von etwa 10 für Pb bis 300 für Al und Cd.

Wir führen wie im § 26 die Phase Φ dieser Funktion ein:

$$\Xi(t, \boldsymbol{r}) = |\Xi| \, e^{i\Phi}. \tag{44,1}$$

Analog zu dem Fall des flüssigen Heliums, wo der Gradient der Phase Φ nach (26,12) die Geschwindigkeit $\boldsymbol{v}_s$ der superfluiden Bewegung bestimmt, bestimmt in einem Supraleiter der Gradient der Phase die in diesem Falle beobachtbare Größe — die Dichte des supraleitenden Stromes. Wegen der Anisotropie der Metalle fällt die Richtung von $\boldsymbol{j}_s$ im allgemeinen mit der Richtung von $\nabla\Phi$ nicht zusammen, und der Zusammenhang zwischen den Komponenten dieser Vektoren wird durch einen Tensor zweiter Stufe gegeben. Um unwesentliche Komplikationen zu vermeiden, wollen wir uns hier auf den Fall der kubischen Symmetrie eines metallischen Kristalls beschränken. Dann reduziert sich der Tensor zweiter Stufe auf einen Skalar und der Zusammenhang zwischen $\boldsymbol{j}_s$ und $\nabla\Phi$ auf die einfache Proportionalität. Wir schreiben sie als

$$\boldsymbol{j}_s = \frac{e\hbar}{2m} n_s \nabla\Phi. \tag{44,2}$$

Dabei ist nach Definition $e = -|e|$ die Elektronenladung und m die (echte) Elektronenmasse. Die so definierte Größe n_s (eine Funktion der Temperatur) nennt man *Teilchendichte der supraleitenden Elektronen*; diese Größe spielt hier dieselbe Rolle wie die Dichte der superfluiden Komponente im flüssigen Helium. Wir betonen, daß sie keinesfalls mit der Dichte des Kondensats der COOPER-Paare übereinstimmt — analog dazu, wie im flüssigen Helium ϱ_s nicht mit der Dichte der Kondensatatome übereinstimmt.[1])

Die Formel (44,2) (wie auch die Formel (26,12) für flüssiges Helium) setzt voraus, daß sich die Phase im Raum hinreichend langsam ändert. Während aber bei der BOSE-Flüssigkeit nur gefordert wurde, daß die Änderung der Phase Φ auf zwischenatomaren Abständen klein sein soll, ist hier die Bedingung wesentlich schärfer. Die Rolle der charakteristischen Dimension für eine superfluide FERMI-Flüssigkeit spielt die Kohärenzlänge $\xi_0 \sim \hbar v_F/\Delta_0$, und die Phase Φ darf sich auf diesem Abstand nur wenig ändern (dieser Abstand ist groß gegenüber dem zwischenatomaren). Wir betonen, daß hier gerade der konstante (temperaturunabhängige) Längenparameter ξ_0 auftritt; eine strenge Begründung dieses Kriteriums wird im weiteren Verlauf gegeben werden (s. Ende des § 51).

Der Zusammenhang zwischen $\boldsymbol{j}_s$ und Φ wird komplizierter, wenn sich der Supraleiter in einem äußeren Magnetfeld befindet; wir betrachten hier den Fall eines (zeitlich) konstanten Feldes. Die notwendigen Änderungen, die man in der Formel (44,2) durchführen muß, kann man erklären, wenn man von der Forderung nach Eichinvarianz der Theorie ausgeht.

Diese Forderung besteht darin, daß alle beobachtbaren physikalischen Größen bei einer Eichtransformation des Vektorpotentials des Magnetfeldes unverändert bleiben müssen:

$$\boldsymbol{A} \to \boldsymbol{A} + \nabla\chi(\boldsymbol{r}). \tag{44,3}$$

---

[1]) Der Koeffizient in (44,2) ist so geschrieben, daß in einem freien superfluiden FERMI-Gas (BCS-Modell) mn_s mit der im § 40 berechneten Größe ϱ_s zusammenfällt. Die letztere ist so definiert, daß der Strom als $\boldsymbol{j}_s = en_s\boldsymbol{v}_s$ ausgedrückt werden kann, wobei $\boldsymbol{v}_s$ die Geschwindigkeit der superfluiden Bewegung ist. $\boldsymbol{v}_s$ hängt seinerseits mit dem Gradienten der Phase durch die Gleichung $\boldsymbol{v}_s = (\hbar/2m)\nabla\Phi$ zusammen; die doppelte Masse $2m$ (an Stelle von m in (26,12)) steht hier im Zusammenhang damit, daß das Kondensat aus gepaarten Teilchen aufgebaut ist.

Dabei ist $\chi(\boldsymbol{r})$ eine beliebige Funktion der Koordinaten. Die ψ-Operatoren werden dabei nach einem Gesetz transformiert, welches mit dem Transformationsgesetz der Wellenfunktionen übereinstimmt:

$$\hat{\Psi} \to \hat{\Psi} \exp\left(\frac{ie}{\hbar c}\chi\right), \quad \hat{\Psi}^+ \to \hat{\Psi}^+ \exp\left(-\frac{ie}{\hbar c}\chi\right). \tag{44,4}$$

Dabei ist e die Ladung der Teilchen, die durch die ψ-Operatoren beschrieben werden (s. III, (111,9)).[1]

Die GREENschen Funktionen $G(X, X')$ und $F(X, X')$ werden als Matrixelemente der Produkte $\hat{\Psi}\hat{\Psi}'^+$ oder $\hat{\Psi}\hat{\Psi}'$ gemäß

$$\begin{aligned} G(X, X') &\to \exp\left\{\frac{ie}{\hbar c}[\chi(\boldsymbol{r}) - \chi(\boldsymbol{r}')]\right\} G(X, X'), \\ F(X, X') &\to \exp\left\{\frac{ie}{\hbar c}[\chi(\boldsymbol{r}) + \chi(\boldsymbol{r}')]\right\} F(X, X') \end{aligned} \tag{44,5}$$

transformiert. Dabei ist

$$\Xi = iF(X, X) \to \exp\left(\frac{2ie}{\hbar c}\chi\right)\Xi,$$

d. h. für die Phase der Kondensatwellenfunktion

$$\Phi \to \Phi + \frac{2e}{\hbar c}\chi(\boldsymbol{r}). \tag{44,6}$$

Die Beziehung (44,2) ist in bezug auf diese Phasentransformation nicht invariant. Um die geforderte Invarianz zu erreichen, muß sie durch ein Glied ergänzt werden, welches das Vektorpotential des Magnetfeldes enthält:

$$\boldsymbol{j}_s = \frac{\hbar e}{2m} n_s \left(\nabla\Phi - \frac{2e}{\hbar c}\boldsymbol{A}\right). \tag{44,7}$$

In der Ladungsverdopplung (im zweiten Glied in der Klammer) zeigt sich die Elektronenpaarung im Supraleiter.

Dieser Ausdruck genügt schon, um die grundlegende makroskopische Eigenschaft eines Supraleiters zu erklären — das Verdrängen eines Magnetfeldes aus dem Supraleiter (MEISSNER-*Effekt*).[2]

Wir betrachten einen homogenen Supraleiter in einem schwachen Magnetfeld — das Feld wird als klein im Vergleich zum kritischen Feld H_c angenommen, das die Supraleitfähigkeit zerstört. Durch diese Bedingung ist ein wesentlicher Einfluß des Magnetfeldes auf die Größe n_s ausgeschlossen. Der Körper möge sich in einem thermodynamischen Gleich-

---

[1]) Weil in den HAMILTON-Operator (7,7) in der zweiten Quantisierung die ψ-Operatoren als Paare von $\hat{\Psi}(X)$ und $\hat{\Psi}^+(X)$ eingehen, wird er bei der Transformation (44,3—4) so transformiert wie der gewöhnliche HAMILTON-Operator bei der gleichen Transformation der gewöhnlichen (nicht operatorartigen) Wellenfunktionen. Die Transformation (44,3—4) wurde praktisch schon im § 19 benutzt.

[2]) Die phänomenologische Elektrodynamik der Supraleiter ist in einem anderen Band dieser Lehrbuchreihe dargestellt — s. VIII, Kapitel VI.

gewichtszustand befinden, so daß der normale Strom verschwindet und $\boldsymbol{j}_s = \boldsymbol{j}$ ist.[1]) Wir wenden nun auf beiden Seiten der Gleichung (44,7) die Operation rot an und beachten dabei, daß rot $\boldsymbol{A} = \boldsymbol{B}$ ist — die magnetische Induktion im Körper, dann erhalten wir die LONDON-*Gleichung*

$$\operatorname{rot} \boldsymbol{j} = -\frac{e^2 n_s}{mc} \boldsymbol{B} \tag{44,8}$$

(F. LONDON, H. LONDON, 1935).[2])

Diese Gleichung ist spezifisch für einen Supraleiter. Wir verwenden auch die allgemeinen MAXWELL-Gleichungen

$$\operatorname{rot} \boldsymbol{B} = \frac{4\pi}{c} \boldsymbol{j}, \tag{44,9}$$

$$\operatorname{div} \boldsymbol{B} = 0. \tag{44,10}$$

Wenn wir $\boldsymbol{j}$ aus (44,9) in (44,8) einsetzen und beachten, daß wegen (44,10) rot rot $\boldsymbol{B} = -\Delta \boldsymbol{B}$ ist, erhalten wir eine Gleichung für das Magnetfeld im Supraleiter:

$$\Delta \boldsymbol{B} = \delta^{-2} \boldsymbol{B}, \tag{44,11}$$

wobei die Bezeichnung

$$\delta^2 = mc^2/4\pi e^2 n_s \tag{44,12}$$

eingeführt wurde.

Mit Hilfe dieser Gleichung finden wir die Feldverteilung im Supraleiter in der Nähe seiner Oberfläche, die wir als eben voraussetzen wollen; diese Ebene wählen wir als y—z-Ebene, die x-Achse möge in das Körperinnere zeigen. Unter diesen Bedingungen hängt die Feldverteilung nur von der einen Koordinate x ab, und aus (44,10) finden wir $\mathrm{d}B_x/\mathrm{d}x = 0$; aus (44,11) folgt dann automatisch, daß auch $B_x = 0$ ist. Die Gleichung (44,11) nimmt jetzt die Form $\mathrm{d}^2\boldsymbol{B}/\mathrm{d}x^2 = \boldsymbol{B}/\delta^2$ an, daraus folgt

$$\boldsymbol{B}(x) = \mathfrak{H}\, \mathrm{e}^{-x/\delta}, \tag{44,13}$$

wobei der Vektor $\mathfrak{H}$ parallel zur Oberfläche ist.

Wir sehen, daß das Magnetfeld in Richtung des Inneren des Supraleiters exponentiell gedämpft ist und in ihn nur bis zu Abständen $\sim\delta$ eindringt. Diese Länge ist makroskopisch, aber klein im Vergleich zu den üblichen Dimensionen massiver Proben ($\delta \sim 10^{-6}$—10^{-5} cm), so daß das Feld praktisch nur in eine dünne Oberflächenschicht eindringt. Die Länge δ nennt man LONDON*sche Eindringtiefe* des Feldes. Wir betonen, daß sie eine direkt meßbare Größe ist, die einen völlig bestimmten Sinn hat — zum Unterschied von dem bedingten Charakter des Parameters n_s.

Die durchgeführte Ableitung bedarf aber eines wesentlichen Vorbehaltes. Die Ausgangsformel (44,7) darf man nur anwenden, wenn sich alle Größen räumlich nur langsam ändern; die charakteristischen Abstände, auf denen sie sich ändern, müssen groß gegen-

---

[1]) Das wird auch im weiteren Verlauf dieses Kapitels vorausgesetzt werden, so daß man unter $\boldsymbol{j}$ immer die Dichte des supraleitenden Stromes verstehen kann.

[2]) Die dargestellte Ableitung der Gleichung (44,8) stammt von L. D. LANDAU (1941).

über der Kohärenzlänge ξ_0 sein.[1]) Im gegebenen Fall bedeutet das

$$\delta \gg \xi_0. \tag{44,14}$$

Diese Forderung wirft natürlich keinen Schatten auf den Beweis der Tatsache selbst, daß das Feld aus dem Supraleiter herausgedrängt wird: die Annahme, daß das Feld nicht herausgedrängt würde, würde zu einem logischen Widerspruch führen, weil dann seine Änderung sehr langsam wäre, wobei die Gleichung (44,11) angewendet werden könnte. Aber die konkrete Gleichung (44,11) und das aus ihr folgende Gesetz für die Dämpfung des Feldes (44,13) sind nur gültig, wenn die Bedingung (44,14) erfüllt ist.

Wenn im Supraleiter die Ungleichung $\delta \gg \xi_0$ erfüllt ist, spricht man vom LONDONschen Fall, in der entgegengesetzten Situation $\delta \ll \xi_0$ vom PIPPARDschen Fall (das Dämpfungsgesetz für das Feld im Innern des Supraleiters wird für diesen Fall im § 52 betrachtet werden). Bei $T \to T_c$ gilt für die Dichte der supraleitenden Elektronen $n_s \to 0$, so daß $\delta \to \infty$ geht. Deshalb trifft man in hinreichender Nähe des Übergangspunktes immer die LONDONsche Situation an. Bei $T \to 0$ hängt aber die Beziehung zwischen δ und ξ_0 von den konkreten Eigenschaften des Metalls ab.[2])

Schließlich betrachten wir noch eine Folgerung aus dem Ausdruck (44,7), die nicht von der Beziehung zwischen δ und ξ_0 abhängt.

Wie aus der makroskopischen Elektrodynamik der Supraleiter bekannt ist, bleibt, wenn durch die Öffnung eines supraleitenden Torus ein magnetischer Fluß geht, dieser Fluß bei beliebigen Änderungen des Zustandes des Körpers (die seine Supraleitfähigkeit nicht verletzen) konstant; dabei wird angenommen, daß der Torus massiv ist — sein Durchmesser und seine Dicke sind groß gegenüber der Kohärenzlänge und der Eindringtiefe des Feldes. Wir zeigen, daß der Betrag des in der Torusöffnung „eingefrorenen" magnetischen Flusses nur ein ganzzahliges Vielfaches eines gewissen elementaren „Flußquantes" sein kann (F. LONDON, 1954).

Im größten Teil des Körpers (außerhalb des Eindringgebietes) ist die Stromdichte $\boldsymbol{j} = 0$; das Vektorpotential ist von Null verschieden — gleich Null ist nur die Rotation davon, d. h. die magnetische Induktion $\boldsymbol{B}$. Wir wählen irgendeinen geschlossenen Weg C, der die Öffnung umschließt und innerhalb des Körpers weit von der Oberfläche entfernt verläuft; durch diese Wahl wird gewährleistet, daß die Formel (44,7) angewendet werden darf — die räumlichen Änderungen der Phase Φ und des Potentials $\boldsymbol{A}$ sind hinreichend klein. Die Zirkulation des Vektors $\boldsymbol{A}$ längs des Weges C fällt mit dem Fluß der magnetischen Induktion durch eine über den Weg gezogene Fläche zusammen, d. h. mit dem Fluß Φ durch die Torusöffnung:

$$\oint \boldsymbol{A}\, d\boldsymbol{l} = \int \operatorname{rot} \boldsymbol{A} \cdot d\boldsymbol{f} = \int \boldsymbol{B}\, d\boldsymbol{f} \equiv \Phi.$$

Wenn wir andererseits den Ausdruck (44,7) gleich Null setzen und über seinen Weg integrieren, erhalten wir

$$\oint \boldsymbol{A}\, d\boldsymbol{l} = \frac{\hbar c}{2e} \oint \nabla \Phi \cdot d\boldsymbol{l} = \frac{\hbar c}{2e}\, \delta\Phi.$$

---

[1]) Wir erinnern daran, daß die Induktion $\boldsymbol{B}$ selbst die wahre makroskopische magnetische Feldstärke ist, gemittelt über physikalisch unendlich kleine Volumenelemente, deren Dimensionen nur groß im Vergleich zu der Gitterkonstanten sind.

[2]) Der LONDONsche Fall gilt zum Beispiel im ganzen Temperaturbereich für die reinen Metalle der Übergangsgruppen des Periodensystems und für einige intermetallische Verbindungen. Der PIPPARDsche Fall gilt (weit von T_c entfernt) in den reinen Metallen der Nichtübergangsgruppen.

Dabei ist $\delta\Phi$ die Änderung der Phase der Wellenfunktion bei einem Umlauf auf dem Weg. Aber aus der Forderung nach Eindeutigkeit dieser Funktion folgt, daß die Phasenänderung nur ein ganzzahliges Vielfaches von 2π sein kann. Wir kommen also zu dem Ergebnis

$$\Phi = n\Phi_0, \quad \Phi_0 = \frac{\pi\hbar c}{|e|} = 2 \cdot 10^{-7}\ \mathrm{G\ cm^2}, \tag{44,15}$$

wobei n eine ganze Zahl ist. Die Größe Φ_0 ist das elementare *Quant des magnetischen Flusses.*

Die Quantisierung des magnetischen Flusses hat auch einen anderen Aspekt: sie führt dazu, daß der Gesamtstrom J diskret wird, der (bei Fehlen eines äußeren Feldes) durch einen supraleitenden Ring fließen kann. Denn der Strom J ruft den magnetischen Fluß LJ/c durch die Ringöffnung hervor, dabei ist L der Selbstinduktionskoeffizient. Wenn wir diesen Fluß gleich $n\Phi_0$ setzen, finden wir, daß der Strom die Werte

$$J = \frac{c\Phi_0}{L} n = \frac{\pi\hbar c^2}{|e| L} n \tag{44,16}$$

annehmen kann. Im Gegensatz zum Quant des magnetischen Flusses hängt das „Quant des Gesamtflusses" (zusammen mit der Selbstinduktion L) von der Form und den Dimensionen des Rings ab.

Aufgabe

Es ist das magnetische Moment einer supraleitenden Kugel mit dem Radius $R \ll \delta$ in einem Magnetfeld für den LONDONschen Fall zu bestimmen.

Lösung. Bei $R \ll \delta$ kann man das Magnetfeld innerhalb der Kugel als konstant annehmen, es ist gleich dem äußeren Feld $\mathfrak{H}$. Wenn man das Vektorpotential in der Form $\boldsymbol{A} = [\mathfrak{H}\boldsymbol{r}]/2$ wählt, dann kann man einfach

$$\boldsymbol{j} = -(n_s e^2/mc)\,\boldsymbol{A}$$

setzen (d.h., man kann in (44,7) $\Phi = 0$ setzen); die Randbedingung, daß die Normalkomponente des Stromes auf der Kugeloberfläche verschwinden soll ($\boldsymbol{nj} = 0$), ist dann automatisch erfüllt. Das magnetische Moment berechnet man als das Integral

$$\boldsymbol{M} = \frac{1}{2c}\int \boldsymbol{r} \times \boldsymbol{j}\,\mathrm{d}V$$

über das Volumen der Kugel, es ist gleich

$$\boldsymbol{M} = -\frac{R^5}{30\delta^2}\,\mathfrak{H}.$$

§ 45. Die GINSBURG-LANDAU-Gleichungen

Eine vollständige Theorie, die das Verhalten eines Supraleiters in einem Magnetfeld beschreibt, ist sehr kompliziert. Die Situation vereinfacht sich aber entscheidend in dem Temperaturgebiet in der Nähe des Übergangspunktes. Hier ist es möglich, ein System von relativ einfachen Gleichungen aufzubauen, welche nicht nur in schwachen, sondern auch in starken Feldern angewendet werden können.[1])

In der allgemeinen LANDAUschen Theorie der Phasenübergänge zweiter Art wird der Unterschied der „unsymmetrischen" Phase von der „symmetrischen" durch einen Ordnungsparameter beschrieben, der im Übergangspunkt verschwindet (s. V, § 142). Für die supraleitende Phase ist der naturgemäße Parameter die Kondensatwellenfunktion Ξ. Um unnötige (vom prinzipiellen Standpunkt aus) Komplikationen zu vermeiden, werden wir die Symmetrie des metallischen Kristalles als kubisch voraussetzen; wie im § 44 angegeben wurde, wird in diesem Falle der supraleitende Zustand durch eine skalare Größe n_s charakterisiert — durch die Dichte der supraleitenden Elektronen. Eine geeignetere Wahl des Ordnungsparameters ist in diesem Fall eine zu Ξ proportionale Größe (wir bezeichnen sie mit ψ), die aber durch die Bedingung $|\psi|^2 = n_s/2$ normiert ist. Die Phase der Größe ψ stimmt mit der Phase der Funktion Ξ überein:

$$\psi = \sqrt{\frac{n_s}{2}}\, e^{i\Phi}. \tag{45,1}$$

Die Dichte des supraleitenden Stromes (44,2) schreibt sich, durch ψ ausgedrückt, als

$$\boldsymbol{j}_s = \frac{e\hbar}{m}|\psi|^2 \nabla\Phi = -\frac{ie\hbar}{2m}(\psi^*\nabla\psi - \psi\nabla\psi^*). \tag{45,2}$$

Ausgangspunkt der Theorie ist der Ausdruck für die freie Energie des Supraleiters als Funktional der Funktion $\psi(\boldsymbol{r})$. In Übereinstimmung mit den allgemeinen Grundlagen der LANDAU-Theorie erhält man ihn durch eine Entwicklung der Dichte der freien Energie nach Potenzen des kleinen (in der Nähe des Übergangspunktes) Ordnungsparameters ψ und seiner Ableitungen nach den Koordinaten. Als vorbereitenden Schritt betrachten wir einen Supraleiter ohne äußeres Magnetfeld.

In Übereinstimmung mit seiner Bedeutung als Größe, die der GREENschen Funktion $F(X, X) \equiv -i\Xi(X)$ proportional ist, ist der Ordnungsparameter ψ nicht eindeutig: weil die Funktion $F(X, X)$ aus zwei Operatoren $\hat{\Psi}$ zusammengesetzt ist, führt eine willkürliche Änderung der Phase dieser Operatoren, $\hat{\Psi} \to \hat{\Psi}\exp(i\alpha/2)$, zu einer Phasenänderung der Funktion F um α. Physikalische Größen dürfen von dieser Willkür natürlich nicht abhängen, d. h. sie müssen invariant in bezug auf die Transformation des komplexen Ordnungsparameters sein: $\psi \to \psi\exp(i\alpha)$. Durch diese Forderung sind die Glieder mit ungeraden Potenzen von ψ in der Entwicklung der freien Energie ausgeschlossen.

Die konkrete Form dieser Entwicklung wird auf der Grundlage derselben Überlegungen wie in der allgemeinen Theorie der Phasenübergänge zweiter Art (s. V, § 146) festgelegt. Wir wollen diese Überlegungen nicht wiederholen und schreiben die folgende Entwicklung der gesamten freien Energie eines supraleitenden Körpers auf:[2])

$$F = F_n + \int\left\{\frac{\hbar^2}{4m}|\nabla\psi|^2 + a|\psi|^2 + \frac{b}{2}|\psi|^4\right\} dV. \tag{45,3}$$

[1]) Die unten dargestellte Theorie stammt von W. L. GINSBURG und L. D. LANDAU (1950). Es ist bemerkenswert, daß sie phänomenologisch entwickelt wurde, noch vor der mikroskopischen Theorie der Supraleitfähigkeit.

[2]) Wir erinnern nur daran, daß die aufgeschriebene Form des Gradientengliedes mit der vorausgesetzten kubischen Symmetrie des Kristalls zusammenhängt. Bei niedrigeren Symmetrien wäre dieses Glied eine quadratische Form der Ableitungen $\partial\psi/\partial x_i$.

Dabei ist F_n die freie Energie im Normalzustand (d. h. bei $\psi = 0$); b ist ein nur von der Dichte (aber nicht von der Temperatur) abhängender positiver Koeffizient; die Größe a hängt von der Temperatur nach dem Gesetz

$$a = (T - T_c)\,\alpha \tag{45,4}$$

ab und verschwindet im Übergangspunkt; der Koeffizient α ist positiv in Übereinstimmung damit, daß der supraleitenden Phase das Gebiet $T < T_c$ entspricht; der Koeffizient bei $|\nabla\psi|^2$ in (45,3) ist so gewählt, daß man für den Strom den Ausdruck (45, 2) erhält (s. unten).[1] Die Tatsache, daß in (45,3) nur die ersten Ableitungen von ψ auftreten, hängt damit zusammen, daß eine hinreichend langsame räumliche Änderung von ψ vorausgesetzt wurde.

In einem homogenen Supraleiter ohne äußeres Feld hängt der Parameter ψ von den Koordinaten nicht ab. Dann reduziert sich der Ausdruck (45,3) auf

$$F = F_n + aV\,|\psi|^2 + \frac{bV}{2}\,|\psi|^4. \tag{45,5}$$

Der Gleichgewichtswert von $|\psi|^2$ (bei $T < T_c$) wird durch die Bedingung bestimmt, daß dieser Ausdruck ein Minimum annehmen soll:

$$|\psi|^2 = -\frac{a}{b} = \frac{\alpha}{b}\,(T_c - T). \tag{45,6}$$

Die Dichte der supraleitenden Elektronen in Abhängigkeit von der Temperatur verschwindet im Übergangspunkt nach einem linearen Gesetz.

Wenn wir den Wert (45,6) rückwärts in (45,5) einsetzen, finden wir die Differenz der freien Energien des supraleitenden und des Normalzustandes:

$$F_s - F_n = -V\frac{\alpha^2}{2b}\,(T_c - T)^2. \tag{45,7}$$

Durch Differentiation nach der Temperatur kann man hieraus die Differenz der Entropien bestimmen und daraus den Sprung der Wärmekapazität im Übergangspunkt:[2]

$$C_s - C_n = V\,\frac{\alpha^2 T_c}{b}. \tag{45,8}$$

In der Nähe des Übergangspunktes ist die Differenz (45,7) eine kleine Korrektur zur freien Energie. Nach dem Theorem der kleinen Zusatzglieder (V, § 15) liefert diese Größe (ausgedrückt als Funktion der Temperatur und des Druckes an Stelle der Temperatur und des Volumens) die Differenz der thermodynamischen Potentiale $\Phi_s - \Phi_n$. Anderer-

[1] Diese Wahl (insbesondere die Identifizierung von m mit der echten Elektronenmasse) hat natürlich keinen tiefen Sinn und gilt nur bedingt, wie auch die Definition von n_s in (44,2).

[2] Wenn man die Formeln (45,6) für $|\psi|^2 = \varrho_s/2m$ und (45,8) für den Sprung der Wärmekapazität mit den Formeln (40,16) und (40,11) für die gleichen Größen im BCS-Modell vergleicht, kann man den Wert der Koeffizienten α und b in diesem Modell bestimmen (L. P. Gorkow, 1959):

$$\alpha = 6\pi^2 T_c/7\zeta(3)\,\mu = 7{,}04 \cdot T_c/\mu, \quad b = \alpha T_c/n.$$

Es wurde der Zusammenhang der Teilchendichte $n = \varrho/m$ und des chemischen Potentials μ (bei $T = 0$) mit dem Grenzimpuls wie beim idealen Gas benutzt: $n = p_F^3/3\pi^2\hbar^3$, $\mu = p_F^2/2m$.

seits fällt nach einer allgemeinen Formel der Thermodynamik der Supraleiter (s. VIII, (43,7)) diese Differenz mit der Größe $-VH_c^2/8\pi$ zusammen, wobei H_c das kritische Feld ist, das die Supraleitfähigkeit zerstört. Wir finden also für das letztere folgendes Gesetz für die Temperaturabhängigkeit in der Nähe des Übergangspunktes:[1])

$$H_c = \left(\frac{4\pi a^2}{b}\right)^{1/2} = \left(\frac{4\pi\alpha^2}{b}\right)^{1/2}(T_c - T). \tag{45,9}$$

Bei Anwesenheit eines Magnetfeldes muß der Ausdruck für die freie Energie (45,3) in zweifacher Hinsicht geändert werden. Erstens muß zu dem Integranden die Energiedichte des Magnetfeldes $\boldsymbol{B}^2/8\pi$ hinzugefügt werden (wobei $\boldsymbol{B} = \operatorname{rot} \boldsymbol{A}$ die magnetische Induktion im Körper ist). Zweitens muß man das Gradientenglied so abändern, daß die Forderung nach Eichinvarianz erfüllt ist. Im vorigen Paragraphen wurde gezeigt, daß diese Bedingung zu der Notwendigkeit führt, den Phasengradienten der Kondensatwellenfunktion $\nabla\Phi$ durch die Differenz $\nabla\Phi - 2e\boldsymbol{A}/\hbar c$ zu ersetzen. Im gegebenen Fall bedeutet das die Substitution

$$\nabla\psi = \mathrm{e}^{i\Phi}\nabla|\psi| + i\psi\nabla\Phi \to \nabla\psi - \frac{2ie}{\hbar c}\boldsymbol{A}\psi.$$

Wir kommen also zu folgendem grundlegenden Ausdruck:

$$F = F_{n0} + \int\left\{\frac{\boldsymbol{B}^2}{8\pi} + \frac{\hbar^2}{4m}\left|\left(\nabla - \frac{2ie}{\hbar c}\boldsymbol{A}\right)\psi\right|^2 + a|\psi|^2 + \frac{b}{2}|\psi|^4\right\}\mathrm{d}V \tag{45,10}$$

(F_{n0} ist die freie Energie des Körpers im Normalzustand ohne äußeres Feld). Wir betonen, daß der Koeffizient $2ie/\hbar c$ in diesem Ausdruck keinen bedingten Charakter hat (zum Unterschied von der oben erwähnten Bedingtheit bei der Wahl des Koeffizienten $\hbar^2/4m$). Die Verdopplung der Elektronenladung in ihm ist eine Folge des COOPER-Effektes (L. P. GORKOW, 1959); dieser Koeffizient konnte natürlich nicht auf phänomenologischem Weg festgelegt werden.

Die Differentialgleichungen, die die Verteilung der Wellenfunktion ψ und des Magnetfeldes in dem Supraleiter bestimmen, findet man nun, indem man das Minimum der freien Energie als Funktional der drei unabhängigen Funktionen ψ, ψ^* und $\boldsymbol{A}$ aufsucht.

Die komplexe Größe ψ ist eine Gesamtheit von zwei reellen Größen; deshalb muß man ψ und ψ^* bei der Variation als unabhängige Funktionen betrachten. Wenn wir das Integral nach ψ^* variieren und das Integral des Gliedes $(\nabla\psi - 2ie\boldsymbol{A}/\hbar c)\,\nabla\delta\psi^*$ partiell integrieren, erhalten wir

$$\delta F = \int\left\{-\frac{\hbar^2}{4m}\left(\nabla - \frac{2ie}{\hbar c}\boldsymbol{A}\right)^2\psi + a\psi + b|\psi|^2\psi\right\}\delta\psi^*\,\mathrm{d}V + \frac{\hbar^2}{4m}\oint\left(\nabla\psi - \frac{2ie}{\hbar c}\boldsymbol{A}\psi\right)\delta\psi^*\,\mathrm{d}\boldsymbol{f}; \tag{45,11}$$

---

[1]) Im BCS-Modell ist

$$H_c = 2{,}44(mp_F/\hbar^3)^{1/2}\,(T_c - T) \quad \text{bei} \quad T \to T_c.$$

Wir geben auch den Wert H_c in diesem Modell bei $T = 0$ an:

$$H_c = 0{,}99T_c(mp_F/\hbar^3)^{1/2}$$

(man erhält ihn, wenn man $-VH_c^2/8\pi$ gleich der Differenz der Energien (40,9) setzt).

das zweite Integral wird über die Körperoberfläche genommen. Wir setzen $\delta F = 0$ und erhalten als Bedingung dafür, daß das Volumenintegral bei beliebigem $\delta\psi^*$ gleich Null ist, die folgende Gleichung

$$\frac{1}{4m}\left(-i\hbar\nabla - \frac{2e}{c}\boldsymbol{A}\right)^2 \psi + a\psi + b\,|\psi|^2\,\psi = 0 \tag{45,12}$$

(die Variation des Integrals nach ψ führt zu der komplex konjugierten Gleichung, d. h. sie gibt nichts Neues).

Auf analoge Weise führt die Variation des Integrals nach $\boldsymbol{A}$ auf die Maxwell-Gleichung

$$\operatorname{rot}\boldsymbol{B} = \frac{4\pi}{c}\boldsymbol{j}, \tag{45,13}$$

wobei die Stromdichte durch den Ausdruck

$$\boldsymbol{j} = -\frac{ie\hbar}{2m}(\psi^*\nabla\psi - \psi\nabla\psi^*) - \frac{2e^2}{mc}|\psi|^2\boldsymbol{A} \tag{45,14}$$

gegeben ist, der mit (44,7) übereinstimmt (wir schreiben $\boldsymbol{j}$ an Stelle von $\boldsymbol{j}_s$, weil im thermodynamischen Gleichgewicht der normale Strom fehlt). Wir bemerken, daß aus (45,13) die Kontinuitätsgleichung $\operatorname{div}\boldsymbol{j} = 0$ folgt; diese Gleichung kann man auch direkt durch Differentiation des Ausdruckes (45,14) unter Berücksichtigung der Gleichung (45,12) erhalten.

Die Gleichungen (45,12—14) bilden das vollständige System der *Ginsburg-Landau-Gleichungen.*

Die Randbedingungen zu diesen Gleichungen erhält man aus der Bedingung, daß die Oberflächenintegrale in der Variation δF verschwinden. Aus (45,11) erhält man auf diese Weise die Randbedingung

$$\boldsymbol{n}\left(-i\hbar\nabla\psi - \frac{2e}{c}\boldsymbol{A}\psi\right) = 0, \tag{45,15}$$

wobei $\boldsymbol{n}$ der Normalenvektor zur Körperoberfläche ist. Wir bemerken, daß wegen dieser Bedingung auch die Normalenkomponente des Stromes (45,14) verschwindet, wie es auch sein muß: $\boldsymbol{nj} = 0$.[1])

[1]) Bei der Randbedingung (45,15) verschwindet ψ selbst nicht, wie das für eine Wellenfunktion am Rand eines Körpers sein müßte. Das hängt damit zusammen, daß ψ erst in Abständen $\sim\xi_0$ von der Oberfläche gegen Null strebt; solche Abstände werden in der Ginsburg-Landau-Theorie als vernachlässigbar klein betrachtet.

Die Bedingung (45,15) wurde hier für die Grenze Supraleiter-Vakuum abgeleitet. Sie bleibt auch für die Grenze zu einem Dielektrikum gültig, aber für die Grenze zwischen verschiedenen Metallen (von denen eins supraleitend, das andere normal ist) ist sie unbrauchbar, — in ihr ist das teilweise Eindringen der supraleitenden Elektronen in das normale Metall nicht berücksichtigt. In diesem Fall ist (45,15) durch eine Bedingung allgemeinerer Art zu ersetzen, die mit der Forderung $\boldsymbol{nj} = 0$ verträglich ist:

$$\boldsymbol{n}\left(-i\hbar\nabla\psi - \frac{2e}{c}\boldsymbol{A}\psi\right) = \frac{i\psi}{\lambda}. \tag{45,15a}$$

Dabei ist λ eine reelle Konstante (von der Dimension einer Länge); die Abschätzung dieser Konstanten erfordert aber eine detaillierte mikroskopische Untersuchung.

Was die Randbedingungen für das Feld betrifft, so folgt aus der Gleichung (45,13) unter Berücksichtigung der Endlichkeit von $\boldsymbol{j}$ im ganzen Raum (bis zur Körperoberfläche) die Stetigkeit der Tangentialkomponente der Induktion $\boldsymbol{B}_t$. Aus der Gleichung $\operatorname{div} \boldsymbol{B} = 0$ folgt die Stetigkeit der Normalkomponente der Induktion B_n. Mit anderen Worten, die Randbedingungen fordern die Stetigkeit des gesamten Vektors $\boldsymbol{B}$.

In einem schwachen Magnetfeld kann man seinen Einfluß auf $|\psi|^2$ vernachlässigen und $|\psi|^2$ als konstant längs des ganzen Körpers annehmen, dieser konstante Wert ist gleich (45,6). Dann führt die Substitution von (45,14) in (45,13) (und die folgende Anwendung der Operation rot auf beide Seiten der Gleichung) auf die LONDONsche Gleichung (44,11) mit der Eindringtiefe

$$\delta = \left[\frac{mc^2 b}{8\pi e^2 |a|}\right]^{1/2} = \left[\frac{mc^2 b}{8\pi e^2 \alpha (T_c - T)}\right]^{1/2}. \tag{45,16}$$

Neben dieser Länge enthalten die GINSBURG-LANDAU-Gleichungen noch eine charakteristische Länge: den Korrelationsradius der Fluktuationen des Ordnungsparameters ψ (bei fehlendem Feld); wir bezeichnen ihn mit $\xi(T)$. Nach den bekannten Formeln aus der Theorie der Fluktuationen (s. V, § 146) wird dieser Radius durch die Koeffizienten in der freien Energie (45,3) gemäß

$$\xi(T) = \frac{\hbar}{2(m|a|)^{1/2}} = \frac{\hbar}{2(m\alpha)^{1/2}(T_c - T)^{1/2}} \tag{45,17}$$

ausgedrückt.

Durch die charakteristischen Längen (45,16—17) ist die Größenordnung der Abstände bestimmt, auf denen sich der Ordnungsparameter ψ und das Magnetfeld wesentlich ändern, die durch die GINSBURG-LANDAU-Gleichungen beschrieben werden. Dabei ist die Länge δ im allgemeinen für das Magnetfeld charakteristisch und die Länge $\xi(T)$ für die Verteilung von ψ. Beide Längen müssen groß gegenüber den „Ausmaßen der Paare" ξ_0 sein, damit die Voraussetzung erfüllt ist, nach der sich alle Größen räumlich hinreichend langsam ändern sollen. Weil beide Längen bei der Annäherung an den Übergangspunkt (nach dem Gesetz $(T_c - T)^{-1/2}$) anwachsen, ist in seiner Nähe diese Bedingung im allgemeinen erfüllt (s. unten).

Eine große Bedeutung hat in der dargestellten Theorie der GINSBURG-LANDAU-*Parameter*, der als das konstante (von der Temperatur nicht abhängende) Verhältnis der beiden angegebenen Längen definiert ist:

$$\varkappa = \frac{\delta(T)}{\xi(T)} = \frac{mcb^{1/2}}{(2\pi)^{1/2}|e|\hbar}. \tag{45,18}$$

Der Größenordnung nach ist $\varkappa \sim \delta_0/\xi_0$, dabei ist ξ_0 die Kohärenzlänge (39,21) und δ_0 die LONDONsche Eindringtiefe am absoluten Nullpunkt. Wir geben auch die Formel

$$\varkappa = 2\sqrt{2}\,\frac{|e|}{\hbar c}\,H_c(T)\,\delta^2(T) \tag{45,19}$$

an, die man mit Hilfe von (45,9) und (45,16) erhält und die $\varkappa$ unmittelbar durch beobachtbare Größen ausdrückt.

Nachdem wir die Form der Gleichungen bestimmt haben, wollen wir nun erörtern, wo man sie anwenden kann.

Von der Seite der tiefen Temperaturen ist das Anwendungsgebiet in jedem Falle durch die Bedingung $T_c - T \ll T_c$ eingeschränkt, die es erlaubt, den Ordnungsparameter als klein zu betrachten und die dadurch die Grundlage für die Entwicklung der freien Energie gibt. Durch diese Bedingung ist auch gewährleistet, daß die Ungleichung $\xi(T) \gg \xi_0$ erfüllt ist, um aber die Ungleichung $\delta(T) \gg \xi_0$ zu erfüllen, ist die Bedingung im Falle der Supraleiter mit kleinen Werten des Parameters $\varkappa$ schärfer[1]); in diesen Fällen folgt aus der Ungleichung $\delta \gg \xi_0$ die Bedingung

$$T_c - T \ll \varkappa^2 T_c. \tag{45,20}$$

Von der Seite $T \to T_c$ ist die Anwendbarkeit der Gleichungen nur durch die allgemeine Bedingung für die Anwendbarkeit der Landauschen Theorie der Phasenübergänge begrenzt, die mit dem Anwachsen der Fluktuationen des Ordnungsparameters zusammenhängt. Im gegebenen Fall ist diese Bedingung aber außerordentlich schwach. Denn sie wird mit Hilfe der Koeffizienten der Entwicklung (45,3) durch die Ungleichung

$$T_c - T \gg \frac{b^2 T_c^2}{\alpha(\hbar^2/m)^3}$$

ausgedrückt (s. V, (146,15)). Wenn wir zum Beispiel den Ausdruck auf der rechten Seite mit Hilfe der Werte b und α im BCS-Modell abschätzen, erhalten wir

$$(T_c - T)/T_c \gg (T_c/\mu)^4. \tag{45,21}$$

Weil das Verhältnis $T_c/\mu \sim 10^{-3}$—10^{-4} außerordentlich klein ist, kann man annehmen, daß diese Bedingung praktisch bis zum Übergangspunkt selbst erfüllt ist. Das Fluktuationsgebiet für den Übergang zweiter Art zwischen der supraleitenden und der Normalphase fehlt hier praktisch.

Aufgabe

Für eine ebene Schicht mit der Dicke $d \ll \xi, \delta$ ist der kritische Wert des Magnetfeldes (parallel zur Schichtebene) zu bestimmen, das die Supraleitfähigkeit zerstört (W. L. Ginsburg, L. D. Landau, 1950).[2])

Lösung. Wir wählen die mittlere Schichtebene als x—z-Ebene mit der x-Achse in Richtung des Feldes. In der Gleichung (45,13) für das Feld $B \equiv B_x(y)$ (welches sich in y-Richtung senkrecht zur Schicht ändert) kann man $\psi = \text{const}$ annehmen. Dann verschwindet das erste Glied im Ausdruck (45,14) für den Strom, und die Anwendung der Operation rot auf (45,13) führt auf die Gleichung $B'' = \theta^2 B/\delta^2$, dabei ist $\theta = \psi/\psi_0$, $\psi_0^2 = |a|/b$. Die bezüglich y symmetrische Lösung dieser Gleichung lautet:

$$B(y) = \mathfrak{H}\frac{\operatorname{ch}(y\theta/\delta)}{\operatorname{ch}(d\theta/2\delta)} \approx \mathfrak{H}\left[1 + \frac{y^2 - (d/2)^2}{2\delta^2}\,\theta^2\right]$$

($\mathfrak{H}$ ist das äußere Feld). Diesem Feld entspricht die Stromverteilung

$$j = j_z = -\frac{c}{4\pi}B' \approx -\frac{c\theta^2\mathfrak{H}}{4\pi\,\delta^2}\,y.$$

In der Gleichung (45,12) darf man in ψ die Abhängigkeit von y nicht völlig vernachlässigen: die kleine Ableitung $\partial^2\psi/\partial y^2$ ist hier mit $\hbar^2/m\,|a| \sim \xi^2$ multipliziert und erhält dadurch den großen

---

[1]) Wir geben hier als Beispiel die Werte von $\varkappa$ für einige reine Metalle an: Al—0,01, Sn—0,13, Hg—0,16, Pb—0,23.

[2]) Vergleiche die analoge Aufgabe für eine kleine Kugel im § 47.

(wegen der Bedingung $d \ll \xi$) Faktor $(\xi/d)^2$; gleichzeitig kann man in dieser Gleichung das Potential $A = A_z(y)$ vernachlässigen, was hier auf Glieder höherer Ordnung in bezug auf die kleine Größe d/ξ führt. Um uns von der Notwendigkeit zu befreien, in ψ die Abhängigkeit von y zu betrachten, mitteln wir die Gleichung (45,12) über die Schichtdicke; die Ableitungen nach y fallen dabei wegen der Randbedingung $\partial\psi/\partial y = 0$ auf der Schichtoberfläche heraus. Wir bemerken auch, daß

$$-\frac{\partial^2\psi}{\partial z^2} \approx \left(\frac{mj}{|e|\,\hbar\,|\psi|^2}\right)^2 \psi$$

ist. Wegen der Abhängigkeit der Phase der Funktion ψ von x (und des Zusammenhanges ihres Gradienten mit dem Strom) finden wir, nachdem wir ψ gekürzt haben,

$$\frac{m\overline{j^2}}{4e^2\,|\psi|^4} - |a| + b\,|\psi|^2 = 0$$

mit

$$\overline{j^2} = \frac{1}{d} \int\limits_{-d/2}^{d/2} j^2\,dy = \frac{c^2\,d^2\theta^4\mathfrak{H}^2}{3(8\pi)^2\,\delta^4}.$$

Wenn wir auch die Ausdrücke (45,9) und (45,16) benutzen, kommen wir zu der Gleichung

$$\frac{1}{24}\left(\frac{\mathfrak{H}\,d}{H_c\,\delta}\right)^2 = 1 - \frac{|\psi|^2}{\psi_0^2},$$

die ψ für die Schicht in einem Magnetfeld bestimmt. Der kritische Wert des Feldes für die Schicht $H_c^{(\mathrm{sch})}$ ist derjenige, bei dem ψ verschwindet. Er hängt mit dem kritischen Feld H_c des massiven Supraleiters durch die Gleichung

$$H_c^{(\mathrm{sch})} = \sqrt{24}\,H_c\,\delta/d$$

zusammen.

Unter den betrachteten Bedingungen findet die Zerstörung der Supraleitfähigkeit durch das Feld über einen Phasenübergang zweiter Art statt: ψ verschwindet bei Zunahme von $\mathfrak{H}$ stetig. Das ist vollkommen natürlich, weil bei $d \ll \delta$ das Feld praktisch in die supraleitende Schicht eindringt, so daß es keine Ursachen für einen Übergang erster Art gibt, der in einem plötzlichen Eindringen des Feldes in den Körper bestünde.

§ 46. Die Oberflächenspannung an der Grenze zwischen supraleitender und normaler Phase

Die Ginsburg-Landau-Gleichungen erlauben es insbesondere, die Oberflächenspannung an der Grenze zwischen supraleitender (s) und normaler (n) Phase (in ein und derselben Probe) zu berechnen, indem sie mit Größen verknüpft wird, die die Volumeneigenschaften des Stoffes charakterisieren (W. L. Ginsburg, L. D. Landau, 1950). Wir erinnern daran, daß es solche Grenzen in metallischen Proben gibt, welche sich in dem sogenannten Zwischenzustand in einem Magnetfeld befinden. Weil sich der ganze Unterschied beider Phasen darauf reduziert, daß in einer Phase $\psi \neq 0$ und in der anderen $\psi = 0$ ist, findet der Übergang zwischen ihnen stetig in einer gewissen Schicht statt und wird durch die Ginsburg-Landau-Gleichungen beschrieben, wobei die Randbedingungen nur für große Abstände auf beiden Seiten dieser Schicht gestellt werden.

Wir betrachten eine ebene Grenze zwischen der n- und der s-Phase eines Metalls. Dabei wählen wir diese Grenze als y—z-Ebene, die x-Richtung zeige in das Innere der s-

Phase; die Verteilung aller Größen hängt in beiden Phasen nur von der Koordinate x ab. Das Vektorpotential des Feldes, dessen Wahl noch nicht eindeutig ist, unterwerfen wir einer Eichung, in der $\operatorname{div} \boldsymbol{A} = 0$ ist; im gegebenen Fall ergibt das $\mathrm{d}A_x/\mathrm{d}x = 0$, hieraus sieht man, daß man $A_x = 0$ setzen kann. Aus Symmetriebetrachtungen wird deutlich, daß der Vektor $\boldsymbol{A}$ überall in einer Ebene liegt; das möge die x—y-Ebene sein, so daß $A_y \equiv A$ ist; dann liegt der Induktionsvektor in der x—z-Ebene, wobei

$$B \equiv B_z = A' \tag{46,1}$$

ist (der Strich kennzeichnet die Differentiation nach x).

Wir schreiben die Gleichung (45,13) weiterhin in der in der makroskopischen Elektrodynamik üblichen Form $\operatorname{rot} \boldsymbol{H} = 0$, indem wir die Feldstärke $\boldsymbol{H}$ gemäß

$$\boldsymbol{H} = \boldsymbol{B} - 4\pi \boldsymbol{M}, \quad c \operatorname{rot} \boldsymbol{M} = \boldsymbol{j}$$

einführen.[1]) Aus dieser Gleichung folgt im gegebenen Fall, daß $H = \mathrm{const}$ ist. Weit von der Grenze entfernt, im Innern der Normalphase fallen Induktion und Feldstärke zusammen, wobei sie gerade gleich dem kritischen Wert sind: $B = H = H_c$ (die magnetische Suszeptibilität der Normalphase vernachlässigen wir). Deshalb wird im ganzen Raum $H \equiv H_z = H_c$.

Wenn wir die Änderung der Dichte beim supraleitenden Phasenübergang vernachlässigen, können wir sie (zusammen mit der Temperatur) als konstant im ganzen Körper annehmen.[2]) Wir bezeichnen durch f die freie Energie pro Volumeneinheit (im Unterschied zur freien Energie F des ganzen Körpers). Bei konstanter Temperatur und konstanter Dichte sowie bei Vernachlässigung von Oberflächeneffekten gilt für das Differential

$$\mathrm{d}f = \frac{\boldsymbol{H}}{4\pi} \mathrm{d}\boldsymbol{B} \tag{46,2}$$

(s. VIII, § 30). Hieraus sieht man, daß die zusätzliche Forderung der Konstanz von $\boldsymbol{B}$ unter diesen Bedingungen auch dazu führen würde, daß die Größe

$$\tilde{f} = f - \frac{\boldsymbol{HB}}{4\pi} \tag{46,3}$$

konstant wäre. Deshalb ist der ganze Beitrag zum Integral $\tilde{F} = \int \tilde{f}\, \mathrm{d}V$, der vom veränderlichen Teil $\tilde{F}$ kommt, allein durch die Existenz der Grenze bedingt. Wenn wir diesen Beitrag auf die Flächeneinheit der Grenze beziehen, können wir folglich den Koeffizienten der Oberflächenspannung als das Integral

$$\alpha_{ns} = \int_{-\infty}^{\infty} (\tilde{f} - \tilde{f}_n)\, \mathrm{d}x \tag{46,4}$$

---

[1]) Um Mißverständnisse zu vermeiden, erinnern wir daran, daß sich die Bemerkung in VIII, § 41 über die Unzweckmäßigkeit, die Größe $\boldsymbol{H}$ einzuführen, auf die Elektrodynamik der Supraleiter bezog, in der das Eindringgebiet des Magnetfeldes als unendlich dünn betrachtet wurde. Die Ginsburg-Landau-Gleichungen werden gerade auf die Struktur in diesem Gebiet angewendet.

[2]) Streng genommen ist beim Phasengleichgewicht das chemische Potential längs des Systems konstant (und nicht die Dichte). Unter Berücksichtigung der Dichteänderung müßte man deshalb nicht die freie Energie, sondern das thermodynamische Potential Ω betrachten.

berechnen, dabei ist die Konstante $\tilde{f}_n$ der Wert von $\tilde{f}$ weit entfernt von der Grenze, zum Beispiel in der Tiefe der Normalphase.

Für die Normalphase ist die freie Energie $f_n = f_{n0} + B^2/8\pi = f_{n0} + H_c^2/8\pi$, so daß

$$\tilde{f}_n = f_n - \frac{H_c^2}{4\pi} = f_{n0} - \frac{H_c^2}{8\pi} = f_{n0} - \frac{a^2}{2b}$$

ist (in der letzten Gleichung ist (45,9) berücksichtigt). Die Größe $\tilde{f}$ wird in einem beliebigen Punkt durch die Dichte der freien Energie f gemäß

$$\tilde{f} = f - \frac{H_c B}{4\pi}$$

ausgedrückt. Wenn wir den Ausdruck (45,10) benutzen, kommen wir zu folgender Formel für die Oberflächenspannung:

$$\alpha_{ns} = \int\limits_{-\infty}^{\infty} \left\{ \frac{B^2}{8\pi} + \frac{\hbar^2}{4m} \left(|\psi'|^2 + \frac{4e^2}{\hbar^2 c^2} A^2 |\psi|^2 \right) \right.$$
$$\left. + a|\psi|^2 + \frac{b}{2}|\psi|^4 - \frac{H_c B}{4\pi} + \frac{a^2}{2b} \right\} \mathrm{d}x. \qquad (46,5)$$

Der Integrand verschwindet, wie es sein muß, sowohl im Innern der Normalphase ($x \to -\infty$), wo $\psi = 0$, $B = H_c$ ist, als auch im Innern der supraleitenden Phase ($x \to \infty$), wo $|\psi|^2 = -a/b$, $B = 0$ ist.

Wir weisen darauf hin, daß im Integranden in (46,5) wegen der Gleichung $A_x = 0$ das Glied $i\boldsymbol{A}\,\nabla\psi$ herausfiel. Dieses Glied fällt auch aus (45,12) heraus, so daß eine Gleichung mit reellen Koeffizienten übrig bleibt; deshalb kann die Lösung dieser Gleichung reell gewählt werden, was unten auch angenommen wird. Dabei verschwindet im Ausdruck für die Stromdichte (45,14) das erste Glied, und es bleibt übrig

$$\boldsymbol{j} = -\frac{2e^2}{mc}\psi^2 \boldsymbol{A}. \qquad (46,6)$$

Außerdem führen wir an Stelle der Variablen x und der Funktionen $A(x)$, $\psi(x)$ die dimensionslosen Größen

$$\bar{x} = \frac{x}{\delta}, \quad \bar{\psi} = \psi\sqrt{\frac{b}{|a|}}, \quad \bar{A} = \frac{A}{H_c\delta}, \quad \bar{B} = \frac{\mathrm{d}\bar{A}}{\mathrm{d}\bar{x}} = \frac{B}{H_c} \qquad (46,7)$$

ein. Wir werden weiter unten in diesem Paragraphen nur diese Größen benutzen und der Kürze halber die Striche über den Buchstaben weglassen. Die Gleichung (45,12) nimmt in diesen Variablen die Form

$$\psi'' = \varkappa^2 \left[\left(\frac{A^2}{2} - 1 \right) \psi + \psi^3 \right] \qquad (46,8)$$

an. Die Gleichung (45,13) mit $\boldsymbol{j}$ aus (46,6) lautet dann

$$A'' = A\psi^2. \qquad (46,9)$$

Die Randbedingungen zu diesen Gleichungen (die der n- und s-Phase bei $x \to -\infty$ bzw. $x \to \infty$ entsprechen) für die betrachtete Aufgabe sind

$$\begin{aligned} &\psi = 0, \quad B = A' = 1 \quad \text{bei} \quad x = -\infty, \\ &\psi = 1, \quad A' = 0 \quad \text{bei} \quad x = \infty. \end{aligned} \qquad (46,10)$$

Man kann leicht nachprüfen, daß die Gleichungen (46,8—9) folgendes erste Integral haben:

$$2\varkappa^{-2}\psi'^2 + (2 - A^2)\,\psi^2 - \psi^4 + A'^2 = \text{const} = 1; \tag{46,11}$$

der Wert der Konstanten bestimmt sich aus den Randbedingungen.[1])

Schließlich nimmt der Ausdruck (46,5) die Form

$$\alpha_{ns} = \frac{\delta H_c^2}{8\pi} \int_{-\infty}^{\infty} \left[\frac{2}{\varkappa^2}\psi'^2 + (A^2 - 2)\,\psi^2 + \psi^4 + (A' - 1)^2\right] dx$$

$$= \frac{\delta H_c^2}{4\pi} \int_{-\infty}^{\infty} \left[\frac{2}{\varkappa^2}\psi'^2 + A'(A' - 1)\right] dx \tag{46,12}$$

an (beim Übergang zu der zweiten Gleichung ist das Glied ψ^4 durch (46,11) ausgedrückt).

Wir kommen nun zur Untersuchung der aufgeschriebenen Gleichungen. Zunächst betrachten wir den Fall $\varkappa \ll 1$ (der gewöhnlich bei supraleitenden reinen Metallen erfüllt ist). Diese Ungleichung bedeutet, daß $\delta(T) \ll \xi(T)$ ist, d. h. das Magnetfeld ändert sich wesentlich auf Abständen, die klein im Vergleich zu den charakteristischen Abständen für die Änderung der Funktion $\psi(x)$ sind.

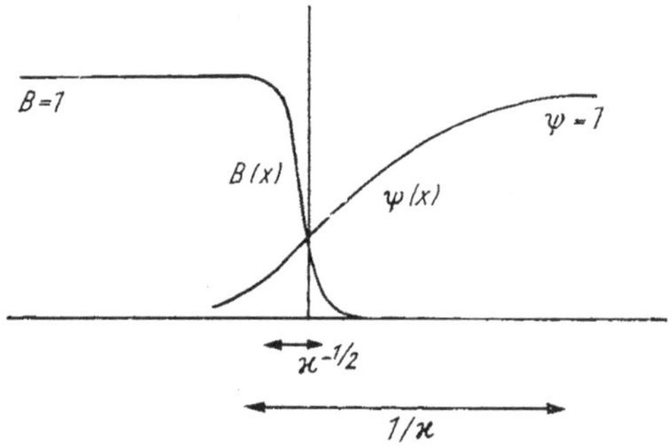

Abb. 6

In der Abb. 6 ist das Bild der Verteilungen von ψ und die des Feldes für diesen Fall schematisch dargestellt. Im Gebiet, wo das Feld groß ist, haben wir $\psi \approx 0$, dann fällt das Feld steil ab, und die Funktion $\psi(x)$ beginnt, sich langsam (auf Abständen $x \sim 1/\varkappa$) in Abwesenheit des Feldes zu ändern. Wenn wir in (46,11) $A = 0$ setzen, finden wir die Gleichung

$$\psi' = \frac{\varkappa}{\sqrt{2}}\,(1 - \psi^2),$$

die unter der Bedingung $\psi = 0$ im Punkt $x = 0$ gelöst werden muß, der irgendwo innerhalb des Abfallgebietes für das Feld gewählt werden kann. Eine solche Lösung ist

$$\psi = \text{th}\,(\varkappa x/\sqrt{2}\,), \tag{46,13}$$

[1]) Aus der Bedingung (46,10) folgt automatisch, daß bei $x \to \pm\infty$ auch $\psi' = 0$ ist, und aus denselben Bedingungen und der Gleichung (46,9), daß bei $x \to \infty$ sowohl $A'' = 0$ als auch $A = 0$ gilt (der bestimmte Wert $A(\infty)$ ist das Ergebnis davon, daß ψ reell gewählt wurde).

und die Berechnung des Integrals (46,12) mit dieser Funktion (und $A = 0$) gibt

$$\alpha_{ns} = \frac{H_c^2\,\delta}{3\sqrt{2}\,\pi\varkappa} = \frac{H_c^2}{8\pi}\,\frac{1{,}9\delta}{\varkappa}. \tag{46,14}$$

Eine Ungenauigkeit dieses Wertes wird hier durch die Vernachlässigung des Beitrags von dem Gebiet, in dem das Feld abfällt, verursacht. Zur Abschätzung der Breite δ_1 dieses Gebietes[1]) bemerken wir einerseits, daß nach Gleichung (46,9) $\delta_1^{-2} \sim \psi^2$ gilt. Andererseits muß die Formel (46,13) der Größenordnung nach auch an der Grenze des Gebietes $x \sim \delta_1$ richtig bleiben, daraus folgt $\psi \sim \varkappa\,\delta_1$. Aus diesen beiden Beziehungen finden wir $\delta_1 \sim \varkappa^{-1/2}$. Der Beitrag von diesem Gebiet zur Oberflächenspannung ist $\sim H_c^2\,\delta\varkappa^{-1/2}$, d. h. er ist klein im Vergleich zu (46,14) in dem Verhältnis $\sim\varkappa^{1/2}$ (so daß der Ausdruck (46,14) nicht allzu genau ist).

Bei der Zunahme des Parameters $\varkappa$ geht der Koeffizient der Oberflächenspannung durch Null und wird dann negativ. Das sieht man schon daran, daß die Ungleichung $\alpha_{ns} < 0$ in jedem Falle bei hinreichend großen Werten von $\varkappa$ erfüllt ist. Denn die charakteristischen Abstände für die Änderung der Funktion $\psi(x)$ können in dieser Aufgabe nicht kleiner sein als für die Änderung von $A(x)$, weil schon die Änderung von A selbst zu einer Änderung von ψ führt; deshalb kann man bei großem $\varkappa$ das Glied $\psi'^2/\varkappa^2$ unter dem Integralzeichen in (46,12) vernachlässigen, und weil $0 < A' < 1$ ist (d.h. $0 < B < H_c$ in den üblichen Einheiten), ist der Integrand negativ. Wir zeigen, daß α_{ns} bei dem Wert

$$\varkappa = 1/\sqrt{2} \tag{46,15}$$

verschwindet.

Dazu schreiben wir den Ausdruck für α_{ns} in der Form

$$\alpha_{ns} = \frac{H_c^2\,\delta}{8\pi}\int_{-\infty}^{\infty}[(A'-1)^2 - \psi^4]\,dx \tag{46,16}$$

(man erhält sie aus dem ersten Integral (46,12) durch partielle Integration des Gliedes ψ'^2 mit nachfolgender Substitution von ψ'' aus (46,8)). Das Integral geht gegen Null, wenn der Integrand identisch gleich Null wird, d. h. wenn

$$A' - 1 = -\psi^2 \tag{46,17}$$

ist (das umgekehrte Vorzeichen ist in dieser Gleichung unmöglich, weil das Feld $B = A'$ mit zunehmendem ψ abnehmen muß). Wenn wir ψ aus (46,17) und (46,9) eliminieren, finden wir die Gleichung

$$A'' = A(1 - A'), \tag{46,18}$$

deren Lösung (bei den Randbedingungen $A' = 1$ bei $x = -\infty$ und $A = 0$ bei $x = \infty$) die Feldverteilung bestimmt; wegen (46,17) ist die Randbedingung (46,10) für ψ automatisch erfüllt. Ohne die Gleichung (46,18) zu lösen, genügt es, sich zu überzeugen, daß bei $\varkappa^2 = 1/2$ automatisch auch die noch nicht benutzte Gleichung (46,8) erfüllt ist oder, was das gleiche ist, ihr erstes Integral (46,11). Wenn wir (46,17) in (46,9) einsetzen, erhalten wir $\psi' = -A\psi/2$; dieser Wert von ψ' erfüllt zusammen mit A' aus (46,17) identisch die Gleichung (46,11) mit $\varkappa^2 = 1/2$.

---

[1]) Wir betonen, daß sie nicht mit der Eindringtiefe des Feldes in einen Supraleiter vom Vakuum aus übereinstimmt! In dem letzteren Fall ist in dem Eindringgebiet des Feldes $\psi \sim 1$, während beim Eindringen aus der n-Phase das Feld in dem Gebiet mit kleinen ψ abfällt.

Aufgabe

Für einen Supraleiter mit dem Parameter $\varkappa \ll 1$ ist die erste Korrektur bezüglich des Feldes für die Eindringtiefe in schwachen Feldern zu bestimmen.

Lösung. Wir wählen die Oberfläche des Supraleiters als y—z-Ebene mit der z-Achse in Richtung des äußeren Feldes $\mathfrak{H}$; die x-Achse möge in das Innere des Körpers zeigen. Die Verteilungen des Feldes und der Größe ψ im Supraleiter sind durch die Gleichungen (46,8—9) bestimmt, die unter den Randbedingungen

$$\psi' = 0, \quad B = A' = \mathfrak{H} \quad \text{bei} \quad x = 0,$$

$$\psi' = 1, \quad A = 0 \quad \text{bei} \quad x = \infty$$

gelöst werden müssen (die erste ist die Bedingung (45,15)). Wir suchen die Lösung in der Form

$$\psi = 1 + \psi_1(x), \quad A = -\mathfrak{H}e^{-x} + A_1(x),$$

dabei sind ψ_1, A_1 kleine Korrekturen zur Lösung bei $\varkappa = 0$, die der Dämpfung des Feldes nach dem Londonschen Gesetz (44,13) entspricht. Für die Korrektur ψ_1 haben wir die Gleichung

$$\psi_1'' = 2\varkappa^2\psi_1 + \frac{1}{2}\varkappa^2\mathfrak{H}^2 e^{-2x},$$

hieraus finden wir unter Beachtung der Randbedingungen

$$\psi_1 = \frac{1}{8}\varkappa^2\mathfrak{H}^2 e^{-2x} - \frac{1}{4\sqrt{2}}\varkappa\mathfrak{H}^2 e^{-\sqrt{2}\,\varkappa x}. \tag{1}$$

Für A_1 schreiben wir jetzt die Gleichung

$$A_1'' = A_1 - 2\mathfrak{H}e^{-x}\psi_1$$

auf, wobei man hier für ψ_1 nur das zweite Glied von (1) einzusetzen braucht, das von erster Ordnung bezüglich $\varkappa$ ist. Unter Berücksichtigung der Randbedingung ($A_1' = 0$ bei $x = 0$) und bei Vernachlässigung der höheren Glieder bezüglich $\varkappa$ überall in den Koeffizienten, wo es möglich ist, erhalten wir

$$A_1 = -\frac{1}{8}\mathfrak{H}^3[(1 + \varkappa\sqrt{2})\,e^{-x} - e^{-(1+\sqrt{2}\,\varkappa)x}]. \tag{2}$$

Damit sind die Korrekturen zum Abfallgesetz des Feldes ins Innere des Supraleiters gefunden. Die effektive Eindringtiefe δ_{eff} führen wir gemäß der Definition

$$\mathfrak{H}\,\delta_{\text{eff}} = \int_0^\infty B(x)\,dx = -A(0) = \mathfrak{H} - A_1(0)$$

ein. Wenn wir zu gewöhnlichen Einheiten zurückkehren, erhalten wir aus (2)

$$\delta_{\text{eff}} = \delta\left[1 + \frac{\varkappa}{4\sqrt{2}}\left(\frac{\mathfrak{H}}{H_c}\right)^2\right].$$

§ 47. Zwei Arten von Supraleitern

Das Vorzeichen der Oberflächenspannung α_{ns} hat einen wesentlichen Einfluß auf die Eigenschaften eines Supraleiters. Das gibt Anlaß dazu, alle Supraleiter in zwei Kategorien einzuteilen: Supraleiter *erster Art* mit $\alpha_{ns} > 0$ und Supraleiter *zweiter Art* mit

$\alpha_{ns} < 0$. Weil das Vorzeichen von α_{ns} durch den GINSBURG-LANDAU-Parameter $\varkappa$ bestimmt ist, entsprechen den ersten (in der Nähe von T_c) die Werte $\varkappa < 1/\sqrt{2}$, den letzteren die Werte $\varkappa > 1/\sqrt{2}$.[1])

Wir betrachten einen massiven zylindrischen Supraleiter in einem äußeren longitudinalen Magnetfeld $\mathfrak{H}$. Wenn der Supraleiter zu der ersten Art gehört, dann erleidet er bei zunehmendem Feld einen Phasenübergang erster Art, wenn das Feld den kritischen Wert H_c erreicht. Die Rolle der Oberflächenspannung reduziert sich dabei (wie bei jedem Phasenübergang erster Art) nur darauf, die Bildung der ersten Keime der neuen Phase zu erschweren, dadurch ergibt sich die Möglichkeit, die s-Phase metastabil bei Feldern beizubehalten, die den Wert H_c etwas überschreiten.

Wenn der Supraleiter von der zweiten Art ist, dann kann schon vor dem Erreichen des Wertes H_c die Entstehung von „Sprenkeln" der n-Phase in ihm thermodynamisch günstig sein; die Zunahme der Volumenenergie wird kompensiert durch die negative Oberflächenenergie eines solchen Keimes. Die untere Grenze der Feldwerte, bei denen das möglich wird, bezeichnet man üblicherweise mit H_{c1} und nennt sie *unteres kritisches Feld*. Auf analoge Weise kommen wir, wenn wir mit einem Metall im Normalzustand in einem großen äußeren Feld beginnen, zu einem gewissen Wert $H_{c2} > H_c$ (*oberes kritisches Feld*), unter dem die Entstehung von „Sprenkeln" der s-Phase thermodynamisch günstig wird — wieder auf Kosten eines Gewinns in der negativen Grenzflächenenergie. In einem bestimmten Feldintervall $H_{c1} < \mathfrak{H} < H_{c2}$ befindet sich also der Supraleiter, wie man sagt, in einem *gemischten Zustand*.[2]) Seine Eigenschaften ändern sich in diesem Zustand allmählich von rein supraleitenden bei H_{c1} zu rein normalen bei H_{c2}; gleichzeitig findet ein allmähliches Eindringen des Magnetfeldes in den Körper statt. Der Wert H_c, der nur durch das Verhältnis zwischen den Volumenenergien der n- und der s-Phase bestimmt ist, ist hier durch nichts ausgezeichnet.

Beide kritischen Felder hängen natürlich von der Temperatur ab und verschwinden bei $T = T_c$. Das führt zu dem Phasendiagramm für Supraleiter zweiter Art, welches in Abb. 7 dargestellt ist (bezüglich der gestrichelten Linie in dieser Abbildung — s. unten).

Es ist möglich, das obere kritische Feld (im Rahmen der GINSBURG-LANDAU-Theorie) sogar ohne vorherige Klärung der Struktur des gemischten Zustandes zu bestimmen. Es genügt zu bemerken, daß für Felder etwas kleiner als H_{c2} die Keime der s-Phase nur kleine Werte des Ordnungsparameters ψ haben können (es gilt offensichtlich $\psi \to 0$ bei $\mathfrak{H} \to H_{c2}$). Deshalb kann der Zustand dieser Keime durch die Gleichungen der GINSBURG-LANDAU-Theorie beschrieben werden, die in bezug auf ψ linearisiert sind. Wenn wir in (45,12) das nichtlineare Glied weglassen, kommen wir zu der Gleichung

$$\frac{1}{4m}\left(-i\hbar\nabla - \frac{2e}{c}A\right)^2 \psi = |a|\,\psi. \tag{47,1}$$

Dabei kann man unter A das Vektorpotential des homogenen Feldes $\mathfrak{H}$ bei $\psi = 0$ verstehen, wenn sich der Körper im Normalzustand mit dem völlig in ihn eingedrungenen äußeren Feld befindet.

---

[1]) Zu der ersten Art gehören die supraleitenden reinen metallischen Elemente. Zur zweiten Art gehören die supraleitenden Legierungen und einige intermetallische Verbindungen. Die Vermutung, daß in Legierungen $\varkappa > 1/\sqrt{2}$ ist, wurde zuerst von L. D. LANDAU ausgesprochen.

[2]) Man darf das nicht mit dem Zwischenzustand der Supraleiter erster Art verwechseln, der bei bestimmten Konfigurationen von Probe und äußerem Magnetfeld entsteht!

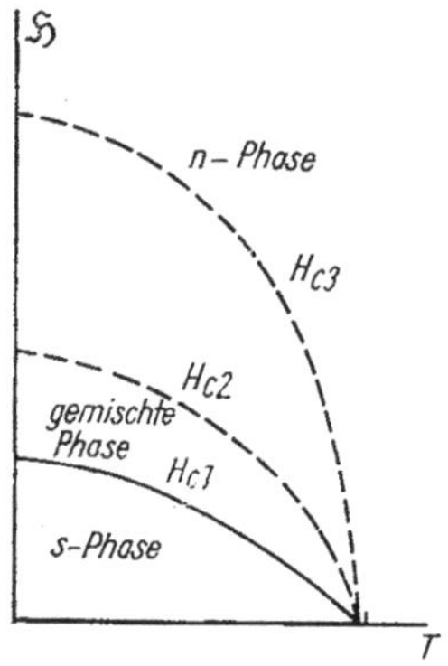

Abb. 7

Nach ihrer Form ist (47,1) aber einfach die SCHRÖDINGER-Gleichung für ein Teilchen mit der Masse $2m$ und der Ladung $2e$ in einem Magnetfeld, wobei $|a|$ die Rolle des Energieniveaus spielt; auch die Grenzbedingungen stimmen in beiden Fällen überein: $\psi = 0$ im Unendlichen. Wie bekannt ist (s. III, § 112), ist der Minimalwert der Energie in einem homogenen Magnetfeld gleich $E_0 = \hbar\omega_H/2$, dabei ist $\omega_H = 2\,|e|\,\mathfrak{H}/2mc$ (von diesem Wert an beginnt das kontinuierliche Energiespektrum). Aus der Analogie zwischen beiden Problemen folgt deshalb, daß die durch die Gleichung (47,1) beschriebenen Keime der s-Phase nur bei

$$|a| > \frac{|e|\,\hbar}{2mc}\,\mathfrak{H}$$

existieren können, so daß das kritische Feld $H_{c2} = 2mc\,|a|/|e|\,\hbar$ ist. Mit Hilfe der Ausdrücke (45,9), (45,17—18) kann man diese Formel als

$$H_{c2} = \sqrt{2}\,\varkappa H_c \qquad (47,2)$$

schreiben (A. A. ABRIKOSOW, 1952).

Die Lösung der Gleichung (47,1) mit der Randbedingung $\psi = 0$, die für das Unendliche gestellt wird, entspricht der Bildung eines Keimes der s-Phase im Volumen der Probe, weit von ihrer Oberfläche entfernt. Wir zeigen, daß die Existenz der Oberfläche die Keimbildung begünstigt, dadurch können Keime in einer dünnen Oberflächenschicht schon bei $\mathfrak{H} > H_{c2}$ entstehen (D. SAINT-JAMES, P. G. DE GENNES, 1963).

Die Lösung der Gleichung (47,1), die einen Keim der s-Phase in der Nähe der Körperoberfläche (die wir als eben annehmen wollen) beschreibt, muß an der Oberfläche die Randbedingung $\partial\psi/\partial x = 0$ befriedigen, dabei ist x die Koordinate in Normalenrichtung zur Oberfläche (Bedingung (45,15) bei $A_x = 0$). Um die nötige quantenmechanische Analogie herzustellen, erinnern wir daran, daß die oben benutzte Aufgabe, die Bewegung eines Teilchens in einem homogenen Magnetfeld zu bestimmen, ihrerseits der Aufgabe äquivalent ist, die Bewegung in einem eindimensionalen parabolischen Potentialtopf

$$U = \frac{2m}{2}\,\omega_H^2(x - x_0)^2$$

zu bestimmen, dabei ist x_0 eine Konstante, die dem „Bahnzentrum" entspricht (s. III, § 112). Wir betrachten nun einen doppelten Potentialtopf, der aus zwei gleichen parabolischen Töpfen symmetrisch zur Ebene $x = 0$ besteht (Abb. 8). Dem Grundzustand eines Teilchens in diesem Feld entspricht eine Wellenfunktion $\psi(x)$, die keine Nullstellen hat und in bezug auf x gerade ist; diese Funktion befriedigt automatisch die Bedingung

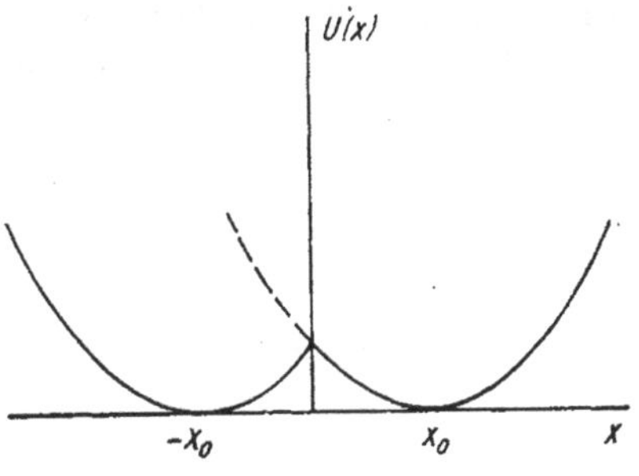

Abb. 8

$\psi' = 0$ bei $x = 0$. Gleichzeitig liegt das Grundniveau des Teilchens in dem doppelten Topf niedriger als das Niveau im einfachen Topf[1]); wenn man das auf die Aufgabe der Keimbildung überträgt, ist dadurch die oben gemachte Annahme bewiesen, daß die Keimbildung an der Oberfläche erleichtert ist.

Die numerische Berechnung des Niveaus in dem doppelten Topf führt auf das Ergebnis, daß der minimale Wert (in Abhängigkeit vom Parameter x_0) $0,59 E_0$ beträgt. Wenn wir die Betrachtungen wiederholen, die zur Formel (47,2) führten, finden wir, daß die obere Grenze der Felder, bei denen Oberflächenkeime der s-Phase entstehen, bei $H_{c3} = H_{c2}/0,59$ liegt, d. h. bei

$$H_{c3} = 1,7 H_{c2} = 2,4 \varkappa H_c. \qquad (47,3)$$

In dem Feldgebiet zwischen H_{c2} und H_{c3} gibt es also die Erscheinung der Oberflächensupraleitung; die Grenze dieses Gebietes ist in Abb. 7 durch eine gestrichelte Linie angegeben. Die Dicke der supraleitenden Schicht an der Oberfläche der Normalphase ist von der Größenordnung $\xi(T)$. Diese Abschätzung erhält man leicht aus der gleichen quantenmechanischen Analogie: die Wellenfunktion des Teilchens im Potentialtopf (in dem Niveau E_0) ist in einem Gebiet $x \sim \hbar/\sqrt{m E_0}$ konzentriert; die entsprechende Dimension des Keimes erhält man dadurch, daß man E_0 durch $|a|$ ersetzt, sie fällt (nach (45,17)) mit $\xi(T)$ zusammen.

Alles das, was oben gesagt wurde, bezieht sich auf Supraleiter zweiter Art. Die so eingeführten kritischen Felder H_{c2} und H_{c3} haben aber auch einen bestimmten physikalischen Sinn für die Supraleiter erster Art.

Wenn $\varkappa$ in dem Intervall $1/\sqrt{2} = 0,71 > \varkappa > 0,59/\sqrt{2} = 0,42$ liegt, dann ist $H_{c2} < H_c$, aber $H_{c3} > H_c$. Obwohl in diesem Falle die gemischte Phase nicht entsteht, existiert aber in dem Feldintervall zwischen H_c und H_{c3} die Oberflächensupraleitung.

---

[1]) Das hängt mit der Erniedrigung der potentiellen Energie in dem Halbraum $x < 0$ im Vergleich mit der zusammen, die man bei einem einzelnen Potentialtopf erhalten würde (gestrichelte Linie in Abb. 8). Siehe zum Beispiel III, § 50, Aufgabe 3.

Schließlich bestimmt nach dem Inhalt des durchgeführten Beweises der Wert H_{c2} (47,2) (bei beliebigem $\varkappa$) die obere Grenze der Felder, in denen eine Bildung von Keimen der s-Phase mit beliebig kleinen ψ möglich ist. Deshalb ist in einem Supraleiter erster Art (wobei $H_{c2} < H_c$ ist) in Feldern $\mathfrak{H} < H_{c2}$ die thermodynamisch ungünstige Normalphase absolut instabil. In dem Intervall $H_{c2} < \mathfrak{H} < H_c$ kann die Normalphase als metastabil existieren: der Phasenübergang erster Art aus der n- in die s-Phase kann in diesem Gebiet nur durch die Bildung von Keimen der s-Phase mit endlichen Werten von ψ stattfinden, die erschwert ist durch die positive Oberflächenspannung an der Grenze (W. L. Ginsburg, 1956).

Aufgabe

Es ist das kritische Feld für eine supraleitende kleine Kugel mit dem Radius $R \ll \delta$ zu bestimmen (W. L. Ginsburg, 1958).

Lösung. In diesem Fall (wie auch bei einer dünnen Schicht — s. Aufgabe in § 45) findet die Zerstörung der Supraleitung durch einen Phasenübergang zweiter Art statt. Das kritische Feld für eine Kugel kann man als den Wert finden, unterhalb dessen die n-Phase ihre Stabilität in bezug auf die Bildung von Keimen der s-Phase verliert. Wie im Text führt das dazu, den kleinsten Eigenwert der Schrödinger-Gleichung (47,1) zu finden. Bei der Bedingung $R \ll \delta$ kann man den Eigenwert mit Hilfe der Störungstheorie bezüglich des äußeren Feldes suchen, wobei die ungestörte Wellenfunktion $\psi = \text{const}$ ist (der Keim nimmt das ganze Kugelvolumen ein). Der Eigenwert wird dann einfach als Mittelwert des Störoperators $(2e\boldsymbol{A}/c)^2/4m$ bestimmt (der Mittelwert des Operators $(ie\hbar/mc)\,(\boldsymbol{A}\nabla)$ ist bei $\psi = \text{const}$ gleich Null). Dabei muß das Vektorpotential des homogenen Feldes als $\boldsymbol{A} = [\boldsymbol{\mathfrak{H}}\boldsymbol{r}]/2$ gewählt werden; gerade bei dieser Eichung genügt die Lösung $\psi = \text{const}$ auf der Kugeloberfläche der Randbedingung (45,15), die auf die Forderung $\boldsymbol{n}\boldsymbol{A} = 0$ führt. Wenn wir die Mittelung ausführen, finden wir

$$E_0 = \frac{e^2}{4mc^2}\,\frac{2}{3}\,\mathfrak{H}^2\overline{r^2} = \frac{e^2\mathfrak{H}^2R^2}{10mc^2}.$$

Das kritische Feld wird (wie im Text) durch die Bedingung $E_0 = |a|$ bestimmt, die zu dem Ergebnis

$$H_c^{(\mathrm{Kugel})} = \sqrt{20}\,H_c\,\delta/R$$

führt.

Daß man die Störungstheorie anwenden darf, wird dadurch bestätigt, daß der gefundene Wert E_0 (bei $\mathfrak{H} = H_c^{(\mathrm{Kugel})}$) bei der Bedingung $R \ll \delta$ wirklich klein ist im Vergleich zu dem folgenden Eigenwert, der schon einer in dem Kugelvolumen veränderlichen Wellenfunktion entspräche und von der Größenordnung $\hbar^2/mR^2$ wäre.

§ 48. Die Struktur des gemischten Zustandes

Wir wollen erneut (wie in dem vorigen Paragraphen) eine zylindrische Probe eines Supraleiters zweiter Art in einem longitudinalen Magnetfeld $\mathfrak{H}$ betrachten. Nun geht es um die Klärung der Struktur des gemischten Zustandes, in welchem sich der Körper in Feldern befindet, die das untere kritische Feld H_{c1} nur wenig überschreiten.[1])

---

[1]) Die in diesem Paragraphen (und in den dazugehörigen Aufgaben) dargestellten Resultate stammen von A. A. Abrikosow (1957).

In diesem Falle sind in der supraleitenden Grundphase Keime der Normalphase enthalten. Damit sie thermodynamisch möglichst günstig sind, müssen sie (bei einer negativen Oberflächenspannung!) eine möglichst große Oberfläche haben. Deshalb ist eine Struktur natürlich, in der die Keime der n-Phase zur Feldrichtung parallele Fäden sind. In der Nähe dieser Fäden (man nennt sie *Wirbelfäden*) sind auch das in den Körper eingedrungene Magnetfeld und die Fäden umschlingenden supraleitenden Ringströme konzentriert.

Je näher das äußere Feld dem Wert H_{c1} ist, desto weniger Fäden gibt es im Körper und desto größer ist der Abstand zwischen ihnen. Wenn der letztere hinreichend groß ist, kann man auf die einzelnen Wirbelfäden die am Ende des § 44 dargestellten Überlegungen anwenden, auf Grund derer der gesamte, in der Nähe des Fadens konzentrierte magnetische Fluß ein ganzzahliges Vielfaches des elementaren Flußquants $\Phi_0 = \pi\hbar c/|e|$ sein muß; wir werden unten sehen, daß die Fäden mit dem kleinstmöglichen Fluß — mit einem Φ_0 — thermodynamisch günstig sind. Gerade die Endlichkeit von Φ_0 setzt eine Grenze für die weitere Zerstückelung der Keime der Normalphase.

Wenn das äußere Feld, beginnend von kleinen Werten, den Wert H_{c1} erreicht, tritt im Zylinder ein Wirbelfaden auf. Wir schreiben die thermodynamische Bedingung auf, die diesen Moment bestimmt, dabei wollen wir zunächst auf die Struktur des Fadens nicht eingehen und nur den Umstand berücksichtigen, daß an ihn eine gewisse (positive) Energie gekoppelt ist; diese Energie, bezogen auf die Längeneinheit des Fadens, bezeichnen wir mit ε (im weiteren wird sie berechnet werden).

Es ist klar, daß in einem zylindrischen Körper in einem longitudinalen äußeren Feld die Induktion $\boldsymbol{B}$ überall längs der Zylinderachse gerichtet ist. Das gilt auch für die makroskopische Feldstärke $\boldsymbol{H} = \boldsymbol{B} - 4\pi\boldsymbol{M}$, die im § 46 eingeführt wurde. Aus der Gleichung $\operatorname{rot} \boldsymbol{H} = 0$ folgt dann, daß $\boldsymbol{H}$ längs des Zylinderquerschnittes (und deshalb in dem ganzen Volumen) konstant ist; wegen der Randbedingung (Stetigkeit der Tangentialkomponente von $\boldsymbol{H}$) fällt dieser konstante Wert mit dem äußeren Feld zusammen: $\boldsymbol{H} = \mathfrak{H}$. Wir müssen also das thermodynamische Gleichgewicht des Körpers bei gegebenem Volumen, gegebener Temperatur und Feldstärke $\boldsymbol{H}$ betrachten. Die Bedingung für dieses Gleichgewicht besteht darin, daß $\tilde{F}$ — das thermodynamische Potential bezüglich der angegebenen Variablen (s. VIII, § 30) — ein Minimum annehmen muß. $\tilde{F}_s$ sei dieses Potential für den supraleitenden Zylinder (weil in der supraleitenden Phase $\boldsymbol{B} = 0$ ist, stimmt $\tilde{F}_s$ mit der freien Energie F_s überein). Dann wird das Potential $\tilde{F}$ für den Zylinder mit einem Wirbelfaden gleich

$$\tilde{F} = \tilde{F}_s + L\varepsilon - \int \frac{\boldsymbol{HB}}{4\pi} \mathrm{d}V = F_s + L\varepsilon - \frac{\mathfrak{H}}{4\pi} \int B \,\mathrm{d}V$$

sein. Das Glied $L\varepsilon$ ist die freie Energie des Fadens (L ist die Fadenlänge, die gleich der Zylinderlänge ist), und das letzte Glied unterscheidet das Potential $\tilde{F}$ von der freien Energie F. Weil die Induktion $\boldsymbol{B}$ im Körper nur in der Nähe des Wirbelfadens konzentriert ist, so ist $\int B \,\mathrm{d}V = L\Phi_0$, dabei ist Φ_0 der Induktionsfluß durch den Fadenquerschnitt. Es ist also

$$\tilde{F} = \tilde{F}_s + L\varepsilon - \frac{L\Phi_0\mathfrak{H}}{4\pi}. \tag{48,1}$$

Die Entstehung der Wirbelfäden wird thermodynamisch günstig, wenn das Zusatzglied zu $\tilde{F}_s$ negativ wird. Wenn wir es gleich Null setzen, finden wir folglich den kritischen Wert des äußeren Feldes:

$$H_{c1} = 4\pi\varepsilon/\Phi_0. \tag{48,2}$$

Wir betrachten jetzt die Struktur eines einzelnen Wirbelfadens. Dabei beschränken wir uns auf den wichtigen Fall, bei dem

$$\varkappa \gg 1 \tag{48,3}$$

ist, d. h. $\delta \gg \xi$. Die Länge ξ bestimmt die Größenordnung des Radius der „Fadenseele", in der sich $|\psi|^2$ von Null (das entspricht dem Normalzustand auf der Fadenachse) bis auf einen endlichen Wert ändert, der der s-Phase entspricht; bei großen Abständen r von der Achse bleibt $|\psi|^2$ konstant.[1]) Die Induktion $B(r)$ ändert sich wesentlich langsamer, sie ist nur auf Abständen $r \sim \delta \gg \xi$ gedämpft. Mit anderen Worten, der ganze magnetische Fluß fließt im wesentlichen durch das Gebiet außerhalb der Fadenseele, wo $|\psi|^2 = \text{const}$ ist (Abb. 9).

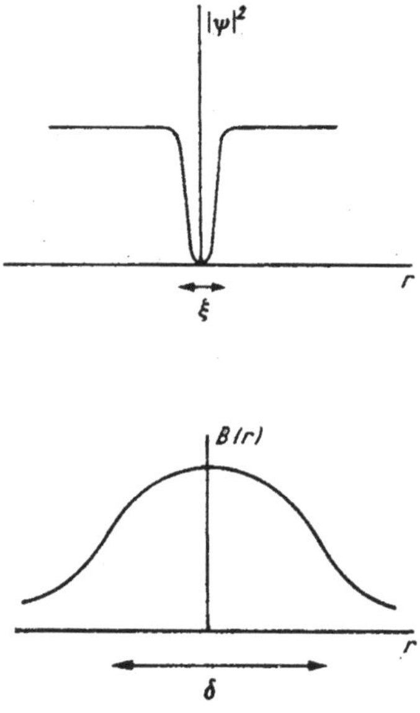

Abb. 9

Der letzte Umstand gestattet es, zur Bestimmung der Feldverteilung die LONDONsche Gleichung zu benutzen (wir erinnern daran, daß deren Anwendbarkeit nicht damit zusammenhängt, daß die Temperatur in der Nähe von T_c sein muß). Um ihr die hier notwendige Form zu geben, schreiben wir zunächst die Formel (44,7) um, die die Dichte des supraleitenden Stromes mit der Phase der Wellenfunktion verknüpft, indem wir in ihr die Eindringtiefe δ einführen und $\boldsymbol{j}$ durch die Induktion gemäß $\boldsymbol{j} = c \operatorname{rot} \boldsymbol{B}/4\pi$ aus-

[1]) In diesem Paragraphen wird der Buchstabe r die Zylinderkoordinate bezeichnen — den Abstand von der Achse.

drücken:

$$\boldsymbol{A} + \delta^2 \operatorname{rot} \boldsymbol{B} = \frac{\Phi_0}{2\pi} \nabla \Phi. \tag{48,4}$$

Der LONDONschen Näherung entspricht die Annahme $\delta = \text{const}$. Wir integrieren die Gleichung (48,4) über einen geschlossenen Weg C, der den Faden umschlingt und der in Abständen $r \gg \xi$ von der Fadenachse verläuft. Wenn wir das Integral über $\boldsymbol{A}$ nach dem STOKESschen Satz in ein Oberflächenintegral umwandeln, wobei die Oberfläche den Weg C als Rand hat, erhalten wir

$$\int \boldsymbol{B}\, \mathrm{d}\boldsymbol{f} + \delta^2 \oint \operatorname{rot} \boldsymbol{B}\, \mathrm{d}\boldsymbol{l} = \Phi_0, \tag{48,5}$$

und wenn wir auf die gleiche Weise auch das zweite Integral transformieren, können wir schreiben

$$\int (\boldsymbol{B} + \delta^2 \operatorname{rot} \operatorname{rot} \boldsymbol{B})\, \mathrm{d}\boldsymbol{f} = \Phi_0. \tag{48,6}$$

Auf der rechten Seite ist der kleinstmögliche (von Null verschiedene) Wert aufgeschrieben, der einem Zuwachs der Phase um 2π entspricht. Wenn der Weg C in Abständen $r \gg \delta$ vom Faden verläuft, wo man annehmen kann, daß das Feld und die Ströme hinreichend klein sind, kann man das zweite Integral in (48,5) weglassen, und wir sehen, daß Φ_0 mit dem gesamten Induktionsfluß übereinstimmt, der rings um den isolierten Faden konzentriert ist. Die Fadenachse ist dabei eine singuläre Linie, der Umlauf um diese Linie ändert die Phase der Wellenfunktion.

Weil die Gleichung (48,6) für einen beliebigen Weg C erfüllt sein muß (der den angegebenen Bedingungen genügt), so folgt aus ihr

$$\boldsymbol{B} + \delta^2 \operatorname{rot} \operatorname{rot} \boldsymbol{B} = \boldsymbol{B} - \delta^2 \Delta \boldsymbol{B} = \Phi_0\, \delta(\boldsymbol{r}), \tag{48,7}$$

wobei $\boldsymbol{r}$ der zweidimensionale Ortsvektor in der zum Wirbelfaden senkrechten Ebene ist. Die Schreibweise der rechten Seite der Gleichung mit Hilfe der δ-Funktion bedeutet, daß man Abstände $\sim\xi$ hier als verschwindend klein betrachten kann. Mit Ausnahme der Linie $\boldsymbol{r} = 0$ stimmt (48,7) im ganzen Raum mit der LONDON-Gleichung (44,11) überein, um aber den Wirbelfaden zu beschreiben, benötigt man eine Lösung mit einer Singularität bei $r = 0$.

Die Feldverteilung in Abständen r von der Achse im Gebiet $\delta \gg r \gg \xi$ kann direkt aus (48,5) gefunden werden. Wir wählen als Weg C einen Kreis mit dem Radius r in diesem Gebiet. Der Induktionsfluß durch diesen Weg (das erste Glied auf der linken Seite von (48,5)) ist nur ein kleiner Teil des gesamten magnetischen Flusses — dieser Teil ist $\sim(r/\delta)^2$; wir werden ihn vernachlässigen. Im zweiten Glied ist $\mathrm{d}\boldsymbol{l}$ das Längenelement des Kreises, und weil der Vektor $\boldsymbol{B}$ längs der z-Achse (des Systems von Zylinderkoordinaten mit der Achse in Richtung des Fadens) zeigt und nur von r abhängt, so ist

$$\boldsymbol{l}(\nabla \times \boldsymbol{B}) = (\boldsymbol{l} \times \nabla)\boldsymbol{B} = -\frac{\partial B_z}{\partial r} = -\frac{\mathrm{d}B}{\mathrm{d}r}$$

($\boldsymbol{l}$ ist der Tangenteneinheitsvektor an den Kreis). Wir kommen also zu der Gleichung

$$\boldsymbol{l} \operatorname{rot} \boldsymbol{B} = -\frac{\mathrm{d}B}{\mathrm{d}r} = \frac{\Phi_0}{2\pi r\, \delta^2}. \tag{48,8}$$

Daraus folgt

$$B(r) = \frac{\Phi_0}{2\pi\,\delta^2} \ln \frac{\delta}{r}\,, \quad \xi \ll r \ll \delta\,. \tag{48,9}$$

Wegen des logarithmischen Charakters dieser Abhängigkeit kann die obere Integrationsgrenze (bei der $B \approx 0$ sein muß) so gewählt werden, daß sie mit der oberen Grenze der betrachteten Abstände r zusammenfällt.

Um die gefundene Verteilung in das Gebiet $r \gtrsim \delta$ fortzusetzen, benutzen wir die Gleichung (48,7), die man bei allen $r \gg \xi$ anwenden darf. Wenn wir den LAPLACE-Operator in Zylinderkoordinaten aufschreiben (und beachten, daß $B = B_z(r)$ ist), können wir die Gleichung (bei $r \neq 0$) umschreiben als

$$B'' + \frac{1}{r} B' + \delta^{-2} B = 0\,.$$

Die bei $r \to \infty$ abfallende Lösung dieser Gleichung ist

$$B(r) = \text{const} \cdot K_0(r/\delta)\,.$$

Dabei ist K_0 die MACDONALDsche Funktion (die HANKEL-Funktion von imaginärem Argument). Der konstante Koeffizient wird durch Anpassen an die Lösung (48,9) bestimmt: wir benutzen den bekannten Grenzwert bei $z \ll 1$: $K_0(z) \approx \ln (2/z\gamma)$ ($\gamma = e^C = 1{,}78$). Wir erhalten also schließlich

$$B(r) = \frac{\Phi_0}{2\pi\,\delta^2} K_0\left(\frac{r}{\delta}\right), \quad r \gg \xi\,. \tag{48,10}$$

Mit Hilfe des asymptotischen Ausdrucks $K_0(z) \approx (\pi/2z)^{1/2}\, e^{-z}$ bei $z \to \infty$ finden wir hieraus insbesondere das Dämpfungsgesetz für das Feld fern von der Fadenachse:

$$B(r) = \frac{\Phi_0}{(8\pi r\,\delta^3)^{1/2}}\, e^{-r/\delta}\,. \tag{48,11}$$

Wir weisen auf die augenscheinliche Analogie zwischen den Eigenschaften der Wirbelfäden in den Supraleitern und im flüssigen Helium hin (§ 29). In beiden Fällen handelt es sich um singuläre Linien, wobei ein Umlauf um diese Linien die Phase der Kondensatwellenfunktion ändert. Den kreisförmigen Bahnen für die Bewegung des superfluiden Heliums um die Wirbelfäden entsprechen die kreisförmigen Ströme im Supraleiter; im ersten Fall nimmt die Geschwindigkeit der superfluiden Bewegung v_s nach dem Gesetz $1/r$ ab, und im zweiten Fall fällt die Dichte des supraleitenden Stromes nach dem gleichen Gesetz ab:

$$j = \frac{c}{4\pi} |\text{rot}\, \boldsymbol{B}| = \frac{c\Phi_0}{8\pi^2\,\delta^2 r}\,. \tag{48,12}$$

Diese Übereinstimmung ist völlig natürlich, weil in beiden Fällen diese Gesetze eine direkte Folge der Existenz der singulären Linie sind. Während sich aber im flüssigen Helium die angegebene Abhängigkeit $v_s(r)$ auf beliebige Abstände ausdehnt, wird in einem Supraleiter der Abfall von $j(r)$ bei $r \gg \delta$ exponentiell. Dieser Unterschied hängt damit zusammen, daß die Elektronenflüssigkeit geladen ist: die Bewegung der geladenen Teilchen ruft ein Magnetfeld hervor, welches seinerseits das Feld abschirmt (wenn die Teilchenladung e gegen Null geht, dann geht die Eindringtiefe δ gegen ∞).

Nun kann man die freie Energie des Wirbelfadens berechnen. Der Beitrag, der vom Raumgebiet außerhalb der Seele kommt ($r \gg \xi$), wird durch die über dieses Gebiet genommenen Integrale gegeben:

$$F_{\text{Faden}} = \frac{1}{8\pi} \int \boldsymbol{B}^2 \, \mathrm{d}V + \frac{\delta^2}{8\pi} \int (\operatorname{rot} \boldsymbol{B})^2 \, \mathrm{d}V. \quad (48{,}13)$$

Denn wenn wir diesen Ausdruck nach $\boldsymbol{B}$ (bei gegebener Temperatur, d. h. bei gegebenem δ) variieren, erhalten wir unmittelbar die LONDON-Gleichung (48,7) (für $r \neq 0$).[1]) Das zweite Integral in (48,13) divergiert an beiden Rändern des Gebietes $\delta \gg r \gg \xi$ logarithmisch, es ist groß im Vergleich zum ersten. Wenn wir $|\operatorname{rot} \boldsymbol{B}|$ aus (48,8) einsetzen, erhalten wir für die Energie pro Längeneinheit des Fadens

$$\varepsilon = \left(\frac{\Phi_0}{4\pi\,\delta}\right)^2 \ln \frac{\delta}{\xi}. \quad (48{,}14)$$

Dieser Ausdruck hat logarithmische Genauigkeit, d. h. es wird nicht nur $\delta/\xi \gg 1$, sondern auch $\ln(\delta/\xi) \gg 1$ angenommen; gerade mit dieser Genauigkeit kann man den Beitrag der Fadenseele zu ε vernachlässigen.

Das Ergebnis (48,14) gibt insbesondere die Möglichkeit, die oben gemachte Behauptung zu begründen, daß die Entstehung von Wirbelfäden mit dem kleinsten magnetischen Fluß thermodynamisch günstig ist. In der Tat, weil die freie Energie des Fadens proportional zu dem Quadrat des mit dem Faden verknüpften magnetischen Flusses ist, würde für einen Faden mit dem Fluß $n\Phi_0$ in der Energie ein Faktor n^2 auftreten; ein Zerfall dieses Fadens in n Fäden mit dem Fluß Φ_0 führt zu einem Energiegewinn um den Faktor n.

Wenn wir (48,14) in (48,2) einsetzen, finden wir für das untere kritische Feld

$$H_{c1} = \frac{\Phi_0}{4\pi\,\delta^2} \ln \frac{\delta}{\xi}. \quad (48{,}15)$$

Bei $T \to T_c$ kann man diesen Ausdruck unter Berücksichtigung von (45,19) auch in der Form

$$H_{c1} = H_c \frac{\ln \varkappa}{\sqrt{2}\,\varkappa}. \quad (48{,}16)$$

schreiben.[2])

In dem Maße, wie das äußere Feld zunimmt, wächst die Zahl der Wirbelfäden, und damit vergrößert sich das Eindringen des magnetischen Flusses in den Supraleiter.

---

[1]) Das zweite Glied in (48,13) nimmt, durch den Strom $\boldsymbol{j}$ ausgedrückt, die Form

$$2\pi c^2 \delta^2 \int \boldsymbol{j}^2 \, \mathrm{d}V = \int \frac{\varrho_s v_s^2}{2} \, \mathrm{d}V$$

an; im zweiten Ausdruck ist noch $\delta^2 = mc^2/4\pi e^2 n_s$ eingesetzt und die Dichte und Geschwindigkeit der superfluiden Komponente gemäß $\boldsymbol{j} = e\varrho_s \boldsymbol{v}_s/m$ eingeführt worden (s. Fußnote auf S. 174). Wir sehen, daß man dieses Glied als kinetische Energie der supraleitenden Elektronen betrachten kann.

[2]) Weil diese Formel unter der Annahme $\ln \varkappa \gg 1$ abgeleitet wurde, darf man sie nicht bei $\varkappa \sim 1$ benutzen! Bei $\varkappa = 1/\sqrt{2}$ muß das Feld H_{c1} (wie auch H_{c2}) insbesondere einfach mit H_c zusammenfallen.

Unter Berücksichtigung der Wechselwirkung zwischen den Fäden entspricht dem thermodynamischen Gleichgewicht eine bestimmte geordnete Lage der Fäden, diese Anordnung bildet ein zweidimensionales Gitter (in der Querschnittsebene des Zylinders).[1] Bei einer beliebigen Dichte der Fäden bleibt die Achse eines jeden von ihnen eine Linie, wobei ein Umlauf um diese Linie die Phase der Wellenfunktion ψ um 2π ändert. Der (über den Zylinderquerschnitt) gemittelte Wert der Induktion ist

$$\bar{B} = \nu\Phi_0, \tag{48,17}$$

dabei ist ν die Anzahl der Fäden pro Flächeneinheit des Querschnitts. Denn wenn wir die Beziehung (48,4) auf einem Weg um den ganzen Probenquerschnitt integrieren, kommen wir zu der Gleichung (48,5) mit $S\nu\Phi_0$ auf der rechten Seite (S ist die Querschnittsfläche); auf der linken Seite ist das erste Integral der gesamte Induktionsfluß $S\bar{B}$, und das zweite Integral repräsentiert den Randeffekt, der gegenüber dem ersten Glied in dem Verhältnis $\sim\delta/R$ klein und deshalb vernachlässigbar ist (R ist die lineare Dimension des Querschnittes). Hier ist es aber wesentlich, daß das Feld um die Fäden in Abständen $\sim\delta$ gedämpft ist.

Solange die Abstände d zwischen den Fäden groß im Vergleich zum Korrelationsradius ξ sind, kann man behaupten, daß sich die magnetischen Felder der Wirbelfäden einfach überlagern. Denn bei $d \gg \xi$ kann man noch einen Weg um eine beliebige Anzahl von Wirbelfäden so legen, daß er immer weit entfernt (in Abständen $\gg\xi$) von den Seelen verläuft. Auf solch einem Weg ist die Bedingung für die LONDONsche Näherung (Konstanz von δ) erfüllt, und wir kommen wieder zu einer Gleichung, die sich von (48,7) nur dadurch unterscheidet, daß auf ihrer rechten Seite die δ-Funktion durch eine Summe von δ-Funktionen der Abstände bis zu jedem der Fäden ersetzt ist; wegen der Linearität dieser Gleichung folgt hieraus die gemachte Behauptung.

Wenn sich das äußere Feld dem Wert H_{c2} nähert, dann werden die Abstände zwischen den Wirbelfäden vergleichbar mit ξ. Das sieht man schon deutlich an dem Ausdruck für das kritische Feld (47,2), wenn man ihn (mit Hilfe von (45,9), (45,16—18)) in der Form

$$H_{c2} = \Phi_0/2\pi\xi^2 \tag{48,18}$$

schreibt; er entspricht einem Fluß Φ_0, der auf einer Fläche $\sim\xi^2$ konzentriert ist.

Das Verschwinden der Supraleitfähigkeit bei $\mathfrak{H} = H_{c2}$ findet als ein Phasenübergang zweiter Art statt. Im Geiste der allgemeinen Theorie dieser Übergänge kann man behaupten, daß der Ordnungsparameter ψ als Funktion des äußeren Feldes nach dem Gesetz $|\psi|^2 \propto H_{c2} - \mathfrak{H}$ verschwindet. Andererseits ist die Magnetisierung des Stoffes $M = (B - H)/4\pi$ (als eine von der Wahl der Phase von ψ unabhängige Größe) in diesem Gebiet selbst proportional zu $|\psi|^2$. Wenn wir berücksichtigen, daß bei $\mathfrak{H} = H_{c2}$ auch $B = H_{c2}$ sein muß, so kommen wir schließlich zu einem linearen Gesetz für die Abhängigkeit der Induktion B in einem Supraleiter vom äußeren Feld in der Nähe des Übergangspunktes:

$$B - H_{c2} \propto \mathfrak{H} - H_{c2}. \tag{48,19}$$

---

[1] Am günstigsten ist offenbar ein aus gleichseitigen Dreiecken mit Wirbelfäden in den Eckpunkten gebildetes Gitter.

Aufgaben

1. Es ist die Wechselwirkungsenergie zweier Wirbelfäden in einem Abstand $d \gg \xi$ voneinander zu berechnen.

Lösung. Wir transformieren den Ausdruck für die freie Energie (48,13) für ein System von zwei Wirbelfäden auf eine Form, bei der nur noch in der Nähe jedes einzelnen Fadens zu integrieren ist. Dazu schreiben wir, indem wir die Gleichung (48,7) benutzen:

$$\boldsymbol{B}^2 + \delta^2(\operatorname{rot}\boldsymbol{B})^2 = \delta^2\{-\boldsymbol{B}\operatorname{rot}\operatorname{rot}\boldsymbol{B} + (\operatorname{rot}\boldsymbol{B})^2\} = \delta^2 \operatorname{div}[\boldsymbol{B}\operatorname{rot}\boldsymbol{B}].$$

Das Volumenintegral wird in das Integral

$$F_{\text{Fäden}} = \frac{\delta^2}{8\pi} \int\limits_{f_1+f_2} (\boldsymbol{B} \times \operatorname{rot}\boldsymbol{B})\, \mathrm{d}\boldsymbol{f} \tag{1}$$

umgeformt, das über die Zylinderflächen f_1 und f_2 (mit dem kleinen Radius r_0; $\xi \ll r_0 \ll \delta$) zu nehmen ist, diese Flächen umschließen die Fadenseelen. Bei $d \gg \xi$ sind die Felder der Fäden additiv, d.h. $\boldsymbol{B} = \boldsymbol{B}_1 + \boldsymbol{B}_2$. Die Wechselwirkungsenergie der Fäden wird durch den Teil des Integrals (1) gegeben, der gleichzeitig von $\boldsymbol{B}_1$ und $\boldsymbol{B}_2$ abhängt:

$$L\varepsilon_{12} = \frac{\delta^2}{8\pi}\{\textstyle\int (\boldsymbol{B}_2 \times \operatorname{rot}\boldsymbol{B}_1)\, \mathrm{d}\boldsymbol{f}_1 + \int (\boldsymbol{B}_1 \times \operatorname{rot}\boldsymbol{B}_2)\, \mathrm{d}\boldsymbol{f}_2\}$$

(die Integrale der Form $\int (\boldsymbol{B}_2 \times \operatorname{rot}\boldsymbol{B}_1)\, \mathrm{d}\boldsymbol{f}_2$ streben bei $r_0 \to 0$ gegen Null). Mit Hilfe von (48,8) und (48,10) finden wir hieraus

$$\varepsilon_{12} = 2\,\frac{\delta^2}{8\pi}\, 2\pi r_0\, \frac{\Phi_0}{2\pi r_0 \delta^2}\, B(d) = \frac{\Phi_0^2}{8\pi^2\delta^2} K_0\left(\frac{d}{\delta}\right).$$

Insbesondere ist in Abständen $d \gg \delta$

$$\varepsilon_{12} = \frac{\Phi_0^2}{2^{7/2}\pi^{3/2}\,\delta^2}\left(\frac{\delta}{d}\right)^{1/2} \mathrm{e}^{-d/\delta}. \tag{2}$$

2. Es ist die Abhängigkeit der (über den Querschnitt einer zylindrischen Probe) gemittelten magnetischen Induktion $\bar{B}$ vom äußeren Feld $\mathfrak{H}$ in dem gemischten Zustand zu bestimmen, in dem die Wirbelfäden in Abständen $d \gg \delta$ voneinander liegen und (im Probenquerschnitt) ein Gitter aus gleichseitigen Dreiecken bilden.

Lösung. Die Fläche eines gleichseitigen Dreiecks ist gleich $\sqrt{3}\, d^2/4$ (d ist die Seitenlänge), und die Anzahl der Fäden ist gleich der Hälfte der Anzahl der Dreiecke im Gitter (N Dreiecke haben $3N$ Ecken, aber jede Ecke gehört im Gitter zu sechs zusammenstoßenden Dreiecken); deshalb ist $\nu = 2/\sqrt{3}\, d^2$.

Das thermodynamische Potential $\tilde{f}$ der Volumeneinheit des Körpers im gemischten Zustand ist

$$\tilde{f} = \tilde{f}_s - \frac{\Phi_0}{4\pi}\,\nu(-H_{c1} + \mathfrak{H}) + \frac{1}{2}\sum_{i,k} \varepsilon_{ik}.$$

Dabei entspricht das zweite Glied dem Ausdruck (48,1) (mit H_{c1} aus (48,2)); im dritten Glied ist ε_{12} die Wechselwirkungsenergie zweier Fäden, summiert wird hier über alle Fäden, die eine Flächeneinheit durchsetzen. Wegen des exponentiellen Abfalls von ε_{12} bei $d \gg \delta$ braucht man in der Summe nur Paare von benachbarten Fäden zu berücksichtigen. In dem dreieckigen Gitter hat jeder Faden 6 nächste Nachbarn: deshalb ist

$$\frac{1}{2}\sum_{i,k} \varepsilon_{ik} = \frac{6}{2}\sum_{i} \varepsilon_{i1} = 3\nu\varepsilon_{12}(d).$$

Wenn wir ε_{12} aus Formel (2) der vorigen Aufgabe einsetzen, finden wir

$$\tilde{f} = \tilde{f}_s + \frac{\Phi_0}{2\sqrt{3}\,\pi\delta^2}\left[-\frac{\mathfrak{H} - H_{c1}}{a^2} + \frac{3\Phi_0}{2\sqrt{2\pi}\,\delta^2}\frac{e^{-a}}{a^{5/2}}\right],$$

dabei ist $a = d/\delta$. Die Abhängigkeit der Größe a von $\mathfrak{H}$ wird durch die Bedingung bestimmt, daß $\tilde{f}(a)$ ein Minimum annehmen soll; das ergibt

$$\mathfrak{H} - H_{c1} = \frac{3\Phi_0}{4\sqrt{2\pi}\,\delta^2}\sqrt{a}\,e^{-a} \tag{3}$$

(das Glied höherer Ordnung in $1/a \ll 1$ ist weggelassen). Diese Gleichung bestimmt, zusammen mit der Gleichung $\bar{B} = \nu\Phi_0$, d.h.

$$a = (2\Phi_0/\sqrt{3}\,\delta^2\bar{B})^{1/2},$$

die gesuchte Abhängigkeit $\bar{B}(\mathfrak{H})$. Wir bemerken, daß bei $\mathfrak{H} \to H_{c1}$ die Ableitung $\mathrm{d}\bar{B}/\mathrm{d}\mathfrak{H}$ nach dem Gesetz

$$\frac{\mathrm{d}\bar{B}}{\mathrm{d}\mathfrak{H}} \propto \frac{1}{\mathfrak{H} - H_{c1}}\ln^{-3}\frac{1}{\mathfrak{H} - H_{c1}}$$

gegen Unendlich strebt.

§ 49. Die diamagnetische Suszeptibilität oberhalb des Übergangspunktes

Am Ende des § 45 wurde bemerkt, daß das Temperaturgebiet in der Nähe von T_c, in dem die Fluktuationen des Ordnungsparameters ψ groß werden, in einem Supraleiter außerordentlich eng ist. Außerhalb dieses Gebietes sind die Fluktuationskorrekturen zu den thermodynamischen Größen sehr klein. Sie können aber für die magnetische Suszeptibilität eines Metalls oberhalb des Übergangspunktes wesentlich werden: das Auftreten einer sogar relativ kleinen Anzahl von supraleitenden Elektronen infolge der Fluktuationen kann zu einem Beitrag zur magnetischen Suszeptibilität führen, der die gewöhnlich sehr kleine Suszeptibilität eines normalen Metalls weit weg vom Übergangspunkt übersteigt.[1])

Wir betrachten ein Metall in einem schwachen ($\mathfrak{H} \ll H_c$) äußeren Magnetfeld bei einer Temperatur oberhalb des Punktes T_c, aber noch nahe bei ihm. Der Gleichgewichtswert des Ordnungsparameters ist hier $\psi = 0$, und zur Berechnung seiner Fluktuationen kann man die freie Energie aus der Ginsburg-Landau-Theorie benutzen. Dabei braucht man im Ausdruck (45,10) wegen der Kleinheit der Fluktuationen nur die in ψ quadratischen Glieder mitzunehmen und kann das Glied mit $|\psi|^4$ vernachlässigen sowie unter $\boldsymbol{A}$ das Vektorpotential des homogenen Feldes $\boldsymbol{\mathfrak{H}}$ verstehen. Die mit den Fluktuationen von ψ zusammenhängenden Fluktuationen der Induktion $\boldsymbol{B}$ sind quadratisch in ψ (weil die Stromdichte $\boldsymbol{j}$ quadratisch ist). Deshalb kann man im Glied $\boldsymbol{B}^2/8\pi$ unter $\boldsymbol{B}$ den mittleren (thermodynamischen) Wert der Induktion verstehen und ihre Fluktuationen vernachlässigen. Die Änderung der gesamten freien Energie des Metalls bei

---

1) Dieser Effekt wurde von W. W. Schmidt (1966) angegeben.

Fluktuationen wird durch den folgenden Ausdruck gegeben — durch ein Funktional von ψ:[1])

$$\Delta F[\psi] = \int \left\{ \frac{1}{4m} \left| \left(-i\hbar\nabla - \frac{2e}{c} \boldsymbol{A} \right) \psi \right|^2 + a\, |\psi|^2 \right\} \mathrm{d}V. \tag{49,1}$$

Zur Berechnung des Fluktuationsbeitrags ΔF zur freien Energie muß man das Funktional (49,1) als „effektiven HAMILTON-Operator" betrachten, der ΔF nach der Formel

$$\exp\left(-\frac{\Delta F}{T}\right) = \int \exp\left(-\frac{\Delta F\,[\psi]}{T}\right) D\psi \tag{49,2}$$

bestimmt. Hierbei wird (funktional) über alle Verteilungen $\psi(\boldsymbol{r})$ integriert (s. V, § 147). Praktisch wird diese Integration durch eine Entwicklung von ψ nach irgendeinem vollständigen System von Eigenfunktionen und durch die Integration über die unendliche Menge der Koeffizienten dieser Entwicklung durchgeführt. Im Falle eines homogenen Systems (ohne äußeres Feld) wird einfach nach ebenen Wellen entwickelt (s. z.B. die Aufgabe zu V, § 147).

Im gegebenen Fall muß nach den Eigenfunktionen der „SCHRÖDINGER-Gleichung"

$$\frac{1}{4m} \left(-i\hbar\nabla - \frac{2e}{c} \boldsymbol{A} \right)^2 \psi = E\psi \tag{49,3}$$

entwickelt werden, die dem HAMILTON-Operator (49,1) entspricht. Im § 47 wurde schon bemerkt, daß diese Gleichung formal mit der SCHRÖDINGER-Gleichung für die Bewegung eines Teilchens (mit der Masse $2m$ und der Ladung $2e$) in einem homogenen Magnetfeld übereinstimmt. Ihre Eigenfunktionen werden durch eine diskrete (n) und zwei kontinuierliche (p_x, p_z) Quantenzahlen charakterisiert, wobei die Eigenwerte nur von n und p_z abhängen (die z-Achse liegt in Richtung von $\mathfrak{H}$), sie werden durch die Formel

$$E\left(n + \frac{1}{2},\, p_z\right) = \left(n + \frac{1}{2}\right) \frac{|e|\,\hbar}{mc} \mathfrak{H} + \frac{p_z^2}{4m} \tag{49,4}$$

gegeben. Die Anzahl der unterschiedlichen Eigenfunktionen mit gegebenem n, mit dem Wert p_z in dem Intervall $\mathrm{d}p_z$ und allen möglichen p_x ist gleich

$$V \frac{2\,|e|\,\mathfrak{H}}{(2\pi\hbar)^2\, c} \mathrm{d}p_z$$

(s. III, § 112).

Wir bezeichnen der Kürze halber die Gesamtheit der Zahlen n, p_z, p_x mit einem Symbol q und schreiben die Entwicklung der Funktion $\psi(\boldsymbol{r})$ als

$$\psi = \sum_q c_q \psi_q(\boldsymbol{r}). \tag{49,5}$$

Dabei sind $c_q = c_q' + ic_q''$ beliebige komplexe Koeffizienten, und die Eigenfunktionen werden als durch die Bedingung $\int |\psi_q|^2\, \mathrm{d}V = 1$ normiert vorausgesetzt (es wird über das ganze Volumen des Metalls integriert).

---

[1]) Um Mißverständnisse zu vermeiden, betonen wir, daß das Magnetfeld bezüglich des Supraleiters kein „äußeres Feld" h in dem Sinne ist, wie es in V, § 144 eingeführt wurde. Das letztere müßte in die freie Energie in der Form des Gliedes $-h(\psi + \psi^*)$ eingehen, was im gegebenen Fall unmöglich ist, da ein solches Glied in bezug auf die Wahl der Phase von ψ nicht invariant wäre.

Die Substitution der Entwicklung (49,5) in (49,1) erlaubt es vor allem, von der Integration über das Volumen zur Summation über q überzugehen. Denn wenn wir das erste Glied partiell integrieren, kommen wir für (49,1) auf die Form

$$\Delta F[\psi] = \int \left\{ \psi^* \frac{1}{4m} \left(-i\hbar\nabla - \frac{2e}{c} \boldsymbol{A} \right)^2 \psi + \psi^* a \psi \right\} \mathrm{d}V.$$

Wir setzen hier (49,5) ein, berücksichtigen, daß jede der Funktionen ψ_q der Gleichung (49,3) mit $E = E_q$ genügt und daß die Eigenfunktionen mit unterschiedlichem q zueinander orthogonal sind, und erhalten dann:

$$\Delta F[\psi] = \sum_q |c_q|^2 (E_q + a). \tag{49,6}$$

Die Funktionalintegration in (49,2) bedeutet die Integration über alle $\mathrm{d}c_q' \, \mathrm{d}c_q''$. Nach der Substitution von (49,6) sind die Integrationen über diese Variablen getrennt, sie ergeben

$$\exp\left(-\frac{\Delta F}{T}\right) = \prod_q \frac{\pi T}{E_q + a},$$

oder

$$\Delta F = -T \sum_q \ln \frac{\pi T}{E_q + a}. \tag{49,7}$$

Mit Hilfe der Quantenzahlen n und p_z kann dieser Ausdruck als

$$\Delta F = -V \frac{2\,|e|\,T\mathfrak{H}}{(2\pi\hbar)^2 c} \sum_n \int_{-\infty}^{\infty} \ln \frac{\pi T}{E(p_z, n + {}^1/_2) + a} \mathrm{d}p_z \tag{49,8}$$

geschrieben werden.

Diese Summe divergiert bei großen E, die Divergenz ist aber nur fiktiv und hängt damit zusammen, daß die Ausgangsformel (49,1) nur für langsam veränderliche Funktionen $\psi(\boldsymbol{r})$ anwendbar ist: die Änderung von ψ muß klein auf Abständen $\sim\xi_0$ sein. Mittels der Eigenwerte E_q ausgedrückt bedeutet das, daß nur die $E_q \ll \hbar^2/m\xi_0^2$ erlaubt sind. Wir schneiden die Summe über n bei irgendeinem großen N, das der aufgestellten Bedingung genügt, ab und benutzen die Poissonsche Formel

$$\sum_{n=0}^{N} f\left(n + \frac{1}{2}\right) \approx \int_0^N f(x)\,\mathrm{d}x - \frac{1}{24} f'(x)\Big|_0^N$$

(s. V, (59,10)). In der Anwendung auf (49,8) ergibt das erste, integrale Glied dieser Formel, wie man leicht begreift, einen von $\mathfrak{H}$ unabhängigen Beitrag zur freien Energie; dieses Glied braucht man zur Berechnung der magnetischen Suszeptibilität nicht, und wir werden es weglassen. Im zweiten Glied kann man nun $N \to \infty$ setzen (so daß der Abschneideparameter aus dem Ergebnis herausfällt):[1])

$$\Delta F = V \frac{e^2 T_c \mathfrak{H}^2}{48\pi^2\hbar m c^2} \int_{-\infty}^{\infty} \frac{\mathrm{d}p_z}{a + p_z^2/4m}.$$

[1]) Im Koeffizienten ist $T \approx T_c$ gesetzt. Bei T in der Nähe von T_c sind in diesem Integral die Werte $p_z \sim \sqrt{ma} \sim \hbar/\xi(T) \ll \hbar/\xi_0$ wesentlich, d.h. sie erfüllen die gestellte Forderung.

Wenn man das Integral berechnet, erhält man schließlich

$$\Delta F = V \frac{e^2 T_c \mathfrak{H}^2}{24\pi\hbar c^2 \sqrt{ma}}. \tag{49,9}$$

Hieraus findet man die magnetische Suszeptibilität

$$\chi = -\frac{1}{V}\frac{\partial^2 \Delta F}{\partial \mathfrak{H}^2} = -\frac{e^2 T_c}{12\pi\hbar c^2 (m\alpha)^{1/2} (T - T_c)^{1/2}} \tag{49,10}$$

(H. SCHMIDT, 1968; A. SCHMID, 1969). Wir sehen, daß die Suszeptibilität in der Nähe des Übergangspunktes wie $(T - T_c)^{-1/2}$ anwächst. In diesem Gebiet stellt (49,10) den wesentlichen Beitrag zur magnetischen Suszeptibilität eines normalen Metalles dar.

Aufgaben

1. Es ist das magnetische Moment einer dünnen (Dicke $d \ll \xi(T)$) Schicht in einem zur Schichtebene senkrechten, schwachen Magnetfeld bei Temperaturen $T > T_c$, $T - T_c \ll T_c$ zu bestimmen.

Lösung. Die Endlichkeit der Schichtdicke führt dazu, daß die Quantenzahl p_z in (49,4) diskret wird, wobei man sich für eine dünne Schicht in (49,7) auf den Wert $p_z = 0$ beschränken kann (schon der erste, von Null verschiedene Wert ist $p_z \sim \hbar/d$, so daß $E \sim \hbar^2/m\, d^2 \gg \hbar^2/m\xi^2 \sim a$ ist). Die Anzahl der Eigenfunktionen mit gegebenen n und p_z (und allen möglichen p_x) ist $2\,|e|\,\mathfrak{H}S/2\pi\hbar c$, dabei ist S die Schichtfläche; deshalb kann man die Summation über q in (49,7) als $|e|\,(\mathfrak{H}S/\pi\hbar c) \sum_n$ auffassen. Wenn wir auf die Summe die POISSONsche Formel anwenden, erhalten wir

$$\Delta F = S \frac{e^2 T_c \mathfrak{H}^2}{24\pi m c^2 a}.$$

Das magnetische Moment der Schicht ist

$$M = -\frac{\partial \Delta F}{\partial \mathfrak{H}} = -S \frac{e^2 T_c \mathfrak{H}}{12\pi m c^2 \alpha (T - T_c)}.$$

Wir weisen darauf hin, daß es bei $T \to T_c$ schneller als für ein unbegrenztes Metall anwächst.

2. Dasselbe für eine Kugel mit dem Radius $R \ll \xi(T)$ (W. W. SCHMIDT, 1966).

Lösung. In diesem Fall ist von allen Eigenwerten der Gleichung (49,3) nur einer wesentlich, der kleinste, der der Eigenfunktion $\psi = \text{const}$ entspricht und gleich $E_0 = e^2 R^2 \mathfrak{H}^2/10mc^2$ ist (s. alles aus diesem Anlaß Gesagte in der Aufgabe zu § 47). Die Summe (49,7) führt dann auf ein Glied, und das magnetische Moment ist gleich

$$M \approx -\frac{T_c}{a}\frac{\partial E_0}{\partial \mathfrak{H}} = \frac{e^2 T_c R^2 \mathfrak{H}}{5mc^2 \alpha (T - T_c)}.$$

§ 50. Der JOSEPHSON-Effekt

Wir betrachten zwei Supraleiter, die durch eine dünne Schicht eines Dielektrikums getrennt sind. Für die Elektronen ist diese Schicht eine Potentialbarriere, und wenn sie hinreichend dünn ist, dann gibt es eine endliche Wahrscheinlichkeit dafür, daß die Elektronen sie über den quantenmechanischen Tunneleffekt durchdringen. Sogar wenn der Durchlaßkoeffizient der Barriere klein ist, hat die Tatsache, daß er von Null verschieden ist, eine prinzipielle Bedeutung: beide Supraleiter bilden dann ein einheitliches System, das durch eine einheitliche Kondensatwellenfunktion beschrieben wird. Dieser Umstand führt zu Effekten, die zuerst von B. D. JOSEPHSON (1962) vorhergesagt wurden.

Die Einheitlichkeit der Kondensatwellenfunktion des Systems bedeutet, daß durch den Kontakt zwischen den beiden Supraleitern ohne eine von außen angelegte Potentialdifferenz ein supraleitender Strom fließen kann. Analog dazu, wie innerhalb der Supraleiter die Stromdichte durch den Gradienten der Phase Φ der Kondensatwellenfunktion bestimmt ist, hängt die Dichte des durch den Kontakt fließenden, supraleitenden Stromes j mit der Differenz der Werte Φ_2 und Φ_1 der Phase auf den beiden Seiten des Kontaktes zusammen.[1]) Weil um ein ganzzahliges Vielfaches von 2π verschiedene Werte der Differenz $\Phi_1 - \Phi_2$ physikalisch identisch sind, so ist klar, daß die Funktion

$$j = j(\Phi_{21}), \quad \Phi_{21} = \Phi_2 - \Phi_1 \tag{50,1}$$

periodisch mit der Periode 2π sein muß. Die Zeitspiegelung ändert das Vorzeichen des Stromes j, gleichzeitig ändert sie auch das Vorzeichen der Phase Φ_{21} (weil die Wellenfunktionen durch ihre komplex konjugierten ersetzt werden). Das bedeutet, daß die Funktion (50,1) ungerade sein und bei $\Phi_{21} = 0$ verschwinden muß. Als selbstverständlich beschränkte Größe hat die Funktion $j(\Phi_{21})$ Maxima und Minima, zwischen denen sie sich bei einer Änderung der Phasendifferenz ändern kann, und weil die Funktion ungerade ist, sind diese Werte dem Betrage nach gleich; wir wollen sie mit $\pm j_m$ bezeichnen.

Man muß bemerken, daß die Schreibweise von (50,1) voraussetzt, daß der Einfluß des magnetischen Eigenfeldes der Ströme innerhalb des Kontaktes auf den Strom vernachlässigbar ist. Andernfalls müßte an Stelle der Differenz Φ_{21} der eichinvariante Ausdruck

$$\Phi_2 - \Phi_1 - \frac{2e}{\hbar c}\int_1^2 A_x \, dx$$

stehen. Weil die Dicke der dielektrischen Schicht klein ist, ist die Bedingung, gemäß der die Vernachlässigung des hier stehenden Integrals der stetigen Funktion $A_x(x)$ erlaubt ist, leicht erfüllt (und man kann annehmen, daß das Potential A_x auf beiden Seiten des Kontaktes gleich ist).

Die Bestimmung der Form der Funktion $j(\Phi_{21})$ im gesamten Temperaturbereich ist nur auf der Grundlage einer mikroskopischen Theorie möglich. Wir wollen uns hier auf die phänomenologische Betrachtung im Rahmen der GINSBURG-LANDAU-Theorie beschränken.

Wenn der Kontakt für die Elektronen vollkommen undurchdringlich wäre, dann würden die Wellenfunktionen ψ eines jeden Supraleiters an seiner Grenze mit dem Kontakt den Randbedingungen (45,15) genügen:

$$\frac{\partial \psi_1}{\partial x} - \frac{2ie}{\hbar c} A_x \psi_1 = 0,$$

$$\frac{\partial \psi_2}{\partial x} - \frac{2ie}{\hbar c} A_x \psi_2 = 0.$$

---

[1]) Damit ein supraleitender Strom durch den Kontakt einen merklichen Betrag hat, muß die Dicke der dielektrischen Schicht praktisch sehr klein sein: $\sim 10^{-7}$ cm. Solche Abstände sind sogar klein im Vergleich zu dem kleinsten charakteristischen Längenparameter in einem Supraleiter — zur Kohärenzlänge ξ_0. In diesem Sinn muß die Schicht als unendlich dünn betrachtet werden, und das Verhalten der Phase innerhalb der Schicht spielt in der Theorie keine Rolle.

Die endliche Durchlässigkeit der Barriere und die Endlichkeit von ψ an den Kontakträndern führen dazu, daß auf den rechten Seiten dieser Bedingungen von Null verschiedene Ausdrücke stehen, die von den Werten von ψ auf der jeweils anderen Kontaktseite abhängen. Weil ψ klein ist (in der Nähe des Übergangspunktes T_c), kann man sich in diesen Funktionen auf die in ψ linearen Glieder beschränken, d. h. man kann

$$\frac{\partial\psi_1}{\partial x} - \frac{2ie}{\hbar c} A_x\psi_1 = -\frac{\psi_2}{\lambda}, \quad \frac{\partial\psi_2}{\partial x} - \frac{2ie}{\hbar c} A_x\psi_2 = \frac{\psi_1}{\lambda} \tag{50,2}$$

schreiben; der Koeffizient $1/\lambda$ ist proportional zur Durchlässigkeit der Barriere. Die Gleichungen (50,2) müssen der Forderung nach Symmetrie bezüglich der Zeitumkehr genügen: sie müssen bei der Transformation $\psi \to \psi^*$, $\boldsymbol{A} \to -\boldsymbol{A}$ richtig bleiben; daraus folgt, daß die Konstante λ reell ist (dann fallen bei der angegebenen Transformation die Gleichungen (50,2) einfach mit ihren komplex konjugierten zusammen).

Den Zusammenhang zwischen der Größe des supraleitenden Stromes durch den Kontakt und der Phasendifferenz der Funktion ψ kann man bestimmen, wenn man die Formel (45,14) auf irgendeine Kontaktseite anwendet (sagen wir, auf die Seite 1):

$$j = -\frac{ie\hbar}{2m}\left(\psi_1^* \frac{\partial\psi_1}{\partial x} - \psi_1 \frac{\partial\psi_1^*}{\partial x}\right) - \frac{2e^2}{mc} A_x\psi_1^*\psi_1 .$$

Wenn wir hier $\partial\psi_1/\partial x$ aus der Randbedingung (50,2) einsetzen, erhalten wir

$$j = \frac{ie\hbar}{2m\lambda}(\psi_1^*\psi_2 - \psi_1\psi_2^*).$$

Für einen Kontakt von gleichartigen Metallen unterscheiden sich die Größen ψ_1 und ψ_2 nur durch ihre Phase, wir finden dann für die Stromdichte

$$j = j_m \sin \Phi_{21}, \quad j_m = \frac{e\hbar}{m\lambda} |\psi|^2 . \tag{50,3}$$

Bei der Annäherung an den Übergangspunkt strebt $|\psi|^2$ wie $T_c - T$ gegen Null; nach dem gleichen Gesetz strebt folglich auch die maximale Dichte des Stroms durch den Kontakt gegen Null.[1])

Es möge nun von einer äußeren Quelle an den Kontakt eine Potentialdifferenz angelegt werden, d. h. es möge in dem Kontakt ein elektrisches Feld $\boldsymbol{E}$ geben. Wir werden dieses Feld durch ein skalares Potential beschreiben, welches wir mit V bezeichnen: $\boldsymbol{E} = -\nabla V$. Den Einfluß dieses Feldes auf den supraleitenden Strom durch den Kontakt kann man schon auf Grund der Forderung nach Eichinvarianz klären.

Bei fehlendem Feld (bei $V = 0$) hängt die Phase der Wellenfunktion von der Zeit nicht ab: $\partial\Phi/\partial t = 0$.[2]) Um diese Gleichung auf den Fall zu verallgemeinern, bei dem das elektrische Feld vorhanden ist, bemerken wir, daß eine allgemeine Beziehung invariant

---

1) Eine mikroskopische, auf dem BCS-Modell beruhende Theorie zeigt, daß der Zusammenhang (50,3) zwischen j und Φ_{21} bei allen Temperaturen gilt. Diese Theorie erlaubt es, j_m mit dem elektrischen Kontaktwiderstand zwischen zwei Metallen im Normalzustand zu verknüpfen. Eine Darstellung dieser Theorie kann man in dem Buch von I. O. KULIK, I. K. JANSON, Effekt Dschosefsona w swerchprowodjaschtschich tunnelnych strukturach, Verlag Nauka, Moskau 1970, finden.

2) Wir erinnern daran (s. Fußnote 1 S. 123), daß der Zeitfaktor $\exp(-2i\mu t/\hbar)$ aus der Wellenfunktion dadurch ausgeschlossen wurde, daß der HAMILTON-Operator $\hat{H}$ des Systems durch $\hat{H}' = \hat{H} - \mu\hat{N}$ ersetzt wurde.

bezüglich der Eichtransformation des skalaren Potentials

$$V \to V - \frac{1}{c}\frac{\partial \chi(t)}{\partial t} \tag{50,4}$$

sein muß, wobei diese Transformation das Vektorpotential nicht berührt (es wird als zeitunabhängig vorausgesetzt). Genauso wie bei der Ableitung der Transformation (44,3), (44,6) finden wir, daß gleichzeitig mit V die Phase der Wellenfunktion gemäß

$$\Phi \to \Phi + \frac{2e}{\hbar c}\chi(t) \tag{50,5}$$

transformiert werden muß. Hieraus sieht man, daß die Beziehung

$$\frac{\partial \Phi}{\partial t} + \frac{2e}{\hbar} V = 0 \tag{50,6}$$

eichinvariant ist und bei $V = 0$ in $\partial\Phi/\partial t = 0$ übergeht.

Bei einem zeitunabhängigen elektrischen Feld ergibt die Integration der Gleichung (50,6)

$$\Phi = \Phi^{(0)} - \frac{2e}{\hbar} Vt,$$

wobei $\Phi^{(0)}$ von der Zeit nicht abhängt. Wenn deshalb an den Kontakt eine konstante elektrische Potentialdifferenz V_{21} angelegt wird, dann gilt für die Phasendifferenz an ihm

$$\Phi_{21} = \Phi_{21}^{(0)} - \frac{2e}{\hbar} V_{21} t.$$

Wir setzen diesen Ausdruck in (50,3) ein und finden für den supraleitenden Strom durch den Kontakt

$$j = j_m \sin\left(\Phi_{21}^{(0)} - \frac{2e}{\hbar} V_{21} t\right). \tag{50,7}$$

Damit kommen wir zu folgendem bemerkenswerten Resultat: das Anlegen einer konstanten Potentialdifferenz an den Tunnelkontakt führt dazu, daß ein supraleitender Wechselstrom mit der Frequenz

$$\omega_j = \frac{2}{\hbar} |eV_{21}| \tag{50,8}$$

auftritt.

Die im Kontakt verbrauchte Leistung wird durch das Produkt jV_{21} gegeben; ihr (zeitlicher) Mittelwert ist gleich Null, d. h. es fehlt eine systematische Energieabgabe von der äußeren Quelle, wie es auch für einen supraleitenden Strom sein muß, der nicht mit einer Energiedissipation verknüpft ist. Wir betonen aber, daß beim Anlegen einer äußeren elektromotorischen Kraft durch den Kontakt auch ein normaler Strom (ein schwächer bei kleinem V_{21}) fließen wird, der mit einer Dissipation gekoppelt ist.

Der Schluß über die periodische Änderung des supraleitenden Stromes durch den Kontakt mit der Frequenz (50,8) folgt schon aus der Tatsache der periodischen Abhängigkeit des Stromes j von Φ_{21} und aus der linearen Zeitabhängigkeit von Φ_{21}; dieser Schluß hängt nicht mit irgendwelchen Annahmen über die Größe der Potentialdifferenz zusammen. Die konkrete Formel (50,7) jedoch ist nur unter der Bedingung richtig, daß die Frequenz ω_j klein im Vergleich zu der für die Supraleitfähigkeit charakteristischen Frequenz $\Delta/\hbar$ ist:

$$\hbar\omega_j = 2\,|eV| \ll \Delta(T). \tag{50,9}$$

Aufgabe

Es ist die Gleichung für den Strom in einem Stromkreis, bestehend aus einer Reihenschaltung eines Widerstandes R und eines Supraleiters mit einem Tunnelkontakt, aufzuschreiben; auf den Stromkreis wirkt die elektromotorische Kraft V_0 ein.

Lösung. Der gesamte Spannungsabfall im Stromkreis ist $V_0 = RJ + V_{21}$, dabei bedeuten J den durch den Kreis fließenden Strom und V_{21} die Potentialdifferenz am Kontakt.[1] Wenn wir hier $J = J_m \sin \Phi_{21}$ und V_{21} aus (50,6) einsetzen, finden wir

$$\frac{\hbar}{2|e|}\frac{\partial \Phi_{21}}{\partial t} = V_0 - RJ_m \sin \Phi_{21}.$$

Wir bemerken, daß der durch diese Gleichung beschriebene Wechselstrom nicht sinusförmig ist.

§ 51. Der Zusammenhang zwischen Strom und Magnetfeld in einem Supraleiter

Im § 44 wurden Formeln erhalten, die den Zusammenhang zwischen Strom und Magnetfeld in einem Supraleiter im (LONDONschen) Grenzfall langsamer Veränderungen aller Größen im ganzen Volumen des Körpers bestimmen: dabei wurde das Feld als schwach vorausgesetzt — als klein im Vergleich zu seinem kritischen Wert. Jetzt betrachten wir dieses Problem für ein räumlich beliebig veränderliches, statisches Feld, das nach wie vor als schwach angenommen wird. Das Wort „beliebig veränderlich" bedeutet hier, daß sich das Feld auf Abständen $\sim\xi_0$ ändern kann (es ändert sich aber wie früher wenig auf Abständen von der Größenordnung der Gitterkonstanten; deshalb ist die Inhomogenität des Stoffes — des Metalls — auf atomaren Abständen unwesentlich).

Im allgemeinen Fall wird der Zusammenhang zwischen Strom und Magnetfeld in einem räumlich unbegrenzten Medium durch eine Integralform der Art

$$j_i(\boldsymbol{r}) = -\int Q_{ik}(\boldsymbol{r} - \boldsymbol{r}')\, A_k(\boldsymbol{r}')\, d^3x' \tag{51,1}$$

ausgedrückt, dabei hängt der Kern Q_{ik} nur von den Eigenschaften des Mediums selbst ab.[2] Die Linearität der Abhängigkeit (51,1) entspricht der Annahme, daß das Feld schwach ist.

Die Stromdichte kann, wie bekannt, als Variationsableitung der Energie des Systems nach dem Vektorpotential betrachtet werden: die Änderung der HAMILTON-Funktion

---

[1]) Kleine normale Ströme (bei kleinem V_0) im Supraleiter vernachlässigen wir.

[2]) Das Problem des unbegrenzten Mediums hat in dem gegebenen Zusammenhang nur formale Bedeutung. Seine reale Bedeutung besteht in der weiteren Anwendung der Ergebnisse auf das Problem des begrenzten Mediums — s. folgender Paragraph.

des Systems bei der Variation von A ist

$$\delta H = -\frac{1}{c}\int \boldsymbol{j}\,\delta A\,\mathrm{d}^3x$$

(s. III, (115,1)). Deshalb ist der Kern Q_{ik} in (51,1) die zweite Variationsableitung, und die Symmetrie bezüglich der Reihenfolge der zweifachen Differentiation (nach $A_i(\boldsymbol{r})$ und $A_k(\boldsymbol{r}'))$ bedeutet, daß

$$Q_{ik}(\boldsymbol{r} - \boldsymbol{r}') = Q_{ki}(\boldsymbol{r}' - \boldsymbol{r}) \tag{51,2}$$

ist.

Wenn wir $\boldsymbol{A}(\boldsymbol{r})$ und $\boldsymbol{j}(\boldsymbol{r})$ in Fourier-Integrale entwickeln, können wir den Zusammenhang (51,1) für die Fourier-Komponenten

$$j_i(\boldsymbol{k}) = -Q_{ik}(\boldsymbol{k})\,A_k(\boldsymbol{k}) \tag{51,3}$$

aufschreiben. Dabei gilt wegen (51,2) $Q_{ik}(\boldsymbol{k}) = Q_{ki}(-\boldsymbol{k})$.

Einige wichtige Eigenschaften der Funktion $Q_{ik}(\boldsymbol{k})$ folgen schon aus der Forderung nach Eichinvarianz. Der Strom $\boldsymbol{j}$ darf sich bei der Eichtransformation $\boldsymbol{A}(\boldsymbol{r}) \to \boldsymbol{A}(\boldsymbol{r}) + \nabla\chi(\boldsymbol{r})$ oder, für die Fourier-Komponenten,

$$\boldsymbol{A}(\boldsymbol{k}) \to \boldsymbol{A}(\boldsymbol{k}) + i\boldsymbol{k}\chi(\boldsymbol{k})$$

nicht ändern. Das bedeutet, daß der Tensor $Q_{ik}(\boldsymbol{k})$ orthogonal zum Wellenzahlvektor sein muß:

$$Q_{ik}(\boldsymbol{k})\,k_k = 0. \tag{51,4}$$

In einem kubischen Kristall reduziert sich insbesondere die Tensorstruktur von Q_{ik} auf Glieder der Form δ_{ik} und k_ik_k; aus (51,4) folgt dann

$$Q_{ik} = \left(\delta_{ik} - \frac{k_ik_k}{k^2}\right) Q(\boldsymbol{k}) \tag{51,5}$$

mit $Q(\boldsymbol{k})$ als einer skalaren Funktion.

Für das Weitere wählen wir die Eichung des Potentials, bei der $\operatorname{div} \boldsymbol{A}(\boldsymbol{r}) = 0$ ist. Für die Fourier-Komponenten bedeutet das $\boldsymbol{k}\boldsymbol{A}(\boldsymbol{k}) = 0$. Deshalb führt der Zusammenhang (51,3) zwischen Strom und Potential auf die Gleichung

$$\boldsymbol{j}(\boldsymbol{k}) = -Q(\boldsymbol{k})\,\boldsymbol{A}(\boldsymbol{k}), \tag{51,6}$$

d. h., er wird allein durch die skalare Funktion $Q(\boldsymbol{k})$ bestimmt.

Dem Londonschen Fall entspricht der Grenzausdruck $Q(\boldsymbol{k})$ bei $\boldsymbol{k} \to 0$. Diesen Ausdruck kann man leicht finden, wenn man auf beiden Seiten der Gleichung (44,8)

$$\operatorname{rot} \boldsymbol{j} = -\frac{e^2 n_s}{mc} \operatorname{rot} \boldsymbol{A}$$

die Operation rot anwendet und die Gleichung $\operatorname{div} \boldsymbol{A} = 0$ berücksichtigt. Wir beachten, daß wegen der Kontinuitätsgleichung auch $\operatorname{div} \boldsymbol{j} = 0$ ist und erhalten

$$\Delta \boldsymbol{j} = -\frac{e^2 n_s}{mc} \Delta \boldsymbol{A}.$$

Im unbegrenzten Raum folgt hieraus für die überall endlichen Funktionen $\boldsymbol{j}(\boldsymbol{r})$ und $\boldsymbol{A}(\boldsymbol{r})$ auch

$$\boldsymbol{j}(\boldsymbol{r}) = -\frac{e^2 n_s}{mc} \boldsymbol{A}(\boldsymbol{r}), \tag{51,7}$$

d. h., der Strom ist in jedem Punkt nur durch den Wert des Potentials in diesem Punkt bestimmt. Diese Gleichung gilt auch zwischen den FOURIER-Komponenten $\boldsymbol{j}(\boldsymbol{k})$ und $\boldsymbol{A}(\boldsymbol{k})$, und der Vergleich mit (51,6) zeigt, daß $Q(\boldsymbol{k})$ durch den von $\boldsymbol{k}$ unabhängigen Ausdruck[1])

$$Q(\boldsymbol{k}) = \frac{e^2 n_s}{mc} = \frac{c}{4\pi\, \delta_L^2} \quad \text{bei} \quad \boldsymbol{k} \to 0 \tag{51,8}$$

gegeben ist.

Der weitere Inhalt dieses Paragraphen besteht in der Berechnung von $Q(\boldsymbol{k})$ für das BCS-Modell, unter dem man, wie schon gesagt wurde, das isotrope, entartete FERMI-Gas mit schwacher Anziehung zwischen den Teilchen (Elektronen) versteht. Gleichzeitig wird angenommen, daß diese Teilchen durch ihre Ladung e mit einem Magnetfeld wechselwirken.

Im § 42 wurden die Gleichungen (42,5) für die temperaturabhängigen GREENschen Funktionen des FERMI-Gases ohne äußeres Feld aufgeschrieben. Die Einführung eines Magnetfeldes wird dadurch bewerkstelligt, daß im HAMILTON-Operator $H^{(0)}$ aus (7,7) $\nabla \to \nabla - ie\boldsymbol{A}/c$ substituiert wird.[2]) Die gleiche Änderung entsteht folglich in der Gleichung (7,8) für $\hat{\Psi}$, in der analogen Gleichung für $\hat{\Psi}^+$ ist dementsprechend $\nabla \to \nabla + ie\boldsymbol{A}/c$ zu setzen; dasselbe gilt offenbar auch für die Gleichungen für $\hat{\Psi}^M$ und $\hat{\bar{\Psi}}^M$. Das Spinglied ($\sim \sigma \boldsymbol{H}$), das der direkten Wechselwirkung des magnetischen Momentes des Elektrons mit dem Feld entspricht, ist klein, und man kann es im HAMILTON-Operator und den Gleichungen vernachlässigen. Bei der Einwirkung des Operators ∇ auf die Funktionen $\mathscr{G}(\tau, \boldsymbol{r}; \tau', \boldsymbol{r}')$ und $\overline{\mathscr{F}}(\tau, \boldsymbol{r}; \tau', \boldsymbol{r}')$ werden die Operatoren $\hat{\Psi}^M(\tau, \boldsymbol{r})$ und $\hat{\bar{\Psi}}^M(\tau, \boldsymbol{r})$ differenziert. Deshalb wird auch in den Gleichungen (42,5) die Einführung eines Magnetfeldes durch die gleiche Substitution $\nabla \to \nabla \mp ie\boldsymbol{A}/c$ gewährleistet.

Die Existenz des äußeren Feldes zerstört die räumliche Homogenität des Systems, dadurch reduziert sich die Abhängigkeit der GREENschen Funktionen von den Argumenten $\boldsymbol{r}$ und $\boldsymbol{r}'$ nicht einfach auf die Abhängigkeit von $\boldsymbol{r} - \boldsymbol{r}'$; von den Argumenten τ und τ' hängen die Funktionen nach wie vor über die Differenz $\tau - \tau'$ ab. Wir schreiben die Gleichungen sofort für die FOURIER-Komponenten bezüglich $\tau - \tau'$ auf:

$$\left\{i\zeta_s + \frac{1}{2m}\left[\nabla - \frac{ie}{c}\boldsymbol{A}(\boldsymbol{r})\right]^2 + \mu\right\} \mathscr{G}(\zeta_s; \boldsymbol{r}, \boldsymbol{r}') + g\Xi\overline{\mathscr{F}}(\zeta_s; \boldsymbol{r}, \boldsymbol{r}') = \delta(\boldsymbol{r})$$
$$\left\{-i\zeta_s + \frac{1}{2m}\left[\nabla + \frac{ie}{c}\boldsymbol{A}(\boldsymbol{r})\right]^2 + \mu\right\} \overline{\mathscr{F}}(\zeta_s; \boldsymbol{r}, \boldsymbol{r}') - g\Xi^*\mathscr{G}(\zeta_s; \boldsymbol{r}, \boldsymbol{r}') = 0. \tag{51,9}$$

Für den Fall eines schwachen Feldes, den wir hier nur betrachten wollen, können wir diese Gleichungen linearisieren; wir setzen

$$\mathscr{G} = \mathscr{G}^{(0)} + \mathscr{G}^{(1)}, \qquad \overline{\mathscr{F}} = \overline{\mathscr{F}}^{(0)} + \overline{\mathscr{F}}^{(1)} \tag{51,10}$$

---

[1]) In diesem und den folgenden Paragraphen wird die LONDONsche Eindringtiefe als δ_L bezeichnet.
[2]) In diesem Paragraphen setzen wir im weiteren (in den Gleichungen (51,9—19)) $\hbar = 1$.

(die ersten Glieder sind die Funktionen ohne Feld, und die zweiten Glieder sind kleine, im Feld lineare Korrekturen) und behalten in den Gleichungen nur die Glieder erster Ordnung in $\boldsymbol{A}$ bei.

Dabei muß man aber beachten, daß die Existenz des Feldes auch die Kondensatwellenfunktion Ξ ändert, die nun nicht einfach eine Konstante ist. Diese Komplikation entfällt aber bei der von uns gewählten Eichung des Vektorpotentials, bei der

$$\operatorname{div} \boldsymbol{A} = 0 \tag{51,11}$$

ist. Denn die Korrektur erster Ordnung (zum konstanten Wert $\Xi^{(0)}$) in der skalaren Funktion $\Xi(\boldsymbol{r})$ könnte nur proportional zu $\operatorname{div} \boldsymbol{A}$ sein, und unter der Bedingung (51,11) verschwindet sie. Deshalb kann man in den linearisierten Gleichungen mit der geforderten Genauigkeit $g\Xi = g\Xi^{(0)} \equiv \Delta$ setzen mit Δ als Lücke in dem Energiespektrum des Gases bei fehlendem Feld (reelle Größe).

Insgesamt nehmen die linearisierten Gleichungen (51,9) die Form

$$\begin{gathered}
\left(i\zeta_s + \frac{\nabla^2}{2m} + \mu\right) \mathscr{G}^{(1)}(\zeta_s; \boldsymbol{r}, \boldsymbol{r}') + \Delta \overline{\mathscr{F}}^{(1)}(\zeta_s; \boldsymbol{r}, \boldsymbol{r}') \\
= \frac{ie}{mc} \boldsymbol{A}(\boldsymbol{r}) \nabla \mathscr{G}^{(0)}(\zeta_s; \boldsymbol{r} - \boldsymbol{r}'), \\
\left(-i\zeta_s + \frac{\nabla^2}{2m} + \mu\right) \overline{\mathscr{F}}^{(1)}(\zeta_s; \boldsymbol{r}, \boldsymbol{r}') - \Delta \mathscr{G}^{(1)}(\zeta_s; \boldsymbol{r}, \boldsymbol{r}') \\
= -\frac{ie}{mc} \boldsymbol{A}(\boldsymbol{r}) \nabla \overline{\mathscr{F}}^{(0)}(\zeta_s; \boldsymbol{r} - \boldsymbol{r}')
\end{gathered} \tag{51,12}$$

an. Wegen der Linearität dieser Gleichungen in $\boldsymbol{A}$ genügt es, sie für eine Fourier-Komponente des Feldes zu lösen, d.h. für

$$\boldsymbol{A}(\boldsymbol{r}) = \boldsymbol{A}(\boldsymbol{k})\, e^{i\boldsymbol{k}\boldsymbol{r}}, \quad \boldsymbol{k}\boldsymbol{A}(\boldsymbol{k}) = 0. \tag{51,13}$$

Bei diesem $\boldsymbol{A}(\boldsymbol{r})$ kann man die Abhängigkeit der Funktionen $\mathscr{G}^{(1)}$ und $\overline{\mathscr{F}}^{(1)}$ von der Summe $\boldsymbol{r} + \boldsymbol{r}'$ sofort abtrennen, indem man

$$\begin{gathered}
\mathscr{G}^{(1)}(\zeta_s; \boldsymbol{r}, \boldsymbol{r}') = g(\zeta_s; \boldsymbol{r} - \boldsymbol{r}')\, e^{i\boldsymbol{k}(\boldsymbol{r}+\boldsymbol{r}')/2}, \\
\overline{\mathscr{F}}^{(1)}(\zeta_s; \boldsymbol{r}, \boldsymbol{r}') = f(\zeta_s; \boldsymbol{r} - \boldsymbol{r}')\, e^{i\boldsymbol{k}(\boldsymbol{r}+\boldsymbol{r}')/2}
\end{gathered} \tag{51,14}$$

setzt. Die erste Gleichung (51,12) nimmt danach die Form

$$\begin{gathered}
\left[i\zeta_s + \frac{1}{2m}\left(\nabla + \frac{i}{2}\boldsymbol{k}\right)^2 + \mu\right] g(\zeta_s; \boldsymbol{r} - \boldsymbol{r}') + \Delta f(\zeta_s; \boldsymbol{r} - \boldsymbol{r}') \\
= \frac{ie}{mc} \boldsymbol{A}(\boldsymbol{k})\, e^{i\boldsymbol{k}(\boldsymbol{r}-\boldsymbol{r}')/2} \nabla \mathscr{G}^{(0)}(\zeta_s; \boldsymbol{r} - \boldsymbol{r}')
\end{gathered}$$

an, und Analoges erhält man für die zweite Gleichung. Wir führen jetzt die Fourier-Transformation der Funktionen g und f bezüglich $\boldsymbol{r} - \boldsymbol{r}'$ aus und kommen schließlich zu folgendem System von zwei algebraischen Gleichungen:

$$\begin{aligned}&\left[i\zeta_s - \frac{1}{2m}\left(\boldsymbol{p} + \frac{\boldsymbol{k}}{2}\right)^2 + \mu\right] g(\zeta_s, \boldsymbol{p}) + \Delta f(\zeta_s, \boldsymbol{p})\\ &= -\frac{e}{mc}\boldsymbol{p}\boldsymbol{A}(\boldsymbol{k})\, \mathscr{G}^{(0)}\left(\zeta_s, \boldsymbol{p} - \frac{\boldsymbol{k}}{2}\right),\\ &\left[-i\zeta_s - \frac{1}{2m}\left(\boldsymbol{p} + \frac{\boldsymbol{k}}{2}\right)^2 + \mu\right] f(\zeta_s, \boldsymbol{p}) - \Delta g(\zeta_s, \boldsymbol{p})\\ &= \frac{e}{mc}\boldsymbol{p}\boldsymbol{A}(\boldsymbol{k})\, \overline{\mathscr{F}}^{(0)}\left(\zeta_s, \boldsymbol{p} - \frac{\boldsymbol{k}}{2}\right).\end{aligned} \tag{51,15}$$

Nach einfachen Transformationen und mit Benutzung der Ausdrücke (42,7—8) für die Funktionen $\mathscr{G}^{(0)}$ und $\overline{\mathscr{F}}^{(0)}$ nimmt die Lösung dieser Gleichungen die Form

$$g(\zeta_s, \boldsymbol{p}) = -\frac{e}{mc}\boldsymbol{p}\boldsymbol{A}(\boldsymbol{k})\frac{(i\zeta_s + \eta_+)(i\zeta_s + \eta_-) + \Delta^2}{(\zeta_s^2 + \varepsilon_+^2)(\zeta_s^2 + \varepsilon_-^2)} \tag{51,16}$$

an mit $\varepsilon_\pm = \varepsilon(\boldsymbol{p} \pm \boldsymbol{k}/2)$, $\eta_\pm = \eta(\boldsymbol{p} \pm \boldsymbol{k}/2)$ (die Funktion $f(\zeta_s, \boldsymbol{p})$ werden wir unten nicht benötigen).

Wir gehen nun zur Berechnung des Stromes über. Dazu beginnen wir mit dem bekannten Ausdruck für den Operator der Stromdichte in der Darstellung der zweiten Quantelung[1])

$$\hat{\boldsymbol{j}} = \frac{ie}{2m}[(\nabla\hat{\Psi}_\alpha^+)\hat{\Psi}_\alpha - \hat{\Psi}_\alpha^+(\nabla\hat{\Psi}_\alpha)] - \frac{e^2}{mc}\boldsymbol{A}\hat{\Psi}_\alpha^+\hat{\Psi}_\alpha.$$

Um zur MATSUBARA-Darstellung für diesen Operator überzugehen, genügt es, die HEISENBERGschen $\hat{\Psi}$, $\hat{\Psi}^+$ durch die MATSUBARAschen $\hat{\Psi}^M$, $\hat{\bar{\Psi}}^M$ zu ersetzen. Wir erinnern an die Definition der GREENschen Funktion (37,2) und finden, daß die Stromdichte (das diagonale Matrixelement des Operators $\hat{\boldsymbol{j}}$, gemittelt über die GIBBSsche Verteilung) in der Form

$$\boldsymbol{j}(\boldsymbol{r}) = 2\frac{ie}{2m}[(\nabla' - \nabla)\mathscr{G}(\tau, \boldsymbol{r}; \tau', \boldsymbol{r}')]_{\substack{\boldsymbol{r}'=\boldsymbol{r}\\ \tau'=\tau+0}} - \frac{e^2}{mc}\boldsymbol{A}(\boldsymbol{r})\,n \tag{51,17}$$

geschrieben werden kann. Dabei ist n die Teilchenzahldichte (der Faktor 2 kommt von $\mathscr{G}_{\alpha\alpha} = 2\mathscr{G}$).

Wenn man $\mathscr{G} = \mathscr{G}^{(0)} + \mathscr{G}^{(1)}$ in (51,17) einsetzt, fällt das Glied mit $\mathscr{G}^{(0)}$ heraus: für ein homogenes und isotropes System ist die Funktion $\mathscr{G}^{(0)}(\boldsymbol{r} - \boldsymbol{r}')$ gerade, und ihre Ableitung verschwindet bei $\boldsymbol{r} - \boldsymbol{r}' = 0$. Wir gehen auch zu der FOURIER-Entwicklung in bezug auf $\tau - \tau'$ über und erhalten:

$$\boldsymbol{j}(\boldsymbol{r}) = \frac{ie}{m}T\sum_{s=-\infty}^{\infty}[(\nabla' - \nabla)\mathscr{G}^{(1)}(\zeta_s; \boldsymbol{r}, \boldsymbol{r}')]_{\boldsymbol{r}'=\boldsymbol{r}} - \frac{e^2 n}{mc}\boldsymbol{A}(\boldsymbol{r}).$$

Nach der Substitution von $\boldsymbol{A}(\boldsymbol{r})$ und $\mathscr{G}^{(1)}$ aus (51,13) und (51,14) ergibt sich dann

$$\boldsymbol{j}(\boldsymbol{k}) = \frac{2eT}{m}\sum_{s=-\infty}^{\infty}\int \boldsymbol{p}g(\zeta_s, \boldsymbol{p})\frac{d^3p}{(2\pi)^3} - \frac{ne^2}{mc}\boldsymbol{A}(\boldsymbol{k}).$$

---

[1]) S. III, § 115. Hier ist das Glied für den Beitrag des Teilchenspins zum Strom weggelassen. Für ein nichtferromagnetisches System (wenn die GREENsche Funktion $\mathscr{G}_{\alpha\beta} = \delta_{\alpha\beta}\mathscr{G}$ ist) verschwindet dieses Glied bei der Mittelung.

Wenn man hier $g(\zeta_s, \boldsymbol{p})$ aus (51,16) einsetzt, ist es zweckmäßig, sofort zu berücksichtigen, daß die Vektoren $\boldsymbol{j}(\boldsymbol{k})$ und $\boldsymbol{A}(\boldsymbol{k})$ transversal sind, und über die Richtungen $\boldsymbol{p}_\perp$ in der zu der Richtung von $\boldsymbol{k}$ senkrechten Ebene nach der Formel

$$\overline{p_{\perp i} p_{\perp k}} = \frac{p^2}{2} \sin^2 \theta \left(\delta_{ik} - \frac{k_i k_k}{k^2} \right)$$

zu mitteln, dabei ist θ der Winkel zwischen $\boldsymbol{k}$ und $\boldsymbol{p}$. Insgesamt finden wir folgenden Ausdruck für die Funktion $Q(\boldsymbol{k})$, die den Zusammenhang zwischen $\boldsymbol{j}(\boldsymbol{k})$ und $\boldsymbol{A}(\boldsymbol{k})$ bestimmt:

$$Q(\boldsymbol{k}) = \frac{e^2 T}{m^2 c} \sum_{s=-\infty}^{\infty} \int p^2 \sin^2 \theta \, \frac{(i\zeta_s + \eta_+)(i\zeta_s + \eta_-) + \Delta^2}{(\zeta_s^2 + \varepsilon_+^2)(\zeta_s^2 + \varepsilon_-^2)} \frac{d^3p}{(2\pi)^3} + \frac{ne^2}{mc},$$

$$\varepsilon_\pm^2 = \eta_\pm^2 + \Delta^2, \quad \eta_\pm = \frac{1}{2m}\left(\boldsymbol{p} \pm \frac{\boldsymbol{k}}{2}\right)^2 - \mu. \tag{51,18}$$

Die hier stehenden, in dieser Form aufgeschriebenen Integrale und die Summe divergieren formal. Obwohl diese Divergenz in Wirklichkeit nur fiktiv ist, muß man bei der Berechnung aber vorsichtig sein: vor der Beseitigung der Divergenz kann das Ergebnis noch von der Reihenfolge abhängen, in der integriert und summiert wird.

Diese Schwierigkeit kann man umgehen, wenn man den schon vorher offensichtlichen Umstand berücksichtigt, daß bei $\Delta = 0$ auch $Q = 0$ sein muß — in einem normalen Metall gibt es keinen supraleitenden Strom. Deshalb werden wir das Ergebnis nicht ändern, wenn wir von (51,18) den Ausdruck mit $\Delta = 0$ abziehen:

$$Q(\boldsymbol{k}) = \frac{e^2 T}{m^2 c} \sum_{s=-\infty}^{\infty} \int p^2 \sin^2 \theta \left\{ \frac{(i\zeta_s + \eta_+)(i\zeta_s + \eta_-) + \Delta^2}{(\zeta_s^2 + \varepsilon_+^2)(\zeta_s^2 + \varepsilon_-^2)} - \frac{1}{(i\zeta_s - \eta_+)(i\zeta_s - \eta_-)} \right\} \frac{d^3p}{(2\pi)^3}. \tag{51,19}$$

Dieser Ausdruck konvergiert gut, und man kann in ihm die Integration und die Summation in beliebiger Reihenfolge ausführen.

Wir bemerken vor allem, daß die uns interessierenden Werte von $\boldsymbol{k}$ klein in dem Sinn sind, daß $k \ll p_F$ ist; diese Ungleichung drückt einfach die Tatsache aus, daß die charakteristischen Abstände, auf denen das Feld und der Strom in einem Supraleiter sich ändern, groß im Vergleich zu den Abständen zwischen den Teilchen sind (d. h. im Vergleich zu $\sim 1/p_F$).

Zuerst integrieren wir in (51,19) über dp. Dieses Integral ist im wesentlichen in einem engen Impulsgebiet in der Nähe der FERMI-Fläche konzentriert — in dem Gebiet $|p - p_F| \sim k$. In diesem Gebiet ist

$$\eta_\pm \approx \eta \pm \frac{1}{2} v_F k \cos \theta \approx v_F(p - p_F) \pm \frac{1}{2} v_F k \cos \theta,$$

den Faktor p^2 im Integranden kann man durch p_F^2 und die Integration über d^3p durch die Integration über $2\pi m p_F \, d\eta \, d \cos \theta$ ersetzen. Danach verschwindet das Integral des zweiten Gliedes in den geschwungenen Klammern in (51,19) über dη: der Integrationsweg kann in ihm jetzt durch einen unendlich großen Halbkreis in der komplexen η-Ebene geschlossen werden, und das Verschwinden des Integrals ist eine Folge davon, daß beide Pole des Integranden in einer Halbebene liegen (der oberen oder der unteren, in Abhängigkeit vom Vorzeichen von ζ_s). Die Integration über $d\eta$ kann im ersten Glied in (51,19) elementar ausgeführt werden, danach bleibt nur noch das Integral über die Variable $x = \cos\theta$. Wir führen noch die Dichte n nach der Gleichung $p_F^3 = 3\pi^2 n$ ein und erhalten das Endergebnis (in üblichen Einheiten):

$$Q(\boldsymbol{k}) = \frac{3\pi T n e^2}{4mc} \sum_{s=-\infty}^{\infty} \int_{-1}^{1} \frac{\Delta^2 (1 - x^2)\, dx}{[\zeta_s^2 + \Delta^2 + (\hbar v_F k x/2)^2]\,(\zeta_s^2 + \Delta^2)^{1/2}}, \qquad \zeta_s = (2s+1)\,\pi T \tag{51,20}$$

(J. Bardeen, L. N. Cooper, J. R. Schrieffer, 1957).[1])

Im Grenzfall kleiner k ($k\xi_0 \ll 1$ mit $\xi_0 \sim \hbar v_F/\Delta_0 \sim \hbar v_F/T_c$ — der Kohärenzlänge) kann man zeigen, daß der Ausdruck (51,20) auf den von k unabhängigen Londonschen Ausdruck (51,8) führt; damit wollen wir uns hier nicht aufhalten.

Im entgegengesetzten Grenzfall, wenn $k\xi_0 \gg 1$ ist, ist im Integral (51,20) das Gebiet $x \lesssim T_c/\hbar k v_F \ll 1$ wesentlich. Deshalb kann man x^2 im Vergleich zu 1 im Zähler des Integranden vernachlässigen, anschließend kann man (wegen der schnellen Konvergenz) die Integration von $-\infty$ bis $+\infty$ ausdehnen. Dadurch erhalten wir

$$Q(\boldsymbol{k}) = \frac{3\pi^2 n e^2 T}{2mc\hbar v_F k} \sum_{s=-\infty}^{\infty} \frac{\Delta^2}{\zeta_s^2 + \Delta^2}.$$

Wir summieren mit Hilfe von (42,10) und stellen dann diese Formel in der Form

$$Q(\boldsymbol{k}) = \frac{c\beta}{4\pi k}, \quad \beta = \frac{4\pi n e^2}{mc^2} \frac{3\pi^2}{4\hbar v_F} \Delta \operatorname{th} \frac{\Delta}{2T}, \quad k\xi_0 \gg 1 \tag{51,21}$$

dar.[2]) Bei $T \ll T_c$ haben wir $n_s \approx n$, $\Delta \approx \Delta_0$, und dann ist $\beta \sim 1/\delta_L^2 \xi_0$. Bei $T_c - T \ll T_c$ ist die Lücke Δ klein, so daß $\operatorname{th}(\Delta/2T) \approx \Delta/2T_c$ ist; unter Berücksichtigung der Formeln (40,4—5), (40,16) finden wir wieder $\beta \sim 1/\delta_L^2 \xi_0$. Im ganzen Temperaturgebiet von 0 bis T_c ist also:

$$\beta \sim 1/\delta_L^2 \xi_0. \tag{51,22}$$

Die Funktion $Q(\boldsymbol{k})$ bleibt also im Gebiet $k \lesssim 1/\xi_0$ nahezu konstant (wobei sie in der Nähe des Punktes $\boldsymbol{k} = 0$ regulär nach Potenzen von k^2 entwickelt werden kann); außerhalb dieses Gebietes nimmt die Funktion $Q(\boldsymbol{k})$ bei $k \gg 1/\xi_0$ nach dem Gesetz $1/k$ ab. Diesem Verhalten von $Q(\boldsymbol{k})$ entspricht eine Koordinatenfunktion $Q(\boldsymbol{r})$, die im Gebiet $r \lesssim \xi_0$ langsam (wie $1/r^2$) und außerhalb dieses Gebietes schnell (nach einem Exponentialgesetz) abfällt. Die Korrelation zwischen Feld und Strom erstreckt sich also immer auf Abstände $\sim \xi_0$. Wir unterstreichen, daß diese Feststellung im ganzen Temperaturbereich von Null bis T_c richtig ist. Damit kommen wir zu der Begründung der schon im § 44 gemachten Behauptung, daß ξ_0 als für die Supraleitfähigkeit charakteristischer Längenparameter universelle Bedeutung hat.

---

[1]) Die dargestellte Methode für die Ableitung dieses Resultats mit Hilfe der temperaturabhängigen Greenschen Funktionen stammt von A. A. Abrikosow und L. P. Gorkow (1958).

[2]) Eine Formel dieser Art wurde von A. B. Pippard (1953) auf Grund qualitativer Überlegungen noch vor der Schaffung der mikroskopischen Theorie der Supraleitfähigkeit vorgeschlagen.

§ 52. Die Eindringtiefe eines Magnetfeldes in einen Supraleiter

Wir wollen die im vorigen Paragraphen erhaltenen Resultate auf die Aufgabe anwenden, das Eindringen eines äußeren Magnetfeldes in einen Supraleiter zu behandeln (in der LONDONschen Näherung wurde diese Aufgabe im § 44 betrachtet).

Der Supraleiter sei durch eine ebene Oberfläche begrenzt und nehme den Halbraum $x > 0$ ein, das äußere Feld $\mathfrak{H}$ (und mit ihm auch die Induktion $\boldsymbol{B}$ innerhalb des Supraleiters) möge parallel zur Oberfläche längs der z-Achse liegen. Dann hängen alle Größen nur von der Koordinate x ab, wobei der Strom $\boldsymbol{j}$ und das Vektorpotential $\boldsymbol{A}$ (in der Eichung $\operatorname{div} \boldsymbol{A} = 0$) in Richtung der y-Achse liegen. Die MAXWELL-Gleichung $\operatorname{rot} \boldsymbol{B} = -\Delta \boldsymbol{A} = 4\pi \boldsymbol{j}/c$ führt dann auf

$$A''(x) = -\frac{4\pi}{c} j(x), \quad x > 0, \tag{52,1}$$

dabei bezeichnet $'$ die Ableitung nach x.

Die Randbedingungen für diese Gleichung hängen aber von den physikalischen Eigenschaften der Metalloberfläche in bezug auf die auf sie treffenden Elektronen ab. Am einfachsten ist der Fall der spiegelnden Reflexion der Elektronen von der Oberfläche. Es ist offensichtlich, daß bei diesem Reflexionsgesetz das Problem des Halbraums zum Problem des unbegrenzten Mediums äquivalent ist, in dem das Feld $A(x)$ symmetrisch bezüglich der Ebene $x = 0$ ist $(A(x) = A(-x))$. Dabei wird die Ableitung $A'(x)$ als ungerade Funktion von x bei $x = 0$ einen Sprung haben, indem sie beim Durchgang von x durch Null ihr Vorzeichen ändert. Mit anderen Worten, der Bedingung $B = A' = \mathfrak{H}$ auf der Oberfläche des Halbraums entspricht im Problem des unbegrenzten Mediums die Bedingung

$$A'(+0) - A'(-0) = 2\mathfrak{H}. \tag{52,2}$$

Wir multiplizieren die Gleichung (52,1) mit e^{-ikx} und integrieren sie über dx in den Grenzen von $-\infty$ bis ∞. Auf der linken Seite der Gleichung schreiben wir

$$\int_{-\infty}^{\infty} A'' e^{-ikx}\, dx = \int_{-\infty}^{0} (A' e^{-ikx})'\, dx + \int_{0}^{\infty} (A' e^{-ikx})'\, dx + ik \int_{-\infty}^{\infty} A' e^{-ikx}\, dx.$$

Die ersten zwei Integrale in der Summe ergeben $-2\mathfrak{H}$, und im letzten kann man einfach partiell integrieren, weil die Funktion $A(x)$ selbst bei $x = 0$ stetig ist. Im Ergebnis kommen wir zu der Gleichung

$$2\mathfrak{H} + k^2 A(k) = \frac{4\pi}{c} j(k).$$

Dabei sind $A(k)$ und $j(k)$ die FOURIER-Komponenten der Funktionen $A(x)$ und $j(x)$, die im ganzen Raum definiert sind. Sie hängen folglich durch die Beziehung $j(k) = -Q(k)\, A(k)$ zusammen, wobei $Q(k)$ durch die im vorigen Paragraphen erhaltenen Formeln gegeben ist. Wir finden also für die FOURIER-Komponenten des Feldes

$$A(k) = -\frac{2\mathfrak{H}}{k^2 + 4\pi Q(k)/c}. \tag{52,3}$$

Die Eindringtiefe δ ist definiert als[1])

$$\delta = \frac{1}{\mathfrak{H}} \int_0^\infty B(x)\,\mathrm{d}x = -\frac{A(x=0)}{\mathfrak{H}}. \tag{52,4}$$

Wir drücken $A(x = 0)$ durch die FOURIER-Komponenten $A(k)$ aus und setzen die letzteren aus (52,3) ein, dann haben wir

$$\delta = -\frac{1}{\mathfrak{H}} \int_{-\infty}^{\infty} A(k) \frac{\mathrm{d}k}{2\pi} = \frac{1}{\pi} \int_{-\infty}^{\infty} \frac{\mathrm{d}k}{k^2 + 4\pi Q(|k|)/c}. \tag{52,5}$$

In diesem Integral spielt das Gebiet von k-Werten die Hauptrolle, in dem $k^2 \sim 4\pi Q/c$ ist. Im LONDONschen Fall (wenn $\delta_L \gg \xi_0$ ist) sind diese Werte in dem Sinne klein, daß $k\xi_0 \ll 1$ ist. Dabei wird $Q(k)$ durch den von k unabhängigen Ausdruck (51,8) gegeben, und die Integration in (52,5) führt natürlicherweise auf den Wert $\delta = \delta_L$.

Im entgegengesetzten PIPPARDschen Fall (wenn $\delta_L \ll \xi_0$ ist) sind im Integral die Werte $k \gg 1/\xi_0$ wesentlich. Hier wird $Q(k)$ durch den Ausdruck (51,21) gegeben, und das Integral (52,5) ergibt

$$\delta = \delta_P = 4/3^{3/2}\beta^{1/3}. \tag{52,6}$$

Unter Berücksichtigung von (51,22) finden wir also, daß die PIPPARDsche Eindringtiefe

$$\delta_P \sim (\delta_L^2 \xi_0)^{1/3} \tag{52,7}$$

ist.

Die dargestellten Berechnungen bezogen sich auf den Fall der spiegelnden Reflexion der Elektronen an der Metalloberfläche. Im LONDONschen Fall hängt aber die Eindringtiefe überhaupt nicht vom Reflexionsgesetz ab, wie das der Ableitung von δ_L im § 44 zu entnehmen ist; bei $\delta \gg \xi_0$ sind die Details der Oberflächenstruktur unwesentlich.

Aber auch im PIPPARDschen Fall ist die Abhängigkeit der Eindringtiefe vom Reflexionsgesetz praktisch unwesentlich. So ist in dem der Spiegelung entgegengesetzten Fall der diffusen Reflexion (wenn die Richtungen der Geschwindigkeiten der reflektierten Elektronen bei beliebiger Einfallsrichtung isotrop verteilt sind) der Wert δ_P nur um 9/8 größer als bei der spiegelnden Reflexion.

§ 53. Supraleitende Legierungen

Die Existenz von Verunreinigungen wirkt sich auf die Eigenschaften von Supraleitern wesentlich stärker als auf die Eigenschaften normaler Metalle aus. Die Korrekturen zu den thermodynamischen Größen eines normalen Metalls bleiben solange klein, wie die Konzentration x der Verunreinigungsatome gering ist, sie werden erst bei $x \sim 1$ wesentlich, d. h. wenn der mittlere Abstand zwischen den Fremdatomen mit der Gitterkonstante a vergleichbar wird. Wir betonen, daß wir hier natürlich über die Elektronenbeiträge zu den thermodynamischen Größen sprechen, insbesondere zu denen, die durch die mittlere Verteilungsdichte der Quantenzustände der Leitungselektronen im Impulsraum bestimmt sind (wie zum Beispiel die Wärmekapazität und die magnetische Suszeptibilität in schwachen Feldern).

Ein ganz anderes Bild findet man in supraleitenden Metallen. Das hängt mit dem cha-

[1]) Bei einem exponentiellen Dämpfungsgesetz für das Feld stimmt diese Definition mit der Definition in (44,13) überein.

rakteristischen Längenparameter — der Kohärenzlänge ξ_0 — zusammen, der groß im Vergleich zu a ist. Weil die Streuung der Elektronen an den Fremdatomen die Korrelation zwischen den Elektronen zerstört, können die Eigenschaften des Supraleiters schon wesentlich geändert werden, wenn die freie Weglänge der Elektronen l mit ξ_0 vergleichbar wird; die Konzentration x bleibt dabei noch klein. Wir wollen hier qualitativ die wesentlichen Ergebnisse darstellen, die für das allgemeine Verständnis der Eigenschaften dieser Legierungen mit kleiner Konzentration notwendig sind.[1])

Die Fremdatome mögen keinen mechanischen Drehimpuls und damit auch kein magnetisches Moment haben (keine paramagnetische Beimengungen). In diesem Fall wirken sie sich nur schwach auf die thermodynamischen Eigenschaften eines Supraleiters aus, wenn kein Magnetfeld vorhanden ist. Das liegt daran, daß solche Beimengungen die Symmetrie bezüglich der Zeitumkehr nicht verletzen. Denn man kann die Wechselwirkung der irgendwie verteilten Fremdatome mit den Elektronen durch ein Potentialfeld $U(\boldsymbol{r})$ beschreiben. Nach dem KRAMERS-Theorem bleiben die Energieniveaus der Elektronen in solch einem Feld zweifach entartet, wobei die diesen Niveaus entsprechenden Zustände gerade aneinander zeitgespiegelt sind, die Elektronen in ihnen können folglich COOPER-Paare bilden. Das wird wie früher in der Nähe der scharfen FERMI-Fläche stattfinden, nur mit dem Unterschied, daß diese Fläche jetzt die besetzten Zustände nicht im Impulsraum, sondern im Raum der Quantenzahlen im Feld $U(\boldsymbol{r})$ begrenzt; bei kleinen Beimengungskonzentrationen wird die Dichte der Quantenzustände in der Nähe der FERMI-Fläche wenig geändert.

Es ist klar, daß man nach der Mittelung über die Lagen der Fremdatome Formeln erhalten muß, die sich von den Formeln der Theorie reiner Supraleiter nur durch Korrekturen von der Ordnung x unterscheiden. Durch die Vernachlässigung dieser unwesentlichen Korrekturen werden insbesondere die Übergangstemperatur T_c und der Sprung der Wärmekapazität bei T_c nicht geändert (P. W. ANDERSON, 1959). Deshalb wird auch das Verhältnis α^2/b der Koeffizienten in der GINSBURG-LANDAU-Gleichung (s. (45,8)) nicht geändert; die Form dieser Gleichung hängt überhaupt nicht von der Existenz oder der Nichtexistenz von Beimengungen ab, die Gleichung ist im gleichen Maße sowohl für reine Supraleiter als auch für supraleitende Legierungen gültig.

Andererseits ändern sich die magnetischen Eigenschaften eines Supraleiters, insbesondere die Eindringtiefe eines Magnetfeldes, schon bei $l \sim \xi_0$ wesentlich. Wir schätzen die Eindringtiefe ab, indem wir annehmen, daß, obwohl die Konzentration $x \ll 1$ ist, die freie Weglänge $l \ll \xi_0$ ist (A. B. PIPPARD, 1953).

Die Stöße der Elektronen mit den Fremdatomen zerstören die Korrelation in der Elektronenbewegung auf Abständen $r \gtrsim l$. Das bedeutet, daß der Kern $Q(r)$ in dem Integralzusammenhang zwischen Strom und Feld im Supraleiter schon auf Abständen $r \sim l \ll \xi_0$ exponentiell gedämpft wird. Dementsprechend wird die Funktion $Q(k)$ in der Impulsdarstellung in dem Gebiet $k \lesssim 1/l$ konstant sein. Den Wert dieser Konstanten kann man bestimmen, wenn man bei $kl \sim 1$ an die Formel (51,21) anpaßt (die bei $k \gg 1/l \gg 1/\xi_0$ richtig bleibt). Wir finden also

$$Q(k) \sim \frac{ne^2}{mc} \frac{l\Delta}{\hbar v_F} \tanh \frac{\Delta}{2T} \quad \text{bei} \quad kl \lesssim 1 . \tag{53,1}$$

---

[1]) Die vollständige Theorie der supraleitenden Legierungen, die von A. A. ABRIKOSOW und L. P. GORKOW entwickelt wurde, ist ziemlich kompliziert und geht über den Rahmen dieses Buches hinaus. Siehe die Originalarbeiten: Ž. eksper. teoret. fiz. **35**, 1558 (1958); **36**, 319 (1959).

Die Eindringtiefe δ wird durch die Beziehung $k^2 \sim Q(k)/c$ bei $k \sim 1/\delta$ bestimmt (s. § 52). Wir benutzen (53,1) und finden

$$\delta \sim \delta_L^{(\text{rein})}(T=0)\left[\frac{\xi_0}{l \tanh(\Delta/2T)}\right]^{1/2} \sim \delta_L^{(\text{rein})}(T)\left(\frac{\xi_0}{l}\right)^{1/2}. \tag{53,2}$$

Damit diese Formel richtig ist, muß die Ungleichung $\delta \gg l$ erfüllt sein, das rechtfertigt die Verwendung von (53,1); der Index „rein" bezeichnet den Wert der Größe bei fehlender Verunreinigung; der Wert für den reinen Supraleiter wird auch für ξ_0 genommen. Den Ausdruck (53,2) kann man auch in der LONDONschen Form darstellen, indem man in ihr als Dichte der supraleitenden Elektronen die Größe

$$n_s \sim n_s^{(\text{rein})}\xi_0/l \tag{53,3}$$

versteht.

Mit Hilfe der Koeffizienten α und b der GINSBURG-LANDAU-Gleichung ausgedrückt, bedeutet die Beziehung (53,2) (s. (45,16)), daß

$$\frac{b}{\alpha} \sim \left(\frac{b}{\alpha}\right)_{\text{rein}} \frac{\xi_0}{l}$$

ist. Wir berücksichtigen auch die oben erwähnte Unabhängigkeit des Verhältnisses α^2/b von den Beimengungen und finden

$$\alpha \sim \alpha_{\text{rein}}\xi_0/l, \quad b \sim b_{\text{rein}}(\xi_0/l)^2. \tag{53,4}$$

Gemäß (45,17) haben wir hieraus für den Korrelationsradius

$$\xi(T) \sim \xi(T)_{\text{rein}}\,(l/\xi_0)^{1/2} \tag{53,5}$$

und für den Parameter $\varkappa$ (45,18)

$$\varkappa \sim \varkappa_{\text{rein}}\xi_0/l \gg \varkappa_{\text{rein}}. \tag{53,6}$$

Bei hinreichend kleiner Weglänge wird $\varkappa > 1/\sqrt{2}$, so daß hinreichend „schmutzige" Supraleiter zur zweiten Art gehören.

Das Anwendungsgebiet der GINSBURG-LANDAU-Gleichungen für „schmutzige" Supraleiter wird von tiefen Temperaturen her praktisch nur durch die Bedingung $T_c - T \ll T_c$ begrenzt. Die notwendige Ungleichung $\delta(T) \gg l$ ist in diesem Falle der schwächeren Bedingung

$$\frac{T_c - T}{T_c} \ll \varkappa_{\text{rein}}^2 \left(\frac{\xi_0}{l}\right)^3 \sim \varkappa^2 \frac{\xi_0}{l}$$

äquivalent.

Schließlich wollen wir einige Worte über die Eigenschaften von Supraleitern mit paramagnetischen Beimengungen sagen. Solche Beimengungen zerstören die Symmetrie des Systems bezüglich der Zeitspiegelung und zerstören dadurch die Erscheinung der Elektronenpaarung (wenn magnetische Momente vorhanden sind, dann erfordert die Zeitumkehr auch die Änderung des Vorzeichens der Momente, d. h., das bedeutet dem Wesen nach die Ersetzung eines physikalischen Systems durch ein anderes). Ein quantitatives Maß für den Einfluß dieser Beimengungen auf die Eigenschaften eines Supraleiters ist die Weglänge l_s bezüglich der Streuung mit Änderung der Spinrichtung (hervorgerufen durch die Austauschwechselwirkung mit den Fremdatomen). Die Supraleitfähigkeit verschwindet, wenn die Konzentration x den kritischen Wert erreicht, bei dem $l_s \sim \xi_0$ ist.

In Wirklichkeit gibt es aber zwei kritische Konzentrationen, beide von einer Größenordnung. Bei der kleineren von ihnen (x_1) verschwindet die Lücke Δ im Energiespektrum; die Kondensatwellenfunktion Ξ verschwindet erst bei einer gewissen Konzentration $x_2 > x_1$. Im Konzentrationsgebiet zwischen x_1 und x_2 gibt es die Supraleitfähigkeit ohne Lücke im Energiespektrum (Supraleitfähigkeit *ohne Energielücke*). Weil bei der Ableitung der LONDONschen Gleichung im § 44 nur die Tatsache, daß es eine Kondensatwellenfunktion gibt, sowie die Eichinvarianz benutzt wurden, so ist klar, daß die grundlegenden Eigenschaften eines Supraleiters — die Existenz des supraleitenden Stromes, der MEISSNER-Effekt — auch in diesem Gebiet erhalten bleiben. Das Fehlen der Lücke im Spektrum zeigt sich (in den Gleichgewichtseigenschaften des Supraleiters) im nichtexponentiellen Temperaturverlauf der Wärmekapazität. Wir bemerken, daß ein Widerspruch zum Kriterium für die Superfluidität nach LANDAU (§ 23) nicht entsteht, da man auf ungeordnete Systeme (des Typs der betrachteten Legierungen) dieses Kriterium überhaupt nicht anwenden darf, weil die Elementaranregungen nicht durch einen bestimmten Impuls charakterisiert sind.[1])

§ 54. Der COOPER-Effekt bei von Null verschiedenen Bahndrehimpulsen eines Paares

Es wurde schon mehrfach davon gesprochen, daß für die Entstehung der Superfluidität in einem FERMI-System der COOPER-Effekt verantwortlich ist — die Bildung von gebundenen Zuständen (Paarung) von sich anziehenden Teilchen auf der FERMI-Fläche. Für ein FERMI-Gas wird die Bedingung für die Anziehung als die Forderung formuliert, daß die Streulänge $a = \int U \, d^3x$ negativ ist, d. h. daß die Amplitude für die Streuung von zwei Teilchen in einem Zustand mit verschwindendem Bahndrehimpuls der Relativbewegung, $l = 0$, positiv ist (gerade dieser Zustand gibt den Hauptbeitrag zur Streuung bei kleinen Energien).

Es ist aber auch eine wesentlich stärkere Behauptung richtig: die Paarung (und als Folge die Entstehung der Superfluidität) findet statt, wenn die Wechselwirkung anziehenden Charakter bei irgendeinem Wert des Drehimpulses l hat (L. D. LANDAU, 1959). Wir betonen, daß es sich hier um ein isotropes System (Flüssigkeit oder Gas) handelt, wo man die Zustände nach den Werten von l klassifizieren kann.

Wir beweisen diese Behauptung für das FERMI-Gas mit Hilfe einer Methode, die es im Prinzip erlaubt, die Temperatur T_c für den Übergang in den superfluiden Zustand zu bestimmen und dabei nur von den Eigenschaften des Systems (des normalen FERMI-Gases) bei Temperaturen $T > T_c$ ausgeht.

Im § 18 wurde bemerkt, daß im mathematischen Apparat der GREENschen Funktionen eines normalen FERMI-Systems die Energie des gebundenen Zustandes eines Teilchenpaares als Pol der Vertexfunktion Γ auftritt; das gleiche gilt auch (bei $T \neq 0$) für die temperaturabhängige Vertexfunktion, die wir mit $\mathcal{T}$ bezeichnen. Nachdem dieser Pol auftritt, wird der ganze Apparat in Wirklichkeit nicht mehr anwendbar, er ist aber noch im ersten Moment anzuwenden, wenn mit abnehmender Temperatur bei $T = T_c$ der Pol gerade auftritt, wobei die Bindungsenergie des Paares in diesem Moment gleich Null sein muß; die Zustände der superfluiden und der normalen Phase fallen dabei zusammen.

---

[1]) Die Darstellung der Theorie für die Supraleitfähigkeit ohne Energielücke kann man in der Originalarbeit von A. A. ABRIKOSOW und L. P. GORKOW, Ž. eksper. teoret. fiz. **39**, 1781 (1960) finden.

In dem Skelettdiagramm

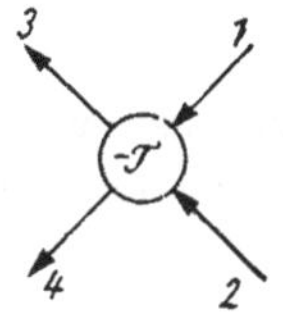

stellt der Kreis $-\mathcal{T}$ dar. Die Übergangstemperatur T_c wird nach dem oben Gesagten als die Temperatur bestimmt, bei der $\mathcal{T}$ einen Pol bei

$$\zeta_{s1} = \zeta_{s2} = 0, \quad \mathbf{p}_1 + \mathbf{p}_2 = 0 \tag{54,1}$$

hat. Die erste Gleichung drückt aus, daß die gepaarten Teilchen sich auf der FERMI-Fläche befinden, und die Bindungsenergie des Paares ist gleich Null; die zweite Gleichung bedeutet, daß die gepaarten Teilchen entgegengesetzte Impulse haben.

Die Paarung der Teilchen entsteht schon bei sehr schwacher Anziehung zwischen ihnen. Es ist klar, daß für die Entstehung eines Poles notwendig ist, daß es in der störungstheoretischen Reihe für die Vertexfunktion Glieder mit Integralen gibt, die bei der Bedingung (54,1) und bei $T_c \to 0$ divergieren (T_c ist bei schwacher Anziehung klein); im entgegengesetzten Fall wären alle Korrekturen zum (endlichen) Glied der ersten Näherung bei allen Temperaturen klein im Vergleich zu diesem, und es könnte gar kein Pol auftreten.

Dieser Forderung genügt die Reihe der „Leiterdiagramme"

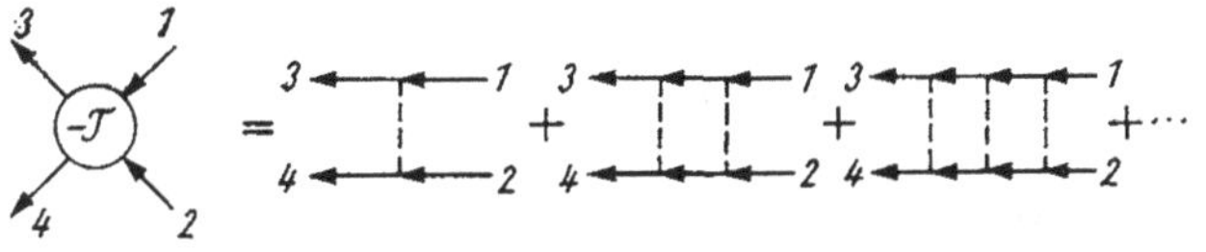

(54,2)

Wie aus dem folgenden ersichtlich wird, wird in allen diesen Diagrammen (beginnend mit dem zweiten) die Kleinheit der Wechselwirkung (vom Hinzufügen der gestrichelten Linien) in gewissem Sinn kompensiert durch die Divergenz der Integrale.[1]

Wenn wir auf diese Reihe die Methode anwenden, die schon beim Übergang von (17,3) zu (17,4) benutzt wurde, finden wir, daß die Gleichung (54,2) der Diagrammgleichung

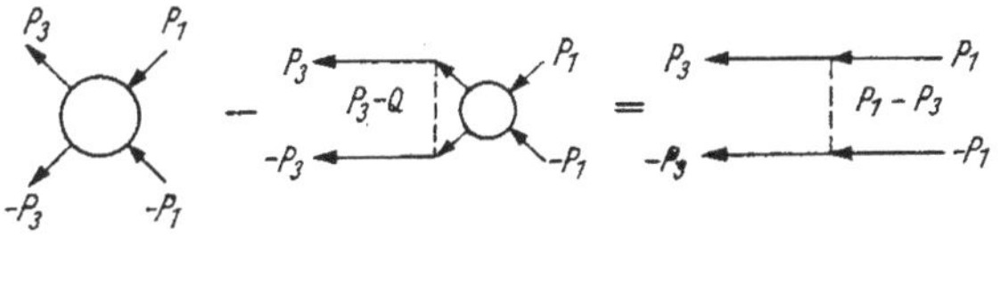

(54,3)

[1] Zu den Diagrammen (54,2) müßte man noch die gleiche Reihe von Diagrammen mit vertauschten Enden 3 und 4 hinzufügen, was zur Antisymmetrisierung der Vertexfunktion bezüglich ihrer Spin- und Bahnargumente führen würde. Für das hier gestellte Ziel der Berechnung von T_c braucht man das nicht zu tun, weil in diesen beiden Teilen der Vertexfunktion der Pol gleichzeitig auftritt.

äquivalent ist. Den freien Enden und den inneren Linien der Diagramme entsprechen Argumente, die in (54,3) schon unter Berücksichtigung der Bedingungen (54,1) angegeben sind:

$$P_1 = (0, \boldsymbol{p}_1), \quad P_3 = (0, \boldsymbol{p}_3), \quad Q = (i\zeta_s, \boldsymbol{q}).$$

Die Spinabhängigkeit der GREENschen Funktionen des idealen Gases wird in der Form $\mathcal{G}^{(0)}_{\alpha\beta} = \delta_{\alpha\beta}\mathcal{G}^{(0)}$ abgetrennt und die Spinabhängigkeit der Vertexfunktion (ohne Antisymmetrisierung!) in der Form

$$\mathcal{T}_{\gamma\delta,\alpha\beta}(P_3, P_4; P_1, P_2) = \delta_{\alpha\gamma}\delta_{\beta\delta}\mathcal{T}(P_3, P_4; P_1, P_2).$$

Wir schreiben die Diagramme (54,3) nach den im § 38 angegebenen Regeln aus, kürzen die Spinfaktoren weg und erhalten für die Funktion $\mathcal{T}$ die Integralgleichung

$$\mathcal{T}(\boldsymbol{p}_3, -\boldsymbol{p}_3; \boldsymbol{p}_1, -\boldsymbol{p}_1) + T \sum_{s=-\infty}^{\infty} \int U(\boldsymbol{p}_3 - \boldsymbol{q})\, \mathcal{G}^{(0)}(\zeta_s, \boldsymbol{q})\, \mathcal{G}^{(0)}(-\zeta_s, -\boldsymbol{q})$$
$$\times \mathcal{T}(\boldsymbol{q}, -\boldsymbol{q}; \boldsymbol{p}_1, -\boldsymbol{p}_1) \frac{d^3q}{(2\pi)^3} = U(\boldsymbol{p}_1 - \boldsymbol{p}_3). \tag{54,4}$$

In den hier stehenden Integralen und der Summe sind die kleinen Werte der diskreten Veränderlichen ζ_s und die Werte $\boldsymbol{q}$ in der Nähe der FERMI-Fläche wesentlich (s. unten). Deshalb kann man in den Faktoren U und $\mathcal{T}$ unter dem Integralzeichen $\zeta_s = 0$ und $q = p_F$ setzen. Auf der FERMI-Fläche liegen auch die Vektoren $\boldsymbol{p}_1$ und $\boldsymbol{p}_3$. Alle Funktionen $\mathcal{T}$ und U in der Gleichung (54,4) werden also jeweils nur von einer unabhängigen Variablen abhängen — vom Winkel zwischen zwei der drei Vektoren $\boldsymbol{p}_1$, $\boldsymbol{p}_3$, $\boldsymbol{q}$ auf der FERMI-Fläche.

Die Gleichung (54,4) kann man jetzt lösen, wenn man U und $\mathcal{T}$ in Reihen nach LEGENDREschen Polynomen entwickelt:

$$\begin{aligned} U(\vartheta) &= \sum_{l=0}^{\infty} (2l+1)\, a_l P_l(\cos\vartheta), \\ \mathcal{T}(\vartheta) &= \sum_{l=0}^{\infty} (2l+1)\, \mathcal{T}_l P_l(\cos\vartheta), \end{aligned} \tag{54,5}$$

dabei ist ϑ irgendeiner der genannten Winkel. Wenn wir diese Entwicklungen in (54,4) einsetzen und über die Richtungen mit Hilfe des Additionstheorems der Kugelfunktionen integrieren, erhalten wir

$$\mathcal{T}_l\,(1 + a_l\Pi) = a_l \tag{54,6}$$

mit

$$\Pi = T \sum_{s=-\infty}^{\infty} \int |\mathcal{G}^{(0)}(\zeta_s, \boldsymbol{q})|^2 \frac{d^3q}{(2\pi)^3} = \frac{T}{(2\pi)^3} \sum_{s=-\infty}^{\infty} \int \frac{d^3q}{\zeta_s^2 + \eta_q^2}. \tag{54,7}$$

Die Funktion $\mathcal{G}^{(0)}$ ist aus (37,13) genommen, und es ist $\eta_q = q^2/2m - \mu \approx v_F(q - p_F)$. Nach der Summationsformel (42,10) haben wir

$$\Pi = \frac{1}{2(2\pi)^3} \int \tanh\frac{\eta_q}{2T} \frac{d^3q}{\eta_q}. \tag{54,8}$$

Die Divergenz des Integrals über $dq = d\eta/v_F$ an der oberen Grenze ist fiktiv (vgl. Fußnote auf S. 157), und das Integral muß bei einem gewissen $\eta \approx \tilde{\varepsilon}_l$ abgeschnitten werden.[1]) Aber bei $T \to 0$ divergiert das Integral auch an der unteren Grenze logarithmisch, d. h. es verhält sich wie $\ln (1/T)$.

Der Gleichung (54,6) entnimmt man, daß $\mathcal{T}_l$ bei der Bedingung

$$1 + a_l \Pi = 0 \tag{54,9}$$

gegen Unendlich geht (d. h. $\mathcal{T}$ hat einen Pol). Aber diese Gleichung fällt der Form nach mit der Gleichung zusammen, die den Übergangspunkt bei der Paarung mit $l = 0$ bestimmt, sie unterscheidet sich von ihr nur durch die Substitution der „Kopplungskonstanten" g durch $-a_l$ (vgl. (42,11)); wenn man diese Formel als Gleichung zur Bestimmung von T_c versteht, dann muß man in ihr $\Delta = 0$ setzen, danach fällt $\varepsilon(p)$ mit η_p zusammen. Wir sehen folglich, daß die Vertexfunktion einen Pol hat, wenn wenigstens eine der Größen a_l negativ ist; dabei ist die Übergangstemperatur

$$T_c^{(l)} = \frac{\gamma}{\pi} \tilde{\varepsilon}_l \exp\left(-\frac{2}{|a_l| \nu_F}\right) \tag{54,10}$$

(vgl. (40,4) und (39,19)). Wenn $a_l < 0$ bei einer Reihe verschiedener Werte l ist, dann findet der Übergang bei der Temperatur $T_c^{(l)}$ statt, die dem maximalen $|a_l|$ entspricht.[2])

Man kann zeigen, daß in jedem FERMI-Gas (oder jeder FERMI-Flüssigkeit) aus elektrisch neutralen Atomen die Größen a_l in jedem Fall bei hinreichend großen Werten l negativ sein müssen (L. P. PITAJEWSKI, 1959). Der Grund besteht darin, daß es bei der Wechselwirkung neutraler Atome immer ein Gebiet (großer) Abstände gibt, bei denen sie anziehenden Charakter hat — die sogenannte VAN-DER-WAALS-Anziehung.

In der real existierenden Flüssigkeit dieser Art — dem flüssigen Isotop He^3 — geschieht die Entstehung der Superfluidität offensichtlich auf Grund der Paarung mit $l = 1$.[3]) Wir wollen uns hier nicht mit der Struktur der superfluiden Phase aufhalten und erörtern nur kurz das Problem der Wahl des Ordnungsparameters, der diese Phase von der normalen unterscheidet. Eine Größe, die oberhalb des Übergangspunktes gleich Null und unterhalb von Null verschieden ist, ist die anomale GREENsche Funktion $F_{\alpha\beta}(t, \boldsymbol{r}_1; t, \boldsymbol{r}_2) \equiv F_{\alpha\beta}(\boldsymbol{r}_1 - \boldsymbol{r}_2)$; wie schon im § 41 angegeben wurde, spielt sie die Rolle der Wellenfunktion von gebundenen Teilchenpaaren. Ihre auf der FERMI-Fläche (d. h. bei $\boldsymbol{p} = 2p_F\boldsymbol{n}$) genommene FOURIER-Komponente $F_{\alpha\beta}(\boldsymbol{p})$ ist eine Funktion der Richtung von $\boldsymbol{n}$ (und nicht konstant, wie bei der Paarung mit $l = 0$). Wegen der Antikommutativität der ψ-Operatoren ist die Funktion $F_{\alpha\beta}(\boldsymbol{n})$ antisymmetrisch bezüglich der Vertauschung der Teilchen, wie es auch sein muß: $F_{\alpha\beta}(\boldsymbol{n}) = -F_{\beta\alpha}(-\boldsymbol{n})$.

---

[1]) Wegen der raschen Konvergenz der Summe über s in (54,7) sind in ihr tatsächlich nur die kleinen ζ_s wesentlich, und der logarithmische Charakter des Integrals über dq rechtfertigt die Annahme, daß q und p_F benachbart sind.

[2]) Wir bemerken, daß, wenn alle $a_l > 0$ wären, der Übergang nicht stattfinden würde und die Formel (54,6) für $\mathcal{T}_l$ bei allen Temperaturen bis zu $T = 0$ richtig wäre. Dabei würden alle $\mathcal{T}_l$ bei $T \to 0$ nach dem Gesetz $\mathcal{T}_l \propto 1/|\ln T|$ gegen Null streben. Darin äußert sich die in der Fußnote auf S. 27 erwähnte Tatsache, daß bei $T = 0$ die Funktion $\mathcal{T}$ (und mit ihr auch die Wechselwirkungsfunktion f der Quasiteilchen) für Teilchen mit entgegengesetzten Impulsen verschwindet.

[3]) Der Übergang findet bei der Temperatur $\sim 10^{-3}$ K statt. Wir bemerken, daß die Kleinheit von T_c gewährleistet, daß es ein Gebiet gibt, in dem man die Theorie der normalen FERMI-Flüssigkeit auf das flüssige He^3 anwenden kann.

Bei der Paarung mit $l = 1$ (wie bei jedem ungeraden Drehimpuls) ist $F_{\alpha\beta}$ eine ungerade Funktion von $\boldsymbol{n}$, so daß $F_{\alpha\beta}$ ein symmetrischer Spinor ist. Das bedeutet, daß der Spin des Paares gleich eins ist, wie es auch für Zustände von zwei gleichen Fermionen mit ungeradem l sein muß. Ein symmetrischer Spinor zweiter Stufe ist einem Vektor äquivalent, den wir mit $\boldsymbol{d}$ bezeichnen. Im Fall $l = 1$ muß die Abhängigkeit des Vektors $\boldsymbol{d}$ von $\boldsymbol{n}$ dem LEGENDREschen Polynom $P_1(\cos\theta)$ entsprechen, d. h. sie muß linear sein: $d_i = \psi_{ik} n_k$. Der komplexe Tensor zweiter Stufe ψ_{ik} (nicht unbedingt symmetrisch) beschreibt auch die superfluide Phase. In Wirklichkeit existieren zwei verschiedene superfluide Phasen des flüssigen He^3, die sich durch die Form des Tensors ψ_{ik} unterscheiden.

VI ELEKTRONEN IM KRISTALLGITTER

§ 55. Ein Elektron im periodischen Feld

Die Elektronenhüllen der Atome wechselwirken in einem Kristall miteinander so stark, daß man nicht mehr von den Energieniveaus der einzelnen Atome, sondern nur noch von den Niveaus für die Gesamtheit der Elektronenhüllen aller Atome des Körpers insgesamt sprechen kann. Der Charakter des Energiespektrums für die Elektronen ist für die verschiedenen Typen von Festkörpern unterschiedlich. Als vorbereitenden Schritt für die Untersuchung dieser Spektren ist es aber notwendig, die etwas formale Aufgabe zu betrachten, das Verhalten eines einzelnen Elektrons in einem äußeren, räumlich periodischen, elektrischen Feld zu beschreiben; dieses Feld soll als Modell für ein Kristallgitter dienen. Diese Aufgabe wird in den §§ 55—60 behandelt werden.

Die Periodizität des Feldes bedeutet, daß es bei einer Parallelverschiebung um einen beliebigen Vektor der Form $\boldsymbol{a} = n_1\boldsymbol{a}_1 + n_2\boldsymbol{a}_2 + n_3\boldsymbol{a}_3$ (mit $\boldsymbol{a}_1$, $\boldsymbol{a}_2$, $\boldsymbol{a}_3$ als Grundperioden des Gitters; n_1, n_2, n_3 sind ganze Zahlen) nicht geändert wird:

$$U(\boldsymbol{r} + \boldsymbol{a}) = U(\boldsymbol{r}). \tag{55,1}$$

Deshalb ist auch die SCHRÖDINGER-Gleichung, die die Bewegung eines Elektrons in diesem Feld beschreibt, invariant in bezug auf eine beliebige Transformation $\boldsymbol{r} \to \boldsymbol{r} + \boldsymbol{a}$. Daraus folgt, daß, wenn $\psi(\boldsymbol{r})$ die Wellenfunktion irgendeines stationären Zustandes ist, dann $\psi(\boldsymbol{r} + \boldsymbol{a})$ auch eine Lösung der SCHRÖDINGER-Gleichung ist, die denselben Zustand des Elektrons beschreibt. Das bedeutet, daß beide Funktionen bis auf einen konstanten Faktor übereinstimmen müssen: $\psi(\boldsymbol{r} + \boldsymbol{a}) = \text{const} \cdot \psi(\boldsymbol{r})$. Es ist klar, daß die Konstante den Betrag Eins haben muß; anderenfalls würde eine unbeschränkte Wiederholung der Verschiebung um $\boldsymbol{a}$ (oder um $-\boldsymbol{a}$) die Wellenfunktion gegen Unendlich streben lassen. Die allgemeine Form der Funktion, die diese Eigenschaft besitzt, ist die folgende:

$$\psi_{s\boldsymbol{k}}(\boldsymbol{r}) = \mathrm{e}^{i\boldsymbol{k}\boldsymbol{r}} u_{s\boldsymbol{k}}(\boldsymbol{r}), \tag{55,2}$$

dabei ist $\boldsymbol{k}$ ein beliebiger (reeller), konstanter Vektor und $u_{s\boldsymbol{k}}$ eine periodische Funktion:

$$u_{s\boldsymbol{k}}(\boldsymbol{r} + \boldsymbol{a}) = u_{s\boldsymbol{k}}(\boldsymbol{r}). \tag{55,3}$$

Dieses Ergebnis wurde zuerst von F. BLOCH (1929) erhalten; die Wellenfunktionen des Typs (55,2) nennt man BLOCH-*Funktionen*, und in diesem Zusammenhang spricht man bei einem Elektron im periodischen Feld von einem BLOCH-Elektron.

Bei vorgegebenem Wert $\boldsymbol{k}$ hat die SCHRÖDINGER-Gleichung im allgemeinen eine unendliche Reihe von verschiedenen Lösungen, die einer unendlichen Reihe von verschiedenen diskreten Werten der Elektronenenergie $\varepsilon(\boldsymbol{k})$ entsprechen; der Index s in $\psi_{s\boldsymbol{k}}$ numeriert diese Lösungen . Diesen Index (die Nummer des *Energiebandes*) muß man auch den verschiedenen Zweigen der Funktion $\varepsilon = \varepsilon_s(\boldsymbol{k})$ zuschreiben — dem Dispersionsgesetz des Elektrons im periodischen Feld. In jedem Band durchläuft die Energie ein gewisses endliches Intervall.

Für unterschiedliche Bänder sind diese Intervalle durch „Energielücken" getrennt, oder sie überlappen sich teilweise; im letzten Fall entsprechen im Überlappungsgebiet jedem Energiewert verschiedene (in verschiedenen Bändern) Werte von $\boldsymbol{k}$. Geometrisch bedeutet das, daß die Flächen konstanter Energie, die zwei sich überlappenden Bändern s und s' entsprechen, sich in unterschiedlichen Gebieten des $\boldsymbol{k}$-Raumes befinden. Formal bedeutet die Überlappung der Bänder eine Entartung — verschiedene Zustände besitzen die gleiche Energie —, weil aber diesen Zuständen unterschiedliche $\boldsymbol{k}$-Werte entsprechen, so führt das nicht zu irgendwelchen Besonderheiten im Spektrum. Den allgemeinen Fall der Überlappung muß man unterscheiden von der Überschneidung von Bändern, wenn die Werte $\varepsilon_s(\boldsymbol{k})$ und $\varepsilon_{s'}(\boldsymbol{k})$ im gleichen Punkt $\boldsymbol{k}$ zusammenfallen (die Flächen konstanter Energie überschneiden sich). Üblicherweise versteht man unter Entartung nur diesen Fall; die Überschneidung führt zu bestimmten Singularitäten im Spektrum.

Alle Funktionen $\psi_{s\boldsymbol{k}}$ mit unterschiedlichen s und $\boldsymbol{k}$ sind natürlich zueinander orthogonal. Aus der Orthogonalität der $\psi_{s\boldsymbol{k}}$ mit unterschiedlichen s und gleichem $\boldsymbol{k}$ folgt insbesondere die Orthogonalität der Funktionen $u_{s\boldsymbol{k}}$. Wegen ihrer Periodizität genügt es dabei, nur über das Volumen v einer Elementarzelle des Gitters zu integrieren; bei der entsprechenden Normierung ist

$$\int u^*_{s'\boldsymbol{k}} u_{s\boldsymbol{k}} \, \mathrm{d}v = \delta_{ss'}. \tag{55,4}$$

Die Bedeutung des Vektors $\boldsymbol{k}$ besteht darin, daß er das Verhalten einer Wellenfunktion bei Translationen bestimmt: die Transformation $\boldsymbol{r} \to \boldsymbol{r} + \boldsymbol{a}$ multipliziert sie mit $\mathrm{e}^{i\boldsymbol{ka}}$:

$$\psi_{s\boldsymbol{k}}(\boldsymbol{r} + \boldsymbol{a}) = \mathrm{e}^{i\boldsymbol{ka}} \psi(\boldsymbol{r}). \tag{55,5}$$

Hieraus folgt sofort, daß die Größe $\boldsymbol{k}$ nach ihrer Definition nicht eindeutig ist: Werte, die sich um einen beliebigen Vektor $\boldsymbol{b}$ des reziproken Gitters unterscheiden, führen zum gleichen Verhalten der Wellenfunktion (der Faktor $\exp\{i(\boldsymbol{k} + \boldsymbol{b})\,\boldsymbol{a}\}$ ist gleich $\exp(i\boldsymbol{ka})$). Mit anderen Worten, diese Werte von $\boldsymbol{k}$ sind physikalisch äquivalent; sie entsprechen ein und demselben Zustand des Elektrons, d. h. ein und derselben Wellenfunktion. Man kann sagen, daß die Funktionen $\psi_{s\boldsymbol{k}}$ periodisch (im reziproken Gitter) bezüglich des Indexes $\boldsymbol{k}$ sind:

$$\psi_{s,\boldsymbol{k}+\boldsymbol{b}}(\boldsymbol{r}) = \psi_{s\boldsymbol{k}}(\boldsymbol{r}). \tag{55,6}$$

Periodisch ist auch die Energie:

$$\varepsilon_s(\boldsymbol{k} + \boldsymbol{b}) = \varepsilon_s(\boldsymbol{k}). \tag{55,7}$$

Die Funktionen (55,2) haben eine bestimmte Verwandtschaft mit den Wellenfunktionen des freien Elektrons — den ebenen Wellen $\psi = \text{const} \cdot \exp(i\boldsymbol{pr}/\hbar)$; dabei spielt die Rolle des erhalten bleibenden Impulses der konstante Vektor $\hbar\boldsymbol{k}$. Wir kommen wieder (wie auch für das Phonon — s. V, § 71) zum Begriff des *Quasiimpulses* des Elektrons im periodischen Feld. Wir betonen, daß in diesem Fall der Impuls keine Erhaltungsgröße ist, weil es in einem äußeren Feld keinen Impulserhaltungssatz gibt. Es ist aber bemerkenswert, daß das Elektron im periodischen Feld trotzdem durch einen gewissen konstanten Vektor charakterisiert wird.

Der echte Impuls kann in einem stationären Zustand mit gegebenem Quasiimpuls $\hbar\boldsymbol{k}$ eine unendliche Anzahl von Werten der Form $\hbar(\boldsymbol{k} + \boldsymbol{b})$ mit unterschiedlichen Wahrscheinlichkeiten haben. Das folgt daraus, daß die Entwicklung einer räumlich periodischen Funktion in eine Fourier-Reihe Glieder der Form $e^{i\boldsymbol{b}\boldsymbol{r}}$ enthält:

$$u_{s\boldsymbol{k}}(\boldsymbol{r}) = \sum_{\boldsymbol{b}} a_{s,\boldsymbol{k}+\boldsymbol{b}} e^{i\boldsymbol{b}\boldsymbol{r}},$$

dementsprechend lautet die Entwicklung der Funktion (55,2) in ebene Wellen:

$$\psi_{s\boldsymbol{k}}(\boldsymbol{r}) = \sum_{\boldsymbol{b}} a_{s,\boldsymbol{k}+\boldsymbol{b}} e^{i(\boldsymbol{k}+\boldsymbol{b})\boldsymbol{r}}. \tag{55,8}$$

Die Tatsache, daß die Entwicklungskoeffizienten nur von der Summe $\boldsymbol{k} + \boldsymbol{b}$ abhängen, drückt die Periodizität im reziproken Gitter (55,6) aus. Wir betonen, daß diese Tatsache, wie auch die Eigenschaft (55,6), keine zusätzliche Bedingung ist, die der Wellenfunktion auferlegt ist, sondern eine automatische Folge der Periodizität des Feldes $U(\boldsymbol{r})$.

Alle physikalisch unterschiedlichen Werte des Vektors $\boldsymbol{k}$ liegen in einer Elementarzelle des reziproken Gitters. Das „Volumen" dieser Zelle ist gleich $(2\pi)^3/v$ mit v als Volumen der Elementarzelle des Kristallgitters. Andererseits bestimmt das Volumen des $\boldsymbol{k}/2\pi$-Raumes die Zahl der ihm entsprechenden Zustände (bezogen auf die Volumeneinheit des Körpers). Die Zahl dieser in jedem Energieband enthaltenen Zustände ist also gleich $1/v$, d.h. gleich der Zahl der Elementarzellen pro Volumeneinheit des Kristalls.

Neben ihrer Periodizität im $\boldsymbol{k}$-Raum haben die Funktionen $\varepsilon_s(\boldsymbol{k})$ auch eine Symmetrie bezüglich Drehungen und Spiegelungen, die der Richtungssymmetrie (der Kristallklasse) des Gitters entsprechen. Dabei ist immer, unabhängig davon, ob in der gegebenen Kristallklasse ein Symmetriezentrum vorhanden ist oder nicht,

$$\varepsilon_s(-\boldsymbol{k}) = \varepsilon_s(\boldsymbol{k}). \tag{55,9}$$

Diese Eigenschaft ist eine Folge der Symmetrie bezüglich der Zeitumkehr. Denn wenn $\psi_{s\boldsymbol{k}}$ die Wellenfunktion eines stationären Zustandes des Elektrons ist, dann beschreibt wegen dieser Symmetrie die komplex konjugierte Funktion $\psi_{s\boldsymbol{k}}^*$ irgendeinen Zustand mit derselben Energie. $\psi_{s\boldsymbol{k}}^*$ wird aber bei Translationen mit $e^{-i\boldsymbol{k}\boldsymbol{a}}$ multipliziert, d.h. ihr entspricht der Quasiimpuls $-\boldsymbol{k}$.[1])

Wir betrachten weiter zwei Elektronen in einem periodischen Feld. Wenn wir sie zusammen als ein System mit der Wellenfunktion $\psi(\boldsymbol{r}_1, \boldsymbol{r}_2)$ betrachten, finden wir, daß diese Funktion bei einer Parallelverschiebung mit dem Faktor $e^{i\boldsymbol{k}\boldsymbol{a}}$ multipliziert wird, dabei kann man $\boldsymbol{k}$ als Quasiimpuls des Systems bezeichnen. Andererseits reduziert sich $\psi(\boldsymbol{r}_1, \boldsymbol{r}_2)$ bei großen Abständen zwischen den Elektronen auf das Produkt der Wellenfunktionen der einzelnen Elektronen, es wird bei einer Translation mit $e^{i\boldsymbol{k}_1\boldsymbol{a}}\, e^{i\boldsymbol{k}_2\boldsymbol{a}}$ multipliziert. Aus der Forderung, daß beide Schreibweisen dieses Faktors gleich sein müssen, finden wir

$$\boldsymbol{k} = \boldsymbol{k}_1 + \boldsymbol{k}_2 + \boldsymbol{b}. \tag{55,10}$$

Hieraus folgt insbesondere, daß bei einem Stoß zweier, sich in einem periodischen Feld bewegender Elektronen die Summe ihrer Quasiimpulse bis auf einen Vektor des rezi-

---

[1]) Wenn sich die Bänder überschneiden, dann folgt aus diesen Überlegungen streng genommen nur, daß $\varepsilon_s(-\boldsymbol{k}) = \varepsilon_{s'}(\boldsymbol{k})$ ist mit s und s' als den Nummern irgendwelcher Bänder. Die Gleichung (55,9) kann man aber immer durch eine entsprechende Definition der Nummern der verschiedenen Zweige der Funktion $\varepsilon(\boldsymbol{k})$ erreichen.

proken Gitters erhalten bleibt:

$$\boldsymbol{k}_1 + \boldsymbol{k}_2 = \boldsymbol{k}_1' + \boldsymbol{k}_2' + \boldsymbol{b}. \tag{55,11}$$

Eine weitere Analogie zwischen dem Quasiimpuls und dem echten Impuls ergibt sich bei der Bestimmung der mittleren Geschwindigkeit des Elektrons. Die Berechnung erfordert die Kenntnis des Geschwindigkeitsoperators $\hat{\boldsymbol{v}} = \dot{\hat{\boldsymbol{r}}}$ in der $\boldsymbol{k}$-Darstellung. In dieser Darstellung wirken die Operatoren auf die Koeffizienten $c_{s\boldsymbol{k}}$ der Entwicklung einer beliebigen Wellenfunktion nach den Eigenfunktionen $\psi_{s\boldsymbol{k}}$:

$$\psi = \sum_s \int c_{s\boldsymbol{k}} \psi_{s\boldsymbol{k}} \, \mathrm{d}^3k. \tag{55,12}$$

Wir bestimmen zunächst den Operator $\hat{\boldsymbol{r}}$. Es gilt die Identität

$$\boldsymbol{r}\psi = \sum_s \int c_{s\boldsymbol{k}} \boldsymbol{r} \psi_{s\boldsymbol{k}} \, \mathrm{d}^3k = \sum_s \int c_{s\boldsymbol{k}} \left(-i \frac{\partial \psi_{s\boldsymbol{k}}}{\partial \boldsymbol{k}} + i \mathrm{e}^{i\boldsymbol{k}\boldsymbol{r}} \frac{\partial u_{s\boldsymbol{k}}}{\partial \boldsymbol{k}} \right) \mathrm{d}^3k.$$

Im ersten Glied integrieren wir partiell, und im zweiten entwickeln wir die (wie $u_{s\boldsymbol{k}}$ selbst) periodische Funktion $\partial u_{s\boldsymbol{k}}/\partial \boldsymbol{k}$ nach dem System der zueinander orthogonalen Funktionen $u_{s\boldsymbol{k}}$ mit demselben $\boldsymbol{k}$:

$$\frac{\partial u_{s\boldsymbol{k}}}{\partial \boldsymbol{k}} = -i \sum_{s'} \langle s\boldsymbol{k} \,|\boldsymbol{\Omega}|\, s'\boldsymbol{k} \rangle \, u_{s'\boldsymbol{k}}. \tag{55,13}$$

Dabei sind $\langle s\boldsymbol{k} \,|\boldsymbol{\Omega}|\, s'\boldsymbol{k} \rangle$ konstante Koeffizienten. Dann erhalten wir:

$$\begin{aligned} \boldsymbol{r}\psi &= \sum_s \int i \psi_{s\boldsymbol{k}} \frac{\partial c_{s\boldsymbol{k}}}{\partial \boldsymbol{k}} \, \mathrm{d}^3k + \sum_{ss'} \int c_{s\boldsymbol{k}} \langle s\boldsymbol{k} \,|\boldsymbol{\Omega}|\, s'\boldsymbol{k} \rangle \, \psi_{s'\boldsymbol{k}} \, \mathrm{d}^3k \\ &= \sum_s \int \left\{ i \frac{\partial c_{s\boldsymbol{k}}}{\partial \boldsymbol{k}} + \sum_{s'} \langle s'\boldsymbol{k} \,|\boldsymbol{\Omega}|\, s\boldsymbol{k} \rangle \, c_{s'\boldsymbol{k}} \right\} \psi_{s\boldsymbol{k}} \, \mathrm{d}^3k. \end{aligned}$$

Andererseits muß nach der Definition des Operators $\hat{\boldsymbol{r}}$

$$\boldsymbol{r}\psi = \sum_s \int (\hat{\boldsymbol{r}} c_{s\boldsymbol{k}}) \, \psi_{s\boldsymbol{k}} \, \mathrm{d}^3k$$

sein. Wenn wir mit dem erhaltenen Ausdruck vergleichen, finden wir:

$$\hat{\boldsymbol{r}} = i \frac{\partial}{\partial \boldsymbol{k}} + \hat{\boldsymbol{\Omega}}, \tag{55,14}$$

wobei der (hermitesche) Operator $\hat{\boldsymbol{\Omega}}$ durch seine Matrix $\langle s'\boldsymbol{k} \,|\boldsymbol{\Omega}|\, s\boldsymbol{k} \rangle$ gegeben ist. Es ist wesentlich, daß diese Matrix in dem Index $\boldsymbol{k}$ diagonal ist, und deshalb ist der Operator $\hat{\boldsymbol{\Omega}}$ mit dem Operator $\hat{\boldsymbol{k}} \equiv \boldsymbol{k}$ vertauschbar.

Den Geschwindigkeitsoperator erhält man nach den allgemeinen Regeln über den Kommutator des Operators $\hat{\boldsymbol{r}}$ mit dem HAMILTON-Operator des Elektrons. In der $\boldsymbol{k}$-Darstellung ist der HAMILTON-Operator $\hat{H}$ eine in $\boldsymbol{k}$ und den Bandnummern s diagonale Matrix mit den Elementen $\varepsilon_s(\boldsymbol{k})$.[1]) Der Operator $\partial/\partial \boldsymbol{k}$, der nur auf die Variable $\boldsymbol{k}$ wirkt,

[1]) Man muß genauer von der $\boldsymbol{k}s$-Darstellung sprechen. Wir erinnern daran, daß die Wellenfunktionen $c_{s\boldsymbol{k}}$ in dieser Darstellung nicht völlig beliebig sind — sie müssen in $\boldsymbol{k}$ periodisch sein.

ist in der Zahl s diagonal. Deshalb ist im Ausdruck

$$\hat{\boldsymbol{v}} = \frac{i}{\hbar}(\hat{H}\hat{\boldsymbol{r}} - \hat{\boldsymbol{r}}\hat{H}) = -\frac{1}{\hbar}\left(\hat{H}\frac{\partial}{\partial \boldsymbol{k}} - \frac{\partial}{\partial \boldsymbol{k}}\hat{H}\right) + \dot{\hat{\boldsymbol{\Omega}}}$$

das erste Glied eine diagonale Matrix mit den Elementen

$$-\frac{1}{\hbar}\left(\varepsilon_s(\boldsymbol{k})\frac{\partial}{\partial \boldsymbol{k}} - \frac{\partial}{\partial \boldsymbol{k}}\varepsilon_s(\boldsymbol{k})\right) = \frac{1}{\hbar}\frac{\partial \varepsilon_s(\boldsymbol{k})}{\partial \boldsymbol{k}}.$$

Die Matrixelemente von $\dot{\boldsymbol{\Omega}}$ hängen mit den Matrixelementen von $\boldsymbol{\Omega}$ über die Beziehung

$$\langle s\boldsymbol{k}\,|\dot{\boldsymbol{\Omega}}|\,s'\boldsymbol{k}\rangle = \frac{i}{\hbar}[\varepsilon_s(\boldsymbol{k}) - \varepsilon_{s'}(\boldsymbol{k})]\,\langle s\boldsymbol{k}\,|\boldsymbol{\Omega}|\,s'\boldsymbol{k}\rangle$$

zusammen; dieser Ausdruck verschwindet bei $s = s'$, d. h. $\dot{\boldsymbol{\Omega}}$ hat keine in der Bandnummer diagonalen Elemente. Wir finden also für die Matrixelemente der Elektronengeschwindigkeit

$$\langle s\boldsymbol{k}\,|\boldsymbol{v}|\,s\boldsymbol{k}\rangle = \frac{\partial \varepsilon_s(\boldsymbol{k})}{\hbar\,\partial \boldsymbol{k}}, \quad \langle s\boldsymbol{k}\,|\boldsymbol{v}|\,s'\boldsymbol{k}\rangle = \langle s\boldsymbol{k}\,|\dot{\boldsymbol{\Omega}}|\,s'\boldsymbol{k}\rangle \quad (s \neq s'). \tag{55,15}$$

Die Diagonalelemente dieser Matrix sind die Mittelwerte der Geschwindigkeit in den entsprechenden Zuständen. Diese Werte sind folglich als Funktionen des Quasiimpulses durch den Ausdruck

$$\bar{\boldsymbol{v}}_s = \frac{\partial \varepsilon_s(\boldsymbol{k})}{\hbar\,\partial \boldsymbol{k}} \tag{55,16}$$

gegeben, der der üblichen klassischen Beziehung vollkommen analog ist.

Bis jetzt haben wir davon abgesehen, daß die Elektronen einen Spin haben. Bei der Vernachlässigung der relativistischen Effekte (Spin-Bahn-Wechselwirkung) führt die Berücksichtigung des Spins einfach zu einer zweifachen Entartung jedes Energieniveaus mit gegebenem Wert des Quasiimpulses $\boldsymbol{k}$ — es gibt zwei Werte der Spinprojektion auf jede fixierte Richtung im Raum. Unter Berücksichtigung der Spin-Bahn-Wechselwirkung ist die Situation unterschiedlich, je nachdem, ob es im Kristallgitter ein Inversionszentrum gibt oder nicht.

Die Spin-Bahn-Wechselwirkung für ein Elektron in einem periodischen Feld wird durch den Operator

$$\hat{H}_{sl} = \frac{i\hbar^2}{4m^2c^2}(\boldsymbol{\sigma} \times \nabla U)\,\nabla \tag{55,17}$$

beschrieben, dabei sind die $\boldsymbol{\sigma}$ die PAULI-Matrizen (s. IV, § 33). Die Wellenfunktionen, auf die dieser Operator wirkt, sind Spinoren erster Stufe $\psi_{s\boldsymbol{k}\alpha}$, dabei ist α der Spinorindex. Nach dem KRAMERS-Theorem (s. III, § 60), angewendet auf ein beliebiges elektrisches Feld (insbesondere auf ein periodisches), beschreiben die komplex konjugierten Spinoren $\psi_{s\boldsymbol{k}\alpha}$ und $\psi^*_{s\boldsymbol{k}\alpha}$ immer zwei unterschiedliche Zustände mit derselben Energie. Weil die Funktion $\psi^*_{s\boldsymbol{k}\alpha}$ dem Quasiimpuls $-\boldsymbol{k}$ entspricht, kommen wir wieder (jetzt schon mit Berücksichtigung der Spin-Bahn-Wechselwirkung) zu der Beziehung (55,9):

$$\varepsilon_{s\sigma}(-\boldsymbol{k}) = \varepsilon_{s\sigma'}(\boldsymbol{k}), \tag{55,18}$$

die Indizes σ und σ' unterscheiden die zwei unterschiedlichen (zeitgespiegelten) Spinzustände.[1])

Die Gleichung (55,18) bedeutet natürlich keine Entartung in dem oben erwähnten Sinn, weil die Energie auf beiden Seiten der Gleichung zu unterschiedlichen $\boldsymbol{k}$-Werten gehört. Wenn aber das Gitter ein Inversionszentrum besitzt, dann haben die Zustände mit $\boldsymbol{k}$ und $-\boldsymbol{k}$ die gleiche Energie. Dann kommen wir zu der Gleichung $\varepsilon_{s\sigma}(\boldsymbol{k}) = \varepsilon_{s\sigma'}(\boldsymbol{k})$, die wieder die zweifache Entartung jedes Energieniveaus mit gegebenem Quasiimpuls bedeutet.

Neben der Entartung, die mit der Symmetrie in bezug auf die Zeitspiegelung zusammenhängt, gibt es für ein Elektron in einem periodischen Feld auch eine Entartung, die durch die räumliche Symmetrie des Gitters bedingt ist. Diesen Fragen werden wir uns unten im § 68 zuwenden.

Aufgaben

1. Es ist das Dispersionsgesetz für die eindimensionale Bewegung eines Elektrons in dem in Abb. 10 dargestellten periodischen Feld zu bestimmen (R. Kronig, W. G. Penney, 1930).

Lösung. Die Wellenfunktion im Gebiet des Topfes I ($0 < x < a$) hat die Form

$$\psi = c_1 e^{i\varkappa_1 x} + c_2 e^{-i\varkappa_1 x}, \quad \varkappa_1 = \sqrt{2m\varepsilon}/\hbar \tag{1}$$

und im Gebiet der Barriere II ($-b < x < 0$):

$$\psi = c_3 e^{i\varkappa_2 x} + c_4 e^{-i\varkappa_2 x}, \quad \varkappa_2 = \sqrt{2m(\varepsilon - U_0)}/\hbar. \tag{2}$$

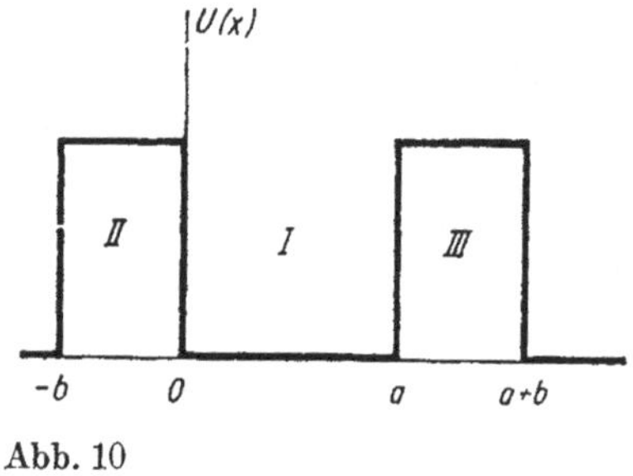

Abb. 10

Im Gebiet der folgenden Barriere III darf sich die Wellenfunktion von (2) nur durch den Phasenfaktor $e^{ik(a+b)}$ unterscheiden ($a + b$ ist die Periode des Feldes):

$$\psi = e^{ik(a+b)}(c_3 e^{i\varkappa_2(x-a-b)} + c_4 e^{-i\varkappa_2(x-a-b)}). \tag{3}$$

Die Forderung nach Stetigkeit von ψ und ψ' in den Punkten $x = 0$ und $x = a$ ergibt vier Gleichungen für $c_1, \ldots, c_4$; die Bedingung für die Verträglichkeit dieser Gleichungen führt auf die Dispersionsgleichung

$$\cos k\,(a + b) = \cos \varkappa_1 a \cdot \cos \varkappa_2 b - \frac{1}{2}\left(\frac{\varkappa_1}{\varkappa_2} + \frac{\varkappa_2}{\varkappa_1}\right) \sin \varkappa_1 a \cdot \sin \varkappa_2 b, \tag{4}$$

[1]) Bei Berücksichtigung der Spin-Bahn-Wechselwirkung ist der Operator der Spinprojektion mit dem Hamilton-Operator nicht mehr vertauschbar, so daß diese Projektion nicht erhalten bleibt, und die Spinzustände können streng genommen durch diese Zahl nicht charakterisiert werden.

die die gesuchte Abhängigkeit $\varepsilon(k)$ in impliziter Form bestimmt. Bei $\varepsilon < U_0$ ist die Größe $\varkappa_2$ imaginär, und dann muß man die Gleichung in der Form

$$\cos k(a+b) = \cos \varkappa_1 a \cdot \cosh |\varkappa_2 b| + \frac{1}{2}\left(\frac{|\varkappa_2|}{\varkappa_1} - \frac{\varkappa_1}{|\varkappa_2|}\right)\sin \varkappa_1 a \cdot \sinh |\varkappa_2 b| \tag{5}$$

schreiben.

Wenn wir in (5) zum Grenzfall $U_0 \to \infty$, $b \to 0$ bei $U_0 b = \mathrm{const} \equiv Pa$ übergehen, erhalten wir die Dispersionsgleichung

$$\cos ka = \cos \varkappa_1 a + \frac{Pma^2}{\hbar^2}\,\frac{\sin \varkappa_1 a}{\varkappa_1 a}. \tag{6}$$

Sie löst die Frage nach den Energieniveaus in einem periodischen Feld, welches aus δ-funktionsartigen Spitzen gebildet wird:

$$U(x) = aP \sum_{n=-\infty}^{\infty} \delta(x - an).$$

In Abb. 11 ist eine graphische Konstruktion angegeben, die die Verteilung der Wurzeln der Gleichung (6) illustriert. Hier ist die rechte Seite der Gleichung als Funktion von $\varkappa_1 a$ dargestellt; wenn sie die Werte zwischen $+1$ und -1 durchläuft, dann durchlaufen die Wurzeln der Gleichung die Intervalle, die auf der Abszisse durch dicke Striche gekennzeichnet sind.

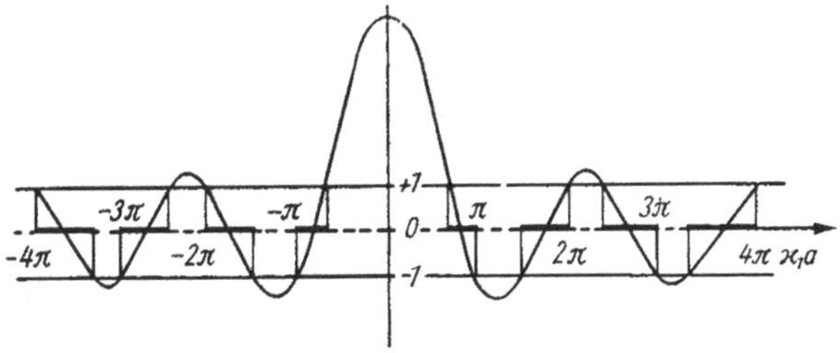

Abb. 11

2. Es ist das Dispersionsgesetz für die eindimensionale Bewegung eines Teilchens in einem schwachen periodischen Feld $U(x)$ zu bestimmen.

Lösung. Wir betrachten das Feld als kleine Störung und gehen von der nullten Näherung aus, bei der sich das Teilchen frei bewegt und durch die ebene Welle

$$\psi^{(0)}(x) = (Na)^{-1/2} e^{ikx}$$

beschrieben wird (Normierung auf 1 Teilchen auf der Länge Na; a ist die Periode des Feldes); die Teilchenenergie ist $\varepsilon^{(0)} = \hbar^2 k^2/2m$. Die periodische Funktion $U(x)$ stellen wir als FOURIER-Reihe

$$U(x) = \sum_{n=-\infty}^{\infty} U_n e^{2\pi i n x/a}$$

dar. Die Matrixelemente dieses Feldes bezüglich der ebenen Wellen sind nur für die Übergänge zwischen Zuständen mit den Wellenzahlen k und $k' = k + 2\pi n/a$ von Null verschieden und in diesen Fällen gleich $U_{k'k} = U_n$.

In der ersten Näherung der Störungstheorie wird die Korrektur zur Energie durch das diagonale Matrixelement $\varepsilon^{(1)} = U_{kk} = U_0$ gegeben, d.h. durch eine von k unabhängige Konstante, die nur den Nullpunkt der Energieskala verschiebt. Eine Ausnahme bilden aber die Energieniveaus in der Nähe der Werte $k = \pi n/a$ ($n = \pm 1, \pm 2, \ldots$). In diesen Punkten unterscheidet sich k nur durch das Vorzeichen von den Werten $k' = k - 2\pi n/a$, so daß die Energien $\varepsilon^{(0)}(k)$ und $\varepsilon^{(0)}(k')$ zusammenfallen.

In der Umgebung dieser Werte sind folglich die Matrixelemente für die Übergänge zwischen Zuständen mit nahe benachbarten Energien von Null verschieden, und für die Bestimmung der Korrektur muß die störungstheoretische Methode benutzt werden, die sich auf den Fall nahe benachbarter Eigenwerte bezieht (s. III, § 79). Die Antwort wird durch die Formel III, (79,4) gegeben, nach der im vorliegenden Fall

$$\varepsilon_n(k) = \frac{1}{2}\,[\varepsilon^{(0)}(k) + \varepsilon^{(0)}(k - K_n)] \pm \left\{\frac{1}{4}\,[\varepsilon^{(0)}(k) - \varepsilon^{(0)}(k - K_n)]^2 + |U_n|^2\right\}^{1/2}$$

ist. Dabei ist $K_n = 2\pi n/a$, und die additive Konstante U_0 ist weggelassen; das Vorzeichen vor der Wurzel ist durch die Forderung bestimmt, daß weit von den Werten $k = \pm K_n/2$ entfernt die Funktion $\varepsilon(k)$ in $\varepsilon^{(0)}(k)$ übergehen soll: die Vorzeichen $+$ und $-$ beziehen sich dementsprechend auf die Gebiete $|k| > |K_n/2|$ und $|k| < |K_n/2|$. In den Punkten $k = \pm K_n/2$ erleidet die Funktion $\varepsilon(k)$ einen Sprung $2\,|U_n|$. In Abb. 12a ist die Energie $\varepsilon(k)$ als Funktion der Veränderlichen k dargestellt, die die Werte von $-\infty$ bis $+\infty$ durchläuft. Wenn wir die Werte k (des Quasiimpulses) auf das Intervall zwischen $+\pi/a$ und $-\pi/a$ beschränken, dann kommen wir zu der Abb. 12b, wo die ersten beiden Energiebänder dargestellt sind.

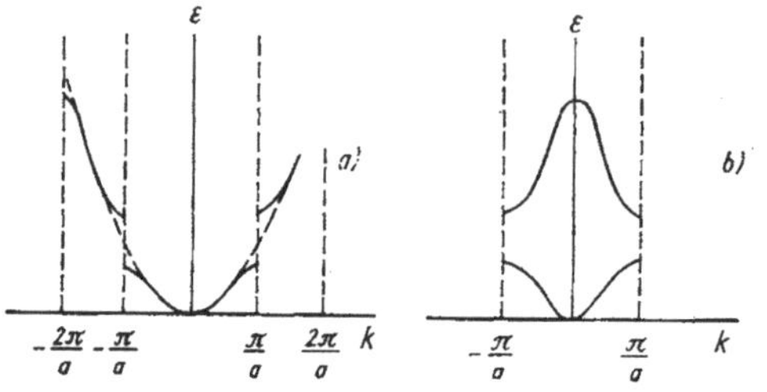

Abb. 12

Wir weisen darauf hin, daß sich die Bänder in Abb. 12 (wie auch in Abb. 11) nicht überlappen. Das ist eine allgemeine Eigenschaft der eindimensionalen Bewegung in einem periodischen Feld. Jedes Energieniveau ist zweifach entartet (bezüglich des Vorzeichens von k), und eine höhere Entartung ist bei der eindimensionalen Bewegung überhaupt nicht möglich. Wir bemerken auch, daß im eindimensionalen Fall die Grenzen jedes Bandes (die minimalen und die maximalen Werte von $\varepsilon(k)$) den Werten $k = 0$ und $k = \pi/a$ entsprechen. Das liegt daran, daß die Wellenfunktionen, die Energien in einem verbotenen Intervall entsprechen, bei einer Translation um die Periode a mit einem reellen Faktor multipliziert werden (dadurch wachsen sie unbeschränkt an). Die Wellenfunktionen in den erlaubten Energieintervallen werden bei einer solchen Translation mit e^{ika} multipliziert. An der Grenze zwischen verbotenen und erlaubten Intervallen muß dieser Faktor folglich gleichzeitig reell und betragsmäßig gleich eins sein, daraus folgt, daß ka entweder 0 oder π ist.

3. Es ist das Dispersionsgesetz für ein Teilchen in einem eindimensionalen periodischen Feld zu bestimmen, das durch eine Folge von symmetrischen Potentialtöpfen dargestellt wird, dabei sollen diese Töpfe der Bedingung für das quasiklassische Verhalten genügen (wonach die Wahrscheinlichkeit für das Durchdringen des Teilchens durch eine Barriere zwischen den Töpfen klein ist).

Lösung. Sie ist analog zur Lösung der Aufgabe, die Aufspaltung der Niveaus in einem doppelten Topf zu bestimmen (III, § 50, Aufgabe 3). $\psi_0(x)$ sei die normierte Wellenfunktion, die die Bewegung (mit irgendeiner Energie ε_0, Abb. 13) in einem Potentialtopf beschreibt, d.h. die auf beiden Seiten von den Rändern dieses Topfes aus exponentiell gedämpft ist; diese Funktion ist reell und kann in bezug auf die Variable x gerade oder ungerade sein. Die richtige Wellenfunktion der nullten Näherung für die Bewegung des Teilchens in einem periodischen Feld ist die Summe

$$\psi_k(x) = C \sum_{n=-\infty}^{\infty} e^{ikan}\psi_0(x - an) \tag{1}$$

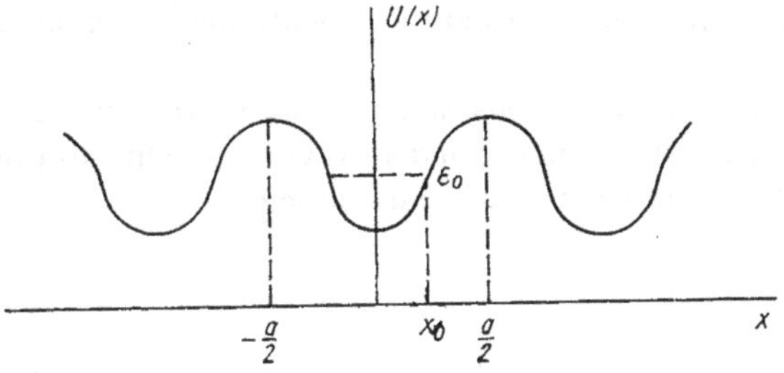

Abb. 13

mit C als Normierungskonstante (bei der Verschiebung $x \to x + a$ wird diese Funktion mit e^{ika} multipliziert, wie es auch sein muß).

Wir schreiben die SCHRÖDINGER-Gleichungen

$$\psi_k'' + \frac{2m}{\hbar^2}[\varepsilon(k) - U(x)]\,\psi_k = 0, \quad \psi_0'' + \frac{2m}{\hbar^2}[\varepsilon_0 - U(x)]\,\psi_0 = 0$$

auf, multiplizieren die erste mit ψ_0, die zweite mit ψ_k, subtrahieren gliedweise und integrieren über dx in den Grenzen von $-a/2$ bis $a/2$ (Abb. 13). Wir bemerken, daß, weil die Produkte $\psi_0(x)\,\psi_0(x - an)$ mit $n \neq 0$ überall verschwindend klein sind, dann

$$\int_{-a/2}^{a/2} \psi_k(x)\,\psi_0(x)\,dx \approx C$$

ist. Wir finden

$$\varepsilon(k) - \varepsilon_0 = \frac{\hbar^2}{2mC}\,[\psi_0'\psi_k - \psi_0\psi_k']_{-a/2}^{a/2}.$$

Bei $x = a/2$ dürfen in der Summe (1) nur Glieder mit $n = 0$ und $n = 1$ erhalten bleiben, wobei $\psi_0(-a/2) = \pm\psi_0(a/2)$ in Abhängigkeit davon ist, ob $\psi_0(x)$ gerade oder ungerade ist:

$$\psi_k(a/2) = C\psi_0(a/2)\,(1 \pm e^{ika}),$$

$$\psi_k'(a/2) = C\psi_0'(a/2)\,(1 \mp e^{ika});$$

auf analoge Weise müssen bei $x = -a/2$ nur die Glieder mit $n = 0$ und $n = -1$ erhalten bleiben. Insgesamt erhalten wir

$$\varepsilon(k) - \varepsilon_0 = \pm\frac{2\hbar^2}{m}\,\psi_0\left(\frac{a}{2}\right)\psi_0'\left(\frac{a}{2}\right)\cos ka.$$

Hier muß man die Werte

$$\psi_0\left(\frac{a}{2}\right) = \left[\frac{m\omega}{2\pi p(a/2)}\right]^{1/2} \exp\left[-\frac{1}{\hbar}\int_{x_0}^{a/2} |p(x)|\,dx\right],$$

$$\psi_0'\left(\frac{a}{2}\right) = \frac{p(a/2)}{\hbar}\,\psi_0\left(\frac{a}{2}\right)$$

einsetzen. Dabei ist ω die klassische Frequenz für die Schwingungen des Teilchens im Potentialtopf, x_0 ist der der Energie ε_0 entsprechende Umkehrpunkt. Schließlich ist

$$\varepsilon(k) - \varepsilon_0 = \pm\frac{\hbar\omega}{\pi}\sqrt{D}\cos ka, \quad D = \exp\left[-\frac{4}{\hbar}\int_{x_0}^{a/2} |p(x)|\,dx\right].$$

Jedes Energieniveau ε_0, das der Bewegung eines Teilchens in einem isolierten Topf entspricht, wird in ein Band mit der Breite $2\hbar\omega\sqrt{D}/\pi$ verbreitert; die Breite ist durch den Durchgangskoeffizienten D der Potentialbarriere bestimmt, die zwei Potentialtöpfe trennt.

§ 56. Der Einfluß eines äußeren Feldes auf die Elektronenbewegung im Gitter

Wir betrachten die Bewegung eines Elektrons, wenn an das Gitter ein äußeres, konstantes Magnetfeld $\boldsymbol{H}$ angelegt wird. Wenn man von dem HAMILTON-Operator des Elektrons im periodischen Feld $U(\boldsymbol{r})$ in der Koordinatendarstellung

$$\hat{H} = \frac{\hat{\boldsymbol{p}}^2}{2m} + U(\boldsymbol{r}) \tag{56,1}$$

ausgeht ($\hat{\boldsymbol{p}} = -i\hbar\,\nabla$ ist der Operator des echten Impulses), dann wird die Einführung des äußeren Magnetfeldes auf die folgende Art und Weise verwirklicht:

$$\hat{H} = \frac{1}{2m}\left(\hat{\boldsymbol{p}} - \frac{e}{c}\boldsymbol{A}\right)^2 + U(\boldsymbol{r}). \tag{56,2}$$

Dabei ist $\boldsymbol{A}(\boldsymbol{r})$ das Vektorpotential des Feldes. Die Aufgabe vereinfacht sich aber radikal — im Falle eines hinreichend schwachen Feldes — durch den Übergang zur Quasiimpulsdarstellung.

Wegen der großen Vielfalt der möglichen Bandstrukturen im Energiespektrum der Gitterelektronen kann die Bedingung für die Kleinheit des äußeren Feldes in allgemeiner Form nur ziemlich grob formuliert werden. Das Elektron möge sich vor dem Einschalten des Feldes in einem bestimmten (dem s-ten) Band befinden. Wir bezeichnen mit ε_0 die kleinste der Energiegrößen, die dieses Band charakterisieren — seine charakteristische Breite oder den Abstand von den benachbarten Bändern (d. h. die Differenz $\varepsilon_s(\boldsymbol{k}) - \varepsilon_{s'}(\boldsymbol{k})$ bei gegebenem $\boldsymbol{k}$). Damit das Magnetfeld als hinreichend schwach angenommen werden kann, muß auf jeden Fall die Bedingung

$$\hbar\omega_H \ll \varepsilon_0 \tag{56,3}$$

erfüllt sein. Dabei ist die „LARMOR-Frequenz" $\omega_H \sim |e|\,H/m^*c$, und $m^* \sim \hbar k/v$ ist die effektive Masse des Elektrons.[1])

Bei fehlendem äußeren Feld ist der HAMILTON-Operator des Elektrons im Gitter in der $\boldsymbol{k}$-Darstellung, wie schon angegeben wurde, die diagonale Matrix mit den Elementen $\varepsilon_s(\boldsymbol{k})$. Bei Anwesenheit des Feldes enthält der HAMILTON-Operator auch das Potential $\boldsymbol{A}(\boldsymbol{r})$ und seine Ableitungen nach den Koordinaten — die Feldstärke $\boldsymbol{H}$ — (in einem inhomogenen Feld auch noch weitere Ableitungen der Feldstärke); in der $\boldsymbol{k}$-Darstellung wird die Funktion $\boldsymbol{A}(\boldsymbol{r})$ durch den Operator $\hat{\boldsymbol{A}} = \boldsymbol{A}(\hat{\boldsymbol{r}})$ ersetzt, dabei ist $\hat{\boldsymbol{r}}$ der Operator (55,14).

Das Potential $\boldsymbol{A}(\boldsymbol{r})$ ist eine anwachsende Funktion der Koordinaten (für ein homogenes Feld nach einem linearen Gesetz). Wegen dieses Anwachsens ist das Potential, auch für ein schwaches Feld, keinesfalls eine kleine Störung im HAMILTON-Operator eines unbegrenzten Systems (Elektron im Gitter). Gerade deswegen verändert schon ein schwaches Magnetfeld die Eigenschaften eines ausgedehnten Systems wesentlich — es wandelt das kontinuierliche Spektrum in ein diskretes um (es quantisiert die Niveaus, s. § 58). Die Feldstärke eines schwachen Feldes führt (im Unterschied zum Potential) nur zu kleinen Korrekturen.

---

[1]) Eine genauere Definition der Frequenz wird unten durch die Formel (57,7) gegeben werden. Für die Leitungselektronen im Metall (s. unten § 61) sind charakteristische Werte $k \sim 1/a$ (a ist die Gitterkonstante); wenn wir noch $\varepsilon_0 \sim \hbar^2/m^*a^2$ setzen, finden wir, daß die Bedingung (56,3) der Ungleichung $r_H \gg a$ äquivalent ist, dabei ist der „Bahnradius" $r_H \sim v/\omega_H$.

Wir zeigen, daß bei der Vernachlässigung dieser Korrekturen die Abhängigkeit des HAMILTON-Operators vom Potential des Feldes in allgemeiner Form geklärt werden kann, wenn man von der alleinigen Forderung nach Eichinvarianz ausgeht. Weil wir konstante Felder betrachten, so genügt es, die Invarianz der Gleichungen bezüglich der zeitunabhängigen Transformationen des Potentials und der Wellenfunktionen gemäß

$$\boldsymbol{A} \to \boldsymbol{A} + \nabla f, \quad \psi \to \psi \exp\left(\frac{ie}{\hbar c} f\right) \tag{56,4}$$

zu benutzen. Dabei ist $f(\boldsymbol{r})$ eine beliebige Koordinatenfunktion (s. III, (111,8—9)).

In einem schwachen Feld ist das Potential $\boldsymbol{A}(\boldsymbol{r})$ eine langsam veränderliche Funktion der Koordinaten. Da wir die Rolle dieser langsamen Veränderlichkeit klären wollen, betrachten wir zuerst den Grenzfall des konstanten Potentials: $\boldsymbol{A}(\boldsymbol{r}) = \text{const} \equiv \boldsymbol{A}_0$ (ein konstantes Potential ist natürlich fiktiv — ein reales Feld fehlt dabei, so daß es sich hier nur um eine formale Transformation handelt). Der Übergang von $\boldsymbol{A} = 0$ zu $\boldsymbol{A} = \boldsymbol{A}_0$ ist der Transformation (56,4) mit $f = \boldsymbol{A}_0\boldsymbol{r}$ äquivalent; deshalb treten an Stelle der ursprünglichen Eigenfunktionen (bei $\boldsymbol{A} = 0$)

$$\psi_{s\boldsymbol{k}} = u_{s\boldsymbol{k}} e^{i\boldsymbol{k}\boldsymbol{r}} \tag{56,5}$$

die Eigenfunktionen des neuen HAMILTON-Operators

$$u_{s\boldsymbol{k}}(\boldsymbol{r}) \exp\left\{i\left(\boldsymbol{k} + \frac{e}{\hbar c}\boldsymbol{A}_0\right)\boldsymbol{r}\right\}$$

auf. Hieraus sieht man, daß man, um dem Quasiimpuls die frühere Bedeutung (als einer Größe, die die Änderung der Phase der Wellenfunktion bei Translationen bestimmt) zu geben, $\boldsymbol{k} + e\boldsymbol{A}_0/\hbar c = \boldsymbol{K}$ setzen muß. Die so definierte Größe $\boldsymbol{K}$ kann man *verallgemeinerten Quasiimpuls* nennen. Dann werden die neuen Eigenfunktionen als

$$\psi_{s\boldsymbol{K}} = u_{s,\boldsymbol{K}-e\boldsymbol{A}_0/\hbar c}(\boldsymbol{r})\, e^{i\boldsymbol{K}\boldsymbol{r}}$$

geschrieben, und die ihnen entsprechenden Elektronenenergien sind $\varepsilon_s(\boldsymbol{k}) = \varepsilon_s(\boldsymbol{K} - e\boldsymbol{A}_0/\hbar c)$.

Wir können jetzt behaupten, daß bei einem nicht konstanten, aber räumlich langsam veränderlichen Potential $\boldsymbol{A}(\boldsymbol{r})$ die Wellenfunktionen der „nullten" Näherung (bezüglich der Feldstärke)

$$\psi_{s\boldsymbol{K}} = u_{s,\boldsymbol{K}-e\boldsymbol{A}(\boldsymbol{r})/\hbar c} e^{i\boldsymbol{K}\boldsymbol{r}} \tag{56,6}$$

sein werden (dabei sind die Funktionen u dank der Veränderlichkeit von $\boldsymbol{A}$ nicht mehr streng periodisch).[1] Die Energien $\varepsilon_s(\boldsymbol{K} - e\boldsymbol{A}/\hbar c)$ muß man jetzt als Operatoren betrachten, die den HAMILTON-Operator in der $\boldsymbol{K}$-Darstellung bilden. Dabei muß man in dieser Näherung unter $\hat{\boldsymbol{r}}$ den Operator $\hat{\boldsymbol{r}} = i\,\partial/\partial\boldsymbol{K}$ verstehen, indem man das zweite Glied ($\hat{\boldsymbol{\Omega}}$)

[1]) Wenn man die Funktionen (56,6) nach den Funktionen $\psi_{s\boldsymbol{k}}$ entwickelt, dann gehen in die Entwicklung im allgemeinen Funktionen mit unterschiedlichen s ein. Wir betonen aber, daß das keinesfalls einen realen Übergang zu einem anderen Band bedeutet, sondern nur die Änderung der Wellenfunktion unter dem Einfluß eines konstanten Feldes ausdrückt; wir erinnern in diesem Zusammenhang daran, daß ein konstantes Feld überhaupt keinen realen Übergang mit einer Energieänderung verursachen kann. Zur Klärung der Situation muß man bemerken, daß auch bei einem schwachen Feld die mit ihm verbundene Änderung der Klassifizierung der Zustände (dabei auch des Zusammenhangs zwischen Energie und Quasiimpuls) wesentlich ist.

in der Definition (55,14) wegläßt. Denn bei der Einwirkung auf die Wellenfunktion multipliziert der Operator $i\,\partial/\partial \boldsymbol{K}$ sie der Größenordnung nach mit der „Bahndimension“ r_H, die bei abnehmendem Feld zunimmt; das Ergebnis der Einwirkung des Operators $\hat{\boldsymbol{\Omega}}$ auf die Wellenfunktion enthält keinen solchen Faktor. In diesem Sinne ist in einem schwachen Feld der Operator $\hat{\boldsymbol{\Omega}}$ klein im Vergleich mit $i\,\partial/\partial \boldsymbol{K}$. Weil andererseits der Operator $\partial/\partial \boldsymbol{K}$ in den Bandnummern diagonal ist, ist auch der HAMILTON-Operator diagonal.

Wir kommen also zu dem Ergebnis, daß die Bewegung eines Elektrons im Gitter in einem schwachen Magnetfeld durch den HAMILTON-Operator (in der $\boldsymbol{K}$-Darstellung)

$$\hat{H}_s = \varepsilon_s\left(\boldsymbol{K} - \frac{e}{\hbar c}\boldsymbol{A}(\hat{\boldsymbol{r}})\right), \quad \hat{\boldsymbol{r}} = i\frac{\partial}{\partial \boldsymbol{K}} \tag{56,7}$$

beschrieben wird (R. PEIERLS, 1933). In dieser Näherung gibt es folglich eine vollständige Analogie mit der Art und Weise, ein Magnetfeld in den HAMILTON-Operator eines freien Teilchens in der Impulsdarstellung einzuführen.

Der Ausdruck (56,7) ist noch nicht völlig bestimmt, weil noch nicht die Reihenfolge festgelegt ist, in der die nichtvertauschbaren Operatoren — die Komponenten des Vektors $\hat{\boldsymbol{k}} = \boldsymbol{K} - e\hat{\boldsymbol{A}}/\hbar c$ — stehen. Sie muß so bestimmt werden, daß die Hermitezität des HAMILTON-Operators gewährleistet ist. Das kann man im Prinzip immer erreichen, indem man die (im reziproken Gitter) periodische Funktion $\varepsilon_s(\boldsymbol{k})$ in eine FOURIER-Reihe

$$\varepsilon_s(\boldsymbol{k}) = \sum_{\boldsymbol{a}} A_{s\boldsymbol{a}} e^{i\boldsymbol{k}\boldsymbol{a}} \tag{56,8}$$

entwickelt (summiert wird über alle Vektoren $\boldsymbol{a}$ des direkten Gitters). Nach der Substitution $\boldsymbol{k} \to \hat{\boldsymbol{k}}$ wird im Exponenten eines jeden Gliedes dieser Reihe nur ein Operator stehen (die Projektion des Vektors $\hat{\boldsymbol{A}}$ auf $\boldsymbol{a}$), so daß die Frage nach der Reihenfolge der Operatoren nicht auftaucht — alles führt auf Potenzen dieses einen Operators. Diese Art der „Hermitesierung“ ist natürlich nicht die einzige. Wesentlich ist aber, daß der Unterschied zwischen den verschiedenen Methoden jenseits der betrachteten Näherung liegt, weil die Kommutatoren der Operatoren $\hat{k}_x$, $\hat{k}_y$, $\hat{k}_z$ in dieser Näherung kleine Größen sind. So ist für ein homogenes Feld der Operator

$$\hat{\boldsymbol{A}} = \frac{1}{2}\boldsymbol{H} \times \hat{\boldsymbol{r}} = \frac{i}{2}\left(\boldsymbol{H} \times \frac{\partial}{\partial \boldsymbol{K}}\right). \tag{56,9}$$

Durch direkte Rechnung kann man leicht finden, daß die Kommutatoren

$$\hat{k}_x\hat{k}_y - \hat{k}_y\hat{k}_x = i\frac{e}{\hbar c}H_z, \ldots \tag{56,10}$$

proportional der kleinen Feldstärke $\boldsymbol{H}$ sind.

Die Operatoren $\hat{\boldsymbol{r}} = i\,\partial/\partial \boldsymbol{K}$ und $\hat{\boldsymbol{K}} \equiv \boldsymbol{K}$ haben die gleichen Vertauschungsregeln wie auch die Koordinaten und die verallgemeinerten Impulse eines „freien“ Teilchens (ohne Gitter). Es ist deshalb natürlich, daß die Berechnung der Kommutatoren für die Operatoren $\hat{\boldsymbol{r}}$ und $\hat{\boldsymbol{K}}$ mit dem HAMILTON-Operator auf die Operatorgleichungen

$$\hbar\dot{\hat{\boldsymbol{K}}} = -\frac{\partial \hat{H}}{\partial \hat{\boldsymbol{r}}}, \quad \dot{\hat{\boldsymbol{r}}} = \frac{\partial \hat{H}}{\hbar\,\partial \boldsymbol{K}} \tag{56,11}$$

führt, sie haben die Gestalt der üblichen HAMILTONschen Gleichungen (für die Berechnung s. die Formeln III, (16,4—5)).

Wir wiederholen noch einmal, daß der HAMILTON-Operator (56,7) in dem Sinne genähert ist, daß in ihm alle Glieder vernachlässigt sind, die von der Feldstärke $\boldsymbol{H}$ abhängen und keine großen Faktoren enthalten — von der Größenordnung der Bahndimensionen r_H. In den folgenden Näherungen kann das Ergebnis auch in Form eines effektiven HAMILTON-Operators $\hat{H}_s(\boldsymbol{K} - e\hat{\boldsymbol{A}}/\hbar c, \boldsymbol{H})$ dargestellt werden, der in den Bandnummern diagonal ist, aber nicht durch eine Funktion $\varepsilon_s(\boldsymbol{k})$ allein ausgedrückt werden kann.[1])

Bei Vernachlässigung der Spin-Bahn-Wechselwirkung führt die Berücksichtigung des Elektronenspins dazu, daß im HAMILTON-Operator das übliche Glied zur Beschreibung der Wechselwirkung des magnetischen Momentes mit dem Feld auftritt: $-\beta\boldsymbol{\sigma}\boldsymbol{H}$; dabei sind $\boldsymbol{\sigma}$ die PAULI-Matrizen, und $\beta = |e|\,\hbar/2mc$ ist das BOHRsche Magneton. Wenn der Kristall ein Inversionszentrum hat, dann ändert die Spin-Bahn-Wechselwirkung nur das magnetische Moment des Elektrons, so daß die Wechselwirkung des Spins mit dem Magnetfeld die Form

$$-\beta\sigma_i H_k \xi_{ik}(\boldsymbol{k}) \tag{56,12}$$

annimmt. Denn in diesem Fall muß der HAMILTON-Operator invariant bezüglich der kombinierten Transformation Zeitspiegelung und Inversion sein. Dabei muß man bei ungeändertem $\boldsymbol{k}$ setzen: $\boldsymbol{H} \to -\boldsymbol{H}$ und $\boldsymbol{\sigma} \to -\boldsymbol{\sigma}$; (56,12) ist der allgemeine Ausdruck, der die aufgestellte Forderung erfüllt. Den Tensor $\xi_{ik}(\boldsymbol{k})$ kann man natürlich in allgemeiner Form nicht berechnen.

Schließlich beschäftigen wir uns mit dem Verhalten eines Elektrons, wenn an das Gitter ein schwaches elektrisches Feld $\boldsymbol{E}$ angelegt wird. Die Bedingung dafür, daß das Feld schwach ist, bedeutet, daß die vom Elektron im Feld in Abständen a angenommene Energie klein im Vergleich zu der charakteristischen Energie ε_0 ist: $|e|\,Ea \ll \varepsilon_0$.

Wie auch im Fall des Magnetfeldes spielen die Glieder die wichtigste Rolle, die die anwachsende Funktion der Koordinaten enthalten — das skalare Potential des elektrischen Feldes $\varphi(\boldsymbol{r})$. Die Abhängigkeit des HAMILTON-Operators von φ kann man wieder in allgemeiner Form klären, wenn man von zu den oben durchgeführten Überlegungen analogen Betrachtungen ausgeht. Denn die Einbeziehung eines fiktiven konstanten Potentials $\varphi = \varphi_0$ ist äquivalent dazu, daß man in der SCHRÖDINGER-Gleichung zur Energie das konstante Glied $e\varphi_0$ hinzufügt; dieses Glied ist auch zu allen Eigenwerten $\varepsilon_s(\boldsymbol{k})$ hinzuzufügen. Wenn das Potential $\varphi(\boldsymbol{r})$ nicht konstant, sondern räumlich langsam veränderlich ist, wird das analoge Operatorglied zu dem effektiven HAMILTON-Operator in der $\boldsymbol{k}$-Darstellung hinzugefügt:

$$\hat{H}_s = \varepsilon_s(\boldsymbol{k}) + e\varphi(\hat{\boldsymbol{r}}). \tag{56,13}$$

---

[1]) Ein einfaches Beispiel für die Berechnung des Korrekturgliedes wird im § 59 gegeben. Die Darstellung der regulären Methode für die Ableitung des HAMILTON-Operators als Reihe nach Potenzen von $\boldsymbol{H}$ und die allgemeinen Ausdrücke für die ersten Glieder dieser Reihe sind in den Artikeln von E. I. BLOUNT, Phys. Rev. **126**, 1636 (1962), Solid State Physics, Vol. **13**, 306 (1963) gegeben. Wir bemerken, daß, wenn der Kristall ein Inversionszentrum hat, die Reihe mit Gliedern der Ordnung $\boldsymbol{H}^2$ beginnt (s. § 59).

§ 57. Quasiklassische Trajektorien

Wir wenden die im vorigen Paragraphen erhaltenen Ergebnisse auf den wichtigen Fall an, bei dem die Bewegung eines Elektrons in einem Magnetfeld quasiklassisch ist. Die Bedingung für das quasiklassische Verhalten besteht, wie bekannt, darin, daß die Änderung der DE BROGLIE-Wellenlänge des Teilchens auf Abständen von der Größenordnung dieser Wellenlänge klein sein muß. Im gegebenen Fall ist diese Bedingung der Ungleichung

$$r_H \gg \lambda \tag{57,1}$$

äquivalent. Der Krümmungsradius der Bahn muß also groß im Vergleich zur Wellenlänge $\lambda \sim 1/k$ sein.[1])

Im quasiklassischen Fall hat der Begriff der Trajektorie oder Bahnkurve einen Sinn. Sie ist durch die Bewegungsgleichungen bestimmt, die man aus (56,11) erhält, wenn man die Operatoren durch die klassischen Größen ersetzt:

$$\hbar\dot{\boldsymbol{K}} = -\frac{\partial H}{\partial \boldsymbol{r}}, \quad \boldsymbol{v} = \frac{\partial H}{\hbar\,\partial \boldsymbol{K}}, \quad H = \varepsilon\left(\boldsymbol{K} - \frac{e}{\hbar c}\boldsymbol{A}(\boldsymbol{r})\right)$$

(den Index s lassen wir der Kürze halber weg). In diese Gleichungen führen wir an Stelle des verallgemeinerten Quasiimpulses $\boldsymbol{K}$ den „kinetischen Quasiimpuls"

$$\boldsymbol{k} = \boldsymbol{K} - \frac{e}{\hbar c}\boldsymbol{A}(\boldsymbol{r})$$

ein.

Dann haben wir:

$$\frac{\hbar\,\mathrm{d}\boldsymbol{k}}{\mathrm{d}t} + \frac{e}{c}\frac{\mathrm{d}\boldsymbol{A}(\boldsymbol{r})}{\mathrm{d}t} = -\frac{\partial H}{\partial \boldsymbol{r}} = \frac{e}{c}v_i\frac{\partial A_i}{\partial \boldsymbol{r}}.$$

Wenn wir hier $\mathrm{d}\boldsymbol{A}/\mathrm{d}t = (\boldsymbol{v}\nabla)\,\boldsymbol{A}$ setzen und

$$(v_i\nabla)\,A_i - (\boldsymbol{v}\nabla)\,\boldsymbol{A} = \boldsymbol{v}\times\operatorname{rot}\boldsymbol{A} = \boldsymbol{v}\times\boldsymbol{H}$$

beachten, erhalten wir die Bewegungsgleichung

$$\frac{\hbar\,\mathrm{d}\boldsymbol{k}}{\mathrm{d}t} = \frac{e}{c}\boldsymbol{v}\times\boldsymbol{H}, \quad \boldsymbol{v} = \frac{\partial\varepsilon(\boldsymbol{k})}{\hbar\,\partial\boldsymbol{k}}. \tag{57,2}$$

Diese Gleichung unterscheidet sich von der gewöhnlichen klassischen LORENTZ-Gleichung nur durch die andere Abhängigkeit $\varepsilon(\boldsymbol{k})$: an Stelle der einfachen quadratischen Funktion haben wir es hier mit einer komplizierten periodischen Funktion zu tun; dementsprechend gibt es auch eine komplizierte periodische Funktion $\boldsymbol{v}(\boldsymbol{k})$. Dieser Umstand führt natürlich zu einer entscheidenden Änderung des Charakters der Elektronenbewegung.

Wir betrachten die Bewegung eines Elektrons in einem homogenen Magnetfeld. Wenn wir die Gleichung (57,2) mit $\boldsymbol{v}$ multiplizieren, finden wir auf übliche Weise: $\hbar\boldsymbol{v}\,\mathrm{d}\boldsymbol{k}/\mathrm{d}t =$

---

[1]) Diese Bedingung ist im allgemeinen stärker als die Bedingung (56,3). Wenn aber $k \sim 1/a$ ist (wie für die Leitungselektronen in einem Metall), dann fallen beide Bedingungen zusammen, und sie sind praktisch immer erfüllt: bei $r_H \sim c\hbar k/|e|\,H \sim c\hbar/a\,|e|\,H$ führt die Bedingung $r_H \gg a$ auf die Forderung $H \ll c\hbar/\,|e|\,a^2 \sim 10^8 - 10^9$ Oe.

$d\varepsilon/dt = 0$. Wenn wir die Gleichung (57,2) mit $\boldsymbol{H}$ multiplizieren, finden wir, daß $d(\boldsymbol{Hk})/dt = 0$ ist. Bei der Bewegung eines Elektrons im Gitter ist also wie bei der Bewegung eines freien Elektrons im Magnetfeld

$$\varepsilon = \text{const}, \quad k_z = \text{const} \tag{57,3}$$

(die z-Achse zeigt in Richtung des Feldes $\boldsymbol{H}$). Die Gleichungen (57,3) bestimmen die Trajektorie des Elektrons im $\boldsymbol{k}$-Raum. Geometrisch ist diese Trajektorie die Schnittkurve der Fläche konstanter Energie $\varepsilon(\boldsymbol{k}) = \text{const}$ mit einer zum Magnetfeld senkrechten Ebene.

Die Flächen konstanter Energie können äußerst unterschiedliche Form haben. Sie können (in jeder Zelle des reziproken Gitters) mehrere nicht miteinander zusammenhängende Blätter enthalten. Diese Blätter können einfach zusammenhängend oder mehrfach zusammenhängend, geschlossen oder offen sein. Um den letzten Unterschied zu erklären, ist es zweckmäßig, die Flächen konstanter Energie als im ganzen reziproken Gitter periodisch fortgesetzt zu betrachten. In jeder Zelle werden sich die gleichen geschlossenen Gebilde befinden, und die offenen Flächen gehen kontinuierlich durch das ganze Gitter bis ins Unendliche.[1])

Die Querschnitte einer Fläche konstanter Energie setzen sich aus einer unendlichen Menge von Kurven zusammen. Hierzu gehören sowohl die Schnittkurven der verschiedenen Blätter der Fläche konstanter Energie innerhalb einer Zelle des reziproken Gitters als auch die Schnittkurven der Blätter, die sich in verschiedenen Zellen wiederholen. Wenn ein Blatt der Fläche konstanter Energie geschlossen ist, dann sind auch seine sämtlichen Schnittkurven geschlossene Kurven. Wenn ein Blatt offen ist, dann können seine Schnittkurven sowohl geschlossen als auch offen sein (d. h., sich stetig durch das ganze reziproke Gitter fortsetzen).

Darunter, daß eine Bewegung quasiklassisch ist, ist auch zu verstehen, daß die Wahrscheinlichkeit des *magnetischen Durchbruchs* klein ist — die Wahrscheinlichkeit für die sprungartige Änderung des Quasiimpulses des Elektrons durch seinen Übergang von einer Kurve auf die andere (mit der Bedingung für die Kleinheit dieser Wahrscheinlichkeit werden wir uns am Ende des Paragraphen beschäftigen). Bei der Vernachlässigung dieser Wahrscheinlichkeit bewegt sich das Elektron folglich nur auf einer Schnittkurve der Fläche konstanter Energie.

Wir betrachten die Bewegung entlang geschlossener Trajektorien im Quasiimpuls-Raum etwas ausführlicher. Eine solche Bewegung ist offensichtlich zeitlich periodisch; wir wollen ihre Periode bestimmen.

Dazu projizieren wir die Gleichung (57,2) auf die zum Feld senkrechte $k_x k_y$-Ebene und erhalten

$$\frac{dl_k}{dt} = \frac{|e|\,H}{c\hbar} v_\perp, \quad v_\perp = \sqrt{v_x^2 + v_y^2}$$

mit $dl_k = \sqrt{dk_x^2 + dk_y^2}$ als Längenelement der $\boldsymbol{k}$-Bahn. Hieraus folgt

$$t = \frac{c\hbar}{|e|\,H} \int \frac{dl_k}{v_\perp}.$$

---

[1]) Wir bemerken, um Mißverständnisse zu vermeiden, daß es sich als unmöglich erweisen kann, die Zelle des reziproken Gitters so zu wählen, daß alle wesentlich verschiedenen (d.h. nicht periodisch wiederholten) geschlossenen Gebilde innerhalb einer Zelle so gelegen sind, daß sie die Grenzen nicht schneiden.

Wenn die Bahnkurve geschlossen ist, dann wird die Periode der Bewegung durch das Integral

$$T = \frac{c\hbar}{|e|H} \oint \frac{\mathrm{d}l_k}{v_\perp} \tag{57,4}$$

über die ganze Kurve gegeben. Dieser Ausdruck kann auf folgende Weise in eine etwas anschaulichere Form transformiert werden.

Wir führen die Schnittfläche $S(\varepsilon, k_z)$ ein, die die Isoenergiefläche $\varepsilon =$ const aus der Ebene $k_z =$ const herausschneidet. Die Breite des Ringes in dieser Ebene zwischen den Bahnen $\varepsilon =$ const und $\varepsilon + \mathrm{d}\varepsilon =$ const ist in jedem Punkt

$$\frac{\mathrm{d}\varepsilon}{|\partial\varepsilon/\partial \boldsymbol{k}_\perp|} = \frac{\mathrm{d}\varepsilon}{\hbar v_\perp},$$

so daß die Fläche des Ringes gleich

$$\mathrm{d}S = \mathrm{d}\varepsilon \oint \frac{\mathrm{d}l_k}{\hbar v_\perp}$$

ist. Hieran sieht man, daß das Integral in (57,4) nichts anderes ist als die partielle Ableitung $\partial S/\partial\varepsilon$. Die Periode der Bewegung ist also

$$T = \frac{c\hbar^2}{|e|H} \frac{\partial S(\varepsilon, k_z)}{\partial\varepsilon} \tag{57,5}$$

(W. Shockley, 1950). Hier ist es natürlich, die Größe

$$m^* = \frac{\hbar^2}{2\pi} \frac{\partial S}{\partial\varepsilon} \tag{57,6}$$

einzuführen, die man *Zyklotronmasse* des Elektrons im Gitter nennt. Die Umlauffrequenz des Elektrons auf der Bahn wird durch diese Größe nach der Formel

$$\omega_H = |e|\, H/m^* c \tag{57,7}$$

ausgedrückt, die sich von der bekannten Formel für die Larmor-Frequenz der freien Elektronen dadurch unterscheidet, daß ihre Masse durch m^* ersetzt ist.[1]

Wir betonen aber, daß bei den Elektronen im Gitter die Zyklotronmasse keine konstante Größe, sondern eine Funktion von ε und k_z ist, so daß sie für verschiedene Elektronen unterschiedliche Werte hat. Wir bemerken auch, daß diese Größe sowohl positiv als auch negativ sein kann; im ersten Fall bewegt sich das Elektron auf der Bahn wie ein negativ geladenes Teilchen, im zweiten Fall wie ein positiv geladenes Teilchen — ein Loch. Dementsprechend spricht man von *Elektronen-* und von *Lochbahnen.*

Bis jetzt sprachen wir nur von den Elektronentrajektorien im $\boldsymbol{k}$-Raum. Es ist aber leicht zu sehen, daß es einen engen Zusammenhang zwischen den Trajektorien im Quasiimpuls-Raum und im gewöhnlichen Raum gibt. Die Bewegungsgleichung (57,2), umgeschrieben in der Form

$$\hbar\, \mathrm{d}\boldsymbol{k} = -\frac{|e|}{c} \mathrm{d}\boldsymbol{r} \times \boldsymbol{H},$$

---

[1]) Für ein freies Elektron ist die Fläche konstanter Energie eine Kugel $\varepsilon = \hbar^2 k^2/2m$. Ihre Schnittflächen sind Kreise mit dem Inhalt $S = \pi(2m\varepsilon\hbar^{-2} - k_z^2)$, so daß die Ableitung $\partial S/\partial\varepsilon = 2\pi m/\hbar^2$ und $m^* = m$ ist.

ergibt nach der Integration (und nach der entsprechenden Wahl des Bezugspunktes der Koordinaten $\boldsymbol{r}$ und der Quasiimpulse $\boldsymbol{k}$)

$$\hbar \boldsymbol{k} = -\frac{|e|}{c} \boldsymbol{r} \times \boldsymbol{H}, \tag{57,8}$$

Hieraus sieht man, daß die $x-y$-Projektion der Bahn im gewöhnlichen Raum im wesentlichen die $\boldsymbol{k}$-Trajektorie wiederholt, wobei sie sich von ihr nur durch die Orientierung und den Maßstab unterscheidet: die erste erhält man aus der zweiten durch die Substitution

$$k_x \to -\frac{|e| H}{\hbar c} y, \quad k_y \to \frac{|e| H}{\hbar c} x.$$

Außerdem gibt es im gewöhnlichen Raum eine Bewegung entlang der z-Achse mit der Geschwindigkeit $v_z = \partial\varepsilon/\hbar\, \partial k_z$. Wenn die Trajektorie im $\boldsymbol{k}$-Raum geschlossen ist, dann ist sie im gewöhnlichen Raum eine Spirale mit der Achse in Feldrichtung. Wenn die Trajektorie offen ist, dann ist auch die Projektion der Trajektorie auf die xy-Ebene im gewöhnlichen Raum offen, d. h., in dieser Ebene ist die Bewegung unbegrenzt.

Wir wollen noch einige Worte über die quasiklassische Bewegung eines Elektrons sagen, wenn an das Gitter ein konstantes, homogenes, elektrisches Feld $\boldsymbol{E}$ angelegt wird. Aus der quasiklassischen Gleichung $\hbar \dot{\boldsymbol{k}} = e\boldsymbol{E}$ erhalten wir

$$\boldsymbol{k} = \boldsymbol{k}_0 + \frac{e\boldsymbol{E}}{\hbar} t. \tag{57,9}$$

Nach dem Energieerhaltungssatz haben wir

$$\varepsilon(\boldsymbol{k}) - e\boldsymbol{E}\boldsymbol{r} = \text{const}. \tag{57,10}$$

Die Energie $\varepsilon(\boldsymbol{k})$ durchläuft jedoch das endliche Intervall $\Delta\varepsilon$ (die Bandbreite); deshalb folgt aus (57,10), daß die Bewegung des Elektrons im homogenen elektrischen Feld längs des Feldes endlich ist: das Elektron führt in dieser Richtung Schwingungen mit der Amplitude $\Delta\varepsilon/|e|\, E$ aus. Wenn das Feld parallel zu irgendeiner Periode $\boldsymbol{b}$ des reziproken Gitters ist, dann ist die Bewegung periodisch mit der Frequenz $\omega = 2\pi\, |e|\, E/\hbar b$; bei $b \sim 1/a$ haben wir $\hbar\omega_E \sim |e|\, Ea$. Im allgemeinen Fall einer beliebigen Feldrichtung ist die Bewegung quasiperiodisch.

Schließlich wollen wir uns mit der Bedingung befassen, bei der die Vernachlässigung des oben erwähnten magnetischen Durchbruchs möglich ist. Die Wahrscheinlichkeit für den Übergang von einer Trajektorie (im $\boldsymbol{k}$-Raum) auf eine andere ist natürlich dann groß, wenn diese Trajektorien irgendwo anomal nahe beieinander verlaufen. Eine solche Situation entsteht, wenn die Trajektorie fast eine Trajektorie mit Selbstüberschneidung ist oder wenn die Trajektorie in der Nähe der Überschneidung von zwei Blättern der Fläche konstanter Energie verläuft (d. h. in der Nähe eines Entartungspunktes). Ein typisches Bild solcher Bahnkurven ist in Abb. 14 dargestellt; der Abstand δk zwischen den Trajektorien ist klein im Vergleich zu den charakteristischen Dimensionen der ganzen Bahn, und der Krümmungsradius R_k der Trajektorien in der Nähe ihrer maximalen Annäherung fällt größenordnungsmäßig mit δk zusammen. Der Übergang von einer Bahn auf die andere geschieht durch den quantenmechanischen Tunneleffekt. Die Wahrscheinlichkeit dieses Prozesses ist (exponentiell) klein, wenn δk groß im Vergleich zu dem Abstand Δk_x ist, auf dem die Wellenfunktion in dem klassisch nicht zugänglichen Gebiet zwischen den Trajektorien gedämpft ist.

Eine Abschätzung für Δk_x kann man erhalten, wenn man die Analogie zwischen der Bewegung des Elektrons im Magnetfeld und einer eindimensionalen Bewegung in einem Potentialfeld $U(x)$ benutzt. Diese Analogie beruht darauf, daß nach (56,10) die Operatoren $\hat{q} \equiv \hat{k}_x \hbar c/|e| H$ und $\hat{p} \equiv \hbar \hat{k}_y$ einer Vertauschungsregel genügen, die mit der Vertauschungsregel für Koordinaten und Impulse übereinstimmt. In der Nähe der maximalen

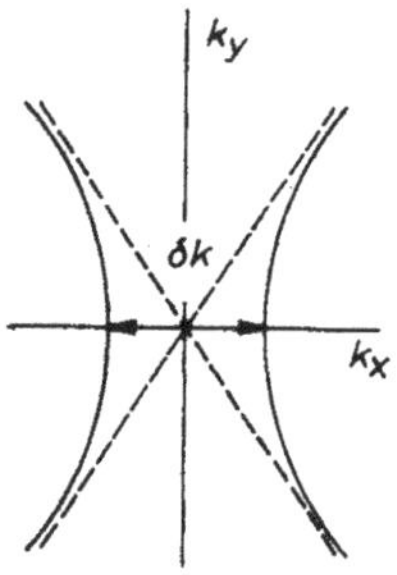

Abb. 14

Annäherung sind die Trajektorien parabolisch; ihnen ist die parabolische Phasentrajektorie (in der x—p-Ebene) der eindimensionalen Bewegung in einem homogenen Feld ($U = -Fx$) analog, deren Gleichung $p^2/2m = Fx$ ist (wenn die Koordinate x vom Ruhepunkt aus gezählt wird). Im letzten Fall ist die Wellenfunktion jenseits des Umkehrpunktes auf Abständen $\Delta x \sim (\hbar/mF)^{1/3}$ gedämpft (s. III, § 24); wir führen den Krümmungsradius der Phasentrajektorie $R \sim (\mathrm{d}^2x/\mathrm{d}p^2)^{-1} \sim mF$ ein und schreiben $\Delta x \sim (\hbar^2/R)^{1/3}$. Gemäß der angegebenen Analogie kann man das gesuchte Δk_x durch die Substitution $\Delta x \to \hbar c \Delta k_x/|e| H$, $R \to R_k \hbar |e| H/c$ erhalten. Wir finden also $\Delta k_x \sim (|e| H/\hbar c)^{2/3} \cdot (\delta k)^{-1/3}$, und die Bedingung $\Delta k_x \ll \delta k$ nimmt die Form

$$|e| H/\hbar c \ll (\delta k)^2 \tag{57,11}$$

an.

§ 58. Quasiklassische Energieniveaus

Wir sahen, daß der klassischen Bewegung eines Elektrons im Gitter in einem homogenen Magnetfeld auf einer geschlossenen Trajektorie im $\boldsymbol{k}$-Raum im gewöhnlichen Raum eine Bewegung entspricht, die in der zum Feld $\boldsymbol{H}$ senkrechten Ebene endlich ist. Beim Übergang zur Quantenmechanik führt das dazu, daß bei jedem fixierten Wert des longitudinalen Quasiimpulses k_z diskrete Energieniveaus auftreten. Diese Niveaus sind durch die allgemeinen Regeln der quasiklassischen Quantisierung bestimmt.

Wir wählen das Vektorpotential des homogenen Magnetfeldes (das in Richtung der z-Achse zeigt) als $A_x = -Hy$, $A_y = A_z = 0$. Dann sind die Komponenten des verallgemeinerten Quasiimpulses:

$$K_x = k_x + \frac{|e|}{c\hbar} Hy, \quad K_y = k_y, \quad K_z = k_z. \tag{58,1}$$

Die Koordinate x ist eine zyklische Variable, und deshalb bleibt die x-Komponente des verallgemeinerten Quasiimpulses erhalten:

$$K_x = k_x + \frac{|e|}{c\hbar} Hy = \text{const}. \tag{58,2}$$

Nach der BOHR-SOMMERFELDschen Quantisierungsregel (s. III, § 48) schreiben wir die Bedingung

$$\frac{1}{2\pi} \left| \oint K_y \, dy \right| = n \tag{58,3}$$

auf, wobei über die Periode der Bewegung integriert wird, n ist eine ganze, positive Zahl, die als groß angenommen wird.[1]) Wenn wir hier nach (58,1—2) $K_y = k_y$ und $dy = -(c\hbar/|e| H) \, dk_x$ setzen, erhalten wir

$$\frac{c\hbar}{2\pi \, |e| \, H} \left| \oint k_y \, dk_x \right| = n. \tag{58,4}$$

Das Integral wird dabei über die geschlossene Trajektorie im $\boldsymbol{k}$-Raum genommen. Es ist nichts anderes als die von der Trajektorie eingeschlossene Fläche, d. h. die im vorigen Paragraphen eingeführte Schnittfläche $S(\varepsilon, k_z)$ der Fläche konstanter Energie mit der Ebene $k_z = \text{const}$.

Wir finden also schließlich

$$S(\varepsilon, k_z) = 2\pi \frac{|e| \, H}{c\hbar} n \tag{58,5}$$

(I. M. LIFSCHITZ, 1951; L. ONSAGER, 1952). Durch diese Bedingung sind auch in impliziter Form die Energieniveaus $\varepsilon_n(k_z)$ bestimmt. Das Energieband (dessen Nummer s wir der Kürze halber nicht aufschreiben) zerfällt also in eine diskrete Reihe von *LANDAUschen Unterbändern*, von denen jedes ein Band von Energieniveaus ist, die sich durch den Wert der stetigen Variablen k_z unterscheiden.

Wie bekannt ist, kann die quasiklassische Quantisierungsbedingung durch die Einführung einer Korrektur präzisiert werden, dabei wird zu der großen Quantenzahl n eine Zahl von der Größenordnung Eins hinzugefügt. Um diese Korrektur zu bestimmen, muß man die Bewegung in der Nähe der „Umkehrpunkte" betrachten, die das Integrationsgebiet in (58,3) begrenzen.

Die Abhängigkeit der Größe $K_y = k_y$ von y auf der Elektronentrajektorie wird durch die Gleichung

$$\varepsilon(\boldsymbol{k}) = \varepsilon \left(K_x - \frac{|e| \, H}{c\hbar} y, \, k_y, \, k_z \right) = \text{const} \tag{58,6}$$

bei gegebenem k_z und bei $K_x = \text{const}$ bestimmt; der Ruhepunkt $y = y_0$ wird durch die Bedingung bestimmt, daß die Geschwindigkeit $v_y = \partial\varepsilon/\hbar \, \partial k_y$ verschwinden muß. In der

[1]) Ist $\boldsymbol{K}_t$ die Projektion des verallgemeinerten Quasiimpulses auf die zum Feld senkrechte Ebene, so ist bei der Bewegung im homogenen Magnetfeld das Integral $\frac{1}{2\pi} \oint \boldsymbol{K}_t \, d\boldsymbol{r}$ eine adiabatische Invariante, die nicht von der Wahl des Vektorpotentials abhängt (vgl. II, § 21). Bei der getroffenen Wahl von $\boldsymbol{A}$ ist das Integral $\oint K_x \, dx = K_x \oint dx = 0$, so daß die adiabatische Invariante mit dem Integral in (58,3) zusammenfällt.

Nähe dieses Punktes ergibt die Entwicklung der Gleichung (58,6) nach Potenzen von $y - y_0$

$$-\frac{|e|H}{c\hbar}\left(\frac{\partial \varepsilon}{\partial k_x}\right)_0 (y - y_0) + \frac{1}{2}\left(\frac{\partial^2 \varepsilon}{\partial k_y^2}\right)_0 (k_y - k_{y0})^2 = 0$$

mit $k_{y0} = k_y(y_0)$. Hieraus sieht man, daß die Annäherung an den Ruhepunkt nach dem Wurzelgesetz

$$k_y - k_{y0} = \pm A\sqrt{y - y_0}$$

stattfindet (dabei wurde angenommen, daß das klassisch nicht zugängliche Gebiet bei $y < y_0$ liegt). Das ist aber genau dasselbe Gesetz, auf das sich die übliche Ableitung der Korrektur zur quasiklassischen Quantisierung bezieht (s. III, §§ 47, 48). Die präzisierte Regel (58,5) hat folglich die Form

$$S(\varepsilon, k_z) = 2\pi \frac{|e|H}{c\hbar}\left(n + \frac{1}{2}\right). \tag{58,7}$$

Wie aus der Ableitung klar wird (die auf der Entwicklung der Funktion (58,6) beruht), ist es für die Richtigkeit der präzisierten Quantisierungsregel notwendig, daß die Trajektorie in hinreichender Entfernung von den singulären Punkten der Funktion $\varepsilon(\boldsymbol{k})$ (insbesondere von den komplexen Verzweigungspunkten) verläuft. Es ist ferner notwendig, daß nirgends in der Nähe der Trajektorie die Bedingung für das quasiklassische Verhalten verletzt ist (insbesondere, daß die Projektion der Geschwindigkeit $\partial\varepsilon/\partial\boldsymbol{k}$ auf die x, y-Ebene nicht verschwindet).[1] Schließlich muß man den Näherungscharakter des Hamilton-Operators (56,7) beachten, auf dem alle Ableitungen beruhen. Wenn das Gitter ein Inversionszentrum hat, dann sind die Korrekturen zum Hamilton-Operator quadratisch in der Feldstärke, und sie wirken sich auf die Bedingung (58,7) nicht aus. Wenn aber das Inversionszentrum fehlt, dann sind die Korrekturen zum Hamilton-Operator linear in $\boldsymbol{H}$; in diesem Fall verliert das Korrekturglied 1/2 in (58,7) seinen Sinn, weil der Näherungscharakter des Hamilton-Operators zu Fehlern von der gleichen Größenordnung führt.[2]

Das Intervall $\Delta\varepsilon$ zwischen zwei aufeinanderfolgenden Niveaus entspricht der Änderung der großen Zahl n um eins. Es ist folglich durch die Gleichung

$$\Delta S = \frac{\partial S}{\partial \varepsilon}\Delta\varepsilon = \frac{2\pi\,|e|\,H}{\hbar c} \tag{58,8}$$

bestimmt. Wir führen die klassische Frequenz der periodischen Bewegung ω_H nach (57,7) ein und erhalten

$$\Delta\varepsilon = \hbar\omega_H. \tag{58,9}$$

---

[1] In der Nähe der anomalen Annäherung von zwei Trajektorien fallen diese Bedingungen mit der Forderung zusammen, daß die Wahrscheinlichkeit für den magnetischen Durchbruch klein sein soll.

[2] Für freie Elektronen (s. Fußnote S. 240) ergibt die Bedingung (58,7)

$$\varepsilon = \hbar\omega_H\left(n + \frac{1}{2}\right) + \hbar^2 k_z^2/2m, \quad \omega_H = |e|\,H/mc$$

in Übereinstimmung mit dem bekannten Landauschen Ausdruck für ein freies Elektron im Magnetfeld (III, § 112).

Wir betonen, daß die Frequenz ω_H selbst eine Funktion von ε (und von k_z) ist. Deshalb sind die aufeinanderfolgenden Energieniveaus ε_n (bei gegebenem k_z) nicht streng äquidistant, wie das bei freien Elektronen der Fall wäre, wo ω_H eine konstante Größe ist.

Die Unabhängigkeit der Energieniveaus von der erhalten bleibenden Größe K_x bedeutet (wie auch für die freien Elektronen im Magnetfeld — s. III, § 112) ihre Entartung. Wenn man sich ein Gitter mit einem großen, aber endlichen Volumen V vorstellt, dann ist der Entartungsgrad endlich. Die Zahl der Zustände im Intervall $\mathrm{d}k_z$ und bei gegebenem Wert n ist $V\,\Delta S \cdot \mathrm{d}k_z/(2\pi)^3$ mit ΔS als der Fläche in der Ebene $k_z = \mathrm{const}$, die zwischen den beiden Trajektorien mit den Quantenzahlen n und $n + 1$ eingeschlossen ist. Diese Fläche wird durch (58,8) gegeben, und wir finden so für die gesuchte Anzahl der Zustände den Ausdruck

$$\frac{V\,\mathrm{d}k_z}{(2\pi)^2}\,\frac{|e|\,H}{c\hbar} \qquad (58,10)$$

— den gleichen wie für die freien Elektronen.

Der anschauliche Grund für die Entartung der Niveaus im Magnetfeld besteht in der Unabhängigkeit der Energie von der Lage des „Zentrums der LARMOR-Bahn" des Elektrons im Raum. Für das freie Elektron ist diese Entartung exakt. Für ein Elektron im Gitter gilt sie nur genähert: wegen des inhomogenen (periodischen), elektrischen Feldes sind verschiedene Lagen des „Bahnzentrums" in der Elementarzelle des Gitters nicht mehr äquivalent. Dieser Umstand muß zu einer gewissen Aufspaltung der LANDAU-Niveaus führen.

Die Berücksichtigung des Elektronenspins führt zur Aufspaltung jedes Niveaus in zwei Komponenten, bei Vernachlässigung der Spin-Bahn-Kopplung sind diese Komponenten (wie beim freien Elektron) durch das konstante Intervall $2\beta H$ getrennt mit β als BOHRschem Magneton:

$$\varepsilon_{n\sigma}(k_z) = \varepsilon_n(k_z) + \sigma\beta H, \quad \sigma = \pm 1. \qquad (58,11)$$

Diese Situation bleibt auch bei Berücksichtigung der Spin-Bahn-Wechselwirkung erhalten, wenn der Kristall ein Inversionszentrum hat. In diesem Fall sind die Zustände des Elektrons ohne Magnetfeld bezüglich des Spins entartet, und das Magnetfeld hebt diese Entartung auf. Damit erhält man die Formel (58,11), wobei β durch $\beta\xi_n(k_z)$ ersetzt ist. Dabei charakterisiert $\xi_n(k_z)$ die Änderung des magnetischen Momentes des Elektrons.

§ 59. Der Tensor der effektiven Massen eines Elektrons im Gitter

Wir betrachten den Punkt $\boldsymbol{k} = \boldsymbol{k}_0$ im $\boldsymbol{k}$-Raum, in dem die Energie eines Elektrons $\varepsilon_s(\boldsymbol{k})$ einen Extremwert annimmt: solche Punkte entsprechen insbesondere der oberen und unteren Kante eines Bandes. Wenn dieser Punkt nicht entartet ist (mit Ausnahme der möglichen KRAMERS-Entartung bezüglich des Spins — s. Ende des § 55), dann kann die Funktion $\varepsilon_s(\boldsymbol{k})$ in seiner Nähe einer regulären Entwicklung nach Potenzen der Differenz $\boldsymbol{q} = \boldsymbol{k} - \boldsymbol{k}_0$ unterworfen werden. Die ersten Glieder dieser Entwicklung sind quadratisch:

$$\varepsilon_s(\boldsymbol{k}) = \varepsilon_s(\boldsymbol{k}_0) + \frac{\hbar^2}{2}\, m_{ik}^{-1} q_i q_k. \qquad (59,1)$$

Der zum Koeffiziententensor m_{ik}^{-1} in (59,1) reziproke Tensor m_{ik} heißt *Tensor der effektiven Massen* eines Elektrons im Gitter. Wir wollen zeigen, auf welche Weise man diesen Tensor durch die Matrixelemente in bezug auf die BLOCH-Funktionen $\psi_{s\boldsymbol{k}_0}$ im Punkt $\boldsymbol{k}_0$ ausdrücken kann.

Bei Vernachlässigung der Spin-Bahn-Wechselwirkung nimmt der HAMILTON-Operator eines Elektrons die Form (56,1) an. Wir setzen in die SCHRÖDINGER-Gleichung mit diesem HAMILTON-Operator die Wellenfunktion der Form

$$\psi_{s\boldsymbol{k}} = e^{i(\boldsymbol{k}_0+\boldsymbol{q})\boldsymbol{r}} u_{s\boldsymbol{k}} \equiv e^{i\boldsymbol{q}\boldsymbol{r}} \varphi_{s\boldsymbol{k}} \tag{59,2}$$

ein. Dann erhält die Gleichung die Gestalt

$$\left\{-\frac{\hbar^2}{2m}\Delta + U(\boldsymbol{r}) + \left[\frac{\hbar}{m}\boldsymbol{q}\hat{\boldsymbol{p}} + \frac{\hbar^2 q^2}{2m}\right]\right\}\varphi_{s\boldsymbol{k}} = \varepsilon_s(\boldsymbol{k})\,\varphi_{s\boldsymbol{k}} \tag{59,3}$$

mit dem Operator des echten Impulses $\hat{\boldsymbol{p}} = -i\hbar\,\nabla$.

In der Umgebung des Punktes $\boldsymbol{k} = \boldsymbol{k}_0$ ist der Vektor $\boldsymbol{q}$ eine kleine Größe, und der Ausdruck in den eckigen Klammern in (59,3) kann als Störoperator betrachtet werden. In der nullten Näherung, bei $\boldsymbol{q} = 0$, fallen die Funktionen $\varphi_{s\boldsymbol{k}}$ mit den Funktionen $\psi_{s\boldsymbol{k}_0}$ zusammen. Deshalb erlaubt es die gewöhnliche Störungstheorie, die Energiekorrektur durch die Matrixelemente bezüglich dieser Funktionen auszudrücken.

Weil $\boldsymbol{k}_0$ ein Extremalpunkt ist, gibt es keine in $\boldsymbol{q}$ lineare Korrektur. Das bedeutet, daß für die Diagonalelemente

$$\langle s\boldsymbol{k}_0\,|\boldsymbol{p}|\,s\boldsymbol{k}_0\rangle = 0 \tag{59,4}$$

gilt. Um die in $\boldsymbol{q}$ quadratische Korrektur zu bestimmen, muß man das Glied mit q^2 im Störoperator in der ersten und das Glied mit $\boldsymbol{q}$ in der zweiten Ordnung der Störungstheorie berücksichtigen. Im Ergebnis erhalten wir für $\varepsilon_s(\boldsymbol{k})$ die Formel (59,1) mit

$$m_{ik}^{-1} = \frac{\delta_{ik}}{m} + \frac{1}{m^2}\sum_{s'}{}' \frac{(p_i)_{ss'}\,(p_k)_{s's} + (p_k)_{ss'}\,(p_i)_{s's}}{\varepsilon_{s'}(\boldsymbol{k}_0) - \varepsilon_s(\boldsymbol{k}_0)}. \tag{59,5}$$

Summiert wird über alle $s' \neq s$.[1]) Um die Schreibweise der Matrixelemente zu vereinfachen, lassen wir hier und unten den diagonalen Index $\boldsymbol{k}_0$ weg: $\boldsymbol{p}_{ss'} \equiv \langle s\boldsymbol{k}_0\,|\boldsymbol{p}|\,s'\boldsymbol{k}_0\rangle$. Wir bemerken, daß, wenn Bänder eng benachbart sind (d. h. bei kleinen $\varepsilon_{s'} - \varepsilon_s$), das zweite Glied in (59,5) groß im Vergleich zum ersten sein kann, dadurch werden die effektiven Massen klein im Vergleich zu m.

An den Kristall sei nun ein homogenes Magnetfeld $\boldsymbol{H}$ angelegt. Dann erhält man nach (56,7) den HAMILTON-Operator, der auf die Funktionen des verallgemeinerten Quasiimpulses $\boldsymbol{Q}$ wirkt, aus (59,1), indem man $\boldsymbol{q}$ durch den Operator

$$\hat{\boldsymbol{q}} = \boldsymbol{Q} - \frac{e}{\hbar c}\hat{\boldsymbol{A}}, \quad \hat{\boldsymbol{A}} = \frac{1}{2}\boldsymbol{H} \times i\frac{\partial}{\partial \boldsymbol{Q}} \tag{59,6}$$

ersetzt. Der so erhaltene HAMILTON-Operator

$$\hat{H}_s^{(0)} = \varepsilon_s(\boldsymbol{k}_0) + \frac{\hbar^2}{2} m_{ik}^{-1}\hat{q}_i\hat{q}_k \tag{59,7}$$

[1]) Die Summation über $\boldsymbol{k}'$ fehlt, weil nach (55,15) der Impuls $\boldsymbol{p} = m\boldsymbol{v}$ keine in $\boldsymbol{k}$ nichtdiagonalen Matrixelemente hat, so daß sich alle Zwischenzustände auf denselben Quasiimpuls $\boldsymbol{k}_0$ beziehen.

ist natürlich nur in dem Energiegebiet geeignet, in welchem man auch die Formel (59,1) benutzen darf. Das bedeutet, daß (außer der Bedingung (56,3), daß das Feld schwach sein soll) angenommen wird, daß die betrachteten LANDAU-Niveaus nicht allzu hoch liegen. In diesem Sinne können die Größen q und Q als klein betrachtet werden (der ansteigende Verlauf des Potentials A zeigt sich darin, daß man sogar in schwachen Feldern nicht annehmen darf, daß A klein im Vergleich zu Q ist).

Die auf (59,7) folgenden Glieder im HAMILTON-Operator enthalten das Feld $\boldsymbol{H}$ in „reiner" Form (d. h. ohne die begleitenden Operatoren $\partial/\partial Q$). Diese Glieder kann man nicht aus der alleinigen Betrachtung der Eichinvarianz finden. Wir wollen das erste, in $\boldsymbol{H}$ lineare dieser Glieder bestimmen. Dabei kann man, wegen der Kleinheit der Korrektur, bei der Berechnung $Q = 0$ setzen.

Wir betrachten zunächst das gestellte Problem ohne Berücksichtigung der Spin-Bahn-Wechselwirkung. Das uns interessierende, in $\boldsymbol{H}$ lineare Glied kann nur aus dem in A linearen Glied im exakten Ausgangs-HAMILTON-Operator des Elektrons (56,2) entstehen, d. h. durch Mittelung des Ausdruckes

$$-\frac{e}{2mc}(\hat{\boldsymbol{p}}\boldsymbol{A} + \boldsymbol{A}\hat{\boldsymbol{p}}) = -\frac{e}{mc}\boldsymbol{A}\hat{\boldsymbol{p}} \tag{59,8}$$

mit der Wellenfunktion ψ_{sk_0} (die Gleichung ist mit der schon gewählten Eichung $\operatorname{div} \boldsymbol{A} = 0$ verbunden). Das führt dazu, daß zum HAMILTON-Operator (59,7) das Glied

$$H_s^{(1)} = -\boldsymbol{M}\boldsymbol{H} \tag{59,9}$$

hinzugefügt werden muß. Dabei ist

$$\boldsymbol{M} = \frac{e}{2mc}\langle s\boldsymbol{k}_0|\boldsymbol{r} \times \boldsymbol{p}|s\boldsymbol{k}_0\rangle \tag{59,10}$$

einfach der Mittelwert des magnetischen Moments des Elektrons im Zustand $s\boldsymbol{k}_0$. Wir betonen, daß man die Korrektur (59,9) zum HAMILTON-Operator (59,7) hinzufügen kann, ohne befürchten zu müssen, daß dieser Effekt schon teilweise durch die Substitution (59,6) berücksichtigt wurde; denn die in $\boldsymbol{H}$ linearen Glieder in (59,7) fehlen bei $Q = 0$ überhaupt.

Wir schreiben den Ausdruck (59,10) nach den Regeln der Matrizenmultiplikation aus und berücksichtigen, daß $\boldsymbol{p}$ wegen (59,4) keine Diagonalelemente hat:

$$M_x = \frac{e}{2mc}\sum_{s'}{}' \left[(\Omega_y)_{ss'}(p_z)_{s's} - (\Omega_z)_{ss'}(p_y)_{s's}\right]$$

(und analog für M_y, M_z); wie es auch sein muß, ist die Korrektur zum HAMILTON-Operator (59,7) durch die Matrixelemente des Operators $\hat{\boldsymbol{\Omega}}$ ausgedrückt. Mit Hilfe der Beziehung

$$\boldsymbol{\Omega}_{s's} = \frac{\boldsymbol{p}_{s's}}{i(\varepsilon_{s'} - \varepsilon_s)}$$

kann man $\boldsymbol{M}$ als

$$M_x = \frac{ie}{2mc}\sum_{s'}{}' \frac{(p_z)_{ss'}(p_y)_{s's} - (p_y)_{ss'}(p_z)_{s's}}{\varepsilon_{s'}(\boldsymbol{k}_0) - \varepsilon_s(\boldsymbol{k}_0)}, \ldots \tag{59,11}$$

schreiben. Wir bemerken, daß $\boldsymbol{M}$, und dadurch auch die ganze Korrektur (59,9), verschwindet, wenn der Kristall ein Inversionszentrum besitzt. Denn bei gleichzeitiger Zeitumkehr und Inversion wird der Zustand des Elektrons (ohne Berücksichtigung seines Spins) nicht geändert, und deshalb wird auch die rechte Seite der Gleichung (59,11) nicht geändert; das magnetische Moment ändert dabei aber sein Vorzeichen.

Wir berücksichtigen jetzt die Spin-Bahn-Wechselwirkung im Kristall, indem wir zum HAMILTON-Operator (56,1) das Spin-Bahn-Glied $\hat{H}_{sl}$ aus (55,17) hinzufügen. Das führt zu einer Änderung des in $\boldsymbol{q}$ linearen Gliedes in der Gleichung (59,3): der Operator $\hat{\boldsymbol{p}}$ in diesem Glied wird durch

$$\hat{\boldsymbol{\pi}} = \hat{\boldsymbol{p}} + \frac{\hbar}{4mc^2}\,\boldsymbol{\sigma}\times\nabla U \tag{59,12}$$

ersetzt. Der Operator $\hat{\boldsymbol{\pi}}$ hat eine einfache physikalische Bedeutung: wenn wir den Kommutator des HAMILTON-Operators (unter Berücksichtigung von $\hat{H}_{sl}$) mit $\boldsymbol{r}$ bilden, finden wir (bei fehlendem Magnetfeld)

$$\hat{\dot{\boldsymbol{r}}} = \hat{\boldsymbol{\pi}}/m. \tag{59,13}$$

Wenn wir analog bei Existenz eines Magnetfeldes im Ausgangs-HAMILTON-Operator (dabei auch in $\hat{H}_{sl}$) die übliche Substitution $\hat{\boldsymbol{p}} \to \hat{\boldsymbol{p}} - e\boldsymbol{A}/c$ ausführen, finden wir, daß auch das in $\boldsymbol{A}$ lineare Glied die Form $-e\hat{\boldsymbol{\pi}}\boldsymbol{A}/mc$ hat, es unterscheidet sich von (59,8) nur dadurch, daß $\hat{\boldsymbol{p}}$ durch $\hat{\boldsymbol{\pi}}$ ersetzt ist. Zum magnetischen Moment (59,11) muß man noch den Spinanteil des magnetischen Momentes des freien Elektrons hinzufügen, so daß gilt:

$$M_x = \beta\langle s\boldsymbol{k}_0\,|\sigma_x|\,s\boldsymbol{k}_0\rangle + \frac{ie}{2mc}\sum_{s'}{}' \frac{(\pi_z)_{ss'}\,(\pi_y)_{s's} - (\pi_y)_{ss'}\,(\pi_z)_{s's}}{\varepsilon_{s'} - \varepsilon_s}. \tag{59,14}$$

Mit Berücksichtigung der Spin-Bahn-Wechselwirkung wird das zweite Glied in diesem Ausdruck keinesfalls gleich Null sein, sogar in einem Kristall mit Inversionszentrum. Denn die gleichzeitige Zeitumkehr und Inversion führen zu einem Zustand mit umgekehrter Spinrichtung, so daß der ganze Ausdruck (59,14), um das Vorzeichen bei dieser Transformation zu ändern, die Form $\beta\sigma_i\xi_{ik}(\boldsymbol{k})$ haben muß (vgl. (56,12)).

Wir berechnen den Tensor ξ_{ik} für den Fall, bei dem die Spin-Bahn-Wechselwirkung als Störung betrachtet werden kann.[1]) Wir schreiben (55,17) als

$$\hat{H}_{sl} = \boldsymbol{\sigma}\hat{\boldsymbol{\chi}}, \quad \hat{\boldsymbol{\chi}} = \frac{i\hbar^2}{4m^2c^2}\,\nabla U\times\nabla\,. \tag{59,15}$$

Wenn wir (59,9) und (59,15) als Störung betrachten, können wir die Energiekorrektur in der zweiten Ordnung der Störungstheorie finden, indem wir dabei nur die (in (59,9) und (59,15)) gemischten Glieder beibehalten. Diese Korrektur (die immer noch ein Operator bleibt — eine Matrix in den Spinvariablen) hat die Form (56,12) mit dem Tensor

$$\xi_{ik} = \delta_{ik} + \frac{1}{2}\sum_{s'}{}' \frac{(\chi_i)_{ss'}\,(L_k)_{s's} + (L_k)_{ss'}\,(\chi_i)_{s's}}{\varepsilon_{s'} - \varepsilon_s}, \tag{59,16}$$

(dabei ist $\hbar\hat{L} = \boldsymbol{r}\times\hat{\boldsymbol{p}}$).

---

[1]) Der Ausdruck $\hat{H}_{sl}$ von (55,17) ist das erste Glied der Entwicklung nach dem relativistischen Verhältnis $(v/c)^2$ und deshalb in einem bestimmten Sinn immer klein. Diese Kleinheit hat aber keine Beziehung zur Anwendbarkeit der Störungstheorie in einem gegebenen konkreten Band. Deshalb kann $\hat{H}_{sl}$ in der betrachteten Aufgabe nicht immer als kleine Störung betrachtet werden.

Alles bisher Gesagte bezog sich auf nichtentartete (außer bezüglich des Spins) Zustände. Wenn bei $\boldsymbol{k} = \boldsymbol{k}_0$ eine Entartung vorliegt, dann muß man zur Bestimmung der Energie eine Säkulargleichung aufstellen, die die Störung (die eckigen Klammern in Gleichung (59,3)) bis zu Gliedern zweiter Ordnung berücksichtigt (d. h. nach der Formel III, (39,4)). Die Eigenschaften der so erhaltenen Säkulargleichung hängen von der Symmetrie im Punkt $\boldsymbol{k}_0$ ab. Wir kehren zu diesem Problem noch im § 68 zurück.

Aufgabe

Es sind die quasiklassischen Energieniveaus für ein Teilchen mit quadratischem Dispersionsgesetz (59,1) in einem Magnetfeld beliebiger Richtung zu bestimmen.

Lösung. Wir bringen den Tensor m_{ik} auf Diagonalform und werden die Energie und den Impuls von dem Punkt des Extremalwertes an zählen (um konkret zu sein, nehmen wir ein Minimum an). Dann ist

$$\varepsilon(\boldsymbol{k}) = \frac{\hbar^2}{2}\left(\frac{k_1^2}{m_1} + \frac{k_2^2}{m_2} + \frac{k_3^2}{m_3}\right) \tag{1}$$

mit m_1, m_2, m_3 als Hauptwerten des Tensors m_{ik} (positive Größen). Wenn wir mit $\boldsymbol{n}$ den Einheitsvektor in Richtung des Feldes $\boldsymbol{H}$ bezeichnen, dann haben wir

$$k_z = \boldsymbol{nk} = n_1k_1 + n_2k_2 + n_3k_3 \tag{2}$$

(n_1, n_2, n_3 sind die Richtungskosinus des Feldes bezüglich der Hauptachsen des Tensors m_{ik}). Wir müssen den Flächeninhalt S des Teils der Ebene (2) bestimmen, der innerhalb des Ellipsoids (1) liegt; man kann ihn darstellen als Integral

$$S = \int \delta(\boldsymbol{nk} - k_z)\, \mathrm{d}^3k, \tag{3}$$

genommen über das Volumen des Ellipsoids (1).[1] Durch die Substitution der Variablen $\hbar k_i = (2\varepsilon m_i)^{1/2} q_i$ wird das Integral auf die Form

$$S = (2\varepsilon)^{3/2}\hbar^{-3}(m_1m_2m_3)^{1/2} \int \delta(\boldsymbol{\nu q} - k_z)\, \mathrm{d}^3q$$

geführt, dabei hat der Vektor $\boldsymbol{\nu}$ im $\boldsymbol{q}$-Raum die Komponenten $\nu_i = (2\varepsilon m_i)^{1/2} n_i/\hbar$, integriert wird über das Volumen der Kugel $\boldsymbol{q}^2 = 1$.
Die Integration kann in Zylinderkoordinaten mit der Achse in der Richtung von $\boldsymbol{\nu}$ leicht ausgeführt werden, sie ergibt

$$S(\varepsilon, k_z) = \frac{2\pi}{\hbar^2} m_\perp \left(\varepsilon - \frac{\hbar^2 k_z^2}{2m_\parallel}\right)$$

mit

$$m_\parallel = m_1n_1^2 + m_2n_2^2 + m_3n_3^2, \qquad m_\perp = (m_1m_2m_3/m_\parallel)^{1/2}. \tag{4}$$

Wenn wir in (58,7) einsetzen, finden wir die Energieniveaus

$$\varepsilon_n(k_z) = \frac{|e|\,\hbar H}{m_\perp c}\left(n + \frac{1}{2}\right) + \frac{\hbar^2 k_z^2}{2m_\parallel}. \tag{5}$$

---

[1] Es sei $f(x, y, z) = \text{const}$ eine Familie von Flächen, die ein gewisses Volumen ausfüllen. Der Abstand $\mathrm{d}l$ zwischen zwei unendlich benachbarten Flächen der Familie ist $\mathrm{d}l = \mathrm{d}f/|\nabla f|$, und das Volumen zwischen diesen Flächen ist $\mathrm{d}V = S(f)\,\mathrm{d}l$ mit $S(f)$ als Oberfläche mit gegebenem f. Wenn wir die Gleichung $S(f)\,\mathrm{d}f = |\nabla f|\,\mathrm{d}V$ mit der δ-Funktion $\delta(f)$ multiplizieren und über das Volumen und über $\mathrm{d}f$ integrieren, erhalten wir den Flächeninhalt der Fläche $f(x, y, z) = 0$ als $S(0) = \int |\nabla f|\,\delta(f)\,\mathrm{d}^3x$. In unserem Fall ist $|\nabla f| = 1$, daraus folgt der Ausdruck (3).

§ 60. Die Symmetrie der Elektronenzustände im Gitter in einem Magnetfeld

In diesem Paragraphen betrachten wir die allgemeinen, exakten Eigenschaften der Translationssymmetrie für die BLOCH-Funktionen eines Elektrons in einem Magnetfeld, die nicht mit irgendwelchen Näherungen zusammenhängen (wie etwa der Bedingung dafür, daß das Feld schwach sein soll oder der Bedingung für das quasiklassische Verhalten).

Das Anlegen eines homogenen Magnetfeldes ändert die physikalische Translationssymmetrie eines Systems nicht: es bleibt räumlich periodisch. Eine eigenartige Situation besteht aber insofern, als gleichzeitig der HAMILTON-Operator (56,1) des Elektrons seine Symmetrie verliert. Das hängt damit zusammen, daß in den HAMILTON-Operator nicht die konstante Feldstärke $\boldsymbol{H}$, sondern das Vektorpotential $\boldsymbol{A}(\boldsymbol{r})$ eingeht, das von den Koordinaten abhängt und keine Periodizität besitzt.

Die Nichtinvarianz des HAMILTON-Operators führt natürlich dazu, daß die Transformationsgesetze der Wellenfunktionen bei Translationen komplizierter werden. Wir wählen für das Vektorpotential des homogenen Feldes die Eichung

$$\boldsymbol{A} = \frac{1}{2}\boldsymbol{H} \times \boldsymbol{r}, \tag{60,1}$$

und $\psi(\boldsymbol{r})$ sei irgendeine Eigenfunktion des HAMILTON-Operators $\hat{H}(\boldsymbol{r})$. Bei der Translation $\boldsymbol{r} \to \boldsymbol{r} + \boldsymbol{a}$ ($\boldsymbol{a}$ ist irgendeine Gitterperiode) geht diese Funktion in $\psi(\boldsymbol{r} + \boldsymbol{a})$ über, das ist aber jetzt eine Eigenfunktion des HAMILTON-Operators $\hat{H}(\boldsymbol{r} + \boldsymbol{a})$, der nicht mit $\hat{H}(\boldsymbol{r})$ übereinstimmt, weil das Vektorpotential gemäß

$$\boldsymbol{A}(\boldsymbol{r}) \to \boldsymbol{A}(\boldsymbol{r} + \boldsymbol{a}) = \boldsymbol{A}(\boldsymbol{r}) + \frac{1}{2}\boldsymbol{H} \times \boldsymbol{a}$$

substituiert wurde. Um das gesuchte Transformationsgesetz zu finden, muß man zum Ausgangs-HAMILTON-Operator zurückkehren. Das wird erreicht durch die Eichtransformation

$$\boldsymbol{A} \to \boldsymbol{A} + \nabla f, \quad f = -\frac{1}{2}(\boldsymbol{H} \times \boldsymbol{a})\boldsymbol{r}.$$

Dabei wird die Wellenfunktion gemäß (56,4) transformiert: $\psi \to \psi \exp(ief/\hbar c)$. Wenn wir das Resultat aller dieser Operationen als $\hat{T}_{\boldsymbol{a}}\psi(\boldsymbol{r})$ bezeichnen, finden wir

$$\hat{T}_{\boldsymbol{a}}\psi(\boldsymbol{r}) = \psi(\boldsymbol{r} + \boldsymbol{a}) \exp\left(\frac{i}{2}\boldsymbol{r}(\boldsymbol{h} \times \boldsymbol{a})\right), \tag{60,2}$$

wobei $\boldsymbol{h} = |e|\,\boldsymbol{H}/\hbar c$ ist. $\hat{T}_{\boldsymbol{a}}$ bezeichnen wir als Operator der magnetischen Translation. Wenn $\psi(\boldsymbol{r})$ eine Lösung der SCHRÖDINGER-Gleichung $\hat{H}(\boldsymbol{r})\,\psi = \varepsilon\psi$ ist, dann ist auch (60,2) eine Lösung dieser Gleichung zu derselben Energie ε (R. PEIERLS, 1933).

Aus der Definition (60,2) kann man leicht schließen, daß

$$\hat{T}_{\boldsymbol{a}}\hat{T}_{\boldsymbol{a}'} = \hat{T}_{\boldsymbol{a}+\boldsymbol{a}'}\omega(\boldsymbol{a}, \boldsymbol{a}'),$$

$$\omega(\boldsymbol{a}, \boldsymbol{a}') = \exp\left(-\frac{i}{2}\boldsymbol{h}(\boldsymbol{a} \times \boldsymbol{a}')\right) \tag{60,3}$$

ist. Bei der Vertauschung von $\boldsymbol{a}$ und $\boldsymbol{a}'$ ändert der Exponent im Faktor $\omega(\boldsymbol{a}, \boldsymbol{a}')$ das Vorzeichen; deshalb sind die Operatoren $\hat{T}_{\boldsymbol{a}}$ und $\hat{T}_{\boldsymbol{a}'}$ im allgemeinen nicht vertauschbar:

$$\hat{T}_{\boldsymbol{a}}\hat{T}_{\boldsymbol{a}'} = \hat{T}_{\boldsymbol{a}'}\hat{T}_{\boldsymbol{a}} \exp\left(-i\boldsymbol{h}(\boldsymbol{a} \times \boldsymbol{a}')\right). \tag{60,4}$$

Das Produkt der beiden Operatoren $\hat{T}_{\boldsymbol{a}}$ und $\hat{T}_{\boldsymbol{a}'}$ unterscheidet sich also im allgemeinen durch einen Phasenfaktor von dem Operator $\hat{T}_{\boldsymbol{a}+\boldsymbol{a}'}$. Nach der mathematischen Terminologie bedeutet das, daß die Operatoren $\hat{T}_{\boldsymbol{a}}$ keine gewöhnliche, sondern eine projektive Darstellung der Translationsgruppe bilden; die Basis dieser Darstellungen sind die Wellenfunktionen der stationären Zustände eines BLOCH-Elektrons im Magnetfeld.[1]) Die Klassifizierung der Energieniveaus muß folglich nach den irreduziblen projektiven Darstellungen der Translationsgruppe durchgeführt werden, ähnlich dazu, wie sie bei fehlendem Feld nach den irreduziblen gewöhnlichen Darstellungen dieser Gruppe durchgeführt wird.

Wir erinnern in diesem Zusammenhang daran, daß die Translationsgruppe abelsch ist (alle Elemente sind kommutativ), und deshalb sind alle irreduziblen gewöhnlichen Darstellungen von ihr eindimensional. Die Funktion ψ der Basis jeder dieser Darstellungen wird bei einer Translation mit einem Phasenfaktor multipliziert, wobei für zwei aufeinander folgende Translationen dieser Faktor gleich dem Produkt der Faktoren für jede einzelne Translation sein muß. Das bedeutet

$$\hat{T}_{\boldsymbol{a}}\psi = e^{i\boldsymbol{k}\boldsymbol{a}}\psi$$

mit dem konstanten Vektor $\boldsymbol{k}$; dieser Vektor (der Quasiimpuls des Elektrons) ist der Parameter, der die irreduziblen Darstellungen klassifiziert.

Eine vollständige Klassifizierung der irreduziblen projektiven Darstellungen der Translationsgruppe kann in dem Fall durchgeführt werden (E. BROWN, 1964, J. ZAK, 1964), wenn das Magnetfeld der Bedingung

$$\boldsymbol{h} = 4\pi \frac{p}{q} \frac{\boldsymbol{a}_3}{v} \tag{60,5}$$

genügt; dabei sind p und q zwei beliebige, teilerfremde, ganze Zahlen; $\boldsymbol{a}_3$ ist eine der drei willkürlich gewählten Grundperioden des Gitters $\boldsymbol{a}_1$, $\boldsymbol{a}_2$, $\boldsymbol{a}_3$; $v = [\boldsymbol{a}_1\, \boldsymbol{a}_2]\, \boldsymbol{a}_3$ ist das Volumen der Elementarzelle. Das Magnetfeld muß also, mit anderen Worten gesagt, längs irgendeiner Gitterperiode zeigen, und die Größe $hv/4\pi a_3$ muß eine rationale Zahl sein. Wenn man die Gleichung (60,5) mit $[\boldsymbol{a}_1\, \boldsymbol{a}_2]$ multipliziert, kann man diese Bedingung auch in der Form

$$\boldsymbol{h}(\boldsymbol{a}_1 \times \boldsymbol{a}_2) = 4\pi p/q \tag{60,6}$$

darstellen.

---

[1]) Auf den Begriff der projektiven Darstellung einer Gruppe trafen wir schon in V, § 134. Wir erinnern daran, daß man projektive Darstellungen der Gruppe **G** die Darstellungen nennt, die durch Operatoren $\hat{G}$ gegeben werden, wobei die Beziehungen zwischen den Operatoren mit den Beziehungen zwischen den entsprechenden Elementen der Gruppe **G** nur bis auf Phasenfaktoren übereinstimmen müssen: wenn $G_1 G_2 = G_3$ ist, dann haben wir für die Operatoren $\hat{G}_1\hat{G}_2 = \omega_{12}\hat{G}_3$, dabei braucht ω_{12} nur dem Betrage nach gleich eins zu sein.

Für die Klassifizierung der irreduziblen projektiven Darstellungen der Translationsgruppe ist es wesentlich, daß man von dieser Gruppe eine Untergruppe abtrennen kann (wir werden sie *magnetisch* nennen), bezüglich der die Darstellung nicht projektiv, sondern gewöhnlich ist. Unter Beachtung der Bedingung (60,6) ist diese Untergruppe die Gesamtheit der Translationen der Form

$$\boldsymbol{a}_m = n_1\boldsymbol{a}_1 + n_2 q\boldsymbol{a}_2 + n_3\boldsymbol{a}_3 \tag{60,7}$$

mit ganzzahligen Koeffizienten n_1, n_2, n_3. Denn wenn der Vektor $\boldsymbol{h}$ in Richtung von $\boldsymbol{a}_3$ zeigt und der Bedingung (60,6) genügt, ist für alle Translationen dieser Form der Exponent in (60,3) null oder ein Vielfaches von 2π, so daß alle Faktoren $\omega(\boldsymbol{a}, \boldsymbol{a}') = 1$ sind.[1]) Die Gesamtheit der Translationen (60,7) bildet ein Gitter mit den Grundperioden $\boldsymbol{a}_1$, $q\boldsymbol{a}_2$, $\boldsymbol{a}_3$ (wir nennen es magnetisch). Das magnetische reziproke Gitter hat dementsprechend die Perioden $\boldsymbol{b}_1$, $\boldsymbol{b}_2/q$, $\boldsymbol{b}_3$, wobei $\boldsymbol{b}_1$, $\boldsymbol{b}_2$, $\boldsymbol{b}_3$ die Perioden des reziproken Grundgitters sind.

Die gewöhnlichen irreduziblen Darstellungen der magnetischen Untergruppe, wie auch der ganzen Translationsgruppe, sind eindimensional; sie werden durch die Wellenzahlvektoren (Quasiimpulse) $\boldsymbol{K}$ charakterisiert, deren sämtliche nichtäquivalente Werte innerhalb einer Zelle des magnetischen reziproken Gitters liegen.

$\psi^{(1)}$ sei die Basisfunktion einer dieser Darstellungen mit dem Quasiimpuls $\boldsymbol{k}^{(1)} \equiv \boldsymbol{K}$. Für sie ist

$$\hat{T}_{\boldsymbol{a}_m}\psi^{(1)}(\boldsymbol{r}) = e^{i\boldsymbol{k}^{(1)}\boldsymbol{a}_m}\psi^{(1)}(\boldsymbol{r}). \tag{60,8}$$

Bei einer Translation um die Periode $\boldsymbol{a}_2$ (die nicht zur magnetischen Untergruppe gehört), erhalten wir aus $\psi^{(1)}$ die Funktion $\psi^{(2)}$ mit einem anderen Quasiimpuls. Zu seiner Bestimmung schreiben wir, indem wir (60,4) und (60,8) verwenden,

$$\begin{aligned}\hat{T}_{\boldsymbol{a}_m}\psi^{(2)} &= \hat{T}_{\boldsymbol{a}_m}\hat{T}_{\boldsymbol{a}_2}\psi^{(1)}(\boldsymbol{r})\\ &= \exp\left(-i\boldsymbol{h}(\boldsymbol{a}_m \times \boldsymbol{a}_2)\right)\hat{T}_{\boldsymbol{a}_2}\hat{T}_{\boldsymbol{a}_m}\psi^{(1)}(\boldsymbol{r})\\ &= \exp\left\{-i\boldsymbol{a}_m(\boldsymbol{a}_2 \times \boldsymbol{h}) + i\boldsymbol{a}_m\boldsymbol{k}^{(1)}\right\}\hat{T}_{\boldsymbol{a}_2}\psi^{(1)}(\boldsymbol{r}),\end{aligned}$$

oder schließlich

$$\hat{T}_{\boldsymbol{a}_m}\psi^{(2)}(\boldsymbol{r}) = e^{i\boldsymbol{k}^{(2)}\boldsymbol{a}_m}\psi^{(2)}(\boldsymbol{r})$$

mit

$$\boldsymbol{k}^{(2)} = \boldsymbol{k}^{(1)} - \boldsymbol{a}_2 \times \boldsymbol{h} = \boldsymbol{K} - 2\frac{p}{q}\boldsymbol{b}_1$$

(in der letzten Gleichung wurde (60,5) eingesetzt und die Periode des reziproken Gitters $2\pi\boldsymbol{a}_2 \times \boldsymbol{a}_3/v = \boldsymbol{b}_1$ eingeführt). Es ist weiterhin notwendig, die Fälle ungerader und gerader Werte q zu unterscheiden.[2])

---

[1]) Die Wahl der magnetischen Untergruppe ist im allgemeinen nicht eindeutig: an Stelle von (60,7) kann man eine beliebige Gesamtheit von Translationen der Form $\boldsymbol{a}_m = n_1q_1\boldsymbol{a}_1 + n_2q_2\boldsymbol{a}_2 + n_3\boldsymbol{a}_3$ wählen. Dabei sind q_1, q_2 ganze Zahlen, für die $q_1q_2 = q$ ist.

[2]) Bei $q = 1$ fällt die magnetische Untergruppe mit der vollen Translationsgruppe zusammen. Wenn also $\boldsymbol{h}$ ein ganzzahliges Vielfaches von $4\pi\boldsymbol{a}_3/v$ ist, dann fallen die irreduziblen projektiven Darstellungen der Translationsgruppe mit den gewöhnlichen irreduziblen Darstellungen zusammen, und die Elektronenzustände werden so wie ohne Feld klassifiziert.

Es sei q eine ungerade Zahl. Wenn wir die Translation um $\boldsymbol{a}_2$ noch $(q - 2)$mal wiederholen, erhalten wir insgesamt q verschiedene Funktionen mit den Quasiimpulsen

$$\boldsymbol{k}^{(1)} = \boldsymbol{K}, \quad \boldsymbol{k}^{(2)} = \boldsymbol{K} - 2\frac{p}{q}\boldsymbol{b}_1, \ldots, \boldsymbol{k}^{(q)} = \boldsymbol{K} - 2\frac{p(q-1)}{q}\boldsymbol{b}_1. \tag{60,9}$$

Durch Subtraktion von geeigneten ganzzahligen Vielfachen des Vektors $\boldsymbol{b}_1$ reduzieren sich diese Werte (in irgendeiner Reihenfolge) auf die Werte

$$\boldsymbol{k} = \boldsymbol{K}, \quad \boldsymbol{K} + \frac{1}{q}\boldsymbol{b}_1, \quad \boldsymbol{K} + \frac{2}{q}\boldsymbol{b}_1, \ldots, \boldsymbol{K} + \frac{q-1}{q}\boldsymbol{b}_1. \tag{60,10}$$

Diese q Funktionen bilden eine q-dimensionale irreduzible projektive Darstellung der Translationsgruppe. Wir erhalten alle nichtäquivalenten Darstellungen, wenn $\boldsymbol{K}$ die Werte in der Zelle mit den Seiten $\boldsymbol{b}_1/q$, $\boldsymbol{b}_2/q$, $\boldsymbol{b}_3$ durchläuft (die Quasiimpulse $\boldsymbol{k}^{(1)}$, $\boldsymbol{k}^{(2)}, \ldots$ durchlaufen dabei die Werte in der Zelle mit den Seiten $\boldsymbol{b}_1$, $\boldsymbol{b}_2/q$, $\boldsymbol{b}_3$).

Es sei q nun eine gerade Zahl. Dann unterscheidet sich schon der $(q/2 + 1)$-te Wert in der Folge (60,9), der gleich $\boldsymbol{K} - p\boldsymbol{b}_1$ ist, von $\boldsymbol{K}$ nur durch ein ganzzahliges Vielfaches der Periode des reziproken Gitters $\boldsymbol{b}_1$. Mit anderen Worten, es gibt insgesamt $q/2$ nichtäquivalente Werte von $\boldsymbol{k}$; sie sind durch den Ausdruck (60,10) mit $q/2$ an Stelle von q gegeben. In diesem Fall sind also die irreduziblen Darstellungen $q/2$-dimensional, wobei $\boldsymbol{K}$ die Werte in einer Zelle mit den Seiten $2\boldsymbol{b}_1/q$, $\boldsymbol{b}_2/q$, $\boldsymbol{b}_3$ durchläuft.

Diese Resultate erlauben es, folgenden Schluß über den Charakter der Änderung des Energiespektrums eines Gitterelektrons zu ziehen, wenn an das Gitter ein Magnetfeld angelegt wird (das der Bedingung (60,5) genügt). Bei fehlendem Feld besteht das Spektrum aus diskreten Energiebändern, in jedem von ihnen ist die Energie $\varepsilon(\boldsymbol{k})$ eine Funktion des Quasiimpulses, der die Werte in einer Zelle des reziproken Gitters durchläuft. Wenn ein Feld angelegt wird, spaltet dieses Band in q Unterbänder auf. In jedem dieser Unterbänder sind alle Energieniveaus entartet mit dem Grad q bei ungeradem bzw. mit dem Grad $q/2$ bei geradem q. Die Energie in einem Unterband kann als Funktion $\varepsilon(\boldsymbol{K})$ des Vektors $\boldsymbol{K}$ ausgedrückt werden, der die Werte in dem $1/q^2$-ten (bei ungeradem q) oder $2/q^2$-ten (bei geradem q) Teil der Zelle des reziproken Gitters durchläuft.

Das entworfene Bild ist in einem bestimmten Sinne sehr empfindlich vom Betrag und der Richtung des Magnetfeldes abhängig. Denn beliebig nahe zu dem Wert $\boldsymbol{H}$, der der Bedingung (60,5) mit irgendwelchen p und q genügt, liegen Werte, die dieselbe Bedingung befriedigen, aber mit wesentlich größerem q, so daß durch eine hinreichend kleine Änderung des Feldes die Zahl der Unterbänder beliebig groß gemacht werden kann. Wir betonen aber, daß das keinesfalls dieselbe Instabilität in den beobachtbaren physikalischen Eigenschaften bedeutet. Die letzteren sind nicht so sehr durch die konkrete Bandstruktur, als vielmehr durch die Verteilung der Zahl der Zustände über ein kleines, aber endliches Energieintervall bestimmt; diese Verteilung ändert sich bei einer kleinen Feldänderung wenig. Das liegt daran, daß sich nicht die Energie der Zustände stark ändert, sondern ihre Klassifizierung wegen der Änderung des Definitionsgebietes des Quasiimpulses.

§ 61. Das Elektronenspektrum normaler Metalle

In realen Kristallen normaler (nicht supraleitender) Metalle bilden die Elektronen eine FERMI-Flüssigkeit, die zu dem im Kapitel I beschriebenen Typ gehört. Eine Reihe von Besonderheiten entstehen aber im Zusammenhang damit, daß wir es hier nicht mit einer „freien" isotropen Flüssigkeit, sondern mit einer Flüssigkeit in einem anisotropen, periodischen Gitter zu tun haben.

Ähnlich dazu, wie das Energiespektrum der freien FERMI-Flüssigkeit analog zu dem Spektrum des idealen FERMI-Gases konstruiert wurde, wird das Spektrum der FERMI-Flüssigkeit der Metallelektronen analog zu dem Spektrum des idealen „Gases im Gitter" konstruiert. Das Auftreten des Quasiimpulses als erhalten bleibende Größe hängt nur mit der räumlichen Periodizität des Systems zusammen (analog dazu, wie die Erhaltung des echten Impulses eine Folge der völligen räumlichen Homogenität ist). Es ist deshalb natürlich, daß die im § 55 aufgezählten Eigenschaften auch auf den Charakter der Klassifizierung der Niveaus im Spektrum der Elektronenflüssigkeit in einem Metall übertragen werden, wobei die Rolle der Teilchen (Elektronen) auf die Quasiteilchen übergeht.

Am absoluten Temperaturnullpunkt besetzen die Teilchen eines idealen FERMI-Gases in einem periodischen Feld alle unteren Niveaus mit Energien ε bis zu einem bestimmten Grenzwert ε_F (der mit dem chemischen Potential μ bei $T = 0$ übereinstimmt), der durch die Bedingung bestimmt ist, daß die Anzahl der Zustände mit $\varepsilon \leq \varepsilon_F$ mit der Gesamtzahl der Elektronen übereinstimmt. Dabei sind die Energiebänder, für die $\varepsilon_s(\boldsymbol{k}) < \varepsilon_F$ bei allen Werten von $\boldsymbol{k}$ ist, vollständig besetzt, die Bänder mit $\varepsilon_s(\boldsymbol{k}) > \varepsilon_F$ sind leer, und die Bänder, für die die Gleichung

$$\varepsilon_s(\boldsymbol{k}) = \varepsilon_F \tag{61,1}$$

eine Lösung hat, sind teilweise besetzt. Die Gleichungen (61,1) bestimmen im $\boldsymbol{k}$-Raum die FERMI-Fläche, die (für jedes Band) die besetzten Zustände von den leeren trennt.

Analog dazu existiert in einem realen Metall eine Fläche im $\boldsymbol{k}$-Raum, die das Gebiet der (bei $T = 0$) besetzten Zustände der Quasiteilchen von den freien Zuständen trennt; auf der einen Seite dieser Fläche ist die Energie der Quasiteilchen $\varepsilon > \varepsilon_F$ und auf der anderen Seite $\varepsilon < \varepsilon_F$. Wir erinnern aber daran (s. § 1), daß der Begriff der Quasiteilchen in einer FERMI-Flüssigkeit nur in der Nähe der FERMI-Fläche einen realen physikalischen Sinn hat, wo die Dämpfung der Elementaranregungen relativ klein ist. Deshalb verliert die Vorstellung der gefüllten Energiebänder (die bei der Beschreibung des Spektrums eines idealen FERMI-Gases entsteht) in einer realen Elektronenflüssigkeit ihren buchstäblichen Sinn.

Die Quasiteilchen in der Nähe der FERMI-Fläche nennt man *Leitungselektronen*. Ihre Energie ist im allgemeinen eine lineare Funktion des Quasiimpulses; analog zu (1,12) haben wir

$$\varepsilon(\boldsymbol{k}) - \varepsilon_F \approx \hbar(\boldsymbol{k} - \boldsymbol{k}_F)\,\boldsymbol{v}_F. \tag{61,2}$$

Dabei ist $\boldsymbol{k}_F$ ein Punkt auf der FERMI-Fläche, und

$$\hbar\boldsymbol{v}_F = \left(\frac{\partial\varepsilon}{\partial\boldsymbol{k}}\right)_{\boldsymbol{k}=\boldsymbol{k}_F} \tag{61,3}$$

ist die Geschwindigkeit der Leitungselektronen in diesem Punkt.[1])

[1]) Die Formeln des Typs (2,11) für die effektive Masse, die im § 2 für die „freie" FERMI-Flüssigkeit aus Betrachtungen der GALILEI-Invarianz erhalten wurden, gelten natürlich für die Elektronenflüssigkeit in einem Kristallgitter nicht.

In der Nähe der FERMI-Fläche muß auch das Gebiet liegen, in dem die Verteilung der Leitungselektronen bei von Null verschiedenen Temperaturen „aufgeweicht" ist. Hieraus entsteht die Bedingung für die Anwendbarkeit der Theorie der FERMI-Flüssigkeit: $T \ll \hbar k_F v_F$ mit k_F und v_F als charakteristischer Dimension der FERMI-Fläche bzw. Geschwindigkeit auf ihr. Gewöhnlich fallen die Dimensionen von k_F größenordnungsmäßig mit den Dimensionen der Zelle des reziproken Gitters zusammen, so daß $k_F \sim 1/a$ ist (eine Ausnahme bilden die sogenannten Halbmetalle — s. unten). Wenn wir zur Abschätzung $v_F \sim \hbar k_F/m$ setzen, kommen wir zu der Bedingung $T \ll 10^4$—10^5 K, die praktisch immer erfüllt ist.

Tatsächlich haben alle Metalle ein Kristallgitter mit einem Inversionszentrum. Nach dem am Ende des § 55 Gesagten sind alle Energieniveaus der Leitungselektronen (mit gegebenem $\boldsymbol{k}$) bezüglich des Spins zweifach entartet (wir betrachten weder ferromagnetische noch antiferromagnetische Metalle).

Die Form und die Anordnung der FERMI-Fläche ist eine wichtige Kenngröße eines jeden konkreten Metalls. Bei verschiedenen Metallen hat sie eine äußerst vielfältige, im allgemeinen komplizierte Form. Die FERMI-Fläche kann aus mehreren, nicht miteinander verbundenen Blättern bestehen, die einfach zusammenhängend oder mehrfach zusammenhängend, geschlossen oder offen sein können (vgl. das im § 55 über die Flächen konstanter Energie Gesagte).

Die geschlossenen Blätter einer FERMI-Fläche kann man in zwei Kategorien einteilen in Abhängigkeit davon, ob sie die Gebiete der (bei $T = 0$) besetzten oder freien Zustände der Quasiteilchen eingrenzen (im ersten Fall ist innerhalb des Gebildes $\varepsilon < \varepsilon_F$ und im zweiten Fall $\varepsilon > \varepsilon_F$). Beide Fälle können aber auf analoge Weise beschrieben werden, wenn man im zweiten Fall annimmt, daß das „leere" Gebilde durch „Quasilöcher" besetzt ist; der Übergang des Systems in einen angeregten Zustand wird dann beschrieben als der Übergang von Quasilöchern aus dem Innern der FERMI-Fläche nach außen. Die FERMI-Fläche selbst nennt man dann *Löcher-FERMI-Fläche,* zum Unterschied von der *Elektronen-FERMI-Fläche* im ersten Fall.[1]) Der physikalische Unterschied zwischen den zwei Typen von Quasiteilchen — den Elektronen und den Löchern — wird bei ihrer Bewegung in äußeren Feldern deutlich. So gehören alle Querschnitte der Löcher- (oder Elektronen-)FERMI-Fläche, die die quasiklassischen Trajektorien bei der Bewegung im Magnetfeld bestimmen, zu dem Löchertyp (oder Elektronentyp) in dem im § 57 angegebenen Sinn.

In einer isotropen „freien" FERMI-Flüssigkeit, von der im § 1 gesprochen wurde, ist die FERMI-Fläche eine Kugel, deren Radius durch die Dichte der Flüssigkeit nach dem LANDAU-Theorem (1,1) bestimmt ist. Einen analogen Zusammenhang gibt es auch für die Elektronenflüssigkeit in einem Metall, aber die Spezifik der Eigenschaften, die mit der Periodizität des Gitters zusammenhängen, führt zu einer gewissen Änderung in der Formulierung dieses Zusammenhangs.

Die Anzahl der Elektronen im Metall bezieht man geeigneterweise auf eine Elementarzelle seines Gitters; n sei die Gesamtzahl der Elektronen in den Atomen einer Zelle. Wir

---

[1]) Um Mißverständnisse zu vermeiden, betonen wir aber, daß die Bedeutung des Ausdruckes „Loch" hier nicht mit der Bedeutung übereinstimmt, mit der er in der am Ende des § 1 beschriebenen alternativen Methode zur Beschreibung des Spektrums der FERMI-Flüssigkeit benutzt wurde (dort wurden Löcher nur die leeren Plätze genannt, die sich im besetzten Gebiet bei der Anregung des Systems bilden).

bezeichnen mit τ_F das Gesamtvolumen einer Zelle des reziproken Gitters, die auf der gefüllten Seite der FERMI-Fläche liegt (d.h. auf der Seite, wo $\varepsilon < \varepsilon_F$ ist). Die Vorsilbe Gesamt bedeutet hier, daß, wenn sich die gefüllten Gebiete teilweise überdecken, die verschiedenen Blättern der FERMI-Fläche entsprechen, sie trotzdem unabhängig summiert werden sollen. Wir vereinbaren, das Volumen τ_F in Einheiten des Volumens der Zelle des reziproken Gitters zu messen; die obige Bemerkung über die Überdeckung der Gebiete bedeutet, daß die so definierte Größe τ_F den Wert Eins übersteigen kann.

Die uns interessierende Behauptung (das LUTTINGER-*Theorem*), die für Metalle das LANDAU-Theorem (§ 20) ersetzt, wird durch die Gleichung

$$n_c \equiv 2\tau_F = n - 2l \tag{61,4}$$

ausgedrückt; dabei ist l eine ganze Zahl ($l \geqq 0$). Im Modell des idealen Gases im Gitter hat diese Zahl einen einfachen Sinn: der vollständigen Besetzung eines jeden Bandes entsprechen zwei Elektronen in der Zelle des reziproken Gitters (die Verdoppelung hängt mit den zwei Spinzuständen zusammen), so daß $2l$ die Zahl der Elektronen ist, die die unteren l Bänder füllen, die Differenz $n - 2l$ ist die Zahl der Elektronen in den teilweise gefüllten Bändern. Die Formel (61,4) drückt die keinesfalls triviale Tatsache aus, daß man die analoge Situation auch bei Berücksichtigung der Wechselwirkung zwischen den Elektronen antrifft.[1]) Nach der Definition eines Metalls ist die ganze Zahl n_c von Null verschieden.

In einem Metall möge es nur geschlossene Blätter der FERMI-Fläche geben — sowohl für Elektronen als auch für Löcher. Wir bezeichnen mit $\tau_-^{(s)}$ und $\tau_+^{(s)}$ die Beiträge von den einzelnen Elektronen- und Löchergebilden zu τ_F:

$$\tau_F = \sum_s \tau_-^{(s)} + \sum_s \tau_+^{(s)}$$

(summiert wird dementsprechend über alle Elektronenflächen und über alle Löcherflächen). Die Größe $\tau_-^{(s)}$ stimmt mit dem Volumen des Elektronengebildes überein, und das Volumen des Löchergebildes ist $1 - \tau_+^{(s)}$. Wir führen die Anzahl der Elektronen- und Lochquasiteilchen

$$n_- = 2 \sum_s \tau_-^{(s)}, \quad n_+ = 2 \sum_s (1 - \tau_+^{(s)})$$

ein. Bei geradem n (und deshalb auch geradem n_c) sind Fälle möglich, bei denen n_c mit der doppelten Anzahl der Löchergebilde zusammenfällt. Dann führt die Gleichung (61,4), wie man sich leicht überzeugen kann, auf

$$n_- = n_+. \tag{61,5}$$

Solche Metalle mit gleicher Anzahl von Quasiteilchen und Quasilöchern nennt man *kompensiert*.

Wir weisen darauf hin, daß bei exakt erfüllter Gleichung (61,5) die Größen n_- und n_+ beliebig sein können, zum Beispiel auch beliebig klein. In diesen Fällen, wenn die Volumina aller Gebilde der FERMI-Fläche sehr klein sind (im Vergleich zum Volumen einer Zelle des reziproken Gitters), spricht man von *Halbmetallen*.[2]) Es gibt aber auch eine untere Grenze für die Anzahl der Leitungselektronen, jenseits der das Elektronenspektrum vom Metalltyp instabil wird und nicht existieren kann (s. darüber unten, am Ende des § 66).

---

[1]) Eine strenge Ableitung dieser Behauptung findet man bei J. M. LUTTINGER, Phys. Rev. **119**, 1153 (1960).

[2]) So ist im Wismut $n_- = n_+ \sim 10^{-5}$.

Die thermodynamischen Größen eines Metalls setzen sich aus Gitter- und aus Elektronenanteilen zusammen. Die Temperaturabhängigkeit der letzteren ist durch die Quasiteilchen in der Umgebung der FERMI-Fläche bestimmt (mit dem Dispersionsgesetz (61,2)). Der Charakter dieser Abhängigkeit ist natürlich derselbe wie auch beim idealen FERMI-Gas oder der isotropen FERMI-Flüssigkeit (vgl. § 1); der Unterschied in den Formeln entsteht nur durch die geänderte Anzahl von Zuständen der Quasiteilchen in der Nähe der FERMI-Fläche, die nun keine Kugel mehr ist.

Wir bezeichnen die Zahl der Zustände (bezogen auf die Volumeneinheit des Metalls), die zum Energieinterval $d\varepsilon$ gehören, mit $\nu\, d\varepsilon$. Das Volumenelement des $\boldsymbol{k}$-Raumes zwischen unendlich nahe benachbarten Flächen konstanter Energie mit den Energien ε_F und $\varepsilon_F + d\varepsilon$ ist gleich $df\, d\varepsilon/\hbar v_F$, dabei sind df das Flächenelement der FERMI-Fläche und v_F der Betrag des Normalenvektors $\boldsymbol{v}_F = \partial\varepsilon/\hbar\, \partial\boldsymbol{k}$ auf ihr. Deshalb ist

$$\nu_F = \frac{2}{(2\pi)^3}\int \frac{df}{\hbar v_F}, \tag{61,6}$$

wobei über alle Blätter der FERMI-Fläche integriert wird, die innerhalb einer Zelle des reziproken Gitters liegen (bei einer offenen FERMI-Fläche gehen natürlich die Begrenzungsflächen der Zelle in das Integrationsgebiet nicht ein).

Die Größe (61,6) ersetzt in den thermodynamischen Größen den Ausdruck, der für ein Gas freier Teilchen (wo die FERMI-Fläche eine Kugel mit dem Radius p_F war) die Form

$$\frac{2}{(2\pi\hbar)^3}\frac{4\pi p_F^2}{p_F/m} = \frac{m p_F}{\pi^2\hbar^3}$$

hatte. So finden wir für den Elektronenanteil des thermodynamischen Potentials Ω eines Metalls (vgl. V, § 58)

$$\Omega_e = \Omega_{0e} - \frac{\pi^2}{6}\nu_F V T^2. \tag{61,7}$$

Ω_{0e} ist der Wert des Potentials bei $T = 0$. Wir betrachten das zweite Glied in (61,7) als kleines Zusatzglied zu Ω_{0e} und können dann nach dem Theorem der kleinen Zusatzglieder die gleiche Formel auch für das thermodynamische Potential Φ aufschreiben:

$$\Phi_e = \Phi_{0e} - \frac{\pi^2}{6}\nu_F V T^2. \tag{61,8}$$

ν_F und V sind jetzt durch P ausgedrückt (in der „nullten" Näherung, d. h. bei $T = 0$).

Wir bestimmen aus (61,8) die Entropie, dann die Wärmekapazität und finden

$$C_e = \frac{\pi^2}{3}\nu_F V T. \tag{61,9}$$

Der Gitteranteil der Wärmekapazität ist proportional zu T^3 (bei Temperaturen klein im Vergleich zur DEBYE-Temperatur θ): deshalb wird bei hinreichend tiefen Temperaturen der Elektronenanteil der Wärmekapazität überwiegen.[1])

---

[1]) Der kleine Entwicklungsparameter in (61,9) ist das Verhältnis T/ε_F, im Gitteranteil der Wärmekapazität ist es das Verhältnis T/θ. Deshalb sind beide Anteile der Wärmekapazität bei $T^2 \sim \theta^3/\varepsilon_F$ vergleichbar.

Aus dem gleichen Grund wird in diesem Temperaturbereich auch der Elektronenbeitrag zur thermischen Ausdehnung eines Metalls überwiegen. Wir bestimmen aus (61,8) das Volumen $V = \partial\Phi/\partial P$, dann den Koeffizienten α der thermischen Ausdehnung und finden:

$$\alpha = \frac{1}{V}\left(\frac{\partial V}{\partial T}\right)_P = -T\frac{\pi^2}{3V}\frac{\partial(V\nu_F)}{\partial P}. \tag{61,10}$$

Wir bemerken, daß hier (wie auch in dem Gebiet $T \gg \theta$ — s. V, § 67) das Verhältnis

$$\frac{\alpha V}{C} = -\frac{\partial \ln (V\nu_F)}{\partial P}$$

unabhängig von der Temperatur ist.

§ 62. Die GREENsche Funktion der Elektronen im Metall

Die in den §§ 56—58 durchgeführte Betrachtung bezog sich auf die Bewegung eines einzelnen Elektrons im Gitter, an das noch ein äußeres Magnetfeld angelegt war. Wir zeigen jetzt, daß die dabei erhaltenen Ergebnisse im wesentlichen auch für die Quasiteilchen (Leitungselektronen) in der Elektronenflüssigkeit eines realen Metalls gültig bleiben, es wird lediglich die Definition der in die Beziehungen eingehenden Größen etwas geändert (JU. A. BYTSCHKOW, L. P. GORKOW, 1961; J. M. LUTTINGER, 1961). Der geeignete mathematische Apparat für die allgemeine Betrachtung der Elektronenflüssigkeit ist der Apparat der GREENschen Funktionen.

Im Kapitel II wurde dieser Apparat für die „freie" FERMI-Flüssigkeit entwickelt. Wir wollen klären, in welchen Punkten er für die Flüssigkeit im Gitter geändert werden muß.

Die GREENsche Funktion der Elektronenflüssigkeit (bei der Temperatur $T = 0$) wird durch die HEISENBERGschen ψ-Operatoren der Elektronen gemäß der Formel (7,9) definiert, wobei über den Grundzustand des Metalls gemittelt wird. Wegen der Homogenität der Zeit hängt diese Funktion von den Argumenten t_1 und t_2 nur über die Differenz $t = t_1 - t_2$ ab. Die räumliche Homogenität ist jetzt dadurch verletzt, daß das in bezug auf die Flüssigkeit äußere Feld des Gitters vorhanden ist. Deshalb hängt die GREENsche Funktion nicht nur von der Differenz $\boldsymbol{r}_1 - \boldsymbol{r}_2$ ab. Man kann nur behaupten, daß sie invariant in bezug auf die gleichzeitige Verschiebung von $\boldsymbol{r}_1$ und $\boldsymbol{r}_2$ um ein und dieselbe (beliebige) Gitterperiode ist. Unten werden wir die GREENsche Funktion in der $\omega, \boldsymbol{r}$-Darstellung betrachten, d.h., wir führen ihre FOURIER-Komponente bezüglich t ein: Gerade diese Funktion erlaubt es im Prinzip, das Energiespektrum der Elektronenflüssigkeit im Metall zu bestimmen. Wir wiederholen die in bezug auf den gegebenen Fall wesentlichen Betrachtungen des § 8 (ohne erneut alle Berechnungen durchzuführen).

Im § 8 wurde gezeigt, daß es die Homogenität eines Systems erlaubt, die Koordinatenabhängigkeit der Matrixelemente der ψ-Operatoren vollständig zu bestimmen und dadurch den allgemeinen Ausdruck der GREENschen Funktion in der Orts-Zeit-Darstellung in der Form (8,5—6) aufzuschreiben; hieraus konnte man dann zur Impulsdarstellung in Form der Entwicklung (8,7) übergehen.

Für die Elektronenflüssigkeit im Gitter gilt die Invarianz der Matrixelemente, die durch die Gleichung (8,3) ausgedrückt wird, nur für Translationen um Gitterperioden, d.h. bei $\boldsymbol{r} = \boldsymbol{a}$. Das führt natürlich zu einer geringeren Bestimmtheit in der Koordinatenabhängigkeit: an Stelle von (8,4) kann man nur behaupten, daß

$$\begin{aligned}\langle 0\,|\hat{\Psi}_\alpha(t, \boldsymbol{r})|\,m\boldsymbol{k}\rangle &= \chi^{(+)}_{\alpha m\boldsymbol{k}}(\boldsymbol{r}) \exp\left(-i\omega_{m0}(\boldsymbol{k})\,t\right),\\ \langle m\boldsymbol{k}\,|\hat{\Psi}_\alpha(t, \boldsymbol{r})|\,0\rangle &= \chi^{(-)}_{\alpha m,-\boldsymbol{k}}(\boldsymbol{r}) \exp\left(i\omega_{m0}(\boldsymbol{k})\,t\right)\end{aligned} \tag{62,1}$$

ist mit

$$\begin{aligned}\chi^{(+)}_{\alpha m\boldsymbol{k}}(\boldsymbol{r}) &= e^{i\boldsymbol{k}\boldsymbol{r}} u_{\alpha m\boldsymbol{k}}(\boldsymbol{r}),\\ \chi^{(-)}_{\alpha m\boldsymbol{k}}(\boldsymbol{r}) &= e^{i\boldsymbol{k}\boldsymbol{r}} v_{\alpha m\boldsymbol{k}}(\boldsymbol{r}).\end{aligned} \tag{62,2}$$

$\boldsymbol{k}$ ist der Quasiimpuls des Zustandes, m ist die Gesamtheit der übrigen, ihn charakterisierenden Quantenzahlen, und u und v sind gewisse, im Gitter periodische Koordinatenfunktionen (wir haben nur die Matrixelemente für die Übergänge aus dem Grundzustand — dem Zustand 0 — aufgeschrieben). Nach ihren Eigenschaften sind die Funktionen $\chi^{(+)}$ und $\chi^{(-)}$ analog zu den BLOCHschen Wellenfunktionen eines Elektrons in einem periodischen Feld. Wenn wir die GREENsche Funktion durch diese Matrixelemente ausdrücken und dann zu den FOURIER-Komponenten bezüglich der Zeit übergehen (ähnlich, wie das im § 8 getan wurde), erhalten wir nun an Stelle der Formel (8,7) die Entwicklung

$$G_{\alpha\beta}(\omega\,;\boldsymbol{r}_1, \boldsymbol{r}_2) = \sum_{m,\boldsymbol{k}} \left\{\frac{\chi^{(+)}_{\alpha m\boldsymbol{k}}(\boldsymbol{r}_1)\,\chi^{(+)*}_{\beta m\boldsymbol{k}}(\boldsymbol{r}_2)}{\omega + \mu - \varepsilon^{(+)}_{m\boldsymbol{k}} + i0} + \frac{\chi^{(-)}_{\alpha m\boldsymbol{k}}(\boldsymbol{r}_1)\,\chi^{(-)*}_{\beta m\boldsymbol{k}}(\boldsymbol{r}_2)}{\omega + \mu - \varepsilon^{(-)}_{m\boldsymbol{k}} - i0}\right\} \tag{62,3}$$

mit der früheren Bedeutung der Bezeichnungen $\varepsilon^{(+)}$ und $\varepsilon^{(-)}$; im zweiten Glied wurde $\boldsymbol{k}$ in $-\boldsymbol{k}$ umbenannt.

Die Existenz von ungedämpften Einteilchen-Elementaranregungen in der Nähe der FERMI-Fläche eines Metalls zeigt sich darin, daß bei ε in der Nähe von μ die Energie des Zustandes nur von $\boldsymbol{k}$ abhängt. Für solche Zustände fehlt die Summation über m, und die Funktion $G_{\alpha\beta}(\omega; \boldsymbol{r}_1, \boldsymbol{r}_2)$ hat bei $\omega = \varepsilon(\boldsymbol{k}) - \mu$ einen Pol. In der Nähe dieses Pols hat sie die Form

$$G_{\alpha\beta}(\omega\,;\boldsymbol{r}_1, \boldsymbol{r}_2) = \frac{\chi_{\alpha\boldsymbol{k}}(\boldsymbol{r}_1)\,\chi^*_{\beta\boldsymbol{k}}(\boldsymbol{r}_2)}{\omega + \mu - \varepsilon(\boldsymbol{k}) + i0\cdot\operatorname{sign}\omega}. \tag{62,4}$$

Bei Entartung bezüglich des Spins muß noch über die beiden Spinzustände summiert werden.

Die Aufgabe, das Energiespektrum aus der GREENschen Funktion zu bestimmen, kann im Prinzip auf die Aufgabe reduziert werden, die Eigenwerte eines gewissen linearen Integro-Differentialoperators zu bestimmen.

Die Grundprinzipien der Diagrammtechnik im Koordinatenraum bleiben für den betrachteten Fall dieselben wie bei der gewöhnlichen FERMI-Flüssigkeit. Man führt insbesondere die Selbstenergiefunktion $\Sigma_{\alpha\beta}(t, \boldsymbol{r}_1, \boldsymbol{r}_2)$ (als Summe der im § 14 bestimmten Menge von Diagrammen) ein und kann dann die GREENsche Funktion $G_{\alpha\beta}(t, \boldsymbol{r}_1, \boldsymbol{r}_2)$ als Reihe (14,3) schreiben, die zu der Diagrammgleichung (14,4) aufsummiert wird. Eine dünne, ausgezogene Linie in diesen Diagrammen kennzeichnet die GREENsche Funktion $G^{(0)}_{\alpha\beta}(t, \boldsymbol{r}_1 - \boldsymbol{r}_2)$ der freien Elektronen, die weder mit anderen Elektronen noch mit dem Gitter wechselwirken. Nach (9,6) genügt diese Funktion der Gleichung

$$\left(i\frac{\partial}{\partial t} + \frac{\Delta_1}{2m} + \mu\right) G^{(0)}_{\alpha\beta}(t, \boldsymbol{r}_1 - \boldsymbol{r}_2) = \delta_{\alpha\beta}\delta(t)\,\delta(\boldsymbol{r}_1 - \boldsymbol{r}_2).$$

Wenn wir links mit dem Operator (...) dieser Gleichung auf (14,5) einwirken und dann zu den FOURIER-Komponenten bezüglich der Zeit übergehen, erhalten wir die gesuchte

Gleichung

$$\left(\omega + \mu + \frac{\Delta_1}{2m}\right) G_{\alpha\beta}(\omega; \boldsymbol{r}_1, \boldsymbol{r}_2) - \int \Sigma_{\alpha\gamma}(\omega; \boldsymbol{r}_1, \boldsymbol{r}') \, G_{\gamma\beta}(\omega; \boldsymbol{r}', \boldsymbol{r}_2) \, \mathrm{d}^3x'$$
$$= \delta_{\alpha\beta}\delta(\boldsymbol{r}_1 - \boldsymbol{r}_2). \tag{62,5}$$

In der Nähe des Pols der GREENschen Funktion (in bezug auf die Veränderliche ω) kann die rechte Seite der Gleichung weggelassen werden, und man erhält eine homogene Integro-Differentialgleichung, deren Eigenwerte das Energiespektrum des Systems bestimmen. Dabei sind der Index β und die Variable $\boldsymbol{r}_2$ keinerlei Operationen unterworfen, d. h. sie spielen in der Gleichung die Rolle von unwesentlichen Parametern. Zur Bestimmung des Spektrums kann man deshalb eine Gleichung der Form

$$\left(\omega + \mu + \frac{\Delta}{2m}\right) \chi_\alpha(\boldsymbol{r}) - \int \Sigma_{\alpha\gamma}(\omega; \boldsymbol{r}, \boldsymbol{r}') \, \chi_\gamma(\boldsymbol{r}') \, \mathrm{d}^3x' \equiv (\omega - \hat{L}) \, \chi(\boldsymbol{r}) = 0 \tag{62,6}$$

aufschreiben.[1]) Für die FERMI-Flüssigkeit der Metallelektronen ersetzt sie die gewöhnliche SCHRÖDINGER-Gleichung. Ihre Eigenwerte bestimmen, wie schon gesagt wurde, das Spektrum gemäß $\omega = \varepsilon(\boldsymbol{k}) - \mu$; die entsprechenden Eigenfunktionen sind die Funktionen $\chi_{\alpha\boldsymbol{k}}(\boldsymbol{r})$ aus (62,4) (wie das durch direktes Einsetzen von (62,4) in (62,5) deutlich wird). Weil die Dämpfung der Anregungen in der Nähe der FERMI-Fläche klein ist, ist der Operator $\hat{L}$ bei kleinen ω hermitisch (bis auf Glieder von der Ordnung ω).

Für den Übergang zu dem Fall eines schwachen äußeren Magnetfeldes muß man bemerken, daß bei der Eichtransformation des Vektorpotentials die ψ-Operatoren wie die Wellenfunktionen transformiert werden (vgl. (44,3—4)), und deshalb wird die GREENsche Funktion $G_{\alpha\beta}(\omega; \boldsymbol{r}_1, \boldsymbol{r}_2)$ wie das Produkt der ψ-Operatoren $\psi(\boldsymbol{r}_1)\, \psi^*(\boldsymbol{r}_2)$ transformiert. Das bedeutet, daß auch die Funktion $\chi(\boldsymbol{r})$ in (62,6) wie eine gewöhnliche ψ-Funktion transformiert werden muß. Wenn man aber den im § 56 durchgeführten Betrachtungen folgt, dann kann man leicht feststellen, daß in ihnen nur die Periodizität des Kristallgitters, die allgemeinen Eigenschaften der Eichtransformation und die Tatsache benutzt wurden, daß das Energiespektrum aus den Eigenwerten eines gewissen HAMILTON-Operators bestimmt wird; die Rolle des letzteren spielt im gegebenen Fall der Operator $\hat{L}$ in (62,6).[2]) Deshalb ist klar, daß auch das Ergebnis — die Regel für den Übergang vom Spektrum bei fehlendem Feld zum Spektrum bei Existenz eines schwachen Feldes — dasselbe sein wird: das neue Spektrum wird aus den Eigenwerten des HAMILTON-Operators

$$\varepsilon\left(\boldsymbol{K} - \frac{e}{\hbar c}\boldsymbol{A}(\hat{\boldsymbol{r}})\right), \quad \hat{\boldsymbol{r}} = i\frac{\partial}{\partial \boldsymbol{K}} \tag{62,7}$$

bestimmt, dabei ist $\varepsilon(\boldsymbol{k})$ das Spektrum bei fehlendem Feld. Die Bedeutung der Funktion $\varepsilon(\boldsymbol{k})$ selbst unterscheidet sich natürlich von ihrer Bedeutung in (56,7) — in ihr ist die kollektive Wechselwirkung aller Elektronen im System berücksichtigt.

[1]) Für eine mikroskopisch homogene FERMI-Flüssigkeit führt diese Gleichung in der Impulsdarstellung auf die im §14 erhaltene Gleichung $\omega + \mu = \varepsilon^{(0)}(\boldsymbol{p}) + \Sigma(\omega, \boldsymbol{p})$.

[2]) Es kann in diesem Zusammenhang als wesentlicher Unterschied erscheinen, daß in (62,6) der Operator $\hat{L}$ selbst von ω abhängt. In Wirklichkeit bedeutet das nur eine implizite Schreibweise des HAMILTON-Operators. Bei kleinen ω (in der Nähe der FERMI-Fläche) kann man zu einer expliziten Schreibweise übergehen, indem man $\hat{L} \approx \hat{L}_0 + \omega\hat{L}_1$ entwickelt und dann die Gleichung $\hat{L}_0\chi = \omega(1 - \hat{L}_1)\,\chi$ von links mit dem Operator $(1 - \hat{L}_1)^{-1}$ multipliziert.

Weil weiterhin die in den §§ 57, 58 durchgeführte Betrachtung des quasiklassischen Falls völlig auf der Existenz eines HAMILTON-Operators der Form (62,7) beruht, so können auch diese Ergebnisse unmittelbar auf die Elektronenflüssigkeit übertragen werden. Dabei entsteht aber die Frage, was man unter der Feldstärke zu verstehen hat, die auf das Leitungselektron wirkt (und damit auch unter dem Vektorpotential $\boldsymbol{A}$). Streng genommen müßte das das exakte, mikroskopische Feld sein, welches im gegebenen Punkt $\boldsymbol{r}$ durch alle Elektronen (und das äußere Feld) hervorgerufen wird. Aber im quasiklassischen Fall sind die Dimensionen r_H des Gebietes, in dem die Wechselwirkung stattfindet, (der „LARMOR-Radius der Bahn") groß im Vergleich zur Größenordnung der Abstände zwischen den Elektronen (die mit der Gitterkonstanten a übereinstimmen). Dieser Umstand führt zu einer automatischen Mittelung des mikroskopischen Feldes. Den Ursprung dieser Mittelung kann man durch die folgenden Betrachtungen erklären.

Wir stellen die mikroskopische Feldstärke als Summe ihres Mittelwertes (der nach der Terminologie der makroskopischen Elektrodynamik die magnetische Induktion $\boldsymbol{B}$ ist) und eines schnell veränderlichen Teiles $\tilde{\boldsymbol{H}}$ dar. Das dem homogenen Feld $\boldsymbol{B}$ entsprechende Vektorpotential wächst in der ganzen Ausdehnung der Bahn und nimmt charakteristische Werte $\sim B r_H$ an. Das Potential, das dem auf Abständen $\sim a$ oszillierenden Teil $\tilde{\boldsymbol{H}}$ entspricht, wächst nicht systematisch an und nimmt nur Werte $\sim Ba$ an, die man im Vergleich zu Br_H vernachlässigen kann. Wie im § 56 erklärt wurde, bestimmt gerade das Potential des Feldes die Quantisierung der Elektronenbewegung. Wir kommen also zu dem Schluß, daß es genügt, nur das Potential $\boldsymbol{A}$ der homogenen Induktion $\boldsymbol{B} = \operatorname{rot} \boldsymbol{A}$ zu betrachten, die die Rolle des auf das Elektron wirkenden Feldes spielen wird (D. SHOENBERG, 1962). Wir werden unten sehen (Ende des § 63), daß dieser Umstand zu neuen Effekten in der Magnetisierung der Metalle führen kann.

Die Regel für die quasiklassische Quantisierung (58,7) für die Elektronenflüssigkeit in einem Metall schreibt sich also als

$$S(\varepsilon, k_z) = \frac{2\pi |e|}{\hbar c} B \left(n + \frac{1}{2}\right). \tag{62,8}$$

Dabei ist $S(\varepsilon, k_z)$ die Querschnittsfläche der echten Flächen konstanter Energie der Leitungselektronen des Metalls (in der Nähe seiner FERMI-Fläche).

Wie auch bei dem Problem eines Elektrons im Gitter mit Inversionszentrum[1]) führt die Berücksichtigung des Spins der Leitungselektronen zu einer Aufspaltung der Niveaus im Magnetfeld in zwei Komponenten:

$$\varepsilon_{n\sigma}(k_z) = \varepsilon_n(k_z) + \sigma\beta\xi(k_z)\, B, \quad \sigma = \pm 1. \tag{62,9}$$

Die Größe $\xi(k_z)$ ist das Resultat der Mittelung einer gewissen Funktion $\xi(\boldsymbol{k})$ über die quasiklassische Trajektorie. Dabei kann man mit hinreichender Genauigkeit annehmen, daß alle Trajektorien auf der FERMI-Fläche liegen, so daß das Ergebnis der Mittelung nur von k_z abhängt. Wir betonen, daß für die FERMI-Flüssigkeit der Elektronen der Unterschied der Größe $\xi(k_z)$ von Eins (ihrem Wert für freie Elektronen) nicht nur mit der Spin-Bahn-Wechselwirkung, sondern auch mit der Austauschwechselwirkung der Elektronen untereinander zusammenhängt.

---

[1]) Praktisch besitzen die Kristallgitter aller Metalle ein Inversionszentrum.

§ 63. Der DE HAAS-VAN ALPHEN-Effekt

Die magnetische Suszeptibilität eines Metalls in schwachen Magnetfeldern ($\beta B \ll T$, β BOHRsches Magneton, B magnetische Induktion) kann man in allgemeiner Form nicht berechnen. Das liegt daran, daß man im Rahmen der Theorie der FERMI-Flüssigkeit nur den paramagnetischen (Spin-) Anteil der Suszeptibilität betrachten kann: dieser Anteil wird durch die Leitungselektronen in der Nähe der FERMI-Fläche bestimmt, weil die Spins der Elektronen in der Tiefe der Verteilung gegenseitig kompensiert sind. Zum diamagnetischen (Bahn-) Anteil der Suszeptibilität tragen alle Elektronen bei, darunter auch die aus der Tiefe der Verteilung, wo der Begriff der Quasiteilchen in der Theorie der FERMI-Flüssigkeit schon seinen Sinn verliert. Beide Anteile der Suszeptibilität sind übrigens im allgemeinen von der gleichen Größenordnung, und eine wirkliche physikalische Bedeutung hat nur ihre Summe.

Wir wenden uns den „starken" Feldern zu, wenn

$$T \lesssim \beta B \ll \mu \tag{63,1}$$

ist, d. h., die Intervalle zwischen den LANDAU-Niveaus sind mit der Temperatur vergleichbar, aber immer noch klein gegenüber dem chemischen Potential. In diesem Fall können die para- und diamagnetischen Anteile der Magnetisierung überhaupt nicht getrennt werden, aber hier ändert sich die Situation in der Hinsicht, daß in der Magnetisierung des Metalls eine oszillierende Abhängigkeit von der Feldstärke auftritt (DE HAAS-VAN ALPHEN-*Effekt*).[1]) Der monotone Anteil der Magnetisierung hängt hier von allen Elektronen im Metall ab und kann im Rahmen der Theorie der FERMI-Flüssigkeit nicht berechnet werden. Der oszillierende Teil der Magnetisierung wird, wie wir sehen werden, nur von den Leitungselektronen in der Nähe der FERMI-Fläche bestimmt und kann in allgemeiner Form betrachtet werden (I. M. LIFSCHITZ, A. M. KOSEWITSCH, 1955). Gerade dieser Anteil wird uns hier interessieren.

Die oszillatorische Abhängigkeit der Magnetisierung vom Feld ist eine Folge der Quantisierung der Energieniveaus der Bahnbewegung der Elektronen. Der Quantisierung werden aber nur die Zustände unterworfen, die der Bewegung von Elektronen auf geschlossenen Trajektorien (im $\boldsymbol{k}$-Raum) entsprechen. Deshalb kommt ein Beitrag zu dem oszillierenden Anteil der thermodynamischen Größen nur von den Leitungselektronen auf geschlossenen Querschnitten der Flächen konstanter Energie mit Ebenen, die zur gegebenen Feldrichtung senkrecht sind. Wir werden annehmen, daß auf diesen Querschnitten die Bedingung für das quasiklassische Verhalten erfüllt ist, d. h. daß die durch die Gleichung (62,8) bestimmten Zahlen n groß sind:

$$\hbar c S / |e| \, B \gg 1. \tag{63,2}$$

Für typische FERMI-Flächen in Metallen sind die Lineardimensionen der Querschnitte $\sim 1/a$, so daß $S \sim a^{-2}$ ist, und dann ist die Bedingung (63,2) offensichtlich erfüllt (vgl. Fußnote auf S. 238).

Die quasiklassischen Niveaus werden (mit Berücksichtigung des Spins) durch den Ausdruck (62,9) gegeben, wobei die $\varepsilon_n(k_z)$ die Lösungen der Gleichung (62,8) sind; jedem Niveau entspricht eine Anzahl von Zuständen, die durch die Formel (58,10) gegeben ist. Deshalb hat die Zustandssumme, die das thermodynamische Potential Ω (eine Funk-

[1]) Vgl. V, § 60, wo dieser Effekt für das ideale Elektronengas betrachtet wurde.

tion von μ, T und dem Volumen V des Systems) bestimmt, die Form

$$\Omega = -T \frac{|e|\, BV}{4\pi^2 \hbar c} \sum_n \int \sum_{s,\sigma} \ln \left\{1 + \exp \frac{\mu - \varepsilon_{n\sigma}^{(s)}(k_z)}{T}\right\} dk_z. \tag{63,3}$$

Der Index s numeriert die einzelnen Blätter der Fläche konstanter Energie; diesen Index und das entsprechende Summenzeichen werden wir unten der Kürze halber weglassen. Über dk_z wird in solch einem Intervall integriert, daß in ihm alle unterschiedlichen (d. h. nicht einfach periodisch wiederholten) Querschnitte aller Blätter der Flächen konstanter Energie enthalten sind.

Zunächst trennen wir von Ω den mit dem Feld oszillierenden Anteil ab (wir bezeichnen ihn mit $\tilde{\Omega}$), indem wir die Summe (63,3) mit Hilfe der POISSONschen Formel[1])

$$\frac{1}{2} F(0) + \sum_{n=1}^{\infty} F(n) = \int_0^{\infty} F(x)\, dx + 2 \operatorname{Re} \sum_{l=1}^{\infty} \int_0^{\infty} F(x)\, e^{2\pi i l x}\, dx \tag{63,4}$$

transformieren. Das erste Glied dieser Formel, auf (63,3) angewendet, gibt den nichtoszillierenden Beitrag zu Ω; wenn wir ihn weglassen, können wir

$$\tilde{\Omega} = -\frac{|e|\, BVT}{4\pi^2 c\hbar}\, 2 \operatorname{Re} \sum_{l=1}^{\infty} \sum_{\sigma=\pm 1} \tilde{I}_{l\sigma} \tag{63,5}$$

schreiben. Dabei ist $\tilde{I}_{l\sigma}$ der oszillierende Teil des Integrals

$$I_{l\sigma} = \int_0^{\infty} dn \int \ln \left\{1 + \exp \frac{\mu_\sigma - \varepsilon_n(k_z)}{T}\right\} e^{2\pi i l n}\, dk_z, \tag{63,6}$$

und es ist die Bezeichnung $\mu_\sigma = \mu - \sigma\beta\xi B$ eingeführt.

Für die weitere Umformung führen wir die Funktion

$$n(\varepsilon, k_z) = \frac{c\hbar S(\varepsilon, k_z)}{2\pi\, |e|\, B} - \frac{1}{2} \tag{63,7}$$

ein (vgl. (62,8)) und gehen von der Integration über dn in (63,6) zur Integration über $d\varepsilon$ über:

$$I_{l\sigma} = \int_0^{\infty} \int \ln \left\{1 + \exp \frac{\mu_\sigma - \varepsilon}{T}\right\} e^{2\pi i l n} \frac{\partial n}{\partial \varepsilon}\, dk_z\, d\varepsilon. \tag{63,8}$$

Die Wahl der unteren Integrationsgrenze (die wir gleich Null setzen) ist ohne Bedeutung, weil im Integral nur die Umgebung des Wertes $\varepsilon = \mu_\sigma$ wesentlich ist.

Weil die Funktion $n(\varepsilon, k_z)$ groß ist, ist der Exponentialfaktor im Integranden in (63,8) eine schnell oszillierende Funktion von k_z. Diese Oszillationen löschen das Integral über dk_z aus, und deshalb kommt der entscheidende Beitrag zu ihm von den Gebieten der Variablen k_z, in denen die Funktion $n(\varepsilon, k_z)$ sich am langsamsten ändert (so daß die Oszillationen am langsamsten sind). Mit anderen Worten, den wesentlichen Beitrag zum Integral geben die Gebiete in der Nähe der Extrema von n als Funktion von k_z (bei jedem gegebenen ε). Es sei $k_{z\mathrm{ex}}(\varepsilon)$ einer dieser Punkte; wir berechnen das Integral in seiner Nähe mit der Sattelpunktsmethode; im Exponenten schreiben wir

$$n(\varepsilon, k_z) \approx n_{\mathrm{ex}}(\varepsilon) + \frac{1}{2} \left(\frac{\partial^2 n}{\partial k_z^2}\right)_{\mathrm{ex}} (k_z - k_{z\mathrm{ex}})^2, \quad n_{\mathrm{ex}}(\varepsilon) = n(\varepsilon, k_{z\mathrm{ex}}(\varepsilon)),$$

---

[1]) Siehe V, § 60. Die Tatsache, daß in (63,4) das Summenglied $F(0)$ mit dem Koeffizienten 1/2 steht, ist unwesentlich, weil in der Summe (63,3) nur die Glieder mit großen n wesentlich sind.

und in den Nichtexponentialgliedern wählen wir ihren Wert bei $k_z = k_{zex}$. Im Ergebnis finden wir, daß jeder der Extremalpunkte zum Integral den Beitrag

$$\int_0^\infty \ln\left\{1 + \exp\frac{\mu_\sigma - \varepsilon}{T}\right\} \frac{dn_{ex}}{d\varepsilon} \frac{1}{\sqrt{l}} \left|\frac{\partial^2 n}{\partial k_z^2}\right|_{ex}^{-1/2} \exp\left\{2\pi i l n_{ex} \pm \frac{i\pi}{4}\right\} d\varepsilon$$

gibt. Die Änderung der Bezeichnung von $\partial n(\varepsilon, k_z)/\partial\varepsilon$ in $dn_{ex}/d\varepsilon$ ist zulässig, weil im Extrempunkt $\partial n/\partial k_z = 0$ ist. Die Vorzeichen + und − im Exponenten beziehen sich auf die Fälle, wenn k_{zex} der Punkt eines Minimums bzw. eines Maximums der Funktion $n(\varepsilon, k_z)$ ist.[1]) Wir transformieren diesen Ausdruck durch partielle Integration mit

$$\frac{dn_{ex}}{d\varepsilon} \exp(2\pi i l n_{ex})\, d\varepsilon = \frac{1}{2\pi i l}\, d \exp(2\pi i l n_{ex}(\varepsilon))$$

und berücksichtigen, daß man die langsam veränderliche Funktion $|\partial^2 n/\partial k_z^2|_{ex}$ nicht zu differenzieren braucht. Das entsprechende integrierte Glied führt nicht zu einer Oszillationsabhängigkeit vom Feld; wir lassen es weg und schreiben

$$\tilde{I}_{l\sigma} = \sum_{ex} \frac{e^{\pm i\pi/4}}{2\pi i T l^{3/2}} \int_0^\infty \frac{\exp(2\pi i l n_{ex})\, d\varepsilon}{\left[1 + \exp\left(\frac{\varepsilon - \mu_\sigma}{T}\right)\right] |\partial^2 n/\partial k_z^2|_{ex}^{1/2}}. \tag{63,9}$$

Summiert wird über alle Extremalpunkte (ihre Bedeutung wird unten noch erörtert werden).

Der Faktor $\exp(2\pi i l n_{ex})$ im Zähler ist eine schnell oszillierende Funktion von ε. Diese Oszillationen löschen das Integral über $d\varepsilon$ aus, mit Ausnahme des Gebietes $\varepsilon - \mu_\sigma \sim T$, in dem der Nenner schnell veränderlich ist. Die Funktion $n_{ex}(\varepsilon)$ ändert sich in diesem Gebiet nur wenig und kann deshalb in der Form

$$n_{ex}(\varepsilon) \approx n_{ex}(\mu_\sigma) + n'_{ex}(\mu_\sigma)\,(\varepsilon - \mu_\sigma)$$

dargestellt werden; der Faktor $|\partial^2 n/\partial k_z^2|_{ex}^{-1/2}$ wird einfach durch seinen Wert bei $\varepsilon = \mu_\sigma$ ersetzt. Wenn wir danach von der Integration über ε zur Integration über $x = (\varepsilon - \mu_\sigma)/T$ übergehen und die untere Integrationsgrenze $-\mu_\sigma/T$ durch $-\infty$ ersetzen (weil $\mu/T \gg 1$ ist), erhalten wir[2])

$$\tilde{I}_{l\sigma} = -\sum_{ex} \frac{\exp[2\pi i l n_{ex}(\mu_\sigma) \pm i\pi/4]}{2 l^{3/2} |\partial^2 n/\partial k_z^2|_{ex,\mu_\sigma}^{1/2}} \sinh^{-1}[2\pi^2 l T n'_{ex}(\mu_\sigma)].$$

---

[1]) Ein Sattelpunktsintegral der Form $\int e^{iaz^2}\, dz$ wird mit Hilfe der Substitution $z = ue^{i\pi/4}$ oder $z = ue^{-i\pi/4}$ bei $a > 0$ oder $a < 0$ berechnet, danach wird über du von $-\infty$ bis $+\infty$ integriert.

[2]) Es wurde der Wert des Integrals

$$I \equiv \int_{-\infty}^{\infty} \frac{e^{i\alpha z}}{e^z + 1} dz = -\frac{i\pi}{\sinh \pi\alpha}$$

benutzt. Diese Formel kann man erhalten, wenn man das Integral über einen geschlossenen Weg in der komplexen z-Ebene betrachtet, der aus der reellen Achse, der Geraden $\operatorname{Im} z = 2\pi$ und zwei unendlich entfernten „Seiten"stücken besteht (um die Konvergenz zu gewährleisten, ersetzen wir bei den letzteren den reellen Parameter α durch $\alpha - i0$). Das Integral ist durch das Residuum im Pol $z = i\pi$ bestimmt, hieraus finden wir $I - e^{-2\pi\alpha} I = -2\pi i e^{-\pi\alpha}$.

Bei der Summation dieses Ausdrucks über $\sigma = \pm 1$ kann man überall (außer im Exponentialfaktor) μ_σ durch μ ersetzen, weil nach der Annahme (63,1) $\beta B \ll \mu$ ist. Im Phasenfaktor (Exponentialfaktor) ist diese Substitution nicht erlaubt: weil die Funktion $n_{\text{ex}}(\varepsilon)$ selbst schon groß ist, führt schon eine relativ kleine Änderung ihres Argumentes zu einer spürbaren Phasenänderung. Hier genügt es aber, $n_{\text{ex}}(\mu \pm \beta\xi B)$ nach Potenzen von $\beta\xi B$ zu entwickeln und nur die linearen Glieder mitzunehmen. Wir erhalten dann

$$\sum_\sigma \tilde{I}_{l\sigma} = -\sum_{\text{ex}} \frac{\exp\left[2\pi i l n_{\text{ex}}(\mu) \pm i\pi/4\right]}{l^{3/2}\left|\partial^2 n/\partial k_z^2\right|^{1/2}_{\text{ex},\mu}} \times \sinh^{-1}\left[2\pi^2 l T n'_{\text{ex}}(\mu)\right]\cos\left[2\pi l \beta B \xi_{\text{ex}} n'_{\text{ex}}(\mu)\right] \tag{63,10}$$

mit $\xi_{\text{ex}} = \xi(k_{z\text{ex}})$. Es verbleibt nun noch, die Bedeutung der in diesen Ausdruck eingehenden Größen zu erklären und den Ausdruck in (63,5) einzusetzen.

Nach der Definition (63,7) hängt die Funktion $n_{\text{ex}}(\varepsilon)$ mit dem Extremalwert $S_{\text{ex}}(\varepsilon)$ des Flächeninhalts $S(\varepsilon, k_z)$ des Schnittes der Fläche konstanter Energie als Funktion von k_z zusammen, und ihr Wert bei $\varepsilon = \mu$ ist der Flächeninhalt des extremalen Querschnittes der FERMI-Fläche. Zur Illustration sind in Abb. 15 Extremalquerschnitte

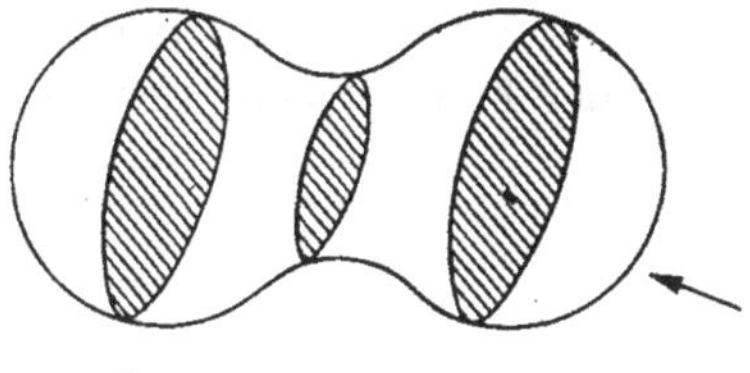

Abb. 15

(zwei maximale und ein minimaler) einer hantelförmigen FERMI-Fläche dargestellt; sie liegen senkrecht zur durch einen Pfeil gekennzeichneten Feldrichtung. Die Summation über ex in (63,10) wird über alle extremalen, geschlossenen Querschnitte aller Blätter der FERMI-Fläche ausgeführt. Um die Schreibweise der Formeln zu vereinfachen, führen wir auch die Zyklotronmasse des Leitungselektrons bei seiner Bewegung über eine geschlossene Extremaltrajektorie ein. Nach der Definition (57,6) ist diese Masse gleich

$$m^* = \frac{\hbar^2}{2\pi} \left.\frac{\partial S(\varepsilon, k_z)}{\partial \varepsilon}\right|_{\mu, k_{z\text{ex}}} = \frac{\hbar^2}{2\pi} S'_{\text{ex}}(\mu)$$

mit $S_{\text{ex}}(\varepsilon) = S(\varepsilon, k_{z\text{ex}}(\varepsilon))$; die zweite Gleichung hängt wieder damit zusammen, daß in einem Extremalpunkt $\partial S(\varepsilon, k_z)/\partial k_z = 0$ ist.

Insgesamt kommen wir zu folgender Endformel für den oszillierenden Teil des thermodynamischen Potentials:

$$\tilde{\Omega} = \sum_{\text{ex}} \sum_{l=1}^{\infty} (-1)^l \Omega_l \cos\left\{l \frac{\hbar^2 S_{\text{ex}}}{2m\beta B} \pm \frac{\pi}{4}\right\},$$

$$\Omega_l = \frac{2V(m\beta B)^{5/2}}{\pi^{7/2}\hbar^3 m^* l^{5/2}} \left|\frac{\partial^2 S(\mu, k_z)}{\partial k_z^2}\right|^{-1/2}_{\text{ex}} \frac{\lambda}{\sinh\lambda} \cos\left(\pi l \frac{m^*}{m} \xi_{\text{ex}}\right), \tag{63,11}$$

$$\lambda = l\pi^2 T m^*/m\beta B$$

(m ist die echte Elektronenmasse, die Vorzeichen + und − im Argument des Kosinus beziehen sich auf die minimalen bzw. maximalen Querschnitte).[1]

Die Magnetisierung $\boldsymbol{M}$ (das magnetische Moment pro Volumeneinheit) wird als die Ableitung

$$\boldsymbol{M} = -\frac{1}{V}\frac{\partial\Omega}{\partial\boldsymbol{B}} \tag{63,12}$$

berechnet.[2] Dabei müssen in (63,11) nur die am schnellsten veränderlichen Faktoren — die Kosinus — differenziert werden. Wegen der Anisotropie der FERMI-Fläche (m^* und S_{ex} hängen von der Feldrichtung ab) fällt die Richtung von $\boldsymbol{M}$ im allgemeinen nicht mit der Richtung von $\boldsymbol{B}$ zusammen. Für den oszillierenden Teil der longitudinalen (in Feldrichtung) Magnetisierung finden wir

$$\tilde{M}_z = \sum_{\mathrm{ex}} \sum_{l=1}^{\infty} (-1)^{l+1} M_l \sin\left\{l\frac{\hbar^2 S_{\mathrm{ex}}}{2m\beta B} \pm \frac{\pi}{4}\right\},$$

$$M_l = \frac{B^{1/2}(m\beta)^{3/2} S_{\mathrm{ex}}}{\pi^{7/2} m^* l^{3/2}\hbar} \left|\frac{\partial^2 S(\mu, k_z)}{\partial k_z^2}\right|_{\mathrm{ex}}^{-1/2} \frac{\lambda}{\sinh\lambda} \cos\left(\pi l \frac{m^*}{m}\xi_{\mathrm{ex}}\right). \tag{63,13}$$

Die Ausdrücke (63,11) und (63,13) sind komplizierte oszillierende Funktionen des Magnetfeldes, wobei sie im allgemeinen Glieder unterschiedlicher Periodizität enthalten: die von den einzelnen Extremalquerschnitten der FERMI-Fläche verursachten Glieder haben bezüglich der Variablen $1/B$ die Perioden

$$\Delta\frac{1}{B} = \frac{4\pi m\beta}{\hbar^2 S_{\mathrm{ex}}} = \frac{2\pi\,|e|}{c\hbar S_{\mathrm{ex}}}\,. \tag{63,14}$$

Wir bemerken, daß diese Perioden von der Temperatur nicht abhängen.

---

[1]) Für ein Gas freier Elektronen ist die FERMI-Fläche eine Kugel mit dem Radius $k_F = \sqrt{2m\mu}/\hbar$, $S_{\mathrm{ex}} = \pi k_F^2$, und die Formel (63,11) geht in die Formel (60,5) aus V, § 60 über.

[2]) Die Tatsache, daß nach $\boldsymbol{B}$ differenziert wird, erfordert eine Erklärung. Zu der Formel (63,12) kann man auf folgende Weise kommen. Die Änderung des HAMILTON-Operators des Systems bei einer unendlich kleinen Änderung des Vektorpotentials des Feldes ist

$$\delta\hat{H} = -\frac{1}{c}\int \hat{\boldsymbol{j}}\,\delta\boldsymbol{A}\,\mathrm{d}V$$

mit dem Operator der Stromdichte $\hat{\boldsymbol{j}}$ (s. III, (115,1)). Die Änderung des thermodynamischen Potentials Ω erhält man durch Mittelung von $\delta\hat{H}$ (bei gegebenen Werten von μ, T, V). Die Tatsache aber, daß die Quantisierung des Systems (wie im § 62 gezeigt wurde) nicht durch das exakte mikroskopische Feld $\boldsymbol{H}$, sondern durch seinen makroskopischen Mittelwert $\boldsymbol{B}$ bestimmt ist, bedeutet, daß man in $\delta\hat{H}$ unter $\boldsymbol{A}$ auch das Vektorpotential des mittleren Feldes $\boldsymbol{B}$ zu verstehen hat. Die Variation $\delta\boldsymbol{A}$ kann man folglich unter dem Mittelungszeichen hervorziehen, und dann ist

$$\delta\Omega = \langle\delta H\rangle = -\frac{1}{c}\int \langle\boldsymbol{j}\rangle\,\delta\boldsymbol{A}\,\mathrm{d}V.$$

Wir führen nun das magnetische Moment nach der Definition $\langle\boldsymbol{j}\rangle = c\,\mathrm{rot}\,\boldsymbol{M}$ ein, integrieren partiell und erhalten

$$\delta\Omega = -\delta\boldsymbol{B}\int \boldsymbol{M}\,\mathrm{d}V.$$

Die Temperaturabhängigkeit der Amplituden der Oszillationen ist durch den Faktor $\lambda/\sinh\lambda$ bestimmt. Bei $\lambda \gg 1$ fallen die Amplituden exponentiell ab, und die Oszillationen verschwinden praktisch. Bei $\lambda \lesssim 1$ ist der Faktor $\lambda/\sinh\lambda \sim 1$, und die Größenordnung der Amplituden wird durch die übrigen Faktoren in Ω_l und M_l bestimmt; auf diesen Fall beziehen sich auch alle folgenden Abschätzungen.

Für eine grobe Abschätzung setzen wir

$$m^* \sim m, \quad \mu \sim \hbar^2 k_F^2/m, \quad S \sim k_F^2$$

mit $k_F \sim 1/a$ — der linearen Dimension der Fermi-Fläche. Dann erhalten wir

$$\tilde{\Omega} \sim V \frac{(m\beta B)^{5/2}}{\hbar^3} \sim Vn\mu\left(\frac{\beta B}{\mu}\right)^{5/2}, \quad \tilde{M} \sim n\beta\left(\frac{\beta B}{\mu}\right)^{1/2} \tag{63,15}$$

mit der Dichte der Elektronen $n \sim k_F^3$. Was den monoton vom Feld abhängenden Teil der Magnetisierung angeht (wir bezeichnen ihn mit $\overline{M}$), so kann man ihn abschätzen, wenn man

$$\overline{M} \sim \bar{\chi}B \sim \beta^2 \frac{mk_F}{\hbar^2} B \sim n\beta \frac{\beta B}{\mu} \tag{63,16}$$

setzt, dabei ist $\bar{\chi}$ der „monotone" Teil der magnetischen Suszeptibilität, der zum Beispiel nach der Formel für die Suszeptibilität des Elektronengases in schwachen Feldern (s. V, § 59) abgeschätzt werden kann. Dementsprechend ist der monotone Teil des thermodynamischen Potentials $\overline{\Omega} \sim V\overline{M}B \sim Vn\mu \cdot (\beta B/\mu)^2$. Die Gegenüberstellung der aufgeschriebenen Formeln zeigt, daß der oszillierende Teil des thermodynamischen Potentials klein im Vergleich zu seinem monotonen Teil ist:

$$\tilde{\Omega}/\overline{\Omega} \sim (\beta B/\mu)^{1/2} \ll 1,$$

um so mehr erst im Vergleich zu seinem Wert $\Omega_0 \sim Vn\mu$ bei fehlendem Feld: $\tilde{\Omega}/\Omega_0 \sim (\beta B/\mu)^{5/2}$. Umgekehrt ist der oszillierende Teil der Magnetisierung groß im Vergleich zu ihrem monotonen Teil:

$$\tilde{M}/\overline{M} \sim (\mu/\beta B)^{1/2} \gg 1.$$

Bezüglich der ganzen dargestellten Theorie der Magnetisierungsoszillationen muß man bemerken, daß sie sich auf die Elektronenflüssigkeit in einem idealen Kristall bezieht, in ihr ist ein möglicher Einfluß der Streuprozesse der Leitungselektronen an Phononen und Gitterdefekten (zum Beispiel an Verunreinigungsatomen) auf den Effekt nicht berücksichtigt. Diese Prozesse führen zu einer Unbestimmtheit in der Elektronenenergie: $\Delta\varepsilon \sim \hbar/\tau \sim \hbar v_F/l$ (τ ist die Zeit zwischen den Stößen, l ist die freie Weglänge, v_F ist die Elektronengeschwindigkeit). Eine Aufweichung der scharfen Energieniveaus führt ihrerseits zu einer Glättung der Magnetisierungsoszillationen. Die Bedingung, unter der man die Streuprozesse vernachlässigen kann, besteht darin, daß die Unbestimmtheit $\Delta\varepsilon$ klein im Vergleich zu den Intervallen zwischen den Niveaus sein muß, d. h., es muß

$$\hbar\omega_B \gg \hbar v_F/l \tag{63,17}$$

sein.

Bei $T \to 0$ sind beliebig kleine Werte von B erlaubt (durch die Bedingung (63,1)), genauer gesagt, sie sind nur durch die Bedingung (63,17) beschränkt. Dabei kann die

Magnetisierung $\tilde{M}$ im Prinzip vergleichbar mit der Induktion B werden (weil $\tilde{M}/B \sim \bar{\chi}(\mu/\beta B)^{1/2}$ ist), aber noch früher wird die magnetische Suszeptibilität $\chi = \partial M/\partial H$ groß (dem Betrag nach).[1] Denn wenn wir wieder beachten, daß nur die oszillierenden Faktoren differenziert werden müssen, finden wir

$$|\tilde{\chi}| \sim \bar{\chi}(\mu/\beta B)^{3/2}. \tag{63,18}$$

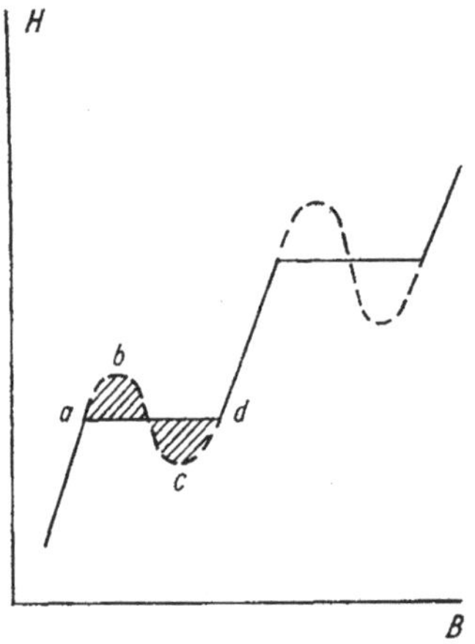

Abb. 16

In dieser Situation führen die Oszillationen der Magnetisierung dazu, daß auf der Kurve für die Abhängigkeit der makroskopischen Feldstärke $H = B - 4\pi M(B)$ von der Induktion B eine Reihe von aufeinanderfolgenden Wendepunkten auftritt, wie das schematisch in Abb. 16 dargestellt ist (A. B. Pippard, 1963). Aber die Bedingung für die thermodynamische Stabilität fordert, daß

$$\left(\frac{\partial H}{\partial B}\right)_{T,\mu} > 0$$

sein muß.[2] Deshalb sind die Zustände, die solchen Kurvenstücken wie bc entsprechen, nicht möglich. Die entstehende Situation ist der völlig analog, die zu einem Phasenübergang in einem Stoff führt, wenn auf der Kurve für die Abhängigkeit des Druckes vom Volumen ein Wendepunkt erscheint (vgl. V, §§ 84, 152). Die Gleichgewichtskurve für die Abhängigkeit $H(B)$ wird in Wirklichkeit dem horizontalen geraden Abschnitt ad entsprechen, der so eingeführt ist, daß die in der Abbildung schraffierten Flächen gleich sind; die Abschnitte ab und cd entsprechen metastabilen Zuständen.

Eine metallische Probe sei ein Zylinder mit der Achse in Richtung des äußeren Feldes $\mathfrak{H}$. Dann fällt die Feldstärke H im Innern des Zylinders mit $\mathfrak{H}$ zusammen, und in dem Maße, wie die letztere zunimmt, wird der Körper aufeinanderfolgende Phasenübergänge mit sprungförmigen Änderungen der Induktion erleiden: beim Erreichen eines solchen Punktes wie a wird sich jedesmal die Induktion mit einem Sprung von dem Wert B_a

[1]) Um unnötige Komplikationen zu vermeiden, sehen wir in der unten folgenden, qualitativen Betrachtung von dem Einfluß der Anisotropie ab.

[2]) Vgl. VIII, § 18, wo eine analoge Bedingung für den elektrischen Fall eingeführt wurde.

auf den Wert B_d ändern.[1]) Wenn die Probe eine ebene Platte in einem zu ihr senkrechten Feld ist, dann findet eine Aufteilung des Körpers in Schichten (*diamagnetische Domänen*) mit unterschiedlicher Induktion statt — völlig analog zu der Aufteilung eines Supraleiters im Zwischenzustand in normale und supraleitende Schichten (J. H. Condon, 1966). Das äußere Feld $\mathfrak{H}$ fällt in diesem Fall mit der über alle Schichten gemittelten Induktion zusammen. So wird die Platte in dem Intervall $B_a < \mathfrak{H} < B_d$ in Schichten mit den Induktionen B_a und B_d aufgeteilt, und in dem Maße, in dem $\mathfrak{H}$ anwächst, wächst das Volumen der letzteren auf Kosten des Volumens der zuerst genannten.

§ 64. Die Elektron-Phonon-Wechselwirkung

Bisher haben wir die Leitungselektronen im Kristall betrachtet, indem wir von ihrer Wechselwirkung mit den Gitterschwingungen, d. h. mit den Phononen, absahen. Diese Wechselwirkung drückt die Tatsache aus, daß eine Deformation des Gitters das Feld ändert, in dem sich ein Elektron bewegt; diese Feldänderung nennt man *Deformationspotential.*

Die Elektron-Phonon-Wechselwirkung spielt in den kinetischen Erscheinungen in Halbleitern und Metallen eine bestimmende Rolle, hier wird uns aber nur der qualitative Einfluß dieser Wechselwirkung auf das Energiespektrum der Elektronen interessieren. Um ihn zu untersuchen, ist es zweckmäßig, von den mit der Anisotropie des Gitters und seiner mikroskopischen Inhomogenität verbundenen Komplikationen abzusehen. Mit anderen Worten, wir betrachten das Medium als eine mikroskopisch homogene, isotrope Flüssigkeit, dementsprechend sind in ihr nur longitudinale Schallschwingungen möglich.

In der ersten Näherung bezüglich der Deformation stellen wir das Potential, welches diesem vereinfachten Modell entspricht, in der Form

$$U_{\text{def}}(\boldsymbol{r}) = \frac{1}{\varrho} \int W(\boldsymbol{r} - \boldsymbol{r}')\, \varrho'(\boldsymbol{r}')\, \mathrm{d}^3x' \qquad (64{,}1)$$

dar. Dabei ist ϱ' der veränderliche Teil der Dichte des Mediums (und ϱ ist ihr konstanter Gleichgewichtswert). Die Funktion $W(\boldsymbol{r} - \boldsymbol{r}')$ nimmt auf Längen von der Größenordnung der zwischenatomaren Abstände a ab. Wir vereinfachen den Ausdruck (64,1) noch weiter, indem wir beachten, daß wir für die Wechselwirkung mit Phononen mit Wellenzahlvektoren $k \ll 1/a$ diese Abstände als verschwindend klein betrachten können, d. h. $W = w\, \delta(\boldsymbol{r} - \boldsymbol{r}')$ mit konstantem w setzen können. Dann ist $U_{\text{def}} = w\, \varrho'(\boldsymbol{r})/\varrho$. In der Quantentheorie wird dieses Potential in der Darstellung der zweiten Quantelung als Hamilton-Operator der Elektron-Phonon-Wechselwirkung

$$\hat{H}_{ep} = \frac{w}{\varrho} \int \hat{\Psi}_\alpha^+(t, \boldsymbol{r})\, \hat{\varrho}'(t, \boldsymbol{r})\, \hat{\Psi}_\alpha(t, \boldsymbol{r})\, \mathrm{d}^3x \qquad (64{,}2)$$

aufgeschrieben. Dabei beziehen sich die Operatoren $\hat{\Psi}$, $\hat{\Psi}^+$ auf die Elektronen, und $\hat{\varrho}'$ ist der Heisenberg-Operator der Dichte, der das Phononenfeld beschreibt; für freie (nicht mit den Elektronen wechselwirkende) Phononen wird er durch die Formel (24,10) gegeben.

---

[1]) Es wird vorausgesetzt, daß die Oberflächenenergie für die Grenze zwischen den Phasen positiv ist.

Im mathematischen Apparat der GREENschen Funktionen erscheint bei der Anwendung auf die Elektron-Phonon-Wechselwirkung neben der GREENschen Funktion der Elektronen G auch noch die GREENsche Funktion der Phononen, die als

$$D(X_1, X_2) \equiv D(X_1 - X_2) = -i\langle T\hat{\varrho}'(X_1)\,\hat{\varrho}'(X_2)\rangle \tag{64,3}$$

definiert ist. Dabei wird das chronologische Produkt nach der Regel (31,2) für den Bosonenfall behandelt. Für freie Phononen wird die GREENsche Funktion in der Impulsdarstellung durch den Ausdruck

$$D^{(0)}(\omega, \boldsymbol{k}) = \frac{\varrho k}{2u}\left\{\frac{1}{\omega - uk + i0} - \frac{1}{\omega + uk - i0}\right\} = \frac{\varrho k^2}{\omega^2 - u^2k^2 + i0} \tag{64,4}$$

gegeben (s. Aufgabe zu § 31, wir setzen bei den Herleitungen vorübergehend $\hbar = 1$).

Wenn man die Elektron-Phonon-Wechselwirkung als kleine Störung betrachtet, kann man eine auf dem Operator (64,2) beruhende Diagrammtechnik aufbauen, ähnlich dazu, wie das im § 13 für die Paarwechselwirkung der Fermionen getan wurde. Wir wollen nicht erneut alle Betrachtungen wiederholen und formulieren nur die so erhaltenen Diagrammregeln (in der Impulsdarstellung).[1]

Die Grundelemente der Diagramme sind die Elektronen- und Phononenlinien (ausgezogene bzw. gestrichelte Linien), von denen jeder ein bestimmter „Viererimpuls" zugeschrieben wird. Der Elektronenlinie mit dem Viererimpuls P wird der Faktor $iG^{(0)}_{\alpha\beta} = i\,\delta_{\alpha\beta}G^{(0)}(P)$ – die GREENsche Funktion der freien Elektronen – zugeordnet. Der Phononenlinie mit dem Viererimpuls K entspricht der Faktor $i\,D^{(0)}(K)$ – die GREENsche Funktion der freien Phononen. In jedem Eckpunkt eines Diagramms laufen zwei ausgezogene und eine gestrichelte Linie zusammen; diesem Punkt entspricht zusätzlich der Faktor $-iw/\varrho$.

So wird die erste Korrektur zur GREENschen Funktion der Elektronen durch das Diagramm[2]

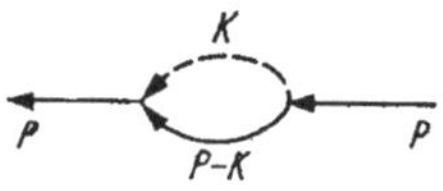

(64,5)

dargestellt, ihm entspricht der analytische Ausdruck

$$i\,\delta G(P) = -\frac{w^2}{\varrho^2}[G^{(0)}(P)]^2\int G^{(0)}(P-K)\,D^{(0)}(K)\frac{d^4K}{(2\pi)^4}. \tag{64,6}$$

[1]) Die Struktur des Ausdrucks (64,2) für den Operator der Elektron-Phonon-Wechselwirkung ist analog der Struktur des Operators der Elektron-Photon-Wechselwirkung in der Quantenelektrodynamik. Im Zusammenhang damit sind auch die Regeln der Diagrammtechnik in beiden Fällen analog.

[2]) Ein Diagramm mit einer in sich geschlossenen Elektronenlinie (ähnlich dem Diagramm (13,13a)) fehlt, weil $D^{(0)}(0) = 0$ ist. Dabei wird vorausgesetzt, daß der Übergang zu der Grenze $\boldsymbol{k} \to 0$ vor dem Grenzübergang $\omega \to 0$ durchzuführen ist. Das drückt den Umstand aus, daß im Koordinatenraum die Integration über d^3x (die in dem gegebenen Fall den Übergang zu $\boldsymbol{k} \to 0$ gerade bedeutet) schon in der Definition des HAMILTON-Operators (64,2) enthalten ist und deshalb vor der Zeitintegration ausgeführt wird, die bei der Anwendung der Störungstheorie auf diesen HAMILTON-Operator entsteht.

Die erste Korrektur zur GREENschen Funktion der Phononen ist das Diagramm

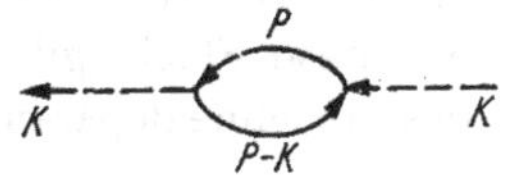

(64,7)

oder in analytischer Form:

$$i\,\delta D(K) = 2\,\frac{w^2}{\varrho^2}\,[D^{(0)}(K)]^2 \int G^{(0)}(P)\,G^{(0)}(P-K)\,\frac{d^4P}{(2\pi)^4} \tag{64,8}$$

(der Koeffizient 2 kommt von der Kontraktion der Spinfaktoren: $\delta_{\beta\alpha}\,\delta_{\alpha\beta} = 2$; es ist auch der Faktor -1 berücksichtigt, der mit der einen geschlossenen Fermionenschleife zusammenhängt — vgl. § 13).

Wir zeigen, daß die Elektron-Phonon-Wechselwirkung in einem Metall zu einer „effektiven Anziehung" zwischen den Elektronen in der Nähe der FERMI-Fläche führt. Sie kann anschaulich als Ergebnis des Prozesses beschrieben werden, bei dem von dem einen Elektron ein virtuelles Phonon ausgesendet und von dem anderen Elektron absorbiert wird (J. BARDEEN, 1950; H. FRÖHLICH, 1950).

Wir betrachten das Diagramm

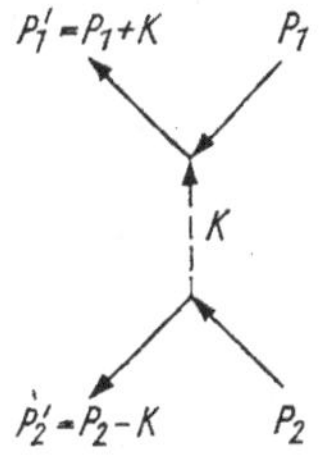

(64,9)

das die Streuung zweier Elektronen über den Austausch virtueller Phononen beschreibt; die Viererimpulse sind $P = (\varepsilon - \mu, \boldsymbol{p})$ und $K = (\omega, \boldsymbol{k})$, μ ist das chemische Potential der Elektronen bei $T = 0$, das mit der Grenzenergie ε_F übereinstimmt. Diesem Diagramm entspricht die Vertexfunktion

$$\Gamma_{\gamma\delta,\alpha\beta} = \Gamma\,\delta_{\alpha\gamma}\delta_{\beta\delta}, \quad i\Gamma = \left(-\frac{iw}{\varrho}\right)^2 i\,D^{(0)}(K)$$

oder

$$\Gamma = -\frac{w^2k^2}{\varrho(\omega^2 - u^2k^2 + i0)}, \tag{64,10}$$

mit $\hbar\omega = \varepsilon_1' - \varepsilon_1$, $\hbar\boldsymbol{k} = \boldsymbol{p}_1' - \boldsymbol{p}_1$.

Größenordnungsmäßig liegen die Elektronenimpulse in der Nähe der FERMI-Fläche, $p \sim p_F \sim \hbar/a$. Der Streuung der Elektronen um den Winkel ~ 1 entsprechen der Phononenimpuls $\hbar k \sim \hbar/a$ und die Phononenenergie $\hbar uk \sim \hbar u/a \sim \hbar\omega_D$; dabei ist ω_D die DEBYE-Frequenz (für Metalle ist $\hbar\omega_D \ll \varepsilon_F$). Andererseits kann das Elektron keine Energie größer als $\varepsilon - \varepsilon_F$ abgeben. Wenn für beide Elektronen $|\varepsilon - \varepsilon_F| \ll \omega_D$ ist, dann wird deshalb

$$\Gamma \approx w^2/\varrho u^2 > 0 \tag{64,11}$$

sein. Wir beachten die Bedeutung von Γ als Streuamplitude (§ 16) und sehen, daß ihr Vorzeichen einer Anziehung zwischen den Teilchen entspricht. Wir betonen, daß dieses Ergebnis nur für Elektronen in einer relativ engen Schicht (von der Breite $\sim\hbar\omega_D$ bezüglich der Energie) des Impulsraums in der Nähe der FERMI-Fläche gilt. Dieser Umstand wurde schon im § 43 benutzt, um die Größe des Abschneideparameters in der Theorie der Supraleitfähigkeit der Metalle festzulegen.[1])

§ 65. Der Einfluß der Elektron-Phonon-Wechselwirkung auf das Elektronenspektrum im Metall

Wir wollen die Frage nach dem Einfluß betrachten, den die Elektron-Phonon-Wechselwirkung auf das Energiespektrum der Elektronen im Metall hat.[2])

Im § 14 wurde gezeigt, daß für ein Spektrum vom FERMI-Typ die Korrektur zum Dispersionsgesetz $\varepsilon(\boldsymbol{p})$ (im Vergleich zum Spektrum des Systems freier Fermionen) durch die Differenz

$$\delta\varepsilon(\boldsymbol{p}) = \Sigma(\varepsilon - \mu, \boldsymbol{p}) - \Sigma(0, \boldsymbol{p}) \tag{65,1}$$

mit der Selbstenergiefunktion $\Sigma = G^{(0)-1} - G^{-1}$ bestimmt ist. Im gegebenen Fall handelt es sich um die Korrektur, die von der Wechselwirkung mit den Phononen verursacht wird, und das „ungestörte" Spektrum ist dasjenige, das die „direkte" Wechselwirkung der Teilchen (Elektronen) berücksichtigt. Nach (64,6) haben wir[3])

$$\Sigma(P) = -\delta G^{-1} = \delta G / G^{(0)2} = i\frac{w^2}{\varrho^2}\int G^{(0)}(P - K)\, D^{(0)}(K)\,\frac{d^4K}{(2\pi)^4}. \tag{65,2}$$

Unter $G^{(0)}$ muß man jetzt aber die GREENsche Funktion der miteinander wechselwirkenden Elektronen verstehen. In der Nähe ihres Poles hat diese Funktion die Form

$$G^{(0)}(\varepsilon - \mu, \boldsymbol{p}) = Z[\varepsilon - \mu - v_F^{(0)}(p - p_F) + i0 \cdot \operatorname{sign}(\varepsilon - \mu)]^{-1} \tag{65,3}$$

(s. (10,2)); der Index (0) an v_F bedeutet, daß in dieser Größe der Einfluß der Elektron-Phonon-Wechselwirkung noch nicht berücksichtigt wurde.

Unser Ziel besteht jetzt in der Abschätzung der Größe (65,1), d. h. des Integrals

$$\delta\varepsilon = \frac{iw^2}{\varrho^2}\int \{G^{(0)}(\varepsilon - \mu - \omega, \boldsymbol{p} - \boldsymbol{k}) - G^{(0)}(-\omega, \boldsymbol{p} - \boldsymbol{k})\} D^{(0)}(\omega, \boldsymbol{k})\frac{d^4K}{(2\pi)^4}. \tag{65,4}$$

Wie aus den folgenden Berechnungen sichtbar wird, kommt der entscheidende Beitrag zu diesem Integral von dem Gebiet, in dem der Impuls $\boldsymbol{p} - \boldsymbol{k}$ und die Energie $\varepsilon - \omega$ (wie auch $\boldsymbol{p}$ und ε selbst) in der Nähe der FERMI-Fläche liegen, d. h. $k \ll p_F$, $\omega \ll \mu$. Aus diesem Grund kann man für die Funktion $G^{(0)}$ den Ausdruck (65,3) benutzen.

---

[1]) Was die Konstante w betrifft, so kann man zu ihrer groben Abschätzung für Metalle bemerken, daß die Änderung der Elektronenenergie die gleiche Größenordnung wie sie selbst erreichen kann ($\sim\varepsilon_F$), wenn die Dichteänderung $\varrho' \sim \varrho$ ist. Hieraus folgt $w \sim \varepsilon_F$.

[2]) Die in diesem Paragraphen dargestellten Ergebnisse stammen von A. B. MIGDAL (1958).

[3]) In den Zwischenformeln setzen wir $\hbar = 1$.

In Kugelkoordinaten im $\boldsymbol{k}$-Raum mit der Polarachse längs $\boldsymbol{p}$ haben wir $d^4K = 2\pi k^2\, dk\, d\omega\, d\cos\theta$, dabei ist θ der Winkel zwischen $\boldsymbol{k}$ und $\boldsymbol{p}$. An Stelle von $\cos\theta$ führen wir die Variable $p_1 = |\boldsymbol{p} - \boldsymbol{k}|$ ein; wenn wir beachten, daß $p_1^2 = p^2 + k^2 - 2pk\cos\theta$ ist, haben wir

$$d^4K = 2\pi k^2\, dk\, d\omega p_1\, dp_1/pk \approx 2\pi k\, dk\, d\omega\, dp_1$$

(wir haben $p_1 \approx p \approx p_F$ gesetzt).

Im Integranden in (65,4) hängt von p_1 nur der Faktor in den geschwungenen Klammern ab, der gleich

$$\{\cdots\} = -(\varepsilon - \mu)\, Z[\varepsilon - \mu - \omega - v_F^{(0)}(p_1 - p_F) + i0 \cdot \text{sign}\,(\varepsilon - \mu - \omega)]^{-1}$$
$$\times[-\omega - v_F^{(0)}(p_1 - p_F) - i0 \cdot \text{sign}\,\omega]^{-1}$$

ist. Wegen der schnellen Konvergenz des Integrals über $d(p_1 - p_F)$ kann man die Integration von $-\infty$ bis $+\infty$ erstrecken; wir führen die Veränderliche $\eta = v_F^{(0)}(p_1 - p_F)$ ein und erhalten das Integral

$$\int\{\cdots\}\, dp_1$$
$$= -\frac{(\varepsilon-\mu)\, Z}{v_F^{(0)}}\int_{-\infty}^{\infty}\frac{d\eta}{[\eta - (\varepsilon - \mu - \omega) - i0\cdot\text{sign}\,(\varepsilon - \mu - \omega)]\,[\eta + \omega + i0\cdot\text{sign}\,\omega]}.$$

Wenn sich beide Pole des Integranden auf einer Seite der reellen Achse befinden, dann verschwindet das Integral (davon kann man sich überzeugen, wenn man den Integrationsweg in der anderen Halbebene schließt). Deshalb ist das Integral nur dann von Null verschieden, wenn $\varepsilon - \mu > \omega > 0$ oder $\varepsilon - \mu < \omega < 0$ ist; im ersten Fall ist es gleich $-2\pi i Z/v_F^{(0)}$, im zweiten Fall gleich $2\pi i Z/v_F^{(0)}$. Wir berücksichtigen auch, daß die Funktion $D^{(0)}(\omega, \boldsymbol{k})$ in der Variablen ω gerade ist und finden auf diese Weise:

$$\delta\varepsilon = \frac{Zw^2}{8\pi^2\varrho u v_F^{(0)}}\int\int_0^{|\varepsilon-\mu|}\left[\frac{1}{\omega - uk + i0} - \frac{1}{\omega + uk - i0}\right]k^2\, d\omega\, dk. \tag{65,5}$$

Der Real- und der Imaginärteil dieses Ausdrucks bestimmen die Korrektur zum Spektrum der Quasiteilchen (der Leitungselektronen) bzw. ihre Dämpfung. Wir betrachten zuerst die Dämpfung.

Wenn wir in (65,5) den Imaginärteil nach der Regel (8,11) abtrennen, finden wir

$$-\text{Im}\,\delta\varepsilon = \frac{Zw^2}{8\pi\varrho u v_F^{(0)}}\int k^2\, dk; \tag{65,6}$$

die Integration über k erstreckt sich über das Gebiet von 0 bis $|\varepsilon - \mu|/u$, in dem der Pol $\omega = uk$ des Integranden in (65,5) in dem Intervall zwischen 0 und $|\varepsilon - \mu|$ liegt. Es ist also (in den üblichen Einheiten)

$$-\text{Im}\,\delta\varepsilon = \frac{Zw^2|\varepsilon - \mu|^3}{24\pi\hbar^3\varrho u^4 v_F^{(0)}}. \tag{65,7}$$

Zur groben Abschätzung dieser Größe bemerken wir, daß die Parameter $v_F^{(0)}$ und w elektronischen Ursprungs sind und der Größenordnung nach nur durch die zwischenatomaren Abstände a und die Elektronenmasse m ausgedrückt werden: $v_F^{(0)} \sim p_F/m \sim \hbar/am$, $w \sim \varepsilon_F \sim \hbar^2/ma^2$ (vgl. Fußnote 1 auf S. 272). Die Dichte ϱ und die Schallgeschwindigkeit u hängen auch noch von der Ionenmasse M ab, wobei $\varrho \propto M$, $u \propto M^{-1/2}$ ist, so daß $\varrho u^4 \propto 1/M$ ist. Deshalb kann man die Abschätzung der Dämpfung in der Form

$$-\operatorname{Im} \delta\varepsilon \sim |\varepsilon - \mu|^3 (\hbar\omega_D)^{-2} \tag{65,8}$$

schreiben mit der DEBYE-Frequenz $\omega_D \sim u/a \propto M^{-1/2}$.

Streng genommen bezieht sich die Abschätzung (65,8) auf die Werte $|\varepsilon - \mu| \ll \hbar\omega_D$, bei denen die Integration in (65,6) über das Gebiet $k < |\varepsilon - \mu|/u\hbar \ll \omega_D/u$ erstreckt wird, wo das von uns benutzte Dispersionsgesetz der Phononen $\omega = ku$ wirklich anwendbar ist. Für eine grobe, größenordnungsmäßige Abschätzung kann man aber (65,8) auch auf den Randzonen des Gebietes bei $\varepsilon - \mu \sim \hbar\omega_D$ anwenden und erhält dort

$$-\operatorname{Im} \delta\varepsilon \sim \hbar\omega_D \sim |\varepsilon - \mu|. \tag{65,9}$$

Schließlich hängt das Integrationsgebiet in (65,6) bei $\varepsilon - \mu \gg \hbar\omega_D$ nicht von $\varepsilon - \mu$ ab, so daß der Pol $\omega = uk \lesssim \omega_D$ immer im Intervall zwischen 0 und $\varepsilon - \mu$ liegt. In diesem Fall ist $\int k^2\, \mathrm{d}k \sim (\omega_D/u)^3$, und die Dämpfung ist

$$-\operatorname{Im} \delta\varepsilon \sim \hbar\omega_D \ll \varepsilon - \mu. \tag{65,10}$$

Die Ausdrücke (65,8—10) bestimmen die spezifische Dämpfung, die mit der Aussendung von Phononen durch die Elektronen zusammenhängt.[1] Wir sehen, daß die Dämpfung in der unmittelbaren Nachbarschaft der FERMI-Fläche, bei $|\varepsilon - \mu| \ll \hbar\omega_D$, nach (65,8) klein ist ($|\operatorname{Im}(\varepsilon - \mu)| \ll |\varepsilon - \mu|$), so daß der Begriff der Quasiteilchen — der Leitungselektronen — einen völlig klaren Sinn hat. In dem Gebiet $|\varepsilon - \mu| \sim \hbar\omega_D$ jedoch wird die Dämpfung der Quasiteilchen vergleichbar mit ihrer Energie, das Spektrum wird aufgeweicht und verliert seinen Sinn in einem bedeutenden Maße. Aber bei noch größeren Abständen über der FERMI-Fläche, bei $\varepsilon - \mu \gg \hbar\omega_D$ (aber natürlich noch bei $\varepsilon - \mu \ll \mu$), wird die Dämpfung nach (65,10) wieder klein im Vergleich zur Energie $\varepsilon - \mu$, weil ihr Betrag derselbe bleibt, und die Quasiteilchen bekommen wieder eine bestimmte Bedeutung. Neben der Phononendämpfung der Leitungselektronen gibt es natürlich auch immer eine Dämpfung von den Elektron-Elektron-Stößen her. Diese für jede normale FERMI-Flüssigkeit (§ 1) charakteristische Dämpfung ist proportional zu $(\varepsilon - \mu)^2$ und größenordnungsmäßig $\sim (\varepsilon - \mu)^2/\mu$, sie ist in dem Gebiet, in dem die Theorie angewendet werden darf, immer klein.

Wir wollen nun die Korrektur zum Realteil von ε, d. h. zum Spektrum selbst, abschätzen.

Der Realteil des Integrals über $\mathrm{d}\omega$ in (65,5) wird durch seinen Hauptwert

$$\operatorname{Re} \int_0^{|\varepsilon - \mu|} D^{(0)}(\omega, \boldsymbol{k})\, \mathrm{d}\omega = \frac{\varrho k}{2u} \mathrm{P} \int_0^{|\varepsilon - \mu|} \left\{ \frac{1}{\omega - uk} - \frac{1}{\omega + uk} \right\} \mathrm{d}\omega$$

$$= \frac{\varrho k}{2u} \ln \left| \frac{\varepsilon - \mu - uk}{\varepsilon - \mu + uk} \right|$$

[1] Die Energieerhaltung bei der Erzeugung eines Phonons kleiner Frequenz durch ein Quasiteilchen wird durch die Gleichung $(\partial\varepsilon/\partial\boldsymbol{k})\, \delta\boldsymbol{k} \equiv \boldsymbol{v}\, \delta\boldsymbol{k} = u\, \delta k$ ausgedrückt; sie kann nur bei $v > u$ erfüllt sein. In Metallen ist diese Bedingung immer erfüllt, weil $v_F \gg u$ ist.

gegeben. Deshalb haben wir für Re $\delta\varepsilon$ (gewöhnliche Einheiten):

$$\operatorname{Re}\delta\varepsilon = \frac{Z\omega^2}{8\pi^2 \varrho u v_F^{(0)}} \int k^2 \ln\left|\frac{\varepsilon - \mu - \hbar u k}{\varepsilon - \mu + \hbar u k}\right| \mathrm{d}k. \tag{65,11}$$

Bei $\varepsilon - \mu \gg \hbar\omega_D$ ist der Logarithmus im Integranden $\sim \hbar u k/(\varepsilon - \mu)$, und das ganze Integral wird als $\hbar u k_{\max}^3/(\varepsilon - \mu) \sim \hbar u/a^3(\varepsilon - \mu)$ abgeschätzt. Wir beachten noch, daß wegen der Existenz des Faktors ϱ im Nenner in (65,11) dieser ganze Ausdruck $\propto 1/M$ ist und kommen zu der Abschätzung

$$\operatorname{Re}\delta\varepsilon \sim (\hbar\omega_D)^2/(\varepsilon - \mu) \ll |\varepsilon - \mu|.$$

In diesem Fall ist also die Korrektur zum Spektrum relativ klein, so daß das Spektrum durch den Ausdruck

$$|\varepsilon - \mu| \approx v_F^{(0)}(p - p_F) \quad \text{bei} \quad |\varepsilon - \mu| \gg \hbar\omega_D \tag{65,12}$$

mit der „ungestörten" Geschwindigkeit auf der FERMI-Fläche $v_F^{(0)}$ gegeben ist.

In dem Gebiet $\varepsilon - \mu \ll \hbar\omega_D$ wird der Logarithmus in (65,11) $\sim(\varepsilon - \mu)/\hbar u k$, und das Integral wird als $(\varepsilon - \mu)\, k_{\max}^2/\hbar u \sim (\varepsilon - \mu)/\hbar u a^2$ abgeschätzt. Der ganze Ausdruck (65,11) ist proportional zu $\varepsilon - \mu$ mit einem Koeffizienten, der von der Masse der Ionen M unabhängig ist (weil das Produkt ϱu^2 von M nicht abhängt). Das bedeutet, daß das Spektrum in diesem Gebiet wieder von dem Typ

$$\varepsilon - \mu \approx v_F(p - p_F) \quad \text{bei} \quad |\varepsilon - \mu| \ll \hbar\omega_D \tag{65,13}$$

ist, nun aber mit der Geschwindigkeit v_F, die sich von $v_F^{(0)}$ um eine Größe von ihrer eigenen Größenordnung unterscheidet.[1])

Das Spektrum vom FERMI-Typ für die Elektronen in einem Metall wird also durch zwei unterschiedliche Geschwindigkeiten v_F und $v_F^{(0)}$ charakterisiert — eine in unmittelbarer Nähe der FERMI-Fläche ($|\varepsilon - \mu| \ll \hbar\omega_D$) und die andere bei $|\varepsilon - \mu| \gg \hbar\omega_D$. In den thermodynamischen Eigenschaften des Metalls bei tiefen Temperaturen ($T \ll \hbar\omega_D$) tritt der Parameter v_F aus (65,13) auf. Solche Eigenschaften wie die optischen werden für Frequenzen $\omega \gg \omega_D$ durch die Geschwindigkeit $v_F^{(0)}$ bestimmt.

Aufgabe

Es ist die Dämpfung der langwelligen Phononen ($k \ll p_F$) in einem Metall zu bestimmen, die durch ihre Absorption von den Elektronen verursacht wird.

Lösung. Die Korrektur zur GREENschen Funktion der Phononen wird nach (64,8) durch das Integral

$$i\,\delta D^{-1}(K) = -\frac{2w^2}{\varrho^2} \int G^{(0)}(P)\, G^{(0)}(P - K) \frac{\mathrm{d}^4 P}{(2\pi)^4}, \quad P = (p_0, \boldsymbol{p}), \quad K = (\omega, \boldsymbol{k})$$

gegeben. In den G-Funktionen muß man aber noch die Korrekturen berücksichtigen, die mit der Wechselwirkung der Elektronen mit den kurzwelligen Phononen zusammenhängen. Nach dem im

---

[1]) Unter diesen Bedingungen ist natürlich die Verwendung der ersten Näherung der Störungstheorie streng genommen nicht korrekt. Die Berücksichtigung der folgenden Näherungen kann aber den Charakter des erhaltenen Resultats nicht ändern: wenn die erste Korrektur von der Größenordnung Eins ist, dann sind die übrigen Korrekturen auch von dieser Ordnung.

Text Gesagten führen diese Korrekturen einfach dazu, daß $G^{(0)}$ durch die Funktion G ersetzt wird, die sich von (65,3) nur durch Ersetzung der Geschwindigkeit $v_F^{(0)}$ durch v_F und der Renormierungskonstanten Z durch eine andere Z' unterscheidet. Bei kleinen K kann man für das Produkt $G^{(0)}(P)\,G^{(0)}(P-K)$ die Formel (17,10) benutzen. Die Integration über $dp_0\,dp$ führt zur Beseitigung der δ-Funktionen, dann bleibt nur noch die Integration über d cos θ (θ ist der Winkel zwischen $\boldsymbol{p}$ und $\boldsymbol{k}$);

$$\delta D^{-1}(\omega, k) = -\frac{Z'^2 w^2 p_F^2 k}{2\pi^2 \varrho^2} \int_{-1}^{1} \frac{\cos\theta \, d\cos\theta}{\omega - v_F k \cos\theta + i0}$$

(wir setzen $\omega > 0$). Der Pol $\cos\theta = \omega/kv_F$ befindet sich innerhalb des Integrationsgebietes (weil $v_F > u$ ist), und der Imaginärteil des Integrals ist

$$\operatorname{Im} \delta D^{-1} = \frac{Z'^2 w^2 p_F^2 \omega}{2\pi \varrho^2 v_F^2 k}.$$

Das Dispersionsgesetz der Phononen wird durch die Wurzel der Gleichung $D^{(0)-1} + \delta D^{-1} = 0$ definiert, daraus finden wir (in gewöhnlichen Einheiten)

$$\omega = uk(1 - i\alpha), \quad \alpha = \frac{Z'^2 w^2 p_F^2}{4\pi\hbar^3 \varrho u v_F^2}$$

(für die Korrektur zum Realteil von ω interessieren wir uns nicht). Das Produkt ϱu ist proportional zu $\sqrt{M}$; deshalb ist in einer groben Abschätzung $\alpha \sim \sqrt{m/M}$, d.h, die Dämpfung ist immer klein.

§ 66. Das Elektronenspektrum fester Dielektrika

Die charakteristische Besonderheit des Elektronenenergiespektrums eines dielektrischen, unmagnetischen Kristalls besteht darin, daß sich schon das erste angeregte Niveau in einem endlichen Abstand vom Grundniveau befindet; mit anderen Worten, es gibt zwischen dem Grundniveau und dem Spektrum der angeregten Niveaus eine Energielücke (bei den üblichen Dielektrika von der Größenordnung einiger Elektronenvolt).

Eine Elementaranregung im dielektrischen Kristall kann anschaulich beschrieben werden als ein angeregter Zustand eines Atoms, den man aber nicht irgendeinem bestimmten Atom zuschreiben kann; die Translationssymmetrie des Gitters führt wie immer zu einer „Kollektivierung“ der Anregung, die sich im Kristall ausbreitet, als ob sie von einem Atom zu einem anderen springen würde. Wie auch bei den anderen Fällen kann man diese Anregungen als Quasiteilchen (sie werden in diesem Fall *Exzitonen* genannt) mit bestimmten Energien und Quasiimpulsen betrachten. Wie alle Quasiteilchen, die einzeln auftreten können, haben die Exzitonen einen ganzzahligen Drehimpuls und sind der Bose-Statistik unterworfen.[1])

Bei gegebenem Quasiimpuls $\boldsymbol{k}$ kann die Energie des Exzitons eine diskrete Reihe von verschiedenen Werten $\varepsilon_s(\boldsymbol{k})$ durchlaufen. Wenn der Quasiimpuls die Werte innerhalb einer Zelle des reziproken Gitters durchläuft, durchläuft jede der Funktionen $\varepsilon_s(\boldsymbol{k})$ ein gewisses *Band* von Werten; die verschiedenen Bänder können sich teilweise überdecken. Die minimalen Werte jeder Funktion $\varepsilon_s(\boldsymbol{k})$ sind von Null verschieden.

Neben den Exzitonen können in einem Dielektrikum auch noch Elektronenanregungen anderer Art existieren. Man kann sie betrachten, als ob sie durch die Ionisation ein-

[1]) Der Begriff der Exzitonen wurde zuerst von Ja. I. Frenkel (1931) eingeführt.

zelner Atome entstehen würden. Jede Ionisation führt dazu, daß im Dielektrikum zwei sich unabhängig ausbreitende Quasiteilchen erscheinen — ein Leitungselektron und ein „Loch". Das letztere stellt das Fehlen eines Elektrons in einem Atom dar und verhält sich deshalb wie ein positiv geladenes Teilchen. Wenn wir über die Bewegung des Elektrons und des Loches sprechen, haben wir hier wirklich gewisse kollektive angeregte Zustände der Elektronen des Dielektrikums im Auge, die (im Gegensatz zu den Exzitonenzuständen) von einem Transport einer negativen oder positiven Elementarladung begleitet sind.

Die Elektronen und Löcher besitzen einen halbzahligen Spin und genügen der FERMI-DIRAC-Statistik. Wir betonen abe , daß das Elektron-Loch-Spektrum eines Dielektrikums keinesfalls den Charakter des Elektronenspektrums vom FERMI-Typ in Metallen hat. Für das letztere ist die Existenz der FERMI-Fläche als Grenzfläche im $\boldsymbol{k}$-Raum charakteristisch, in deren Nähe auch die Quasiimpulse der Elektronen liegen. In dem gegebenen Fall gibt es aber überhaupt keine derartige Fläche, und die gleichzeitig auftretenden Elektronen und Löcher können beliebige Quasiimpulse haben.

Den Unterschied zwischen beiden Typen von Spektren kann man tiefer begreifen, wenn man die Dämpfung der Elementaranregungen betrachtet. In einer FERMI-Flüssigkeit kann jedes Quasiteilchen, das sich außerhalb der FERMI-Fläche befindet, Paare von neuen Anregungen (Teilchen und Loch) erzeugen, es besitzt deshalb eine endliche Lebensdauer, die bei zunehmender Entfernung von der FERMI-Fläche stark abnimmt (ein Elektron im Metall kann außerdem Phononen aussenden — s. § 65). Die Dämpfung eines einzelnen Elektrons (oder Loches) in einem Dielektrikum ist in einem idealen Gitter (bei $T = 0$) in einem endlichen Energieintervall oberhalb des Minimalwertes streng gleich Null.[1]) Denn die Bildung eines Elektron-Loch-Paares erfordert in jedem Fall (wegen der Energielücke Δ — s. unten) einen endlichen Energieaufwand. Die Aussendung eines (akustischen) Phonons durch ein Quasiteilchen ist nur möglich, wenn die Geschwindigkeit v des Quasiteilchens nicht kleiner als die Schallgeschwindigkeit u ist (s. Fußnote auf S. 274).

Die möglichen Energiewerte der Leitungselektronen $\varepsilon^{(e)}(\boldsymbol{k})$ und der Löcher $\varepsilon^{(h)}(\boldsymbol{k})$ füllen auch Bänder aus. Als Breite der Energielücke in einem Dielektrikum bezeichnet man gewöhnlich die Summe $\Delta = \varepsilon^{(e)}_{\min} + \varepsilon^{(h)}_{\min}$ der kleinstmöglichen Energiewerte von Elektron und Loch. Weil ein Elektron und ein Loch zusammen auftreten und verschwinden, so besitzt gerade diese Summe eine reale Bedeutung und nicht die Größen $\varepsilon^{(e)}_{\min}$ und $\varepsilon^{(h)}_{\min}$ einzeln; gewöhnlich setzt man $\varepsilon^{(h)}_{\min} = 0$. Die minimalen Energiewerte können für Elektronen und Löcher bei demselben Quasiimpuls $\boldsymbol{k} = \boldsymbol{k}_0$ oder bei unterschiedlichen Werten des Quasiimpulses erreicht werden; im ersten Fall spricht man von einer *direkten*, im zweiten Fall von einer *indirekten* Lücke. Wenn die Energieniveaus in einem Band nicht entartet sind (oder nur zweifach entartet in bezug auf den Spin als Folge der Symmetrie gegenüber der Zeitumkehr), dann hat die Funktion $\varepsilon(\boldsymbol{k})$ in der Nähe ihres Minimums die Form

$$\varepsilon^{(e)}(\boldsymbol{k}) = \Delta + \frac{1}{2} m^{(e)-1}_{ik} q_i q_k, \quad \varepsilon^{(h)}(\boldsymbol{k}) = \frac{1}{2} m^{(h)-1}_{ik} q_i q_k \tag{66,1}$$

mit $\boldsymbol{q} = \boldsymbol{k} - \boldsymbol{k}_0$; $m^{(e)}_{ik}$ und $m^{(h)}_{ik}$ sind die Tensoren der effektiven Massen der Elektronen bzw. Löcher.

---

[1]) Bei endlichen Temperaturen gibt es natürlich immer eine Dämpfung wegen der Streuung an anderen Quasiteilchen.

In der Literatur nennt man das Elektronenband nicht selten einfach *Leitungsband*, und an Stelle des Löcherbandes spricht man vom *Valenzband*, das im Grundzustand des Kristalls vollständig mit Elektronen gefüllt ist. Die Entstehung eines Paares von Quasiteilchen — Elektron und Loch — wird dabei so betrachtet, daß ein Elektron aus dem Valenzband in das Leitungsband übergeht und ein Loch auf dem verlassenen Platz zurückläßt.

Bei großen (im Vergleich zu den atomaren) Abständen ziehen sich ein Elektron und ein Loch nach dem COULOMB-Gesetz an. Deshalb können sie gebundene Zustände bilden. Das gebundene Paar aus Elektron und Loch bildet zusammen ein elektrisch neutrales Quasiteilchen, d.h. ein Exziton. Bei gegebenem Wert des Quasiimpulses entsprechen den gebundenen Zuständen diskrete Energieniveaus des Systems Elektron + Loch; jedes Niveau entspricht einem Exzitonenenergieband. Die Exzitonenenergie liegen also unterhalb der Energien der Elektron-Loch-Anregungen (die Energielücke in dem zu Beginn des Paragraphen angegebenen Sinn fällt deshalb nicht mit der Größe Δ zusammen, sondern ist um die maximale Bindungsenergie eines Exzitons kleiner).[1])

Die Energieniveaus eines Exzitons kann man im Grenzfall schwach gebundener Zustände leicht berechnen, wenn die mittleren Abstände zwischen dem Elektron und dem Loch groß im Vergleich zur Gitterkonstanten a sind; ein solches Exziton nennt man *WANNIER-MOTTsches Exziton.* Im umgekehrten Grenzfall, wenn der Abstand zwischen Elektron und Loch von atomarer Größenordnung ist, spricht man vom *FRENKELschen Exziton*; das FRENKELsche Exziton kann man natürlich nur formal als gebundenen Zustand eines Elektrons und eines Loches betrachten.

Wir betrachten einen dielektrischen Kristall mit kubischer Symmetrie. Für das WANNIER-MOTTsche Exziton kann man annehmen, daß sich das Elektron und das Loch nach dem COULOMB-Gesetz anziehen, wobei sich die Rolle der restlichen Atome im Gitter darauf reduziert, daß sie einen homogenen dielektrischen Untergrund schaffen, der die Wechselwirkung um den Faktor ε abschwächt; dabei ist ε die Dielektrizitätskonstante des Kristalls (genommen für Frequenzen, die größenordnungsmäßig der Bindungsenergie eines Exzitons entsprechen); mit anderen Worten, die Energie der Wechselwirkung zwischen Elektron und Loch schreibt man in der Form $U = -e^2/\varepsilon r$. Die Lücke im Spektrum sei direkt, und der Einfachheit halber werden wir annehmen, daß die Minima der Elektronen- und Löcherenergie bei $\boldsymbol{k} = 0$ liegen. Im kubischen Kristall reduzieren sich die Tensoren der effektiven Massen auf die skalaren Konstanten m_e und m_h, so daß

$$\varepsilon^{(e)}(\boldsymbol{k}) = \Delta + \frac{\hbar^2 k^2}{2m_e}, \quad \varepsilon^{(h)}(\boldsymbol{k}) = \frac{\hbar^2 k^2}{2m_h} \tag{66,2}$$

ist.

Am Ende des § 56 wurde gezeigt, daß die Bewegung eines Teilchens im Kristallgitter mit einem von außen angelegten, räumlich schwach veränderlichen elektrischen Feld durch die SCHRÖDINGER-Gleichung mit einem HAMILTON-Operator beschrieben wird, in dem die Funktion $\varepsilon(\boldsymbol{k})$ die Rolle der kinetischen Energie spielt. Weil die Funktionen $\varepsilon^{(e)}(\boldsymbol{k}) - \Delta$ und $\varepsilon^{(h)}(\boldsymbol{k})$ im gegebenen Fall der Form nach mit der kinetischen Energie der gewöhnlichen freien Teilchen übereinstimmen, so fällt die SCHRÖDINGER-Gleichung des betrachteten Systems der Form nach mit der für ein System von zwei gewöhnlichen Teilchen zusammen, die nach dem COULOMB-Gesetz wechselwirken, d.h. mit der SCHRÖDIN-

[1]) Die Exzitonenzustände besitzen aber eine endliche Lebensdauer, weil Elektron und Loch zum Beispiel unter Aussendung eines Phonons oder Photons rekombinieren können.

GER-Gleichung des Wasserstoffatom-Problems. Wir können deshalb sofort die Energieniveaus des Systems, d.h. die Exzitonenenergie, in der Form

$$\varepsilon_n^{(\mathrm{ex})}(\boldsymbol{k}) - \Delta = \frac{\hbar^2 k^2}{2(m_e + m_h)} - \frac{me^4}{2\varepsilon^2 \hbar^2 n^2} \qquad (66,3)$$

aufschreiben (G. H. WANNIER, 1937). Das erste Glied in diesem Ausdruck ist die Bewegungsenergie des Exzitons „als Ganzes" mit dem Quasiimpuls $\boldsymbol{k}$. Das zweite Glied gibt die Bindungsenergie des Exzitons an ($m = m_e m_h/(m_e + m_h)$ ist die reduzierte Masse des Systems). Bei gegebenem $\boldsymbol{k}$ werden die diskreten Energieniveaus des Systems in dem Maße dichter, in dem die Energie zur Grenze des kontinuierlichen Spektrums hin zunimmt. Die Bedingung für die Anwendbarkeit der Formel (66,3) besteht in der Forderung, daß der „Bahnradius" hinreichend groß sein soll, $r_{\mathrm{ex}} \sim \hbar^2 \varepsilon n^2/me^2 \gg a$. Diese Bedingung ist bei großem n offensichtlich erfüllt, aber in Kristallen mit großem ε kann sie auch schon für $n \sim 1$ erfüllt sein.[1])

Zum Schluß dieses Paragraphen kehren wir zu der im § 61 erwähnten Behauptung zurück, daß es eine untere Grenze für die Dichte der Leitungselektronen in einem Halbmetall gibt.

In einem Dielektrikum, in dem bei $T = 0$ Elektronen und Löcher fehlen, bedeutet die Möglichkeit der Bildung von gebundenen Zuständen durch sie nur, daß neue Zweige im Energiespektrum erscheinen können. In einem kompensierten Metall würde diese Möglichkeit bedeuten, daß ein Zustand mit freien Elektronen und Löchern nicht der niedrigste wäre, d.h., ein Spektrum vom metallischen Typ wäre instabil. Die Möglichkeit der Bildung von gebundenen Zuständen wird durch die Abschirmung der COULOMB-Wechselwirkung zwischen dem Elektron und dem Loch durch die sich „zwischen ihnen" befindlichen anderen Quasiteilchen beseitigt. Mit anderen Worten, der mittlere Abstand zwischen den Quasiteilchen muß von der Größenordnung der Exzitondimension r_{ex} (in seinem Grundzustand) oder kleiner sein. Wir weisen darauf hin, daß die durch diese Forderung festgesetzte untere Grenze der für ein Metall erreichbaren Dichten von Elektronen und Löchern mit abnehmender effektiver Masse fällt.

§ 67. Elektronen und Löcher in Halbleitern

Das Energiespektrum von reinen halbleitenden Kristallen (oder, wie man sagt, von *Eigenhalbleitern*) unterscheidet sich von dem Spektrum der Dielektrika nur in quantitativer Hinsicht — durch die kleinere Energielücke Δ, dadurch gibt es in einem Halbleiter bei üblichen Temperaturen eine (im Vergleich mit einem Dielektrikum) beträchtliche Dichte von Stromträgern. Es ist klar, daß dieser Unterschied nur bedingt gilt und außerdem von dem uns interessierenden Temperaturgebiet abhängt.[2]) In *Störstellenhalbleitern*

---

[1]) Es ist interessant zu bemerken, daß sich in der Nähe des oberen Randes (des Maximums) des Bandes, wo die effektiven Massen negativ sind, gebundene Zustände zweier Elektronen bilden können (oder zweier Löcher). Die Energie dieser Zustände liegt im verbotenen Gebiet oberhalb des Maximums der Gesamtenergie der Elektronen.

[2]) Wir geben die Werte der Energielücke Δ für einige Halbleiter an: Si—1,17 eV, Ge—0,74 eV, InSb—0,24 eV, GaAs—1,52 eV, PbS—0,29 eV. Für das typische Dielektrikum Diamant ist Δ = 5,4 eV.

(oder *legierten* Halbleitern) sind die Verunreinigungsatome eine zusätzliche Quelle für Elektronen oder Löcher, für die die Energielücke in bezug auf die Abgabe eines Elektrons an das Gitter (*Donator*verunreinigung) oder seinen Einfang aus dem Gitter (*Akzeptor*verunreinigung) kleiner als die Energielücke im Grundspektrum ist.

Wir betrachten die Frage nach dem Zusammenhang zwischen der Größe der Energielücke Δ und der Dichte der Leitungselektronen und Löcher in einem Halbleiter (oder Dielektrikum) etwas ausführlicher.

Das paarweise Erscheinen oder Verschwinden eines Elektrons (e) und eines Loches (h) kann man vom thermodynamischen Standpunkt aus als „chemische Reaktion" $e + h \rightleftarrows 0$ betrachten (der Grundzustand des Kristalls spielt die Rolle des „Vakuums"). Nach den allgemeinen Regeln (s. V, § 101) lautet die Bedingung für das thermodynamische Gleichgewicht dieser Reaktion

$$\mu_e + \mu_h = 0, \tag{67,1}$$

μ_e und μ_h sind die chemischen Potentiale von Elektronen und Löchern. Wegen der relativ kleinen Dichte der Elektronen (n_e) und Löcher (n_h) in einem Halbleiter (bei $T \ll \Delta$) reduziert sich für sie die Fermi-Verteilung mit großer Genauigkeit auf die Boltzmann-Verteilung, so daß die Elektronen und Löcher ein klassisches Gas bilden.[1]) Aus der Bedingung (67,1) folgt dann auf die übliche Weise (s. V, § 101) das Massenwirkungsgesetz, nach dem das Produkt der Gleichgewichtsdichten gleich

$$n_e n_h = K(T) \tag{67,2}$$

ist, dabei steht rechts eine Funktion der Temperatur, die nur von den Eigenschaften des Grundgitters abhängt, an dessen Atomen auch die Erzeugung und Vernichtung der Elektronen und Löcher stattfindet; diese Funktion hängt von der Existenz oder dem Fehlen von Verunreinigungen nicht ab. Wir berechnen die Funktion $K(T)$, indem wir, um konkret zu sein, annehmen, daß die Energien der Elektronen und Löcher quadratische Funktionen (66,1) des Quasiimpulses sind.

Die Verteilung der Elektronen (pro Volumeneinheit) bezüglich der Quasiimpulse wird durch die Boltzmann-Verteilung

$$\exp\left(\frac{\mu_e - \varepsilon_e(\boldsymbol{k})}{T}\right) 2\,\frac{\mathrm{d}^3k}{(2\pi)^3}$$

gegeben (der Faktor 2 berücksichtigt die beiden Spinrichtungen). Der Übergang zur Energieverteilung wird durch die Substitution

$$2\,\frac{\mathrm{d}^3k}{(2\pi)^3} \to \frac{\sqrt{2}\, m_e^{3/2}}{\pi^2\hbar^3} \sqrt{\varepsilon_e - \Delta}\, \mathrm{d}\varepsilon_e$$

erreicht. Dabei ist $m_e = (m_1 m_2 m_3)^{1/3}$, und m_1, m_2, m_3 sind die Hauptwerte des Tensors der effektiven Massen $m_{ik}^{(e)}$. Die Gesamtzahl der Elektronen pro Volumeneinheit ist folglich

$$n_e = \frac{\sqrt{2}\, m_e^{3/2}}{\pi^2\hbar^3}\, \mathrm{e}^{\mu_e/T} \int\limits_{\Delta}^{\infty} \sqrt{\varepsilon_e - \Delta}\; e^{-\varepsilon_e/T}\, \mathrm{d}\varepsilon_e$$

---

[1]) Die Dichte der Elektronen und Löcher in Halbleitern ist bei den üblichen Temperaturen 10^{13}–10^{17} cm^{-3}, während sie in Metallen 10^{22}–10^{23} cm^{-3} beträgt.

(wegen der schnellen Konvergenz kann die Integration bis ins Unendliche ausgedehnt werden). Wir berechnen das Integral und finden

$$n_e = 2\left(\frac{m_e T}{2\pi\hbar^2}\right)^{3/2} e^{(\mu_e - \Delta)/T}. \tag{67,3}$$

Auf analoge Weise erhalten wir

$$n_h = 2\left(\frac{m_h T}{2\pi\hbar^2}\right)^{3/2} e^{\mu_h/T}. \tag{67,4}$$

Wenn wir schließlich beide Ausdrücke multiplizieren und (67,1) berücksichtigen, erhalten wir das gesuchte Ergebnis

$$n_e n_h = \frac{(m_e m_h)^{3/2}}{2\pi^3\hbar^6} T^3 e^{-\Delta/T}. \tag{67,5}$$

In einem Eigenhalbleiter, wo alle Elektronen und Löcher als Paare entstanden sind, ist

$$n_e = n_h = \frac{(m_e m_h)^{3/4}}{\sqrt{2}\,\pi^{3/2}\hbar^3} T^{3/2} e^{-\Delta/2T}. \tag{67,6}$$

Wenn wir die Ausdrücke (67,6) und (67,3) vergleichen, finden wir das chemische Potential der Elektronen:[1])

$$\mu_e = \frac{\Delta}{2} + \frac{3T}{4}\ln\frac{m_h}{m_e}. \tag{67,7}$$

Was die Beiträge der Elektronen und Löcher zu den thermodynamischen Größen des Halbleiters betrifft, so sind sie bei $T \ll \Delta$ exponentiell klein. Wir berücksichtigen, daß für die Erzeugung eines Elektron-Loch-Paares eine Energie von etwa Δ erforderlich ist, und haben dann für den Elektron-Loch-Beitrag zu inneren Energie: $E_{eh} \approx V n_e \Delta$ mit n_e aus (67,6). Diese Größe kann man im Vergleich zum Gitterbeitrag zur Kristallenergie gewöhnlich vernachlässigen.

§ 68. Das Elektronenspektrum in der Nähe eines Entartungspunktes

In diesem Paragraphen zeigen wir an einfachen Beispielen, wie man, ausgehend von Symmetriebetrachtungen, die Form des Energiespektrums der Elektronen oder Löcher in einem Halbleiter (oder Dielektrikum) in der Nähe bestimmter Punkte im $\boldsymbol{k}$-Raum (im reziproken Gitter), die sich durch ihre Symmetrie auszeichnen, bestimmen kann.[2])

Wir betrachten ein Gitter, welches zur kubischen Kristallklasse $\mathbf{O}_h$ gehört, und werden uns für die Eigenschaften des Energiespektrums in der Nähe des Punktes $\boldsymbol{k} = 0$ interessieren — des Eckpunktes der kubischen Zelle des reziproken Gitters; dieser Punkt hat die Eigensymmetrie der vollen Punktgruppe $\mathbf{O}_h$.

---

[1]) In der Literatur nennt man diese Größe oft FERMI-Niveau. Wir betonen aber, daß das chemische Potential der Elektronen in einem Halbleiter keinesfalls die Bedeutung einer Grenzenergie hat, die es in den Metallen besitzt.

[2]) Ohne Berücksichtigung des Elektronenspins ist dieses Problem formal identisch mit dem Problem des Energiespektrums der Phononen in einem Kristall; s. V, § 136.

Als erstes Beispiel betrachten wir das Spektrum ohne Berücksichtigung des Elektronenspins, und in dem Punkt $\boldsymbol{k} = 0$ sei das Energieniveau im Band zweifach entartet, es gehöre zur irreduziblen Darstellung E_g der Gruppe $\boldsymbol{O}_h$.[1]) Wenn man den Punkt $\boldsymbol{k} = 0$ verläßt, wird die Entartung aufgehoben; die Aufgabe besteht darin, alle Zweige des Dispersionsgesetzes $\varepsilon(\boldsymbol{k})$ in der Nähe dieses Punktes zu finden.

Im § 59 wurde erklärt, wie man eine Abweichung von irgendeinem Punkt $\boldsymbol{k} = \boldsymbol{k}_0$ im $\boldsymbol{k}$-Raum als Störung betrachten kann. Das konkrete Bild des Störoperators ist für uns hier unwesentlich. Es genügt, nur die Struktur der Ausdrücke zu kennen, die die Korrektur zur Energie in jeder Ordnung in bezug auf die kleine Größe $\boldsymbol{q} = \boldsymbol{k} - \boldsymbol{k}_0$ bestimmen (im gegebenen Fall ist $\boldsymbol{k}_0 = 0$, so daß $\boldsymbol{q} \equiv \boldsymbol{k}$ ist). In der ersten Ordnung sind die Korrekturen durch eine Säkulargleichung bestimmt, die aus Matrixelementen (für die Übergänge zwischen Zuständen, die zu ein und demselben entarteten Niveau gehören) eines Operators der Form $\boldsymbol{k}\hat{\boldsymbol{\gamma}}$ gebildet ist; dabei ist $\hat{\boldsymbol{\gamma}}$ irgendein Vektoroperator. Im gegebenen Fall sind, weil in der Symmetriegruppe das Inversionszentrum enthalten ist, alle Matrixelemente des Operators $\hat{\boldsymbol{\gamma}}$ offensichtlich gleich Null, so daß es keinen Effekt erster Ordnung in $\boldsymbol{k}$ gibt (vgl. V, § 136). In der zweiten Ordnung in $\boldsymbol{k}$ werden die Energiekorrekturen durch eine Säkulargleichung bestimmt, die aus Matrixelementen eines Operators der Form

$$\hat{V} = \hat{\gamma}_{ik} k_i k_k \tag{68,1}$$

gebildet ist; dabei ist $\hat{\gamma}_{ik}$ irgendein (in den Indizes i, k symmetrischer) hermitescher Tensoroperator; hier gehen die Korrekturen von den in $\boldsymbol{k}$ linearen Gliedern des HAMILTON-Operators in der zweiten Ordnung der Störungstheorie und die Korrekturen von den in $\boldsymbol{k}$ quadratischen Gliedern in der ersten Ordnung ein. Unter den Matrixelementen des Operators (68,1) gibt es offenbar von Null verschiedene, aber die Symmetrieforderungen legen ihnen bestimmte Bedingungen auf.

Im Sinne des Transformationsgesetzes bei Symmetrieoperationen kann man die Wellenfunktionen, die die Basis der Darstellung E_g bilden, in der Form

$$\psi_1 \sim x^2 + \omega y^2 + \omega^2 z^2, \quad \psi_2 \sim x^2 + \omega^2 y^2 + \omega z^2$$

wählen mit

$$\omega = e^{2\pi i/3}, \quad \omega^2 = \omega^*, \quad 1 + \omega + \omega^2 = 0.$$

Das Zeichen $\sim$ bedeutet hier die Worte „transformiert sich wie". Die Drehung C_3 um die Würfeldiagonale transformiert die Koordinaten gemäß $x, y, z \to z, x, y$; dabei werden die Funktionen ψ_1, ψ_2 wie

$$C_3\colon \psi_1 \to \omega\psi_1, \quad \psi_2 \to \omega^2\psi_2$$

transformiert. Die Drehung C_4^x um eine Würfelkante (die Transformation $x, y, z \to x, -z, y$) transformiert die Funktionen gemäß

$$C_4^x\colon \psi_1 \to \psi_2, \quad \psi_2 \to \psi_1$$

usw. Bei der Inversion ändern die Koordinaten x, y, z das Vorzeichen, aber die Funktionen ψ_1, ψ_2 werden nicht geändert.

Hieraus kann man leicht schließen, daß alle Matrixelemente der Nichtdiagonalkomponenten $\hat{\gamma}_{ik}$ verschwinden, und die Matrixelemente der Diagonalkomponenten reduzie-

[1]) Zur Bezeichnung der Darstellungen der Punktgruppen s. III, §§ 95, 99.

ren sich auf zwei unabhängige reelle Konstanten:

$$\langle 1 |\gamma_{xx}| 1\rangle = \langle 2 |\gamma_{xx}| 2\rangle = \langle 1 |\gamma_{yy}| 1\rangle = \ldots \equiv A,$$

$$\langle 1 |\gamma_{xx}| 2\rangle = \langle 2 |\gamma_{xx}| 1\rangle \equiv B, \quad \langle 1 |\gamma_{yy}| 2\rangle = \omega B, \quad \langle 1 |\gamma_{zz}| 2\rangle = \omega^2 B.$$

Nun sind die Matrixelemente des Operators (68,1) gleich

$$\langle 1 | V | 1\rangle = \langle 2 | V | 2\rangle = Ak^2,$$

$$\langle 1 | V | 2\rangle = \langle 2 | V | 1\rangle^* = B(k_x^2 + \omega k_y^2 + \omega^2 k_z^2).$$

Wenn wir mit diesen Matrixelementen die Säkulargleichung bilden und sie lösen, erhalten wir zwei Zweige des Spektrums:

$$\varepsilon_{1,2}(k) - \varepsilon(0) = Ak^2 \pm B[k^4 - 3(k_x^2k_y^2 + k_x^2k_z^2 + k_y^2k_z^2)^2]^{1/2}. \tag{68,2}$$

Die Entartung wird aufgehoben, wenn man den Punkt $\boldsymbol{k} = 0$ in beliebige Richtungen mit Ausnahme der Würfeldiagonale ($k_x = k_y = k_z$) verläßt.[1])

Als zweites Beispiel betrachten wir ein Spektrum mit Berücksichtigung des Elektronenspins; dabei entsprechen den Energieniveaus zweideutige (Spinor-) Darstellungen der Symmetriegruppe. Im Punkt $\boldsymbol{k} = 0$ sei das Niveau vierfach entartet, es entspricht der irreduziblen Darstellung D'_u (oder D'_g) der Gruppe $\mathbf{O}_h$.[2])

Die Basisfunktionen dieser Darstellung kann man so wählen, daß sie sich wie die Eigenfunktionen ψ^j_m ($m = -j, \ldots, j$) des Drehimpulses $j = 3/2$ transformieren.[3]) Dieser Umstand erlaubt es, folgende Methode anzuwenden, die die Lösung der Aufgabe wesentlich vereinfacht (J. M. Luttinger, 1956).

Für eine vierdimensionale Darstellung ist die Matrix des Operators (68,1) vom Rang 4×4 mit 16 Elementen. Jede solche Matrix kann als Linearkombination von 16 gegebenen, linear unabhängigen 4×4-Matrizen dargestellt werden, wir wählen die 15 Matrizen

$$\hat{j}_x,\ \hat{j}_x^2,\ \{\hat{j}_x, \hat{j}_y\}_+,\ \hat{j}_x^3,\ \{\hat{j}_x, \hat{j}_y^2 - \hat{j}_z^2\}_+$$

und die aus diesen durch zyklische Vertauschung der Indizes x, y, z erhaltenen sowie die Matrix $\{\hat{j}_x, \{\hat{j}_y, \hat{j}_z\}_+\}_+$ (das Symbol $\{\ldots\}_+$ kennzeichnet den Antikommutator). Hier sind $\hat{j}_x, \hat{j}_y, \hat{j}_z$ die Matrizen der kartesischen Komponenten des Drehimpulses $j = 3/2$, genommen mit den vier Funktionen $\psi^{3/2}_m$. Andererseits muß man bei einer solchen Wahl der Basisfunktionen die Operatoren $\hat{j}_x, \hat{j}_y, \hat{j}_z$ selbst als bei Drehungen und Spiegelungen wie die Komponenten eines axialen Vektors transformiert betrachten. Dieser Umstand erlaubt es, den in k_x, k_y, k_z quadratischen Operator $\hat{V}$ aufzuschreiben, indem man ihn aus

---

1) Dasselbe Ergebnis (68,2) erhält man auch für die Darstellung E_u (im Punkt $\boldsymbol{k} = 0$). Das Dispersionsgesetz in der Nähe eines gegebenen Punktes ist überhaupt für alle Darstellungen gleich, die sich nur durch die Multiplikation mit irgendeiner eindimensionalen Darstellung der Gruppe voneinander unterscheiden (im gegebenen Fall ist $E_u = E_g \times A_{1u}$). Es ist klar, daß in solchen Fällen die Matrixelemente für die Übergänge zwischen verschiedenen Basisfunktionen miteinander durch die gleichen Beziehungen verknüpft sind.

2) Eine solche Situation findet man am unteren Rand des Löcherbandes in Diamant, Silizium und Germanium, die alle ein Gitter desselben Typs haben.

3) In der Aufgabe in III, § 99 wurde gezeigt, daß die irreduzible Darstellung $D^{(3/2)}$ der vollen Drehgruppe auch in bezug auf die Gruppe $\mathbf{O}$ irreduzibel bleibt, indem sie mit ihrer Darstellung D' zusammenfällt.

Ausdrücken bildet, die in bezug auf alle Transformationen der Gruppe 0_h invariant sind:

$$\hat{V} = \beta_1 \boldsymbol{k}^2 + 4\beta_2(k_x^2\hat{j}_x^2 + k_y^2\hat{j}_y^2 + k_z^2\hat{j}_z^2) + \beta_3(k_xk_y\{\hat{j}_x, \hat{j}_y\}_+ + k_yk_z\{\hat{j}_y, \hat{j}_z\}_+ + k_xk_z\{\hat{j}_z, \hat{j}_n\}_+), \tag{68,3}$$

dabei sind β_1, β_2, β_3 reelle Konstanten.

Die Matrixelemente des Operators (68,3) in bezug auf die Funktionen

$$\psi_1 \sim \psi_{3/2}^{3/2}, \quad \psi_2 \sim \psi_{1/2}^{3/2}, \quad \psi_3 \sim \psi_{-1/2}^{3/2}, \quad \psi_4 \sim \psi_{-3/2}^{3/2}$$

kann man jetzt leicht aus den gut bekannten Matrixelementen des Drehimpulses berechnen (sie sind durch die Formeln III, (29,7—10) gegeben). Eine solche Berechnung führt auf die folgenden Ausdrücke:

$$\begin{aligned} V_{11} &= V_{44} = (\beta_1 + 3\beta_2)(k_x^2 + k_y^2) + (\beta_1 + 9\beta_2)k_z^2, \\ V_{22} &= V_{33} = (\beta_1 + 7\beta_2)(k_x^2 + k_y^2) + (\beta_1 + \beta_2)k_z^2, \\ V_{12} &= -V_{34} = \frac{\sqrt{3}}{2}\beta_3 k_z(k_y + ik_x), \\ V_{13} &= V_{24} = 2\sqrt{3}\,\beta_2\,(k_y^2 - k_x^2) + \frac{\sqrt{3}}{2}\beta_3 ik_xk_y, \\ V_{14} &= V_{23} = 0. \end{aligned} \tag{68,4}$$

Die Aufstellung der Säkulargleichung kann man vereinfachen, wenn man beachtet, daß die Aufspaltung des Niveaus nicht vollständig sein kann — es muß noch eine zweifache (Kramerssche) Entartung übrigbleiben. Das bedeutet, daß jede Wurzel $\lambda \equiv \varepsilon(\boldsymbol{k}) - \varepsilon(0)$ der Säkulargleichung (der Eigenwert der Matrix $\hat{V}$) zweifach ist. Mit anderen Worten, jedem Eigenwert λ werden zwei linear unabhängige Sätze von Größen φ_n ($n = 1, 2, 3, 4$) entsprechen — Lösungen der Gleichung

$$\sum_m V_{nm}\varphi_m = \lambda\varphi_n. \tag{68,5}$$

Wir kombinieren diese beiden Sätze und können folglich den Größen φ_n noch eine zusätzliche Bedingung auferlegen, insbesondere, daß eine von ihnen verschwinden soll; es sei $\varphi_4 = 0$. Dann ergibt die Gleichung (68,5) mit $n = 4$:

$$V_{41}\varphi_1 + V_{42}\varphi_2 + V_{43}\varphi_3 = 0.$$

Wenn wir hieraus den Wert φ_3 in die Gleichungen mit $n = 1, 2$ einsetzen, erhalten wir ein System von nur zwei homogenen Gleichungen mit zwei Unbekannten φ_1 und φ_2:

$$\begin{pmatrix} V_{11} - V_{41}V_{13}/V_{43} & V_{12} - V_{42}V_{13}/V_{43} \\ V_{21} - V_{41}V_{23}/V_{43} & V_{22} - V_{42}V_{23}/V_{43} \end{pmatrix} \begin{pmatrix} \varphi_1 \\ \varphi_2 \end{pmatrix} = \lambda \begin{pmatrix} \varphi_1 \\ \varphi_2 \end{pmatrix}$$

(die Gleichung mit $n = 3$ gibt nichts Neues). Die Aufgabe, die Eigenwerte der 4×4-Matrix zu bestimmen, führt dann also zu derselben Aufgabe für die 2×2-Matrix. Wenn wir für diese die Säkulargleichung aufstellen und sie lösen (mit den Werten V_{nm} aus (68,4)), erhalten wir

$$\lambda = \frac{1}{2}(V_{11} + V_{22}) \pm \left[\frac{1}{4}(V_{11} - V_{22})^2 + |V_{12}|^2 + |V_{13}|^2\right]^{1/2},$$

oder schließlich

$$\varepsilon_{1,2}(\boldsymbol{k}) - \varepsilon(0) = Ak^2 \pm [Bk^4 + C(k_x^2k_y^2 + k_x^2k_z^2 + k_y^2k_z^2)]^{1/2} \tag{68,6}$$

mit

$$A = \beta_1 + 5\beta_2, \quad B = 16\beta_2^2, \quad C = 3\left(\frac{1}{4}\beta_3^2 - 16\beta_2^2\right)$$

(G. Dresselhaus, A. F. Kip, Ch. Kittel, 1955). Das Niveau spaltet beim Verlassen des Punktes $\boldsymbol{k} = 0$ in alle Richtungen auf.[1])

Wir verweilen noch kurz bei der Frage nach der Form der Gleichungen, die das Verhalten der Teilchen in der Nähe einer entarteten unteren Bandkante im Magnetfeld beschreiben. Um konkret zu sein, werden wir den zweiten der in diesem Paragraphen betrachteten Fälle im Auge haben — das Spektrum (68,6).

Eine direkte Benutzung des Hamilton-Operators, der aus (68,6) nach der allgemeinen Regel (56,7) gebildet wird, würde auf Schwierigkeiten im Zusammenhang damit führen, daß das Spektrum in der Nähe des Punktes $\boldsymbol{k} = 0$ nicht analytisch ist. Diese Schwierigkeiten kann man umgehen, wenn man die Substitution $\boldsymbol{k} \to \hat{\boldsymbol{k}} = \boldsymbol{K} - e\hat{\boldsymbol{A}}/\hbar c$ nicht in (68,6), sondern in dem Matrix-Hamilton-Operator (68,3) ausführt (um die Hermitezität zu erhalten, muß dabei in den Komponenten von $\boldsymbol{k}$ symmetrisiert werden). Jedes Matrixelement des Hamilton-Operators wird danach in einen linearen Differentialoperator umgewandelt, der nicht nur auf die Spinindizes, sondern auch auf die Argumente der Funktionen $\varphi_n(\boldsymbol{K})$ in den Gleichungen (68,5) wirkt, die so in ein System von vier linearen Differentialgleichungen umgewandelt werden.

Zur Berücksichtigung der Spineffekte bei angelegtem Magnetfeld muß man zum Hamilton-Operator (68,3) noch Glieder hinzufügen, die unmittelbar von $\boldsymbol{H}$ abhängen und nicht durch Betrachtungen der Eichinvarianz bestimmt sind. Weil das Feld als schwach vorausgesetzt wurde, müssen die hinzugefügten Glieder linear in $\boldsymbol{H}$ sein; gleichzeitig können sie wegen der angenommenen Kleinheit von $\boldsymbol{k}$ nicht von $\boldsymbol{k}$ abhängen (vgl. § 59). Im gegebenen Fall ist die allgemeine Form dieser Glieder, die in bezug auf alle Symmetrietransformationen des Kristalls invariant sind,

$$\beta_4 \boldsymbol{H}\hat{\boldsymbol{j}} + \beta_5(H_x\hat{j}_x^3 + H_y\hat{j}_y^3 + H_z\hat{j}_z^3). \tag{68,7}$$

Zum Schluß dieses Paragraphen erinnern wir an eine interessante Situation, die entsteht, wenn eines der sich im Entartungspunkt $\boldsymbol{k}_0$ berührenden Bänder das Leitungsband und das andere das Valenzband ist. Die Energielücke in einem Spektrum dieses Typs ist gleich Null; für die Erzeugung eines Elektrons und eines Loches mit Impulsen in der Nähe von $\boldsymbol{k}_0$ genügt schon eine beliebig kleine Energie. Solche Kristalle liegen in einem bestimmten Sinn zwischen einem Dielektrikum und einem Metall. Die Energielücke fehlt, aber die Elektronen- und Löcherzustände sind nur in einem Punkt des $\boldsymbol{k}$-Raums nicht getrennt. Man kann sagen, daß das ein Metall ist, bei dem die Fermi-Fläche auf einen Punkt $\boldsymbol{k}_0$ „zusammengezogen“ wurde. Bei $T = 0$ fehlen in solch einem

---

[1]) Wir erinnern daran, daß die Anwendung der Störungstheorie auf die Zustände eines einzigen entarteten Niveaus voraussetzt, daß die Intervalle $\varepsilon(\boldsymbol{k}) - \varepsilon(0)$ der entstehenden Aufspaltung klein im Vergleich zu den Abständen zu den benachbarten Bändern sind, darunter auch zu denen, die wegen der Spin-Bahn-Wechselwirkung aufspalten.

Halbleiter ohne Energielücke[1]) die Stromträger, aber bei tiefen Temperaturen wächst ihre Zahl nach einem Potenz- und nicht nach einem Exponentialgesetz. Die Form des Spektrums in der Nähe des Punktes $\boldsymbol{k}_0$ kann man nicht feststellen, indem man nur von Symmetriebetrachtungen ausgeht; die COULOMB-Wechselwirkung der Elektronen und Löcher führt dazu, daß in diesem Punkt Singularitäten in den Matrixelementen der Störung auftreten.[2])

---

[1]) Ein Beispiel ist eine Modifikation des Zinns — das graue Zinn.

[2]) Eine ausführlichere Untersuchung dieser Frage findet man bei A. A. ABRIKOSOW, S. D. BENESLAWSKIJ, Ž. eksper. teoret. fiz. **59**, 1280 (1970).

VII DER MAGNETISMUS

§ 69. Die Bewegungsgleichung des magnetischen Momentes in einem Ferromagneten

Die Existenz einer magnetischen Struktur in Kristallen führt dazu, daß in ihnen spezifische Zweige des Energiespektrums auftreten. Wir wollen diese Spektren untersuchen und erinnern zunächst an einige Besonderheiten der Wechselwirkungen in magnetischen Körpern.

Die wichtigste Form der Wechselwirkung in ferromagnetischen Stoffen ist die Austauschwechselwirkung der Atome, die dazu führt, daß sich eine spontane Magnetisierung ausbildet. Die charakteristische Eigenschaft dieser Wechselwirkung ist ihre Unabhängigkeit von der Orientierung der Magnetisierung in bezug auf das Gitter: die Austauschwechselwirkung ist das Ergebnis der elektrostatischen Wechselwirkung der Elektronen unter Berücksichtigung der Symmetrie der Wellenfunktion des Systems und hängt nicht von der Richtung des Gesamtspins ab.[1])

Das einfachste ferromagnetische System ist ein Dielektrikum mit Atomen im Kristallgitter, die ein magnetisches Moment besitzen, wobei die Austauschwechselwirkung ein solches („ferromagnetisches") Vorzeichen hat, daß die parallele Einstellung der Momente energetisch günstig ist. Dann sind im Grundzustand des Systems alle Spins parallel. Exakter ausgedrückt, in diesem Zustand ist die Projektion des Gesamtspins des Systems auf eine gewisse Richtung gleich dem maximal möglichen Wert Σs_a (die Summe läuft über alle Atome), s_a ist dabei der Spin eines Atoms. Denn der HAMILTON-Operator der Austauschwechselwirkung $\hat{H}_{\text{aust}}$ ist mit dem Operator des Gesamtspins des Systems $\hat{\boldsymbol{S}}$ vertauschbar und damit auch mit seiner Projektion $\hat{S}_z$ (das folgt daraus, daß $\hat{H}_{\text{aust}}$ nicht von der Richtung der Spins abhängt und der Operator $\hat{\boldsymbol{S}}$ der Operator für die Rotation im Spinraum ist). Deshalb muß der Grundzustand einen bestimmten Wert S_z haben, und dem Energieminimum entspricht das maximale S_z. Wir bemerken, daß dann die Projektionen s_z der Spins aller Atome gleich ihren Maximalwerten s_a sind, so daß das magnetische Moment im Grundzustand gleich seinem „Nominalwert" $\Sigma \mu_a$ mit dem magnetischen Moment eines Atoms μ_a ist. Diese Eigenschaft wird aber durch schwächere — relativistische — Wechselwirkungen zerstört.

In komplizierteren Fällen ist die Magnetisierung eines Körpers nicht gleich ihrem Nominalwert. Wenn insbesondere die Wechselwirkung nicht zwischen allen Atomen ferromagnetischen Charakter trägt, ist die Bildung von Strukturen aus zwei entgegengesetzt magnetisierten Untergittern möglich, deren Magnetisierungen verschieden sind und sich nicht vollständig kompensieren; Stoffe mit einer Struktur dieses Typs nennt man Ferrite (der Fall der vollständigen Kompensation entspricht einem Antiferromagneten).

Schließlich darf man in einem ferromagnetischen Metall die Spins der Atome nicht unabhängig von den Leitungselektronen betrachten, die in jedem Fall (wegen der Effekte

---

[1]) Die experimentellen Angaben über die gyromagnetischen Verhältnisse g, die für Ferromagnetika Werte von fast 2 ergeben, zeugen von der Spinnatur des Ferromagnetismus.

der FERMI-Entartung) sogar bei $T = 0$ nicht vollständig magnetisiert sein werden. Die Besonderheiten der magnetischen Wechselwirkungen in einem Metall können auch zu einer komplizierteren Struktur des Grundzustandes eines Ferromagneten mit nichtkollinearer Anordnung der magnetischen Momente der Atome führen — zu sogenannten helikoidalen Strukturen.

Wie in jedem makroskopischen System kann man die schwach angeregten Zustände eines Ferromagneten als Gesamtheit von Elementaranregungen — als Gas von Quasiteilchen — betrachten. Die Elementaranregungen in einer geordneten Anordnung von atomaren magnetischen Momenten nennt man *Magnonen.* Weil es sich hier um Quasiteilchen in einem translationssymmetrischen Kristallgitter handelt, besitzen die Magnonen keinen bestimmten echten Impuls, sondern einen bestimmten Quasiimpuls, der die Werte in einer Zelle des reziproken Gitters durchläuft. Im klassischen Bild entsprechen den Magnonen *Spinwellen* — sich im Gitter ausbreitende Schwingungen der magnetischen Momente. Die Magnonen unterliegen der BOSE-Statistik, und dem klassischen Grenzfall der Spinwellen entsprechen große Besetzungszahlen der Magnonenzustände.

Wenn die Wellenlänge einer Spinwelle groß im Vergleich zur Gitterkonstanten a ist (d. h., für den Wellenzahlvektor gilt $k \ll 1/a$), dann kann man die Welle makroskopisch betrachten; das Dispersionsgesetz der Wellen $\omega(\boldsymbol{k})$ wird dann durch phänomenologische Parameter (Materialkonstanten) ausgedrückt, die in die makroskopischen Bewegungsgleichungen der magnetischen Momente eingehen. Damit wird auch das Spektrum der Magnonen $\varepsilon = \hbar\omega(\boldsymbol{k})$ durch diese Parameter ausgedrückt. Dieser Weg zur Bestimmung des Magnonenspektrums ist der Bestimmung des Spektrums der langwelligen Phononen durch die makroskopischen Parameter (elastische Moduln), die in die makroskopischen Gleichungen für die Schwingungen der Schallwellen eingehen, vollkommen analog. Um dieses Programm zu erfüllen, muß man zunächst die erwähnten Bewegungsgleichungen ableiten.[1])

Wir führen die Betrachtung zuerst unter alleiniger Berücksichtigung der Austauschwechselwirkungen durch.

Weil wir uns für die schwach angeregten Zustände eines Ferromagneten interessieren (nur ihre Eigenschaften können in allgemeiner Form geklärt werden), müssen wir uns auf „langsame" Bewegungen des magnetischen Momentes, mit kleinen Frequenzen, beschränken. Das sind Bewegungen, in denen sich die Richtung des magnetischen Momentes im Raum langsam ändert, während sein Betrag dabei konstant bleibt. Denn die Gleichgewichtsmagnetisierung ist durch die Austauschwechselwirkung fixiert; deshalb hängt ihre Änderung in jedem Fall mit einem endlichen Energieaufwand bei beliebiger Wellenlänge zusammen (es wird angenommen, daß sich der Körper hinreichend weit von seinem CURIE-Punkt entfernt befindet, in dem die spontane Magnetisierung verschwindet). Andererseits wird die Energie bei einer Drehung des magnetischen Momentes des Körpers als Ganzes nicht geändert; deshalb wird eine längs des Körpers inhomogene Drehung der Magnetisierung eine um so geringere Energie erfordern, je größer die Wellenlänge ist (mit anderen Worten, die langwelligen Schwingungen werden kleine Frequen-

---

[1]) Die weiteren Ergebnisse dieses Paragraphen stammen von L. D. LANDAU und E. M. LIFSCHITZ (1935). Wir bemerken, daß diese Ergebnisse für beliebige „Austauschferromagneten" richtig sind. Wir werden uns hier aber nicht mit dem sogenannten schwachen Ferromagnetismus beschäftigen, in dem ein ferromagnetisches Moment nur bei Berücksichtigung der relativistischen Wechselwirkungen auftritt.

zen haben). Die gesuchte Gleichung für die Dichte des magnetischen Momentes (die Magnetisierung) $\boldsymbol{M}$ muß deshalb eine Form haben, die $|\boldsymbol{M}|$ konstant läßt:

$$\frac{\partial \boldsymbol{M}}{\partial t} = \boldsymbol{\Omega} \times \boldsymbol{M}. \tag{69,1}$$

$\boldsymbol{\Omega}$ ist die Winkelgeschwindigkeit der Präzession des Momentes, die wir nun bestimmen wollen. Wir schreiben die Bewegungsgleichung als Differentialgleichung erster Ordnung bezüglich der Zeit, weil man bei kleinen Frequenzen die höheren Ableitungen vernachlässigen kann.

Um $\boldsymbol{\Omega}$ zu bestimmen, muß man berücksichtigen, daß bei großen Wellenlängen und tiefen Temperaturen die Energiedissipation bei einer Änderung der Magnetisierung klein ist und daß man sie vernachlässigen kann (wir kommen auf die Begründung dieser Annahme am Ende des § 70 zurück). Um die Frage zu klären, wie die Bedingung für die fehlende Dissipation aussieht, werden wir das magnetische Moment des Magnetikums als unabhängigen Parameter betrachten, dessen Gleichgewichtsverteilung dadurch gefunden wird, daß man das Minimum der freien Energie bestimmt. Wir werden das Minimum bei konstanter Temperatur, konstantem Volumen des Körpers und bei konstanter Feldstärke $\boldsymbol{H}$ in jedem Punkt des Körpers bestimmen; das thermodynamische Potential in bezug auf diese Veränderlichen ist die freie Energie $\tilde{F}$.[1] Die Variation $\delta\tilde{F}$ bei unendlich kleiner Änderung von $\boldsymbol{M}$ kann man als

$$\delta\tilde{F} = -\int \boldsymbol{H}_{\text{eff}}\, \delta\boldsymbol{M}\, \mathrm{d}V \tag{69,2}$$

schreiben, dabei haben wir die Bezeichnung $\boldsymbol{H}_{\text{eff}}$ für das „effektive Feld" in Analogie mit dem Ausdruck für die Energie des magnetischen Momentes in einem äußeren Magnetfeld eingeführt. Im Gleichgewicht ist $\boldsymbol{H}_{\text{eff}} = 0$.

Die Energiedissipation bei einer zeitlichen Magnetisierungsänderung wird als die Ableitung

$$Q = T\frac{\partial S}{\partial t} = -\frac{\partial R_{\text{min}}}{\partial t} = -\frac{\partial \tilde{F}}{\partial t}$$

berechnet. S ist die Entropie des Körpers, R_{min} die minimale Arbeit, die dazu notwendig ist, um den Körper in den gegebenen Nichtgleichgewichtszustand zu bringen. Mit Hilfe von (69,1) haben wir also

$$Q = \int \boldsymbol{H}_{\text{eff}} \frac{\partial \boldsymbol{M}}{\partial t}\, \mathrm{d}V = \int \boldsymbol{H}_{\text{eff}}(\boldsymbol{\Omega} \times \boldsymbol{M})\, \mathrm{d}V. \tag{69,3}$$

Hieraus sieht man, daß bei fehlender Dissipation der Vektor $\boldsymbol{\Omega}$ parallel zu dem Vektor $\boldsymbol{H}_{\text{eff}}$ sein muß, so daß man $\boldsymbol{\Omega} = \text{const} \cdot \boldsymbol{H}_{\text{eff}}$ setzen kann. Danach nimmt die Gleichung (69,1) die Form

$$\dot{\boldsymbol{M}} = \text{const}\, \boldsymbol{H}_{\text{eff}} \times \boldsymbol{M} \tag{69,4}$$

an, die Bedeutung und der Wert der Konstanten werden unten erklärt.

---

[1]) Siehe VIII, § 36 (die thermodynamischen Größen, die sich auf den ganzen Körper beziehen, wurden dort mit Buchstaben aus der Schreibschrift bezeichnet). Bei einer inhomogenen Verteilung ist es richtiger, von der freien Energie des Körpers (bei gegebenem Volumen) und nicht von dem thermodynamischen Potential $\tilde{\Phi}$ zu sprechen. Wir werden uns hier nicht mit Striktionseffekten befassen, d.h. mit Spannungen und Deformationen eines Kristalls infolge einer Magnetisierungsänderung.

Nach der Definition (69,2) findet man die explizite Form des effektiven Feldes durch Variation der gesamten freien Energie des Körpers. Die letztere ist durch das Integral

$$\tilde{F} = \int \left\{ f_0(M) + U_{\text{inh}} - \boldsymbol{M}\boldsymbol{H} - \frac{H^2}{8\pi} \right\} \mathrm{d}V \tag{69,5}$$

gegeben (s. VIII, § 36). Hier ist $f_0(M)$ die Dichte der freien Energie des homogen magnetisierten Körpers bei $H = 0$, die nur die Austauschwechselwirkungen berücksichtigt und deshalb nicht von der Richtung von $\boldsymbol{M}$ abhängt. U_{inh} ist die Dichte der zusätzlichen Austauschenergie, die mit einer langsamen Änderung der Richtung des Vektors $\boldsymbol{M}$ längs des inhomogen magnetisierten Körpers zusammenhängt.

Die ersten Glieder der Entwicklung dieser Energie nach Potenzen der Ableitungen des Momentes $\boldsymbol{M}$ nach den Koordinaten haben die Form

$$U_{\text{inh}} = \frac{1}{2} \alpha_{ik} \frac{\partial \boldsymbol{M}}{\partial x_i} \frac{\partial \boldsymbol{M}}{\partial x_k}, \tag{69,6}$$

wobei diese (in den Ableitungen) quadratische Form positiv definit ist. Der Ausdruck (69,6) ist so aufgebaut, daß er (in Übereinstimmung mit den Eigenschaften der Austauschwechselwirkung) nicht von der absoluten Richtung des Vektors $\boldsymbol{M}$ abhängt. In einachsigen Kristallen hat der symmetrische Tensor zweiten Ranges α_{ik} die Komponenten $\alpha_{xx} = \alpha_{yy} \equiv \alpha_1$, $\alpha_{zz} \equiv \alpha_2$ (die z-Achse ist die Symmetrieachse des Kristalls); in kubischen Kristallen ist $\alpha_{ik} = \alpha\, \delta_{ik}$.

Die Größenordnung der Koeffizienten α_{ik} kann man abschätzen, wenn man beachtet, daß die Energie der Inhomogenität, bezogen auf das Volumen einer Elementarzelle des Kristallgitters, charakteristische atomare Werte der Austauschenergie annehmen müßte, wenn sich die Richtung des Momentes auf Abständen von der Größenordnung der Gitterkonstanten a wesentlich ändern würde. Die charakteristische Austauschenergie fällt größenordnungsmäßig mit der CURIE-Temperatur zusammen (dem Punkt, in dem der Ferromagnetismus verschwindet). Aus der Bedingung $T_c/a^3 \sim \alpha M^2/a^2$ finden wir

$$\alpha \sim T_c/aM^2. \tag{69,7}$$

Wir variieren das Integral (69,5) (bei gegebenen Werten von $\boldsymbol{H}$ in jedem Punkt des Körpers), integrieren im zweiten Glied partiell und erhalten

$$\delta\tilde{F} = \int \left\{ f_0'(M) \frac{\boldsymbol{M}}{M} - \alpha_{ik} \frac{\partial^2 \boldsymbol{M}}{\partial x_i\, \partial x_k} - \boldsymbol{H} \right\} \delta\boldsymbol{M}\, \mathrm{d}V.$$

Nach der Definition (69,2) ist der Ausdruck in den geschweiften Klammern $-\boldsymbol{H}_{\text{eff}}$. Das erste Glied in den Klammern hat die Richtung von $\boldsymbol{M}$; wenn man $\boldsymbol{H}_{\text{eff}}$ in die Bewegungsgleichung (69,4) einsetzt, fällt dieses Glied heraus, daher kann man es überhaupt weglassen.[1]) Wir finden also

$$\boldsymbol{H}_{\text{eff}} = \alpha_{ik} \frac{\partial^2 \boldsymbol{M}}{\partial x_i\, \partial x_k} + \boldsymbol{H}. \tag{69,8}$$

Wenn man nur die Austauschwechselwirkungen berücksichtigt, die von der Richtung des magnetischen Momentes unabhängig sind, muß sich die Gleichung (69,4) für einen

---

[1]) Danach wird aber $\boldsymbol{H}_{\text{eff}}$ nicht unbedingt im Gleichgewicht verschwinden.

homogen magnetisierten Körper auf die Bewegungsgleichung des frei präzedierenden Momentes reduzieren:

$$\frac{\partial \boldsymbol{M}}{\partial t} = \frac{g\,|e|}{2mc}\,\boldsymbol{H} \times \boldsymbol{M},$$

dabei bedeuten $e = -|e|$, m die Ladung bzw. Masse eines Elektrons und g das gyromagnetische Verhältnis des Ferromagneten (vgl. II, § 45). Andererseits ist bei homogener Magnetisierung $\boldsymbol{H}_{\text{eff}} = \boldsymbol{H}$; daraus folgt, daß der konstante Koeffizient in (69,4) const $= g\,|e|/2mc$ ist, so daß die Bewegungsgleichung

$$\frac{\partial \boldsymbol{M}}{\partial t} = \frac{g\,|e|}{2mc}\,\boldsymbol{H}_{\text{eff}} \times \boldsymbol{M} \tag{69,9}$$

mit $\boldsymbol{H}_{\text{eff}}$ aus (69,8) lautet.

Um ein vollständiges Gleichungssystem zu erhalten, muß man noch die MAXWELL-Gleichung hinzunehmen, die das Feld $\boldsymbol{H}$ mit der Verteilung der Magnetisierung $\boldsymbol{M}$ verknüpft. Die Spinwellen, die im folgenden Paragraphen betrachtet werden, sind in dem Sinne niederfrequent, daß $\omega \ll ck$ ist. Unter diesen Bedingungen ist das Feld quasistationär; in den MAXWELL-Gleichungen kann man die zeitlichen Ableitungen vernachlässigen, und sie reduzieren sich auf

$$\operatorname{rot} \boldsymbol{H} = 0, \quad \operatorname{div} \boldsymbol{B} = \operatorname{div}(\boldsymbol{H} + 4\pi \boldsymbol{M}) = 0. \tag{69,10}$$

Im Zusammenhang damit kann die Frage nach der Berechtigung der Variation des Integrals (69,5) nach $\boldsymbol{M}$ bei konstantem $\boldsymbol{H}$ entstehen, sind beide Größen doch durch die zweite Gleichung (69,10) miteinander verknüpft. Setzt man jedoch (wegen der ersten Gleichung) $\boldsymbol{H} = -\nabla\varphi$ und berechnet die Variation des Integrals nach φ, so verschwindet diese wegen der zweiten Gleichung, so daß die Variation nach $\boldsymbol{H}$ keinen Beitrag zu $\delta\tilde{F}$ gibt.

Wenn sich der Körper nicht in einem äußeren Magnetfeld befindet, dann ist das Feld in seinem Inneren vollständig mit der Magnetisierungsverteilung verknüpft, es ist dann im allgemeinen eine Größe von der gleichen Ordnung wie $\boldsymbol{M}$. In diesem Sinne stellt das Glied $\boldsymbol{H}$ im effektiven Feld (69,8) einen relativistischen Effekt dar (wir erinnern daran, daß die atomaren magnetischen Momente, und mit ihnen auch die spontane Magnetisierung $\boldsymbol{M}$, durch das BOHRsche Magneton $\beta = |e|\,\hbar/2mc$ bestimmt sind — eine Größe, die c im Nenner enthält). Deshalb muß man in der bisher betrachteten, reinen Austauschnäherung das zweite Glied in (69,8) weglassen, so daß die Bewegungsgleichung

$$\frac{\partial \boldsymbol{M}}{\partial t} = \frac{g\,|e|}{2mc}\,\alpha_{ik}\,\frac{\partial^2 \boldsymbol{M}}{\partial x_i\,\partial x_k} \times \boldsymbol{M} \tag{69,11}$$

ist. Wir weisen darauf hin, daß diese Gleichung nichtlinear ist.

Die Gleichung (69,11) kann man auch als Kontinuitätsgleichung für das magnetische Moment schreiben:

$$\frac{\partial M_i}{\partial t} + \frac{\partial \Pi_{il}}{\partial x_l} = 0,$$

dabei hat der Tensor des Stromes des Momentes Π_{il} die Form

$$\Pi_{il} = \frac{g\,|e|}{2mc}\,\alpha_{lk}\left(\boldsymbol{M} \times \frac{\partial \boldsymbol{M}}{\partial x_k}\right)_i.$$

Das mußte man schon von vornherein erwarten, weil das magnetische Gesamtmoment des Körpers in der Austauschnäherung erhalten bleibt.

Wir berücksichtigen jetzt, daß es in einem Ferromagneten neben der Austauschwechselwirkung auch wesentlich schwächere, relativistische Wechselwirkungen der Elektronenmomente gibt: die Spin-Spin- und die Spin-Bahn-Wechselwirkungen. In der makroskopischen Theorie werden sie durch die Energie der magnetischen Anisotropie beschrieben, deren Dichte U_{an} von der Richtung des Magnetisierungsvektors in bezug auf das Kristallgitter abhängt; durch diese Wechselwirkungen wird die Gleichgewichtsrichtung der spontanen Magnetisierung eines Ferromagneten festgelegt. Zu den relativistischen Wechselwirkungen gehört, wie schon angegeben wurde, auch die Wechselwirkung von $\boldsymbol{M}$ mit dem Magnetfeld $\boldsymbol{H}$.

In einem einachsigen Kristall hat die Anisotropieenergie die Form

$$U_{\text{an}} = -\frac{K}{2} M_z^2. \tag{69,12}$$

Wenn $K > 0$ ist, dann zeigt die Gleichgewichtsmagnetisierung in Richtung der Symmetrieachse — der z-Achse (Ferromagnet vom Typ „leichte Achse"); wenn $K < 0$ ist, dann liegt die Richtung der spontanen Magnetisierung in der xy-Ebene (Ferromagnet vom Typ „leichte Ebene"). In einem kubischen Kristall kann die Anisotropieenergie in der Form

$$U_{\text{an}} = \frac{K'}{M^2}(M_x^2 M_y^2 + M_x^2 M_z^2 + M_y^2 M_z^2) \tag{69,13}$$

dargestellt werden, dabei liegen die x-, y- und z-Achsen längs dreier Symmetrieachsen vierter Ordnung (Kanten der kubischen Zellen). Wenn $K' > 0$ ist, dann zeigt der Gleichgewichtsvektor $\boldsymbol{M}$ in Richtung einer Kante der kubischen Zellen, und wenn $K' < 0$ ist — in Richtung einer Raumdiagonale der Zellen.[1])

Um konkret zu sein, werden wir einen einachsigen Ferromagneten betrachten. Wenn wir zum Integranden in (69,5) das Glied U_{an} (69,12) hinzufügen, erhalten wir nach der Variation das zusätzliche Glied $-KM_z\boldsymbol{\nu}\,\delta\boldsymbol{M}$ mit $\boldsymbol{\nu}$ als Einheitsvektor in Richtung der Symmetrieachse des Kristalls. Für das effektive Feld finden wir also

$$\boldsymbol{H}_{\text{eff}} = \alpha_{ik}\frac{\partial^2 \boldsymbol{M}}{\partial x_i\,\partial x_k} + KM_z\boldsymbol{\nu} + \boldsymbol{H}. \tag{69,14}$$

Es ist leicht zu sehen, daß mit dieser Änderung des effektiven Feldes die Änderungen vollständig erfaßt sind, die die Berücksichtigung der relativistischen Effekte in die Bewegungsgleichung (69,9) einbringt. Denn die Vernachlässigung der Dissipation bedeutet nach wie vor, daß die rechte Seite der Bewegungsgleichung senkrecht zu $\boldsymbol{H}_{\text{eff}}$ sein muß, d. h. sie muß die Form $\boldsymbol{M}' \times \boldsymbol{H}_{\text{eff}}$ haben, dabei unterscheidet sich $\boldsymbol{M}'$ von $\boldsymbol{M}$ nur durch die Berücksichtigung der relativistischen Korrekturen, die immer klein im Vergleich zu dem großen $\boldsymbol{M}$ und deshalb unwesentlich sind. Die relativistischen Glieder in $\boldsymbol{H}_{\text{eff}}$ werden zu einer Größe hinzugefügt, die wegen der langsamen Änderung von $\boldsymbol{M}$ längs des Körpers klein ist; diese Glieder können bei hinreichend großen Wellenlängen wesentlich werden.

---

[1]) Die dimensionslosen Größen K, K' haben für unterschiedliche Ferromagnetika Werte, die in einem breiten Intervall von etwa einem Zehntel bis zur Größenordnung zehn liegen. Die Größenordnung des Verhältnisses der relativistischen Wechselwirkungen zur Austauschwechselwirkung wird durch die Größe $a^3 U_{\text{an}}/T_c$ charakterisiert und beträgt gewöhnlich 10^{-4}—10^{-5}.

§ 70. Magnonen in einem Ferromagneten. Das Spektrum

Wir wenden die im vorigen Paragraphen erhaltenen Gleichungen auf die Ausbreitung von Wellen an, in denen die Dichte des magnetischen Momentes kleine Schwingungen ausführt, indem sie relativ zu dem Gleichgewichtswert $\boldsymbol{M}_0$ präzediert. Wir werden eine Eindomänenprobe betrachten, in deren ganzem Volumen $\boldsymbol{M}_0$ konstant ist, und wir werden uns auf Wellen beschränken, deren Wellenlänge viel kleiner als die Probendimension ist. Dann kann man die Probe als unbegrenzt betrachten.

Zunächst betrachten wir das Problem unter alleiniger Berücksichtigung der Austauschwechselwirkung, d. h. auf der Grundlage der Gleichung (69,11). Wir setzen $\boldsymbol{M} = \boldsymbol{M}_0 + \boldsymbol{m}$ mit der kleinen Größe $\boldsymbol{m}$ und linearisieren die Gleichung, indem wir die Glieder zweiter Ordnung in $\boldsymbol{m}$ vernachlässigen; weil der Betrag von $\boldsymbol{M}$ gleich M_0 ist, ist in dieser Näherung $\boldsymbol{m} \perp \boldsymbol{M}_0$. Wir erhalten

$$\dot{\boldsymbol{m}} = \frac{|e|}{mc} \alpha_{ik} \frac{\partial^2 \boldsymbol{m}}{\partial x_i \partial x_k} \times \boldsymbol{M}_0 \tag{70,1}$$

(hier und unten setzen wir $g = 2$). Für $\boldsymbol{m}$, das von den Koordinaten und der Zeit wie $\exp\left[i(\boldsymbol{kr} - \omega t)\right]$ abhängt, finden wir

$$i\omega \boldsymbol{m} = \frac{|e|}{mc} \alpha k^2 \boldsymbol{m} \times \boldsymbol{M}_0 \tag{70,2}$$

mit $\alpha = \alpha(\boldsymbol{n}) = \alpha_{ik} n_i n_k$, $\boldsymbol{n}$ ist der Einheitsvektor in Richtung des Wellenzahlvektors $\boldsymbol{k}$. Wenn wir diese Gleichung in Komponenten zerlegen, erhalten wir

$$i\omega m_x = \frac{|e|}{mc} \alpha M k^2 m_y,$$

$$i\omega m_y = -\frac{|e|}{mc} \alpha M k^2 m_x$$

(die z-Achse zeigt in Richtung von $\boldsymbol{M}_0$). Hieraus finden wir das Dispersionsgesetz der Spinwellen[1])

$$\omega = \frac{|e| M}{mc} \alpha(\boldsymbol{n})\, k^2. \tag{70,3}$$

Wir sehen, daß, in Übereinstimmung mit dem zu Beginn des vorigen Paragraphen Gesagten, in der Austauschnäherung die Frequenz bei $k \to 0$ gegen Null strebt. Der Vektor $\boldsymbol{m}$ dreht sich in der Spinwelle in der xy-Ebene mit der konstanten Winkelgeschwindigkeit ω, wobei er betragsmäßig konstant bleibt.

Im Quantenbild bestimmt die Formel (70,3) das Energiespektrum der Magnonen $\varepsilon = \hbar\omega$:[2])

$$\varepsilon(\boldsymbol{k}) = 2\beta M \alpha(\boldsymbol{n})\, k^2. \tag{70,4}$$

---

1) Das quadratische Dispersionsgesetz der Spinwellen wurde zuerst von F. Bloch (1930) mit Hilfe einer mikroskopischen Theorie gefunden. Der Ausdruck dieses Spektrums mit Hilfe makroskopischer Parameter wurde von L. D. Landau und E. M. Lifschitz (1945) gegeben.

2) In diesem Kapitel bedeutet β immer das Bohrsche Magneton: $\beta = |e|\,\hbar/2mc$.

Im Formalismus der zweiten Quantelung werden die makroskopischen Größen, die den Ferromagneten beschreiben, durch Operatoren ersetzt, die mit Hilfe der Vernichtungs- und Erzeugungsoperatoren für die Magnonen ausgedrückt werden. Wir zeigen, wie das für die Magnonen (70,4) getan werden muß.

In Korrespondenz zu der klassischen Größe $\boldsymbol{M}$ führen wir den Vektoroperator $\hat{\boldsymbol{M}}$ ein, dessen Komponenten bestimmten Vertauschungsregeln genügen. $\hat{\boldsymbol{S}}(\boldsymbol{r})\,\delta V$ sei der Operator des Gesamtspins der Atome in einem physikalisch unendlich kleinen Volumenelement δV im Punkt $\boldsymbol{r}$. Die Operatoren $\hat{\boldsymbol{S}}(\boldsymbol{r}_1)\,\delta V_1$ und $\hat{\boldsymbol{S}}(\boldsymbol{r}_2)\,\delta V_2$, die sich auf verschiedene Elemente δV_1 und δV_2 beziehen, sind vertauschbar. Die Komponenten ein und desselben Operators $\hat{\boldsymbol{S}}(\boldsymbol{r})\,\delta V$ genügen den gewöhnlichen Vertauschungsregeln für Drehimpulse:

$$\hat{S}_x\,\delta V \cdot \hat{S}_y\,\delta V - \hat{S}_y\,\delta V \cdot \hat{S}_x\,\delta V = i\hat{S}_z\,\delta V,$$

oder $\hat{S}_x\hat{S}_y - \hat{S}_y\hat{S}_x = i\hat{S}_z/\delta V$ (und analog für die restlichen Kommutatoren). Beim Grenzübergang $\delta V \to 0$ werden diese Regeln für beliebige $\boldsymbol{r}_1$ und $\boldsymbol{r}_2$ in der einheitlichen Form

$$\hat{S}_x(\boldsymbol{r}_1)\,\hat{S}_y(\boldsymbol{r}_2) - \hat{S}_y(\boldsymbol{r}_2)\,\hat{S}_x(\boldsymbol{r}_1) = i\hat{S}_z(\boldsymbol{r}_1)\,\delta(\boldsymbol{r}_1 - \boldsymbol{r}_2)$$

geschrieben. Wenn wir nun diese Gleichung mit $4\beta^2$ multiplizieren und beachten, daß der Magnetisierungsoperator $\hat{\boldsymbol{M}} = -2\beta\hat{\boldsymbol{S}}$ ist, erhalten wir

$$\hat{M}_x(\boldsymbol{r}_1)\,\hat{M}_y(\boldsymbol{r}_2) - \hat{M}_y(\boldsymbol{r}_2)\,\hat{M}_x(\boldsymbol{r}_1) = -2i\beta\hat{M}_z(\boldsymbol{r}_1)\,\delta(\boldsymbol{r}_1 - \boldsymbol{r}_2). \tag{70,5}$$

Bei der Anwendung auf Spinwellen, in denen $\boldsymbol{M}$ kleine Schwingungen um die z-Achse ausführt, kann man in erster Näherung bezüglich der kleinen Größen m_x, m_y den Operator $\hat{M}_z$ auf der rechten Seite von (70,5) durch die Zahl $M_z \approx M$ ersetzen; dann ist

$$\hat{m}_x(\boldsymbol{r}_1)\,\hat{m}_y(\boldsymbol{r}_2) - \hat{m}_y(\boldsymbol{r}_2)\,\hat{m}_x(\boldsymbol{r}_1) = -2i\beta M\,\delta(\boldsymbol{r}_1 - \boldsymbol{r}_2). \tag{70,6}$$

Hieraus sieht man, daß die Größen m_y und m_x im gegebenen Fall (bis auf konstante Faktoren) die Rolle von kanonisch konjugierten „verallgemeinerten Koordinaten und Impulsen" spielen — analog dazu, wie φ und ϱ' diese Rolle bei der Quantelung der Schallwellen in einer Flüssigkeit spielten (§ 24). Wir betonen aber einen wesentlichen Unterschied zwischen beiden Fällen. Die Vertauschungsregel (24,7) für die Phononenoperatoren ist exakt, sie hängt nicht damit zusammen, daß die Schwingungen klein sind (d.h. daß die Besetzungszahlen der Phononenzustände klein sind). Die Regel (70,6) gilt genähert, sie ist nur in der ersten Näherung bezüglich der kleinen Größe $\boldsymbol{m}$ richtig.

Wenn man von der Vertauschungsregel (70,6) ausgeht und der Beziehung zwischen den Operatoren $\hat{m}_x$ und $\hat{m}_y$, die den linearen Gleichungen (70,1) entspricht, kann man die Ausdrücke finden, mit deren Hilfe diese Operatoren durch die Erzeugungs- und Vernichtungsoperatoren der Magnonen ausgedrückt werden, analog dazu, wie das im § 24 für die Phononen getan wurde (s. auch die Aufgabe 4 zu § 71).

Wir kehren zur Untersuchung des Magnonenspektrums zurück und wenden uns der Berücksichtigung des Einflusses der relativistischen Effekte auf dieses Spektrum zu. Jetzt ist es auch notwendig, das Magnetfeld $\boldsymbol{H}$ zu berücksichtigen, welches bei den Schwingungen von $\boldsymbol{M}$ entsteht. Es wird von der gleichen Größenordnung wie $\boldsymbol{m}$ sein; wir bezeichnen es hier mit $\boldsymbol{h}$.

Die MAXWELL-Gleichungen (69,10) geben

$$\boldsymbol{k} \times \boldsymbol{h} = 0, \quad \boldsymbol{kh} = -4\pi \boldsymbol{km}.$$

Hieraus sieht man, daß das Feld $\boldsymbol{h}$ längs des Wellenzahlvektors zeigt und gleich

$$\boldsymbol{h} = -4\pi(\boldsymbol{nm})\,\boldsymbol{n} \tag{70,7}$$

ist. Wenn wir (70,7) in die letzten beiden Glieder des Integranden in (69,5) einsetzen, erhalten wir

$$-\boldsymbol{mh} - \frac{h^2}{8\pi} = 2\pi(\boldsymbol{nm})^2 \tag{70,8}$$

(hier ist das Glied $\boldsymbol{M}_0\boldsymbol{h}$ weggelassen, das, weil das Feld $\boldsymbol{h}$ Potentialcharakter hat, bei der Integration über das ganze Volumen in ein Oberflächenintegral transformiert wird und verschwindet); diesen Teil der Anisotropieenergie in einer Spinwelle nennt man gelegentlich auch *magnetostatische* Energie.

Der Ferromagnet sei einachsig und gehöre zum Typ „leichte Achse", so daß $\boldsymbol{M}_0$ in Richtung der Symmetrieachse des Kristalls (z-Achse) zeigt: $\boldsymbol{M}_0 = \boldsymbol{\nu}M$. Wir haben weitere Anwendungen im Auge und lassen auch die Existenz eines äußeren Feldes $\mathfrak{H}$ zu, welches parallel zur Richtung von $\boldsymbol{\nu}$ ist; dabei hat man sich die Probe als Zylinder mit der Achse in der Richtung von $\boldsymbol{\nu}$ vorzustellen. Dann ist das Feld im Innern des Körpers $\boldsymbol{H} = \mathfrak{H} + \boldsymbol{h}$. Die linearisierte Bewegungsgleichung (die wir schon mit $\hbar$ multipliziert haben) lautet

$$-i\varepsilon \boldsymbol{m} = 2\beta\left\{\left(\alpha k^2 + K + \frac{\mathfrak{H}}{M}\right)\boldsymbol{\nu}\times\boldsymbol{m} - \boldsymbol{\nu}\times\boldsymbol{h}\right\}. \tag{70,9}$$

Für einen einachsigen Kristall ist $\alpha = \alpha_1 \sin^2\theta + \alpha_2\cos^2\theta$ mit θ als dem Winkel zwischen $\boldsymbol{k}$ und $\boldsymbol{\nu}$.

Wenn wir hier $\boldsymbol{h}$ aus (70,7) einsetzen, können wir die Gleichung in Komponenten aufschreiben (dabei wählt man die x-Achse zweckmäßigerweise in der Ebene durch die beiden Richtungen von $\boldsymbol{\nu}$ und $\boldsymbol{n}$). Aus der Bedingung für die Lösbarkeit der beiden erhaltenen Gleichungen für m_x und m_y finden wir das Dispersionsgesetz

$$\varepsilon(\boldsymbol{k}) = 2\beta M\left[\left(\alpha k^2 + K + \frac{\mathfrak{H}}{M}\right)\left(\alpha k^2 + K + \frac{\mathfrak{H}}{M} + 4\pi\sin^2\theta\right)\right]^{1/2}. \tag{70,10}$$

Wir bemerken, daß wegen der Existenz des Gliedes $\sin^2\theta = k_x^2/k^2$ die Entwicklung von $\varepsilon(\boldsymbol{k})$ nach Potenzen der Komponenten von $\boldsymbol{k}$ keinen einfachen Potenzcharakter hat; das hängt mit dem weitreichenden Charakter der magnetischen Wechselwirkungen zusammen.

Der Ausdruck der Form (70,10), der hier für einen einachsigen Ferromagneten (vom Typ „leichte Achse") abgeleitet wurde, ist auch für kubische Kristalle richtig. Das folgt daraus, daß die Änderung der Anisotropieenergie bei kleinen Abweichungen des Vektors $\boldsymbol{M}$ von seiner Gleichgewichtslage in beiden Fällen dieselbe Form hat. So hängt für einen kubischen Kristall mit $K' > 0$ die Änderung δU_{an} bei einer Abweichung von $\boldsymbol{M}$ von der Richtung $\boldsymbol{M}_0$ längs einer Würfelkante nur von dem Winkel ϑ zwischen $\boldsymbol{M}$ und $\boldsymbol{M}_0$ ab und ist gleich $\delta U_{\text{an}} = K'M^2\vartheta^2$. Wenn wir das mit dem analogen Ausdruck $\delta U_{\text{an}} = KM^2\vartheta^2/2$ für einen einachsigen Kristall vergleichen, sehen wir, daß es für den Übergang zum Fall des kubischen Kristalls mit $K' > 0$ genügt, in (70,10) K durch $2K'$ zu ersetzen. Auf analoge Weise kann man sich leicht davon überzeugen, daß man für den Übergang zum Fall eines kubischen Kristalls mit $K' < 0$ (die Richtung von $\boldsymbol{M}_0$ liegt längs einer Raumdiagonalen des Würfels) K durch $4\,|K'|/3$ zu ersetzen hat. Wir bemerken ferner, daß sich in einem kubischen Kristall die Größe $\alpha(\boldsymbol{n})$ auf eine Konstante reduziert. Für einen einachsigen Ferromagneten vom Typ „leichte Ebene" ($K < 0$) ist die Situation eine andere: die Änderung δU_{an} bei einer Abweichung der Magnetisierung $\boldsymbol{M}$ von $\boldsymbol{M}_0$ hängt sowohl von dem Polarwinkel als auch vom Azimut der Richtung von $\boldsymbol{M}$ in bezug auf $\boldsymbol{M}_0$ ab; deshalb erfordert dieser Fall eine besondere Betrachtung — s. Aufgabe.

Wir erinnern daran, daß das Ergebnis (70,10) sich nur auf den Anfangsteil des Spektrums bezieht, in dem die Quasiimpulse $k \ll 1/a$ sind und eine makroskopische Betrachtung erlaubt ist. Von der Seite großer, aber noch diese Bedingung erfüllender Werte von $k(\alpha k^2 \gg 4\pi, K)$ reduziert sich der Ausdruck (70,10) auf

$$\varepsilon(\boldsymbol{k}) = 2\beta M\alpha(\boldsymbol{n})\, k^2 + 2\beta\mathfrak{H}. \tag{70,11}$$

Das erste Glied fällt mit dem reinen Austauschausdruck (70,4) zusammen. Das äußere Feld fügt zur Magnonenenergie einfach das Glied $2\beta\mathfrak{H}$ hinzu. In dieser Näherung besitzt das Magnon folglich eine Projektion des Momentes auf $\boldsymbol{M}_0$, die gleich -2β ist. Die Anregung eines jeden einzelnen Magnons im Körper verringert das magnetische Gesamtmoment des Körpers um 2β.

Im entgegengesetzten Fall, bei $\boldsymbol{k} \to 0$, strebt der Ausdruck (70,10) gegen eine von Null verschiedene Größe, die (bei $\mathfrak{H} = 0$) gleich

$$\varepsilon(0) = 2\beta MK\left(1 + \frac{4\pi}{K}\sin^2\theta\right)^{1/2} \tag{70,12}$$

ist. Die Berücksichtigung der magnetischen Anisotropie führt also dazu, daß im Magnonenspektrum eine Energielücke auftritt.[1] Das ist natürlich, weil dann, wenn eine Anisotropie vorhanden ist, auch die Drehung des ganzen magnetischen Momentes (d. h. bei $\boldsymbol{k} = 0$) mit einer endlichen Energie verbunden ist. Wir sehen, daß bei kleinen $\boldsymbol{k}$ die relativistischen Effekte, ungeachtet ihrer Kleinheit, zu relativ großen Korrekturen im Spektrum führen.

Die Vorstellung von den Magnonen als Elementaranregungen bezieht sich auf die schwach angeregten Zustände des Körpers, insbesondere bei tiefen Temperaturen. Deshalb muß man in allen sich auf die Magnonen beziehenden Formeln die Werte aller Materialkonstanten (insbesondere auch die Magnetisierung M) bei $T = 0$ nehmen.

Wir kehren zu der im § 69 getroffenen Annahme zurück, daß die Dissipation schwach sein soll. Im Quantenbild bedeutet die Dissipation die Endlichkeit der Lebensdauer der Magnonen, die durch ihre Wechselwirkung untereinander und mit anderen Quasiteilchen bedingt ist.

Wenn man zunächst über die Wechselwirkung der Magnonen miteinander spricht, muß man vor allem bemerken, daß in der Austauschnäherung die Zahl der Magnonen nicht geändert wird (jedes Magnon gibt zu M_z denselben Beitrag -2β, und die Austauschwechselwirkung läßt M_z konstant). Deshalb sind in dieser Näherung nur Streuprozesse möglich. Ihre Wahrscheinlichkeit nimmt aber mit fallender Temperatur ab — einfach schon wegen der Abnahme der Zahl von Streuern —, so daß die Austauschdämpfung in jedem Fall bei $T = 0$ gegen Null strebt. Wir werden unten sehen (§ 72), daß der Zustand

[1]) Die entsprechende Frequenz $\omega(0) = \varepsilon(0)/\hbar$ nennt man Frequenz der *ferromagnetischen Resonanz*.

mit einem Magnon in der Austauschnäherung wirklich ein streng stationärer Zustand des Systems ist.[1])

Bei $T = 0$ ist die Dämpfung der Magnonen nur durch ihre Zerfallsprozesse bedingt. Solche Prozesse sind nur auf Kosten der relativistischen Wechselwirkungen möglich, und schon deswegen ist ihre Wahrscheinlichkeit klein. Außerdem nimmt bei kleinen $\boldsymbol{k}$ die Zerfallswahrscheinlichkeit immer ab, da die statistischen Gewichte (Phasenvolumina) der Endzustände des Prozesses klein sind.

Eine Dämpfung der Magnonen wird auch durch ihre Wechselwirkung mit den Phononen hervorgerufen (die Rolle des Störoperators spielt hierbei der von der Deformation des Kristalls abhängende Teil des HAMILTON-Operators der Austauschwechselwirkung). Bei $T = 0$ ist der Prozeß der Erzeugung eines Phonons durch ein Magnon möglich; dazu muß aber der Quasiimpuls des Magnons hinreichend groß sein — die Geschwindigkeit des Magnons $\partial\varepsilon/\hbar\, \partial\boldsymbol{k}$ muß größer als die Schallgeschwindigkeit sein (s. Fußnote auf S. 274). Die Wahrscheinlichkeit dieses Prozesses ist ebenfalls klein, weil das statistische Gewicht des Endzustandes klein ist.

Schließlich ist in einem ferromagnetischen Metall immer die Anregung eines Elektrons aus dem Gebiet unterhalb der FERMI-Fläche durch ein Magnon möglich (wegen der Austauschwechselwirkung mit den Leitungselektronen). Und auch hier ist die Wahrscheinlichkeit des Prozesses bei kleinen $\boldsymbol{k}$ klein, weil das statistische Gewicht der Endzustände klein ist.

Aufgabe

Es ist das Spektrum der Magnonen in einem einachsigen Ferromagneten vom Typ „leichte Ebene" ($K < 0$) zu bestimmen.

Lösung. Die Gleichgewichtsmagnetisierung $\boldsymbol{M}_0$ liegt in der zur Symmetrieachse des Kristalls (z-Achse) senkrechten Ebene; wir wählen die x-Achse als Richtung von $\boldsymbol{M}_0$. Die linearisierte Bewegungsgleichung des magnetischen Momentes hat in diesem Fall die Form

$$-i\varepsilon \boldsymbol{m} = 2\beta \{\alpha k^2 \boldsymbol{n}_x \times \boldsymbol{m} - |K|\, m_z \boldsymbol{n}_y - \boldsymbol{n}_x \times \boldsymbol{h}\}.$$

$\boldsymbol{n}_x$, $\boldsymbol{n}_y$ sind die Einheitsvektoren längs der Koordinatenachsen, der Vektor $\boldsymbol{m}$ liegt in der zu $\boldsymbol{M}_0$ senkrechten yz-Ebene. Wenn wir hier $\boldsymbol{h}$ aus (70,7) einsetzen, die Gleichung komponentenweise aufschreiben und die Determinante des entstandenen Systems gleich Null setzen, erhalten wir das Spektrum der Magnonen:

$$\varepsilon(\boldsymbol{k}) = 2\beta M[\alpha k^2(\alpha k^2 + |K|) + 4\pi \sin^2 \theta(\alpha k^2 + |K| \sin^2 \varphi)]^{1/2}.$$

θ und φ sind der Polar- und der Azimutwinkel der Richtung von $\boldsymbol{k}$ relativ zur Richtung von $\boldsymbol{M}_0$ (wobei der Azimut von der xz-Ebene an gerechnet wird). Bei $\alpha k^2 \gg 1$ kommen wir zu dem quadratischen Spektrum (70,4) zurück, und bei $k \to 0$ strebt die Magnonenenergie gegen die Größe

$$\varepsilon(0) = 4(\pi\, |K|)^{1/2}\, \beta M\, |\sin \theta \sin \varphi|,$$

---

[1]) Wir bemerken auch, daß der Wirkungsquerschnitt für die Streuung zweier Magnonen aneinander in der Austauschnäherung bei der Erniedrigung ihrer Energie gegen Null strebt (s. § 73). Dieser Umstand verringert zusätzlich die Austauschdämpfung der Magnonen bei tiefen Temperaturen. Bei hinreichend tiefen Temperaturen werden die relativistischen Effekte auch für die Streuprozesse wesentlich.

die verschwindet, wenn der Vektor $\boldsymbol{k}$ in der xz-Ebene liegt, die von der Symmetrieachse und der spontanen Magnetisierung des Kristalls aufgespannt wird. Dieses Verschwinden gilt aber nur genähert: die Berücksichtigung der Glieder höherer Ordnung in der Anisotropieenergie führt dazu, daß auch in der xy-Ebene eine Anisotropie auftritt und damit eine endliche Energielücke in allen Richtungen von $\boldsymbol{k}$.[1])

§ 71. Magnonen in einem Ferromagneten. Thermodynamische Größen

Die in einem Ferromagneten angeregten Magnonen geben einen bestimmten Beitrag zu seinen thermodynamischen Größen. Die im vorigen Paragraphen erhaltenen Resultate erlauben es, diesen Beitrag bei tiefen Temperaturen zu berechnen, tief in dem Sinn, daß $T \ll T_c$ ist. Denn im thermischen Gleichgewicht bei der Temperatur T hat der Hauptteil der Magnonen Energien $\varepsilon \sim T$. Für das quadratische Spektrum

$$\varepsilon(\boldsymbol{k}) = 2\beta M \alpha(\boldsymbol{n})\, k^2 \tag{71,1}$$

bedeutet das, daß bei Temperaturen $T \ll T_c$ Magnonen mit Quasiimpulsen $k \ll (T_c/\beta M\alpha)^{1/2}$ angeregt sind. Wenn wir die Abschätzung (69,7) für α benutzen und die Magnetisierung als $M \sim \beta/a^3$ abschätzen (auf eine Elementarzelle kommt ein magnetisches Moment von der Größenordnung einiger β), finden wir hieraus $ak \ll 1$, d.h. die Bedingung, unter der die Ergebnisse des § 70 angewendet werden dürfen.

Die „Magnonenanteile" der thermodynamischen Größen eines Ferromagneten werden als die thermodynamischen Größen eines idealen Bose-Gases mit verschwindendem chemischen Potential berechnet. So haben wir für den Magnonenanteil des thermodynamischen Potentials

$$\Omega_{\text{mag}} = T \int \ln\left(1 - e^{-\varepsilon/T}\right) \frac{V\, d^3k}{(2\pi)^3} \tag{71,2}$$

[s. V, (54,4)). Hieraus folgt für den Magnonenbeitrag zur inneren Energie:[2])

$$E_{\text{mag}} = \Omega_{\text{mag}} - T\,\frac{\partial \Omega_{\text{mag}}}{\partial T} = \int \frac{\varepsilon}{e^{\varepsilon/T} - 1}\,\frac{V\, d^3k}{(2\pi)^3}. \tag{71,3}$$

Der Magnonenbeitrag zur spontanen Magnetisierung gibt die Änderung dieser Größe mit der Temperatur. Er wird als die Ableitung

$$M_{\text{mag}} \equiv M(T) - M(0) = -\frac{1}{V}\,\frac{\partial \Omega_{\text{mag}}}{\partial \mathfrak{H}}\bigg|_{\mathfrak{H}\to 0}$$

nach dem äußeren Magnetfeld berechnet (vgl. VIII, (31,4)). Wir differenzieren den Ausdruck (71,2) und erhalten:

$$M_{\text{mag}} = -\int \frac{\partial \varepsilon}{\partial \mathfrak{H}}\bigg|_{\mathfrak{H}\to 0} \frac{1}{e^{\varepsilon/T} - 1}\,\frac{d^3k}{(2\pi)^3}. \tag{71,4}$$

Die Ableitung $-(\partial\varepsilon/\partial\mathfrak{H})$ ist das magnetische Eigenmoment eines Magnons.

---

[1]) Wir erinnern daran (s. VIII, § 37), daß die Entwicklung der Anisotropieenergie nach Potenzen von $\boldsymbol{M}$ in Wirklichkeit eine Entwicklung nach dem relativistischen Verhältnis v/c ist (und nicht damit zusammenhängt, daß $\boldsymbol{M}$ klein ist, d.h. daß man sich in der Nähe des Curie-Punktes befindet).

[2]) Beim chemischen Potential $\mu = 0$ (und deshalb auch $\Phi = N\mu = 0$) haben wir $E = \Phi + TS - PV = TS + \Omega$; die Entropie ist $S = -\partial\Omega/\partial T$. Den Ausdruck (71,3) könnte man natürlich auch unmittelbar aufschreiben, ohne sich auf die Formel (71,2) zu beziehen.

Wir berechnen die Integrale (71,3—4) bei Temperaturen $T \gg 2\pi\beta M$[1]; dann kann man für das Magnonenspektrum den Grenzausdruck (71,1) benutzen. Wegen der schnellen Konvergenz der Integrale kann man die Integration über den ganzen $\boldsymbol{k}$-Raum ausdehnen (anstatt über eine Zelle des reziproken Gitters). Wir setzen die Größe α konstant (für kubische Kristalle), ersetzen d^3k durch $4\pi k^2\, dk$ und erhalten nach einer offensichtlichen Substitution

$$E_{\text{mag}} = \frac{VT^{5/2}}{4\pi^2 A^{3/2}} \int_0^\infty \frac{x^{3/2}\, dx}{e^x - 1} = V\frac{T^{5/2}\Gamma(^5/_2)\,\zeta(^5/_2)}{4\pi^2 A^{3/2}},$$

der Kürze halber wurde $A = 2\beta M\alpha$ eingeführt (so daß $\varepsilon = Ak^2$ ist).[2] Für die Wärmekapazität $C_{\text{mag}} = \partial E_{\text{mag}}/\partial T$ finden wir hieraus

$$C_{\text{mag}} = V\frac{5\Gamma(^5/_2)\,\zeta(^5/_2)}{8\pi^2 A^{3/2}}\, T^{3/2} = 0{,}113\left(\frac{T}{A}\right)^{3/2} V. \qquad (71,5)$$

Wir erinnern daran, daß dieser Ausdruck nur den Magnonenanteil der Wärmekapazität angibt; daneben enthält die Wärmekapazität eines Kristalls auch noch den üblichen Phononenanteil.

Wir kehren zum Integral (71,4) zurück und setzen nach (70,11) den Wert -2β für das magnetische Moment eines Magnons ein. Dadurch erhalten wir bei $T \gg 2\pi\beta M$

$$M_{\text{mag}} = -\frac{\beta T^{3/2}}{2\pi^2 A^{3/2}} \int_0^\infty \frac{x^{1/2}\, dx}{e^x - 1}. \qquad (71,6)$$

Hieraus folgt

$$M(T) = M(0) - \frac{\beta T^{3/2}\Gamma(^3/_2)\,\zeta(^3/_2)}{2\pi^2 A^{3/2}} = M(0) - 0{,}117\beta(T/A)^{3/2} \qquad (71,7)$$

(der Magnonenbeitrag umfaßt natürlich die ganze Änderung der Magnetisierung, weil die Phononen kein magnetisches Moment tragen). Die Änderung der spontanen Magnetisierung folgt also in dem Temperaturbereich $2\pi\beta M \ll T \ll T_c$ dem $T^{3/2}$-Gesetz (F. Bloch, 1930).

Die Existenz der Lücke im Magnonenspektrum (70,10) führt zu einer exponentiellen Abhängigkeit der Größen C_{mag} und M_{mag} von T bei noch tieferen Temperaturen. Bei $T \ll \beta KM$ ist

$$C_{\text{mag}},\ M_{\text{mag}} \propto \exp(-2\beta KM/T). \qquad (71,8)$$

Die Größe, die im Zähler des Exponenten steht, ist der kleinste Wert der Energielücke, der bei $\theta = 0$ und bei $\theta = \pi$ erreicht wird (s. auch Aufgabe 1).

Wenn die spontane Magnetisierung eines Ferromagneten im Grundzustand gleich dem größtmöglichen (wie man sagt, dem nominalen) Wert ist, der der Parallelität aller atomaren Momente im Körper entspricht, dann kann sich dieser Wert nicht mehr ändern, wenn (in dieser Richtung) ein äußeres Magnetfeld angelegt wird, d. h. die Suszeptibilität χ ist in dieser Richtung gleich Null.

Die Berücksichtigung der relativistischen Wechselwirkungen verringert die spontane Magnetisierung (bei $T = 0$) im Vergleich zu ihrem „Austauschwert" und führt dazu, daß

---

[1]) Für den typischen Wert $M = 2 \cdot 10^3$ G gibt diese Bedingung $T \gg 1$ K.

[2]) Die Berechnung von Integralen dieses Typs findet man in V, § 58.

die Suszeptibilität von Null verschieden ist (T. HOLSTEIN, H. PRIMAKOFF, 1940). Obwohl dieser Effekt sehr klein ist, ist seine Berechnung prinzipiell interessant.

Bei der obigen Berechnung des magnetischen Anteils der thermodynamischen Größen haben wir die Nullpunktsenergie der „magnetischen Oszillatoren" weggelassen, die keinen Beitrag zur Temperaturabhängigkeit dieser Größen gibt. Die Nullpunktsenergie entspricht Besetzungszahlen der Magnonenzustände, die gleich 1/2 sind:

$$E(0)_{\text{mag}} = \int \frac{1}{2}\,\varepsilon(\boldsymbol{k})\,\frac{V\,\mathrm{d}^3k}{(2\pi)^3}.$$

Dementsprechend haben wir für die „Nullpunktsmagnetisierung"

$$M(0) = -\int \frac{1}{2}\,\frac{\partial\varepsilon}{\partial\mathfrak{H}}\,\frac{\mathrm{d}^3k}{(2\pi)^3}. \tag{71,9}$$

Dieses Integral divergiert bei großen k, d. h. es ist hauptsächlich durch die kurzwelligen Magnonen ($ka \sim 1$) bestimmt, die man makroskopisch überhaupt nicht betrachten kann. Die Änderung der Magnetisierung unter dem Einfluß der relativistischen Effekte ist aber, wie wir sehen werden, durch den langwelligen Bereich des Spektrums der Magnonen bestimmt und kann mit Hilfe der im § 70 erhaltenen Formeln berechnet werden.

Der Einfachheit halber werden wir einen kubischen Kristall betrachten und die in diesem Fall kleine Anisotropiekonstante vernachlässigen, d. h. wir werden das Magnonenspektrum (70,10) als

$$\varepsilon(\boldsymbol{k}) = 2\beta[(bk^2 + \mathfrak{H})\,(bk^2 + \mathfrak{H} + 4\pi M\sin^2\theta)]^{1/2} \tag{71,10}$$

schreiben mit $b = \alpha M$; den relativistischen Effekten entspricht in diesem Ausdruck das Glied $4\pi M\sin^2\theta$, welches von der Berücksichtigung der magnetostatischen Energie kommt. Die gesuchte Änderung δM der Magnetisierung unter dem Einfluß der relativistischen Effekte erhält man, wenn man von (71,9) ein ebensolches Integral mit $\varepsilon_{\text{aust}}(\boldsymbol{k}) = 2\beta bk^2 + 2\beta\mathfrak{H}$ an Stelle von $\varepsilon(\boldsymbol{k})$ abzieht:

$$\delta M = -\frac{1}{2}\int \frac{\partial}{\partial\mathfrak{H}}\,[\varepsilon(\boldsymbol{k}) - \varepsilon_{\text{aust}}(\boldsymbol{k})]\,\frac{\mathrm{d}^3k}{(2\pi)^3}. \tag{71,11}$$

Dieses Integral konvergiert bereits bei großen $\boldsymbol{k}$.[1])

Für die Berechnung ist es zweckmäßig, zuerst das Integral nach M bei konstantem b zu differenzieren (deswegen wurde die Bezeichnung b in (71,10) eingeführt). Nach einfachen Umformungen erhalten wir

$$\frac{\partial\delta M}{\partial M} = -\frac{4\pi^2\beta M}{(2\pi)^3}\int_0^{\pi}\int_0^{\infty} \frac{\sin^4\theta\cdot 2\pi k^2\,\mathrm{d}k\cdot\sin\theta\,\mathrm{d}\theta}{(bk^2+\mathfrak{H})^{1/2}\,(bk^2+\mathfrak{H}+4\pi M\sin^2\theta)^{3/2}}.$$

Wegen der Konvergenz kann man die Integration über $\mathrm{d}k$ bis ∞ ausdehnen.

Bei $\mathfrak{H} = 0$ kann man das Integral leicht ausrechnen; wir integrieren dann über M und erhalten

$$\delta M = -\frac{\sqrt{\pi}\beta}{8\alpha^{3/2}}. \tag{71,12}$$

Diese Größe ist sehr klein: $\delta M/M \sim 10^{-6}$.

[1]) Um Mißverständnisse zu vermeiden, bemerken wir, daß man die Korrektur zur Energie des Grundzustandes durch diese Methode nicht bestimmen kann: ohne Differentiation nach $\mathfrak{H}$ divergiert das Integral von $\varepsilon - \varepsilon_{\text{aust}}$ bei Benutzung der langwelligen Ausdrücke für das Magnonenspektrum.

Wenn das äußere Feld groß ist ($\mathfrak{H} \gg 4\pi M$), kann man das Glied $4\pi M \sin^2\theta$ im Nenner des Integranden vernachlässigen. Danach führt die Berechnung auf das Ergebnis

$$\delta M = -\frac{2\pi\beta M^{1/2}}{15\alpha^{3/2}\mathfrak{H}^{1/2}}. \tag{71,13}$$

Bei $\mathfrak{H} \to \infty$ strebt δM gegen Null, wie es auch sein muß.

Zum Schluß bemerken wir, daß, wenn wir versuchen würden, mit der Methode, mit der wir in diesem Paragraphen den dreidimensionalen Fall behandelt haben, die Temperaturabhängigkeit der Magnetisierung eines zweidimensionalen Ferromagneten zu betrachten, wir (in der reinen Austauschnäherung) an Stelle von (71,6) ein logarithmisch divergierendes Integral erhalten würden. Das bedeutet, daß die spontane Magnetisierung in einem zweidimensionalen System mit Austauschwechselwirkung in Wirklichkeit bei $T \neq 0$ nicht vorhanden ist. Diese Situation ist zu der analog, die im § 27 für eine zweidimensionale Bose-Flüssigkeit (und in V, § 137 für einen zweidimensionalen Kristall) behandelt wurde. Die Unabhängigkeit der Energie des Systems von der Richtung des magnetischen Momentes führt dazu, daß in ihren Ausdruck nur die Ableitungen des Vektors $\boldsymbol{M}$ eingehen; das führt seinerseits im Endergebnis zur Divergenz der Fluktuationen (im zweidimensionalen Fall), die die Magnetisierung zerstören. Die Berücksichtigung der relativistischen Wechselwirkungen, die von der Richtung von $\boldsymbol{M}$ abhängen, stabilisiert die Fluktuationen und macht die Existenz eines zweidimensionalen Ferromagneten möglich.

Aufgaben

1. Es sind die Magnonenanteile der thermodynamischen Größen bei Temperaturen $T \ll \varepsilon(0)$ zu berechnen.

Lösung. Wesentlich sind die Magnonen mit kleinen Quasiimpulsen $\boldsymbol{k}$, die sich in den Richtungen ausbreiten, in denen die Lücke minimal ist, d.h. in der Nähe von $\theta = 0$ und $\theta = \pi$; beide Werte geben denselben Beitrag. Wir haben zum Beispiel bei kleinen θ mit der geforderten Genauigkeit

$$\varepsilon(\boldsymbol{k}) = 2\beta KM + Ak^2 + 4\pi\beta M\theta^2$$

mit $A = 2\beta M\alpha$ für kubische Kristalle oder $A = 2\beta M\alpha_2$ für einachsige Kristalle vom Typ der „leichten Achse". Man kann bei den betrachteten Temperaturen annehmen, daß die Verteilung der Magnonen die Boltzmann-Verteilung ist (d.h. man kann die Eins in den Nennern der Integranden vernachlässigen) und überall in den Faktoren vor den Exponentialfunktionen $\varepsilon(\boldsymbol{k})$ durch $\varepsilon(0)$ ersetzen. Die Integration über k und über θ wird bis ∞ erstreckt, und wir finden dann

$$E_{\text{mag}} = V\frac{KT^{5/2}}{32\pi^{5/2}A^{3/2}}\exp\left(-\frac{2\beta KM}{T}\right), \quad M_{\text{mag}} = -\frac{E_{\text{mag}}}{VKM}.$$

Bei der Berechnung der Wärmekapazität braucht man nur den Exponentialfaktor zu differenzieren:

$$C_{\text{mag}} = 2\beta KMT^{-2}E_{\text{mag}}.$$

2. Es ist die Abhängigkeit der Magnetisierung vom äußeren Feld unter den Bedingungen $\mathfrak{H} \gg 4\pi M$, $T \gg \beta\mathfrak{H}$ zu bestimmen.

Lösung. Unter den angegebenen Bedingungen kann man die relativistischen Glieder vernachlässigen und $\varepsilon(\boldsymbol{k})$ in der Form (70,11) schreiben. Wenn wir den Ausdruck (71,4) differenzieren, finden wir

$$\frac{\partial M}{\partial \mathfrak{H}} = \frac{4\beta^2}{T} \int \frac{e^{\varepsilon/T}}{(e^{\varepsilon/T} - 1)^2} \frac{d^3k}{(2\pi)^3}.$$

Im Integral sind die kleinen $\boldsymbol{k}$ wesentlich. Deshalb ist

$$\frac{\partial M}{\partial \mathfrak{H}} \approx 4\beta^2 T \int \frac{1}{\varepsilon^2} \frac{d^3k}{(2\pi)^3} = \frac{T}{2\pi^2} \int_0^\infty \frac{k^2\, dk}{(\alpha k^2 M_0 + \mathfrak{H})^2}$$

(wir setzen $\alpha = \text{const}$; M_0 ist der Wert von M bei $\mathfrak{H} = 0$) und schließlich

$$\frac{\partial M}{\partial \mathfrak{H}} = \frac{T}{8\pi(\alpha M_0)^{3/2} \mathfrak{H}^{1/2}}.$$

Unter den betrachteten Bedingungen ist also $M - M_0 \propto \mathfrak{H}^{1/2}$.

3. Es ist die Abhängigkeit der Magnetisierung bei $T = 0$ vom äußeren Feld in schwachen Feldern zu bestimmen.

Lösung. Wir differenzieren das Integral (71,11) mit $\varepsilon(\boldsymbol{k})$ aus (71,10) nach $\mathfrak{H}$ und erhalten

$$\frac{\partial M}{\partial \mathfrak{H}} = \int \frac{4\pi^2 \beta M_0^2 \sin^4\theta}{[(\alpha M_0 k^2 + 4\pi M_0 \sin^2\theta + \mathfrak{H})(\alpha M_0 k^2 + \mathfrak{H})]^{3/2}} \frac{d^3k}{(2\pi)^3}.$$

Bei $\mathfrak{H} \to 0$ divergiert das Integral über dk logarithmisch bei kleinen k. Wenn man sich deshalb auf logarithmische Genauigkeit beschränkt, kann man im ersten Faktor im Nenner $k = 0$, $\mathfrak{H} = 0$ setzen und im zweiten $\mathfrak{H} = 0$, dabei muß man aber das Integral von unten bei $k^2 \sim \mathfrak{H}/\alpha M_0$ und von oben bei $k^2 \sim 4\pi/\alpha$ abschneiden. Im Ergebnis erhalten wir

$$\frac{\partial M}{\partial \mathfrak{H}} = \frac{\beta}{32\sqrt{\pi M_0}\,\alpha^{3/2}} \ln \frac{4\pi M_0}{\mathfrak{H}}.$$

Wir erinnern daran, daß in (71,10) K vernachlässigt wurde. Bei $\mathfrak{H} \ll KM$ wird im Logarithmus $\mathfrak{H}$ durch KM_0 ersetzt.

4. Es ist in der Austauschnäherung die räumliche Korrelationsfunktion der Magnetisierungsfluktuationen auf Abständen $r \gg a$ zu bestimmen.

Lösung. Die Operatoren $\hat{m}_x$ und $\hat{m}_y$, die der Vertauschungsregel (70,6) genügen und durch die Erzeugungs- und Vernichtungsoperatoren der Magnonen ausgedrückt sind, haben (in der SCHRÖDINGER-Darstellung) die Form

$$\hat{m}_x(\boldsymbol{r}) = (\beta M/V)^{1/2} \sum_{\boldsymbol{k}} (\hat{a}_{\boldsymbol{k}} e^{i\boldsymbol{k}\boldsymbol{r}} + \hat{a}_{\boldsymbol{k}}^+ e^{-i\boldsymbol{k}\boldsymbol{r}}),$$

$$\hat{m}_y(\boldsymbol{r}) = i(\beta M/V)^{1/2} \sum_{\boldsymbol{k}} (\hat{a}_{\boldsymbol{k}} e^{i\boldsymbol{k}\boldsymbol{r}} - \hat{a}_{\boldsymbol{k}}^+ e^{-i\boldsymbol{k}\boldsymbol{r}}).$$

Mit Hilfe dieser Operatoren berechnen wir die Korrelationsfunktion

$$\varphi_{ik}(\boldsymbol{r}) = \frac{1}{2} \langle \hat{m}_i(\boldsymbol{r}_1)\, \hat{m}_k(\boldsymbol{r}_2) + \hat{m}_k(\boldsymbol{r}_2)\, \hat{m}_i(\boldsymbol{r}_1) \rangle, \quad \boldsymbol{r} = \boldsymbol{r}_1 - \boldsymbol{r}_2$$

(die Indizes i, k durchlaufen die Werte x, y). Wir berücksichtigen, daß von Null verschiedene Diagonalelemente nur die Matrizen der Produkte $\langle \hat{a}_{\boldsymbol{k}}^+ \hat{a}_{\boldsymbol{k}} \rangle = n_{\boldsymbol{k}}$, $\langle \hat{a}_{\boldsymbol{k}} \hat{a}_{\boldsymbol{k}}^+ \rangle = n_{\boldsymbol{k}} + 1$ haben (dabei sind die

n_k die Besetzungszahlen der Magnonenzustände) und finden

$$\varphi_{ik}(\boldsymbol{r}) = \delta_{ik} \int 2\beta M \left(n_k + \frac{1}{2}\right) e^{i\boldsymbol{kr}} \frac{d^3k}{(2\pi)^3}.$$

Der Integrand liefert direkt die FOURIER-Komponente der Korrelationsfunktion. Das konstante Glied in ihr kann man weglassen: ihm entspricht das δ-funktionsartige Glied in $\varphi_{ik}(\boldsymbol{r})$, während sich die ganze Betrachtung nur auf die Abstände $r \gg a$ bezieht. Es ist also

$$\varphi_{ik}(\boldsymbol{k}) = 2\beta M n_k \delta_{ik} = 2\beta M[e^{\varepsilon(\boldsymbol{k})/T} - 1]^{-1} \delta_{ik}.$$

Im klassischen Grenzfall, bei $\varepsilon \ll T$, finden wir

$$\varphi_{ik}(\boldsymbol{k}) = \delta_{ik} T/\alpha k^2.$$

In einem kubischen Ferromagneten ist $\alpha = \text{const}$, und dann ist

$$\varphi_{ik}(\boldsymbol{r}) = \delta_{ik} T/4\pi\alpha r, \quad r \gg (\beta M\alpha/T)^{1/2}.$$

§ 72. Der Spin-HAMILTON-Operator

Um das Dispersionsgesetz der Magnonen im ganzen Intervall für die Änderung des Quasiimpulses zu erhalten (und nicht nur im langwelligen Grenzfall), ist es natürlich notwendig, detailliertere Vorstellungen über die mikroskopische Struktur eines Ferromagneten zu benutzen.

Wir betrachten ein Dielektrikum, bestehend aus Atomen mit verschwindendem Bahndrehimpuls, aber von Null verschiedenem Spin S. Wenn man sich nicht für die hoch angeregten Zustände interessiert, die mit einer Anregung der Elektronenhüllen der Atome verknüpft sind, kann man den HAMILTON-Operator des Systems über die Bahnvariablen der Elektronen der Atome im Grundzustand (und bei in den Gitterpunkten festgehaltenen Atomkernen) mitteln. Im Ergebnis erhalten wir einen Spin-HAMILTON-Operator des Systems, der nur die Operatoren des Gesamtspins der Atome enthält.[1])

Wenn man nur die Austauschwechselwirkung berücksichtigt, die allein von den relativen Orientierungen der Spins abhängt, dann können die Operatoren der Spinvektoren der Atome in den HAMILTON-Operator nur in Form von skalaren Kombinationen eingehen. Methodisch interessant ist die Untersuchung eines Systems, das durch den einfachsten HAMILTON-Operator dieser Art

$$\hat{H}_{\text{aust}} = -\frac{1}{2} \sum_{m \neq n} J_{nm} \hat{S}_n \hat{S}_m, \quad J_{nm} = J(\boldsymbol{r}_n - \boldsymbol{r}_m) \tag{72,1}$$

beschrieben wird, summiert wird dabei über alle Atome; die „Vektorindizes“ (Vektoren mit ganzzahligen Komponenten) $\boldsymbol{m}$ und $\boldsymbol{n}$ numerieren die Gitterpunkte, $\boldsymbol{r}_n$ sind ihre Ortsvektoren. Die Zahlen J_{nm} nennt man *Austauschintegrale* (vgl. III, § 62, Aufgaben).[2]) Bei einer unabhängigen Summation über $\boldsymbol{m}$ und $\boldsymbol{n}$ tritt jedes Atompaar in der Summe (72,1) zweimal auf, wobei natürlich $J_{nm} = J_{mn}$ ist.

---

[1]) Diese Prozedur ist analog dazu, wie man die HAMILTON-Operatoren der einzelnen Atome konstruiert, die die Feinstruktur ihrer Niveaus beschreiben — s. III, § 72.

[2]) Die Beschreibung der Austauschwechselwirkung durch einen Spin-HAMILTON-Operator wurde von P. A. M. DIRAC (1929) eingeführt. Der HAMILTON-Operator (72,1) wurde von J. H. VAN VLECK (1931) eingeführt; gewöhnlich nennt man ihn HEISENBERGschen Austauschoperator, weil er dem von HEISENBERG zuerst betrachteten Modell eines Ferromagneten entspricht.

In (72,1) werden alle magnetischen Atome im Gitter als gleichartig angenommen (je ein Atom pro Elementarzelle). Die Grundannahme, die diesem HAMILTON-Operator zugrunde liegt, besteht darin, daß die Atome im Gitter hinreichend weit voneinander entfernt sind. Das Austauschintegral wird durch die „Überlappung" der Wellenfunktionen zweier Atome bestimmt und fällt sehr schnell (exponentiell) mit zunehmendem Abstand zwischen ihnen ab. Für ein System weit voneinander entfernter Atome kann man deshalb annehmen, daß die Wechselwirkung eine Paarwechselwirkung ist, im Zusammenhang damit fehlen in (72,1) Glieder mit Produkten von Spinoperatoren von mehr als zwei Atomen. Innerhalb dieser Genauigkeitsgrenzen kann man annehmen, daß die Austauschwechselwirkung zwischen zwei Atomen jedesmal durch insgesamt ein Elektronenpaar verwirklicht wird — je ein Elektron pro Atom. Dann ist der Wechselwirkungsoperator bilinear in den Spinoperatoren der Elektronen zusammengesetzt, nach der Mittelung über die Atomzustände ist er bilinear in den atomaren Spins (C. HERRING, 1966).[1])

Ein System, welches durch den HAMILTON-Operator (72,1) beschrieben wird, ist ferromagnetisch, wenn die Austauschintegrale $J_{mn} > 0$ sind. Wir wollen die Energie des Grundzustandes dieses Systems bestimmen. Dabei lassen wir auch die Existenz eines äußeren Magnetfeldes $\mathfrak{H}$ zu, indem wir zu (72,1) den Operator

$$\hat{V} = -2\beta\mathfrak{H} \sum_m \hat{S}_{mz} \tag{72,2}$$

hinzufügen (die z-Achse zeigt in Feldrichtung). Der Operator $\Sigma\hat{S}_{mz}$ der Projektion des Gesamtspins des Systems kommutiert sowohl mit $\hat{H}_{\text{aust}}$ als auch mit $\hat{V}$; die Zustände des Systems können folglich nach den Eigenwerten dieser Größe klassifiziert werden.

Im ferromagnetischen Fall entspricht dem Grundzustand der größtmögliche Wert der Projektion des Gesamtspins NS mit der Anzahl N von Atomen im System (das hängt natürlich nicht mit der Existenz des äußeren Feldes zusammen, welches nur die gewählte Achsenrichtung auszeichnet). χ_0 sei die normierte Spinwellenfunktion des Grundzustandes.

Der Maximalwert NS der Projektion des Gesamtspins wird nur erreicht, wenn auch die Projektion eines jeden Atomspins ihren Maximalwert S hat. Deshalb ist χ_0 gleichzeitig auch eine Eigenfunktion jedes der Operatoren $\hat{S}_{nz}$:

$$\hat{S}_{nz}\chi_0 = S\chi_0. \tag{72,3}$$

Wir führen die für das Weitere notwendigen Operatoren $\hat{S}_\pm = \hat{S}_x \pm i\hat{S}_y$ ein, die den Vertauschungsregeln

$$\hat{S}_+\hat{S}_- - \hat{S}_-\hat{S}_+ = 2\hat{S}_z, \quad \hat{S}_z\hat{S}_\pm - \hat{S}_\pm\hat{S}_z = \pm\hat{S}_\pm \tag{72,4}$$

genügen (s. III, (26,12)). Ihre Matrixelemente sind

$$\langle S_z | S_+ | S_z - 1\rangle = \langle S_z - 1 | S_- | S_z\rangle = \sqrt{(S + S_z)(S - S_z + 1)} \tag{72,5}$$

---

[1]) Unter diesen Bedingungen braucht die Summation in (72,1) natürlich nur über die Paare benachbarter Atome ausgeführt zu werden. Dadurch wird aber die Schreibweise der Formeln nicht vereinfacht, und deshalb werden wir diese Bedingung explizit nicht berücksichtigen.

(s. III, (27,12)); der Operator $\hat{S}_+$ vergrößert und $\hat{S}_-$ verringert die Projektion S_z um eine Einheit. Wir schreiben weiter

$$\hat{S}_m \hat{S}_n = \hat{S}_{mz} \hat{S}_{nz} + \frac{1}{2}(\hat{S}_{m+}\hat{S}_{n-} + \hat{S}_{m-}\hat{S}_{n+})$$

und daher

$$\hat{H} = -\frac{1}{2}\sum_{m \neq n} J_{mn}(\hat{S}_{mz}\hat{S}_{nz} + \hat{S}_{m-}\hat{S}_{n+}) - 2\beta\mathfrak{H}\sum_m \hat{S}_{mz}, \tag{72,6}$$

wobei die Symmetrie $J_{mn} = J_{nm}$ benutzt wurde.

Weil die Operatoren $\hat{S}_{n+}$ nur Matrixelemente für Übergänge mit einer Zunahme der Zahlen S_z haben, so gilt für den Zustand mit den größten Werten dieser Zahlen

$$\hat{S}_{n+}\chi_0 = 0 \tag{72,7}$$

(das wird auch aus den expliziten Ausdrücken der Matrixelemente (72,5) ersichtlich). Deshalb erhält man bei der Wirkung des HAMILTON-Operators (72,6) auf die Wellenfunktion χ_0

$$\hat{H}\chi_0 = \left\{-\frac{1}{2}\sum_{m \neq n} J_{mn}S^2 - 2\beta\mathfrak{H}NS\right\}\chi_0 .$$

Der Ausdruck in den Klammern ist die Energie E_0 des Grundzustandes. Wenn wir die Summation über $\boldsymbol{m}$ und $\boldsymbol{n}$ durch eine Summation über $\boldsymbol{m}$ und $\boldsymbol{q} = \boldsymbol{n} - \boldsymbol{m}$ ersetzen, können wir E_0 schließlich in der Form

$$E_0 = -\frac{1}{2}NS^2\sum_{q \neq 0} J_q - 2\beta SN\mathfrak{H} \tag{72,8}$$

schreiben. Das magnetische Gesamtmoment des Systems in diesem Zustand ist $2\beta SN$.

Der in der Ordnung abnehmender Projektion des Gesamtspins folgende Zustand des Systems entspricht dem Wert $NS - 1$ der angegebenen Projektion; er entspricht der Anregung eines Magnons mit dem magnetischen Moment -2β. Diesen Wert der Projektion des Gesamtspins besitzt der Zustand mit der Wellenfunktion

$$(2S)^{-1/2}\,\hat{S}_{n-}\chi_0 , \tag{72,9}$$

in dem durch die Wirkung des Operators $\hat{S}_{n-}$ die Projektion eines Atomspins um 1 verringert wurde.[1]) Diese Funktion ist aber keine Eigenfunktion des HAMILTON-Operators des Systems; in ihr ist die Translationssymmetrie des Gitters noch nicht berücksichtigt. Die Eigenfunktion des HAMILTON-Operators muß als Linearkombination der Funktionen (72,9) mit allen Nummern $\boldsymbol{n}$ konstruiert werden. Die Überlegungen, die im § 55 von uns für die BLOCH-Funktionen eines Elektrons im periodischen Feld durchgeführt wurden, zeigen, daß für die richtige Berücksichtigung der Translationssymmetrie diese Linearkombination die Form

$$\chi_k = (2NS)^{-1/2}\sum_n e^{i\boldsymbol{k}\boldsymbol{r}_n}\,\hat{S}_{n-}\chi_0 \tag{72,10}$$

---

[1]) Die Normierung der Funktion (72,9) kann man leicht überprüfen, wenn man beachtet, daß

$$(\hat{S}_{n-}\chi_0)^*(\hat{S}_{n-}\chi_0) = \chi_0^*\hat{S}_{n-}^+\hat{S}_{n-}\chi_0 \equiv \langle S|S_{n+}S_{n-}|S\rangle$$
$$= \langle S|S_{n+}|S-1\rangle\langle S-1|S_{n-}|S\rangle = 2S$$

ist.

haben muß (der Faktor $N^{-1/2}$ sorgt für die Normierung). Der konstante Vektor $\boldsymbol{k}$ ist nichts anderes als der Quasiimpuls des Magnons.

Die Energie $\varepsilon(\boldsymbol{k})$ eines Magnons ist die Differenz $E_{\boldsymbol{k}} - E_0$ zwischen den Energien des angeregten und des Grundzustandes des Systems. Deshalb ist

$$(\hat{H} - E_0)\,\chi_{\boldsymbol{k}} = \varepsilon(\boldsymbol{k})\,\chi_{\boldsymbol{k}}.$$

Wenn wir in die linke Seite dieser Gleichung den Ausdruck (72,10) einsetzen und dann $E_0\chi_0$ durch $\hat{H}\chi_0$ ersetzen, erhalten wir

$$\varepsilon(\boldsymbol{k})\,\chi_{\boldsymbol{k}} = (2NS)^{-1/2} \sum_{n} e^{i\boldsymbol{k}\boldsymbol{r}_n}(\hat{H}\hat{S}_{n-} - \hat{S}_{n-}\hat{H})\,\chi_0. \tag{72,11}$$

Den hier stehenden Kommutator kann man leicht berechnen, wenn man $\hat{H}$ in der Form (72,6) schreibt und die Vertauschungsregeln (72,4) benutzt. Wir benutzen erneut die Symmetrie der Koeffizienten J_{mn} und finden

$$\hat{H}\hat{S}_{n-} - \hat{S}_{n-}\hat{H} = \sum_{m}{}' J_{mn}(\hat{S}_{mz}\hat{S}_{n-} - \hat{S}_{nz}\hat{S}_{m-}) + 2\beta\mathfrak{H}\hat{S}_{n-}. \tag{72,12}$$

Wenn wir schließlich diesen Ausdruck in (72,11) einsetzen, uns an (72,3) erinnern und zur Summation über $\boldsymbol{q} = \boldsymbol{n} - \boldsymbol{m}$ übergehen, erhalten wir

$$\varepsilon(\boldsymbol{k})\,\chi_{\boldsymbol{k}} = \left\{S \sum_{\boldsymbol{q}\neq 0} J_{\boldsymbol{q}}(1 - e^{i\boldsymbol{k}\boldsymbol{r}_{\boldsymbol{q}}}) + 2\beta\mathfrak{H}\right\}\chi_{\boldsymbol{k}}.$$

Der Ausdruck in den geschweiften Klammern ist die gesuchte Energie eines Magnons. Der Imaginärteil des Ausdrucks unter dem Summenzeichen verschwindet als ungerade Funktion von $\boldsymbol{r}_{\boldsymbol{q}}$ im Resultat der Summation, so daß schließlich

$$\varepsilon(\boldsymbol{k}) = S \sum_{\boldsymbol{q}\neq 0} J_{\boldsymbol{q}}(1 - \cos \boldsymbol{k}\boldsymbol{r}_{\boldsymbol{q}}) + 2\beta\mathfrak{H} \tag{72,13}$$

ist (F. Bloch, 1930).

Diese Formel liefert das exakte Dispersionsgesetz der Magnonen in einem System, welches durch den Hamilton-Operator (72,1) beschrieben wird. Im Grenzfall kleiner $\boldsymbol{k}$ geht sie natürlich in das quadratische Gesetz

$$\varepsilon(\boldsymbol{k}) = \frac{1}{2} S k_i k_k \sum_{\boldsymbol{q}\neq 0} J_{\boldsymbol{q}} x_{qi} x_{qk} + 2\beta\mathfrak{H} \tag{72,14}$$

über.

Der Curie-Punkt des betrachteten Systems liegt bei der Temperatur $T_c \sim J$, so daß das System bei Temperaturen $T \gg J$ offensichtlich paramagnetisch ist. Bei diesen Temperaturen kann man in erster Näherung die Wechselwirkung zwischen den Atomen ganz vernachlässigen. In dieser Näherung wird die magnetische Suszeptibilität des Systems mit der Suszeptibilität eines idealen Gases von Atomen mit dem Spin S übereinstimmen und durch die Formel

$$\chi = \frac{N}{V}\,\frac{4\beta^2 S(S+1)}{3T} \tag{72,15}$$

gegeben werden (s. V, § 52); die Suszeptibilität ist auf die Volumeneinheit bezogen. Dieser Ausdruck ist das erste Glied einer Entwicklung der Funktion $\chi(T)$ nach Potenzen von $1/T$. Die folgenden Entwicklungsglieder hängen schon von der Wechselwirkung der Atome ab; wir wollen das erste bestimmen.

Die Suszeptibilität (bei verschwindendem Feld) ist als die Ableitung $\chi = \partial M/\partial \mathfrak{H}$ bei $\mathfrak{H} \to 0$ definiert, und die Magnetisierung M wird als die Ableitung der freien Energie berechnet: $VM = -\partial F/\partial \mathfrak{H}$. Zur Lösung der gestellten Aufgabe muß man folglich F bis einschließlich der Glieder $\sim 1/T^2$ berechnen.

Wir gehen von der Formel $F = -T \ln Z$ mit der Zustandssumme

$$Z = \sum_n e^{-E_n/T} \approx \sum_n \left(1 - \frac{E_n}{T} + \frac{E_n^2}{2T^2} - \frac{E_n^3}{6T^3}\right)$$

aus; summiert wird über alle Energieniveaus des Systems.[1] Die Gesamtzahl der Niveaus im Spektrum des betrachteten Systems ist endlich und gleich der Zahl aller möglichen Kombinationen der Orientierungen der atomaren Spins relativ zum Gitter. Jeder Spin hat $2S + 1$ verschiedene Orientierungen; deshalb hat die angegebene Zahl den Wert $(2S + 1)^N$. Wir bezeichnen die einfache arithmetische Mittelung mit einem Strich über dem Buchstaben und schreiben Z als

$$Z = (2S + 1)^N \left[1 - \frac{1}{T}\overline{E} + \frac{1}{2T^2}\overline{E^2} - \frac{1}{6T^3}\overline{E^3}\right].$$

Der Mittelwert ist $\overline{E^m} = \operatorname{Sp} \hat{H}^m/(2S + 1)^N$. Wegen der bekannten Eigenschaft der Spur eines Operators kann er mit einem beliebigen vollständigen System von Wellenfunktionen berechnet werden; das mögen die Funktionen sein, die allen möglichen Sätzen von Orientierungen der atomaren Spins entsprechen. Dann führt die Mittelung auf die unabhängige Mittelung jedes Spins bezüglich seiner Richtungen; dabei ist $\overline{E} = 0$. Wir logarithmieren jetzt Z und entwickeln erneut nach Potenzen von $1/T$, dann erhalten wir mit der gleichen Genauigkeit

$$F = -TN \ln (2S + 1) - \frac{1}{2T}\overline{E^2} + \frac{1}{6T^2}\overline{E^3}. \tag{72,16}$$

In diesem Ausdruck interessieren uns die $\mathfrak{H}^2$ enthaltenden Glieder; nur diese Glieder werden einen Beitrag zur Suszeptibilität geben. Wenn wir alle restlichen Glieder weglassen und beachten, daß bei der Mittelung die ungeraden Potenzen der Spinkomponenten verschwinden, erhalten wir

$$F = -\frac{(2\beta\mathfrak{H})^2}{2T}\sum_n \overline{S_{nz}^2} - \frac{(2\beta\mathfrak{H})^2}{2T^2}\,\frac{1}{2}\sum_{n\neq m} 2J_{mn}\overline{(S_n S_{nz})}\;\overline{(S_m S_{mz})}.$$

Die Mittelwerte sind

$$\overline{S_{nz}S_{nx}} = \overline{S_{nz}S_{ny}} = 0, \quad \overline{S_{nz}^2} = S(S + 1)/3.$$

Es ist also

$$F = -\frac{2}{3T}\beta^2\mathfrak{H}^2 NS(S + 1) - \frac{2}{9T^2}\beta^2\mathfrak{H}^2 NS^2(S + 1)^2 \sum_{q\neq 0} J_q,$$

und daraus folgt schließlich die Suszeptibilität

$$\chi = \frac{4\beta^2 S(S + 1)\,N}{3TV}\left[1 + \frac{S(S + 1)}{3T}\sum_{q\neq 0} J_q\right]. \tag{72,17}$$

[1]) Die folgende Berechnung der freien Energie entspricht den Berechnungen in V, § 73, wobei sie bis zum nächstfolgenden Entwicklungsglied geführt wird.

Wir weisen darauf hin, daß das Vorzeichen des Korrekturgliedes in den eckigen Klammern vom Vorzeichen des Austauschintegrals abhängt.

Aufgaben

1. Es ist der magnetische Anteil der Wärmekapazität eines Systems, das durch den HAMILTON-Operator (72,1) beschrieben wird, bei Temperaturen $T \gg J$ zu bestimmen.

Lösung. Das erste Glied der Entwicklung der Wärmekapazität nach Potenzen von $1/T$ entsteht durch das Glied $-\overline{E^2}/2T$ in der freien Energie (72,16). Wir mitteln mit der gleichen Methode das Quadrat des HAMILTON-Operators (72,1) und erhalten

$$\overline{E^2} = \frac{1}{4} 2 \sum_{m \neq n} J_{mn}^2 \overline{S_{mi} S_{mk}} \, \overline{S_{ni} S_{nk}} = 3 \frac{S^2(S+1)^2}{9} \frac{N}{2} \sum_{q \neq 0} J_q^2$$

(weil $\overline{S_i S_k} = S(S+1)\,\delta_{ik}/3$ ist). Für die Wärmekapazität finden wir dann

$$C_{\text{mag}} = \frac{NS^2(S+1)^2}{6T^2} \sum_{q \neq 0} J_q^2$$

in Übereinstimmung mit V, (73,4).

2. Es ist die Magnetisierung eines Paramagneten bei Vernachlässigung der Wechselwirkung zwischen den Spins und bei beliebigem Verhältnis zwischen $\beta\mathfrak{H}$ und T zu berechnen.

Lösung. Die Zustandssumme (für einen Spin im Feld) ist

$$Z = \sum_{S_z=-S}^{S} \exp\left(-\frac{2\beta\mathfrak{H}}{T} S_z\right) = \frac{\sinh\,[2\beta\mathfrak{H}(S+{}^1/_2)/T]}{\sinh\,(\beta\mathfrak{H}/T)}.$$

Wir berechnen die freie Energie, differenzieren sie nach $\mathfrak{H}$ und finden die Magnetisierung

$$M = \frac{N}{V} T \frac{\partial}{\partial \mathfrak{H}} \ln Z = \frac{2\beta N}{V} \left\{\left(S + \frac{1}{2}\right) \coth \frac{2\beta\mathfrak{H}\,(S+{}^1/_2)}{T} - \frac{1}{2} \coth \frac{\beta\mathfrak{H}}{T}\right\}$$

(L. BRILLOUIN, 1927). Bei $\beta\mathfrak{H} \ll T$ geht dieser Ausdruck in (72,15) über. Im entgegengesetzten Grenzfall, bei $\beta\mathfrak{H} \gg T$, strebt die Magnetisierung nach dem Gesetz

$$M = \frac{2\beta NS}{V} \left\{1 - \frac{1}{S} \exp\left(-\frac{2\beta\mathfrak{H}}{T}\right)\right\}$$

gegen ihren Nominalwert.

§ 73. Wechselwirkung der Magnonen

Methodisch sehr interessant ist die Frage nach dem Beitrag zum magnetischen Teil der thermodynamischen Größen eines Ferromagneten, der von der Wechselwirkung der Magnonen bedingt ist; wir erinnern daran, daß die Berechnungen im § 71 auf der Vorstellung eines idealen Gases nicht wechselwirkender Magnonen beruhten. Wir betrachten diese Frage für ein System, das durch den Austausch-Spin-HAMILTON-Operator (72,1) beschrieben wird.

Wir wollen nur den Beitrag der niedrigsten Ordnung bezüglich des kleinen Verhältnisses T/T_c bestimmen und beschränken uns allein auf die Paarwechselwirkung der Magnonen. Das bedeutet, daß wir die Zweimagnonenzustände des Systems betrachten müssen, in denen die Projektion des Gesamtspins gleich $NS - 2$ ist.

Dieser Projektion entsprechen die Wellenfunktionen

$$\begin{aligned} \chi_{nn} &= [4S(2S-1)]^{-1/2}\, \hat{S}_{n-} \hat{S}_{n-} \chi_0, \\ \chi_{mn} &= (2S)^{-1}\, \hat{S}_{m-} \hat{S}_{n-} \chi_0, \quad m \neq n. \end{aligned} \tag{73,1}$$

Weil die Spinoperatoren der verschiedenen Atome vertauschbar sind, gilt $\chi_{mn} = \chi_{nm}$.[1]) Die Funktionen (73,1) sind durch die Bedingung $\chi^*_{mn}\chi_{mn} = 1$ normiert, davon kann man sich überzeugen, wenn man das Produkt so in die einzelnen Faktoren auflöst, wie das zur Überprüfung der Normierung in (72,9) getan wurde. Mit dieser Methode kann man sich auch von der gegenseitigen Orthogonalität der verschiedenen Funktionen χ_{mn} überzeugen.

Die Funktionen (73,1) sind selbst keine Eigenfunktionen des Hamilton-Operators. Die Wellenfunktionen der stationären Zweimagnonenzustände des Systems müssen bestimmte Linearkombinationen der Funktionen χ_{mn} sein, die wir in der Form

$$\chi = \sum_{m \neq n} \frac{1}{\sqrt{2}} \psi_{mn}\chi_{mn} + \sum_{n} \psi_{nn}\chi_{nn} \tag{73,2}$$

schreiben (weil χ_{mn} und χ_{nm} ein und dasselbe ist, muß man $\psi_{mn} \equiv \psi_{nm}$ setzen). Die Gesamtheit der Koeffizienten ψ_{mn} bildet die Wellenfunktion in der Darstellung, in der die Atomnummern im Gitter die unabhängigen Veränderlichen sind. Der Faktor $1/\sqrt{2}$ in der ersten Summe in (73,2) ist eingeführt worden, damit das Quadrat des Betrages $|\chi|^2$ gleich der Summe $\Sigma\, |\psi_{mn}|^2$ ist, in der jedes der verschiedenen ψ_{mn} nur einmal auftritt.

Mit derselben Methode, mit der die Gleichung (72,11) für die Wellenfunktionen der stationären Einmagnonenzustände gefunden wurde, finden wir, daß die Funktionen (73,2) der analogen Gleichung

$$\mathscr{E}\chi = \sum_{m \neq n} \frac{\psi_{mn}}{2^{3/2}S} \{\hat{H}, \hat{S}_{m-}\hat{S}_{n-}\}\, \chi_0 + \sum_{n} \frac{\psi_{nn}}{2[S(2S-1)]^{1/2}} \{\hat{H}, \hat{S}_{n-}\hat{S}_{n-}\}\, \chi_0 \tag{73,3}$$

genügen müssen, dabei ist jetzt $\mathscr{E} = E - E_0$ die Energie von zwei miteinander wechselwirkenden Magnonen (und die Klammern $\{\ldots\}$ kennzeichnen den Kommutator).

Wir wollen die Kommutatoren auf der rechten Seite der Gleichung (73,3) explizit auswerten. Dazu bemerken wir, daß

$$\{\hat{H}, \hat{S}_{m-}\hat{S}_{n-}\} \equiv \{\hat{H}, \hat{S}_{m-}\}\, \hat{S}_{n-} + \hat{S}_{m-}\{\hat{H}, \hat{S}_{n-}\}$$

ist, und wir benutzen den Ausdruck (72,12) für die Kommutatoren $\{\hat{H}, \hat{S}_{n-}\}$. Unter Beachtung der Vertauschungsregeln (72,4) vertauschen wir anschließend die Operatoren $\hat{S}_z$ an die am weitesten rechts stehende Stelle, wo sie bei der Wirkung auf die Funktion

---

[1]) Wenn der Spin $S = 1/2$ ist, dann ergibt die zweifache Anwendung ein und desselben Operators $\hat{S}_{n-}$ auf die Funktion des Grundzustandes χ_0 Null. In diesem Fall sind folglich alle „diagonalen“ Funktionen $\chi_{nn} \equiv 0$.

χ_0 diese mit S multiplizieren. Im Ergebnis erhalten wir

$$\{\hat{H}, \hat{S}_{m-}\hat{S}_{n-}\}\chi_0 = S\sum_l [J_{ml}(\hat{S}_{m-} - \hat{S}_{l-})\,\hat{S}_{n-} + J_{nl}(\hat{S}_{n-} - \hat{S}_{l-})\,\hat{S}_{m-}]\,\chi_0$$

$$+ \delta_{mn}\sum_l J_{nl}\hat{S}_{n-}\hat{S}_{l-}\chi_0 - J_{mn}\hat{S}_{m-}\hat{S}_{n-}\chi_0 + 4\beta\mathfrak{H}\hat{S}_{m-}\hat{S}_{n-}\chi_0. \qquad (73{,}4)$$

Zur Vereinfachung der Schreibweise der Formeln sind die den Summationsindizes auferlegten Beschränkungen nicht aufgeschrieben — summiert wird über alle Werte l, dabei ist aber zu bedenken, daß alle „diagonalen" $J_{ll} = 0$ sind.

Die weitere Prozedur führt dazu, daß (73,4) in die Gleichung (73,3) eingesetzt wird und die Koeffizienten verglichen werden, die auf beiden Seiten der Gleichung bei den gleichen Funktionen χ_{mn} stehen. Die Berechnungen sind elementar, aber ziemlich langwierig. Sie führen im Endergebnis auf das folgende System von Gleichungen für die Größen ψ_{mn}:

$$(2JS - \mathscr{E})\,\psi_{mn} = S\sum_l (J_{lm}\psi_{ln} + J_{ln}\psi_{lm}) + J_{mn}\psi_{mn}$$

$$- A_S\left[J_{mn}(\psi_{mm} + \psi_{nn}) + 2\delta_{mn}\sum_l J_{lm}\psi_{lm}\right] \qquad (73{,}5)$$

mit

$$A_S = S\left[1 - \left(\frac{2S-1}{2S}\right)^{1/2}\right].$$

Dabei wurde die Bezeichnung J für die Summe $\sum_l J_{nl}$ eingeführt, die offensichtlich von dem Index n unabhängig ist.[1])

Wir gehen in dieser Gleichung von der Koordinatendarstellung (die unabhängigen Veränderlichen sind die Koordinaten der Atome $\boldsymbol{r}_n$, $\boldsymbol{r}_m$) zur Impulsdarstellung über, d. h. wir setzen

$$\psi_{mn} = \frac{1}{N}\,e^{i\boldsymbol{K}(\boldsymbol{r}_m+\boldsymbol{r}_n)/2}\sum_{\boldsymbol{k}} \psi(\boldsymbol{K}, \boldsymbol{k})\,e^{i\boldsymbol{k}(\boldsymbol{r}_m-\boldsymbol{r}_n)}. \qquad (73{,}6)$$

Der Vektor $\boldsymbol{K}$ spielt die Rolle des Gesamtquasiimpulses der beiden Magnonen, und $\boldsymbol{k}$ die des Quasiimpulses ihrer Relativbewegung; summiert wird über die N diskreten Werte von $\boldsymbol{k}$, die es für ein Gitter mit dem Volumen Nv gibt (N ist die Anzahl der Atome im Gitter, v ist das Volumen seiner Elementarzelle). Zusammen mit den ψ_{mn} muß man auch die Austauschintegrale als FOURIER-Reihen darstellen:

$$J_{mn} = \frac{1}{N}\sum_{\boldsymbol{k}} e^{i\boldsymbol{k}(\boldsymbol{r}_m-\boldsymbol{r}_n)}\,J(\boldsymbol{k}); \quad J(\boldsymbol{k}) = \sum_n J_{0n}e^{-i\boldsymbol{k}(\boldsymbol{r}_0-\boldsymbol{r}_n)} \qquad (73{,}7)$$

(weil $J_{mn} = J_{nm}$ ist, so gilt $J(\boldsymbol{k}) = J(-\boldsymbol{k})$).

Wir lassen die einfachen Zwischenrechnungen weg und geben gleich das Endergebnis der Transformation der Gleichung (73,5) an:

$$\left[\varepsilon\left(\frac{\boldsymbol{K}}{2} + \boldsymbol{k}\right) + \varepsilon\left(\frac{\boldsymbol{K}}{2} - \boldsymbol{k}\right) - \mathscr{E}\right]\psi(\boldsymbol{K}, \boldsymbol{k})$$

$$+ \int U(\boldsymbol{K}, \boldsymbol{k}, \boldsymbol{k}')\,\psi(\boldsymbol{K}, \boldsymbol{k}')\,\frac{V\,d^3k'}{(2\pi)^3} = 0 \qquad (73{,}8)$$

[1]) Diese Gleichungen sind auch für den Fall $S = 1/2$ gültig, wo alle ψ_{nn} beliebig sein können. Wir weisen darauf hin, daß bei $S = 1/2$ alle „diagonalen" Größen ψ_{nn} aus den Gleichungen mit $m \neq n$ überhaupt herausfallen. Die Gleichungen mit $m = n$ sind in diesem Fall einfach wegzudenken.

mit

$$NU(\boldsymbol{K}, \boldsymbol{k}, \boldsymbol{k}') = A_S\left[J\left(\frac{\boldsymbol{K}}{2} + \boldsymbol{k}\right) + J\left(\frac{\boldsymbol{K}}{2} - \boldsymbol{k}\right) + J\left(\frac{\boldsymbol{K}}{2} + \boldsymbol{k}'\right)\right.$$
$$\left. + J\left(\frac{\boldsymbol{K}}{2} - \boldsymbol{k}'\right)\right] - \frac{1}{2}[J(\boldsymbol{k} - \boldsymbol{k}') + J(\boldsymbol{k} + \boldsymbol{k}')]. \tag{73,9}$$

$\varepsilon(\boldsymbol{k})$ ist die Energie eines Magnons, die durch die Formel (72,13) bestimmt ist; die Summation über $\boldsymbol{k}'$ ist durch die Integration über eine Zelle des reziproken Gitters ersetzt.

Das (im Rahmen des Hamilton-Operators (72,1)) exakte Problem der Zweimagnonenzustände des Systems reduziert sich auf die Lösung einer Gleichung, die der Schrödinger-Gleichung für ein System zweier Teilchen in der Impulsdarstellung völlig äquivalent ist (vgl. III, (130,4)). Dabei spielt die Funktion $\varepsilon(\boldsymbol{k})$ die Rolle der kinetischen Energie der Teilchen, der Kern der Integralgleichung $U(\boldsymbol{K}, \boldsymbol{k}, \boldsymbol{k}')$ die Rolle des Matrixelementes ihrer Wechselwirkungsenergie U bei dem Übergang (der Streuung) aus den Zuständen mit den Impulsen $\boldsymbol{k}_1$, $\boldsymbol{k}_2$ in die Zustände mit den Impulsen $\boldsymbol{k}_1'$, $\boldsymbol{k}_2'$ mit

$$\boldsymbol{k}_1 = \frac{\boldsymbol{K}}{2} + \boldsymbol{k}, \quad \boldsymbol{k}_2 = \frac{\boldsymbol{K}}{2} - \boldsymbol{k}, \quad \boldsymbol{k}_1' = \frac{\boldsymbol{K}}{2} + \boldsymbol{k}', \quad \boldsymbol{k}_2' = \frac{\boldsymbol{K}}{2} - \boldsymbol{k}'.$$

In diesem Sinne ist es zweckmäßig, $U(\boldsymbol{K}, \boldsymbol{k}, \boldsymbol{k}')$ in der Form

$$NU(\boldsymbol{k}_1', \boldsymbol{k}_2'; \boldsymbol{k}_1, \boldsymbol{k}_2) = A_S\,[J(\boldsymbol{k}_1) + J(\boldsymbol{k}_2) + J(\boldsymbol{k}_1') + J(\boldsymbol{k}_2')]$$
$$- \frac{1}{2}[J(\boldsymbol{k}_1 - \boldsymbol{k}_1') + J(\boldsymbol{k}_1 - \boldsymbol{k}_2')] \tag{73,10}$$

zu schreiben.

Im allgemeinen Fall ist die Gleichung (73,8—9) sehr kompliziert. Wir beschränken uns auf die Berechnung der Korrektur zu den thermodynamischen Größen unter der Voraussetzung $S \gg 1$. Die Einfachheit dieses Falles hängt damit zusammen, daß die Magnonenenergie $\varepsilon(\boldsymbol{k})$ proportional zu S ist und ihre Wechselwirkung U von S nicht abhängt (bei $S \gg 1$ ist der Koeffizient in (73,9) $A_S \approx 1/4$). Deshalb kann man U als kleine Störung betrachten. Dann wird die Korrektur Ω_{ww} (von der Wechselwirkung der Magnonen) zum thermodynamischen Potential Ω einfach durch den Mittelwert von U gegeben. Wenn wir das „diagonale Matrixelement"

$$U(\boldsymbol{k}_1, \boldsymbol{k}_2; \boldsymbol{k}_1, \boldsymbol{k}_2) = \frac{1}{2N}[J(\boldsymbol{k}_1) + J(\boldsymbol{k}_2) - J(\boldsymbol{k}_1 - \boldsymbol{k}_2) - J(0)] \tag{73,11}$$

nehmen, mitteln wir damit über den Zustand mit gegebenen Quasiimpulsen der Magnonen. Danach wird die statistische Mittelung über die Gleichgewichtsverteilung der Magnonen durch die Integration

$$\Omega_{\text{ww}} = \int n(\boldsymbol{k}_1)\, n(\boldsymbol{k}_2)\, U(\boldsymbol{k}_1, \boldsymbol{k}_2; \boldsymbol{k}_1, \boldsymbol{k}_2) \frac{V^2\, d^3k_1\, d^3k_2}{(2\pi)^6} \tag{73,12}$$

mit der Bose-Verteilungsfunktion $n(\boldsymbol{k}) = [\exp(\varepsilon(\boldsymbol{k})/T) - 1]^{-1}$ durchgeführt.

Bei tiefen Temperaturen ist das Integral durch das Gebiet kleiner $\boldsymbol{k}_1$, $\boldsymbol{k}_2$ bestimmt, dementsprechend muß man alle $\varepsilon(\boldsymbol{k})$ und $J(\boldsymbol{k})$ nach Potenzen von $\boldsymbol{k}$ entwickeln. Dann wird $\varepsilon(\boldsymbol{k})$ durch den quadratischen Ausdruck (72,14) gegeben. Weil $J(\boldsymbol{k})$ eine gerade Funktion von $\boldsymbol{k}$ ist, sind die ersten Glieder ihrer Entwicklung ebenfalls quadratisch:

$$J(\boldsymbol{k}) \approx J(0) + a_{ik}k_ik_k.$$

Dann ist

$$U(\boldsymbol{k}_1, \boldsymbol{k}_2; \boldsymbol{k}_1, \boldsymbol{k}_2) = \frac{1}{N} a_{ik}k_{1i}k_{2k}.$$

Wenn man diesen, in $\boldsymbol{k}_1$ und $\boldsymbol{k}_2$ ungeraden Ausdruck in (73,12) einsetzt, verschwindet das Integral infolge der Mittelung über die Richtungen von $\boldsymbol{k}_1$ und $\boldsymbol{k}_2$.

Deshalb muß man in der Entwicklung von $J(\boldsymbol{k})$ die Glieder vierter Ordnung berücksichtigen, dadurch wird die Funktion $U(\boldsymbol{k}_1, \boldsymbol{k}_2; \boldsymbol{k}_1, \boldsymbol{k}_2)$ im Integral (73,12) eine Form vierten Grades, wobei einen von Null verschiedenen Beitrag zu diesem Integral die in $\boldsymbol{k}_1$ und in $\boldsymbol{k}_2$ quadratischen Glieder dieser Form geben. Wegen der schnellen Konvergenz kann die Integration über den ganzen $\boldsymbol{k}$-Raum erstreckt werden. Durch Substitution der Variablen $\boldsymbol{k} = \bar{\boldsymbol{k}}\sqrt{T}$ überzeugen wir uns dann davon, daß die Abhängigkeit der Größe Ω_{ww} von T und $\mathfrak{H}$ die Form

$$\Omega_{\mathrm{ww}} = VT^5 f(\mathfrak{H}/T) \tag{73,13}$$

hat, dabei sind $f(0)$ und $f'(0)$ endlich. Hieraus folgt, daß das Korrekturglied zur Magnetisierung

$$M_{\mathrm{ww}} = -\frac{1}{V}\frac{\partial\Omega_{\mathrm{ww}}}{\partial\mathfrak{H}}\bigg|_{\mathfrak{H}=0} = \mathrm{const}\cdot T^4 \tag{73,14}$$

ist. Diesem Gesetz folgt auch das Korrekturglied zur Wärmekapazität.[1])

Wir sehen, daß die Wechselwirkung der Magnonen zu Korrekturen in den thermodynamischen Größen nur in höherer Näherung in T/T_c führt. Wir erinnern daran, daß die Hauptglieder in der Magnetisierung und im magnetischen Anteil der Wärmekapazität dem $T^{3/2}$-Gesetz folgen. Zwischen diesen Gliedern und den Korrekturen von Ω_{ww} gibt es noch Glieder proportional zu $T^{5/2}$ und $T^{7/2}$, die von den folgenden Gliedern der Entwicklung der Magnonenenergie $\varepsilon(\boldsymbol{k})$ nach Potenzen von $\boldsymbol{k}^2$ stammen.

Mit Hilfe der erhaltenen Formeln kann man auch das Problem der gebundenen Zustände zweier Magnonen betrachten. Diese Zustände treten als diskrete Eigenwerte (bei gegebenem $\boldsymbol{K}$) der Gleichung (73,8) in Erscheinung. Als Funktion der Variablen $\boldsymbol{K}$ sind diese Eigenwerte $\mathscr{E}(\boldsymbol{K})$ neue Zweige von Elementaranregungen im System. Die Untersuchung zeigt aber, daß diese Zustände nur bei hinreichend großen Werten von $\boldsymbol{K}$ existieren; deshalb wirken sie sich bei tiefen Temperaturen nicht auf die thermodynamischen Größen eines Ferromagneten aus.[2])

Aufgabe

Unter der Voraussetzung $S \gg 1$ sind die Korrekturglieder zur Magnetisierung und zur Wärmekapazität, die von der Wechselwirkung der Magnonen kommen, für ein kubisches Gitter zu bestimmen, in dem die Austauschintegrale nur für die benachbarten Atompaare (längs der kubischen Achsen) von Null verschieden sind.

---

[1]) Diese Ergebnisse (für den Fall beliebigen Spins) wurden zuerst von F. Dyson (1956) erhalten. Bei der dargestellten Ableitung der Gleichung (73,5) folgten wir im wesentlichen R. J. Boyd und J. Callaway (1965).

[2]) S. M. Wortis, Phys. Rev. **132**, 85 (1963). Es handelt sich hier um ein dreidimensionales Gitter. In den zwei- und eindimensionalen Fällen existieren gebundene Magnonenzustände bei allen $\boldsymbol{k}$-Werten.

Lösung. Jedes Atom hat sechs nächste Nachbarn. Nach der Definition (73,7) finden wir

$$J(\boldsymbol{k}) = 2J_0(\cos k_x a + \cos k_y a + \cos k_z a),$$

dabei bedeuten J_0 das Austauschintegral für ein Paar benachbarter Atome und a die Kantenlänge der kubischen Zelle. Bei kleinen $\boldsymbol{k}$ ist

$$J(\boldsymbol{k}) \approx J_0 \left[2 - a^2k^2 + \frac{a^4}{12}(k_x^4 + k_y^4 + k_z^4)\right].$$

Hieraus folgt

$$U(\boldsymbol{k}_1, \boldsymbol{k}_2; \boldsymbol{k}_1, \boldsymbol{k}_2) = -\frac{a^7 J_0}{4V}(k_{1x}^2 k_{2x}^2 + k_{1y}^2 k_{2y}^2 + k_{1z}^2 k_{2z}^2)$$

(die in $\boldsymbol{k}_1$ und $\boldsymbol{k}_2$ ungeraden Glieder sind weggelassen). Die Magnonenenergie ist (gemäß (72,14))

$$\varepsilon(\boldsymbol{k}) = SJ_0 a^2 k^2 + 2\beta\mathfrak{H}.$$

Die Berechnung des Integrals (73,12) führt auf die folgenden Ergebnisse:

$$\frac{M_{\mathrm{ww}}}{M} = -\frac{3\pi\zeta(3/2)\,\zeta(5/2)}{2S^2}\left(\frac{T}{4\pi SJ_0}\right)^4, \quad C_{\mathrm{ww}} = \frac{15\pi\zeta^2(5/2)\,N}{S}\left(\frac{T}{4\pi SJ_0}\right)^4$$

(ζ ist die Zeta-Funktion).

§ 74. Magnonen in einem Antiferromagneten

Antiferromagnete sind dadurch gekennzeichnet, daß sich die magnetischen Momente aller Elektronen innerhalb der Grenzen einer jeden Elementarzelle des Kristallgitters gegenseitig kompensieren (im Gleichgewichtszustand ohne äußeres Magnetfeld). Die Dichte des magnetischen Momentes ist streng genommen über das ganze Volumen der Zelle verteilt. Man kann aber in den Kristallen antiferromagnetischer Dielektrika mit hinreichender Genauigkeit annehmen, daß diese Dichte praktisch an den einzelnen Atomen lokalisiert ist, so daß man jedem Atom ein bestimmtes magnetisches Moment zuschreiben kann. Diese Momente, die sich in allen Zellen periodisch wiederholen, erzeugen die *magnetischen Untergitter* des Antiferromagneten.

Die verschiedenen Antiferromagnetika sind bezüglich ihrer Struktur sehr unterschiedlich. Die Frage nach ihrem magnetischen Energiespektrum wollen wir an dem typischen Beispiel eines Kristalls mit zwei magnetischen Atomen betrachten, die in äquivalenten Punkten jeder Elementarzelle angeordnet sind (d.h. in Punkten, die bei irgendwelchen kristallographischen Symmetrietransformationen des Kristalls ineinander übergehen). Die mittleren Dichten der magnetischen Momente der durch diese Atome gebildeten Untergitter bezeichnen wir mit $\boldsymbol{M}_1$ und $\boldsymbol{M}_2$, und wir führen die zwei Vektoren

$$\boldsymbol{M} = \boldsymbol{M}_1 + \boldsymbol{M}_2, \quad \boldsymbol{L} = \boldsymbol{M}_1 - \boldsymbol{M}_2 \tag{74,1}$$

ein.

Im Grundzustand des Antiferromagneten ist $\boldsymbol{M} = 0$, $\boldsymbol{L} \neq 0$, während bei einem Ferromagneten $\boldsymbol{M} \neq 0$, $\boldsymbol{L} = 0$ wäre. Wir betonen den wesentlichen Unterschied zwischen den Grundzuständen in beiden Fällen. In der Austauschnäherung haben im Grundzustand eines Ferromagneten die Spinprojektionen aller magnetischen Atome bestimmte (die maximal möglichen) Werte $S_z = S$, dem entspricht der Nominalwert der Magnetisierung $\boldsymbol{M}$. Im Grundzustand eines Antiferromagneten können die Untergittermagnetisierungen offenkundig ihre Nominalwerte nicht annehmen, weil die Gesamtprojektionen der Spins jedes Untergitters einzeln keine Erhaltungsgrößen sind (sogar in der Austauschnäherung) und deshalb (in einem stationären Zustand) keine bestimmten Werte annehmen. Um so weniger haben die Spinprojektionen der einzelnen Atome bestimmte Werte.

Die Form der makroskopischen „Bewegungsgleichungen" der Vektoren $\boldsymbol{L}$ und $\boldsymbol{M}$ wird analog dazu bestimmt, wie das im § 69 für einen Ferromagneten getan wurde. Die Bedingung, daß keine Dissipation vorhanden sein soll, führt auf die Forderung, daß wegen der Bewegungsgleichungen die Gleichung

$$-\frac{\mathrm{d}\tilde{F}}{\mathrm{d}t} = \int \left\{ \boldsymbol{H}_L \frac{\partial \boldsymbol{L}}{\partial t} + \boldsymbol{H}_M \frac{\partial \boldsymbol{M}}{\partial t} \right\} \mathrm{d}V = 0 \tag{74,2}$$

erfüllt sein muß, dabei sind die „effektiven Felder" $\boldsymbol{H}_L$ und $\boldsymbol{H}_M$ durch den Ausdruck

$$\delta\tilde{F} = -\int (\boldsymbol{H}_L\,\delta\boldsymbol{L} + \boldsymbol{H}_M\,\delta\boldsymbol{M})\,\mathrm{d}V \tag{74,3}$$

für die Änderung der freien Energie bei der Variation von $\boldsymbol{L}$ und $\boldsymbol{M}$ bestimmt; im Gleichgewicht ist $\boldsymbol{H}_L = \boldsymbol{H}_M = 0$.

In der Austauschnäherung müssen die gesuchten Gleichungen bezüglich der gleichzeitigen Drehung aller magnetischen Momente gegenüber dem Kristallgitter invariant sein. Zusammen mit der kristallographischen Äquivalenz der Lagen der beiden magnetischen Atome in der Zelle folgt hieraus auch die Notwendigkeit der Invarianz bezüglich der Vertauschung von $\boldsymbol{M}_1$ und $\boldsymbol{M}_2$, d.h. bezüglich der Transformation $\boldsymbol{L} \to -\boldsymbol{L}$, $\boldsymbol{M} \to \boldsymbol{M}$. Wegen der Invarianz der freien Energie werden dabei auch $\boldsymbol{H}_L \to -\boldsymbol{H}_L$ und $\boldsymbol{H}_M \to \boldsymbol{H}_M$ transformiert.

Wir betrachten kleine Schwingungen der magnetischen Momente und setzen $\boldsymbol{L} = \boldsymbol{L}_0 + \boldsymbol{l}$, $\boldsymbol{M} = \boldsymbol{m}$, dabei sind $\boldsymbol{l}$ und $\boldsymbol{m}$ kleine Größen. In der linearen Näherung haben die Bewegungsgleichungen, die den gestellten Bedingungen genügen, die Form

$$\frac{\partial \boldsymbol{l}}{\partial t} = \gamma \boldsymbol{H}_M \times \boldsymbol{\nu}, \qquad \frac{\partial \boldsymbol{m}}{\partial t} = \gamma \boldsymbol{H}_L \times \boldsymbol{\nu}. \tag{74,4}$$

$\boldsymbol{\nu}$ ist der Einheitsvektor in der Gleichgewichtsrichtung des Vektors $\boldsymbol{L}_0$; die Transformation $\boldsymbol{L} \to -\boldsymbol{L}$ bedeutet auch $\boldsymbol{\nu} \to -\boldsymbol{\nu}$. Hier ist berücksichtigt, daß die Größen $\boldsymbol{H}_L$ und $\boldsymbol{H}_M$, die im Gleichgewicht verschwinden, selbst in $\boldsymbol{l}$ und $\boldsymbol{m}$ linear sind und daß $\boldsymbol{\nu}$ der einzige uns zur Verfügung stehende konstante Vektor ist. In Analogie mit § 69 könnte man den Koeffizienten γ auch als $\gamma = (g\,|e|/2mc)\,L_0$ schreiben; zum Unterschied vom Ferromagneten ist jetzt aber $g \neq 2$ sogar bei Vernachlässigung der relativistischen Effekte. Bei monochromatischen Schwingungen ist $\partial \boldsymbol{l}/\partial t = -i\omega \boldsymbol{l}, \ldots$, und dann stehen die durch die Gleichungen (74,4) bestimmten Vektoren $\boldsymbol{l}$ und $\boldsymbol{m}$ senkrecht auf $\boldsymbol{\nu}$. In der betrachteten Näherung bedeutet das, daß der Vektor $\boldsymbol{L}$ um die Richtung $\boldsymbol{\nu}$ mit dem konstanten Betrag $L \approx L_0$ präzediert.

Zur Bestimmung der effektiven Felder $\boldsymbol{H}_L$ und $\boldsymbol{H}_M$ muß man die freie Energie des Kristalls bestimmen. Dabei kann man sich auf die Glieder zweiter Ordnung in den kleinen Größen $\boldsymbol{l}$ und $\boldsymbol{m}$ beschränken und bei den Gliedern mit Ableitungen dieser Größen nach den Koordinaten auf solche nicht höher als zweiter Ordnung im Wellenzahlvektor der Schwingungen, deren Wellenlänge (wie auch im § 70) als groß im Vergleich zur Gitterkonstanten vorausgesetzt wird. In der Austauschnäherung muß die freie Energie invariant gegenüber den gleichzeitigen Drehungen aller magnetischer Momente und auch in bezug auf die Vorzeichenänderung von $\boldsymbol{L}$ sein. Der Ausdruck, der allen diesen Forderungen genügt, hat die Form

$$F_{\text{aust}} = \int \left\{ \frac{a\boldsymbol{m}^2}{2} + \frac{b}{2}\left(\boldsymbol{m}\frac{\partial \boldsymbol{l}}{\partial z} - \boldsymbol{l}\frac{\partial \boldsymbol{m}}{\partial z}\right) + \frac{1}{2}\alpha_{ik}\frac{\partial \boldsymbol{l}}{\partial x_i}\frac{\partial \boldsymbol{l}}{\partial x_k}\right\} \mathrm{d}V, \tag{74,5}$$

die z-Achse kann in Richtung von $\boldsymbol{\nu}$ angenommen werden (so daß eine Vorzeichenänderung von $\boldsymbol{\nu}$ auch eine Vorzeichenänderung von z bedeutet); für den Koeffizienten a gilt $a > 0$ in Übereinstimmung damit, daß im Gleichgewicht $\boldsymbol{m} = 0$ sein muß. Das Glied mit $\boldsymbol{l}^2$ fehlt hier, weil sein Auftreten eine Abhängigkeit der Energie von der Richtung des Vektors $\boldsymbol{L} = \boldsymbol{L}_0 + \boldsymbol{l}$ im Kristall bedeuten würde, die in der Austauschnäherung nicht vorhanden ist. Das Glied mit der Summe $\boldsymbol{m}\,\partial\boldsymbol{l}/\partial z + \boldsymbol{l}\,\partial\boldsymbol{m}/\partial z$ reduziert sich auf die totale Ableitung und würde bei der Integration über das Volumen verschwinden. Schließlich braucht man die in den Ableitungen $\partial\boldsymbol{m}/\partial x_i$ quadratischen Glieder nicht zu berücksichtigen, weil sie offenkundig klein gegenüber dem Glied mit $\boldsymbol{m}^2$ sind. Wir variieren das Integral (74,5) (und integrieren es partiell) und erhalten

$$\boldsymbol{H}_L = b\frac{\partial \boldsymbol{m}}{\partial z} + \alpha_{ik}\frac{\partial^2 \boldsymbol{l}}{\partial x_i\,\partial x_k}, \quad \boldsymbol{H}_M = -a\boldsymbol{m} - b\frac{\partial \boldsymbol{l}}{\partial z}. \tag{74,6}$$

Für eine ebene monochromatische Spinwelle ergeben die Bewegungsgleichungen (74,4) jetzt

$$\begin{aligned} -i\omega\boldsymbol{l} &= -\gamma a\boldsymbol{m}\times\boldsymbol{\nu} - ik_z\gamma b\boldsymbol{l}\times\boldsymbol{\nu}, \\ -i\omega\boldsymbol{m} &= ik_z\gamma b\boldsymbol{m}\times\boldsymbol{\nu} - \gamma\alpha(\boldsymbol{n})\,k^2\boldsymbol{l}\times\boldsymbol{\nu}, \end{aligned} \tag{74,7}$$

wobei erneut (wie auch im § 70) $\alpha(\boldsymbol{n}) = \alpha_{ik}n_in_k$ ist, $\boldsymbol{n}$ ist der Einheitsvektor in Richtung von $\boldsymbol{k}$. Wenn wir die erste Gleichung vektoriell mit $\boldsymbol{\nu}$ multiplizieren, erhalten wir

$$\gamma a\boldsymbol{m} = -i\omega\boldsymbol{l}\times\boldsymbol{\nu} - ik_z\gamma b\boldsymbol{l}. \tag{74,8}$$

Die Substitution dieses Ausdrucks in die zweite Gleichung führt sofort auf das folgende Dispersionsgesetz für die Spinwellen:

$$\omega = \gamma k[a\alpha(\boldsymbol{n}) - b^2(\boldsymbol{\nu n})^2]^{1/2}. \tag{74,9}$$

Die Frequenz der Spinwellen, und damit auch die Magnonenenergie $\varepsilon = \hbar\omega$, ist also in einem Antiferromagneten in der Austauschnäherung proportional zu der ersten Potenz von $\boldsymbol{k}$ und nicht proportional zu $\boldsymbol{k}^2$ wie in einem Ferromagneten.[1]

Die Gleichungen (74,7) stellen einen eindeutigen Zusammenhang zwischen $\boldsymbol{l}$ und $\boldsymbol{m}$ her, aber die beiden Komponenten (in der zu $\boldsymbol{\nu}$ senkrechten Ebene) von $\boldsymbol{l}$ bleiben willkürlich. Das bedeutet, daß die Spinwellen in dem betrachteten Antiferromagneten zwei unabhängige Polarisationsrichtungen haben.

Um die magnetische Anisotropie zu berücksichtigen, muß man konkretere Annahmen über die Symmetrie des Kristalls machen. Der Kristall möge eine einachsige Symmetrie haben, wobei die Gleichgewichtslage von $\boldsymbol{L}$ mit der Symmetrieachse übereinstimmt.[2]

---

[1] Dieses Dispersionsgesetz für Antiferromagnetika wurde zuerst von L. Hulthén (1936) erhalten. Die hier benutzte makroskopische Betrachtung der Untergittermagnetisierungen wurde von M. I. Kaganow und W. M. Zukernik (1958) gegeben.

[2] Zu diesem Typ gehört der Antiferromagnet $FeCO_3$, der ein rhomboedrisches Gitter (der Kristallklasse D_{3d}) mit zwei Ionen Fe in der Elementarzelle hat. Die magnetischen Momente dieser Ionen zeigen nach entgegengesetzten Richtungen längs der Symmetrieachse dritter Ordnung (z-Achse).

An (74,8) sieht man, daß der Vektor $\boldsymbol{m}$ in einer Spinwelle klein im Vergleich zu $\boldsymbol{l}$ ist — er enthält eine zusätzliche Potenz des kleinen Wellenzahlvektors $\boldsymbol{k}$. In diesem Sinne ist das effektive Feld $\boldsymbol{H}_M \gg \boldsymbol{H}_L$. Aus diesem Grunde genügt es, die Anisotropie zu berücksichtigen, die mit dem Vektor $\boldsymbol{l}$ zusammenhängt. Unter den getroffenen Annahmen ist die Dichte der zugehörigen Energie $U_{\text{an}} = K\boldsymbol{l}^2/2$ mit $K > 0$. Ihre Berücksichtigung führt zum Auftreten eines zusätzlichen Gliedes $-K\boldsymbol{l}$ im effektiven Feld $\boldsymbol{H}_L$, das für eine ebene Welle gleich

$$\boldsymbol{H}_L = ik_z b\boldsymbol{m} - [\alpha(\boldsymbol{n})\, k^2 + K]\, \boldsymbol{l} \tag{74,10}$$

wird. Hieran sieht man, daß man bei Berücksichtigung der Anisotropie das Dispersionsgesetz der Spinwellen aus (74,9) erhält, wenn man αk^2 durch $\alpha k^2 + K$ ersetzt. Im Endergebnis wird bei $k \to 0$ die Magnonenenergie nicht gegen Null, sondern gegen die endliche Größe[1])

$$\varepsilon(0) = \hbar\gamma \sqrt{aK} \tag{74,11}$$

streben (CH. KITTEL, 1951). Wir weisen darauf hin, daß die Lücke im Spektrum proportional zur Wurzel aus der Anisotropiekonstanten (und nicht zur ersten Potenz, wie in (70,12)) ist. Weil sich die Kleinheit der relativistischen Effekte in der relativen Kleinheit der Anisotropiekonstanten ausdrückt, sehen wir, daß sich diese Effekte in einem Antiferromagneten im allgemeinen stärker als in einem Ferromagneten bemerkbar machen.

Der Magnonenbeitrag zur inneren Energie eines Antiferromagneten wird nach der Formel (71,3) berechnet. Im Temperaturgebiet $\varepsilon(0) \ll T \ll T_N$ (T_N ist die Temperatur für das Verschwinden des Antiferromagnetismus, der NÉEL-Punkt) kann man das Spektrum (74,9) benutzen. In einem einachsigen Kristall ist

$$\omega = \gamma a^{1/2}[\alpha_1(k_x^2 + k_y^2) + \alpha_2' k_z^2]^{1/2}, \quad \alpha_2' = \alpha_2 - b^2/a.$$

Die Berechnung des Integrals (71,3) führt zu folgendem Resultat für den Magnonenbeitrag zur Wärmekapazität:

$$C_{\text{mag}} = V \frac{4\pi^2 T^3}{15\gamma^3 a^{3/2} (\alpha_2' \alpha_1^2)^{1/2}\, \hbar^3}. \tag{74,12}$$

Bei Temperaturen $T \ll \varepsilon(0)$ ist der Magnonenbeitrag zu den thermodynamischen Größen exponentiell klein.

---

[1]) Die Frequenz $\omega(0) = \varepsilon(0)/\hbar$ nennt man Frequenz der *antiferromagnetischen Resonanz.*

VIII ELEKTROMAGNETISCHE FLUKTUATIONEN

§ 75. Die GREENsche Funktion eines Photons in einem Medium

Wir kommen zur Untersuchung der statistischen Eigenschaften des elektromagnetischen Feldes in materiellen Medien und erinnern zunächst daran, worin der Sinn der Mittelungen besteht, denen die elektromagnetischen Größen in der makroskopischen Elektrodynamik unterworfen werden.

Wenn man der Anschaulichkeit halber von dem klassischen Standpunkt ausgeht, kann man die Mittelung über ein physikalisch unendlich kleines Volumen bei gegebener Anordnung aller Teilchen in ihm und danach die Mittelung der erhaltenen Größe über die Bewegung der Teilchen unterscheiden. In die MAXWELL-Gleichungen der makroskopischen Elektrodynamik gehen die vollständig gemittelten Größen ein. Bei der Betrachtung der Feldfluktuationen handelt es sich um zeitliche Schwingungen von Größen, die nur über die unendlich kleinen Volumina gemittelt sind.

Vom quantenmechanischen Standpunkt aus kann man natürlich nicht von der Volumenmittelung der eigentlichen physikalischen Größe, sondern nur ihres Operators sprechen; der zweite Schritt besteht in der Bestimmung des Mittelwertes dieses Operators mit Hilfe der quantenmechanischen Wahrscheinlichkeiten. Die unten in diesem Kapitel auftretenden Feldoperatoren werden als nur im ersten Sinn gemittelt verstanden.

Die statistischen Eigenschaften der elektromagnetischen Strahlung in einem materiellen Medium werden durch die GREENsche Funktion eines Photons im Medium beschrieben. Für Photonen spielen die Operatoren der Potentiale des elektromagnetischen Feldes die Rolle der ψ-Operatoren. Die GREENschen Photonenfunktionen sind durch diese Operatoren genauso definiert, wie sie für Teilchen durch die ψ-Operatoren definiert sind.

Die Potentiale des Feldes bilden den Vierervektor $A^\mu = (A^0, A)$, dabei sind $A^0 = \varphi$ das skalare und A das Vektorpotential. Die Wahl dieser Potentiale ist in der klassischen Elektrodynamik nicht eindeutig: sie erlauben die sogenannte Eichtransformation, die sich auf keine beobachtbaren Größen auswirkt (s. II, § 18). Dementsprechend gibt es in der Quantenelektrodynamik diese Nichteindeutigkeit in der Wahl der Feldoperatoren und mit ihnen auch in der Definition der GREENschen Photonenfunktionen. Wir werden die Eichung benutzen, in der das skalare Potential gleich Null ist:

$$A^0 \equiv \varphi = 0, \tag{75,1}$$

so daß das Feld nur durch das Vektorpotential bestimmt ist. Diese Eichung ist gewöhnlich für Aufgaben zweckmäßig, in denen es sich um die Wechselwirkung des elektromagnetischen Feldes mit nichtrelativistischen Teilchen handelt — wie das auch für ein Feld in gewöhnlichen materiellen Medien der Fall ist.

In dieser Eichung ist die GREENsche Funktion ein dreidimensionaler Tensor zweiter Stufe

$$D_{ik}(X_1, X_2) = -i\langle T\hat{A}_i(X_1)\,\hat{A}_k(X_2)\rangle \tag{75,2}$$

($i, k = x, y, z$ sind die dreidimensionalen Vektorindizes), die spitzen Klammern kennzeichnen (wie auch in (36,1)) die Mittelung über die GIBBSsche Verteilung für ein System, welches aus dem Medium zusammen mit der sich mit ihm im Gleichgewicht befindlichen Strahlung besteht; weil die Photonen Bosonen sind, führt die Vertauschung der Operatoren $\hat{A}_i$, $\hat{A}_k$ bei ihrer Chronologisierung nicht zu einer Vorzeichenänderung des Produktes. Wir erinnern auch daran, daß die Operatoren $\hat{A}_i$ selbstadjungiert sind (dadurch wird die echte Neutralität eines Photons ausgedrückt); deshalb wird in (75,2) kein Unterschied zwischen $\hat{A}_i$ und $\hat{A}_i^+$ gemacht.[1])

Als primären Begriff für die Konstruktion aller Arten von GREENschen Photonenfunktionen muß man aber nicht (75,2), sondern die retardierte GREENsche Funktion benutzen, die gemäß

$$iD_{ik}^R(X_1, X_2) = \begin{cases} \langle \hat{A}_i(X_1)\,\hat{A}_k(X_2) - \hat{A}_k(X_2)\,\hat{A}_i(X_1)\rangle, & t_1 > t_2, \\ 0, \quad t_1 < t_2 \end{cases} \tag{75,3}$$

definiert ist (das Minuszeichen zwischen den beiden Gliedern in den Winkelklammern entspricht der Definition (36,19) für die BOSE-Statistik).

Für ein abgeschlossenes System hängt die GREENsche Funktion von den Zeitpunkten t_1, t_2 nur über ihre Differenz $t = t_1 - t_2$ ab. Was die Koordinaten $\boldsymbol{r}_1$, $\boldsymbol{r}_2$ betrifft, so gehen sie im allgemeinen Fall eines inhomogenen Mediums unabhängig voneinander in die Funktion ein: $D_{ik}^R(t; \boldsymbol{r}_1, \boldsymbol{r}_2)$. Dementsprechend wird diese Funktion nur der FOURIER-Entwicklung bezüglich der Zeit unterworfen; die Komponente dieser Entwicklung ist

$$D_{ik}^R(\omega; \boldsymbol{r}_1, \boldsymbol{r}_2) = \int_0^\infty e^{i\omega t} D_{ik}^R\,(t; \boldsymbol{r}_1, \boldsymbol{r}_2)\,dt. \tag{75,4}$$

Wir betrachten über physikalisch unendlich kleine Volumina gemittelte Größen und beschränken uns dadurch auf die Betrachtung allein des langwelligen Teils der Strahlung, in dem die Wellenzahlvektoren der Photonen der Bedingung

$$ka \ll 1 \tag{75,5}$$

unterworfen sind (a ist der zwischenatomare Abstand im Medium). In diesem Frequenz gebiet kann die GREENsche Funktion eines Photons durch andere makroskopische Kenngrößen des Mediums ausgedrückt werden — durch seine Dielektrizitätskonstante und magnetische Permeabilität $\varepsilon(\omega)$ bzw. $\mu(\omega)$.

Dazu schreiben wir den Operator der Wechselwirkung des elektromagnetischen Feldes mit dem Medium auf:

$$\hat{V} = -\frac{1}{c} \int \hat{\boldsymbol{j}} \hat{\boldsymbol{A}}\, d^3x, \tag{75,6}$$

[1]) Im allgemeinen Fall einer beliebigen Eichung der Potentiale ist die GREENsche Photonenfunktion ein Vierertensor $D_{\mu\nu}$ (in der Eichung (75,1) ist $D_{00} = 0$, $D_{0i} = 0$). Die allgemeinen tensoriellen und Eicheigenschaften der GREENschen Photonenfunktion in der Statistik sind die gleichen wie in der Quantenelektrodynamik eines Feldes im Vakuum. Wir bemerken, daß die Definition (75,2) sich von der in IV benutzten durch das Vorzeichen unterscheidet. Sie ist hier einheitlich mit der Definition der GREENschen Funktionen der anderen Bosonen (darunter auch der Phononen) gewählt.

dabei ist $\hat{j}$ der Operator der elektrischen Stromdichte, die von den Teilchen des Mediums hervorgerufen wird.[1]) Wenn man in das Medium irgendeinen klassischen „von außen angelegten" Strom $\boldsymbol{j}(t, \boldsymbol{r})$ einführt, dann wird mit ihm der Wechselwirkungsoperator

$$\hat{V} = -\frac{1}{c}\int \boldsymbol{j}(t, \boldsymbol{r})\,\hat{\boldsymbol{A}}\,\mathrm{d}^3x \tag{75,7}$$

verknüpft sein. Dieser Ausdruck erlaubt es, den Zusammenhang mit der allgemeinen Theorie der Response eines makroskopischen Systems auf eine äußere Einwirkung herzustellen.

Wir erinnern daran, daß in dieser Theorie (s. V, § 125) eine diskrete Reihe von Größen x_a $(a = 1, 2, \ldots)$ auftrat, die das Verhalten des Systems unter der Wirkung bestimmter äußerer Störungen charakterisieren. Diese Störungen werden durch die „störenden Kräfte" $f_a(t)$ so beschrieben, daß der Operator der Wechselwirkungsenergie die Form

$$\hat{V} = -\sum_a f_a \hat{x}_a$$

hat, dabei sind die $\hat{x}_a$ die Operatoren der Größen x_a. Die Mittelwerte $\bar{x}_a(t)$, die sich unter der Wirkung der Störung einstellen, sind lineare Funktionale der Kräfte $f_a(t)$. Für die FOURIER-Komponenten aller Größen schreibt sich dieser Zusammenhang als

$$\bar{x}_{a\omega} = \sum_b \alpha_{ab}(\omega)\, f_{b\omega}$$

(es wird angenommen, daß bei fehlender Störung $\bar{x}_a = 0$ ist). Die Koeffizienten α_{ab} in diesen Beziehungen nennt man *verallgemeinerte Suszeptibilitäten* des Systems. Wenn sich die beiden Größen x_a und x_b in bezug auf die Zeitumkehr gleichartig verhalten und der Körper *nicht magnetoaktiv* ist (keine magnetische Struktur besitzt und sich nicht in einem Magnetfeld befindet), dann sind die Größen α_{ab} symmetrisch in den Indizes.

Hier haben wir es mit Größen f_a und x_a zu tun, die Verteilungscharakter haben — mit Funktionen der Koordinaten $\boldsymbol{r}$ des Punktes im Körper. In diesem Fall muß man den Ausdruck $\hat{V}$ in der Form

$$\hat{V} = -\sum_a \int f_a(t, \boldsymbol{r})\hat{x}_a(t, \boldsymbol{r})\,\mathrm{d}^3x \tag{75,8}$$

schreiben und die Beziehung zwischen den Mittelwerten $\bar{x}_a$ und den Kräften f_a als

$$\bar{x}_{a\omega}(\boldsymbol{r}) = \sum_b \int \alpha_{ab}(\omega; \boldsymbol{r}, \boldsymbol{r}')\, f_{b\omega}(\boldsymbol{r}')\,\mathrm{d}^3x'. \tag{75,9}$$

---

[1]) Siehe IV, § 53 (in IV ist der Strom als $e\boldsymbol{j}$ bezeichnet, d.h. die Elementarladung e ist aus der Definition von $\boldsymbol{j}$ herausgezogen). Der Operator (75,6) setzt die Benutzung des relativistischen Ausdrucks für den Stromoperator voraus. Bei nichtrelativistischen Problemen kann man in den ψ-Operatoren (aus denen der Stromoperator $\hat{j}$ aufgebaut wird) die Teile vernachlässigen, die mit negativen Frequenzen zusammenhängen, d.h. mit den Antiteilchen. Das bedeutet insbesondere die Vernachlässigung der Strahlungskorrekturen, die die GREENsche Photonenfunktion im Vakuum durch die virtuelle Erzeugung von Elektron-Positron-Paaren ändern. Diese Korrekturen sind bei den Wellenlängen $\lambda \gg \hbar/mc$ vernachlässigbar klein — eine Bedingung, die im Gebiet (75,5) offensichtlich erfüllt ist.

Die verallgemeinerten Suszeptibilitäten werden jetzt Funktionen der Koordinaten zweier Punkte im Körper, und ihre Symmetrie wird durch die Gleichung

$$\alpha_{ab}(\omega; \boldsymbol{r}, \boldsymbol{r}') = \alpha_{ba}(\omega; \boldsymbol{r}', \boldsymbol{r}) \tag{75,10}$$

ausgedrückt.

Nach der KUBO-Formel (s. V, (126,9)) werden die Suszeptibilitäten durch die Mittelwerte der Kommutatoren der HEISENBERG-Operatoren $\hat{x}_a(t, \boldsymbol{r})$ ausgedrückt:

$$\alpha_{ab}(\omega; \boldsymbol{r}, \boldsymbol{r}') = \frac{i}{\hbar} \int_0^\infty e^{i\omega t} \langle \hat{x}_a(t, \boldsymbol{r})\, \hat{x}_b(0, \boldsymbol{r}') - \hat{x}_b(0, \boldsymbol{r}')\, \hat{x}_a(t, \boldsymbol{r}) \rangle \, dt. \tag{75,11}$$

Wir werden jetzt als „Kräfte“ f_a die Komponenten des Stromvektors $\boldsymbol{j}$ betrachten. Dann sieht man an dem Vergleich von (75,7) mit (75,8), daß die ihnen entsprechenden Größen x_a die Komponenten des Vektorpotentials $\boldsymbol{A}/c$ des Feldes sind. Ein Vergleich der Formel (75,11) mit der Definition (75,3—4) zeigt jetzt, daß die verallgemeinerten Suszeptibilitäten $\alpha_{ab}(\omega; \boldsymbol{r}, \boldsymbol{r}')$ mit den Komponenten des Tensors $-D^R_{ik}(\omega; \boldsymbol{r}, \boldsymbol{r}')/\hbar c^2$ übereinstimmen. Wegen (75,10) folgt hieraus sofort (für nicht magnetoaktive Medien)

$$D^R_{ik}(\omega; \boldsymbol{r}, \boldsymbol{r}') = D^R_{ki}(\omega; \boldsymbol{r}', \boldsymbol{r}). \tag{75,12}$$

Die Beziehungen (75,9) nehmen die Form

$$\bar{A}_{i\omega}(\boldsymbol{r}) = -\frac{1}{\hbar c} \int D^R_{ik}(\omega; \boldsymbol{r}, \boldsymbol{r}')\, j_{k\omega}(\boldsymbol{r}')\, d^3x' \tag{75,13}$$

an.

Der Mittelwert $\bar{\boldsymbol{A}}$ ist nichts anderes als das Vektorpotential des makroskopischen (vollständig gemittelten — s. Anfang des Paragraphen) elektromagnetischen Feldes im Medium; wir werden unten den Strich über $\boldsymbol{A}$ (und auch über den anderen makroskopischen Größen) weglassen. Nun berücksichtigen wir, daß das vom klassischen Strom $\boldsymbol{j}$ hervorgerufene makroskopische Feld der MAXWELL-Gleichung

$$\mathrm{rot}\, \boldsymbol{H}_\omega = \frac{4\pi}{c} \boldsymbol{j}_\omega - \frac{i\omega}{c} \boldsymbol{D}_\omega$$

mit der elektrischen Induktion $\boldsymbol{D}$ genügt. Im allgemeinen Fall eines anisotropen Mediums hängt $\boldsymbol{D}_\omega$ mit der Feldstärke $\boldsymbol{E}_\omega$ durch die Beziehungen $D_{i\omega} = \varepsilon_{ik}(\omega)\, E_{k\omega}$ zusammen; wenn das Medium inhomogen ist, dann ist der Tensor der Dielektrizitätskonstanten auch eine Funktion der Koordinaten: $\varepsilon_{ik}(\omega, \boldsymbol{r})$.

In der von uns gewählten Eichung der Potentiale (75,1) haben wir

$$\boldsymbol{B}_\omega = \mathrm{rot}\, \boldsymbol{A}_\omega, \quad \boldsymbol{E}_\omega = i\frac{\omega}{c} \boldsymbol{A}_\omega, \tag{75,14}$$

dabei ist $\boldsymbol{B}$ die magnetische Induktion, die mit der Feldstärke $\boldsymbol{H}$ durch die Beziehungen $B_{i\omega} = \mu_{ik} H_{k\omega}$ zusammenhängt.[1]) Deshalb haben wir für das Potential die Gleichung[2])

$$\left[\mathrm{rot}_{im}(\mu^{-1}_{mn}\, \mathrm{rot}_{nk}) - \frac{\omega^2}{c^2} \varepsilon_{ik}\right] A_{k\omega} = \frac{4\pi}{c} j_{i\omega}.$$

---

[1]) Wir erinnern daran, daß in der makroskopischen Elektrodynamik der Mittelwert der mikroskopischen elektrischen Feldstärke gewöhnlich als $\boldsymbol{E}$ bezeichnet wird und der Mittelwert der magnetischen Feldstärke als magnetische Induktion $\boldsymbol{B}$.

[2]) Hier und unten benutzen wir die Bezeichnung $\mathrm{rot}_{il} = e_{ikl}\, \partial/\partial x_k$ mit dem antisymmetrischen Einheitstensor e_{ikl}. Dabei ist $(\mathrm{rot}\, \boldsymbol{A})_i = \mathrm{rot}_{il} A_l$.

Wenn wir hierin A_ω in der Form (75,13) einsetzen, finden wir, daß die Funktion D^R_{ik} der Gleichung

$$\left[\mathrm{rot}_{im}\,(\mu^{-1}_{mn}\,\mathrm{rot}_{nl}) - \frac{\omega^2}{c^2}\,\varepsilon_{il}\right] D^R_{lk}\,(\omega;\, \boldsymbol{r}, \boldsymbol{r}') = -4\pi\hbar\delta_{ik}\delta(\boldsymbol{r}-\boldsymbol{r}') \qquad (75{,}15)$$

genügen muß.

Diese Gleichung vereinfacht sich wesentlich für (in jedem Volumenelement) isotrope Medien, für die die Tensoren ε_{ik} und μ_{ik} sich auf Skalare reduzieren. Die magnetische Permeabilität ist gewöhnlich in der Nähe von 1, und wir werden unten in diesem Paragraphen annehmen, daß sie gleich 1 ist. Wenn wir $\varepsilon_{ik} = \varepsilon\,\delta_{ik}$ und $\mu_{ik} = \delta_{ik}$ setzen, erhalten wir die Gleichung

$$\left[\frac{\partial^2}{\partial x_i \partial x_l} - \delta_{il}\Delta - \delta_{il}\frac{\omega^2}{c^2}\,\varepsilon(\omega;\boldsymbol{r})\right] D^R_{lk}(\omega;\, \boldsymbol{r}, \boldsymbol{r}') = -4\pi\hbar\delta_{ik}\delta(\boldsymbol{r}-\boldsymbol{r}'). \qquad (75{,}16)$$

Auf diese Weise führt die Berechnung der retardierten GREENschen Funktion für ein inhomogenes Medium auf die Lösung einer bestimmten Differentialgleichung (I. E. DSJALOSCHINSKI, L. P. PITAJEWSKI, 1959).[1]

An den Grenzen zwischen verschiedenen Medien müssen die Komponenten des Tensors D^R_{lk} bestimmten Bedingungen genügen. In der Gleichung (75,16) sind die zweite Variable $\boldsymbol{r}'$ und der zweite Index k an den differentiellen und algebraischen Operationen nicht beteiligt, die mit dem Tensor D^R_{lk} ausgeführt werden, d. h. sie spielen nur die Rolle von Parametern. Deshalb müssen die Randbedingungen für die Funktion $D^R_{lk}(\omega;\, \boldsymbol{r}, \boldsymbol{r}')$, die man als Vektor mit dem Index l betrachten kann, nur bezüglich der Koordinaten $\boldsymbol{r}$ gestellt werden. Diese Bedingungen entsprechen den aus der makroskopischen Elektrodynamik bekannten Stetigkeitsforderungen für die Tangentialkomponenten von $\boldsymbol{E}$ und $\boldsymbol{H}$.[2] Weil $\boldsymbol{E} = -\dot{\boldsymbol{A}}/c$ ist, spielt die Rolle des Vektors $\boldsymbol{E}$ hierbei die Ableitung

$$-\frac{1}{c}\frac{\partial}{\partial t} D^R_{lk}(t;\, \boldsymbol{r}, \boldsymbol{r}')$$

oder, in den FOURIER-Komponenten,

$$i\frac{\omega}{c} D^R_{lk}(\omega;\, \boldsymbol{r}, \boldsymbol{r}'). \qquad (75{,}17)$$

Auf analoge Weise spielt die Rolle des Vektors $\boldsymbol{H}$ (der bei $\mu = 1$ mit $\boldsymbol{B}$ zusammenfällt) die Größe

$$\mathrm{rot}_{li}\, D_{ik}(\omega;\, \boldsymbol{r}, \boldsymbol{r}'). \qquad (75{,}18)$$

Für ein räumlich homogenes, unbegrenztes Medium hängt die Funktion D^R_{ik} nur von der Differenz $\boldsymbol{r} - \boldsymbol{r}'$ ab. Für die FOURIER-Komponenten bezüglich dieser Differenz

---

[1]) Wir bemerken, daß die Funktion D^R_{ik} die GREENsche Funktion der MAXWELL-Gleichungen in dem aus der mathematischen Physik bekannten Sinne ist — die Lösung der Feldgleichungen mit einer Punktquelle, die der Retardierungsbedingung genügt (die avancierte Funktion D^A_{ik} würde derselben Gleichung mit ε^* an Stelle von ε genügen).

[2]) Die Randbedingungen für die Normalkomponenten von $\boldsymbol{B}$ und $\boldsymbol{D}$ liefern in dem gegebenen Fall nichts neues in Übereinstimmung damit, daß in einem zeitlich sich wie $e^{-i\omega t}$ verändernden Feld die Gleichung div $\boldsymbol{D} = 0$ gilt, div $\boldsymbol{B} = 0$ ist eine Folge der Gleichungen rot $\boldsymbol{E} = i\omega\boldsymbol{B}/c$, rot $\boldsymbol{H} = -i\omega\boldsymbol{D}/c$.

reduziert sich die Differentialgleichung (75,16) auf das System der algebraischen Gleichungen

$$\frac{1}{4\pi\hbar}\left[k_i k_l - \delta_{il} k^2 + \delta_{il}\frac{\omega^2}{c^2}\varepsilon(\omega)\right] D^R_{lk}(\omega, \boldsymbol{k}) = \delta_{ik}. \tag{75,19}$$

Die Lösung dieser Gleichungen ist

$$D^R_{ik}(\omega, \boldsymbol{k}) = \frac{4\pi\hbar}{\omega^2\varepsilon(\omega)/c^2 - k^2}\left[\delta_{ik} - \frac{c^2 k_i k_k}{\omega^2\varepsilon(\omega)}\right]. \tag{75,20}$$

Nach (36,21) wird die Greensche Funktion D_{ik} für ein homogenes Medium durch die retardierte Funktion D^R_{ik} mit Hilfe der Formel

$$D_{ik}(\omega, k) = \operatorname{Re} D^R_{ik}(\omega, k) + i \coth\frac{\hbar\omega}{2T}\cdot \operatorname{Im} D^R_{ik}(\omega, k) \tag{75,21}$$

ausgedrückt. Bei $T \to 0$ ergibt diese Formel

$$D_{ik}(\omega, \boldsymbol{k}) = \operatorname{Re} D^R_{ik}(\omega, \boldsymbol{k}) + i \operatorname{sign}\omega \cdot \operatorname{Im} D^R_{ik}(\omega, \boldsymbol{k}). \tag{75,22}$$

Die Funktion D^R_{ik} wird durch den Ausdruck (75,20) gegeben; wenn wir berücksichtigen, daß $\operatorname{Re}\varepsilon(\omega)$ eine gerade und $\operatorname{Im}\varepsilon(\omega)$ eine ungerade Funktion von ω ist, dann finden wir bei $T = 0$

$$D_{ik}(\omega, \boldsymbol{k}) = D^R_{ik}(|\omega|, \boldsymbol{k}). \tag{75,23}$$

Im Vakuum ist $\varepsilon(\omega) = 1$. Weil aber in jedem materiellen Medium $\operatorname{Im}\varepsilon(\omega) > 0$ bei $\omega > 0$ ist, entspricht dem Vakuum der Grenzübergang $\varepsilon \to 1 + i0 \cdot \operatorname{sign}\omega$. Dabei erhält man den Ausdruck

$$D^{(0)}_{ik}(\omega, \boldsymbol{k}) = \frac{4\pi\hbar}{\omega^2/c^2 - k^2 + i0}\left(\delta_{ik} - \frac{c^2 k_i k_k}{\omega^2}\right),$$

der mit dem bekannten Resultat der Quantenelektrodynamik (s. IV, § 77) übereinstimmt.

§ 76. Fluktuationen des elektromagnetischen Feldes

Wie schon am Beginn des vorigen Paragraphen angegeben wurde, handelt es sich bei der Betrachtung der Fluktuationen des elektromagnetischen Feldes um zeitliche Schwingungen von Größen, die nur über physikalisch unendlich kleine Volumenelemente gemittelt sind (aber nicht über die Bewegung der Teilchen in dem Volumen). In diesem Sinne muß man auch die quantenmechanischen Operatoren dieser Größen verstehen.

Die Grundformeln der Theorie der elektromagnetischen Fluktuationen können unmittelbar aufgeschrieben werden, wenn man von den allgemeinen Formeln des Fluktuations-Dissipations-Theorems ausgeht (V, § 125). Wir erinnern daran, daß für einen diskreten Satz von fluktuierenden Größen x_a die spektrale Verteilung der Fluktuationen durch die verallgemeinerten Suszeptibilitäten $\alpha_{ab}(\omega)$ mit Hilfe der Formel

$$(x_a x_b)_\omega = \frac{i\hbar}{2}(\alpha^*_{ba} - \alpha_{ab}) \coth \frac{\hbar\omega}{2T}$$

ausgedrückt wird, dabei stellt die Größe $(x_a x_b)_\omega$ die Komponente der FOURIER-Entwicklung der Korrelationsfunktion

$$\varphi_{ab}(t) = \frac{1}{2}\langle \hat{x}_a(t)\,\hat{x}_b(0) + \hat{x}_b(0)\,\hat{x}_a(t)\rangle$$

nach der Zeit dar, $\hat{x}_a(t)$ ist der HEISENBERG-Operator der Größe x_a. Im Falle von verteilten Größen $x_a(\boldsymbol{r})$ (Funktionen der Koordinaten der Körperpunkte) wird diese Formel in der Form

$$(x_a^{(1)} x_b^{(2)})_\omega = \frac{i\hbar}{2}\coth\frac{\hbar\omega}{2T}\,[\alpha^*_{ba}(\omega;\boldsymbol{r}_2,\boldsymbol{r}_1) - \alpha_{ab}(\omega;\boldsymbol{r}_1,\boldsymbol{r}_2)] \tag{76,1}$$

geschrieben, die Indizes (1) und (2) kennzeichnen, daß der Wert der Größe in dem Punkt $\boldsymbol{r}_1$ bzw. $\boldsymbol{r}_2$ zu nehmen ist.

Im vorigen Paragraphen wurde gezeigt, daß, wenn die Größen x_a die Komponenten des Vektorpotentials $\boldsymbol{A}(\boldsymbol{r})/c$ sind, dann die entsprechenden verallgemeinerten Suszeptibilitäten die Komponenten des Tensors $-D^R_{ik}(\omega;\,\boldsymbol{r}_1,\boldsymbol{r}_2)/\hbar c^2$ sein werden. Deshalb finden wir sofort

$$(A_i^{(1)} A_k^{(2)})_\omega = \frac{i}{2}\coth\frac{\hbar\omega}{2T}\,\{D^R_{ik}(\omega;\,\boldsymbol{r}_1,\boldsymbol{r}_2) - [D^R_{ki}(\omega;\,\boldsymbol{r}_2,\boldsymbol{r}_1)]^*\}\,. \tag{76,2}$$

Die Spektralfunktionen der Feldstärkefluktuationen erhält man aus (76,2) mit einer einfachen Methode. Es sei $\varphi^A_{ik}(t_1,\,\boldsymbol{r}_1;\,t_2,\,\boldsymbol{r}_2)$ die Korrelationsfunktion der Fluktuationen des Vektorpotentials; der Ausdruck (76,2) ist die FOURIER-Komponente dieser Funktion bezüglich $t = t_1 - t_2$. Weil die elektrische Feldstärke $\boldsymbol{E} = -\dot{\boldsymbol{A}}/c$ ist, so lautet diese Funktion für die Komponenten von $\boldsymbol{E}$

$$\varphi^E_{ik} = \frac{1}{c^2}\frac{\partial^2}{\partial t_1\,\partial t_2}\varphi^A_{ik} = -\frac{1}{c^2}\frac{\partial^2}{\partial t^2}\varphi^A_{ik},$$

oder in den FOURIER-Komponenten,

$$(E_i^{(1)} E_k^{(2)})_\omega = \frac{\omega^2}{c^2}(A_i^{(1)} A_k^{(2)})_\omega. \tag{76,3}$$

Wenn wir die Beziehung $\boldsymbol{B} = \operatorname{rot}\boldsymbol{A}$ berücksichtigen, erhalten wir auf analoge Weise:

$$(B_i^{(1)} B_k^{(2)})_\omega = \operatorname{rot}^{(1)}_{il}\operatorname{rot}^{(2)}_{km}(A_l^{(1)} A_m^{(2)})_\omega, \tag{76,4}$$

$$(E_i^{(1)} B_k^{(2)})_\omega = \frac{i\omega}{c}\operatorname{rot}^{(2)}_{km}(A_i^{(1)} A_m^{(2)})_\omega. \tag{76,5}$$

Drückt man die Korrelationsfunktionen der elektromagnetischen Fluktuationen durch die retardierte GREENsche Funktion aus, dann reduzieren die Formeln (76,2—5) das Problem ihrer Berechnung auf die Lösung der Differentialgleichung (75,15) oder (75,16) mit den zugehörigen Randbedingungen an den gegebenen Grenzen des Körpers.[1]

[1]) Die Theorie der elektromagnetischen Fluktuationen wurde in anderer Form von S. M. RYTOW (1953) und in einer zu (76,2—5) äquivalenten Form von M. L. LEWIN und S. M. RYTOW (1967) entwickelt.

Wir werden unten annehmen, daß das Medium nicht magnetoaktiv ist. Dann besitzt die Funktion D_{ik}^R die Symmetrieeigenschaft (75,12), und der Ausdruck (76,2) nimmt die Form

$$(A_i^{(1)} A_k^{(2)})_\omega = -\coth\frac{\hbar\omega}{2T}\,\mathrm{Im}\,D_{ik}^R(\omega;\boldsymbol{r}_1,\boldsymbol{r}_2) \tag{76,6}$$

an.

Wir weisen darauf hin, daß der Ausdruck (76,6) reell ist. Zusammen mit ihm sind auch (76,3—4) reell, und (76,5) ist imaginär. Das bedeutet, daß die zeitlichen Korrelationsfunktionen der Komponenten von $\boldsymbol{E}$ bzw. der Komponenten von $\boldsymbol{B}$ miteinander in bezug auf die Zeit $t = t_1 - t_2$ gerade sind (wie das auch sein muß für eine Korrelation zwischen Größen, die beide gerade oder ungerade bezüglich der Zeitumkehr sind). Die zeitliche Korrelationsfunktion der Komponenten von $\boldsymbol{E}$ mit den Komponenten von $\boldsymbol{B}$ ist in bezug auf die Zeit ungerade (wie das auch sein muß für zwei Größen, von denen eine gerade und die andere ungerade bezüglich der Zeitumkehr ist). Hieraus folgt, daß $\boldsymbol{E}$ und $\boldsymbol{B}$ im gleichen Zeitpunkt nicht miteinander korreliert sind (eine ungerade Funktion von t verschwindet bei $t = 0$). Zusammen mit der Korrelationsfunktion verschwinden auch die Mittelwerte von beliebigen, in $\boldsymbol{E}$ und $\boldsymbol{B}$ bilinearen Ausdrücken (genommen im gleichen Zeitpunkt), zum Beispiel vom Poynting-Vektor. Der letzte Umstand ist übrigens von vornherein klar: in einem Körper, der sich im thermischen Gleichgewicht befindet und bezüglich der Zeitumkehr invariant ist, kann es keine inneren makroskopischen Energieströme geben.

§ 77. Elektromagnetische Fluktuationen in einem unendlich ausgedehnten Medium

In einem homogenen unbegrenzten Medium hängt die Funktion $D_{ik}(\omega;\boldsymbol{r}_1,\boldsymbol{r}_2)$ nur von der Differenz $\boldsymbol{r} = \boldsymbol{r}_2 - \boldsymbol{r}_1$ ab und ist dabei gerade in dieser Veränderlichen (die Gleichung (75,15) enthält nur zweite Ableitungen nach den Koordinaten, und daher genügen $D_{ik}(\omega;\boldsymbol{r})$ und $D_{ik}(\omega;-\boldsymbol{r})$ ein und derselben Gleichung). Wenn wir die Fourier-Komponenten bezüglich $\boldsymbol{r}$ von den beiden Seiten der Gleichung (76,2) bilden, erhalten wir

$$(A_i^{(1)} A_k^{(2)})_{\omega\boldsymbol{k}} = \frac{i}{2}\coth\frac{\hbar\omega}{2T}\,\{D_{ik}^R(\omega,\boldsymbol{k}) - [D_{ik}^R(\omega,\boldsymbol{k})]^*\}\,. \tag{77,1}$$

Für nicht magnetoaktive Medien wird diese Formel unter Berücksichtigung von (75,12) als

$$(A_i^{(1)} A_k^{(2)})_{\omega\boldsymbol{k}} = -\coth\frac{\hbar\omega}{2T}\,\mathrm{Im}\,D_{ik}^R(\omega,\boldsymbol{k}) \tag{77,2}$$

geschrieben.

In einem isotropen, unmagnetischen ($\mu = 1$) Medium wird die Funktion $D_{ik}^R(\omega,\boldsymbol{k})$ durch die Formel (75,20) gegeben. Die Aufgabe, die räumliche Korrelationsfunktion der Fluktuationen zu bestimmen, reduziert sich auf die Berechnung des Integrals

$$D_{ik}^R(\omega;\boldsymbol{r}) = \int D_{ik}^R(\omega,\boldsymbol{k})\,e^{i\boldsymbol{k}\boldsymbol{r}}\frac{d^3k}{(2\pi)^3}. \tag{77,3}$$

Die Integration wird mit Hilfe der Formeln

$$\int \frac{e^{i\boldsymbol{k}\boldsymbol{r}}}{k^2+\varkappa^2}\frac{d^3k}{(2\pi)^3} = \frac{e^{-\varkappa r}}{4\pi r},$$
$$\int \frac{k_i k_k e^{i\boldsymbol{k}\boldsymbol{r}}}{k^2+\varkappa^2}\frac{d^3k}{(2\pi)^3} = -\frac{\partial^2}{\partial x_i \partial x_k}\frac{e^{-\varkappa r}}{4\pi r} \tag{77,4}$$

durchgeführt, die erste von ihnen erhält man, wenn man die FOURIER-Komponenten der bekannten Gleichung

$$(\Delta - \varkappa^2)\frac{e^{-\varkappa r}}{r} = -4\pi\,\delta(\boldsymbol{r}) \tag{77,5}$$

nimmt, und die zweite erhält man durch Differentiation der ersten. Im Ergebnis erhalten wir

$$D^R_{ik}(\omega;\boldsymbol{r}) = -\hbar\left[\delta_{ik} + \frac{c^2}{\omega^2\varepsilon}\frac{\partial^2}{\partial x_i \partial x_k}\right]\frac{1}{r}\exp\left(-\frac{\omega}{c}\sqrt{-\varepsilon}\,r\right) \tag{77,6}$$

mit $r = |\boldsymbol{r}_1 - \boldsymbol{r}_2|$, die Wurzel $\sqrt{-\varepsilon}$ muß mit dem Vorzeichen genommen werden, für das $\operatorname{Re}\sqrt{-\varepsilon} > 0$ ist; für das Vakuum muß man $\varepsilon = 1$, $\sqrt{-\varepsilon} = -i$ setzen (s. unten).

Nach (76,6) und (76,3) finden wir hieraus sofort

$$(E_i^{(1)}E_k^{(2)})_\omega = \hbar\coth\frac{\hbar\omega}{2T}\operatorname{Im}\left\{\frac{1}{\varepsilon}\left[\frac{\varepsilon\omega^2}{c^2}\delta_{ik} + \frac{\partial^2}{\partial x_i \partial x_k}\right]\frac{1}{r}\exp\left(-\frac{\omega}{c}\sqrt{-\varepsilon}\,r\right)\right\} \tag{77,7}$$

(S. M. RYTOW, 1953). Wenn wir diesen Ausdruck bezüglich der Indizes i, k falten (und die Formel (77,5) benutzen), erhalten wir

$$(\boldsymbol{E}^{(1)}\boldsymbol{E}^{(2)})_\omega = 2\hbar\coth\frac{\hbar\omega}{2T}\operatorname{Im}\left\{\frac{1}{\varepsilon}\left[\frac{\varepsilon\omega^2}{c^2 r}\exp\left(-\frac{\omega}{c}\sqrt{-\varepsilon}\,r\right) - 2\pi\delta(\boldsymbol{r})\right]\right\}. \tag{77,8}$$

Auf analoge Weise führt die Berechnung nach der Formel (76,4) auf einen Ausdruck für die Korrelationsfunktionen des Magnetfeldes, der sich von (77,7–8) nur dadurch unterscheidet, daß der Faktor $1/\varepsilon$ vor den eckigen Klammern fehlt. Dadurch wird das Glied mit der δ-Funktion unter dem Imaginärzeichen von (77,8) reell und fällt aus dem Ergebnis heraus. Die Verknüpfung der Ausdrücke (77,7–8) mit dem Imaginärteil von ε unterstreicht explizit den Zusammenhang der elektromagnetischen Fluktuationen mit der Absorption im Medium. Wenn wir aber den Grenzübergang $\operatorname{Im}\varepsilon \to 0$ in den Formeln (77,7–8) durchführen, erhalten wir endliche, von Null verschiedene Ausdrücke. Dieser Umstand hängt mit der Reihenfolge der beiden Grenzübergänge — dem Übergang zu unendlichen Dimensionen des Mediums und dem zu verschwindendem $\operatorname{Im}\varepsilon$ — zusammen. Weil in einem unendlichen Medium letzten Endes schon ein beliebig kleines $\operatorname{Im}\varepsilon$ zu einer Absorption führt, so bezieht sich das bei der von uns gewählten Reihenfolge der Grenzübergänge erhaltene Resultat auf ein physikalisch durchsichtiges Medium, in dem es, wie in jedem realen Medium, doch noch irgendeine von Null verschiedene Absorption gibt.

Wir führen zum Beispiel den angegebenen Übergang in der Formel (77,8) aus. Dazu bemerken wir, daß bei kleinem positiven $\operatorname{Im}\varepsilon$ (bei $\omega > 0$)

$$\sqrt{-\varepsilon} \approx -i\sqrt{\operatorname{Re}\varepsilon}\left(1 + i\,\frac{\operatorname{Im}\varepsilon}{2\operatorname{Re}\varepsilon}\right)$$

ist (mit Berücksichtigung der Forderung $\operatorname{Re}\sqrt{-\varepsilon} > 0$). Deshalb erhalten wir in der Grenze $\operatorname{Im}\varepsilon \to 0$

$$(\boldsymbol{E}^{(1)}\boldsymbol{E}^{(2)})_\omega = \frac{1}{n^2}(\boldsymbol{H}^{(1)}\boldsymbol{H}^{(2)})_\omega = \frac{2\omega^2\hbar}{c^2 r}\sin\frac{\omega n r}{c}\coth\frac{\hbar\omega}{2T} \tag{77,9}$$

mit der reellen Brechzahl $n = \sqrt{\varepsilon}$. Weil das Glied mit der δ-Funktion fehlt, bleibt dieser Ausdruck auch bei zusammenfallenden Punkten $\boldsymbol{r}_1$ und $\boldsymbol{r}_2$ endlich:

$$(\boldsymbol{E}^2)_\omega = \frac{1}{n^2}(\boldsymbol{H}^2)_\omega = \frac{2\omega^3\hbar n}{c^3}\coth\frac{\hbar\omega}{2T}. \tag{77,10}$$

Den Grenzübergang zu dem Fall eines durchsichtigen Mediums könnte man auch in einem früheren Stadium der Berechnungen ausführen — in der Greenschen Funktion. Wir beachten, daß das Vorzeichen von $\operatorname{Im}\varepsilon(\omega)$ mit dem Vorzeichen von ω übereinstimmt und finden, daß bei diesem Grenzübergang die Funktion (75,20) die Form

$$D^R_{ik}(\omega, \boldsymbol{k}) = \frac{4\pi\hbar}{\omega^2 n^2/c^2 - k^2 + i0\cdot\operatorname{sign}\omega}\left[\delta_{ik} - \frac{c^2 k_i k_k}{\omega^2 n^2}\right] \tag{77,11}$$

annimmt. Der Imaginärteil dieser Funktion hängt nur mit der Regel für den Umlauf der Pole $\omega = \pm ck/n$ zusammen; wenn wir ihn mit Hilfe der Formel (8,11) abtrennen und in (77,2) einsetzen, erhalten wir

$$(E_i^{(1)}E_k^{(2)})_{\omega\boldsymbol{k}} = \frac{2\pi^2\hbar}{k}\left(\frac{\omega^2}{c^2}\delta_{ik} - \frac{k_i k_k}{n^2}\right)\left\{\delta\left(\frac{n\omega}{c} - k\right) - \delta\left(\frac{n\omega}{c} + k\right)\right\}\coth\frac{\hbar\omega}{2T}. \tag{77,12}$$

Die Argumente der δ-Funktionen haben in diesem Ausdruck eine einfache physikalische Bedeutung: sie zeigen, daß sich die Feldfluktuationen mit gegebenen Werten von $\boldsymbol{k}$ im Raum mit der Geschwindigkeit c/n ausbreiten, die mit der Ausbreitungsgeschwindigkeit der elektromagnetischen Wellen in dem gegebenen Medium übereinstimmt. Durch die Fourier-Entwicklung des Ausdruckes (77,12) kann man natürlich wieder (77,7) erhalten.

Die Energie des fluktuierenden elektromagnetischen Feldes in einem durchsichtigen Medium (mit $\mu = 1$) im Spektralbereich $d\omega$ wird (pro Volumeneinheit des Raumes) durch den Ausdruck

$$\frac{1}{8\pi}\left[2(\boldsymbol{E}^2)_\omega\frac{\mathrm{d}(\omega\varepsilon)}{\mathrm{d}\omega} + 2(\boldsymbol{H}^2)_\omega\right]\frac{\mathrm{d}\omega}{2\pi}$$

gegeben (s. VIII, § 61).[1] Wenn wir hier (77,10) einsetzen, erhalten wir nach einer einfachen Umformung

$$\left[\frac{\hbar\omega}{2} + \frac{\hbar\omega}{e^{\hbar\omega/T} - 1}\right] \frac{\omega^2 n^2}{\pi^2 c^3} \frac{\mathrm{d}(n\omega)}{\mathrm{d}\omega} \mathrm{d}\omega. \tag{77,13}$$

Das erste Glied in den Klammern hängt mit den Nullpunktsschwingungen des Feldes zusammen. Das zweite Glied gibt die Energie der elektromagnetischen Strahlung in einem durchsichtigen Medium im thermodynamischen Gleichgewicht, d. h. die Energie der *schwarzen Strahlung*. Diesen Teil könnte man auch ohne Betrachtung der Fluktuationen erhalten, durch die entsprechende Verallgemeinerung der PLANCKschen Formel für die schwarze Strahlung im Vakuum. Gemäß der letzteren wird die Energie der schwarzen Strahlung (pro Volumeneinheit) im Intervall der Wellenzahlvektoren d^3k durch die Formel

$$\frac{\hbar\omega}{e^{\hbar\omega/T} - 1} \frac{2\mathrm{d}^3k}{(2\pi)^3}$$

gegeben (der Faktor 2 berücksichtigt die zwei Polarisationsrichtungen). Um die Spektraldichte der Energie zu erhalten, muß man dementsprechend d^3k durch $4\pi k^2\,\mathrm{d}k$ ersetzen und $k = \omega/c$ verwenden. Für den Übergang vom Vakuum zu einem durchsichtigen Medium genügt es, $k = n\omega/c$ zu setzen, d. h.

$$k^2\mathrm{d}k = k^2 \frac{\mathrm{d}k}{\mathrm{d}\omega} \mathrm{d}\omega = \frac{\omega^2 n^2}{c^3} \frac{\mathrm{d}(n\omega)}{\mathrm{d}\omega} \mathrm{d}\omega$$

zu schreiben, das ergibt das geforderte Resultat.

Aufgaben

1. Es sind die Fluktuationen des elektromagnetischen Feldes weit entfernt von einem sich in einem durchsichtigen, verdünnten Medium befindlichen Körper zu bestimmen, der sich mit dem Medium im thermischen Gleichgewicht befindet; die Wellenlänge der Strahlung und der Abstand des Körpers vom Beobachtungspunkt sind groß im Vergleich zu den Dimensionen des Körpers. Der Körper besitzt die anisotrope elektrische Polarisierbarkeit $\alpha_{ik}(\omega)$.

Lösung. Das verdünnte durchsichtige Medium betrachten wir als Vakuum. Die gesuchten Fluktuationen sind durch die kleine Änderung (auf großen Abständen) der GREENschen Vakuumfunktion bestimmt, die von der Anwesenheit des Körpers verursacht wird. Zur Berechnung dieser Änderung gehen wir von einer Analogie aus, nach der man die Vakuumfunktion $D_{ik}^R(\omega; \boldsymbol{r}, \boldsymbol{r}')$ (bei gegebenem Index k) formal als das elektrische Feld $E_i(\boldsymbol{r}, \boldsymbol{r}')$ betrachten kann, welches im Punkt $\boldsymbol{r}$ von irgendeiner Quelle im Punkt $\boldsymbol{r}'$ hervorgerufen wird. Diese Analogie beruht darauf, daß das Feld $E_i(\boldsymbol{r}, \boldsymbol{r}')$ (wie auch sein Potential $A_i(\boldsymbol{r}, \boldsymbol{r}')$) bei $\boldsymbol{r} \neq \boldsymbol{r}'$ derselben Gleichung wie die Funktion $D_{ik}^R(\omega; \boldsymbol{r}, \boldsymbol{r}')$ genügt — der Gleichung (75,16) mit $\varepsilon = 1$. Der Körper möge sich im Punkt $\boldsymbol{r} = 0$ befinden. Das Feld

$$E_l(0, \boldsymbol{r}') = D_{lk}^R(\omega; 0, \boldsymbol{r}') \equiv D_{lk}^R(\omega; \boldsymbol{r}')$$

---

[1]) Die Gesamtenergie erhält man durch Integration über $\mathrm{d}\omega$ von 0 bis ∞; die Faktoren 2 in den eckigen Klammern hängen damit zusammen, daß nach der von uns getroffenen Definition der Spektralfunktionen der Fluktuationen der Mittelwert $\langle x^2 \rangle$ durch Integration von $(x^2)_\omega$ über $\mathrm{d}\omega/2\pi$ von $-\infty$ bis ∞ erhalten wird (s. V, (122,6)).

($D^R_{lk}(\omega; \boldsymbol{r})$ ist die GREENsche Funktion im Vakuum bei fehlendem Körper, sie wird durch den Ausdruck (77,6) mit $\varepsilon = 1$ gegeben) polarisiert den Körper und erzeugt dadurch im Punkt $\boldsymbol{r} = 0$ das Dipolmoment $d_i = \alpha_{il} D^R_{lk} (\omega; 0, \boldsymbol{r}')$. Das durch dieses Dipolmoment im Punkt $\boldsymbol{r}$ hervorgerufene Feld gibt die gesuchte Änderung $\delta D^R_{ik} (\omega; \boldsymbol{r}, \boldsymbol{r}')$. Nach einer aus der Elektrodynamik bekannten Formel (s. II, § 72) ist das Feld, welches im Punkt $\boldsymbol{r}$ von einem im Punkt $\boldsymbol{r} = 0$ befindlichen Dipolmoment $\boldsymbol{d}$ (das von der Zeit wie $e^{-i\omega t}$ abhängt) hervorgerufen wird

$$E_i = d_l \left[\frac{\omega^2}{c^2} \delta_{il} + \frac{\partial^2}{\partial x_i \partial x_l}\right] \frac{e^{i\omega r/c}}{r},$$

wobei der Abstand r nur groß im Vergleich zu den Dimensionen des Körpers sein muß, aber nicht groß im Vergleich zur Wellenlänge. Diesen Ausdruck kann man in der Form

$$E_i = -\frac{\omega^2}{\hbar c^2} D^R_{il} (\omega; \boldsymbol{r})\, d_l$$

darstellen (wir erinnern daran, daß die Funktion $D^R_{il}(\omega; \boldsymbol{r})$ in der Veränderlichen $\boldsymbol{r}$ gerade ist). Mit dem oben aufgeschriebenen Dipolmoment finden wir schließlich

$$\delta D^R_{ik}(\omega; \boldsymbol{r}, \boldsymbol{r}') = -\frac{\omega^2}{\hbar c^2} D^R_{il}(\omega; \boldsymbol{r})\, \alpha_{lm} D^R_{mk}(\omega; \boldsymbol{r}').$$

Die gesuchten Korrelationsfunktionen der Fluktuationen sind jetzt durch die allgemeinen Formeln (76,3–6) mit δD^R_{ik} an Stelle von D^R_{ik} gegeben. Wir erhalten schließlich

$$\delta(A_i^{(1)} A_k^{(2)})_\omega = \frac{2\omega^2}{\hbar c^2} \left\{\frac{1}{2} + \frac{1}{e^{\hbar\omega/T} - 1}\right\} \operatorname{Im} [D^R_{il}(\omega; \boldsymbol{r}_1)\, \alpha_{lm} D^R_{mk}(\omega; \boldsymbol{r}_2)]. \tag{1}$$

Wir erinnern daran, daß sich der Körper im Punkt $\boldsymbol{r} = 0$ befindet, und $\boldsymbol{r}_1$ und $\boldsymbol{r}_2$ sind zwei Punkte weit entfernt vom Körper. Wir bemerken, daß ein Beitrag zu den Fluktuationen nicht nur vom Imaginärteil, sondern auch vom Realteil der Polarisierbarkeit entsteht; diesen Beitrag kann man als Resultat der Streuung der das ganze durchsichtige Medium erfüllenden schwarzen Strahlung an dem Körper betrachten.

2. Dasselbe für einen Körper mit der magnetischen Polarisierbarkeit $\alpha_{ik}(\omega)$.[1]

Lösung. In diesem Fall betrachten wir $\operatorname{rot}_{il} D^R_{lk}(\omega; \boldsymbol{r}, \boldsymbol{r}')$ als Magnetfeld $H_i(\boldsymbol{r}, \boldsymbol{r}')$, das im Punkt $\boldsymbol{r}$ durch eine im Punkt $\boldsymbol{r}'$ befindliche Quelle hervorgerufen wird (einer Gleichung der Form wie für die Funktion D^R_{ik} genügt nicht das Feld H_i selbst, sondern sein Potential A_i). Dieses Feld magnetisiert den Körper und ruft im Punkt $\boldsymbol{r} = 0$ das magnetische Moment

$$m_i = -\alpha_{il} \operatorname{rot}'_{lm} D^R_{mk}(\omega; 0, \boldsymbol{r}')$$

hervor (die Differentiation nach $\boldsymbol{r}$ ist durch die Differentiation nach $\boldsymbol{r}'$ unter Berücksichtigung dessen ersetzt worden, daß D^R_{mk} nur von der Differenz $\boldsymbol{r} - \boldsymbol{r}'$ abhängt). Die gesuchte Änderung der GREENschen Funktion fällt mit dem Vektorpotential des Magnetfeldes zusammen, das durch dieses magnetische Moment im Punkt $\boldsymbol{r}$ geschaffen wird:

$$A_i = \operatorname{rot}_{il} \left[\frac{1}{r} m_l e^{i\omega r/c}\right]$$

(s. II, § 72, Aufgabe 1). Es ist also

$$\delta D^R_{ik}(\omega; \boldsymbol{r}, \boldsymbol{r}') = -\left(\operatorname{rot}_{il} \frac{e^{i\omega r/c}}{r}\right) \alpha_{lm} \operatorname{rot}'_{mn} D^R_{nk}(\omega; 0, \boldsymbol{r}').$$

---

[1]) Die Existenz einer magnetischen Polarisierbarkeit bedeutet nicht unbedingt, daß der Körper aus einem magnetischen Material besteht. So kann es sich um das Herausdrängen des Magnetfeldes aus dem Körper durch den Skin-Effekt handeln.

Wenn wir schließlich D^R_{nk} aus (77,6) einsetzen, finden wir

$$\delta D^R_{ik}(\omega; \boldsymbol{r}, \boldsymbol{r}') = \hbar \left(\mathrm{rot}_{il} \frac{e^{i\omega r/c}}{r}\right) \alpha_{lm} \, \mathrm{rot}'_{mk} \frac{e^{i\omega r'/c}}{r'} \tag{2}$$

(es wurde benutzt, daß $\mathrm{rot}_{mn} \nabla_n = e_{mkn} \nabla_k \nabla_n \equiv 0$ ist).

3. Es sind die Fluktuationen des elektromagnetischen Feldes unter den Bedingungen der Aufgabe 1 zu bestimmen, wobei man aber annimmt, daß die Temperatur des Mediums viel tiefer als die Temperatur des Körpers ist.

Lösung. Das in Aufgabe 1 berechnete Feld wird natürlich, in Übereinstimmung damit, daß in den geschweiften Klammern in (1) zwei Glieder auftreten, in die Nullpunktsfluktuationen und die thermische schwarze Strahlung aufgeteilt. Die letztere besteht ihrerseits aus zwei Teilen — aus der thermischen Strahlung des Körpers und dem Feld, das bei der Streuung der schwarzen Strahlung des Mediums an dem Körper entsteht. Wenn die Temperatur des Mediums niedrig ist, fehlt der zweite Teil. Zur Lösung der Aufgabe berechnen wir ihn einzeln und subtrahieren ihn dann von (1). Wir setzen $\boldsymbol{A}(\boldsymbol{r}) = \boldsymbol{A}^{(0)} + \boldsymbol{A}^{(s)}$, dabei sind $\boldsymbol{A}^{(0)}$ das Fluktuationsfeld bei abwesendem Körper und $\boldsymbol{A}^{(s)}$ das von dem Körper gestreute Feld. Bei großen Abständen, wenn $\boldsymbol{A}^{(s)}$ klein ist, kann man bei der Berechnung von $\delta(A_{i1} A_{k2})_\omega$ die in $\boldsymbol{A}^{(s)}$ quadratischen Glieder vernachlässigen. Für den Beitrag von der Streuung haben wir deshalb

$$\delta^{(s)}(A_{i1} A_{k2})_\omega \approx (A^{(s)}_{i1} A^{(0)}_{k2})_\omega + (A^{(0)}_{i1} A^{(s)}_{k2})_\omega = (A^{(s)}_{i1} A^{(0)}_{k2})_\omega + (A^{(s)}_{k2} A^{(0)}_{i1})^*_\omega.$$

Das gestreute Feld wird wieder durch die Formel aus II, § 72 gegeben, nun muß man aber unter dem Dipolmoment einfach das Moment verstehen, das von der schwarzen Strahlung induziert wird: $d_i = \alpha_{ik} A^{(0)}_k(0)$. Wir führen wieder die GREENsche Funktion im Vakuum bei abwesendem Körper ein und haben

$$A^{(s)}_i(\boldsymbol{r}_1) = -\frac{\omega^2}{\hbar c^2} D^R_{il}(\omega; \boldsymbol{r}_1) \, \alpha_{lm}(\omega) \, A^{(0)}_m(0),$$

so daß

$$(A^{(s)}_{i1} A^{(0)}_{k2})_\omega = -\frac{\omega^2}{\hbar c^2} D^R_{il}(\omega; \boldsymbol{r}_1) \, \alpha_{lm} (A^{(0)}_m(0) \, A^{(0)}_k(\boldsymbol{r}_2))_\omega$$

ist. Die Korrelationsfunktion $(A^{(0)}_{m1} A^{(0)}_{k2})_\omega$ nehmen wir wieder aus (76,2). Weil uns nur die Wärmestrahlung interessiert, muß man dabei in dieser Formel die Nullpunktsschwingungen weglassen, d.h., man muß

$$\frac{1}{2} \operatorname{cth} \frac{\hbar\omega}{2T} = \frac{1}{e^{\hbar\omega/T} - 1} + \frac{1}{2} \to \frac{1}{e^{\hbar\omega/T} - 1}$$

setzen. Im Resultat finden wir für den Beitrag der gestreuten schwarzen Strahlung zur Korrelationsfunktion

$$\delta^{(s)}(A_{i1} A_{k2})_\omega = \frac{2\omega^2}{\hbar c^2 (e^{\hbar\omega/T} - 1)} [D^R_{il}(\omega; \boldsymbol{r}_1) \, \alpha_{lm} \, \mathrm{Im} \, D^R_{mk}(\omega; \boldsymbol{r}_2) + D^{R*}_{kl}(\omega; \boldsymbol{r}_2) \, \alpha^*_{lm} \, \mathrm{Im} \, D^R_{mi}(\omega, \boldsymbol{r}_1)]. \tag{3}$$

Schließlich muß man, um das Fluktuationsfeld im kalten Medium zu finden, (3) von (1) substrahieren. Nach einfachen Umformungen unter Benutzung der Symmetrie der Tensoren D_{ik} und α_{ik} erhalten wir

$$\delta^{(T)}(A_{i1} A_{k2})_\omega = \frac{2\omega^2}{\hbar c^2 (e^{\hbar\omega/T} - 1)} D^R_{il}(\omega; \boldsymbol{r}_1) \, [\mathrm{Im} \, \alpha_{lm}(\omega)] \, D^{R*}_{mk}(\omega; \boldsymbol{r}_2) \tag{4}$$

(T ist die Temperatur des Körpers). Hier ist nur das thermische Glied aufgeschrieben; das Glied mit den Nullpunktsschwingungen in (1) bleibt ohne Änderungen. Wir weisen darauf hin, daß der Ausdruck (4), der die Wärmestrahlung des Körpers bestimmt, nur vom Imaginärteil der Polarisierbarkeit abhängt. Der nach dem Ausdruck (4) ausgerechnete Energiestrom ist nicht gleich Null, sondern gibt die Intensität der Wärmestrahlung des erhitzten Körpers in das umgebende kalte Medium an.

§ 78. Stromfluktuationen in linearen Stromkreisen

Eine weitere interessante Anwendung des Fluktuations-Dissipations-Theorems ist die Lösung des Problems, die Stromfluktuationen in linearen Stromkreisen zu bestimmen (es wurde erstmals von H. NYQUIST (1928) betrachtet).

Stromfluktuationen sind freie (d.h. ohne von außen angelegte elektromotorische Kräfte ablaufende) elektrische Schwingungen in einem Leiter. In einem geschlossenen, linearen Kreis sind natürlich die Schwingungen am interessantesten, bei denen ein längs des Leiters fließender Gesamtstrom J entsteht. Unten werden wir annehmen, daß die Bedingung für die Quasistationarität erfüllt ist — die Dimensionen des Stromkreises sind klein im Vergleich zur Wellenlänge $\lambda \sim c/\omega$. Dann ist der Gesamtstrom J in allen Teilen des Stromkreises gleich und nur eine Funktion der Zeit.

Wir wählen diesen Strom J als Größe $x(t)$, die in der allgemeinen Formulierung des Fluktuations-Dissipations-Theorems in V, § 124 auftritt. Um die Bedeutung der entsprechenden verallgemeinerten Suszeptibilität α zu erklären, nehmen wir an, daß in dem Stromkreis die äußere elektromotorische Kraft $\mathscr{E}$ wirkt. Dann ist die Energiedissipation in dem Stromkreis gleich $Q = J\mathscr{E}$. Wenn wir mit dem Ausdruck $Q = -\bar{x}\dot{f}$ vergleichen, der als Definition der „Kraft" f dient (s. V, (123,10)), sehen wir, daß $\dot{f} = -\mathscr{E}$ ist bzw. $\mathscr{E}_\omega = i\omega f_\omega$ für die FOURIER-Komponenten. Andererseits hängen Strom und EMK in einem linearen Stromkreis durch die Beziehung $\mathscr{E}_\omega = Z(\omega)\, J_\omega$ zusammen, dabei ist $Z(\omega)$ der komplexe Widerstand (Impedanz) des Stromkreises. Deshalb haben wir

$$J_\omega = \mathscr{E}_\omega / Z = i\omega f_\omega / Z,$$

und wenn wir mit der Definition der verallgemeinerten Suszeptibilität in der Beziehung $(\bar{x})_\omega = \alpha(\omega) f$ vergleichen, finden wir: $\alpha(\omega) = i\omega/Z(\omega)$. Der Imaginärteil davon ist

$$\operatorname{Im} \alpha = \operatorname{Im} \frac{i\omega}{Z} = \frac{\omega}{|Z|^2} R(\omega)$$

mit $R = \operatorname{Re} Z$.

Nach dem Fluktuations-Dissipations-Theorem

$$(x^2)_\omega = \hbar \coth \frac{\hbar\omega}{2T} \cdot \operatorname{Im} \alpha(\omega)$$

finden wir jetzt für die Spektralfunktion der Stromfluktuationen

$$(J^2)_\omega = \frac{\hbar\omega}{|Z(\omega)|^2} R(\omega) \coth \frac{\hbar\omega}{2T}. \tag{78,1}$$

Diese Formel kann man in einer anderen Form darstellen, wenn man die Stromfluktuationen als Resultat der Einwirkung einer „stochastischen" EMK $\mathcal{E}_\omega = ZJ_\omega$ betrachtet. Für sie haben wir:

$$(\mathcal{E}^2)_\omega = \hbar\omega R(\omega) \coth \frac{\hbar\omega}{2T}. \tag{78,2}$$

Im klassischen Grenzfall ($\hbar\omega \ll T$) gilt

$$(\mathcal{E}^2)_\omega = 2TR(\omega). \tag{78,3}$$

Wir betonen noch einmal, daß diese Formeln nicht von der Natur der Erscheinungen abhängen, die für die Dispersion des Widerstandes im Stromkreis verantwortlich sind.

§ 79. Die temperaturabhängige GREENsche Funktion eines Photons in einem Medium

Die temperaturabhängige GREENsche Funktion eines Photons in einem Medium konstruiert man mit Hilfe der MATSUBARA-Operatoren der Potentiale des elektromagnetischen Feldes analog dazu, wie man die zeitabhängige GREENsche Funktion (75,2) mit Hilfe der HEISENBERG-Operatoren aufbaut:

$$\mathcal{D}_{ik} = -\langle T_\tau \hat{A}_i^M(\tau_1, \boldsymbol{r}_1)\, \hat{A}_k^M(\tau_2, \boldsymbol{r}_2)\rangle. \tag{79,1}$$

Hier ist berücksichtigt, daß wegen der Hermitizität der SCHRÖDINGER-Operatoren des Feldes die MATSUBARA-Operatoren $\hat{A}^M$ und $\hat{\bar{A}}^M$ (gemäß (37,1) definiert) miteinander übereinstimmen. Diese Operatoren sind aber (im Unterschied zu den HEISENBERG-Operatoren) selbst nicht mehr hermitesch; weil der Parameter τ reell ist, haben wir

$$[\hat{A}_M(\tau, \boldsymbol{r})]^+ = [e^{\tau\hat{H}'/h}\, \hat{A}(\boldsymbol{r})\, e^{-\tau\hat{H}'/h}]^+ = e^{-\tau\hat{H}'/h}\hat{A}(\boldsymbol{r})\, e^{\tau\hat{H}'/h}$$

oder

$$[\hat{A}^M(\tau, \boldsymbol{r})]^+ = \hat{A}^M(-\tau, \boldsymbol{r}).$$

Weil die Funktion (79,1) nur von der Differenz $\tau = \tau_1 - \tau_2$ abhängt (vgl., § 37), kann man schreiben (wenn man zum Beispiel $\tau > 0$ setzt):

$$\mathcal{D}_{ik}(\tau; \boldsymbol{r}_1, \boldsymbol{r}_2) = -\langle \hat{A}_i^M(\tau, \boldsymbol{r}_1)\, \hat{A}_k^M(0, \boldsymbol{r}_2)\rangle,$$

$$\mathcal{D}_{ik}(-\tau; \boldsymbol{r}_1, \boldsymbol{r}_2) = -\langle \hat{A}_k^M(\tau, \boldsymbol{r}_2)\, \hat{A}_i^M(0, \boldsymbol{r}_1)\rangle.$$

Dem Vergleich dieser beiden Ausdrücke entnimmt man

$$\mathcal{D}_{ik}(-\tau; \boldsymbol{r}_1, \boldsymbol{r}_2) = \mathcal{D}_{ki}(\tau; \boldsymbol{r}_2, \boldsymbol{r}_1). \tag{79,2}$$

Die Funktion $\mathcal{D}_{ik}$ kann in eine FOURIER-Reihe bezüglich der Variablen τ entwickelt werden:

$$\mathcal{D}_{ik}(\tau; \boldsymbol{r}_1, \boldsymbol{r}_2) = T \sum_{s=-\infty}^{\infty} \mathcal{D}_{ik}(\zeta_s; \boldsymbol{r}_1, \boldsymbol{r}_2)\, e^{-i\zeta_s\tau}. \tag{79,3}$$

Dabei durchlaufen die „Frequenzen" ζ_s (wegen der BOSE-Statistik, der die Photonen genügen) die Werte $\hbar\zeta_s = 2\pi sT$ (vgl. (37,8)). Für die Komponenten dieser Entwicklung folgt aus (79,2) die analoge Beziehung

$$\mathscr{D}_{ik}(\zeta_s; \boldsymbol{r}_1, \boldsymbol{r}_2) = \mathscr{D}_{ki}(-\zeta_s; \boldsymbol{r}_2, \boldsymbol{r}_1). \tag{79,4}$$

Nach der allgemeinen Beziehung (37,12) hängen diese Komponenten mit der retardierten GREENschen Funktion durch die Gleichung

$$\mathscr{D}_{ik}(\zeta_s; \boldsymbol{r}_1, \boldsymbol{r}_2) = D_{ik}^R(i\zeta_s; \boldsymbol{r}_2, \boldsymbol{r}_1)$$

bei positiven ζ_s zusammen. Im § 75 wurde gezeigt, daß die Funktionen $D_{ik}^R(\omega; \boldsymbol{r}_1, \boldsymbol{r}_2)$ in einem gewissen Sinn als verallgemeinerte Suszeptibilitäten betrachtet werden können, die in der allgemeinen Theorie der Response eines makroskopischen Systems auf eine äußere Einwirkung auftreten. Hieraus folgte die Symmetrieeigenschaft dieser Funktionen, die (für nicht magnetoaktive Medien) durch die Gleichung (75,12) ausgedrückt wird, und wegen des Zusammenhangs zwischen den Funktionen D_{ik}^R und $\mathscr{D}_{ik}$ besitzen die letzteren die gleiche Eigenschaft:

$$\mathscr{D}_{ik}(\zeta_s; \boldsymbol{r}_1, \boldsymbol{r}_2) = \mathscr{D}_{ki}(\zeta_s; \boldsymbol{r}_2, \boldsymbol{r}_1). \tag{79,5}$$

Aus dieser Gleichung, zusammen mit der Gleichung (79,4), folgt jetzt, daß die Funktionen $\mathscr{D}_{ik}(\zeta_s; \boldsymbol{r}_1, \boldsymbol{r}_2)$ in der diskreten Variablen ζ_s gerade sind, so daß wir bei allen (positiven und negativen) Werten haben

$$\mathscr{D}_{ik}(\zeta_s; \boldsymbol{r}_1, \boldsymbol{r}_2) = D_{ik}^R(i\,|\zeta_s|; \boldsymbol{r}_1, \boldsymbol{r}_2). \tag{79,6}$$

Weiterhin ist die Funktion $D_{ik}^R(\omega; \boldsymbol{r}_1, \boldsymbol{r}_2)$, wie jede verallgemeinerte Suszeptibilität, auf der oberen imaginären Halbachse von ω reell (s. V, § 123); aus (79,6) folgt deshalb, daß die Funktion $\mathscr{D}_{ik}(\zeta_s; \boldsymbol{r}_1, \boldsymbol{r}_2)$ bei allen Werten von ζ_s reell ist. Schließlich folgt aus diesen Eigenschaften seinerseits, daß auch die Ausgangsfunktion $\mathscr{D}_{ik}(\tau; \boldsymbol{r}_1, \boldsymbol{r}_2)$ reell und gerade in der Variablen τ ist:

$$\mathscr{D}_{ik}(\tau; \boldsymbol{r}_1, \boldsymbol{r}_2) = \mathscr{D}_{ik}(-\tau; \boldsymbol{r}_1, \boldsymbol{r}_2). \tag{79,7}$$

Der Zusammenhang (79,6) zwischen der temperaturabhängigen und der retardierten GREENschen Funktion gestattet es, sofort eine Differentialgleichung aufzuschreiben, der die Funktion $\mathscr{D}_{ik}$ in einem inhomogenen Medium genügen muß; dazu genügt es, die Substitution $\omega \to i\,|\zeta_s|$ in der Gleichung (75,15) oder (75,16) auszuführen. So finden wir für ein isotropes, nicht magnetoaktives Medium mit $\mu = 1$ die Gleichung

$$\left[\frac{\partial^2}{\partial x_i \partial x_l} - \delta_{il}\Delta + \frac{\zeta_s^2}{c^2}\,\varepsilon(i\,|\zeta_s|, \boldsymbol{r})\,\delta_{il}\right]\mathscr{D}_{lk}(\zeta_s; \boldsymbol{r}, \boldsymbol{r}') = -4\pi\hbar\delta_{ik}\delta(\boldsymbol{r} - \boldsymbol{r}'). \tag{79,8}$$

Für ein homogenes, unendlich ausgedehntes Medium wird die Funktion $\mathscr{D}_{ik}(\zeta_s; \boldsymbol{r}, \boldsymbol{r}')$ in ein FOURIER-Integral bezüglich der Differenz $\boldsymbol{r} - \boldsymbol{r}'$ entwickelt. Die Komponenten dieser Entwicklung genügen dem folgenden System algebraischer Gleichungen:

$$\frac{1}{4\pi\hbar}\left[k_i k_l - \delta_{il}k^2 - \delta_{il}\frac{\zeta_s^2}{c^2}\,\varepsilon(i\,|\zeta_s|)\right]\mathscr{D}_{lk}(\zeta_s, \boldsymbol{k}) = \delta_{ik} \tag{79,9}$$

und sind durch die Formel[1])

$$\mathscr{D}_{ik}(\zeta_s, \boldsymbol{k}) = -\frac{4\pi\hbar}{\zeta_s^2\varepsilon(i\,|\zeta_s|)/c^2 + k^2}\left[\delta_{ik} + \frac{c^2 k_i k_k}{\zeta_s^2 \varepsilon(i\,|\zeta_s|)}\right] \tag{79,10}$$

gegeben.

Weil die Funktion $\mathscr{D}_{ik}(\zeta_s, \boldsymbol{k})$ (im langwelligen Gebiet $ka \ll 1$) durch $\varepsilon(\omega)$ ausgedrückt wird, so wird die Diagrammtechnik zu ihrer Berechnung dadurch eine Technik zur Berechnung der Dielektrizitätskonstanten des Mediums. Dabei hat die letztere auch eine bestimmte Diagrammbedeutung, die wir nun erklären wollen.

Wir werden die exakte $\mathscr{D}$-Funktion durch eine dicke und die Funktion $\mathscr{D}^{(0)}$ im Vakuum durch eine dünne gestrichelte Linie nach der Regel[2])

(79,11)

darstellen. Die vollständige Menge der Diagramme, die die $\mathscr{D}$-Funktion darstellen, kann durch eine Reihe dargestellt werden (die zur Reihe (14,3) für die Funktion G völlig analog ist):

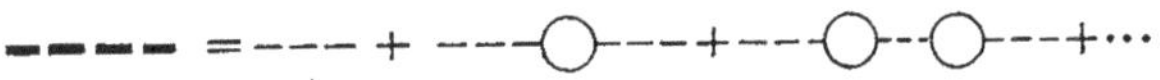

(79,12)

Dabei stellt der Kreis die Gesamtheit der Diagrammblöcke dar, die nicht in zwei Teile zerfallen, welche nur durch eine gestrichelte Linie verbunden sind; wir bezeichnen diese Gesamtheit mit $-\mathscr{P}_{ik}/4\pi$. Die Funktion $\mathscr{P}_{ik}$ (analog dem Selbstenergieteil der GREENschen Funktion von Teilchen) nennt man *Polarisationsoperator.*

Die Diagrammgleichung (79,12) ist der Gleichung

(79,13)

äquivalent (vgl. den Übergang von (14,3) zu (14,4)). In analytischer Form gibt sie

$$\mathscr{D}_{ik} = \mathscr{D}_{ik}^{(0)} + \mathscr{D}_{il}^{(0)} \frac{\mathscr{P}_{lm}}{4\pi} \mathscr{D}_{mk} \tag{79,14}$$

(alle Faktoren sind Funktionen derselben Argumente ζ_s, $\boldsymbol{k}$). Wenn wir diese Gleichung von rechts mit dem reziproken Tensor $\mathscr{D}^{-1}$ multiplizieren und von links mit $\mathscr{D}^{(0)-1}$, können wir sie in der Form

$$\mathscr{D}_{ik}^{-1} = \mathscr{D}_{ik}^{(0)-1} - \mathscr{P}_{ik}/4\pi \tag{79,15}$$

schreiben. Wir entnehmen schließlich $\mathscr{D}_{ik}^{-1}$ aus der linken Seite der Gleichung (79,9) und denselben Ausdruck mit $\varepsilon = 1$ für $\mathscr{D}_{ik}^{(0)}$ und finden

$$\mathscr{P}_{ik}(\zeta_s, \boldsymbol{k}) = \frac{\zeta_s^2}{\hbar c^2}\left[\varepsilon(i\,|\zeta_s|) - 1\right]\delta_{ik}, \tag{79,16}$$

---

[1]) Bei realen Anwendungen (vgl. § 80) tritt die Funktion $\mathscr{D}_{ik}$ immer im Produkt mit ζ_s^2 auf; deshalb wird die Divergenz bei $\zeta_s = 0$ praktisch immer beseitigt.

[2]) Die Verwendung einer gestrichelten Linie für die Bezeichnung der $\mathscr{D}$-Funktionen kann hier keine Mißverständnisse hervorrufen, weil in diesem und in dem nächsten Paragraphen die Energie der Paarwechselwirkung von Teilchen des Mediums (für die früher diese Bezeichnung benutzt wurde) explizit nicht auftritt.

dadurch ist die Diagrammbedeutung der Funktion $\varepsilon(\omega) - 1$ auf einer diskreten Menge von Punkten auf der oberen imaginären ω-Halbachse bestimmt. Die analytische Fortsetzung der Funktion $\varepsilon(i\,|\zeta_s|)$ auf die ganze obere Halbebene muß im Prinzip unter Berücksichtigung dessen durchgeführt werden, daß $\varepsilon(\omega)$ in dieser Halbebene keine Singularitäten haben darf und daß $\varepsilon(\omega) \to 1$ bei $|\omega| \to \infty$ ist.[1])

In einem inhomogenen Medium ist der Polarisationsoperator (wie auch $\mathscr{D}_{ik}$) eine Funktion der Koordinaten von zwei Punkten. Wenn wir die ganze Ableitung in der Koordinatendarstellung wiederholen, erhalten wir an Stelle von (79,14) die Gleichung

$$\mathscr{D}_{ik}(\boldsymbol{r}_1, \boldsymbol{r}_2) = \mathscr{D}_{ik}^{(0)}(\boldsymbol{r}_1, \boldsymbol{r}_2) + \frac{1}{4\pi} \int \mathscr{D}_{il}^{(0)}(\boldsymbol{r}_1, \boldsymbol{r}_3)\, \mathscr{P}_{lm}(\boldsymbol{r}_3, \boldsymbol{r}_4)\, \mathscr{D}_{mk}(\boldsymbol{r}_4, \boldsymbol{r}_2)\, \mathrm{d}^3x_3 \mathrm{d}^3x_4$$

(der Kürze halber schreiben wir die Argumente ζ_s nicht auf). Wir wirken auf diese Gleichung von links mit dem Operator

$$\frac{\partial^2}{\partial x_{1n} \partial x_{1l}} - \delta_{nl} \Delta_1 + \frac{\zeta_s^2}{c^2} \delta_{nl}$$

und berücksichtigen, daß $\mathscr{D}^{(0)}$ der Gleichung (79,8) mit $\varepsilon = 1$ genügt, dann erhalten wir

$$\int \mathscr{P}_{il}(\boldsymbol{r}_1, \boldsymbol{r}')\, \mathscr{D}_{lk}(\boldsymbol{r}', \boldsymbol{r}_2)\, \mathrm{d}^3x' = [\varepsilon(\boldsymbol{r}_1) - 1] \frac{\zeta_s^2}{\hbar c^2} \mathscr{D}_{ik}(\boldsymbol{r}_1, \boldsymbol{r}_2).$$

Hieraus folgt

$$\mathscr{P}_{ik}(\zeta_s; \boldsymbol{r}_1, \boldsymbol{r}_2) = \frac{\zeta_s^2}{\hbar c^2} \delta_{ik} \delta(\boldsymbol{r}_1 - \boldsymbol{r}_2) [\varepsilon(i\,|\zeta_s|, \boldsymbol{r}_1) - 1]. \qquad (79,17)$$

Die Struktur eines kondensierten Mediums, und mit ihr auch seine dielektrischen Eigenschaften, sind durch die Kräfte bestimmt, die zwischen seinen Teilchen auf Abständen von der Größenordnung der atomaren Dimensionen a wirken. Auf diesen Abständen kann man (bei nichtrelativistischen Geschwindigkeiten der Teilchen) die Retardierung der Wechselwirkungen vernachlässigen, die nur für die langwelligen (in der Bedeutung $ka \ll 1$) Feldkomponenten wesentlich wird; mit anderen Worten, bei der Berechnung des Polarisationsoperators kann man den langwelligen Teil des Feldes vernachlässigen. In den Diagrammen für die Greensche Funktion $\mathscr{D}_{ik}$ selbst tritt das langwellige Feld nur durch die dünnen, gestrichelten Linien auf der rechten Seite von (79,12) auf.

Der in diesem Paragraphen betrachtete dreidimensionale Tensor $\mathscr{P}_{ik}$ ist natürlich nur der räumliche Teil des Polarisations-Vierertensors $\mathscr{P}_{\mu\nu}$. Wir betonen, um Mißverständnisse zu vermeiden, daß seine Zeitkomponente $\mathscr{P}_{00}$ und die gemischten Komponenten $\mathscr{P}_{0i}$ keinesfalls gleich Null sind. Wie in der Quantenelektrodynamik hängt dieser Vierertensor überhaupt nicht von der Eichung der Potentiale ab. In der nichtrelativistischen Theorie ist diese Eichinvarianz schon an der eben angegebenen Möglichkeit zur Berechnung des Polarisationsoperators unter Berücksichtigung allein der nichtretardierten Kräfte, die von der Eichung des langwelligen Feldes nicht abhängen, zu erkennen.

---

[1]) In einem anisotropen Medium muß man

$$\mathscr{P}_{ik}(\zeta_s, \boldsymbol{k}) = (\zeta_s^2/\hbar c^2)\, [\varepsilon_{ik}(i\,|\zeta_s|) - \delta_{ik}]$$

schreiben. Wir bemerken, daß in dieser Form der Ausdruck auch bei einer räumlichen Dispersion gültig bleibt, wenn ε_{ik} nicht nur von der Frequenz, sondern auch von dem Wellenzahlvektor abhängt.

Die Komponenten $\mathscr{P}_{00}$ und $\mathscr{P}_{0i}$ kann man aus der Bedingung für die Transversalität des Vierertensors finden: $\mathscr{P}_{\mu\nu}k^\mu = 0$ mit dem Wellenzahl-Vierervektor $k^\mu = (i\zeta_s, \boldsymbol{k})$:

$$\mathscr{P}_{00} = -\frac{\boldsymbol{k}^2}{\hbar c^2}[\varepsilon(i\,|\zeta_s|) - 1],$$
$$\mathscr{P}_{0i} = \frac{i\zeta_s k_i}{\hbar c^2}[\varepsilon(i\,|\zeta_s|) - 1]. \qquad (79{,}18)$$

§ 80. Der Spannungstensor der van der Waals-Kräfte

Obwohl die Struktur kondensierter Körper im wesentlichen (wie am Ende des vorigen Paragraphen bemerkt wurde) durch die Kräfte bestimmt ist, die zwischen den Teilchen auf atomaren Abständen wirken, tragen aber auch die sogenannten van der Waals-*Kräfte* einen bestimmten Beitrag zu den thermodynamischen Größen eines Körpers bei (sagen wir, zu seiner freien Energie). Das sind Kräfte, die zwischen den Atomen in großen Abständen im Vergleich zu den atomaren Dimensionen a wirken. Wir erinnern daran, daß für freie Atome die Energie dieser Wechselwirkung mit dem Abstand wie r^{-6} abnimmt (s. III, § 89), und, nachdem die Retardierungseffekte wesentlich werden, wie r^{-7} (s. IV, § 83). In einem kondensierten Medium reduzieren sich die van der Waals-Kräfte natürlich nicht auf die Wechselwirkung einzelner Atompaare. Gleichzeitig erlaubt es die Tatsache, daß ihre Reichweite groß im Vergleich zu den zwischenatomaren Abständen ist, die Frage nach ihrem Einfluß auf die thermodynamischen Eigenschaften der Körper vom makroskopischen Standpunkt aus zu betrachten.

In der makroskopischen Theorie wird die van der Waals-Wechselwirkung im materiellen Medium als durch das langwellige elektromagnetische Feld vermittelte Wechselwirkung betrachtet (E. M. Lifschitz, 1954); wir erinnern daran, daß das langwellige Feld nicht nur die thermischen Fluktuationen, sondern auch die Nullpunktsschwingungen des Feldes enthält. Eine wichtige Eigenschaft des Beitrags dieser Wechselwirkung zur freien Energie besteht in seiner Nichtadditivität: er ist nicht einfach proportional dem Volumen der Körper, sondern hängt noch von Parametern ab, die die Form und die gegenseitige Lage der Körper charakterisieren. Gerade diese Nichtadditivität, die mit dem langreichweitigen Charakter der van der Waals-Kräfte zusammenhängt, ist die Eigenschaft, die ihren Beitrag zur freien Energie von dem bei weitem größeren additiven Anteil unterscheidet. Im makroskopischen Bild hängt das Auftreten dieser Eigenschaft damit zusammen, daß jede Änderung der elektrischen Eigenschaften eines Mediums in irgendeinem Gebiet wegen der Maxwell-Gleichungen zu einer Änderung des Fluktuationsfeldes auch außerhalb dieses Gebietes führt. Praktisch sind natürlich die Effekte der Nichtadditivität nur bei hinreichend kleinen (aber noch im Vergleich zu den atomaren Dimensionen großen) charakteristischen Dimensionen spürbar; für dünne Schichten, für Körper, die durch einen engen Spalt getrennt sind und dgl. mehr.

Bei der Berechnung des Beitrags der elektromagnetischen Fluktuationen zur freien Energie sind jedesmal die Wellenlängen von der Größenordnung der charakteristischen Dimensionen der Inhomogenität des Mediums maßgebend (die Dicke der Schicht, die Breite des Spaltes usw.). Gerade dieser Umstand ist in der makroskopischen Theorie der Grund für das Potenzgesetz, mit dem die van der Waals-Kräfte mit dem Abstand abnehmen; wenn nur die Fluktuationen mit irgendeiner fixierten Wellenlänge λ_0 wesentlich wären, dann würde das zu einem Exponentialgesetz für den Abfall der Kräfte mit dem Exponenten $\sim r/\lambda_0$ führen. Weil weiterhin die charakteristischen Dimensionen, und mit ihnen auch die charakteristischen Wellenlängen der Fluktuationen, viel größer als die atomaren Dimensionen sind, sind alle Eigenschaften dieser Fluktuationen und ihr Beitrag zur freien Energie vollständig durch die komplexe Dielektrizitätskonstante der Körper bestimmt.

Unser Ziel wird in der Berechnung der makroskopischen Kräfte bestehen, die in einem inhomogenen Körper wirken.[1]) Als vorbereitende Etappe beginnen wir mit der Bestimmung der Änderung der freien Energie des Mediums bei einer kleinen Änderung der Dielektrizitätskonstanten (die magnetischen Eigenschaften des Stoffes werden wir vernachlässigen, d. h. die magnetische Permeabilität $\mu = 1$ setzen). Wir werden annehmen, daß die Änderung von ε durch eine Änderung des HAMILTON-Operators des Systems um irgendein kleines $\delta\hat{H}$ hervorgerufen wird. Dann ist die Änderung der freien Energie

$$\delta F = \langle \delta\hat{H} \rangle; \tag{80,1}$$

gemittelt wird (bei gegebener Temperatur und gegebenem Volumen des Systems) über die GIBBSsche Verteilung mit dem ungestörten HAMILTON-Operator $\hat{H}$. Wir stellen den letzteren als[2])

$$\hat{H} = \hat{H}_0 + \hat{V}_{\text{lang}}, \quad \hat{V}_{\text{lang}} = - \int \hat{\boldsymbol{j}}\hat{\boldsymbol{A}}\, \mathrm{d}^3x \tag{80,2}$$

dar, $\hat{V}_{\text{lang}}$ beschreibt die Wechselwirkung der Teilchen mit dem langwelligen elektromagnetischen Feld, in $\hat{H}_0$ sind alle restlichen Wechselwirkungen zusammen mit den Gliedern enthalten, die den freien Teilchen und den Photonen entsprechen. (Streng genommen muß in dem Integral (80,2) bei irgendeinem Wellenzahlvektor $k_0 \ll 1/a$ abgeschnitten werden; in das Endergebnis geht aber der Abschneideparameter nicht ein.) Der Operator $\hat{\boldsymbol{A}}$ ist der Operator des Vektorpotentials des langwelligen Feldes; es ist wesentlich, daß der für die Änderung der Dielektrizitätskonstanten verantwortliche Operator $\delta\hat{H}$ den Operator $\hat{\boldsymbol{A}}$ nicht enthält, weil die Dielektrizitätskonstante nur durch die Wechselwirkung der Teilchen auf atomaren Abständen bestimmt ist.

Wir gehen nun in (80,1) zu MATSUBARA-Operatoren in der Darstellung über, die man „langwellige Wechselwirkungsdarstellung" nennen kann: die Abhängigkeit der Operatoren von τ ist in dieser Darstellung durch alle Glieder im HAMILTON-Operator mit Ausnahme von $\hat{V}_{\text{lang}}$ bestimmt. Auf dieselbe Weise wie bei der Ableitung von (38,7) erhalten wir

$$\delta F = \frac{1}{\langle \hat{\sigma} \rangle_0} \langle T_\tau \delta\hat{H}^M \hat{\sigma} \rangle_0, \quad \hat{\sigma} = T_\tau \exp \int_0^{1/T} \int \hat{\boldsymbol{j}}^M \hat{\boldsymbol{A}}^M \mathrm{d}^3x\, \mathrm{d}\tau, \tag{80,3}$$

$\langle \ldots \rangle_0$ kennzeichnet die Mittelung über die GIBBSsche Verteilung mit dem HAMILTON-Operator $\hat{H}_0$. Im Sinne der gewählten Darstellung sind die MATSUBARA-Operatoren gemäß

$$\hat{\boldsymbol{A}}^M(\tau, \boldsymbol{r}) = \exp(\tau\hat{H}_0)\, \hat{\boldsymbol{A}}(\boldsymbol{r}) \exp(-\tau\hat{H}_0) \tag{80,4}$$

---

1) Die unten dargestellte Theorie stammt von I. E. DSJALOSCHINSKI und L. P. PITAJEWSKI (1959).

2) In diesem Paragraphen setzen wir $\hbar = 1$, $c = 1$.

definiert, analoges gilt auch für $\delta \hat{H}^M$ und für die ψ-Operatoren, aus denen der Teilchenstromoperator $\hat{j}^M$ aufgebaut ist.[1]) Weil $\hat{H}_0$ nicht die Wechselwirkung der langwelligen Photonen, womit auch immer, enthält, stimmt $\hat{A}^M$ mit dem (MATSUBARAschen) Operator des freien Photonenfeldes überein; für die ψ-Operatoren der Teilchen ist das aber nicht so, weil $\hat{H}_0$ die Wechselwirkung zwischen den Teilchen enthält.

Wir folgen den allgemeinen Konstruktionsprinzipien der Diagrammtechnik und entwickeln den Exponenten in (80,3) nach Potenzen von $\hat{V}_{\text{lang}}$.[2]) Dabei wird in jedem Glied der Entwicklung das Produkt der Operatoren des freien Feldes $\hat{A}^M$ auf die übliche Weise in Form paarweiser Kontraktionen nach dem WICK-Theorem gemittelt. Das nullte Glied der Entwicklung, welches $\hat{A}^M$ nicht enthält, ergibt δF_0 — die Änderung der freien Energie ohne Berücksichtigung der langwelligen Fluktuationen. Das folgende, in $\hat{A}^M$ lineare Glied verschwindet im Ergebnis der Mittelung. In dem im Feld quadratischen Glied gibt die Kontraktion von zwei Operatoren $\langle \hat{A}_i^M \hat{A}_k^M \rangle$ die GREENsche Funktion der freien Photonen $\mathscr{D}_{ik}^{(0)}$; dieses Glied kann man durch das Diagramm

$\delta F^{(2)} = \frac{1}{2} \cdot$  (80,5)

darstellen (es ist der Zahlenfaktor 1/2! abgetrennt, der bei der Entwicklung des Exponenten entsteht). Die dünne gestrichelte Linie kennzeichnet die $\mathscr{D}^{(0)}$-Funktion und der schraffierte Kreis das Ergebnis der Mittelung aller übrigen Faktoren. Die explizite Form dieser letzten Größe werden wir nicht aufschreiben; es ist nur wichtig, daß sie nichts anderes als $\delta \mathscr{P}_{ik}/4\pi$ ist, dabei ist $\delta \mathscr{P}_{ik}$ die Änderung des Polarisationsoperators bei einer Änderung des HAMILTON-Operators des Systems um $\delta \hat{H}$.

Davon kann man sich leicht überzeugen, wenn man mit der gleichen Methode die Änderung der $\mathscr{D}$-Funktion betrachtet. In dieser Darstellung der Operatoren wird die Funktion durch den Ausdruck

$$\mathscr{D}_{ik}(\tau_1, \boldsymbol{r}_1; \tau_2, \boldsymbol{r}_2) = -\frac{1}{\langle \hat{\sigma} \rangle_0} \langle T_\tau \hat{A}_i^M(\tau_1, \boldsymbol{r}_1)\, \hat{A}_k^M(\tau_2, \boldsymbol{r}_2) \hat{\sigma} \rangle_0$$

mit

$$\hat{\sigma} = T_\tau \exp \int_0^{1/T} (-\hat{V}_{\text{lang}}^M - \delta \hat{H}^M)\, \mathrm{d}\tau$$

gegeben — in die „Wechselwirkung" ist nicht nur $\hat{V}_{\text{lang}}$, sondern auch $\delta \hat{H}$ aufgenommen. Die gesuchte Änderung $\delta \mathscr{D}_{ik}$ wird durch das lineare Glied der Entwicklung dieses Ausdrucks nach Potenzen von $\delta \hat{H}^M$ gegeben:

$$\delta \mathscr{D}_{ik} = \frac{1}{\langle \hat{\sigma} \rangle_0} \langle T_\tau \int \delta \hat{H}^M\, \mathrm{d}\tau \cdot \hat{A}_i^M(\tau_1, \boldsymbol{r}_1)\, \hat{A}_k^M(\tau_2, \boldsymbol{r}_2) \exp \int \hat{\boldsymbol{j}}^M \hat{\boldsymbol{A}}^M\, \mathrm{d}^3x\, \mathrm{d}\tau \rangle_0 . \tag{80,6}$$

---

[1]) Den Index 0, mit dem man zusätzlich die Operatoren in dieser Darstellung versehen müßte, lassen wir weg, um die Bezeichnungen nicht zu kompliziert zu machen.

[2]) Es genügt, die Entwicklung des Zählers im Ausdruck für δF zu verfolgen. Wie üblich reduziert sich die Rolle des Faktors $\langle \hat{\sigma} \rangle_0$ im Nenner darauf, die Diagramme zu beseitigen, die in zwei oder mehr nicht zusammenhängende Teile zerfallen.

Bei der Entwicklung des restlichen Exponenten nach Potenzen von $\hat{V}_{\text{lang}}$ braucht man das nullte Glied nicht zu beachten: es entspricht einem nicht zusammenhängenden Diagramm (die Kontraktion $\langle \hat{A}_i^M \hat{A}_k^M \rangle$ ist von den anderen Faktoren abgetrennt, die die Variablen $\boldsymbol{r}_1$, $\boldsymbol{r}_2$ nicht enthalten). Das Glied erster Ordnung enthält eine ungerade Anzahl von A-Operatoren und verschwindet bei der Mittelung. Schließlich liefert das Glied zweiter Ordnung von $\delta \mathcal{D}_{ik}$ einen Ausdruck, der durch das Diagramm

$\delta \mathcal{D}_{ik}^{(2)} =$ 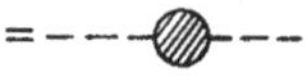 (80,7)

dargestellt wird mit demselben Kreis wie auch in (80,5) (der Faktor 1/2 entfällt in diesem Fall wegen der zwei Möglichkeiten der Kontraktion der „inneren" A-Operatoren, die von den Operatoren $\hat{V}_{\text{lang}}$ kommen, mit den „äußeren" $\hat{A}_i^M$ und $\hat{A}_k^M$). Andererseits wird gemäß der Definition des Polarisationsoperators die GREENsche Funktion in der betrachteten Näherung durch die Summe

$\mathcal{D}_{ik} =$ 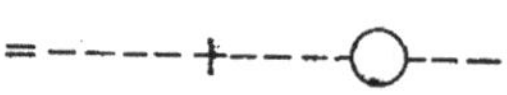

dargestellt, der leere Kreis ist dabei der Polarisationsoperator $\mathcal{P}_{ik}/4\pi$. Die Variation dieser Funktion ergibt folglich das Diagramm (80,7) mit $\delta\mathcal{P}_{ik}/4\pi$ als schraffierten Kreis.

Alle weiteren Glieder der Entwicklung in (80,3) sind Korrekturen unterschiedlicher Ordnung zu der gestrichelten Linie und zu dem Kreis in dem Diagramm (80,5). Diese Korrekturen wandeln die gestrichelte Linie in die exakte Funktion $\mathcal{D}_{ik}$ um. Die langwelligen Korrekturen zu $\delta\mathcal{P}_{ik}$ sind, wie schon gesagt wurde, klein, so daß man unter $\delta\mathcal{P}_{ik}$ sofort die Variation des exakten Polarisationsoperators verstehen kann.

In analytischer Form wird dieses Ergebnis (nach dem Übergang zur FOURIER-Entwicklung bezüglich der Veränderlichen τ) als

$$\delta F = \delta F_0 - \frac{1}{2} \sum_{s=-\infty}^{\infty} T \int \mathcal{D}_{ik}(\zeta_s; \boldsymbol{r}_1, \boldsymbol{r}_2) \frac{1}{4\pi} \delta\mathcal{P}_{ki}(\zeta_s; \boldsymbol{r}_2, \boldsymbol{r}_1)\, \mathrm{d}^3x_1 \mathrm{d}^3x_2 \qquad (80,8)$$

geschrieben.[1])

Gemäß (79,17) wird die Änderung des Polarisationsoperators (für ein isotropes Medium) durch die Änderung der Dielektrizitätskonstanten ausgedrückt:

$$\delta\mathcal{P}_{ki}(\zeta_s; \boldsymbol{r}_1, \boldsymbol{r}_2) = \zeta_s^2\, \delta_{ki} \delta(\boldsymbol{r}_1 - \boldsymbol{r}_2)\, \delta\varepsilon(i\,|\zeta_s|, \boldsymbol{r}_1).$$

Die δ-Funktion beseitigt eine der Integrationen in (80,8). Wir berücksichtigen auch die Tatsache, daß die Funktion $\mathcal{D}_{ik}$ in ζ_s gerade ist, und schreiben (80,8) in der Form

$$\delta F = \delta F_0 - \frac{T}{4\pi} \sum_{s=0}^{\infty}{}' \int \zeta_s^2 \mathcal{D}_{ll}(\zeta_s; \boldsymbol{r}, \boldsymbol{r})\, \delta\varepsilon\,(i\,|\zeta_s|, \boldsymbol{r})\, \mathrm{d}^3x, \qquad (80,9)$$

wo nur über die positiven Werte von s summiert wird; der Strich am Summenzeichen bedeutet, daß das nullte Glied mit dem Faktor 1/2 zu nehmen ist (dieses Glied hat einen endlichen Wert: der Faktor ζ_s^2 beseitigt die Divergenz in $\mathcal{D}_{ll}$ bei $\zeta_s = 0$).

[1]) Wir geben keine allgemeine Regel für die Bestimmung des Vorzeichens der Diagramme vom Typ (80,5) (Diagramme ohne freie Enden). Im gegebenen Fall kann man es leicht bestimmen, wenn man die entsprechenden Entwicklungsglieder in (80,3) und (80,6) explizit aufschreibt. Es genügt übrigens zu bemerken, daß dieses Glied in (80,3) eine Kontraktion eines Paares von A-Operatoren enthält, in (80,6) sind es zwei Paare; weil die Kontraktion eines Paares $-\mathcal{D}_{ik}$ ergibt, haben die Diagramme (80,5) und (80,7) entgegengesetzte Vorzeichen, das führt zu dem Vorzeichen minus in (80,8).

Für die weiteren Formeln ist es zweckmäßig, außer der Funktion $\mathscr{D}_{ik}$ noch zwei andere Funktionen einzuführen:

$$\begin{aligned}\mathscr{D}^E_{ik}(\zeta_s; \boldsymbol{r}, \boldsymbol{r}') &= -\zeta_s^2 \mathscr{D}_{ik}(\zeta_s; \boldsymbol{r}, \boldsymbol{r}'),\\ \mathscr{D}^H_{ik}(\zeta_s; \boldsymbol{r}, \boldsymbol{r}') &= \mathrm{rot}_{il}\, \mathrm{rot}'_{km} \mathscr{D}_{lm}(\zeta_s; \boldsymbol{r}, \boldsymbol{r}').\end{aligned} \tag{80,10}$$

Sie sind in Analogie zu den Ausdrücken (76,3—4) aufgebaut. Dann wird δF schließlich in der Form

$$\delta F = \delta F_0 + \frac{T}{4\pi} \sum_{s=0}^{\infty}{}' \int \mathscr{D}^E_{ll}(\zeta_s; \boldsymbol{r}, \boldsymbol{r})\, \delta\varepsilon(i\,|\zeta_s|, \boldsymbol{r})\, \mathrm{d}^3x \tag{80,11}$$

geschrieben.

Wir verwenden jetzt die Formel (80,11) für die Definition der Kräfte, die in einem inhomogenen Medium wirken. Die Isotropie des Mediums wurde schon vorausgesetzt; wir werden es jetzt auch als flüssig annehmen, so daß die Zustandsänderung in jedem Punkt des Mediums (bei gegebener Temperatur) nur mit einer Dichteänderung zusammenhängen kann.

Wir stellen uns vor, daß das Medium einer kleinen isothermen Deformation mit dem Verschiebungsvektor $\boldsymbol{u}(\boldsymbol{r})$ unterworfen ist. Die entsprechende Änderung seiner freien Energie ist

$$\delta F = -\int \boldsymbol{f}\boldsymbol{u}\, \mathrm{d}^3x. \tag{80,12}$$

$\boldsymbol{f}$ ist dabei die Volumendichte der auf das Medium wirkenden Kräfte. Andererseits kann man diese Änderung auch aus (80,11) bestimmen, wenn man die Variationen δF_0 und $\delta\varepsilon$ durch diesen Verschiebungsvektor ausdrückt. $P_0(\varrho, T)$ sei der Druck ohne Berücksichtigung der VAN DER WAALS-Korrekturen bei gegebenen Werten der Dichte ϱ und der Temperatur T; die entsprechende Dichte der Volumenkräfte ist $\boldsymbol{f}_0 = -\nabla P_0$, so daß

$$\delta F_0 = \int \boldsymbol{u}\nabla P_0\, \mathrm{d}^3x$$

ist. Die Dichteänderung hängt mit dem Verschiebungsvektor durch die Kontinuitätsgleichung $\delta\varrho = -\mathrm{div}\,(\varrho\boldsymbol{u})$ zusammen. Deshalb ist die Änderung der Dielektrizitätskonstanten:

$$\delta\varepsilon = \frac{\partial\varepsilon}{\partial\varrho}\delta\varrho = -\frac{\partial\varepsilon}{\partial\varrho}\mathrm{div}\,(\varrho\boldsymbol{u}).$$

Wenn wir das in (80,11) einsetzen, partiell über das ganze Körpervolumen integrieren und dann den für δF erhaltenen Ausdruck mit (80,12) vergleichen, finden wir:

$$\boldsymbol{f} = -\nabla P_0 - \frac{T}{4\pi} \sum_{s=0}^{\infty}{}' \varrho\, \mathrm{grad}\left[\mathscr{D}^E_{ll}(\zeta_s; \boldsymbol{r}, \boldsymbol{r}) \frac{\partial\varepsilon}{\partial\varrho}\right]. \tag{80,13}$$

Diese Formel erlaubt es insbesondere, sofort die Korrektur zum chemischen Potential des Körpers zu bestimmen. Dazu schreiben wir die Bedingung für das mechanische Gleichgewicht auf: $\boldsymbol{f} = 0$. Dabei berücksichtigen wir, daß bei konstanter Temperatur

$$\mathrm{d}P_0(\varrho, T) = \frac{\varrho}{m}\mathrm{d}\mu_0(\varrho, T)$$

ist mit $\mu_0(\varrho, T)$ als ungestörtem chemischen Potential des Körpers (m ist die Teilchenmasse). Dann erhalten wir diese Bedingung in der Form $\varrho \nabla \mu = 0$ mit

$$\mu = \mu_0(\varrho, T) + \frac{mT}{4\pi} \sum_{s=0}^{\infty}{}' \mathcal{D}_{ll}^{E} (\zeta_s; \boldsymbol{r}, \boldsymbol{r}) \frac{\partial \varepsilon}{\partial \varrho}. \tag{80,14}$$

Andererseits ist die Bedingung für das mechanische Gleichgewicht eines jeden inhomogenen Körpers die Bedingung, daß das chemische Potential längs des Körpers konstant sein muß; deshalb ist klar, daß der Ausdruck (80,14) dieses Potential bestimmt.

Die vollständigste Beschreibung der im Medium wirkenden Kräfte wird, wie bekannt, durch den sogenannten Spannungstensor σ_{ik} gegeben, der mit den Komponenten des Vektors $\boldsymbol{f}$ durch die Beziehungen

$$f_i = \frac{\partial \sigma_{ik}}{\partial x_k} \tag{80,15}$$

zusammenhängt.

Um den Ausdruck (80,13) auf diese Form zu transformieren, schreiben wir ihn zunächst als

$$f_i = -\frac{\partial P_0}{\partial x_i} + \frac{T}{4\pi} \sum{}' \frac{\partial}{\partial x_i} \left\{ \left(\varepsilon(\boldsymbol{r}) - \varrho \frac{\partial \varepsilon}{\partial \varrho} \right) \mathcal{D}_{ll}^{E} (\boldsymbol{r}, \boldsymbol{r}) \right\}$$
$$- \frac{T}{4\pi} \sum{}' \varepsilon(\boldsymbol{r}) \frac{\partial}{\partial x_i} \mathcal{D}_{ll}^{E} (\boldsymbol{r}, \boldsymbol{r})$$

(der Kürze halber schreiben wir die Argumente ζ_s in den Zwischenformeln nicht auf). Die ersten zwei Glieder haben schon die geforderte Gestalt. Das dritte Glied stellen wir als

$$- \frac{T}{4\pi} \sum{}' \left\{ \varepsilon(\boldsymbol{r}') \frac{\partial}{\partial x_i} + \varepsilon(\boldsymbol{r}) \frac{\partial}{\partial x_i'} \right\} \mathcal{D}_{ll}^{E} (\boldsymbol{r}, \boldsymbol{r}')$$

dar, indem wir die Differentiationen nach dem ersten und dem zweiten Argument der Funktion $\mathcal{D}_{ll}(\boldsymbol{r}, \boldsymbol{r})$ trennen; erst am Ende der Berechnung setzen wir $\boldsymbol{r} = \boldsymbol{r}'$. Die Berechnung wird unter Verwendung der Gleichungen (s. (79,8))

$$\hat{\Lambda}_{il} \mathcal{D}_{lk}(\boldsymbol{r}, \boldsymbol{r}') = -4\pi\, \delta_{ik} \delta(\boldsymbol{r} - \boldsymbol{r}'),$$
$$\hat{\Lambda}_{il}' \mathcal{D}_{kl}(\boldsymbol{r}, \boldsymbol{r}') = -4\pi\, \delta_{ik} \delta(\boldsymbol{r} - \boldsymbol{r}')$$

mit

$$\hat{\Lambda}_{il} = \zeta_s^2 \varepsilon(\boldsymbol{r})\, \delta_{il} + \operatorname{rot}_{im} \operatorname{rot}_{ml} = \zeta_s^2 \varepsilon(\boldsymbol{r})\, \delta_{il} + \frac{\partial^2}{\partial x_i \partial x_l} - \delta_{il} \Delta$$

durchgeführt. Im Ergebnis erhalten wir die Gleichung (bei $\boldsymbol{r} = \boldsymbol{r}'$)

$$\varepsilon \frac{\partial}{\partial x_i} \mathcal{D}_{ll}^{E} = 2 \frac{\partial}{\partial x_k} [\varepsilon \mathcal{D}_{ik}^{E} + \mathcal{D}_{ik}^{H}] - \frac{\partial}{\partial x_i} \mathcal{D}_{ll}^{H}$$

und schließlich folgenden Ausdruck für den Spannungstensor:

$$\sigma_{ik} = -P_0\, \delta_{ik} - \frac{T}{2\pi} \sum_{s=0}^{\infty}{}' \Big\{ -\frac{1}{2} \delta_{ik} \left[\varepsilon(i\zeta_s, \boldsymbol{r}) - \varrho \frac{\partial \varepsilon(i\zeta_s, \boldsymbol{r})}{\partial \varrho} \right] \mathcal{D}_{ll}^{E} (\zeta_s; \boldsymbol{r}, \boldsymbol{r})$$
$$+ \varepsilon(i\zeta_s, \boldsymbol{r})\, \mathcal{D}_{ik}^{E} (\zeta_s; \boldsymbol{r}, \boldsymbol{r}) - \frac{1}{2} \delta_{ik} \mathcal{D}_{ll}^{H} (\zeta_s; \boldsymbol{r}, \boldsymbol{r}) + \mathcal{D}_{ik}^{H} (\zeta_s; \boldsymbol{r}, \boldsymbol{r}) \Big\}. \tag{80,16}$$

Die erhaltenen Formeln haben noch keine direkte physikalische Bedeutung. Das liegt daran, daß die Funktion $\mathscr{D}_{ik}(\boldsymbol{r}, \boldsymbol{r}')$ bei $\boldsymbol{r}' \to \boldsymbol{r}$ wie $1/|\boldsymbol{r} - \boldsymbol{r}'|$ gegen Unendlich strebt (davon kann man sich leicht mit Hilfe der Gleichung (79,8) überzeugen). Diese Divergenz entsteht vom Beitrag der großen Wellenzahlvektoren ($k \sim 1/|\boldsymbol{r} - \boldsymbol{r}'|$) und hängt nur damit zusammen, daß die Gleichung (79,8) bei $k \gtrsim a$ nicht benutzt werden kann. Diese Schwierigkeit kann man beseitigen, ohne das Abschneiden bei großen k explizit einzuführen. Dazu bemerken wir, daß die kurzwelligen Fluktuationen keine Beziehung zu den uns interessierenden Effekten haben, die mit der Inhomogenität des Mediums zusammenhängen. Ihr Beitrag zu den thermodynamischen Größen in irgendeinem gegebenen Punkt des Körpers ist gleich für ein homogenes und für ein inhomogenes Medium mit demselben Wert $\varepsilon(\boldsymbol{r})$ in dem gegebenen Punkt. Um den Formeln einen eindeutigen Sinn zu geben, der tatsächlich nicht vom Charakter des Abschneidens abhängt, muß man deshalb in ihnen die entsprechenden Subtraktionen durchführen. Unter der Greenschen Funktion $\mathscr{D}_{ik}(\zeta_s; \boldsymbol{r}, \boldsymbol{r})$ muß man jetzt den Grenzwert der Differenz

$$\lim_{\boldsymbol{r}' \to \boldsymbol{r}} \{\mathscr{D}_{ik}(\zeta_s; \boldsymbol{r}, \boldsymbol{r}') - \overline{\mathscr{D}}_{ik}(\zeta_s; \boldsymbol{r}, \boldsymbol{r}')\} \tag{80,17}$$

verstehen, dabei ist $\overline{\mathscr{D}}_{ik}$ die Greensche Funktion eines homogenen, unbegrenzten Hilfsmediums, dessen Dielektrizitätskonstante mit der Dielektrizitätskonstanten des echten Mediums im gegebenen Punkt $\boldsymbol{r}$ übereinstimmt; dieser Grenzwert divergiert dann nicht mehr. Um unnötige Komplikationen in der Schreibweise der Formeln zu vermeiden, lassen wir sie in der früheren Form und verstehen in ihnen unter $\mathscr{D}_{ik}$ nun die Differenz (80,17). Dabei ist $P_0(\varrho, T)$ der Druck im unbegrenzten, homogenen Medium bei gegebenen Werten von ϱ und T.

Sowohl in Formel (80,16) als auch in Gleichung (79,8), die die Greensche Funktion $\mathscr{D}_{ik}$ bestimmt, gehen die Eigenschaften des Mediums nur über $\varepsilon(i\zeta)$ ein — über die Dielektrizitätskonstante als Funktion der imaginären Frequenz. Wir erinnern in diesem Zusammenhang daran, daß diese Funktion durch eine einfache Beziehung mit dem Imaginärteil der Dielektrizitätskonstanten bei reellen Frequenzen zusammenhängt:

$$\varepsilon(i\zeta) = 1 + \frac{2}{\pi} \int_0^\infty \frac{\omega \operatorname{Im} \varepsilon(\omega)}{\omega^2 + \zeta^2} \mathrm{d}\omega \tag{80,18}$$

(s. VIII, § 62). Man kann deshalb sagen, daß die einzige makroskopische Kenngröße, die die van der Waals-Kräfte in einem materiellen Medium bestimmt, letzten Endes der Imaginärteil seiner Dielektrizitätskonstanten ist.

Die Formel (80,16) fällt ihrer Form nach exakt mit dem aus der makroskopischen Elektrodynamik bekannten Ausdruck für den Maxwellschen Spannungstensor in einem konstanten elektromagnetischen Feld zusammen, wobei die quadratischen Kombinationen der Komponenten von $\boldsymbol{E}$ und $\boldsymbol{H}$ durch die entsprechenden Funktionen $-\mathscr{D}_{ik}^E$ und $-\mathscr{D}_{ik}^H$ ersetzt sind. Dieser Analogie darf man aber keine allzu tiefe Bedeutung geben: sie bedeutet keinesfalls die Existenz eines allgemeinen Ausdruckes für den Spannungstensor in einem absorbierenden Medium (der als Kenngröße des Mediums nur die Dielektrizitätskonstante enthält) für ein veränderliches elektromagnetisches Feld als solches. Im gegebenen Fall haben wir es nicht mit einem beliebigen elektromagnetischen Feld zu tun, sondern mit dem fluktuierenden Eigenfeld im Medium im thermodynamischen Gleichgewicht.

§ 81. Molekulare Wechselwirkungskräfte zwischen festen Körpern. Allgemeine Formel

Wir wenden die im vorigen Paragraphen erhaltenen Formeln zur Berechnung der Kräfte an, die zwischen festen Körpern wirken. Die Oberflächen der Festkörper sollen sich dabei auf sehr kleine Abstände angenähert haben, wobei aber noch eine Bedingung erfüllt sein muß: sie müssen groß im Vergleich zu den zwischenatomaren Abständen in den Körpern sein. Gerade diese Bedingung erlaubt es, das Problem vom makroskopischen Standpunkt aus zu betrachten, von dem aus die Körper als kontinuierliche Medien und ihre Wechselwirkung als durch ein elektromagnetisches Fluktuationsfeld vermittelt anzusehen sind. Dabei sind diejenigen Fluktuationen wesentlich, deren Wellenlängen von der Größenordnung der charakteristischen Dimensionen des Problems sind — der Breite des Spaltes zwischen den Körpern.[1])

Wir werden mit den Indizes 1 und 2 die Größen bezeichnen, die sich auf die zwei Festkörper beziehen, mit dem Index 3 die Größen, die sich auf den Raum des Spaltes zwischen ihnen beziehen (Abb. 17). Der Spalt wird als von parallelen Ebenen begrenzt voraus-

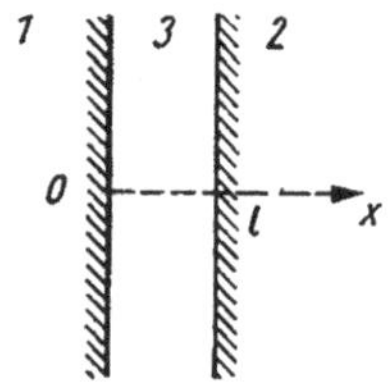

Abb. 17

gesetzt; die x-Achse legen wir senkrecht zu den Ebenen (so daß die Oberflächen der Körper 1 und 2 die Ebenen $x = 0$ und $x = l$ sind mit l als Spaltbreite). Die Kraft F, die auf die Flächeneinheit der Oberfläche, sagen wir des Körpers 2, wirkt, wird als der Impulsstrom berechnet, der in den Körper durch diese Oberfläche hineinfließt. Dieser Strom wird durch die Komponente σ_{xx} des elektromagnetischen Spannungstensors im Spaltraum gegeben, genommen bei $x = l$. Im Vakuum ist $\varepsilon = 1$, und der Ausdruck σ aus (80,16) reduziert sich auf[2])

$$F = \sigma_{xx}(l) = \frac{T}{4\pi} \sum_{n=0}^{\infty}{}' \{\mathcal{D}^E_{yy}(\zeta_n; l, l) + \mathcal{D}^E_{zz}(\zeta_n; l, l) - \mathcal{D}^E_{xx}(\zeta_n; l, l) + \mathcal{D}^H_{yy}(\zeta_n; l, l) + \mathcal{D}^H_{zz}(\zeta_n; l, l) - \mathcal{D}^H_{xx}(\zeta_n; l, l)\} \tag{81,1}$$

(den Summationsindex bezeichnen wir in diesem Paragraphen mit dem Buchstaben n).

Wegen der Homogenität des Problems in der y- und in der z-Richtung hängen die Funktionen $\mathcal{D}_{ik}(\zeta_n; \boldsymbol{r}, \boldsymbol{r}')$ nur von den Differenzen $y - y'$ und $z - z'$ ab (die Argumente $y - y'$ und $z - z'$ sind in (81,1) nicht aufgeschrieben); $\mathcal{D}_{ik}(\zeta_n, \boldsymbol{q}; x, x')$ mögen die FOURIER-Komponenten bezüglich dieser Variablen sein. Dann ist

$$\mathcal{D}_{ik}(\zeta_n; \boldsymbol{r}, \boldsymbol{r}) = \int \mathcal{D}_{ik}(\zeta_n, \boldsymbol{q}; x, x) \frac{d^2q}{(2\pi)^2}. \tag{81,2}$$

---

[1]) Die Resultate der §§ 81, 82 stammen von E. M. LIFSCHITZ (1954).

[2]) In den Zwischenrechnungen setzen wir $\hbar = 1$, $c = 1$.

Für die Funktionen $\mathscr{D}_{ik}(\zeta_n, \boldsymbol{q}; x, x')$ nehmen die Gleichungen (79,8) die folgende Form an (die y-Achse legen wir längs des Vektors $\boldsymbol{q}$):

$$\left(w^2 - \frac{\mathrm{d}^2}{\mathrm{d}x^2}\right) \mathscr{D}_{zz}(x, x') = -4\pi\,\delta(x - x'),$$

$$\left(w^2 - q^2 - \frac{\mathrm{d}^2}{\mathrm{d}x^2}\right) \mathscr{D}_{yy}(x, x') + iq\frac{\mathrm{d}}{\mathrm{d}x}\mathscr{D}_{xy}(x, x') = -4\pi\,\delta(x - x'),$$

$$w^2 \mathscr{D}_{xy}(x, x') + iq\frac{\mathrm{d}}{\mathrm{d}x}\mathscr{D}_{yy}(x, x') = 0,$$

$$w^2 \mathscr{D}_{xx}(x, x') + iq\frac{\mathrm{d}}{\mathrm{d}x}\mathscr{D}_{yx}(x, x') = -4\pi\,\delta(x - x')$$

mit $w = (\varepsilon\zeta_n^2 + q^2)^{1/2}$, $\varepsilon = \varepsilon(i\zeta_n)$, und x' spielt die Rolle eines Parameters (es ist $\mathscr{D}_{xz} = \mathscr{D}_{yz} = 0$, weil die Gleichungen für diese Komponenten homogen sind). Die Lösung dieses Systems führt auf die Lösung der beiden Gleichungen

$$\left(w^2 - \frac{\mathrm{d}^2}{\mathrm{d}x^2}\right) \mathscr{D}_{zz}(x, x') = -4\pi\,\delta(x - x'), \tag{81,3}$$

$$\left(w^2 - \frac{\mathrm{d}^2}{\mathrm{d}x^2}\right) \mathscr{D}_{yy}(x, x') = -\frac{4\pi w^2}{\varepsilon\zeta_n^2}\,\delta(x - x'), \tag{81,4}$$

danach werden $\mathscr{D}_{xy}$ und $\mathscr{D}_{xx}$ aus

$$\begin{aligned} \mathscr{D}_{xy}(x, x') &= -\frac{iq}{w^2}\frac{\mathrm{d}}{\mathrm{d}x}\mathscr{D}_{yy}(x, x'), \\ \mathscr{D}_{xx}(x, x') &= -\frac{iq}{w^2}\frac{\mathrm{d}}{\mathrm{d}x}\mathscr{D}_{yx}(x, x') - \frac{4\pi}{w^2}\,\delta(x - x') \end{aligned} \tag{81,5}$$

bestimmt. Hierbei muß man beachten, daß wegen (79,5) $\mathscr{D}_{yx}(\boldsymbol{r}, \boldsymbol{r}') = \mathscr{D}_{xy}(\boldsymbol{r}', \boldsymbol{r})$ gilt und daher $\mathscr{D}_{yx}(\boldsymbol{q}; x, x') = \mathscr{D}_{xy}(-\boldsymbol{q}; x', x)$.

Die Randbedingungen, die der Stetigkeit der Tangentialkomponenten der elektrischen und der magnetischen Feldstärke entsprechen, führen auf die Forderung nach Stetigkeit der Größen $\mathscr{D}^E_{yk}$, $\mathscr{D}^E_{zk}$, $\mathscr{D}^H_{yk}$, $\mathscr{D}^H_{zk}$ oder, was dasselbe ist, nach Stetigkeit der Größen

$$\mathscr{D}_{yk},\ \mathscr{D}_{zk},\ \mathrm{rot}_{yl}\,\mathscr{D}_{lk},\ \mathrm{rot}_{zl}\mathscr{D}_{lk}.$$

Wir benutzen die erste der Gleichungen (81,5) und erhalten, daß an der Grenze die Größen

$$\mathscr{D}_{zz},\ \frac{\mathrm{d}}{\mathrm{d}x}\mathscr{D}_{zz},\ \mathscr{D}_{yy},\ \frac{\varepsilon}{w^2}\frac{\mathrm{d}}{\mathrm{d}x}\mathscr{D}_{yy} \tag{81,6}$$

stetig sein müssen.

Weil wir beabsichtigen, den Spannungstensor nur in dem Gebiet des Spaltes zu berechnen, kann man sofort annehmen, daß $0 < x' < l$ ist. Im Gebiet $0 < x < l$ sind die Funktionen $\mathscr{D}_{yy}$ und $\mathscr{D}_{zz}$ durch die Gleichungen (81,3–4) mit $\varepsilon = 1$, $w = w_3 = (\zeta_n^2 + q^2)^{1/2}$ bestimmt. In den Gebieten 1 ($x < 0$) und 2 ($x > l$) genügen sie denselben Gleichungen ohne rechte Seiten (weil hier $x \neq x'$ ist) mit ε_1, w_1 bzw. ε_2, w_2 an Stelle von ε, w.

Die nach (80,17) notwendige Subtraktion reduziert sich darauf, daß von allen Funktionen $\mathscr{D}_{ik}$ im Spaltgebiet ihre Werte bei $\varepsilon_1 = \varepsilon_2 = 1$ abgezogen werden müssen. Als Folge davon kann man insbesondere sofort das zweite Glied rechts in der zweiten Gleichung (81,5) weglassen, so daß in dem Spaltgebiet

$$\mathscr{D}_{xy} = -\frac{iq}{w_3^2}\frac{\mathrm{d}}{\mathrm{d}x}\mathscr{D}_{yy}, \quad \mathscr{D}_{xx} = -\frac{iq}{w_3^2}\frac{\mathrm{d}}{\mathrm{d}x}\mathscr{D}_{yx} \tag{81,7}$$

gilt.

Bevor wir zur Lösung der Gleichungen kommen, machen wir noch eine Bemerkung. Die allgemeine Lösung der Gleichungen (81,3—4) hat die Form $f^-(x - x') + f^+(x + x')$. Wenn man die Gleichungen (81,3—4), (81,7) und die Definition der Funktionen $\mathscr{D}_{ik}^E$ und $\mathscr{D}_{ik}^H$ benutzt, kann man zeigen, daß die Teile der Greenschen Funktionen, die von der Summe $x + x'$ abhängen, keinen Beitrag zum Ausdruck (81,1) für die Kräfte geben. Wir wollen uns hier nicht damit aufhalten, weil dieses Ergebnis schon von vornherein aus physikalischen Überlegungen klar ist: wenn wir in der Lösung der Form $f^+(x + x')$ im Argument $x = x'$ setzen, würden wir einen Impulsstrom im Spalt erhalten, der von den Koordinaten abhängen würde — im Widerspruch zum Impulserhaltungssatz. Im weiteren werden wir deshalb im Ergebnis nur die Ausdrücke für die Teile der Greenschen Funktionen $\mathscr{D}_{ik}^-$ angeben, die nicht von $x + x'$ abhängen.

Wir gehen jetzt dazu über, die Funktion $\mathscr{D}_{zz}$ zu bestimmen. Sie genügt den Gleichungen

$$\begin{aligned}
&\left(w_1^2 - \frac{\mathrm{d}^2}{\mathrm{d}x^2}\right)\mathscr{D}_{zz}(x, x') = 0, && x < 0,\\
&\left(w_2^2 - \frac{\mathrm{d}^2}{\mathrm{d}x^2}\right)\mathscr{D}_{zz}(x, x') = 0, && x > l,\\
&\left(w_3^2 - \frac{\mathrm{d}^2}{\mathrm{d}x^2}\right)\mathscr{D}_{zz}(x, x') = -4\pi\,\delta(x - x'), && 0 < x < l.
\end{aligned} \tag{81,8}$$

Hieraus finden wir

$$\mathscr{D}_{zz} = A\mathrm{e}^{w_1 x}, \quad x < 0, \quad \mathscr{D}_{zz} = B\mathrm{e}^{-w_2 x}, \; x > l,$$

$$\mathscr{D}_{zz} = C_1\mathrm{e}^{w_3 x} + C_2\mathrm{e}^{-w_3 x} - \frac{2\pi}{w_3}\mathrm{e}^{-w_3|x-x'|}, \quad 0 < x < l.$$

Im letzten Ausdruck wurde berücksichtigt, daß wegen der dritten Gleichung (81,8) die Ableitung $\mathrm{d}\mathscr{D}_{zz}/\mathrm{d}x$ bei $x = x'$ um 4π springt. Wenn wir die Größen A, B, C_1, C_2 (Funktionen von x') aus den Randbedingungen der Stetigkeit von $\mathscr{D}_{zz}$ und $\mathrm{d}\mathscr{D}_{zz}/\mathrm{d}x$ bestimmen, erhalten wir

$$\mathscr{D}_{zz}^- = \frac{4\pi}{w_3\Delta}\cosh w_3(x - x') - \frac{2\pi}{w_3}\mathrm{e}^{-w_3|x-x'|}, \quad 0 < x < l$$

mit

$$\Delta = 1 - \mathrm{e}^{2w_3 l}\frac{(w_1 + w_3)(w_2 + w_3)}{(w_1 - w_3)(w_2 - w_3)}.$$

Wir ziehen den Wert $\mathscr{D}_{zz}^-$ bei $w_1 = w_2 = w_3$ (dabei ist $1/\Delta = 0$) ab und erhalten schließlich

$$\mathscr{D}_{zz}^- = \frac{4\pi}{w_3 \Delta} \cosh w_3 (x - x') .$$

Wir lösen analog die Gleichung für $\mathscr{D}_{yy}$ und erhalten (nach der Subtraktion)

$$\mathscr{D}_{yy}^- = \frac{4\pi w_3}{\zeta_n^2 \Delta_1} \cosh w_3 (x - x') ,$$

$$\Delta_1 = 1 - e^{2w_3 l} \frac{(\varepsilon_1 w_3 + w_1)(\varepsilon_2 w_3 + w_2)}{(\varepsilon_1 w_3 - w_1)(\varepsilon_2 w_3 - w_2)}$$

und unter Verwendung von (81,7)

$$\mathscr{D}_{xy}^- = \mathscr{D}_{yx}^- = - \frac{4\pi i q}{\zeta_n^2 \Delta_1} \sinh w_3 (x - x') ,$$

$$\mathscr{D}_{xx}^- = - \frac{4\pi q^2}{\zeta_n^2 w_3 \Delta_1} \cosh w_3 (x - x') .$$

Wenn wir jetzt die Funktionen $\mathscr{D}_{ik}^E$ und $\mathscr{D}_{ik}^H$ berechnen, sie dann gemäß (81,2) transformieren und in (81,1) einsetzen, erhalten wir

$$F(l) = - \frac{T}{2\pi} \sum_{n=0}^{\infty}{}' \int_0^{\infty} w_3 \left(\frac{1}{\Delta} + \frac{1}{\Delta_1} \right) q \, dq .$$

Schließlich gehen wir zu einer neuen Integrationsveränderlichen p nach $q = \zeta_n \sqrt{p^2 - 1}$ über, kehren zu den üblichen Einheiten zurück und kommen zum endgültigen Ausdruck für die Kraft F, die auf die Flächeneinheit jedes der beiden Körper wirkt, wobei die Körper durch den Spalt der Breite l getrennt sind:

$$F(l) = \frac{T}{\pi c^3} \sum_{n=0}^{\infty}{}' \zeta_n^3 \int_1^{\infty} p^2 \left\{ \left[\frac{(s_1 + p)(s_2 + p)}{(s_1 - p)(s_2 - p)} \exp\left(\frac{2p\zeta_n}{c} l \right) - 1 \right]^{-1} + \left[\frac{(s_1 + p\varepsilon_1)(s_2 + p\varepsilon_2)}{(s_1 - p\varepsilon_1)(s_2 - p\varepsilon_2)} \exp\left(\frac{2p\zeta_n}{c} l \right) - 1 \right]^{-1} \right\} dp \qquad (81,9)$$

mit

$$s_1 = \sqrt{\varepsilon_1 - 1 + p^2}, \quad s_2 = \sqrt{\varepsilon_2 - 1 + p^2}, \quad \zeta_n = 2\pi n T/\hbar .$$

ε_1, ε_2 sind Funktionen der imaginären Frequenz $\omega = i\zeta_n$; wir erinnern in diesem Zusammenhang daran, daß $\varepsilon(i\zeta)$ eine positive reelle Größe ist, die von ihrem elektrostatischen Wert ε_0 bei $\zeta = 0$ bis auf 1 bei $\zeta = \infty$ monoton abfällt.[1] Positive Werte von F entsprechen einer Anziehung der Körper. Der Integrand in jedem Glied der Summe in

[1]) Die Formel (81,9) wurde unter der Voraussetzung der Isotropie beider Körper abgeleitet. Deshalb hängt ihre Anwendbarkeit auf Kristalle mit der Möglichkeit zusammen, die Anisotropie ihrer Dielektrizitätskonstanten zu vernachlässigen. Obwohl das in der Mehrzahl der Fälle völlig erlaubt ist, muß man aber beachten, daß die Anisotropie der Körper im allgemeinen noch zu einem spezifischen Effekt führt — zum Auftreten eines Drehmomentes, welches danach strebt, die Körper gegeneinander zu verdrehen.

(81,9) ist positiv und fällt bei jeden gegebenen p und ζ_n monoton mit wachsendem l ab.[1]) Hieraus folgt, daß $F > 0$, $\mathrm{d}F/\mathrm{d}l < 0$ ist, d. h. die Körper (getrennt durch einen leeren Spalt) ziehen sich mit einer Kraft an, die mit wachsendem Abstand monoton abfällt.

Die allgemeine Formel (81,9) ist sehr kompliziert. Sie kann aber im Zusammenhang damit wesentlich vereinfacht werden, daß der Einfluß der Temperatur auf die Wechselwirkungskraft gewöhnlich vollkommen unwesentlich ist.[2]) Das liegt daran, daß dank dem Exponenten in den Integranden in (81,9) die Hauptrolle in der Summe nur die Glieder spielen, für die $\zeta_n \sim c/l$ oder $n \sim c\hbar/lT$ ist. Für den Fall $lT/c\hbar \ll 1$ werden also die großen Werte n wesentlich sein, und in (81,9) kann man von der Summation zur Integration über $\mathrm{d}n = \hbar\, \mathrm{d}\zeta/2\pi T$ übergehen. Dabei verschwindet die Temperatur aus der Formel, und wir kommen zu folgendem Ergebnis:

$$F(l) = \frac{\hbar}{2\pi^2 c^3} \int_0^\infty \int_1^\infty p^2 \zeta^3 \left\{ \left[\frac{(s_1 + p)(s_2 + p)}{(s_1 - p)(s_2 - p)} \exp\left(\frac{2p\zeta}{c} l\right) - 1 \right]^{-1} + \left[\frac{(s_1 + p\varepsilon_1)(s_2 + p\varepsilon_2)}{(s_1 - p\varepsilon_1)(s_2 - p\varepsilon_2)} \exp\left(\frac{2p\zeta}{c} l\right) - 1 \right]^{-1} \right\} \mathrm{d}p\, \mathrm{d}\zeta . \qquad (81,10)$$

Nach dem Gesagten kann man diese Formel bei Abständen $l \ll c\hbar/T$ anwenden; schon bei Zimmertemperaturen gibt das Abstände bis etwa 10^{-4} cm. Die Formel (81,10) erlaubt eine weitere wesentliche Vereinfachung in zwei Grenzfällen.

§ 82. Molekulare Wechselwirkungskräfte zwischen festen Körpern. Grenzfälle

Wir bleiben zunächst beim Grenzfall „kleiner" Abstände, unter denen man Abstände versteht, die klein im Vergleich zu den für die Absorptionsspektren der gegebenen Körper charakteristischen Wellenlängen λ_0 sind. Die Temperaturen, um die es sich bei kondensierten Körpern handeln kann, sind in jedem Falle klein im Vergleich zu dem hier eine Rolle spielenden $\hbar\omega_0$ (zum Beispiel im sichtbaren Teil des Spektrums), deshalb ist die Ungleichung $Tl/\hbar c \ll 1$ offensichtlich erfüllt.

Wegen des Exponentialfaktors in den Nennern des Integranden ist bei der Integration über $\mathrm{d}p$ das Gebiet wesentlich, in dem $p\zeta l/c \sim 1$ ist. Dabei ist $p \gg 1$, und deshalb kann man bei der Bestimmung des Hauptgliedes im Integral $s_1 \approx s_2 \approx p$ setzen. In dieser Näherung verschwindet das erste Glied in den geschweiften Klammern in (81,10). Das zweite Glied gibt nach der Einführung der Integrationsvariablen $x = 2p\zeta l/c$:

$$F(l) = \frac{\hbar}{16\pi^2 l^3} \int_0^\infty \int_0^\infty x^2 \left[\frac{(\varepsilon_1 + 1)(\varepsilon_2 + 1)}{(\varepsilon_1 - 1)(\varepsilon_2 - 1)} e^x - 1 \right]^{-1} \mathrm{d}x\, \mathrm{d}\zeta \qquad (82,1)$$

---

[1]) Davon kann man sich leicht überzeugen, wenn man beachtet, daß für $s = (\varepsilon - 1 + p^2)^{1/2}$ (mit $p \geq 1$) die Ungleichungen $\varepsilon p > s > p$ bei $\varepsilon > 1$ gelten.

[2]) Wenn wir vom Temperatureinfluß sprechen, sehen wir von dem ab, der mit der Abhängigkeit der Dielektrizitätskonstanten selbst von der Temperatur zusammenhängt.

(die untere Grenze der Integration über dx ist in dieser Näherung durch Null ersetzt).[1]

Die Kraft ist in diesem Fall umgekehrt proportional zur dritten Potenz des Abstandes, was man übrigens auch in Übereinstimmung mit dem üblichen Gesetz der VAN DER WAALS-Kräfte zwischen zwei Atomen erwarten mußte (s. Fußnote S. 348). Die Funktionen $\varepsilon(i\zeta) - 1$ fallen monoton mit zunehmendem ζ ab und streben gegen Null. Deshalb hören die Werte ζ, beginnend mit irgendeinem $\zeta \sim \zeta_0$, auf, einen wesentlichen Beitrag zum Integral zu geben; die Bedingung, daß l klein sein soll, bedeutet, daß $l \ll c/\zeta_0$ sein muß.

Wir zeigen, auf welche Weise man von der makroskopischen Formel (82,1) zur Wechselwirkung einzelner Atome im Vakuum übergehen kann. Dazu nehmen wir formal an, daß beide Körper hinreichend verdünnt sind. Vom makroskopischen Standpunkt aus bedeutet das, daß ihre Dielektrizitätskonstanten in der Nähe von 1 sind, d. h. die Differenzen $\varepsilon_1 - 1$ und $\varepsilon_2 - 1$ sind klein. Aus (82,1) haben wir dann mit der nötigen Genauigkeit

$$F = \frac{\hbar}{64\pi^2 l^3} \int_0^\infty \int_0^\infty x^2 e^{-x} (\varepsilon_1 - 1)(\varepsilon_2 - 1)\, dx\, d\zeta$$

$$= \frac{\hbar}{32\pi^2 l^3} \int_0^\infty [\varepsilon_1(i\zeta) - 1][\varepsilon_2(i\zeta) - 1]\, d\zeta .$$

Wenn wir $\varepsilon(i\zeta)$ durch $\operatorname{Im} \varepsilon(\omega)$ auf der reellen ω-Achse nach (80,18) ausdrücken, erhalten wir

$$F = \frac{\hbar}{8\pi^4 l^3} \int_0^\infty \int \int \frac{\omega_1\omega_2 \operatorname{Im} \varepsilon_1(\omega_1) \operatorname{Im} \varepsilon_2(\omega_2)}{(\omega_1^2 + \zeta^2)(\omega_2^2 + \zeta^2)}\, d\zeta\, d\omega_1\, d\omega_2$$

$$= \frac{\hbar}{16\pi^3 l^3} \int_0^\infty\!\!\int \frac{\operatorname{Im} \varepsilon_1(\omega_1) \operatorname{Im} \varepsilon_2(\omega_2)}{\omega_1 + \omega_2}\, d\omega_1\, d\omega_2 . \tag{82,2}$$

Diese Kraft entspricht einer Wechselwirkungsenergie der Atome

$$U(r) = -\frac{3\hbar}{8\pi^4 n_1 n_2 r^6} \int\!\!\int \frac{\operatorname{Im} \varepsilon_1(\omega_1) \operatorname{Im} \varepsilon_2(\omega_2)}{\omega_1 + \omega_2}\, d\omega_1\, d\omega_2 \tag{82,3}$$

---

[1]) Das Integral der Form

$$\frac{a}{2} \int_0^\infty \frac{x^2\, dx}{a e^x - 1}$$

ändert sich bei der Änderung von a von ∞ bis 1 unwesentlich; von 1 auf 1,2. Mit praktisch hinreichender Genauigkeit kann man deshalb die Formel (82,1) in der Form

$$F = \frac{\hbar\overline{\omega}}{8\pi^2 l^3}, \quad \overline{\omega} = \int_0^\infty \frac{[\varepsilon_1(i\zeta) - 1][\varepsilon_2(i\zeta) - 1]}{[\varepsilon_1(i\zeta) + 1][\varepsilon_2(i\zeta) + 1]}\, d\zeta$$

darstellen. Die Größe $\overline{\omega}$ spielt die Rolle irgendeiner, für das Absorptionsspektrum beider Körper charakteristischen Frequenz.

mit dem Abstand r zwischen den Atomen, n_1, n_2 sind die Teilchendichten der Atome in beiden Körpern.[1]) Diese Formel fällt mit der bekannten quantenmechanischen LONDON-Formel zusammen, die man mit Hilfe der gewöhnlichen Störungstheorie erhält, wenn man sie auf die Dipolwechselwirkung zweier Atome anwendet (s. III, § 89, Aufgabe). Beim Vergleich muß man aber berücksichtigen, daß der Imaginärteil von $\varepsilon(\omega)$ mit der Spektraldichte der „Oszillatorstärken“ $f(\omega)$ durch die Beziehung

$$\omega \operatorname{Im} \varepsilon(\omega) = \frac{2\pi^2 e^2}{m} n f(\omega)$$

zusammenhängt (e, m sind Ladung und Masse des Elektrons; s. VIII, § 62); die Oszillatorstärken werden auf die bekannte Weise durch die Quadrate der Matrixelemente des Dipolmoments der Atome ausgedrückt (s. III, (149,10)).

Wir gehen zum entgegengesetzten Fall „großer“ Abstände über: $l \gg \lambda_0$. Dabei werden wir aber annehmen, daß die Abstände nicht so groß sind, daß die Ungleichung $lT/\hbar c \ll 1$ verletzt wäre.

In der Formel (81,10) führen wir wieder eine neue Integrationsvariable $x = 2pl\zeta/c$ ein, aber als zweite Veränderliche nehmen wir nicht ζ, sondern p. Dann erweisen sich ε_1 und ε_2 als Funktionen des Argumentes $i\zeta = ixc/2pl$. Wegen des Faktors e^x in den Nennern des Integranden spielen im Integral über dx die Werte $x \sim 1$ eine Rolle, und weil $p \geqq 1$ ist, ist das Argument der Funktion ε bei großen l in der Nähe von Null im ganzen wesentlichen Bereich der Veränderlichen. In Übereinstimmung damit kann man ε_1, ε_2 einfach durch ihre Werte bei $\zeta = 0$ ersetzen, d. h. durch die elektrostatischen Dielektrizitätskonstanten ε_{10}, ε_{20}. Es gilt also schließlich

$$F = \frac{\hbar c}{32\pi^2 l^4} \int_0^\infty \int_1^\infty \frac{x^3}{p^2} \left\{ \left[\frac{(s_{10}+p)(s_{20}+p)}{(s_{10}-p)(s_{20}-p)} e^x - 1 \right]^{-1} + \left[\frac{(s_{10}+p\varepsilon_{10})(s_{20}+p\varepsilon_{20})}{(s_{10}-p\varepsilon_{10})(s_{20}-p\varepsilon_{20})} e^x - 1 \right]^{-1} \right\} dp\, dx,$$

$$s_{10} = \sqrt{\varepsilon_{10} - 1 + p^2}, \quad s_{20} = \sqrt{\varepsilon_{20} - 1 + p^2}. \qquad (82,4)$$

Das Gesetz für die Abnahme der Kraft mit dem Abstand (wie l^{-4}) entspricht im gegebenen Fall dem Gesetz für die Abnahme der VAN DER WAALS-Kräfte zwischen zwei Atomen unter Berücksichtigung der Retardierung (s. unten).

Die Formel (82,4) führt auf einen sehr einfachen Ausdruck, wenn beide Körper Metalle sind. Bei Metallen strebt die Funktion $\varepsilon(i\zeta)$ bei $\zeta \to 0$ gegen Unendlich; deshalb muß man für sie $\varepsilon_0 = \infty$ annehmen. Wenn wir $\varepsilon_{10} = \varepsilon_{20} = \infty$ setzen, erhalten wir

$$F = \frac{\hbar c}{16\pi^2 l^4} \int_0^\infty \int_1^\infty \frac{x^3\, dp\, dx}{p^2(e^x - 1)} = \frac{\pi^2}{240} \frac{\hbar c}{l^4} \qquad (82,5)$$

(H. B. G. CASIMIR, 1948). Diese Kraft hängt überhaupt nicht von der Art der Metalle ab (eine Eigenschaft, die bei kleinen Abständen nicht gilt, wo die Wechselwirkungskraft von dem Verhalten der Funktion $\varepsilon(i\zeta)$ bei allen Werten, nicht nur bei $\zeta = 0$, abhängt).

---

[1]) Wenn die potentielle Energie der Wechselwirkung der Atome 1 und 2 gleich $U(r) = -ar^{-6}$ ist, dann ist die gesamte Energie der Paarwechselwirkungen aller Atome in den zwei Halbräumen, die durch einen Spalt der Breite l getrennt sind, gleich $U_{\text{tot}} = -a\pi n_1 n_2/12 l^2$. Die Kraft ist $F = dU_{\text{tot}}/dl = a\pi n_1 n_2/6 l^3$. Darin besteht auch die Korrespondenz zwischen den Formeln (82,2) und (82,3).

In Abb. 18 ist die Funktion $\varphi_{DD}(\varepsilon_0)$ graphisch dargestellt, die die Anziehungskraft zwischen zwei gleichartigen Dielektrika ($\varepsilon_{10} = \varepsilon_{20} \equiv \varepsilon_0$) bestimmt; die Formel (82,4) ist in der Form

$$F = \frac{\pi^2}{240} \frac{\hbar c}{l^4} \left(\frac{\varepsilon_0 - 1}{\varepsilon_0 + 1}\right)^2 \varphi_{DD}(\varepsilon_0) \tag{82,6}$$

dargestellt. In derselben Abbildung ist eine graphische Darstellung der Funktion $\varphi_{DM}(\varepsilon_0)$ gegeben, die die Anziehungskraft für ein Dielektrikum und ein Metall ($\varepsilon_{10} = \varepsilon_0, \varepsilon_{20} = \infty$) nach der Formel[1])

$$F = \frac{\pi^2}{240} \frac{\hbar c}{l^4} \frac{\varepsilon_0 - 1}{\varepsilon_0 + 1} \varphi_{DM}(\varepsilon_0) \tag{82,7}$$

bestimmt.

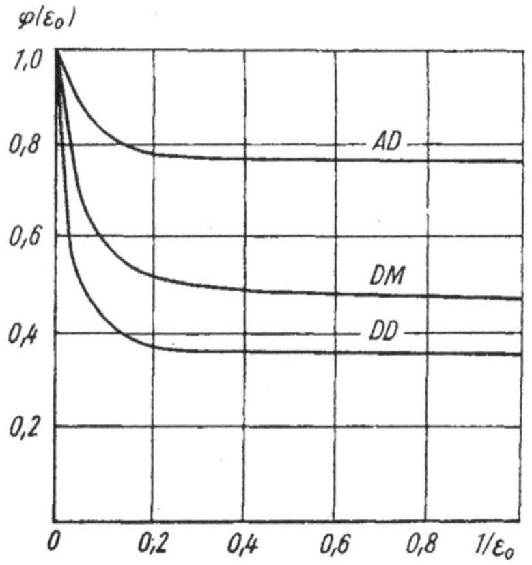

Abb. 18

Wir führen in (82,4) den Übergang zur Wechselwirkung einzelner Atome analog dazu aus, wie das oben für die Formel (82,1) getan wurde. Bei kleinen $\varepsilon_0 - 1$ haben wir

$$s_0 - p \approx \frac{\varepsilon_0 - 1}{2p}, \quad s_0 - p\varepsilon_0 \approx (\varepsilon_0 - 1)\left(-p + \frac{1}{2p}\right),$$

und das Integral (82,4) nimmt die Form

$$F = \frac{\hbar c}{32\pi^2 l^4} (\varepsilon_{10} - 1)(\varepsilon_{20} - 1) \int_0^\infty x^3 e^{-x}\, dx \int_1^\infty \frac{1 - 2p^2 + 2p^4}{8p^6}\, dp$$

an, daraus folgt

$$F = \frac{\hbar c}{l^4} \frac{23}{640\pi^2} (\varepsilon_{10} - 1)(\varepsilon_{20} - 1). \tag{82,8}$$

[1]) Bei $\varepsilon_0 \to 1$ streben die Funktionen φ_{DD} und φ_{DM} gegen die Werte 0,35 bzw. 0,46, die den Grenzgesetzen (82,8) und (1) in der Aufgabe zu diesem Paragraphen entsprechen. Bei $\varepsilon_0 \to \infty$ streben beide Funktionen gegen den Wert 1, der der Formel (82,5) entspricht.

Diese Kraft entspricht der Wechselwirkungsenergie zweier Atome

$$U(r) = -\frac{23\hbar c}{4\pi r^7}\alpha_1\alpha_2, \tag{82,9}$$

dabei sind α_1, α_2 die statischen Polarisierbarkeiten der Atome ($\varepsilon_0 = 1 + 4\pi n\alpha$).

Die Formel (82,9) fällt mit dem Ergebnis der quantenelektrodynamischen Berechnung für die Anziehung zweier Atome bei hinreichend großen Abständen zusammen, wenn die Retardierungseffekte wesentlich werden (s. IV, § 85).

Schließlich betrachten wir so große Abstände, daß die Ungleichung $lT/\hbar c \gg 1$ gilt, die umgekehrt zu der ist, die man zur Vernachlässigung des Temperatureinflusses fordern muß. In diesem Falle braucht man von allen Gliedern der Summe in (81,9) nur das erste zu beachten. Man darf aber in ihm nicht sofort $n = 0$ setzen, weil dann eine Unbestimmtheit entsteht (der Faktor ζ_n^3 verschwindet, aber das Integral über dp divergiert). Diese Schwierigkeit kann man umgehen, indem man zunächst an Stelle von p die neue Integrationsvariable $x = 2p\zeta_n l/c$ einführt (dadurch verschwindet der Faktor ζ_n^3). Wenn wir dann $\zeta_n = 0$ setzen, erhalten wir

$$F = \frac{T}{16\pi l^3}\int_0^\infty x^2\left[\frac{(\varepsilon_{10}+1)(\varepsilon_{20}+1)}{(\varepsilon_{10}-1)(\varepsilon_{20}-1)}e^x - 1\right]^{-1} dx. \tag{82,10}$$

Bei hinreichend großen Abständen verlangsamt sich also die Abnahme der Anziehungskraft und folgt wieder dem l^{-3}-Gesetz, aber mit einem Koeffizienten, der temperaturabhängig ist (alle folgenden Glieder der Summe in (81,9) fallen mit l exponentiell ab). Die Bedingung $lT/\hbar c \gg 1$ ist ihrem Wesen nach die Bedingung für das klassische Verhalten ($\hbar\omega \ll T$ mit $\omega \sim c/l$). Deshalb ist es natürlich, daß der Ausdruck (82,10) $\hbar$ nicht enthält.[1])

Aufgabe

Es ist das Gesetz für die Wechselwirkung eines Atoms mit einer metallischen Wand bei „großen" Abständen zu bestimmen.

Lösung. Die Wechselwirkung eines einzelnen Atoms mit einem kondensierten Körper kann man finden, indem man nur einen der Körper (das möge der Körper 2 sein) als verdünntes Medium betrachtet. Wenn wir $\varepsilon_{20} - 1$ als klein voraussetzen und $\varepsilon_{10} = \infty$ setzen, erhalten wir aus (82,4)

$$F = \frac{\hbar c(\varepsilon_{20}-1)}{32\pi^2 l^4}\int_0^\infty x^3 e^{-x}\, dx \int_1^\infty \frac{dp}{2p^2} = \frac{3\hbar c(\varepsilon_{20}-1)}{32\pi^2 l^4}. \tag{1}$$

Wenn die Wechselwirkungsenergie des Atoms mit der Wand $U = -aL^{-4}$ ist (L ist der Abstand des Atoms von der Wand), dann ist die Energie der Wechselwirkung von Atomen in einem Halbraum, der von der Wand durch einen Spalt l getrennt ist, gleich $U_{\text{tot}} = -an/3l^3$, und die Kraft ist $F = dU_{\text{tot}}/dl = an/l^4$. Deshalb entspricht dem erhaltenen Wert F die Anziehung eines einzelnen Atoms zur Wand mit der Energie

$$U(L) = -3\alpha_2\hbar c/8\pi L^4 \tag{2}$$

[1]) Die in den §§ 81, 82 erhaltenen Formeln können so verallgemeinert werden, daß sie den Fall eines mit einer Flüssigkeit gefüllten Spaltes zwischen festen Körpern und den Fall einer dünnen Flüssigkeitsschicht auf einer Festkörperoberfläche mit enthalten; s. I. E. Dsjaloschinski, E. M. Lifschitz, L. P. Pitajewski, Usp. fiz. nauk **78**, 381 (1961); Advances in Physics **10**, 165 (1961).

(H. B. G. Casimir, D. Polder, 1948). Für die Wechselwirkung eines Atoms mit einer dielektrischen Schicht erhält man auf diesem Weg das Ergebnis

$$U(L) = -\frac{3\hbar c\alpha_2}{8\pi L^4}\frac{\varepsilon_{10}-1}{\varepsilon_{10}+1}\varphi_{\mathrm{AD}}(\varepsilon_{10})$$

mit der Funktion φ_{AD}, die in Abb. 18 graphisch dargestellt ist. Bei $\varepsilon_{10} \to 1$ strebt sie gegen den Wert $23/30 = 0{,}77$, der der Formel (82,8) entspricht.

§ 83. Das asymptotische Verhalten der Korrelationsfunktion in einer Flüssigkeit

Die langwelligen elektromagnetischen Fluktuationen führen auch zu einigen spezifischen Eigenschaften der Korrelationsfunktion der Dichtefluktuationen in einer homogenen Flüssigkeit.

Wir erinnern daran (s. V, § 116), daß die Korrelationsfunktion $\nu(r)$ durch den Mittelwert des Produktes der Fluktuationen der Teilchenzahldichte n in zwei Raumpunkten gemäß

$$\langle \delta n(\mathbf{r}_1)\, \delta n(\mathbf{r}_2)\rangle = \bar{n}\,\delta(\mathbf{r}) + \bar{n}\nu(r), \quad \mathbf{r} = \mathbf{r}_1 - \mathbf{r}_2 \tag{83,1}$$

definiert ist. Die Korrelationsfunktion hängt mit der Wechselwirkung zwischen den Teilchen zusammen, und ihr asymptotisches Verhalten bei großen Abständen wird durch den langreichweitigen van der Waals-Teil dieser Wechselwirkung bestimmt. Deshalb nimmt $\nu(r)$, wie die van der Waals-Kraft, mit dem Abstand nach einem Potenzgesetz ab (J. Enderby, T. Gaskell, N. H. March, 1965).

Das wirkt sich natürlich auch auf die Eigenschaften der Fourier-Komponenten der Korrelationsfunktion $\nu(\mathbf{k}) \equiv \nu(k)$ aus. Wenn zwischen den Flüssigkeitsteilchen nur Kräfte mit einer Reichweite von der Größenordnung der atomaren Dimensionen a wirken würden, dann würde die Funktion $\nu(r)$ mit dem Abstand nach einem Exponentialgesetz mit einem Exponenten $\sim r/a$ abnehmen.[1]) Mit Hilfe der Fourier-Komponenten ausgedrückt, bedeutete das, daß $\nu(k)$ eine reguläre Funktion von ka wäre, die bei $ka \ll 1$ nach geraden Potenzen von ka entwickelt werden könnte. Die langreichweitigen Kräfte führen dazu, daß in $\nu(k)$ ein Glied auftritt (wir bezeichnen es mit $\nu_1(k)$), das sich schon im Gebiet $k \sim 1/\lambda_0$ wesentlich ändert (und nicht bei $k \sim 1/a$), λ_0 sind dabei charakteristische Wellenlängen im Spektrum der Flüssigkeit ($\lambda_0 \gg a$). Im Gebiet $ka \ll 1$ kann der Parameter $k\lambda_0$ sowohl groß als auch klein sein; die Funktion $\nu_1(k)$ hat in diesem Gebiet einen singulären Charakter.

Zur Berechnung der Korrelationsfunktion benutzen wir ihren Zusammenhang mit der zweiten Variationsableitung der freien Energie des Körpers nach seiner Dichte. Nach Definition ist diese Ableitung die Funktion $\varphi(r)$, die im Ausdruck

$$\delta F = \frac{1}{2}\int \varphi(|\mathbf{r}_1 - \mathbf{r}_2|)\, \delta n(\mathbf{r}_1)\, \delta n(\mathbf{r}_2)\, \mathrm{d}^3x_1\, \mathrm{d}^3x_2 \tag{83,2}$$

---

[1]) Es handelt sich hier um eine Flüssigkeit bei Temperaturen $T \sim \theta$ (mit der „Debye-Temperatur" der Flüssigkeit $\theta \sim \hbar u/a$) und weit vom kritischen Punkt entfernt. In der Nähe des kritischen Punktes wächst der Korrelationsradius unbeschränkt an (s. V, §§ 152, 153). Er wächst auch bei tiefen Temperaturen und ist bei $T \ll \theta$ von der Größenordnung $\hbar u/T$ (s. unten § 87).

für die Änderung der freien Energie infolge von Dichtefluktuationen (bei gegebener Temperatur) auftritt. Die FOURIER-Komponente $\varphi(\boldsymbol{k}) \equiv \varphi(k)$ dieser Funktion hängt mit der gesuchten Funktion $\nu(k)$ über die Beziehung

$$\nu(k) = \frac{T}{\bar{n}\varphi(k)} - 1 \tag{83,3}$$

zusammen (s. V, (116,14)). Wir betonen, daß diese Formel voraussetzt, daß die Fluktuationen klassisch sind, dazu wird $\hbar\omega \ll T$ gefordert mit ω als Frequenz der Schwingungen mit dem Wellenzahlvektor k. Wir setzen $\omega \sim ku$ (u ist die Schallgeschwindigkeit in der Flüssigkeit) und erhalten die Bedingung

$$\hbar ku \ll T, \tag{83,4}$$

die Abständen $r \gg \hbar u/T$ entspricht.

Der „reguläre" Teil der Funktion $\varphi(k)$, der mit den kurzreichweitigen Kräften zusammenhängt, kann nach Potenzen von k entwickelt werden; wir beschränken uns (bei $ka \ll 1$) auf das erste Glied der Entwicklung, bezeichnen es mit b und schreiben

$$\varphi(k) \approx b + \varphi_1(k), \tag{83,5}$$

dabei ist $\varphi_1(k)$ der uns interessierende „singuläre" Teil der Funktion.[1] Wegen der relativen Schwäche der VAN DER WAALS-Kräfte ist $\varphi_1(k) \ll b$, und deshalb kann man das Ergebnis der Substitution von (83,5) in (83,3) in der Form

$$\nu(k) = \frac{T}{\bar{n}b} - 1 - \frac{T}{\bar{n}b^2}\varphi_1(k) \tag{83,6}$$

darstellen. Weil der Zusammenhang von $\nu(k)$ mit $\varphi_1(k)$ linear ist, ist die Funktion $\nu(r)$ bei großen Abständen einfach

$$\nu(r) = -\frac{T}{\bar{n}b^2}\varphi_1(r). \tag{83,7}$$

Dem ersten (von k unabhängigen) Glied in (83,6) entspricht eine Koordinatenfunktion der Form const $\cdot\, \delta(\boldsymbol{r})$, die mit kurzreichweitigen Kräften zusammenhängt (bei Vernachlässigung ihrer Reichweite).

Zur Bestimmung von $\varphi_1(r)$ gehen wir von der Formel (80,11) für die Variation der freien Energie aus. Wenn wir in ihr

$$\delta\varepsilon(i\zeta_s, \boldsymbol{r}) = \frac{\partial\varepsilon(i\zeta_s)}{\partial\bar{n}}\,\delta n\,(\boldsymbol{r}) \tag{83,8}$$

schreiben, sehen wir, daß der Ausdruck

$$-\frac{T}{4\pi\hbar c^2}\sum_{s=0}^{\infty}{}' \zeta_s^2 \mathscr{D}_{ll}(\zeta_s; \boldsymbol{r}, \boldsymbol{r})\frac{\partial\varepsilon(i\zeta_s)}{\partial\bar{n}}$$

[1] Die Konstante b wird durch die thermodynamischen Größen der Flüssigkeit gemäß $b = (1/\bar{n})(\partial P/\partial\bar{n})_T$ ausgedrückt (s. V, § 152).

die erste Variationsableitung der freien Energie nach der Dichte ist. Für die zweite Differentiation muß man diesen Ausdruck variieren, d. h. man muß

$$-\frac{T}{4\pi\hbar c^2}\sum_{s=0}^{\infty}{}' \zeta_s^2 \delta\mathscr{D}_{ll}(\zeta_s; \boldsymbol{r}, \boldsymbol{r}) \frac{\partial\varepsilon(i\zeta_s)}{\partial\bar{n}} \tag{83,9}$$

finden.[1])

Die $\mathscr{D}$-Funktion selbst genügt der Gleichung (79,8):

$$\left[\frac{\partial^2}{\partial x_i \partial x_l} - \delta_{il}\Delta + \frac{\zeta_s^2}{c^2}\varepsilon(i\zeta_s, \boldsymbol{r})\,\delta_{il}\right]\mathscr{D}_{lk}(\zeta_s; \boldsymbol{r}, \boldsymbol{r}') = -4\pi\hbar\,\delta_{ik}\,\delta(\boldsymbol{r}-\boldsymbol{r}'). \tag{83,10}$$

Ihre Variation liefert die Gleichung für die Variation der $\mathscr{D}$-Funktion:

$$\left[\frac{\partial^2}{\partial x_i \partial x_l} - \delta_{il}\Delta + \frac{\zeta_s^2}{c^2}\varepsilon(i\zeta_s)\,\delta_{il}\right]\delta\mathscr{D}_{lk}(\zeta_s; \boldsymbol{r}, \boldsymbol{r}') = -\frac{\zeta_s^2}{c^2}\delta\varepsilon(i\zeta_s, \boldsymbol{r})\,\mathscr{D}_{ik}(\zeta_s; \boldsymbol{r}, \boldsymbol{r}'). \tag{83,11}$$

Die Lösung der Gleichung (83,11) kann man sofort aufschreiben, wenn man beachtet, daß wegen (83,10) die „ungestörte“ Funktion $\mathscr{D}_{lk}$ die GREENsche Funktion dieser Gleichung ist; deshalb ist

$$\delta\mathscr{D}_{ik}(\zeta_s; \boldsymbol{r}, \boldsymbol{r}') = \frac{\zeta_s^2}{4\pi\hbar c^2}\int \delta\varepsilon\,(i\zeta_s, \boldsymbol{r}'')\,\mathscr{D}_{lk}\,(\zeta_s; \boldsymbol{r}'', \boldsymbol{r}')\,\mathscr{D}_{li}\,(\zeta_s; \boldsymbol{r}'', \boldsymbol{r})\,\mathrm{d}^3x''$$

(hier ist auch benutzt, daß $\mathscr{D}_{il}(\boldsymbol{r}, \boldsymbol{r}'') = \mathscr{D}_{li}(\boldsymbol{r}'', \boldsymbol{r})$ ist). Wenn wir schließlich hier (83,8) einsetzen und dann alles zusammen in (83,9), erhalten wir die zweite Variationsableitung

$$\varphi_1(r) = -\frac{T}{(4\pi\hbar c^2)^2}\sum_{s=0}^{\infty}{}' \zeta_s^4\left[\frac{\partial\varepsilon(i\zeta_s)}{\partial\bar{n}}\right]^2 \mathscr{D}_{lm}^2\,(\zeta_s; \boldsymbol{r}_1, \boldsymbol{r}_2) \tag{83,12}$$

($r = |\boldsymbol{r}_1 - \boldsymbol{r}_2|$). Diese Formel gibt zusammen mit (83,7) den gesuchten allgemeinen Ausdruck der Korrelationsfunktion $\nu(r)$ bei $r \gg \hbar u/T$ (M. P. KEMOKLIDSE, L. P. PITAJEWSKI, 1970).

Die schon früher vorausgesetzte Bedingung (83,4) für die Wellenzahlvektoren ist äquivalent der Bedingung $r \gg \hbar u/T$ für die Abstände. Wenn man gleichzeitig mit dieser Bedingung das Gebiet der r-Werte auch von oben einschränkt,

$$\hbar c/T \gg r \gg \hbar u/T, \tag{83,13}$$

dann werden in der Summe die großen s-Werte wesentlich, und die Summation über die diskreten „Frequenzen“ $\zeta_s = 2\pi Ts/\hbar$ kann man dann durch die Integration über $\mathrm{d}s = \hbar\,\mathrm{d}\zeta/2\pi T$ ersetzen:

$$\nu(r) = \frac{T}{\bar{n}b^2\hbar c^4}\int_0^{\infty}\left[\frac{1}{4\pi}\frac{\partial\varepsilon(i\zeta)}{\partial\bar{n}}\right]^2 \zeta^4\mathscr{D}_{lm}^2(\zeta; \boldsymbol{r}_1, \boldsymbol{r}_2)\frac{\mathrm{d}\zeta}{2\pi}. \tag{83,14}$$

---

[1]) Es wird nur die Funktion $\mathscr{D}_{ll}$ variiert. Die Variation der Funktion ε würde zu einem Glied der Form const $\cdot\,\delta(\boldsymbol{r})$ in $\varphi(r)$ führen, das keine Beziehung zu den weitreichenden Kräften hat.

Die Funktion $\mathcal{D}_{lm}$ erhält man aus (77,6) durch die Substitution $\omega \to i\zeta$. Wir führen die Differentiation aus und quadrieren, dann erhalten wir

$$\mathcal{D}_{lm}^2 = \frac{2\hbar^2}{r^2} e^{-2w} \left(1 + \frac{2}{w} + \frac{5}{w^2} + \frac{6}{w^3} + \frac{3}{w^4}\right), \qquad w = r\zeta \sqrt{\varepsilon(i\zeta)}/c. \tag{83,15}$$

Die Substitution von (83,15) in (83,14) führt zu einem ziemlich komplizierten Ausdruck, den man aber in zwei Grenzfällen vereinfachen kann.

Im Fall „kleiner" Abstände ($r \ll \lambda_0$, vgl. § 81) ist im Integral das Gebiet $\zeta \sim c/\lambda_0$ wesentlich; dabei ist $r\zeta/c \ll 1$, so daß man in (83,15) den Exponentialfaktor durch die Eins ersetzen kann, und in den Klammern braucht man nur das letzte Glied zu behalten. Dann finden wir

$$\nu(r) = \frac{A}{r^6}, \quad A = \frac{3\hbar T}{16\pi^3 \bar{n} b^2} \int_0^\infty \left[\frac{\partial \varepsilon(i\zeta)}{\partial \bar{n}}\right]^2 \frac{d\zeta}{\varepsilon^2(i\zeta)}, \quad r \ll \lambda_0. \tag{83,16}$$

Die Fourier-Transformierte dieser Funktion ist[1])

$$\nu(k) = \frac{\pi^2}{12} A k^3, \quad k\lambda_0 \gg 1. \tag{83,17}$$

Im entgegengesetzten Grenzfall „großer" Abstände ($r \gg \lambda_0$) ist im Integral das Gebiet $\zeta \sim c/r \ll c/\lambda_0 \sim \omega_0$ wesentlich. Deshalb kann man $\varepsilon(i\zeta)$ durch ihren elektrostatischen Wert ε_0 ersetzen und $(\partial\varepsilon_0/\partial\bar{n})^2$ unter dem Integralzeichen in (83,14) hervorziehen. Anschließend kann man die Integration elementar ausführen (dabei geben alle Glieder in (83,15) einen Beitrag von gleicher Größenordnung). Im Ergebnis erhält man

$$\nu(r) = \frac{B}{r^7}, \quad B = \frac{23\hbar c T}{64\pi^3 \varepsilon_0^{3/2} \bar{n} b^2} \left(\frac{\partial \varepsilon_0}{\partial \bar{n}}\right)^2, \quad r \gg \lambda_0. \tag{83,18}$$

Die Fourier-Transformierte dieser Funktion ist

$$\nu(k) = -\frac{\pi}{30} B k^4 \ln k\lambda_0, \quad k\lambda_0 \ll 1. \tag{83,19}$$

§ 84. Ein Operatorausdruck für die Dielektrizitätskonstante

In diesem Paragraphen werden wir eine nützliche Darstellung der Dielektrizitätskonstanten eines Mediums mit Hilfe des Kommutators des Ladungsdichteoperators erhalten (P. Nozières, D. Pines, 1958). Diese Formel ist analog der Kubo-Formel unter Berücksichtigung der Spezifik des elektromagnetischen Feldes.

---

[1]) Durch direkte Integration in Kugelkoordinaten im $\boldsymbol{k}$-Raum kann man

$$I_\nu \equiv \lim_{\lambda = +0} \int e^{i\boldsymbol{k}\boldsymbol{r} - \lambda k} k^\nu \frac{d^3k}{(2\pi)^3} = -\frac{\Gamma(\nu+2)\sin(\pi\nu/2)}{2\pi^2 r^{\nu+3}}$$

erhalten. Das zur Überprüfung der Formel (83,17) benötigte Integral ist I_3. Das Integral, das zur Überprüfung der Formel (83,19) benötigt wird, wird als $dI_\nu/d\nu$ bei $\nu = 4$ berechnet.

Wir werden ein homogenes Medium betrachten, welches nicht nur eine zeitliche, sondern auch eine räumliche Dispersion der Dielektrizitätskonstanten besitzt. Das bedeutet, daß die Induktion $\boldsymbol{D}(t, \boldsymbol{r})$ von den Werten der Feldstärke $\boldsymbol{E}(t, \boldsymbol{r})$ nicht nur in den vorhergehenden Zeitpunkten, sondern auch in anderen Raumpunkten abhängt. Diese Abhängigkeit kann in allgemeiner Form als

$$D_i(t, \boldsymbol{r}) = E_i(t, \boldsymbol{r}) + \int_0^\infty \int f_{ik}(\tau, \boldsymbol{r}') \, E_k(t - \tau, \boldsymbol{r} - \boldsymbol{r}') \, d^3x' \, d\tau \tag{84,1}$$

dargestellt werden. Für ein monochromatisches Feld, in dem $\boldsymbol{E}, \boldsymbol{D} \propto \exp\left[i(\boldsymbol{kr} - \omega t)\right]$ sind, reduziert sich dieser Zusammenhang auf

$$D_i = \varepsilon_{ik}(\omega, \boldsymbol{k}) \, E_k \tag{84,2}$$

mit

$$\varepsilon_{ik}(\omega, \boldsymbol{k}) = \delta_{ik} + \int_0^\infty \int f_{ik}(\tau, \boldsymbol{r}') \, e^{i(\omega\tau - \boldsymbol{kr}')} \, d^3x' \, d\tau . \tag{84,3}$$

Wir beschränken uns auf den Fall, in dem das Medium nicht nur homogen, sondern auch isotrop ist und keine natürliche optische Aktivität besitzt. Dann bleibt die Dielektrizitätskonstante ein Tensor, er kann aber mit Hilfe des Vektors $\boldsymbol{k}$ gebildet werden. Die allgemeine Form dieses Tensors ist

$$\varepsilon_{ik} = \varepsilon_l(\omega, \boldsymbol{k}) \frac{k_i k_k}{k^2} + \varepsilon_t(\omega, \boldsymbol{k}) \left(\delta_{ik} - \frac{k_i k_k}{k^2}\right). \tag{84,4}$$

Die skalaren Funktionen ε_l und ε_t nennt man *longitudinale* bzw. *transversale Dielektrizitätskonstante*. Wenn das Feld $\boldsymbol{E}$ mit Hilfe eines Potentials dargestellt werden kann, $\boldsymbol{E} = -\nabla\varphi$, ist für eine ebene Welle $\boldsymbol{E}$ parallel dem Wellenzahlvektor ($\boldsymbol{E} = -i\boldsymbol{k}\varphi$), und dann ist $\boldsymbol{D} = \varepsilon_l \boldsymbol{E}$. Wenn das Feld solenoidal ist ($\operatorname{div} \boldsymbol{E} = i\boldsymbol{kE} = 0$), dann steht $\boldsymbol{E}$ senkrecht auf dem Wellenzahlvektor, und dann ist $\boldsymbol{D} = \varepsilon_t \boldsymbol{E}$.

Wir erinnern daran (vgl. VIII, § 83), daß es bei dieser Beschreibung der Eigenschaften eines Mediums keinen Sinn mehr hat, den Mittelwert der mikroskopischen Stromdichte $\overline{\varrho \boldsymbol{v}}$ (ϱ ist die Ladungsdichte) in zwei Teile aufzuteilen: $\partial \boldsymbol{P}/\partial t$ und $c \operatorname{rot} \boldsymbol{M}$ mit $\boldsymbol{P}$ als der elektrischen Polarisation und $\boldsymbol{M}$ als der Magnetisierung des Mediums. Mit anderen Worten, die MAXWELL-Gleichungen werden in der Form

$$\operatorname{rot} \boldsymbol{E} = -\frac{1}{c}\frac{\partial \boldsymbol{B}}{\partial t}, \quad \operatorname{rot} \boldsymbol{B} = \frac{1}{c}\frac{\partial \boldsymbol{D}}{\partial t}$$

ohne Einführung des Vektors $\boldsymbol{H}$ (neben der magnetischen Induktion $\boldsymbol{B}$ — des Mittelwertes der mikroskopischen magnetischen Feldstärke) geschrieben. Alle Glieder, die durch die Mittelung der mikroskopischen Ströme entstehen, werden als in die Definition $\boldsymbol{D} = \boldsymbol{E} + 4\pi \boldsymbol{P}$, $\overline{\varrho \boldsymbol{v}} = \partial \boldsymbol{P}/\partial t$ eingeschlossen vorausgesetzt.

Bei den Anwendungen ist die longitudinale Dielektrizitätskonstante von großem Interesse, für die wir einen Operatorausdruck ableiten wollen. Man erhält ihn durch Betrachtung der Response des Systems auf ein äußeres (d. h. ein von in bezug auf das System äußeren Quellen hervorgerufenes) elektrisches Feld, welches mit Hilfe eines Potentials dargestellt werden kann: $\boldsymbol{E}_a = -\nabla\varphi_a$.

Der Operator der Wechselwirkung des Systems mit diesem Feld wird als

$$\hat{V} = \int \hat{\varrho}(t, \boldsymbol{r})\, \varphi_a(t, \boldsymbol{r})\, \mathrm{d}^3x \tag{84,5}$$

mit dem Ladungsdichteoperator des Systems $\hat{\varrho}(t, \boldsymbol{r})$ geschrieben. Wenn wir diesen Ausdruck in die allgemeine Formel (75,8) einsetzen und φ_a als „verallgemeinerte Kraft" betrachten, finden wir sofort, nach den Formeln (75,9—11), für die FOURIER-Komponenten der mittleren Ladungsdichte bezüglich der Zeit:

$$\bar{\varrho}_\omega(\boldsymbol{r}) = -\frac{i}{\hbar}\int_0^\infty \int \mathrm{e}^{i\omega t}\langle\hat{\varrho}(t, \boldsymbol{r})\,\hat{\varrho}(0, \boldsymbol{r}') - \hat{\varrho}(0, \boldsymbol{r}')\,\hat{\varrho}(t, \boldsymbol{r})\rangle\, \varphi_\omega^{(a)}(\boldsymbol{r}')\, \mathrm{d}^3x'\, \mathrm{d}t.$$

Wir gehen hier auch zu den FOURIER-Komponenten in bezug auf den Ort über und berücksichtigen, daß wegen der Homogenität des Systems der Mittelwert des Kommutators nur von der Differenz $\boldsymbol{r} - \boldsymbol{r}'$ abhängt, dann erhalten wir

$$\bar{\varrho}_{\omega \boldsymbol{k}} = \alpha(\omega, \boldsymbol{k})\, \varphi_{\omega \boldsymbol{k}}^{(a)} \tag{84,6}$$

mit

$$\alpha(\omega, \boldsymbol{k}) = -\frac{i}{\hbar}\int_0^\infty \int \mathrm{e}^{i(\omega t - \boldsymbol{k}\boldsymbol{r})}\langle\hat{\varrho}(t, \boldsymbol{r})\,\hat{\varrho}(0, 0) - \hat{\varrho}(0, 0)\,\hat{\varrho}(t, \boldsymbol{r})\rangle\, \mathrm{d}^3x\, \mathrm{d}t. \tag{84,7}$$

Die mittlere Ladungsdichte hängt mit dem Polarisationsvektor des Mediums durch die Beziehung $\bar{\varrho} = -\mathrm{div}\, \boldsymbol{P}$ zusammen (s. VIII, § 6). Für die FOURIER-Komponenten folgt hieraus

$$\bar{\varrho}_{\omega \boldsymbol{k}} = -i\boldsymbol{k}\boldsymbol{P}_{\omega \boldsymbol{k}} = -i\,\frac{\varepsilon_l - 1}{4\pi}\,\boldsymbol{k}\boldsymbol{E}_{\omega \boldsymbol{k}}.$$

Andererseits ist $\Delta\varphi_a = -4\pi\varrho_a$ mit ϱ_a als Dichte der Ladungen, die das äußere Feld hervorrufen; die Induktion $\boldsymbol{D}$ hängt mit dieser Dichte durch die Gleichung $\mathrm{div}\, \boldsymbol{D} = 4\pi\varrho_a$ zusammen. Aus diesen zwei Gleichungen finden wir

$$\varphi_{\omega \boldsymbol{k}}^{(a)} = \frac{4\pi}{k^2}\,\varrho_{\omega \boldsymbol{k}}^{(a)} = \frac{i\varepsilon_l}{k^2}\,\boldsymbol{k}\boldsymbol{E}_{\omega \boldsymbol{k}}.$$

Wenn wir schließlich diese Ausdrücke in (84,6) einsetzen, erhalten wir den gesuchten Ausdruck für die longitudinale Dielektrizitätskonstante:

$$\frac{1}{\varepsilon_l(\omega, \boldsymbol{k})} = 1 + \frac{4\pi}{k^2}\,\alpha(\omega, \boldsymbol{k}). \tag{84,8}$$

Unter $\hat{\varrho}(t, \boldsymbol{r})$ hat man, streng genommen, in (84,7) den Operator der Ladungsdichte aller Teilchen im System zu verstehen — der Elektronen und der Kerne. Praktisch wird aber im ganzen entscheidenden Intervall von ω- und $\boldsymbol{k}$-Werten der hauptsächliche Beitrag zur Dielektrizitätskonstanten von den Elektronen geliefert; deshalb kann man unter $\hat{\varrho}$ die Größe $e(\hat{n} - \bar{n})$ verstehen; wobei $\hat{n}$ der Operator der Elektronendichte und $\bar{n}$ ihr Mittelwert ist.

Die Formel (84,7—8) kann man noch weiter umformen, wenn man sie durch die Matrixelemente der FOURIER-Komponenten des Operators $\hat{\varrho}$ ausdrückt. Dazu schreiben wir vorbereitend (84,7) in der Form

$$\alpha(\omega, \boldsymbol{k}) = -\frac{i}{\hbar V}\int_0^\infty \mathrm{e}^{i\omega t}\langle\hat{\varrho}_{\boldsymbol{k}}(t)\,\hat{\varrho}_{-\boldsymbol{k}}(0) - \hat{\varrho}_{-\boldsymbol{k}}(0)\,\hat{\varrho}_{\boldsymbol{k}}(t)\rangle\, \mathrm{d}t \tag{84,9}$$

(V ist das Volumen des Systems). Die Matrixelemente des HEISENBERG-Operators $\hat{\varrho}_k(t)$ werden durch die Matrixelemente des SCHRÖDINGER-Operators gemäß

$$(\varrho_{\boldsymbol{k}}(t))_{mn} = e^{i\omega_{mn}t}(\varrho_{\boldsymbol{k}})_{mn}$$

ausgedrückt. Wenn wir das Produkt der Operatoren nach den Regeln der Matrizenmultiplikation explizit ausschreiben und gemäß (31,21) integrieren, erhalten wir schließlich

$$\frac{1}{\varepsilon_l(\omega, \boldsymbol{k})} = 1 + \frac{4\pi}{\hbar k^2 V} \sum_n |(\varrho_{\boldsymbol{k}})_{n0}|^2 \left\{\frac{1}{\omega - \omega_{n0} + i0} - \frac{1}{\omega + \omega_{n0} + i0}\right\}. \quad (84{,}10)$$

Der Index 0 bezieht sich auf den gegebenen Zustand, für den die Dielektrizitätskonstante gesucht wird.

§ 85. Das entartete Plasma

Wir betrachten ein vollständig ionisiertes Plasma, in dem die Ionen ein klassisches (BOLTZMANNsches) Gas bilden, die Elektronenkomponente soll schon entartet sein. Dazu muß die Temperatur den Bedingungen $\mu_i \ll T \lesssim \mu_e$ genügen, d. h.

$$\hbar^2 n^{2/3}/m_i \ll T \lesssim \hbar^2 n^{2/3}/m_e \quad (85{,}1)$$

(μ_e, μ_i sind die chemischen Potentiale der Elektronen und der Ionen im Plasma; m_e, m_i sind ihre Massen; n ist die Teilchenzahldichte; bei Abschätzungen machen wir keinen Unterschied zwischen n_e und n_i). Gleichzeitig werden wir annehmen, daß das Plasma nur schwach nichtideal ist. Dazu muß die Energie der COULOMB-Wechselwirkung zweier Teilchen im Abstand $l \sim n^{-1/3}$ voneinander klein im Vergleich zu ihrer mittleren kinetischen Energie ε sein. Für Ionen ist $\varepsilon \sim T$ und für die Elektronen $\varepsilon \sim \mu_e \sim n^{2/3}\,\hbar^2/m_e$. Hieraus erhält man die Bedingung

$$m_e e^2/\hbar^2 \ll n^{1/3} \ll T/e^2. \quad (85{,}2)$$

In V, § 80 wurde gezeigt, daß unter diesen Bedingungen die Hauptquelle für Korrekturen zu den thermodynamischen Größen des Plasmas (im Vergleich zu ihren Werten für das ideale Gas) die Austauschwechselwirkung der Elektronen ist; die Energie dieser Wechselwirkung (bezogen auf die Volumeneinheit des Plasmas) ist eine Größe $\sim e^2 n^{4/3}$. Die Korrelationskorrektur (die im klassischen Plasma wesentlich ist) ist in einem entarteten Plasma im Vergleich zur Austauschkorrektur im Verhältnis $\eta^{1/2}$ klein mit $\eta = m_e e^2/\hbar^2 n^{1/3} \ll 1$. Nichtsdestoweniger ist ihre Berechnung für das entartete Plasma methodisch interessant, und sie gibt eine lehrreiche Illustration für die Anwendung der Diagrammtechnik.

Der Operator der COULOMB-Wechselwirkung der Plasmateilchen wird in der Form

$$\hat{V} = \frac{e^2}{2} \sum_{a,b} \int \hat{\Psi}^+_{a\alpha} \hat{\Psi}'^+_{b\beta} \frac{z_a z_b}{|\boldsymbol{r} - \boldsymbol{r}'|} \hat{\Psi}'_{b\beta} \hat{\Psi}_{a\alpha}\, d^3x\, d^3x' \quad (85{,}3)$$

geschrieben, die Indizes a, b numerieren die unterschiedlichen Teilchensorten — die Elektronen und die verschiedenen Ionensorten; $z_a e$ ist die Ladung der Teilchen (für die Elektronen ist $z_e = -1$). Wenn wir die ψ-Operatoren in der MATSUBARA-Darstellung nehmen, erhalten wir damit auch den Wechselwirkungsoperator in dieser Darstellung. Die Diagrammtechnik für die Berechnung des Mittelwertes (über die GIBBS-Verteilung) $\langle \hat{V} \rangle$ wird danach auf die übliche Weise durch den Übergang zur Wechselwirkungsdarstellung für die MATSUBARA-Operatoren aufgebaut; die im Ergebnis entstehende störungstheoretische Reihe ist eine Entwicklung von $\langle \hat{V} \rangle$ nach Potenzen von e^2.

Der Ausdruck (85,3) enthält keine „freien" Veränderlichen (über die man nicht zu integrieren braucht). In der Diagrammtechnik wird dieser Umstand dadurch ausgedrückt, daß die Glieder der störungstheoretischen Reihe für $\langle \hat{V} \rangle$ durch Diagramme dargestellt werden, die keine freien Enden haben. Wir vereinbaren, den gestrichelten Linien dieser Diagramme (mit den Viererimpulsen $Q = (\zeta_s, \boldsymbol{q})$) den Faktor[1])

$$-\varphi(\boldsymbol{q}) = -\frac{4\pi}{q^2} \tag{85,4}$$

zuzuordnen (der von ζ_s unabhängig ist), d. h. die mit dem umgekehrten Vorzeichen genommene FOURIER-Komponente des Potentials $\varphi(\boldsymbol{r})$ des Feldes einer Einheitsladung. Den ausgezogenen Linien muß man jetzt (neben dem Viererimpuls $P = (\zeta_s, \boldsymbol{p})$) noch einen Index a zuordnen, der die Teilchensorte angibt, und jeder solchen Linie wird ein Faktor $-\mathscr{G}^{(0)}_{a\alpha\beta}(P)$ zugeschrieben, die mit dem umgekehrten Vorzeichen genommene GREENsche Funktion der freien Teilchen von der Sorte a. Dabei bilden die ausgezogenen Linien geschlossene Schleifen, von denen jede „Kettenglieder" mit den gleichen Indizes a enthält. Jedem Eckpunkt eines Diagramms — dem Schnittpunkt einer gestrichelten Linie mit einer ausgezogenen der Sorte a — ist zusätzlich der Faktor $z_a e$ zuzuordnen. Jede Fermionenschleife trägt einen zusätzlichen Faktor (-1). Die nach diesen Regeln aufgebauten Diagramme geben die Glieder für die Entwicklung der Größe

$$-\frac{2}{V}\langle \hat{V} \rangle. \tag{85,5}$$

Der Faktor V im Nenner ist das Volumen des Systems; dieser Faktor entsteht dadurch, daß der Integrand eines jeden Gliedes der Reihe nur von der Differenz der Koordinaten abhängt, und deshalb gibt eine der Integrationen über d^3x einfach das Volumen V. Das Minuszeichen in (85,5) ist das Resultat der Definition der gestrichelten Linie nach der Regel (85,4), d. h. mit dem Minuszeichen vor $\varphi(\boldsymbol{q})$. Der Faktor 2 ist das Ergebnis davon, daß der Faktor 1/2 in (85,3) auf die linke Seite der Gleichung gebracht wurde.

In der ersten Ordnung der Störungstheorie gibt es Diagramme der beiden Formen

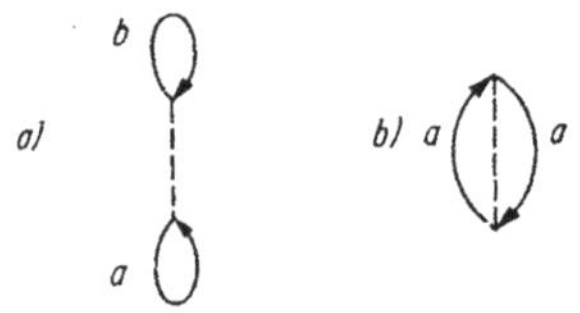

(85,6)

mit allen möglichen a und b. Die Diagramme der Form (85,6a) entstehen von den Kontraktionen der ψ-Operatoren, genommen in den gleichen Raumpunkten. Diese Diagramme entsprechen der direkten COULOMB-Wechselwirkung der Teilchen a und b, die gleichförmig im Raum verteilt sind: die Beiträge dieser Diagramme kürzen sich

[1]) Im weiteren Verlauf dieses Paragraphen setzen wir $\hbar = 1$, $c = 1$, und e bezeichnet die Elementarladung ($e > 0$).

gegenseitig (bei der Summation über alle Paare a, b) wegen der elektrischen Neutralität des Plasmas weg. Die Diagramme der Form (85,6b) entstehen von der Kontraktion der ψ-Operatoren unterschiedlicher Argumente und entsprechen der Austauschwechselwirkung der Teilchen einer gegebenen Sorte a. Die Berechnung dieses Diagramms führt auf Resultate, die schon in V, § 80 erhalten wurden.

In der folgenden Ordnung entstehen Diagramme der folgenden Formen:

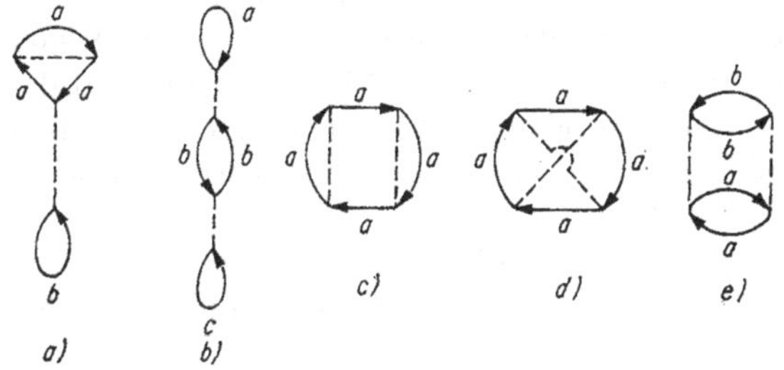

(85,7)

Die Diagramme (85,7a—b) sind Korrekturen zum Diagramm (85,6a) und kürzen sich aus demselben Grund bei der Summation über alle a, b, c gegenseitig weg. Die Diagramme (85,7c—d) sind kleine Korrekturen zur Energie der Austauschwechselwirkung und sind hier nicht interessant.

Das Diagramm (85,7e) ist „anomal groß" wegen der Divergenz des entsprechenden Integrals. Diese Divergenz entsteht dadurch, daß die Impulse $\boldsymbol{q}$ beider gestrichelter Linien im Diagramm gleich sind (wie das offensichtlich aus der Impulserhaltung in den Eckpunkten folgt). Deshalb enthält das Diagramm das Integral $\int d^3q/q^4$, das bei kleinen $\boldsymbol{q}$ wie $1/q$ divergiert.

In den folgenden Näherungen treten (neben den Diagrammen der Korrekturtypen) auch neue „ringförmige" Diagramme mit einer noch stärkeren Divergenz auf. So enthält das Diagramm dritter Ordnung

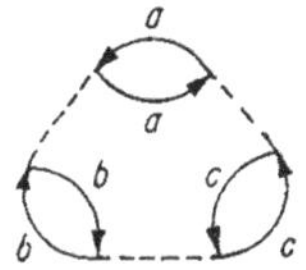

mit drei gestrichelten Linien mit gleichen Impulsen $\boldsymbol{q}$ das Integral $\int q^{-6}\, d^3q$, welches wie q^{-3} divergiert. Allgemein divergiert ein Ringdiagramm n-ter Ordnung, das aus durch n gestrichelte Linien verbundenen n ausgezogenen Schleifen besteht, wie $q^{-(2n-3)}$.

Die Summation der unendlichen Folge von Ringdiagrammen führt, wie wir sehen werden, auf das effektive Abschneiden der Divergenzen bei q-Werten von der Ordnung des kleinen Parameters e; deshalb geben alle diese Diagramme gemeinsam einen Beitrag zu $\langle\hat{V}\rangle$, der von der Ordnung $(e^2)^n/e^{2n-3} = e^3$ ist. Graphisch wird dieser Beitrag durch die Summe (über die Teilchensorten) der Skelettdiagramme

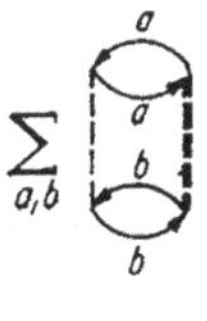

(35,8)

dargestellt, dabei stellt die dicke gestrichelte Linie die Summe der unendlichen Menge von linearen Diagrammen

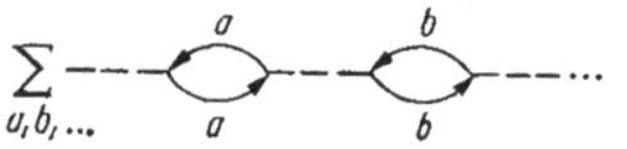

(85,9)

mit unterschiedlichen Zahlen von ausgezogenen Schleifen dar.

Während eine dünne gestrichelte Linie das Potential φ des COULOMB-Feldes einer isolierten Ladung darstellt, stellt eine dicke gestrichelte Linie das Potential des Feldes dar, das durch die Polarisation des umgebenden Plasmas verändert wird; wir bezeichnen es mit Φ. Der ganze Beitrag (85,8) gibt folglich den gesuchten Korrelationsteil der mittleren Energie der Wechselwirkung im Plasma.

Wir führen die Bezeichnung $-\mathscr{P}(\zeta_s, \boldsymbol{q})/4\pi$ für die Summe der einfachen ausgezogenen Schleifen aller Teilchenarten ein und werden diese Größe graphisch durch einen offenen Kreis kennzeichnen:

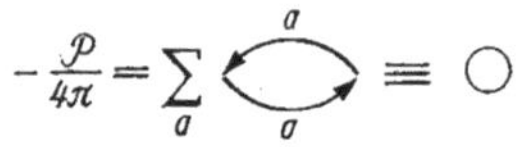

(85,10)

Wir merken an, daß das Argument ζ_s dieser Funktion die „geraden" Werte $\zeta_s = 2s\pi T$ durchläuft, unabhängig davon, welcher Statistik die Teilchen a genügen. Denn wegen des Frequenzerhaltungssatzes in jedem Eckpunkt ist dieses Argument gleich der Differenz der Frequenzen beider ausgezogener Linien; diese „Frequenz" ist „gerade" sowohl bei „geraden" als auch bei „ungeraden" Gliedern der Differenz.

Mit der Bezeichnung (85,10) wird die Summe (85,8) durch ein Skelettdiagramm dargestellt:

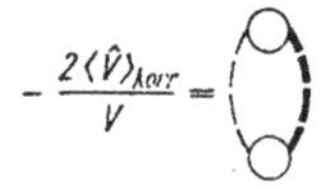

(85,11)

Die dicke gestrichelte Linie genügt der Diagrammgleichung

(85,12)

(sie ist den Gleichungen (14,4) und (79,13) völlig äquivalent). In analytischer Form lautet diese Gleichung

$$-\Phi(\zeta_s, \boldsymbol{q}) = -\varphi(\boldsymbol{q}) - \varphi(\boldsymbol{q}) \frac{\mathscr{P}(\zeta_s, \boldsymbol{q})}{4\pi} \Phi(\zeta_s, \boldsymbol{q}),$$

hieraus folgt

$$\Phi(\zeta_s, \boldsymbol{q}) = \frac{4\pi}{q^2 - \mathscr{P}(\zeta_s, \boldsymbol{q})}. \tag{85,13}$$

Es ist nützlich, diese Formeln von einem etwas anderen Standpunkt aus zu betrachten, um den Zusammenhang mit den Diagrammen im § 79 herzustellen. Man kann nämlich die COULOMB-Wechselwirkung zwischen den Ladungen als das Resultat eines Austauschs virtueller Photonen betrachten. Dabei ist es aber zweckmäßiger, nicht die Eichung (75,1), sondern die sogenannte „COULOMB-Eichung" zu benutzen (s. IV, § 77), in der $-D_{00}$ gleich der FOURIER-Komponente des COULOMB-Potentials ist. Der räumliche Teil D_{ik} beschreibt in dieser Eichung die Retardierung und die magnetische Wechselwirkung, in einem nichtrelativistischen Plasma kann man ihn vernachlässigen. Deshalb kann man annehmen, daß den gestrichelten Linien im Diagramm (85,11) die MATSUBARA-Funktion $\mathcal{D}_{00}$ entspricht, und die Funktion $\mathcal{P}$ ist nichts anderes als die Komponente $\mathcal{P}_{00}$ des Polarisationsoperators. Nach (79,18) kann man folglich $\mathcal{P}(\zeta_s, \boldsymbol{q}) = -q^2[\varepsilon_l(i\,|\zeta_s|, \boldsymbol{q}) - 1]$ schreiben (es ist leicht zu sehen, daß bei räumlicher Dispersion in (79,18) gerade die longitudinale Dielektrizitätskonstante ε_l eingeht). Wir setzen diesen Ausdruck in (85,13) ein und finden

$$\Phi(\zeta_s, \boldsymbol{q}) = \frac{4\pi}{q^2 \varepsilon_l(i\,|\zeta_s|, \boldsymbol{q})}, \tag{85,14}$$

d.h. die FOURIER-Komponente des Potentials einer Einheitsladung im Medium, wie es auch sein muß.

Wenn wir nach den allgemeinen Regeln der MATSUBARA-Technik das Diagramm (85,11) ausschreiben, finden wir

$$\begin{aligned}\langle \hat{V} \rangle_{\text{korr}} &= -\frac{VT}{2} \sum_s \int \frac{\mathcal{P}^2(\zeta_s, \boldsymbol{q})}{(4\pi)^2} \varphi(\boldsymbol{q})\, \Phi(\zeta_s, \boldsymbol{q}) \frac{d^3q}{(2\pi)^3} \\ &= -\frac{VT}{2} \sum_s \int \frac{\mathcal{P}^2(\zeta_s, \boldsymbol{q})}{q^2[q^2 - \mathcal{P}(\zeta_s, \boldsymbol{q})]} \frac{d^3q}{(2\pi)^3}.\end{aligned} \tag{85,15}$$

Wir werden unten sehen, daß in der Summe das Glied mit $s = 0$ die Hauptrolle spielt, wobei das entsprechende Integral durch das Gebiet kleiner $\boldsymbol{q}$-Werte bestimmt ist. Deshalb genügt es praktisch, zur Berechnung von (85,15) den Grenzwert $\mathcal{P}(0, \boldsymbol{q})$ bei $\boldsymbol{q} \to 0$ zu kennen. Diese Größe kann man leicht aus einfachen physikalischen Überlegungen bestimmen, man braucht gar nicht zur direkten Berechnung nach den Diagrammen (85,10) überzugehen.

Bei $\zeta_s = 0$ ist die Funktion $\Phi(0, \boldsymbol{q})$ die FOURIER-Transformierte des Potentials $\Phi(\boldsymbol{r})$ des elektrostatischen Feldes einer Einheitsladung im Plasma. Das ungestörte Potential $\varphi(\boldsymbol{r})$ genügt der POISSON-Gleichung mit einer δ-Funktion auf der rechten Seite: $\Delta\varphi = -4\pi\delta(\boldsymbol{r})$. Die Gleichung für das Potential Φ, das durch die Polarisation des Plasmas verändert ist, erhält man, indem man auf der rechten Seite die Änderung $\delta\varrho$ der Ladungsdichte im Plasma unter dem Einfluß des Feldes selbst hinzufügt:

$$\Delta\Phi = -4\pi[\delta(\boldsymbol{r}) + \delta\varrho]. \tag{85,16}$$

Andererseits haben wir es bei $\boldsymbol{q} \to 0$ mit einem Feld zu tun, das sich im Plasmavolumen langsam ändert. In einem solchen Feld gilt die thermodynamische Bedingung für das Gleichgewicht

$$\mu_a + e z_a \Phi = \text{const} = \mu_a^{(0)}. \tag{85,17}$$

μ_a ist das chemische Potential der Teilchen von der Sorte a, $\mu_a^{(0)}$ ist sein Wert bei fehlendem Feld. Aus dieser Bedingung finden wir für die Änderung der Teilchendichte n_a

$$\delta\mu_a = \left(\frac{\partial \mu_a}{\partial n_a}\right)_{T,V} \delta n_a = -e z_a \Phi$$

und danach für die Änderung der Ladungsdichte

$$\delta\varrho = \sum_a ez_a\,\delta n_a = -\sum_a (ez_a)^2 \left(\frac{\partial n_a}{\partial \mu_a}\right)_{T,V} \Phi .$$

Wenn wir diesen Ausdruck in (85,16) einsetzen, erhalten wir die Gleichung

$$\Delta\Phi - \varkappa^2\Phi = -4\pi\,\delta(\boldsymbol{r}), \tag{85,18}$$

wobei die Bezeichnung

$$\varkappa^2 = 4\pi e^2 \sum_a z_a^2 \left(\frac{\partial n_a}{\partial \mu_a}\right)_{T,V} \tag{85,19}$$

eingeführt wurde. Der Gleichung (85,18) entnimmt man, daß $1/\varkappa$ der DEBYE-Radius für die Abschirmung des Feldes im Plasma ist (vgl. V, § 78). Wenn wir schließlich die FOURIER-Komponente von beiden Seiten der Gleichung (85,18) nehmen, finden wir

$$\Phi(\boldsymbol{q}) = \frac{4\pi}{q^2 + \varkappa^2},$$

und der Vergleich dieses Ausdruckes mit (85,13) gibt

$$\mathscr{P}(0, \boldsymbol{q})\big|_{q\to 0} = -\varkappa^2. \tag{85,20}$$

Wir integrieren in (85,15) mit diesem Wert von $\mathscr{P}$ und finden

$$\langle \hat{V} \rangle_{\text{korr}} = -\frac{VT\varkappa^4}{2(2\pi)^3}\int \frac{4\pi q^2\,\mathrm{d}q}{q^2(q^2+\varkappa^2)} = -\frac{VT\varkappa^3}{8\pi}. \tag{85,21}$$

Wir bemerken zunächst, daß das Integral an der unteren Grenze konvergiert, und die Hauptrolle in ihm spielen die $q \sim \varkappa$. Für die nichtentartete Ionenkomponente des Plasmas haben wir $\partial n_i/\partial \mu_i = n_i/T$ und für die Elektronen $\partial n_e/\partial \mu_e \sim n_e/\mu_e$. Es ist leicht zu sehen, daß wegen der Bedingung (85,2) $\varkappa \ll n^{1/3}$ ist, und deshalb ist auch $q \ll n^{1/3}$, d. h., $1/q$ ist groß im Vergleich zu den zwischenatomaren Abständen. Damit ist auch die Benutzung der Gleichgewichtsbedingung (85,17) gerechtfertigt. Zur Rechtfertigung der Vernachlässigung aller Glieder der Summe (85,15) außer dem Glied mit $s = 0$ bemerken wir, daß nach (85,14) die Polarisation des Plasmas bei von Null verschiedenen Frequenzen durch die Dielektrizitätskonstante $\varepsilon_l(\omega, \boldsymbol{q})$ beschrieben wird. Nach dem bekannten asymptotischen Ausdruck ist bei großen Frequenzen $\varepsilon_l(\omega) \approx 1 - 4\pi n_e e^2/m_e\omega^2$ und deshalb

$$\varepsilon_l(i\,|\zeta_s|) = 1 + \frac{4\pi n_e e^2}{m_e \zeta_s^2}$$

(s. VIII, § 59). Wegen der Bedingungen (85,1—2) sind alle von Null verschiedenen Frequenzen $\zeta_s = 2s\pi T \gg (n_e e^2/m_e)^{1/2}$, und deshalb kann man für sie schon $\varepsilon(i\,|\zeta_s|) = 1$ setzen, d. h., die Polarisation des Plasmas fehlt, und $\mathscr{P}$ ist klein.

Die Formel (85,21) ist mit Hilfe der thermodynamischen Größen T, V, μ_a aufgeschrieben. Deshalb kann das thermodynamische Potential Ω des Plasmas durch direkte Integration der Gleichung

$$\left(\frac{\partial \Omega}{\partial e^2}\right)_{T,V,\mu_a} = \frac{1}{e^2}\langle \hat{V} \rangle \tag{85,22}$$

gefunden werden (s. V, (80,4)). Im Ergebnis finden wir für den Korrelationsteil Ω_{korr} den folgenden Ausdruck (übliche Einheiten):

$$\Omega_{\text{korr}} = -\frac{VT\varkappa^3}{12\pi} = -\frac{2\sqrt{\pi}VTe^3}{3}\left[\sum_a z_a^2 \left(\frac{\partial n_a}{\partial \mu_a}\right)_{V,T}\right]^{3/2} \tag{85,23}$$

(A. A. WEDENOW, 1959). Nach dem allgemeinen Theorem der kleinen Zusatzglieder gibt diese Formel, ausgedrückt durch andere thermodynamische Variable, die Korrektur zu anderen thermodynamischen Potentialen.

Für ein nichtentartetes Plasma sind alle Ableitungen $\partial n_a/\partial \mu_a = n_a/T$, und dann geht (85,23) in die Formel

$$F_{\text{korr}} = -\frac{2\sqrt{\pi}Ve^3}{3\sqrt{T}}\left(\sum_a z_a^2 n_a\right)^{3/2} \tag{85,24}$$

für die Korrektur zur freien Energie über, die mit V, (78,12) übereinstimmt.

Bei starker Entartung der Elektronen im Plasma ($T \ll \mu_e$) ist die Ableitung $\partial n_e/\partial \mu_e \sim n_e/\mu_e \ll n_e/T$. In der Summe über a in (85,23) kann man dann das Elektronenglied überhaupt vernachlässigen, und wir erhalten wieder die Formel (85,24) mit dem alleinigen Unterschied, daß die Summe in ihr nur über die Ionensorten im Plasma zu erstrecken ist. Bei einer starken Entartung wirken sich die Elektronen also überhaupt nicht auf den Abschirmradius und auf den Korrelationsteil der thermodynamischen Größen des Plasmas aus.

IX HYDRODYNAMISCHE FLUKTUATIONEN

§ 86. Der dynamische Formfaktor einer Flüssigkeit

Die in V, § 116 betrachtete Korrelationsfunktion der Dichtefluktuationen ist ein Spezialfall einer allgemeineren Funktion, die die Dichtefluktuationen nicht nur in unterschiedlichen Raumpunkten, sondern auch zu unterschiedlichen Zeitpunkten verknüpft. In der klassischen Theorie ist diese Funktion definiert als der Mittelwert

$$\bar{n}\sigma(t;\, \boldsymbol{r}_1, \boldsymbol{r}_2) = \langle \delta n(t_1, \boldsymbol{r}_1)\, \delta n(t_2, \boldsymbol{r}_2) \rangle \tag{86,1}$$

mit $t = t_1 - t_2$; aus der Definition von σ ist der Faktor $\bar{n} = N/V$ herausgezogen — die mittlere Teilchenzahldichte. Für ein homogenes und isotropes Medium (Flüssigkeit, Gas) hängt die Funktion (86,1) von $\boldsymbol{r}_1$ und $\boldsymbol{r}_2$ nur durch den Abstand $r = |\boldsymbol{r}_1 - \boldsymbol{r}_2|$ zwischen zwei Punkten ab, das wird unten auch vorausgesetzt.

In der Quantentheorie wird die analoge Funktion mit Hilfe des symmetrisierten Produktes von zeitabhängigen (Heisenbergschen) Dichteoperatoren als

$$\bar{n}\tilde{\sigma}(t, r) = \frac{1}{2} \langle \delta\hat{n}(t_1, \boldsymbol{r}_1)\, \delta\hat{n}(t_2, \boldsymbol{r}_2) + \delta\hat{n}(t_2, \boldsymbol{r}_2)\, \delta n(t_1, \boldsymbol{r}_1) \rangle \tag{86,2}$$

definiert (in Übereinstimmung mit der allgemeinen Definition gemäß V, (118,4)). Bestimmte Vorteile hat aber im gegebenen Fall die unsymmetrische Definition

$$\bar{n}\sigma(t, r) = \langle \delta\hat{n}(t_1, \boldsymbol{r}_1)\, \delta\hat{n}(t_2, \boldsymbol{r}_2) \rangle, \tag{86,3}$$

für die wir die Bezeichnung $\sigma(t, r)$ beibehalten wollen.[1]) Im Gegensatz zur Funktion $\tilde{\sigma}(t, r)$ ist die Funktion $\sigma(t, r)$ in der Variablen t nicht gerade; es ist offensichtlich

$$\tilde{\sigma}(t, r) = \frac{1}{2} [\sigma(t, r) + \sigma(-t, r)]. \tag{86,4}$$

Die Fourier-Transformierte der Funktion $\sigma(t, r)$ in bezug auf die Zeit und die Koordinaten

$$\sigma(\omega, \boldsymbol{k}) \equiv \sigma(\omega, k) = \int \int_{-\infty}^{\infty} e^{i(\omega t - \boldsymbol{k}\boldsymbol{r})}\, \sigma(t, r)\, dt\, d^3x \tag{86,5}$$

nennt man den *dynamischen Formfaktor* des Mediums. Wegen der Isotropie der Funktion $\sigma(t, r)$ hängt er nur vom Betrag des Wellenzahlvektors ab. Aus (86,4) folgt, daß die Fourier-Transformierte der Funktion $\tilde{\sigma}(t, r)$ gleich

$$\tilde{\sigma}(\omega, k) = \frac{1}{2} [\sigma(\omega, k) + \sigma(-\omega, k)] \tag{86,6}$$

ist.

---

[1]) Gerade diese Funktion ist eine direkt beobachtbare Größe, zum Beispiel bei der inelastischen Streuung von Neutronen in einer Flüssigkeit — s. Aufgabe.

Die rein räumliche Korrelation der Dichtefluktuationen einer Flüssigkeit wird durch die Funktion (86,1) bei $t = 0$ definiert: $\sigma(r) = \sigma(t = 0, r) = \tilde{\sigma}(t = 0, r)$. Diese Funktion hängt mit der in V, § 116 eingeführten (und in § 83 benutzten) Funktion $\nu(r)$ gemäß $\sigma(r) = \nu(r) + \delta(r)$ zusammen; ihre FOURIER-Transformierten genügen der Beziehung $\sigma(k) = \nu(k) + 1$. Die Funktion $\sigma(k)$ oder $\nu(k)$ nennt man ***statischen Formfaktor*** der Flüssigkeit. Die Funktionen $\sigma(\omega, k)$ und $\sigma(k)$ hängen miteinander durch die Integralbeziehung

$$\sigma(k) = \int_{-\infty}^{\infty} \sigma(\omega, k)\, \mathrm{e}^{-i\omega t} \frac{\mathrm{d}\omega}{2\pi}\bigg|_{t=0} = \int_{-\infty}^{\infty} \sigma(\omega, k) \frac{\mathrm{d}\omega}{2\pi} \tag{86,7}$$

zusammen.

Der SCHRÖDINGERsche (zeitunabhängige) Dichteoperator wird durch die Summe

$$\hat{n}(\boldsymbol{r}) = \sum_a \delta(\boldsymbol{r} - \boldsymbol{r}_a) \tag{86,8}$$

gegeben, genommen über alle Teilchen des Mediums; die Teilchenkoordinaten $\boldsymbol{r}_a$ spielen die Rolle von Parametern (vgl. (24,4)). Wir benötigen unten die Komponenten der FOURIER-Entwicklung dieses Operators nach der Koordinaten:

$$\hat{n}_{\boldsymbol{k}} = \int \hat{n}(\boldsymbol{r})\, \mathrm{e}^{-i\boldsymbol{k}\boldsymbol{r}} \mathrm{d}^3x = \sum_a \mathrm{e}^{-i\boldsymbol{k}\boldsymbol{r}_a}. \tag{86,9}$$

Der Übergang zum zeitabhängigen (HEISENBERGschen) Operator geschieht nach der allgemeinen Regel

$$\hat{n}(t, \boldsymbol{r}) = \exp(i\hat{H}t/\hbar)\, \hat{n}(\boldsymbol{r}) \exp(-i\hat{H}t/\hbar) \tag{86,10}$$

mit dem HAMILTON-Operator $\hat{H}$ des Systems. Dieser Operator kann durch die Ausdrücke (86,8–9) dargestellt werden, wobei in ihnen die $\boldsymbol{r}_a$ durch $\hat{\boldsymbol{r}}_a(t)$ – die HEISENBERG-Operatoren der Teilchenkoordinaten – zu ersetzen sind.

Nach den allgemeinen Prinzipien der Statistik kann man die Mittelung $\langle\ldots\rangle$ verschieden auffassen, in Abhängigkeit davon, durch welche thermodynamischen Variablen das Ergebnis ausgedrückt werden soll. Wenn die Funktion σ bei gegebener Gesamtenergie und gegebener Teilchenzahl des Systems definiert ist, dann wird die Mittelung über einen bestimmten (den m-ten) stationären Zustand ausgeführt, d. h., man nimmt das entsprechende diagonale Matrixelement. Für ein homogenes System (Flüssigkeit) wird die Abhängigkeit der Matrixelemente des Operators $\delta\hat{n}(t, \boldsymbol{r})$ von der Zeit und den Koordinaten durch die Formel

$$\langle m\,|\delta\hat{n}(t, \boldsymbol{r})|\, l\rangle = \langle m\,|\delta\hat{n}(0)|\, l\rangle \exp[i(\omega_{ml}t - \boldsymbol{k}_{ml}\boldsymbol{r})] \tag{86,11}$$

gegeben, die (8,4) völlig analog ist (auf der rechten Seite steht das Matrixelement des SCHRÖDINGER-Operators $\delta\hat{n}(\boldsymbol{r})$, genommen im Punkt $\boldsymbol{r} = 0$). Unter Berücksichtigung dieser Formel schreiben wir

$$\begin{aligned}\bar{n}\sigma(t, r) &= \sum_l \langle m\,|\delta\hat{n}(t_1, \boldsymbol{r}_1)|\, l\rangle \langle l\,|\delta\hat{n}(t_2, \boldsymbol{r}_2)|\, m\rangle \\ &= \sum_l |\langle m\,|\delta\hat{n}(0)|\, l\rangle|^2 \exp[i(\omega_{ml}t - \boldsymbol{k}_{ml}\boldsymbol{r})].\end{aligned}$$

Die FOURIER-Transformierte dieser Funktion ist

$$\bar{n}\sigma(\omega, k) = (2\pi)^4 \sum_l |\langle m \,|\delta\hat{n}(0)|\, l\rangle|^2 \,\delta(\omega - \omega_{lm})\,\delta(\boldsymbol{k} - \boldsymbol{k}_{lm}). \tag{86,12}$$

In diesen Formeln wird über alle Zustände des Systems mit gegebener Teilchenzahl (N_m) summiert (weil der Operator $\delta\hat{n}$ diese Zahl nicht ändert).

Wenn wir den Formfaktor durch die Temperatur und das chemische Potential der Flüssigkeit ausdrücken wollen, dann muß der Ausdruck (86,12) noch über die GIBBSsche Verteilung gemittelt werden:

$$\bar{n}\sigma(\omega, k) = (2\pi)^4 \sum_{l,m} \exp\left(\frac{\Omega - E_m - \mu N_m}{T}\right) |\langle m \,|\delta\hat{n}(0)|\, l\rangle|^2 \,\delta(\omega - \omega_{lm})\,\delta(\boldsymbol{k} - \boldsymbol{k}_{lm}) \tag{86,13}$$

(wobei in allen Summengliedern $N_l = N_m$ ist). Wenn wir diese Formel für $\sigma(-\omega, -\boldsymbol{k}) \equiv \sigma(-\omega, k)$ aufschreiben, in ihr die Summationsindizes l und m umbezeichnen und im Exponentialfaktor $E_l = E_m + \hbar\omega_{lm} = E_m + \hbar\omega$ setzen (die letzte Gleichung ist eine Folge des Auftretens der δ-Funktion), erhalten wir

$$\sigma(-\omega, k) = \sigma(\omega, k)\, \mathrm{e}^{-\hbar\omega/T} \tag{86,14}$$

und dann, nach (86,6),

$$\tilde{\sigma}(\omega, k) = \frac{1}{2}\,(1 + \mathrm{e}^{-\hbar\omega/T})\,\sigma(\omega, k). \tag{86,15}$$

Wir bemerken, daß aus (86,13) (oder (86,12)) folgt, daß die Funktion $\sigma(\omega, k) \geqq 0$ bei allen Werten ihrer Argumente ist. Aus der Beziehung (86,14) folgt, daß bei der Temperatur Null

$$\sigma(\omega, k) = 0 \quad \text{bei} \quad \omega < 0,\ T = 0 \tag{86,16}$$

ist.

Im makroskopischen Grenzfall (N, $V \to \infty$ bei gegebenem Verhältnis N/V) wird der „Staketenzaun“ der δ-Funktionen in (86,13) zu einer stetigen Funktion verschmiert, aber die δ-funktionsartigen Spitzen in $\sigma(\omega, k)$ bleiben bei den Werten $\omega = \omega(k)$, die den ungedämpften Elementaranregungen entsprechen (wie das aus Überlegungen analog zu den im § 8 dargestellten folgt). Solche Spitzen entstehen aber nur für Anregungen ohne Änderung der Teilchenzahl.[1])

Wir wollen zeigen, auf welche Weise der Formfaktor der Flüssigkeit mit Größen verknüpft werden kann, die in der allgemeinen Formulierung des Fluktuations-Dissipations-Theorems auftreten (D. PINES, PH. NOZIÈRES, 1958).

Auf jedes Teilchen der Flüssigkeit möge irgendein äußeres Feld wirken, welches dem Teilchen die potentielle Energie $U(t, \boldsymbol{r})$ verleiht. Dann ist der Operator der Störung, die auf die ganze Flüssigkeit wirkt,

$$\hat{V}(t) = \int \hat{n}(t, \boldsymbol{r})\, U(t, \boldsymbol{r})\, \mathrm{d}^3x. \tag{86,17}$$

---

[1]) In einer FERMI-Flüssigkeit hat $\sigma(\omega, k)$ eine δ-funktionsartige Singularität bei $\omega = ku_0$ (u_0 ist die Geschwindigkeit des nullten Schalls), sie hat aber keine derartigen Singularitäten, die dem Fermionenzweig des Spektrums entsprechen — s. § 91.

Wenn wir alle hier eingehenden Größen einer FOURIER-Entwicklung in bezug auf die Zeit unterwerfen, können wir die Response des Systems (d. h. den Mittelwert der durch die Störung hervorgerufenen Dichteänderung) als einen Ausdruck der Form

$$\delta\bar{n}(\omega, \boldsymbol{r}_1) = -\int \alpha(\omega, |\boldsymbol{r}_1 - \boldsymbol{r}_2|)\, U(\omega, \boldsymbol{r}_2)\, \mathrm{d}^3x_2 \tag{86,18}$$

darstellen, dabei spielt die Funktion $\alpha(\omega, r)$ die Rolle der verallgemeinerten Suszeptibilität.

Die FOURIER-Komponente der Korrelationsfunktion $\tilde{\sigma}(t, r)$ bezüglich der Zeit ist in den Bezeichnungen des Fluktuations-Dissipations-Theorems

$$\bar{n}\tilde{\sigma}(\omega, r) = (\delta n(\boldsymbol{r}_1)\, \delta n(\boldsymbol{r}_2))_\omega, \quad \boldsymbol{r} = \boldsymbol{r}_1 - \boldsymbol{r}_2.$$

Nach diesem Theorem wird diese Funktion durch die verallgemeinerte Suszeptibilität nach der Formel

$$\bar{n}\tilde{\sigma}(\omega, r) = \hbar \operatorname{cth} \frac{\hbar\omega}{2T} \operatorname{Im} \alpha(\omega, r) \tag{86,19}$$

ausgedrückt. Durch solch eine Formel wird auch die FOURIER-Komponente bezüglich der Koordinaten $\tilde{\sigma}(\omega, k)$ durch $\alpha(\omega, k)$ ausgedrückt, danach finden wir gemäß (86,15) für den dynamischen Formfaktor

$$\bar{n}\sigma(\omega, k) = \frac{2\hbar}{1 - \mathrm{e}^{-\hbar\omega/T}} \operatorname{Im} \alpha(\omega, k). \tag{86,20}$$

Die Bedeutung dieser Formeln besteht vor allem darin, daß durch sie der Zusammenhang des dynamischen Formfaktors mit einer Funktion mit bekannten allgemeinen analytischen Eigenschaften (bezüglich der Variablen ω) hergestellt wird; für die Funktion $\alpha(\omega, k)$ sind diese Eigenschaften in V, § 123 beschrieben. Sie erlauben es auch, zur Berechnung des Formfaktors die allgemeine Formel (vgl. (75,11)) anzuwenden, nach der

$$\alpha(\omega, k) = \frac{i}{\hbar} \int \int_0^\infty \mathrm{e}^{i(\omega t - \boldsymbol{k}\boldsymbol{r})} \langle \hat{n}(t, \boldsymbol{r})\, \hat{n}(0, 0) - \hat{n}(0, 0)\, \hat{n}(t, \boldsymbol{r}) \rangle\, \mathrm{d}t\, \mathrm{d}^3x \tag{86,21}$$

ist. Wenn man die Dichteoperatoren durch die ψ-Operatoren ausdrückt ($\hat{n} = \hat{\Psi}^+\hat{\Psi}$), kann man diesen Ausdruck auf die GREENsche Zweiteilchenfunktion zurückführen, für deren Berechnung die Diagrammtechnik angewendet werden kann.

Aufgabe

Es ist die Wahrscheinlichkeit für die inelastische Streuung langsamer Neutronen in einer Flüssigkeit aus gleichartigen Atomen mit Hilfe des dynamischen Formfaktors auszudrücken (G. PLACZEK, 1952).

Lösung. Nach der Methode des Pseudopotentials (s. III, § 151) kann die Streuung langsamer Neutronen als das Ergebnis der Wechselwirkung mit der potentiellen Energie

$$U(\boldsymbol{r}) = \frac{2\pi\hbar^2}{M} a\hat{n}(\boldsymbol{r}) \tag{1}$$

dargestellt werden, dabei bedeuten $\hat{n}(\boldsymbol{r})$ den Dichteoperator (86,8), M die reduzierte Masse von Atom und Neutron, a die Streulänge eines langsamen Neutrons bei der Streuung an einem einzelnen Atom (d.h. der mit dem umgekehrten Vorzeichen genommene konstante Grenzwert der Streuamplitude).

Die Wahrscheinlichkeit für den Übergang aus irgendeinem Anfangszustand (i) des Systems Flüssigkeit + Neutron in den Endzustand (f) in irgendeinem Intervall $d\nu_f$ ist

$$dw_{fi} = \left| \frac{1}{\hbar} \int_{-\infty}^{\infty} U_{fi}(t)\, dt \right|^2 d\nu_f \tag{2}$$

(s. III, (40,5)); für die nichtdiagonalen Matrixelemente U_{fi} in (1) kann man $\delta\hat{n}$ an Stelle von $\hat{n}$ schreiben. Die Wellenfunktion des Anfangszustandes des Neutrons (mit dem Impuls $\boldsymbol{p}$ und der Energie ε) normieren wir auf 1 Teilchen in dem Volumen V, und die Wellenfunktion des Endzustandes (Impuls $\boldsymbol{p}'$ und Energie ε') normieren wir auf die δ-Funktion von $\boldsymbol{p}/2\pi$. Dann ist $d\nu_f = d^3\boldsymbol{p}'/(2\pi\hbar)^3$, und das Matrixelement der Störung ist

$$U_{fi}(t) = \frac{2\pi\hbar^2 a}{M\sqrt{V}} \int \delta n_{fi}(t, \boldsymbol{r})\, e^{i(\boldsymbol{kr} - \omega t)}\, d^3x$$

mit $\hbar\boldsymbol{k} = \boldsymbol{p} - \boldsymbol{p}'$, $\hbar\omega = \varepsilon - \varepsilon'$, $\delta n_{fi}(t, \boldsymbol{r})$ ist das Matrixelement in bezug auf die Wellenfunktionen der Flüssigkeit. Wir setzen diesen Ausdruck in dw_{fi} ein und summieren die Übergangswahrscheinlichkeit über alle möglichen Endzustände der Flüssigkeit. Dabei schreiben wir das Betragsquadrat des Integrals in Form eines zweifachen Integrals (über $dt\, dt'\, d^3x\, d^3x'$) und bemerken, daß

$$\sum_f \delta n_{fi}(t, \boldsymbol{r})\, \delta n_{fi}(t', \boldsymbol{r}')^* = \sum_f \delta n_{if}(t', \boldsymbol{r}')\, \delta n_{fi}(t, \boldsymbol{r})$$
$$= \langle i \,|\delta\hat{n}(t', \boldsymbol{r}')\, \delta\hat{n}(t, \boldsymbol{r})|\, i\rangle = \bar{n}\sigma(t' - t, \boldsymbol{r}' - \boldsymbol{r})$$

ist (dabei ist σ als Funktion der Gesamtenergie der Flüssigkeit im Zustand i ausgedrückt). Die Integration über $d(t' - t)\, d^3(x' - x)$ gibt $\sigma(\omega, k)$, und eine weitere Integration (sagen wir, über $dt\, d^3x$) gibt einfach das Volumen V und das gesamte Zeitintervall t. Wenn wir den Faktor t weglassen, erhalten wir im Ergebnis die Wahrscheinlichkeit für die Streuung pro Zeiteinheit:

$$w = \frac{4\pi^2\hbar^2}{M^2}\, \bar{n} a^2 \sigma(\omega, k)\, \frac{d^3p'}{(2\pi\hbar)^3}. \tag{3}$$

Dieser Ausdruck bleibt natürlich auch nach der Mittelung über die Gibbssche Verteilung richtig, d.h. bei dem durch die Temperatur ausgedrückten Formfaktor.

Wir bemerken, daß die Eigenschaft des Formfaktors (86,16) bei der Anwendung auf die Neutronenstreuung die Tatsache ausdrückt, daß bei $T = 0$ die Flüssigkeit nur Energie aufnehmen, aber nicht Energie abgeben kann. Die Beziehung (86,14) drückt das Prinzip des detaillierten Gleichgewichts aus, weil die Streuprozesse mit der Energie- und Impulsübertragung (ω, $\boldsymbol{k}$) und ($-\omega$ $-\boldsymbol{k}$) zueinander reziprok sind.

§ 87. Summenregeln für den Formfaktor

Der dynamische Formfaktor genügt bestimmten Integralbeziehungen (bezüglich der Frequenzen ω) — den *Summenregeln.*

Die Ableitung einer von ihnen beruht auf der Vertauschungsregel zwischen den Operatoren $\hat{n}_{\boldsymbol{k}}(t)$ und $\dot{\hat{n}}_{\boldsymbol{k}}(t)$. Der Kommutator der Heisenberg-Operatoren, die zu gleichen Zeitpunkten genommen werden, fällt mit dem Kommutator der Schrödinger-Operatoren $\hat{n}_{\boldsymbol{k}}$ und $\dot{\hat{n}}_{\boldsymbol{k}}$ zusammen. Die Operatoren $\hat{n}_{\boldsymbol{k}}$ sind durch den Ausdruck (86,9) definiert, und der geforderte Kommutator wird durch die Formel

$$\hat{n}_{\boldsymbol{k}}\hat{n}_{\boldsymbol{k}}^{+} - \hat{n}_{\boldsymbol{k}}^{+}\hat{n}_{\boldsymbol{k}} = -\frac{i\hbar}{m}k^2N \tag{87,1}$$

mit m als Masse eines Flüssigkeitsteilchens gegeben.[1])

Wir gehen von dem Ausdruck für die Fourier-Komponente der Funktion $\sigma(t, r)$ allein in bezug auf die Koordinaten aus:

$$\bar{n}\sigma(t, k) = \int e^{-i\boldsymbol{k}(\boldsymbol{r}_1-\boldsymbol{r}_2)}\langle\delta\hat{n}(t_1, \boldsymbol{r}_1)\,\delta\hat{n}(t_2, \boldsymbol{r}_2)\rangle\, d^3(x_1 - x_2).$$

Wenn wir beachten, daß der Integrand nur von $\boldsymbol{r}_1 - \boldsymbol{r}_2$ abhängt, können wir die Integration über $d^3(x_1 - x_2)$ durch die Integration über $d^3x_1\, d^3x_2/V$ ersetzen; wenn wir sie unter dem Mittelungszeichen ausführen, erhalten wir

$$\sigma(t, k) = \frac{1}{N}\langle\delta\hat{n}_{\boldsymbol{k}}(t_1)\,\delta\hat{n}_{-\boldsymbol{k}}(t_2)\rangle. \tag{87,2}$$

Wir berechnen die Ableitung $\partial\sigma(t, k)/\partial t$ bei $t = 0$. Weil $\sigma(t, k)$ nur von der Differenz $t = t_1 - t_2$ abhängt, gilt

$$\frac{\partial\sigma(t, k)}{\partial t} = \frac{1}{2}\left(\frac{\partial\sigma}{\partial t_1} - \frac{\partial\sigma}{\partial t_2}\right),$$

und nach der Substitution von (87,2) ist

$$\frac{\partial\sigma(t, k)}{\partial t} = \frac{1}{2N}\langle\delta\dot{\hat{n}}_{\boldsymbol{k}}(t_1)\delta\hat{n}_{-\boldsymbol{k}}(t_2) - \delta\hat{n}_{\boldsymbol{k}}(t_1)\,\delta\dot{\hat{n}}_{-\boldsymbol{k}}(t_2)\rangle.$$

Jedes der beiden Glieder dieses Ausdrucks hängt nur vom Betrag des Wellenzahlvektors $\boldsymbol{k}$ ab; auf dieser Basis ersetzen wir im zweiten Glied $\boldsymbol{k}$ durch $-\boldsymbol{k}$. Wenn wir dann $t_1 = t_2$ setzen und berücksichtigen, daß $\hat{n}_{-\boldsymbol{k}} = \hat{n}_{\boldsymbol{k}}^{+}$ ist, finden wir, daß die Differenz in den spitzen Klammern mit dem Kommutator (87,1) zusammenfällt. Auf diese Weise finden wir

$$\left.\frac{\partial\sigma(t, k)}{\partial t}\right|_{t=0} = -\frac{i\hbar}{2m}k^2.$$

Wenn wir andererseits $\sigma(t, k)$ als Fourier-Integral bezüglich der Frequenzen darstellen, haben wir

$$\left.\frac{\partial\sigma(t, k)}{\partial t}\right|_{t=0} = \left.\frac{\partial}{\partial t}\int_{-\infty}^{\infty} e^{-i\omega t}\sigma(\omega, k)\frac{d\omega}{2\pi}\right|_{t=0} = -i\int_{-\infty}^{\infty}\omega\sigma(\omega, k)\frac{d\omega}{2\pi}.$$

Wir vergleichen beide Ausdrücke für die Ableitung und erhalten die gesuchte Beziehung

$$\int_{-\infty}^{\infty}\omega\sigma(\omega, k)\frac{d\omega}{2\pi} = \frac{\hbar k^2}{2m} \tag{87,3}$$

---

[1]) Die Berechnung dieses Kommutators fällt mit der Berechnung zusammen, die in III, § 149 im Zusammenhang mit der Ableitung der Summenregel (149,5) durchgeführt wurde; an Stelle der Zahl der Elektronen Z tritt hier die Gesamtzahl der Flüssigkeitsteilchen N auf.

(G. PLACZEK, 1952). Wir betonen, daß sie für beliebige k gültig ist. Wenn man in dieser Beziehung zum klassischen Grenzfall ($\hbar \to 0$) übergehen will, muß man das Integral auf der linken Seite als

$$\int_0^\infty \omega[\sigma(\omega, k) - \sigma(-\omega, k)] \frac{d\omega}{2\pi}$$

schreiben und nach (86,14) im Integranden

$$\sigma(\omega, k) - \sigma(-\omega, k) \approx \frac{\hbar\omega}{T} \sigma(\omega,k)$$

einsetzen. Danach kürzt sich der Faktor $\hbar$ auf beiden Seiten der Gleichung heraus, und es bleibt

$$\int_0^\infty \omega^2\sigma(\omega, k) \frac{d\omega}{2\pi} = T \frac{k^2}{2m}.$$

Wir wenden die Formel (87,3) auf eine BOSE-Flüssigkeit bei $T = 0$ an und betrachten das Gebiet kleiner k-Werte. Bei $k \to 0$ wird der Hauptbeitrag zum Integral durch die δ-funktionsartige Spitze im Formfaktor $\sigma(\omega, k)$ gegeben, die in (86,13) von den Übergängen mit Erzeugung eines Phonons entsteht (weil im Grundzustand der Flüssigkeit Phononen fehlen, gibt es bei $T = 0$ keine Übergänge mit Vernichtung eines Phonons). Dieses Glied hat die Form $A\,\delta(\omega - uk)$ mit der Phononenenergie $\hbar uk$ (u ist die Schallgeschwindigkeit). Wenn wir es als $\sigma(\omega, k)$ in (87,3) einsetzen, finden wir den Koeffizienten A und im Ergebnis

$$\sigma(\omega, k) = \frac{\pi\hbar k}{mu} \delta(\omega - uk). \qquad (87,4)$$

Die Integration dieses Ausdrucks nach Formel (86,7) gibt den statischen Formfaktor

$$\sigma(k) = \frac{\hbar k}{2mu} \qquad (87,5)$$

(R. P. FEYNMAN, 1954).[1]) Weil sich diese Formel auf das Gebiet kleiner k-Werte bezieht, gibt ihre FOURIER-Entwicklung den asymptotischen Ausdruck der Korrelationsfunktion bei großen r:

$$\nu(r) = -\frac{\hbar}{2\pi^2 mur^4} \qquad (87,6)$$

(zum Beweis dieser Formel siehe das in der Fußnote auf S. 354 erwähnte Integral). Bei $T = 0$ ist die Formel (87,6) bis zu beliebig großen Abständen richtig. Bei tiefen, aber endlichen Temperaturen gilt sie nur bis zu Abständen $r \sim \hbar u/T$, bei denen die Fluktua-

[1]) Die Formel (87,5) ist, in der Form $\sigma(k) = \hbar^2k^2/2m\varepsilon(k)$ geschrieben (mit der Quasiteilchenenergie $\varepsilon(k)$), streng genommen nur bei $k \to 0$ richtig. Bei zunehmendem k spielen die Beiträge zu $\sigma(k)$ von den Übergängen mit Erzeugung mehrerer Quasiteilchen eine immer größere Rolle. Wenn man diesen Beitrag vernachlässigt, kann man annehmen, daß diese Formel den Zusammenhang zwischen Formfaktor und Quasiteilchenenergie in der BOSE-Flüssigkeit gibt. Dabei entspricht dem Maximum, das σ bei $k \sim 1/a$ hat (a ist der zwischenatomare Abstand in der Flüssigkeit), das „Rotonen"-Minimum auf der Kurve $\varepsilon(k)$.

tionen aufhören, reine Quantenfluktuationen zu sein. Bei noch größeren Abständen wird das Gesetz (87,6) durch einen exponentiellen Abfall ersetzt (wenn man vom Beitrag der VAN DER WAALS-Kräfte absehen kann, s. § 83).[1])

Eine weitere Summenregel kann man aus dem im § 86 hergeleiteten Zusammenhang des Formfaktors mit der verallgemeinerten Suszeptibilität $\alpha(\omega, k)$ erhalten. Dieser Zusammenhang wird durch die Formel (86,20) gegeben, die bei $T = 0$ (für $\omega > 0$) auf

$$\bar{n}\sigma(\omega, k) = 2\hbar \operatorname{Im} \alpha(\omega, k) \tag{87,7}$$

führt.

Nach den KRAMERS-KRONIG-Formeln (s. V, (123,15)) ist

$$\operatorname{Re} \alpha(\omega, k) = \frac{1}{\pi} \mathrm{P} \int_{-\infty}^{\infty} \frac{\operatorname{Im} \alpha(\omega', k)}{\omega' - \omega} \, \mathrm{d}\omega' .$$

Wenn wir hier $\omega = 0$ setzen und berücksichtigen, daß die Größe $\alpha(0, k)$ reell ist[2]), können wir

$$\alpha(0, k) = \frac{2}{\pi} \int_0^{\infty} \frac{1}{\omega} \operatorname{Im} \alpha(\omega, k) \, \mathrm{d}\omega \tag{87,8}$$

schreiben. Im Grenzfall $k \to 0$ gilt die Beziehung

$$\alpha(0, k \to 0) = \left(\frac{\partial \bar{n}}{\partial \mu}\right)_{T=0} = \bar{n} \left(\frac{\partial \bar{n}}{\partial P}\right)_{T=0} . \tag{87,9}$$

Sie folgt daraus, daß in einem statischen, räumlich langsam veränderlichen, schwachen Feld U die Gleichgewichtsbedingung $\mu + U = \mathrm{const}$ gilt, so daß das Einschalten des äußeren Feldes der Änderung des chemischen Potentials um $-U$ äquivalent ist. Im Grenzfall $k \to 0$ haben wir deshalb aus (86,18):

$$\delta \bar{n} = -\frac{\partial \bar{n}}{\partial \mu} U \approx -U \int \alpha(0, \boldsymbol{r}_1 - \boldsymbol{r}_2) \, \mathrm{d}^3(x_1 - x_2) = -U \alpha(0, k = 0),$$

daraus folgt (87,9).

Wenn wir die erhaltenen Formeln (87,7—9) zusammenfassen, erhalten wir also folgende Summenregel für den Formfaktor der Flüssigkeit bei $T = 0$:

$$\frac{1}{\pi \hbar} \int_0^{\infty} \sigma(\omega, k \to 0) \frac{\mathrm{d}\omega}{\omega} = \frac{\partial \bar{n}}{\partial P} \tag{87,10}$$

(D. PINES, PH. NOZIÈRES, 1958).

---

[1]) Die Korrelationsfunktion (87,6) ist negativ (was der Abstoßung zwischen den Teilchen entspricht), im Gegensatz zur Korrelationsfunktion des idealen BOSE-Gases, die positiv ist (s. V, § 117). Im Zusammenhang damit erinnern wir daran (§ 25), daß im schwach nichtidealen BOSE-Gas das Energiespektrum nur bei $k \ll mu/\hbar$ Phononenform hat (mit $\hbar/mu \gg a$). Die entsprechenden Abstände sind $r \sim 1/k \gg \hbar/mu$, so daß beim Übergang zum idealen Gas ($u \to 0$) das Gebiet, in dem die Formel (87,6) angewendet werden kann, ins Unendliche wandert.

[2]) Die Größe $\alpha(\omega = 0, \boldsymbol{r})$ ist wegen der allgemeinen Eigenschaften der verallgemeinerten Suszeptibilität reell. Daß die FOURIER-Komponenten $\alpha(\omega = 0, \boldsymbol{k})$ reell sind, folgt hieraus, weil die Funktion $\alpha(\omega, \boldsymbol{r})$ in $\boldsymbol{r}$ gerade ist.

Aufgaben

1. Es ist die Korrelationsfunktion $\nu(r)$ in einer Bose-Flüssigkeit für Abstände $r \gtrsim \hbar u/T$ bei Temperaturen $T \ll T_\lambda$ zu bestimmen.

Lösung. Die gesuchte Korrelationsfunktion ist durch den Formfaktor bei Werten $k \sim 1/r \lesssim T/\hbar u \ll 1/a$ bestimmt, bei denen das Energiespektrum der Flüssigkeit das Phononenspektrum ist. Bei $T \neq 0$ gibt es in $\sigma(\omega, k)$ das Glied mit $\delta(\omega + ku)$, das einer Phononenabsorption entspricht, neben dem der Phononenemission entsprechenden Glied mit $\delta(\omega - ku)$. Die Koeffizienten in diesen Gliedern kann man mit Hilfe von (86,14) und (87,3) bestimmen:

$$\sigma(\omega, k) = \frac{\pi\hbar k}{mu}[1 - e^{-\hbar ku/T}]^{-1}\{\delta(\omega - ku) + e^{-\hbar ku/T}\,\delta(\omega + ku)\}. \tag{1}$$

Wenn wir diesen Ausdruck integrieren, finden wir

$$\sigma(k) = \frac{\hbar k}{2mu}\,\mathrm{cth}\,\frac{\hbar ku}{2T} \tag{2}$$

und danach

$$\nu(r) = \int e^{ikr}\,\sigma(k)\,\frac{d^3k}{(2\pi)^3} = \frac{\hbar}{8\pi^2 imur}\int_{-\infty}^{\infty} e^{ikr}k^2\,\mathrm{cth}\,\frac{\hbar ku}{2T}\,dk.$$

Wir schließen den Integrationsweg über dk durch den unendlich entfernten Halbkreis in der oberen Halbebene des komplexen k und führen dadurch das Integral auf eine Summe von Residuen in den Polen zurück (die auf der imaginären Achse liegen). Bei $r \gg \hbar u/T$ kommt der Hauptbeitrag vom Residuum im Pol bei $\hbar ku/2T = i\pi$:

$$\nu(r) = -\frac{2\pi T^3}{mu^4\hbar^2 r}\exp\left(-\frac{2\pi T}{\hbar u}r\right). \tag{3}$$

Unter der Bedingung $aT/\hbar u \ll 1$ ist der charakteristische Abstand für die Dämpfung der Funktion $\nu(r)$ viel größer als die zwischenatomaren Abstände, auf denen die mit der direkten Wechselwirkung zwischen den Atomen zusammenhängenden Effekte abnehmen. Dabei geht in die Formel (3) die Größe $\hbar$ wesentlich ein, so daß die durch sie beschriebene Korrelation Quantencharakter hat. Wir bemerken, daß wir bei der Ableitung den Beitrag der van der Waals-Kräfte vernachlässigt haben. Wie aus den Ergebnissen des § 83 folgt, hat dieser Beitrag Potenzcharakter und ist bei hinreichend großen Abständen der Hauptbeitrag. Die Abstände, auf denen der Übergang von (3) zu (83,16) stattfindet, hängen von der konkreten Beziehung zwischen den Koeffizienten ab, aber bei genügend tiefen Temperaturen gibt es immer ein Gebiet, wo die Formel (3) angewendet werden kann, weil an der Grenze ihres Anwendungsgebietes, bei $r \sim \hbar u/T$, nach (3) $\nu \propto T^4$ und nach (83,16) $\nu \propto T^7$ ist.

2. Das Grenzverhalten (für große Abstände) der Korrelationsfunktion der Kondensatwellenfunktion in einer superfluiden Bose-Flüssigkeit soll gefunden werden (P. C. Hohenberg, P. C. Martin, 1965).

Lösung. In der langwelligen Grenze sind die Fluktuationen der Phase Φ der Kondensatwellenfunktion am stärksten, weil mit ihnen eine verhältnismäßig kleine Energie der makroskopischen superfluiden Bewegung verknüpft ist. Der entsprechende Beitrag zum vollständigen thermodynamischen Potential Ω der Flüssigkeit (im Volumen V bei gegebenen T und μ) ist

$$\delta\Omega = \int\frac{\varrho_s v_s^2}{2}\,dV = \frac{\hbar^2\varrho_s}{2m^2}\int(\nabla\Phi)^2\,dV.$$

Wenn wir $\delta\Phi$ in Form einer FOURIER-Reihe

$$\delta\Phi = \sum_{\boldsymbol{k}} \delta\Phi_{\boldsymbol{k}} e^{i\boldsymbol{k}\boldsymbol{r}}, \quad \delta\Phi_{-\boldsymbol{k}} = \delta\Phi_{\boldsymbol{k}}^*$$

darstellen, erhalten wir

$$\delta\Omega = \frac{\hbar^2}{2m^2} \varrho_s V \sum_{\boldsymbol{k}} \boldsymbol{k}^2 |\delta\Phi_{\boldsymbol{k}}|^2$$

und hieraus für das mittlere Quadrat der Fluktuationen

$$\langle|\delta\Phi_{\boldsymbol{k}}|^2\rangle = \frac{Tm^2}{V\hbar^2\varrho_s k^2}. \tag{4}$$

(Die Rechnungen sind völlig analog zu den in V, § 146 durchgeführten.) Der Beitrag dieser Fluktuationen zur gleichzeitigen Korrelationsfunktion

$$G(r) = \langle\delta\Xi(0)\,\delta\Xi^*(\boldsymbol{r})\rangle$$

ist

$$G(r) \approx n_0\langle\delta\Phi(0)\,\delta\Phi(\boldsymbol{r})\rangle = \frac{Tn_0m^2}{4\pi\hbar^2\varrho_s r}. \tag{5}$$

Bei $T \to 0$ haben wir $\varrho_s \to \varrho$, und Formel (5) wird äquivalent zu (27,8).

Demnach fällt $G(r)$ bei großen Abständen nach einem $1/r$-Gesetz ab. Der Beitrag der Fluktuationen der Kondensatdichte fällt aber bei diesen Abständen schneller ab. Beide Beiträge werden bei $r \sim r_c$ vergleichbar, und bei Abständen $r \ll r_c$ folgen sie zusammen (bei Temperaturen in der Nähe des λ-Punktes) dem Gesetz

$$G(r) \propto r^{-(1+\zeta)}, \tag{6}$$

wobei ζ der entsprechende kritische Index ist. Der Korrelationsradius r_c kann als der Abstand definiert werden, bei dem der Übergang von der Asymptote (5) zur Asymptote (6) erfolgt:

$$r^\zeta \propto \varrho_s/n_0.$$

Wenn wir die kritischen Indizes β und ν einführen, die die Temperaturabhängigkeit von n_0 und r_c gemäß (28,1) und (28,3) bestimmen, finden wir

$$\varrho_s \propto (T_\lambda - T)^{2\beta-\nu\zeta}.$$

Mit Hilfe der bekannten Beziehungen zwischen den Indizes α, β, ν und ζ (s. V, §§ 148, 149) können wir uns leicht davon überzeugen, daß dieses Ergebnis mit (28,3) übereinstimmt.

§ 88. Hydrodynamische Fluktuationen

In den vorhergehenden Paragraphen betrachteten wir Fluktuationen der Flüssigkeitsdichte bei beliebigen Fequenzen ω und Wellenzahlvektoren $\boldsymbol{k}$. Dabei konnte natürlich die konkrete Gestalt der Korrelationsfunktion im allgemeinen Fall nicht gefunden werden. Das kann man aber im hydrodynamischen Grenzfall tun, wenn die Wellenlänge der Fluktuationen groß im Vergleich zu den charakteristischen mikroskopischen Dimensionen ist (den zwischenatomaren Abständen in der Flüssigkeit, der freien Weglänge in einem Gas).

Die Berechnung der gleichzeitigen Korrelationsfunktionen von Fluktuationen der Dichte, der Temperatur, der Geschwindigkeit usw. in einer unbewegten Flüssigkeit erfordert keine besondere Untersuchung: diese Fluktuationen werden (im klassischen

Grenzfall, d.h. im nicht quantenmechanischen) durch die üblichen thermodynamischen Formeln beschrieben, die für ein beliebiges Medium im thermischen Gleichgewicht gültig sind. Korrelationen zwischen gleichzeitigen Fluktuationen in verschiedenen Raumpunkten erstrecken sich auf Längen von der Größenordnung der zwischenatomaren Abstände (dabei vernachlässigen wir die schwachen, langreichweitigen VAN DER WAALS-Kräfte). Diese Abstände werden aber in der Hydrodynamik als unendlich klein betrachtet. Deshalb sind im hydrodynamischen Grenzfall die gleichzeitigen Fluktuationen in verschiedenen Raumpunkten nicht korreliert. Formal folgt diese Behauptung aus der Additivität einer thermodynamischen Größe — der minimalen Arbeit $R_{\min}$, die zur Verwirklichung der Fluktuationen erforderlich ist. Weil die Wahrscheinlichkeit für die Fluktuationen proportional zu $\exp(-R_{\min}/T)$ ist, finden wir, wenn wir $R_{\min}$ als Summe von sich auf einzelne, physikalisch unendlich kleine Volumina beziehenden Gliedern schreiben, daß die Wahrscheinlichkeiten von Fluktuationen in diesen Volumina unabhängig voneinander sind.

Wenn man diese Unabhängigkeit beachtet, kann man die bekannten Formeln für die mittleren Quadrate der Fluktuationen thermodynamischer Größen in einem gegebenen Raumpunkt (s. V, § 112) als Formeln für die Korrelationsfunktionen schreiben. Gemäß der Formel $\langle(\delta T)^2\rangle = T^2/\varrho c_v V$ für die Temperaturfluktuationen im Volumen V (ϱ die Dichte, c_v die auf die Masseneinheit des Mediums bezogene Wärmekapazität) schreiben wir zunächst

$$\langle \delta T(\boldsymbol{r}_a)\, \delta T(\boldsymbol{r}_b)\rangle = \frac{T^2}{\varrho c_v V_a}\, \delta_{ab},$$

dabei beziehen sich die Fluktuationen auf die beiden kleinen Volumina V_a und V_b. Wenn wir dann die Größe der Volumina gegen Null streben lassen, erhalten wir¹)

$$\langle \delta T(\boldsymbol{r}_1)\, \delta T(\boldsymbol{r}_2)\rangle = \frac{T^2}{\varrho c_v}\, \delta(\boldsymbol{r}_1 - \boldsymbol{r}_2). \tag{88,1}$$

Auf analoge Weise werden die Formeln für die Fluktuationen der anderen thermodynamischen Größen geschrieben:

$$\langle \delta \varrho(\boldsymbol{r}_1)\, \delta \varrho(\boldsymbol{r}_2)\rangle = \varrho T \left(\frac{\partial \varrho}{\partial P}\right)_T \delta(\boldsymbol{r}_1 - \boldsymbol{r}_2), \tag{88,2}$$

$$\langle \delta P(\boldsymbol{r}_1)\, \delta P(\boldsymbol{r}_2)\rangle = \varrho T \left(\frac{\partial P}{\partial \varrho}\right)_S \delta(\boldsymbol{r}_1 - \boldsymbol{r}_2) = \varrho T u^2\, \delta(\boldsymbol{r}_1 - \boldsymbol{r}_2), \tag{88,3}$$

$$\langle \delta s(\boldsymbol{r}_1)\, \delta s(\boldsymbol{r}_2)\rangle = \frac{c_p}{\varrho}\, \delta\,(\boldsymbol{r}_1 - \boldsymbol{r}_2)$$

¹) Diese und die folgenden Formeln für die gleichzeitigen Korrelationen sind im Fall der Gase für Fluktuationen mit Wellenlängen richtig, die groß im Vergleich zu den zwischenmolekularen Abständen, aber nicht unbedingt groß im Vergleich zur freien Weglänge sind. Die letzte Bedingung wird aber für die verschiedenzeitigen Korrelationsfunktionen in der hydrodynamischen Näherung gefordert (weil der mikroskopische Mechanismus für die Ausbreitung von Störungen in Gasen durch die freie Weglänge der Teilchen bestimmt ist).

(P ist der Druck, s die Entropie der Masseneinheit des Mediums); dabei sind die Fluktuationen der Paare ϱ, T und P, s unabhängig. Wir schreiben auch die Formel für die Fluktuationen der makroskopischen Geschwindigkeit der Flüssigkeit $\boldsymbol{v}$ auf (im Gleichgewicht ist sie gleich Null):

$$\langle \delta v_i(\boldsymbol{r}_1)\, \delta v_k(\boldsymbol{r}_2)\rangle = \frac{T}{\varrho}\, \delta_{ik}\delta\,(\boldsymbol{r}_1 - \boldsymbol{r}_2). \tag{88,5}$$

Für die Hydrodynamik ist die Frage nach den zeitlichen Korrelationen der Fluktuationen spezifisch und auch die Frage nach den Fluktuationen in einer sich bewegenden Flüssigkeit. Die Lösung dieser Fragen erfordert die Berücksichtigung von dissipativen Prozessen in der Flüssigkeit — der Zähigkeit und der Wärmeleitung.

Der Aufbau einer allgemeinen Theorie der Fluktuationserscheinungen in der Hydrodynamik führt auf die Aufstellung der „Bewegungsgleichungen" für die fluktuierenden Größen. Das kann man tun, indem man entsprechende zusätzliche Glieder in die hydrodynamischen Gleichungen einführt (L. D. LANDAU, E. M. LIFSCHITZ, 1957).

Die Gleichungen der Hydrodynamik, in der Form

$$\frac{\partial \varrho}{\partial t} + \operatorname{div}(\varrho \boldsymbol{v}) = 0, \tag{88,6}$$

$$\varrho \frac{\partial v_i}{\partial t} + \varrho v_k \frac{\partial v_i}{\partial x_k} = -\frac{\partial P}{\partial x_i} + \frac{\partial \sigma'_{ik}}{\partial x_k}, \tag{88,7}$$

$$\varrho T\left(\frac{\partial s}{\partial t} + \boldsymbol{v}\nabla s\right) = \frac{1}{2}\sigma'_{ik}\left(\frac{\partial v_i}{\partial x_k} + \frac{\partial v_k}{\partial x_i}\right) - \operatorname{div} \boldsymbol{q} \tag{88,8}$$

geschrieben, drücken ohne Spezifizierung des Spannungstensors σ'_{ik} und des Vektors für den Wärmestrom $\boldsymbol{q}$ einfach die Erhaltung der Masse, des Impulses und der Energie aus. Deshalb sind sie in dieser Form für eine beliebige Bewegung richtig, auch für die Fluktuationsänderungen des Flüssigkeitszustandes. Dabei hat man unter $\varrho, P, \boldsymbol{v}, \ldots$ die Summe der Größen σ_0, P_0, $\boldsymbol{v}_0$, ... in der Hauptbewegung und ihrer Fluktuationsschwingungen $\delta\varrho$, δP, $\delta \boldsymbol{v}$, ... zu verstehen (bezüglich der letzteren können die Gleichungen natürlich immer linearisiert werden).

Die üblichen Ausdrücke für den Spannungstensor und den Wärmestrom verknüpfen diese Größen mit dem Geschwindigkeitsgradienten bzw. mit dem Temperaturgradienten. Bei Fluktuationen entstehen in der Flüssigkeit lokale, spontane Spannungen und Wärmeströme, die mit den genannten Gradienten nicht verknüpft sind; wir bezeichnen sie mit s_{ik} und $\boldsymbol{g}$ und werden sie „stochastisch" nennen. Auf diese Weise schreiben wir:

$$\sigma'_{ik} = \eta\left(\frac{\partial v_i}{\partial x_k} + \frac{\partial v_k}{\partial x_i} - \frac{2}{3}\,\delta_{ik} \operatorname{div} \boldsymbol{v}\right) + \zeta\delta_{ik}\operatorname{div} \boldsymbol{v} + s_{ik}, \tag{88,9}$$

$$\boldsymbol{q} = -\varkappa\, \nabla T + \boldsymbol{g} \tag{88,10}$$

(η, ζ sind Zähigkeitskoeffizienten, $\varkappa$ ist der Wärmeleitungskoeffizient).

Das Problem besteht nun in der Bestimmung der Eigenschaften von s_{ik} und $\boldsymbol{g}$ — in der Bestimmung ihrer Korrelationsfunktionen. Der Einfachheit halber führen wir alle Betrachtungen für den für die Hydrodynamik natürlichen Fall durch, bei dem es keine Quantenfluktuationen gibt; das bedeutet, daß angenommen wird, daß die Frequenzen der Fluktuationsschwingungen der Bedingung $\hbar\omega \ll T$ genügen. Dabei werden wir auch annehmen, daß die Koeffizienten von Zähigkeit und Wärmeleitfähigkeit nicht dispergierend sind, d.h., sie sind von den Schwingungsfrequenzen unabhängig.

In der allgemeinen Fluktuationstheorie (dargestellt in V, § 119—122) wird eine diskrete Reihe von fluktuierenden Größen $x_1, x_2, \ldots$ betrachtet, während wir es hier mit einer kontinuierlichen Reihe zu tun haben (den Werten von $\varrho, P, \ldots$ in jedem Punkt der Flüssigkeit). Wir werden diese unwesentliche Schwierigkeit umgehen, indem wir das Volumen des Körpers in kleine, aber endliche Teile ΔV einteilen und in jedem Teil Mittelwerte der Größen betrachten; den Übergang zu unendlich kleinen Elementen führen wir dann in den Endformeln aus.

Wir werden die Formeln (88,9—10) als die Gleichungen

$$\dot{x}_a = -\sum_b \gamma_{ab} X_b + y_b \tag{88,11}$$

der allgemeinen Theorie der quasistationären Fluktuationen betrachten (s. V, (122,20)), wobei wir als Größen $\dot{x}_a$ die Komponenten des Tensors σ'_{ik} und des Vektors $\boldsymbol{q}$ in jedem Volumenteil ΔV wählen; als Größen y_a treten dann s_{ik} und $\boldsymbol{g}$ auf:

$$\begin{aligned} \dot{x}_a &\to \sigma'_{ik}, q_i, \\ y_a &\to s_{ik}, \mathfrak{g}_i. \end{aligned} \tag{88,12}$$

Die Bedeutung der thermodynamisch konjugierten Größen X_a wird durch Heranziehen der Formeln für die Änderungsgeschwindigkeit der Gesamtentropie der Flüssigkeit S aufgeklärt. Mit Hilfe der Gleichungen (88,8—10) finden wir auf dem üblichen Weg (vgl. VI, § 49)

$$\dot{S} = \int \left\{ \frac{\sigma'_{ik}}{2T} \left(\frac{\partial v_i}{\partial x_k} + \frac{\partial v_k}{\partial x_i} \right) - \frac{\boldsymbol{q}\nabla T}{T^2} \right\} \mathrm{d}V. \tag{88,13}$$

Wenn wir dieses Integral durch eine Summe über die Teilvolumina ΔV ersetzen und dann mit dem Ausdruck

$$\dot{S} = -\sum_a \dot{x}_a X_a$$

vergleichen, finden wir

$$X_a \to -\frac{1}{2T} \left(\frac{\partial v_i}{\partial x_k} + \frac{\partial v_k}{\partial x_i} \right) \Delta V, \quad \frac{1}{T^2} \frac{\partial T}{\partial x_i} \Delta V. \tag{88,14}$$

Nun sind die Koeffizienten γ_{ab} leicht zu finden, die die gesuchten Korrelationen nach den Formeln

$$\langle y_a(t_1)\, y_b(t_2) \rangle = (\gamma_{ab} + \gamma_{ba})\, \delta(t_1 - t_2) \tag{88,15}$$

unmittelbar bestimmen (s. V, (122,21a)).

Wir bemerken zunächst, daß es in den Formeln (88,9—10) keine Glieder gibt, die σ'_{ik} mit dem Temperaturgradienten und $\boldsymbol{q}$ mit den Geschwindigkeitsgradienten verknüpfen würden. Das bedeutet, daß die entsprechenden Koeffizienten $\gamma_{ab} = 0$ sind, und wegen (88,15) haben wir

$$\langle s_{ik}(t_1, \boldsymbol{r}_1)\, \mathfrak{g}_l(t_2, \boldsymbol{r}_2) \rangle = 0, \tag{88,16}$$

d.h., die Werte von s_{ik} und $\boldsymbol{g}$ sind überhaupt nicht miteinander korreliert.

Weiterhin sind die Koeffizienten, die die Werte q_i mit den Werten $(\Delta V/T^2)\, \partial T/\partial x_i$ verknüpfen, gleich Null, wenn diese Größen in verschiedenen Teilen ΔV genommen werden, und gleich $\gamma_{ik} = \varkappa T^2\, \delta_{ik}/\Delta V$, wenn sie in ein und demselben Teil genommen werden. Mit diesen Werten von γ_{ab} finden wir nach Formel (88,15) nach dem Grenzübergang $\Delta V \to 0$:

$$\langle \mathfrak{g}_i(t_1, \boldsymbol{r}_1)\, \mathfrak{g}_k(t_2, \boldsymbol{r}_2)\rangle = 2\varkappa T^2\, \delta_{ik}\delta(\boldsymbol{r}_1 - \boldsymbol{r}_2)\, \delta(t_1 - t_2). \tag{88,17}$$

Auf analoge Weise erhält man Formeln für die Korrelationsfunktionen des stochastischen Spannungstensors:

$$\langle s_{ik}(t_1, \boldsymbol{r}_1)\, s_{lm}(t_2, \boldsymbol{r}_2)\rangle$$
$$= 2T\left[\eta(\delta_{il}\delta_{km} + \delta_{im}\delta_{kl}) + \left(\zeta - \frac{2\eta}{3}\right)\delta_{ik}\delta_{lm}\right]\delta(\boldsymbol{r}_1 - \boldsymbol{r}_2)\, \delta(t_1 - t_2). \tag{88,18}$$

Die Formeln (88,16—18) lösen im Prinzip die gestellte Aufgabe, die hydrodynamischen Fluktuationen in einem beliebigen konkreten Fall zu berechnen. Der Lösungsweg der Aufgabe ist dabei wie folgt. Wir betrachten s_{ik} und $\boldsymbol{g}$ als gegebene Funktionen der Koordinaten und der Zeit, lösen formal die linearisierten Gleichungen (88,6—8) in bezug auf die Größen $\delta\varrho$, $\delta\boldsymbol{v}$, ... und berücksichtigen dabei die notwendigen hydrodynamischen Randbedingungen. Im Ergebnis erhalten wir diese Größen, ausgedrückt als lineare Funktionale von s_{ik}, $\boldsymbol{g}$. Eine beliebige, in $\delta\varrho$, $\delta\boldsymbol{v}$, ... quadratische Größe wird dementsprechend durch quadratische Funktionale von s_{ik}, $\boldsymbol{g}$ ausgedrückt, danach erhält man ihren Mittelwert mit Hilfe der Formeln (88,16—18), und die Hilfsgrößen s_{ik}, $\boldsymbol{g}$ fallen aus dem Endergebnis heraus.

Wir schreiben die Formeln (88,16—18) auch in den FOURIER-Komponenten bezüglich der Frequenzen, wobei wir das sofort in einer Form tun, die die Formeln für Quantenfluktuationen verallgemeinert. Nach den allgemeinen Regeln des Fluktuations-Dissipations-Theorems erreicht man diese Verallgemeinerung, indem man den zusätzlichen Faktor $(\hbar\omega/2T)$ cth $(\hbar\omega/2T)$ einführt (der im klassischen Grenzfall, bei $\hbar\omega \ll T$, gegen 1 strebt). Wenn die Zähigkeit und die Wärmeleitfähigkeit eine Dispersion haben, sind die Größen η, ζ, $\varkappa$ komplexe Funktionen der Frequenz; dabei werden in den Formeln für die Fluktuationen η, ζ, $\varkappa$ durch die Realteile dieser Funktionen ersetzt:

$$(s_{ik}^{(1)}\mathfrak{g}_l^{(2)})_\omega = 0, \tag{88,19}$$

$$(\mathfrak{g}_i^{(1)}\mathfrak{g}_k^{(2)})_\omega = \delta_{ik}\delta(r_1 - r_2)\,\hbar\omega T \coth\frac{\hbar\omega}{2T}\cdot \operatorname{Re}\varkappa(\omega)\,, \tag{88,20}$$

$$(s_{ik}^{(1)}s_{lm}^{(2)})_\omega = \hbar\omega\,\delta(r_1 - r_2)\coth\frac{\hbar\omega}{2T}$$
$$\times\left[\left(\delta_{il}\delta_{km} + \delta_{im}\delta_{kl} - \frac{2}{3}\,\delta_{ik}\delta_{lm}\right)\operatorname{Re}\,\eta(\omega) + \delta_{ik}\delta_{lm}\operatorname{Re}\,\zeta(\omega)\right]. \tag{88,21}$$

§ 89. Hydrodynamische Fluktuationen in einem unendlich ausgedehnten Medium

In diesem Paragraphen betrachten wir die hydrodynamischen Fluktuationen in einer unendlich ausgedehnten, unbewegten Flüssigkeit. Diese Aufgabe kann natürlich mit der im vorigen Paragraphen dargestellten Methode gelöst werden. Wir wollen das aber hier mit einer anderen Methode tun, um dadurch einen alternativen Weg zur Lösung des Problems der hydrodynamischen Fluktuationen zu illustrieren.

Diese Methode benutzt die allgemeine Theorie der quasistationären Fluktuationen in ihrem früheren Stadium, vor der Einführung der stochastischen Kräfte. Wir erinnern an die hierzu gehörigen allgemeinen Formeln (s. V, § 122).

Es mögen

$$\dot{x}_a = -\sum_b \lambda_{ab} x_b \tag{89,1}$$

die makroskopischen „Bewegungsgleichungen" für den Satz von Größen $x_a(t)$ sein, die den Nichtgleichgewichtszustand des Systems beschreiben (im Gleichgewicht sind alle $x_a = 0$). Diese Gleichungen sind gültig, wenn alle Größen x_a groß im Vergleich zu ihren mittleren Fluktuationen sind (gleichzeitig aber so klein, daß man die Bewegungsgleichungen linearisieren kann). Dann kann man behaupten, daß denselben Gleichungen (bei $t > 0$) die Korrelationsfunktionen der Fluktuationen genügen:

$$\frac{\mathrm{d}}{\mathrm{d}t} \langle x_a(t)\, x_c(0)\rangle = -\sum_b \lambda_{ab} \langle x_b(t)\, x_c(0)\rangle, \quad t > 0. \tag{89,2}$$

Als Anfangsbedingung zu diesen Gleichungen dienen die Beziehungen

$$\langle x_a(t)\, x_c(0)\rangle \big|_{t=+0} = \langle x_a x_c\rangle. \tag{89,3}$$

Dabei ist $\langle x_a x_c\rangle$ die gleichzeitige Korrelationsfunktion, die als bekannt vorausgesetzt wird. In das Gebiet $t < 0$ werden die Korrelationsfunktionen nach der Regel

$$\langle x_a(t)\, x_c(0)\rangle = \pm \langle x_a(-t)\, x_c(0)\rangle \tag{89,4}$$

fortgesetzt, wobei sich das obere Vorzeichen auf den Fall bezieht, bei dem beide Größen x_a und x_c gerade (oder beide ungerade) in bezug auf die Zeitumkehr sind, das untere Vorzeichen bezieht sich auf den Fall, bei dem eine Größe gerade, die andere ungerade ist. Die Lösung der Gleichung (89,2) mit der Bedingung (89,3) wird durch eine einseitige Fourier-Transformation gegeben: wenn wir die Gleichung mit $\mathrm{e}^{i\omega t}$ multiplizieren und über t von 0 bis ∞ integrieren (wobei das Integral auf der linken Seite der Gleichung partiell integriert wird), erhalten wir das Gleichungssystem

$$-i\omega (x_a x_c)^{(+)}_\omega = -\sum_b \lambda_{ab} (x_b x_c)^{(+)}_\omega + \langle x_a x_c\rangle \tag{89,5}$$

für die Größen (Frequenzfunktionen)

$$(x_a x_b)^{(+)}_\omega = \int_0^\infty \mathrm{e}^{i\omega t} \langle x_a(t)\, x_b(0)\rangle \,\mathrm{d}t. \tag{89,6}$$

Die üblichen Fourier-Komponenten der Korrelationsfunktion werden durch die Größen (89,6) gemäß

$$\begin{aligned}(x_a x_b)_\omega &= \int_{-\infty}^{\infty} \mathrm{e}^{i\omega t} \langle x_a(t)\, x_b(0)\rangle \,\mathrm{d}t \\ &= (x_a x_b)^{(+)}_\omega \pm [(x_a x_b)^{(+)}_\omega]^* = (x_a x_b)^{(+)}_\omega + (x_b x_a)^{(+)}_{-\omega}\end{aligned} \tag{89,7}$$

ausgedrückt, die Vorzeichen $\pm$ entsprechen den Vorzeichen in (89,4).

Wir gehen zum gestellten Problem der Fluktuationen in einer unbewegten Flüssigkeit über und linearisieren zunächst die hydrodynamischen Gleichungen (88,6—8) mit σ'_{ik} und $\boldsymbol{q}$ aus (88,9—10) (ohne die letzten Glieder). Wenn wir $\varrho = \varrho_0 + \delta\varrho$, $\boldsymbol{v} = \delta\boldsymbol{v}, \dots$ setzen und die nichtlinearen Glieder weglassen, erhalten wir

$$\frac{\partial \delta\varrho}{\partial t} + \varrho \operatorname{div} \boldsymbol{v} = 0, \tag{89,8}$$

$$\varrho \frac{\partial \boldsymbol{v}}{\partial t} = -\nabla\, \delta P + \eta \Delta \boldsymbol{v} + \left(\zeta + \frac{\eta}{3}\right) \nabla \operatorname{div} \boldsymbol{v}, \tag{89,9}$$

$$\frac{\partial \delta s}{\partial t} = \frac{\varkappa}{\varrho T} \Delta \delta T \tag{89,10}$$

(nach der Linearisierung lassen wir den Index 0 an den konstanten Größen $\varrho_0, \dots$ weg). Es ist in den Gleichungen (89,8—10) zweckmäßig, sofort die Geschwindigkeit in den („longitudinalen") Potentialteil $\boldsymbol{v}^{(l)}$ und den („transversalen") Wirbelteil $\boldsymbol{v}^{(t)}$ gemäß der Definition

$$\boldsymbol{v} = \boldsymbol{v}^{(l)} + \boldsymbol{v}^{(t)}, \tag{89,11}$$

$$\operatorname{div} \boldsymbol{v}^{(t)} = 0, \quad \operatorname{rot} \boldsymbol{v}^{(l)} = 0$$

aufzuteilen. In (89,8) bleibt dann nur die longitudinale Geschwindigkeit übrig,

$$\frac{\partial \delta\varrho}{\partial t} + \varrho \operatorname{div} \boldsymbol{v}^{(l)} = 0, \tag{89,12}$$

und (89,9) zerfällt in zwei Gleichungen:

$$\frac{\partial \boldsymbol{v}^{(t)}}{\partial t} = \frac{\eta}{\varrho} \Delta \boldsymbol{v}^{(t)}, \tag{89,13}$$

$$\varrho \frac{\partial \boldsymbol{v}^{(l)}}{\partial t} = -\nabla\, \delta P + \left(\zeta + \frac{4\eta}{3}\right) \nabla \operatorname{div} \boldsymbol{v}^{(l)}. \tag{89,14}$$

Die Gleichung für die transversale Geschwindigkeit ist von den übrigen Gleichungen unabhängig. Dementsprechend haben wir auch für die Korrelationsfunktion ihrer Fluktuationen eine Gleichung

$$\frac{\partial}{\partial t} \langle v_i^{(t)}(t, \boldsymbol{r})\, v_k^{(t)}(0, 0)\rangle - \nu\, \Delta \langle v_i^{(t)}(t, \boldsymbol{r})\, v_k^{(t)}(0, 0)\rangle = 0 \tag{89,15}$$

(mit der kinematischen Zähigkeit $\nu = \eta/\varrho$). Wenn wir sie einer einseitigen Fourier-Transformation unterwerfen, erhalten wir

$$-i\omega (v_i^{(t)}(\boldsymbol{r})\, v_k^{(t)}(0))_\omega^{(+)} - \nu\, \Delta (v_i^{(t)}(\boldsymbol{r})\, v_k^{(t)}(0))_\omega^{(+)} = \langle v_i^{(t)}(\boldsymbol{r})\, v_k^{(t)}(0)\rangle$$

(wobei rechts die gleichzeitige Korrelationsfunktion steht), oder, wenn wir zu den Fourier-Komponenten bezüglich der Koordinaten übergehen,

$$(v_i^{(t)} v_k^{(t)})_{\omega \boldsymbol{k}} = \frac{(v_i^{(t)} v_k^{(t)})_{\boldsymbol{k}}}{\nu k^2 - i\omega}.$$

Die gleichzeitige Korrelationsfunktion der Geschwindigkeitsfluktuationen wird durch die Formel (88,5) gegeben; wenn wir in ihr zu den FOURIER-Komponenten übergehen und den transversalen Teil abtrennen, haben wir

$$(v_i^{(t)} v_k^{(t)})_{\boldsymbol{k}} = \frac{T}{\varrho}\left(\delta_{ik} - \frac{k_i k_k}{k^2}\right). \tag{89,16}$$

Wir setzen das in die vorhergehende Formel ein und erhalten schließlich[1])

$$(v_i^{(t)} v_k^{(t)})_{\omega \boldsymbol{k}} = 2 \operatorname{Re} (v_i^{(t)} v_k^{(t)})_{\omega \boldsymbol{k}}^{(+)} = \frac{2T}{\varrho}\left(\delta_{ik} - \frac{k_i k_k}{k^2}\right) \frac{\nu k^2}{\omega^2 + \nu^2 k^4}. \tag{89,17}$$

Für die übrigen Variablen haben wir ein System von gekoppelten Gleichungen (89,10), (89,12), (89,14). Dieses System vereinfacht sich aber in den Grenzfällen großer oder kleiner Frequenzen. Das liegt daran, daß sich die Störungen der longitudinalen Geschwindigkeit und des Druckes in der Flüssigkeit mit der Schallgeschwindigkeit u ausbreiten, die Störungen der Entropie aber nach der Wärmeleitungsgleichung. Der letzte Mechanismus erfordert eine Zeit $\sim 1/\chi k^2$ für die Ausbreitung der Störung über einen Abstand $\sim 1/k$ ($\chi = \varkappa/\varrho c_p$ ist die Temperaturleitfähigkeit des Mediums). Man kann deshalb für Frequenzen, die (bei gegebenem Wellenzahlvektor) der Bedingung

$$\chi k^2 \ll \omega \sim k u \tag{89,18}$$

genügen, annehmen, daß nur $\boldsymbol{v}^{(l)}$ und P bei konstanter Entropie fluktuieren. Bei

$$\chi k^2 \sim \omega \ll k u \tag{89,19}$$

finden im Gegensatz dazu isobare Fluktuationen der Entropie statt.[2])

Wir betrachten zunächst das erste Gebiet (89,18) der hohen Frequenzen und bestimmen zum Beispiel die Druckfluktuationen.

Die für die Korrelationsfunktionen umgeschriebene Gleichung (89,14) hat die Form

$$\frac{\partial}{\partial t}\langle \boldsymbol{v}^{(l)}(t, \boldsymbol{r})\, \delta P(0,0)\rangle = -\operatorname{grad} \langle \delta P(t, \boldsymbol{r})\, \delta P(0,0)\rangle$$
$$+ \left(\zeta + \frac{4\eta}{3}\right) \operatorname{grad} \operatorname{div} \langle \boldsymbol{v}^{(l)}(t, \boldsymbol{r})\, \delta P(0,0)\rangle,$$

und als zugehörige Anfangsbedingung dient diejenige, daß die gleichzeitigen Korrelationen von $\boldsymbol{v}^{(l)}$ und δP verschwinden sollen. Wir führen eine einseitige FOURIER-Transformation bezüglich der Zeit und eine vollständige bezüglich der Koordinaten durch und erhalten damit

$$-i\omega\varrho(\boldsymbol{v}^{(l)}\, \delta P)_{\omega \boldsymbol{k}}^{(+)} = -i\boldsymbol{k}(\delta P^2)_{\omega \boldsymbol{k}}^{(+)} - \left(\zeta + \frac{4\eta}{3}\right) \boldsymbol{k}(\boldsymbol{k}\boldsymbol{v}^{(l)}\, \delta P)_{\omega \boldsymbol{k}}^{(+)}. \tag{89,20}$$

In der Gleichung (89,12) schreiben wir weiterhin

$$\delta\varrho = \left(\frac{\partial\varrho}{\partial P}\right)_s \delta P + \left(\frac{\partial\varrho}{\partial s}\right)_P \delta s = \frac{1}{u^2}\,\delta P - \varrho^2 \left(\frac{\partial T}{\partial P}\right)_s \delta s,$$

---

[1]) Man kann leicht sehen, daß wir durch Integration des Ausdruckes (89,17) über $d\omega/2\pi$ zur gleichzeitigen Korrelationsfunktion zurückkehren, wie es auch sein muß.

[2]) Die Ungleichung $\chi k^2 \ll k u$ ist im hydrodynamischen Gebiet immer erfüllt. So ist in Gasen $u \sim v_T$ und $\chi \sim v_T l$, dabei sind v_T die mittlere thermische Teilchengeschwindigkeit und l ihre freie Weglänge. Deshalb ist die Ungleichung $\chi k \ll u$ der stets notwendigen Bedingung $kl \ll 1$ äquivalent.

und $\partial\delta s/\partial t$ drücken wir mit Hilfe der Gleichung (89,10), in der Form

$$\frac{\partial\delta s}{\partial t} = \frac{\varkappa}{\varrho T}\left(\frac{\partial T}{\partial P}\right)_s \Delta\,\delta P$$

geschrieben, aus (das Glied mit $\Delta\delta s$ auf der rechten Seite vernachlässigen wir im Vergleich zu $\partial\delta s/\partial t$ wegen der Bedingung $\chi k^2 \ll \omega$). Das führt zu der Gleichung

$$\frac{1}{u^2}\frac{\partial\delta P}{\partial t} - \frac{\varkappa\varrho}{T}\left(\frac{\partial T}{\partial P}\right)_s^2 \Delta\,\delta P + \varrho\,\operatorname{div}\boldsymbol{v}^{(l)} = 0\,.$$

Die entsprechende Gleichung für die Korrelationsfunktionen erhält man wieder durch Ersetzung von δP und $\boldsymbol{v}^{(l)}$ durch $\langle\delta P(t,\boldsymbol{r})\,\delta P(0,0)\rangle$ bzw. $\langle\boldsymbol{v}^{(l)}(t,\boldsymbol{r})\delta P(0,0)\rangle$, als Anfangsbedingung dient (88,3). Nach FOURIER-Transformationen ergibt diese Gleichung

$$\left[-\frac{i\omega}{u^2} + \frac{k^2\varkappa\varrho}{T}\left(\frac{\partial T}{\partial P}\right)_s^2\right](\delta P^2)^{(+)}_{\omega k} + i\varrho(\boldsymbol{k}\boldsymbol{v}^{(l)}\,\delta P)^{(+)}_{\omega k} = \varrho T\,. \qquad (89,21)$$

Aus den beiden Gleichungen (89,20—21) finden wir nach einigen Umformungen

$$(\delta P^2)_{\omega k} = 2\,\mathrm{Re}\,(\delta P^2)^{(+)}_{\omega k} = 2\mathrm{Re}\,\frac{k^2\varrho T u^4(i + 2\gamma_T\omega/uk^2)}{\omega(\omega^2 - k^2u^2 + 2i\omega u\gamma)} \qquad (89,22)$$

mit

$$\gamma = \frac{k^2}{2\varrho u}\left[\zeta + \frac{4\eta}{3} + \frac{\varkappa u^2\varrho^2}{T}\left(\frac{\partial T}{\partial P}\right)_s^2\right] \qquad (89,23)$$

als Schallabsorptionskoeffizient im Medium (s. VI, § 77), γ_T ist der mit der Wärmeleitung zusammenhängende Teil. Wir schreiben das endgültige Ergebnis für das Frequenzgebiet in der Nähe von $\omega = \pm ku$ auf, wo die Fluktuationen besonders groß sind:

$$(\delta P)^2{}_{\omega k} = \frac{\varrho T u^3\gamma}{(\omega \mp ku)^2 + u^2\gamma^2}\,. \qquad (89,24)$$

Diese Formel ist für $|\omega \mp ku| \lesssim u\gamma$ gültig.[1])

Im Gebiet (89,19) mit niedrigen Frequenzen genügt es, wie schon angegeben wurde, die Entropiefluktuationen zu betrachten und die Druckfluktuationen dabei zu vernachlässigen. Das bedeutet, daß man in der Gleichung (89,10)

$$\delta T \approx \left(\frac{\partial T}{\partial s}\right)_P \delta s = \frac{T}{c_p}\,\delta s$$

setzen kann (die Wärmekapazität c_p ist auf die Masseneinheit bezogen). Deshalb haben wir für die gesuchte Korrelationsfunktion eine Gleichung desselben Typs wie auch für (89,15), und die zugehörige Anfangsbedingung wird durch den Ausdruck (88,4) gegeben. Als Resultat finden wir

$$(\delta s^2)_{\omega k} = \frac{2c_p}{\varrho}\,\frac{\chi k^2}{\omega^2 + \chi^2 k^4}\,. \qquad (89,25)$$

---

[1]) Wir erinnern daran (s. VI, § 79), daß der hydrodynamische Schallabsorptionskoeffizient sowohl in Gasen (wo die Ungleichung $\gamma \ll k$ automatisch aus der Bedingung $kl \ll 1$ folgt) als auch in Flüssigkeiten, in denen es keine wesentliche Schalldispersion gibt, immer klein ist.

Aufgaben

1. Es ist die Korrelationsfunktion für die Fluktuationen der Anzahl gelöster Teilchen in einer schwachen Lösung zu bestimmen.

Lösung. Die Dichte n der Anzahl gelöster Teilchen genügt der Diffusionsgleichung

$$\frac{\partial n}{\partial t} = D \Delta n$$

(D ist der Diffusionskoeffizient). In einer schwachen Lösung sind die gleichzeitigen Dichten in verschiedenen Raumpunkten nicht miteinander korreliert (analog dazu, wie es in einem idealen Gas keine gleichzeitige Korrelation für die Dichte gibt); deshalb ist die gleichzeitige Korrelationsfunktion

$$\langle \delta n(\boldsymbol{r}_1)\, \delta n(\boldsymbol{r}_2) \rangle = \bar{n} \delta(\boldsymbol{r}_1 - \boldsymbol{r}_2).$$

Analog zur Formel (89,25) finden wir

$$(\delta n^2)_{\omega \boldsymbol{k}} = \frac{2\bar{n} k^2 D}{\omega^2 + k^4 D}.$$

In dieser Lösung vernachlässigen wir die Thermodiffusion, dadurch können die Fluktuationen von n unabhängig von den Temperaturfluktuationen betrachtet werden.

2. Es ist die Korrelationsfunktion für die Druckfluktuationen in einer Flüssigkeit zu bestimmen, die eine große, dispergierende zweite Zähigkeit $\zeta(\omega)$ hat (verbunden mit der langsamen Relaxation irgendeines Parameters).

Lösung. Die Existenz von langsamen Relaxationsprozessen führt zum Auftreten einer zweiten Zähigkeit der Form

$$\zeta(\omega) = \frac{\tau \varrho}{1 - i\omega\tau} (u_\infty^2 - u_0^2),$$

dabei bedeuten τ die Relaxationszeit, u_0 die Gleichgewichts-Schallgeschwindigkeit, u_∞ die Schallgeschwindigkeit bei konstantem Wert des Relaxationsparameters (s. VI, § 81). Die Gleichungen (89,20—21), und mit ihnen auch (89,22), sind auch gültig, wenn eine Dispersion vorhanden ist. Wenn wir $\zeta = \zeta(\omega)$ setzen und die von η und $\varkappa$ stammenden Glieder vernachlässigen, erhalten wir

$$(\delta P^2)_{\omega \boldsymbol{k}} = \frac{2T\tau\varrho u_0^4 (u_\infty^2 - u_0^2)}{(u_0^2 - \omega^2/k^2)^2 + \omega^2\tau^2 (u_\infty^2 - \omega^2/k^2)^2}.$$

§ 90. Operatorausdrücke für die kinetischen Koeffizienten

Den im § 88 erhaltenen Formeln (88,20—21) kann man einen neuen Aspekt geben, wenn man sie „von rechts nach links" liest, d. h., wenn man sie als Ausdrücke für die Koeffizienten von Wärmeleitfähigkeit und Zähigkeit betrachtet. Dabei kann man die Korrelationsfunktionen auf den linken Seiten der Gleichung nach ihrer Definition durch die Operatoren von gewissen Größen ausdrücken, die eine mikroskopische Bedeutung haben; im Ergebnis werden durch diese Operatoren die kinetischen Koeffizienten der Flüssigkeit ausgedrückt.

Zunächst muß man berücksichtigen, daß das Fehlen einer Korrelation zwischen den Fluktuationen der „stochastischen“ Energie- und Impulsströme in unterschiedlichen Raumpunkten (eine δ-Funktion $\delta(\boldsymbol{r}_1 - \boldsymbol{r}_2)$ in den Formeln (88,20—21)) eine Folge der hydrodynamischen Näherung ist; die letztere gilt nur bei kleinen Wellenzahlvektoren. Um diese Bedingung in expliziter Form auszudrücken, schreiben wir die Formeln in den FOURIER-Komponenten bezüglich der räumlichen Koordinaten (das führt dazu, daß die Faktoren $\delta(\boldsymbol{r}_1 - \boldsymbol{r}_2)$ durch Eins ersetzt werden) und gehen zum Grenzfall $\boldsymbol{k} \to 0$ über. So schreiben wir die bezüglich des Indexpaares i, k gefaltete Formel (88,20)

$$(\boldsymbol{g}^{(1)}\boldsymbol{g}^{(2)})_\omega = 3\delta(\boldsymbol{r}_1 - \boldsymbol{r}_2)\,\hbar\omega T \coth\frac{\hbar\omega}{2T}\cdot \operatorname{Re}\varkappa(\omega)$$

in der Form

$$\operatorname{Re}\varkappa(\omega) = \frac{1}{3\hbar\omega T}\tanh\frac{\hbar\omega}{2T}\lim_{\boldsymbol{k}\to 0}(\boldsymbol{g}^2)_{\omega\boldsymbol{k}}. \tag{90,1}$$

Es ist leicht zu sehen, daß man bei solch einer Schreibweise in dieser Formel den „stochastischen“ Wärmestrom $\boldsymbol{g}$ durch den gesamten Energiestrom ersetzen kann, den wir hier mit $\boldsymbol{Q}$ bezeichnen. Wie aus der Hydrodynamik bekannt ist, setzt sich der letztere aus dem Strom des konvektiven Energietransportes und dem Wärmestrom $\boldsymbol{q}$ zusammen:

$$\boldsymbol{Q} = \left(\frac{v^2}{2} + w\right)\varrho\boldsymbol{v} + \boldsymbol{q} \approx \varrho w\boldsymbol{v} - \varkappa\nabla T + \boldsymbol{g} \tag{90,2}$$

(w ist die Enthalpie der Masseneinheit der Flüssigkeit; im letzten Ausdruck haben wir das Glied mit einer höheren Potenz der Fluktuationsgeschwindigkeit $\boldsymbol{v}$ weggelassen). Aber bei kleinen $\boldsymbol{k}$ enthalten die Fluktuationen realer physikalischer Größen ($\boldsymbol{v}$, T, ϱ usw.) im Vergleich zu den Fluktuationen der stochastischen Ströme eine zusätzliche Potenz von $\boldsymbol{k}$, und deshalb fallen im Grenzfall $\boldsymbol{k} \to 0$ die Fluktuationen von $\boldsymbol{g}$ mit den Fluktuationen von $\boldsymbol{Q}$ zusammen. Das wird schon daraus sofort klar, daß in die Bewegungsgleichungen der hydrodynamischen Fluktuationen (88,6—8) die Ströme $\boldsymbol{g}$ und s_{ik} nur über räumliche Ableitungen eingehen und die angegebenen physikalischen Größen auch in Form von zeitlichen Ableitungen; nach dem Übergang zu FOURIER-Komponenten sind die zweiten folglich von der Größenordnung k/ω im Vergleich zu den ersten.

Im Unterschied zu $\boldsymbol{g}$ ist der gesamte Energiestrom $\boldsymbol{Q}$ eine Größe, die eine direkte mechanische Bedeutung hat, und ihr entspricht ein bestimmter quantenmechanischer Operator $\hat{\boldsymbol{Q}}(t, \boldsymbol{r})$, der durch die Operatoren der dynamischen Variablen der Teilchen des Mediums ausgedrückt ist. Wenn wir uns an die Definition der Korrelationsfunktion durch die (HEISENBERGschen) Operatoren der entsprechenden Größe erinnern, kommen wir folglich zu der Formel

$$\operatorname{Re}\varkappa(\omega) = \frac{1}{6\hbar\omega T}\tanh\frac{\hbar\omega}{2T} \times\lim_{\boldsymbol{k}\to 0}\int\int_{-\infty}^{\infty} e^{i(\omega t - \boldsymbol{k}\boldsymbol{r})}\langle\hat{\boldsymbol{Q}}(t, \boldsymbol{r})\,\hat{\boldsymbol{Q}}(0, 0) + \hat{\boldsymbol{Q}}(0, 0)\,\hat{\boldsymbol{Q}}(t, \boldsymbol{r})\rangle\,dt\,d^3x \tag{90,3}$$

(M. S. GREEN, 1954).

Eine zweckmäßigere Darstellung der Funktion $\varkappa(\omega)$ erhält man aber, wenn man die Formel benutzt, die die Korrelationsfunktion durch den Kommutator der entsprechenden Operatoren ausdrückt.

Sind $x_a(\boldsymbol{r})$, $x_b(\boldsymbol{r})$ zwei fluktuierende Größen (die im Gleichgewicht verschwinden und sich bei einer Zeitumkehr gleichartig verhalten), dann kann man ihre Korrelationsfunktion nach (76,1) und (75,11) in der Form

$$(x_a^{(1)} x_b^{(2)})_\omega = \coth \frac{\hbar\omega}{2T} \operatorname{Re} \int_0^\infty e^{i\omega t} \langle\{\hat{x}_a(t, \boldsymbol{r}_1), \hat{x}_b(0, \boldsymbol{r}_2)\}\rangle \, dt$$

darstellen, dabei kennzeichnen die Klammern $\{\ldots, \ldots\}$ den Kommutator.

Wenn wir zur FOURIER-Entwicklung nach den Koordinaten $\boldsymbol{r} = \boldsymbol{r}_1 - \boldsymbol{r}_2$ übergehen, erhalten wir die Formel

$$(x_a x_b)_{\omega \boldsymbol{k}} = \coth \frac{\hbar\omega}{2T} \cdot \operatorname{Re} \int \int_0^\infty e^{i(\omega t - \boldsymbol{k}\boldsymbol{r})} \langle\{\hat{x}_a(t, \boldsymbol{r}_1), \hat{x}_b(0, 0)\}\rangle \, dt \, d^3x . \tag{90,4}$$

Wenden wir diese Formel auf die Korrelationsfunktion $(\boldsymbol{Q}^2)_{\omega \boldsymbol{k}}$ an und setzen in (90,1) ein, so erhalten wir

$$\operatorname{Re} \varkappa(\omega) = \frac{1}{3\omega T} \lim_{\boldsymbol{k} \to 0} \operatorname{Re} \int \int_0^\infty e^{i(\omega t - \boldsymbol{k}\boldsymbol{r})} \langle\{\hat{\boldsymbol{Q}}(t, \boldsymbol{r}), \hat{\boldsymbol{Q}}(0, 0)\}\rangle \, dt \, d^3x .$$

In dieser Formel stehen rechts und links hinter dem Zeichen Re Funktionen von ω, die bei $\omega \to \infty$ gegen Null streben und in der oberen Halbebene der komplexen Veränderlichen ω keine Singularitäten haben. Aus der Gleichheit der Realteile dieser Funktionen auf der reellen Achse von ω folgt auch die Gleichheit der Funktionen selbst, und wir kommen zum Endergebnis

$$\varkappa(\omega) = \frac{1}{3\omega T} \lim_{\boldsymbol{k} \to 0} \int \int_0^\infty e^{i(\omega t - \boldsymbol{k}\boldsymbol{r})} \langle\{\hat{\boldsymbol{Q}}(t, \boldsymbol{r}), \hat{\boldsymbol{Q}}(0, 0)\}\rangle dt \, d^3x . \tag{90,5}$$

Um den statischen Wert des Wärmeleitungskoeffizienten zu bekommen, muß man dann zum Grenzwert $\omega \to 0$ übergehen.

Auf analoge Weise kann man die Formel (88,21) transformieren und einen Operatorausdruck für die Zähigkeitskoeffizienten erhalten.

Wenn man den gesamten Impulsstrom $\sigma_{ik} = -P\,\delta_{ik} + \sigma'_{ik}$ (σ'_{ik} aus (88,9)) einführt, dann verschwinden im Grenzfall $\boldsymbol{k} \to 0$ die Fluktuationen aller Glieder außer s_{ik}, so daß man in dieser Grenze die Korrelationsfunktion $(s_{ik} s_{lm})_{\omega \boldsymbol{k}}$ durch $(\sigma_{ik} \sigma_{lm})_{\omega \boldsymbol{k}}$ ersetzen kann. Im Ergebnis erhalten wir die Formel

$$\begin{aligned} &\eta(\omega) \left(\delta_{il}\delta_{km} + \delta_{im}\delta_{kl} - \frac{2}{3}\delta_{ik}\delta_{lm}\right) + \zeta(\omega)\, \delta_{ik}\delta_{lm} \\ &= \frac{1}{\omega} \lim_{\boldsymbol{k} \to 0} \int \int_0^\infty e^{i(\omega t - \boldsymbol{k}\boldsymbol{r})} \langle\{\hat{\sigma}_{ik}(t, \boldsymbol{r}), \hat{\sigma}_{lm}(0, 0)\}\rangle \, dt \, d^3x , \end{aligned} \tag{90,6}$$

dabei ist $\hat{\sigma}_{ik}(t, \boldsymbol{r})$ der Operator für die Impulsstromdichte (H. MORI, 1958). Wenn wir diese Gleichung nach den Indexpaaren i, k und l, m oder i, l und k, m kontrahieren, erhalten wir einzelne Ausdrücke für 9ζ bzw. für $10\eta + 3\zeta$.

§ 91. Der dynamische Formfaktor der FERMI-Flüssigkeit

Die Formeln (87,4—6) sind auf den Formfaktor einer FERMI-Flüssigkeit bei $T = 0$ nicht anwendbar, weil ihre Ableitung voraussetzt, daß nur der Phononenzweig des Spektrums der Elementaranregungen (bei kleinen ω und $\boldsymbol{k}$) vorhanden ist. Nicht anwendbar auf die FERMI-Flüssigkeit ist auch die in §§ 88, 89 entwickelte hydrodynamische Theorie der Fluktuationen: sie fordert die Erfüllung der Bedingung $kl \ll 1$ (l ist die freie Weglänge der Quasiteilchen), die in einer FERMI-Flüssigkeit offensichtlich verletzt ist, weil $l \propto T^{-2}$ ist und bei $T \to 0$ gegen unendlich strebt. Deshalb muß man sich für die Berechnung des Formfaktors der FERMI-Flüssigkeit der kinetischen Gleichung bedienen.

Dabei ist es zweckmäßig, von den Formeln (86,17—20) auszugehen, die den Zusammenhang des Formfaktors mit der verallgemeinerten Suszeptibilität bezüglich der Einwirkung eines gewissen Feldes $U(t, \boldsymbol{r})$ auf die Flüssigkeit herstellen. In den FOURIER-Komponenten auch nach den Koordinaten schreibt sich die Definition (86,18) als

$$\delta\bar{n}(\omega, \boldsymbol{k}) = -\alpha(\omega, \boldsymbol{k})\, U_{\omega \boldsymbol{k}}. \tag{91,1}$$

Wir beschränken uns auf den Fall $T = 0$. Dann wird der dynamische Formfaktor durch $\alpha(\omega, \boldsymbol{k})$ gemäß

$$\bar{n}\sigma(\omega, \boldsymbol{k}) = \begin{cases} 2\hbar \operatorname{Im} \alpha(\omega, \boldsymbol{k}), & \omega > 0, \\ 0 \quad , & \omega < 0 \end{cases} \tag{91,2}$$

ausgedrückt.

Die Störung der Dichte $\delta\bar{n}(\omega, \boldsymbol{k})$ wird mit Hilfe der kinetischen Gleichung ausgerechnet, wobei man in ihr (bei $T \to 0$) das Stoßintegral vernachlässigen kann. Diese Berechnungen unterscheiden sich von den im § 4 für den nullten Schall durchgeführten nur dadurch, daß in der Quasiteilchenenergie das Glied

$$U(t, \boldsymbol{r}) = U_{\omega \boldsymbol{k}} e^{i(\boldsymbol{kr} - \omega t)}$$

hinzugefügt ist. Dementsprechend ist in der Ableitung $\partial\varepsilon/\partial\boldsymbol{r}$ (4,3) das Glied $\partial U/\partial \boldsymbol{r} = i\boldsymbol{k}U$ hinzuzufügen und auf der linken Seite der kinetischen Gleichung (4,8) das Glied

$$-i\boldsymbol{k}U \frac{\partial n_0}{\partial \boldsymbol{p}} = i\boldsymbol{kv}U\, \delta(\varepsilon - \varepsilon_F).$$

Die Lösung der kinetischen Gleichung suchen wir in der Form

$$\delta n(\boldsymbol{p}) = \delta n_{\omega \boldsymbol{k}}(\boldsymbol{p})\, e^{i(\boldsymbol{kr} - \omega t)},$$

$$\delta n_{\omega \boldsymbol{k}}(\boldsymbol{p}) = -\delta(\varepsilon - \varepsilon_F) \frac{\pi^2 \hbar^2}{2m^* p_F} \chi(\boldsymbol{n}), \quad \boldsymbol{n} = \frac{\boldsymbol{p}}{p}. \tag{91,3}$$

Das ist die FOURIER-Komponente der Störung der Impulsverteilung der Quasiteilchen. Die gesuchte Änderung der gesamten Dichte der Quasiteilchen (die mit der Dichte der wirklichen Teilchen übereinstimmt) wird durch das Integral

$$\delta\bar{n}(\omega, \boldsymbol{k}) = \int \delta n_{\omega \boldsymbol{k}}(\boldsymbol{p}) \frac{2 d^3 p}{(2\pi\hbar)^3} = -\frac{1}{2\hbar} \int \chi(\boldsymbol{n}) \frac{do}{4\pi} \cdot U_{\omega \boldsymbol{k}}$$

gegeben. Die Definition der Funktion $\chi(\boldsymbol{n})$ in (91,3) unterscheidet sich von der Definition von $\nu(\boldsymbol{n})$ in (4,9) durch die Normierung: sie ist hier so gewählt, daß die Formel (91,2) die Form

$$\bar{n}\sigma(\omega, \boldsymbol{k}) = \operatorname{Im} \int \chi(\boldsymbol{n}) \frac{do}{4\pi}, \quad \omega > 0 \tag{91,4}$$

annimmt.

Für die Funktion $\chi(\boldsymbol{n})$ selbst erhält man die Gleichung

$$(\omega - v_F \boldsymbol{kn})\, \chi(\boldsymbol{n}) - v_F \boldsymbol{kn} \int F(\vartheta)\, \chi(\boldsymbol{n}') \frac{do'}{4\pi} = -\boldsymbol{kn} \frac{2p_F^2}{\pi^2 \hbar^2}, \tag{91,5}$$

die sich von (4,11) durch ihre rechte Seite unterscheidet.

Die Gleichung (91,5) enthält keine imaginären Größen in expliziter Form. Daß in ihrer Lösung $\chi(\boldsymbol{n})$ ein Imaginärteil auftritt, hängt deshalb nur mit dem Umlauf der Pole in den beim Lösungsprozeß entstehenden Integralen zusammen. Die Regel für diese Umläufe wird durch die Forderung bestimmt, daß das an das System angelegte Feld $U \propto e^{-i\omega t}$ adiabatisch bei $t = -\infty$ eingeschaltet werden soll; dazu muß man seine Frequenz ω durch $\omega + i0$ ersetzen.

Die konkrete Form der Lösung hängt von der Form der Wechselwirkungsfunktion $F(\vartheta)$ der Quasiteilchen ab. Wir demonstrieren den Verlauf der Lösung und ihre Eigenschaften an dem einfachsten Beispiel der Funktion $F = \text{const} \equiv F_0$.

In diesem Fall hat die Lösung der Gleichung (91,5) die Form

$$\chi(\boldsymbol{n}) = C \frac{v_F \boldsymbol{kn}}{v_F \boldsymbol{kn} - \omega - i0} \tag{91,6}$$

mit der Konstanten C. Die letztere ist durch das umgekehrte Einsetzen des Ausdruckes (91,6) in (91,5) bestimmt, dadurch findet man

$$C(1 + F_0 I) = \frac{2m^* p_F}{\pi^2 \hbar^2} \tag{91,7}$$

mit

$$I = \int \frac{\boldsymbol{kn}' v_F}{\boldsymbol{kn}' v_F - \omega - i0} \frac{do'}{4\pi}.$$

Der Integrand hängt nur vom Winkel zwischen $\boldsymbol{n}'$ und $\boldsymbol{k}$ ab, und nach einer offensichtlichen Substitution finden wir

$$I(s) = \frac{1}{2} \int_{-1}^{1} \frac{x\, dx}{x - s - i0} = 1 - \frac{s}{2} \ln \left| \frac{s+1}{s-1} \right| + \begin{cases} is\pi/2, & s < 1, \\ 0, & s > 1 \end{cases} \tag{91,8}$$

mit $s = \omega / k v_F$ (der Imaginärteil des Integrals ist durch die Regel (8,11) bestimmt).

Wenn wir die Funktion $\chi(\boldsymbol{n})$ aus (91,6—8) in (91,4) einsetzen, erhalten wir den dynamischen Formfaktor

$$\bar{n}\sigma(\omega, k) = \frac{2m^* p_F}{\pi^2 \hbar^2} \operatorname{Im} \frac{I(s)}{1 + F_0 I(s)} \tag{91,9}$$

(A. A. Abrikosow, I. M. Chalatnikow, 1958). Wegen (91,8) ist er bei $s < 1$ von Null verschieden, d. h. bei allen $\omega < k v_F$.

Wenn $F_0 > 0$ ist, dann ist in der FERMI-Flüssigkeit die Ausbreitung des nullten Schalles möglich, mit der Geschwindigkeit u_0, die durch die Gleichung (4,15) bestimmt ist:

$$1 + F_0 I(s_0) = 0, \quad s_0 = u_0/v_F.$$

Bei s-Werten in der Nähe von s_0 nimmt der Ausdruck (91,9) die Form

$$\text{const} \cdot \operatorname{Im} \frac{1}{s - s_0}$$

an, wobei man, nach dem oben Gesagten, $s = \omega/kv_F$ als $s + i0$ zu verstehen hat. Das bedeutet, daß in $\sigma(\omega, k)$ noch ein δ-funktionsartiges Glied der Form $\text{const} \cdot \delta(s - s_0)$ oder

$$\sigma(\omega, k) = \text{const} \cdot k\, \delta(\omega - ku_0) \tag{91,10}$$

auftritt. Dieses Glied ist der Beitrag zum Formfaktor, der vom Nullschallzweig des Energiespektrums der FERMI-Flüssigkeit bedingt ist; er ist dem Phononenbeitrag (87,4) zum Formfaktor der BOSE-Flüssigkeit vollkommen analog.

Die Existenz dieses Gliedes hängt natürlich nicht mit der Annahme $F = \text{const}$ zusammen und ist eine allgemeine Eigenschaft der FERMI-Flüssigkeit, in der die Ausbreitung des nullten Schalles möglich ist; vom Wechselwirkungsgesetz der Quasiteilchen hängt nur der Wert des konstanten Koeffizienten in (91,10) ab. Ohne die rechte Seite stimmt die Gleichung (91,5) mit der Gleichung des nullten Schalles überein; deshalb hat die Lösung der inhomogenen Gleichung einen Pol bei $\omega/k = u_0$.

Aus der Form der Gleichung (91,5) ist klar, daß ihre Lösung von den Parametern ω und k nur über das Verhältnis ω/k abhängt. Eine Funktion dieses Verhältnisses wird folglich auch der dynamische Formfaktor sein. Der statische Formfaktor

$$\sigma(k) = \int_{-\infty}^{\infty} \sigma(\omega, k) \frac{d\omega}{2\pi}$$

wird folglich die Form

$$\sigma(k) = \text{const} \cdot k \tag{91,11}$$

haben. Das bedeutet, daß die gleichzeitige räumliche Korrelationsfunktion der Dichtefluktuationen bei $T = 0$ in der FERMI-Flüssigkeit (wie auch in der BOSE-Flüssigkeit) dem Gesetz $\nu(r) \propto r^{-4}$ folgt.

Wir bemerken schließlich, daß der dynamische Formfaktor des idealen FERMI-Gases aus (91,9) durch den Übergang zur Grenze $F_0 \to 0$ erhalten werden kann:

$$\sigma(\omega, k) = \frac{m^2 \omega}{\pi \hbar^2 \bar{n} k}, \quad 0 < \omega < kv_F.$$

Dabei ist der statische Formfaktor

$$\sigma(k) = \int_0^{kv_F} \sigma(\omega, k) \frac{d\omega}{2\pi} = \frac{p_F^2 k}{(2\pi\hbar)^2 \bar{n}}$$

(in Übereinstimmung mit dem Ergebnis der Aufgabe 1 in V, § 117).

Sachverzeichnis